中文版

AutoCAD 2012 完全自学教程

完全视频 + 完全操作 + 完全手册 = CAD

完全自学

三位一体的学习体系，为您打造无障碍完全自学的完美体验，真正做到一册在手，别无他求。

牟艳霞 刘 涛 李少勇 编著

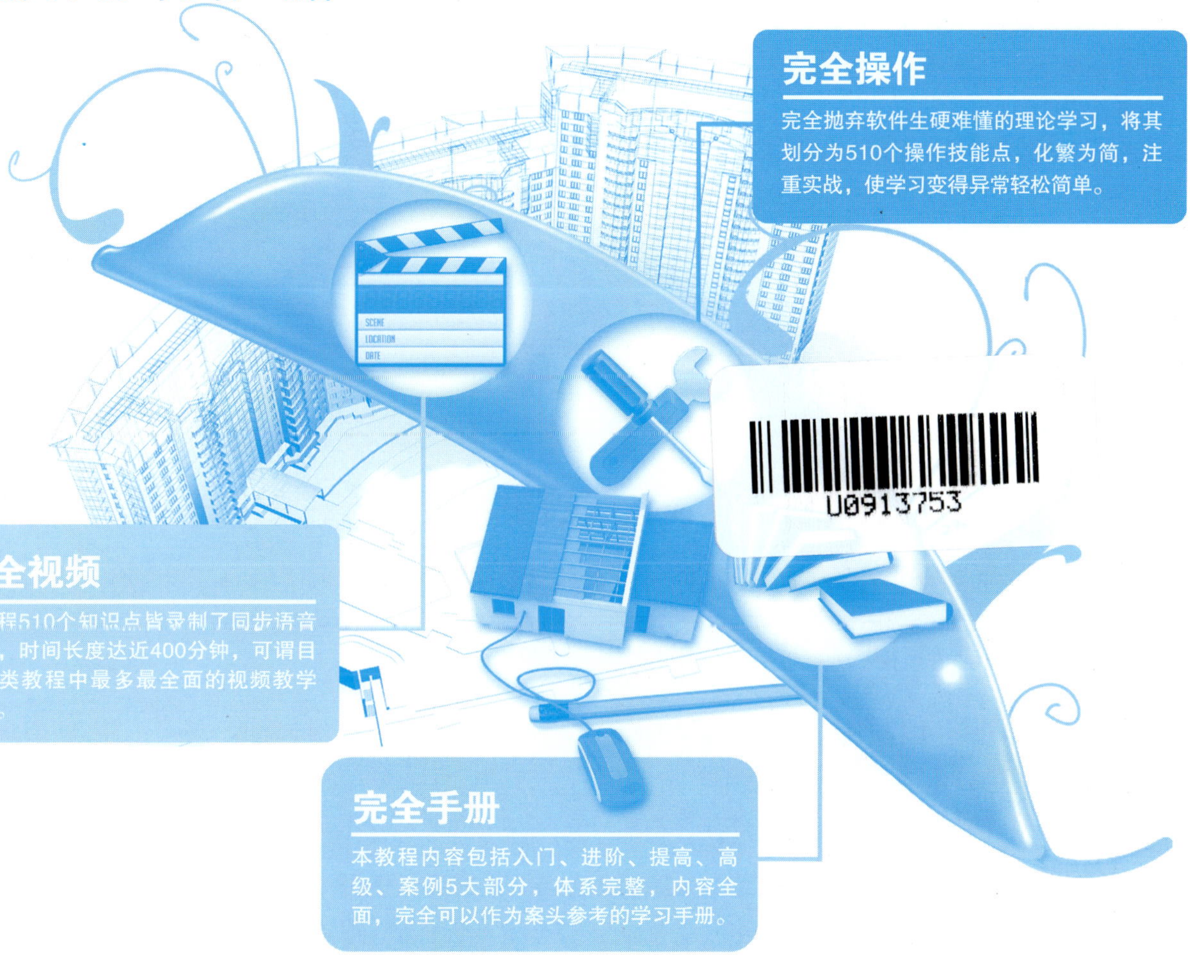

完全操作

完全抛弃软件生硬难懂的理论学习，将其划分为510个操作技能点，化繁为简，注重实战，使学习变得异常轻松简单。

完全视频

本教程510个知识点皆录制了同步语音视频，时间长度达近400分钟，可谓目前同类教程中最多最全面的视频教学体系。

完全手册

本教程内容包括入门、进阶、提高、高级、案例5大部分，体系完整，内容全面，完全可以作为案头参考的学习手册。

配套高品质DVD光盘

光盘收录了本教程近500个素材与效果文件，其中包含近300个素材文件和近200个效果文件，以及510段近400分钟的同步语音教学视频，同时还赠送了60段近70分钟的全套AutoCAD 2010基础视频教学文件，供读者学习和参考。

兵器工业出版社

北京希望电子出版社
Beijing Hope Electronic Press
www.bhp.com.cn

内 容 简 介

本书全面系统地介绍如何使用 AutoCAD 2012 进行图形绘制，是一本指导初学者如何快速入门、怎样通过大量案例结合知识点快速提高，最后达到综合应用 AutoCAD 进行设计的书籍。

本书共 21 章，内容包括初识 AutoCAD 2012、简单设置绘图环境、精确设置绘图环境、设置绘图辅助功能、绘制与编辑二维图形、选择与管理二维图形、修改二维图形、控制图形显示、创建与管理图层、应用面域和填充图案、查询、计算与外部参照、应用图块和 AutoCAD 设计中心、创建与编辑文字、创建与编辑表格、创建与管理尺寸标注、控制三维视图及显示、绘制三维模型、编辑三维模型、观察与渲染三维模型、打印和发布图形等，最后从家具设计、三维设计、模具设计和室内装潢设计 4 个领域精选实例，详细介绍了制作步骤，让读者融会贯通、举一反三，逐步精通，成为实战高手。

本书全面、详细地讲解了 AutoCAD 2012 的各项核心技术与精髓内容，并通过 510 个技能大演练及 510 段视频大观摩，帮助读者在最短的时间内从入门到精通软件，从新手成为高手。

本书适合 AutoCAD 初中级用户使用，也可作为大中专院校及各类电脑培训班的 AutoCAD 课程的教材使用。

本书配套光盘内容为实例的素材、源文件及教学视频文件，同时还赠送了全套 AutoCAD 2010 基础视频教学文件。

图书在版编目（CIP）数据

中文版 AutoCAD 2012 完全自学教程 / 牟艳霞，刘涛，李少勇编著. —北京：兵器工业出版社，2011.7

ISBN 978-7-80248-615-7

I.①中… II. ①牟… ②刘… ③李… III. ①AutoCAD 软件—教材 IV. ①TP391.72

中国版本图书馆 CIP 数据核字（2011）第 099061 号

出版发行：兵器工业出版社　北京希望电子出版社

邮编社址：100089　北京市海淀区车道沟 10 号
100085　北京市海淀区上地三街 9 号
嘉华大厦 C 座 611

电　话：（010）82702660（发行）（010）82702675（邮购）

经　销：各地新华书店　软件连锁店

印　刷：北京瑞富峪印务有限公司

版　次：2011 年 7 月第 1 版第 1 次印刷

封面设计：深度文化

责任编辑：宋丽华　韩宜波

责任校对：小　亚

开　本：787mm×1092mm　1/16

印　张：23.50（彩插 6 面）

印　数：1−4000

字　数：531 千字

定　价：45.00 元（配 1 张 DVD 光盘）

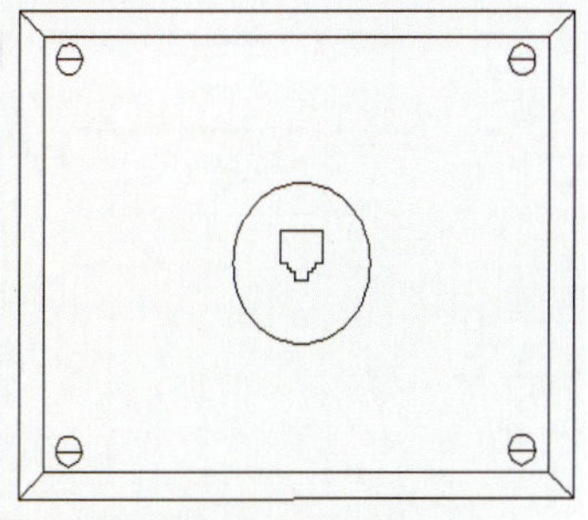
第2章第37集使用鼠标执行命令

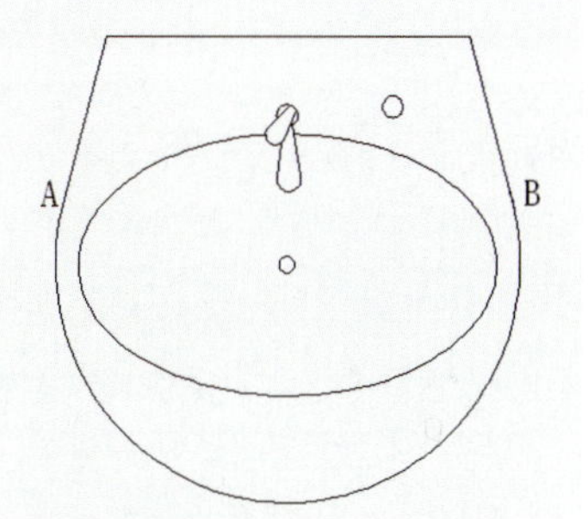

第2章第38集使用命令行执行命令

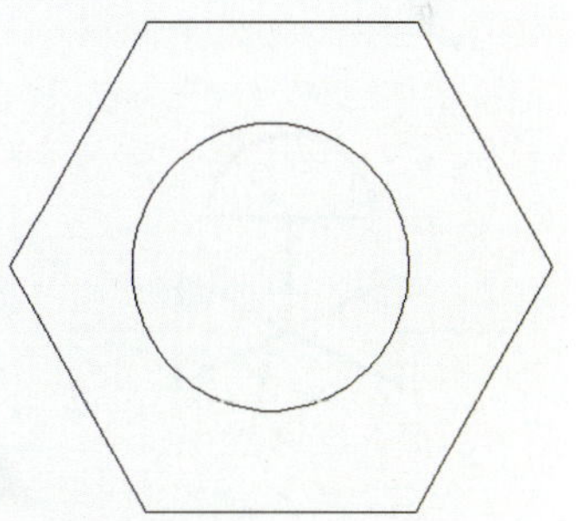
第2章第40集使用“透明”命令

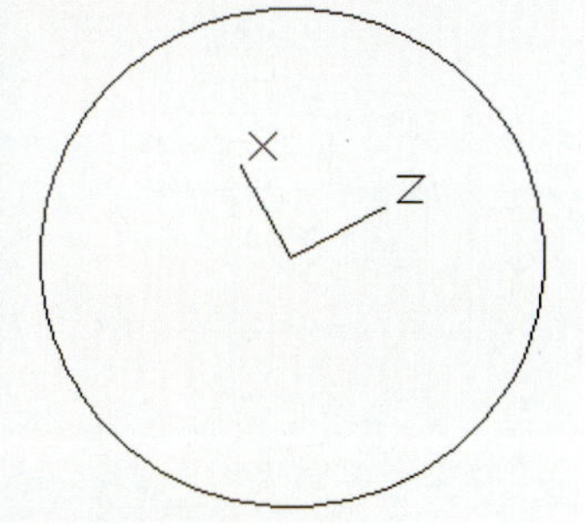

第4章第87集创建坐标系

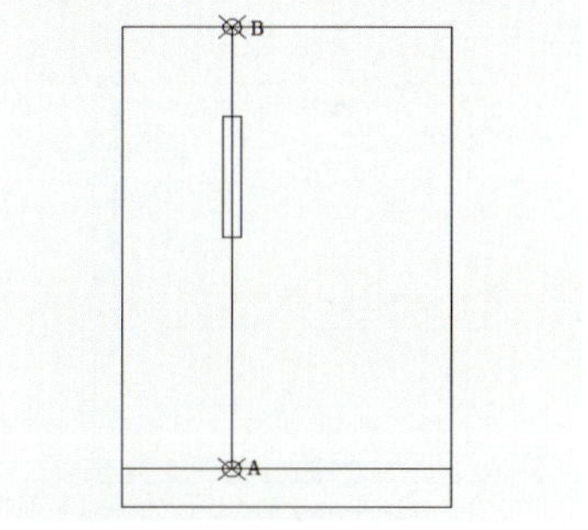

第5章第97集绘制直线

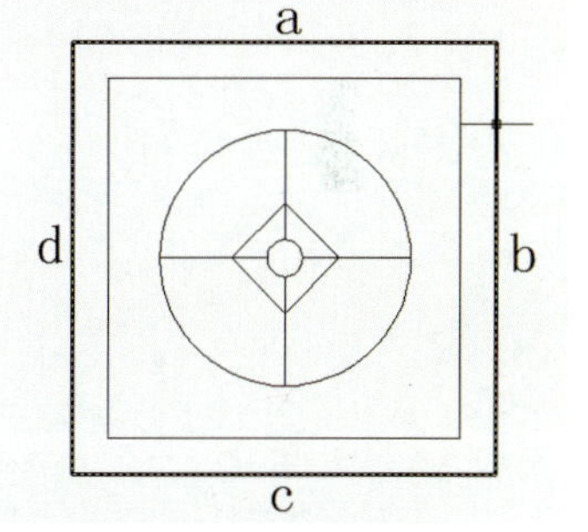

第5章第106集合并为多段线

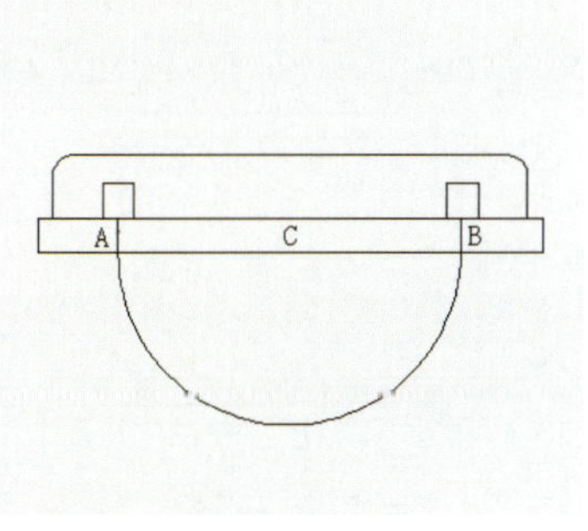

第5章第110集绘制圆弧

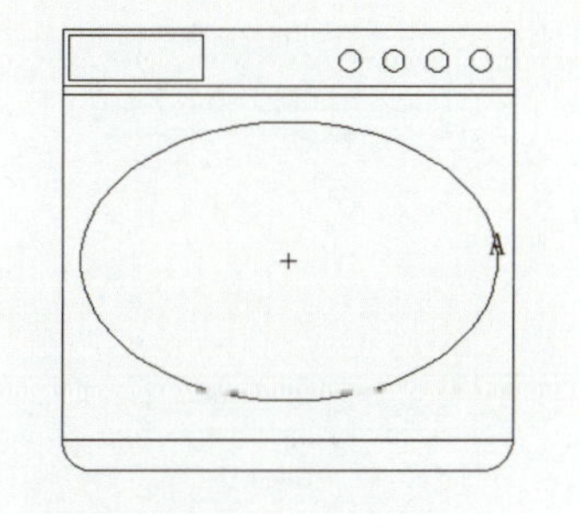

第5章第111集绘制椭圆

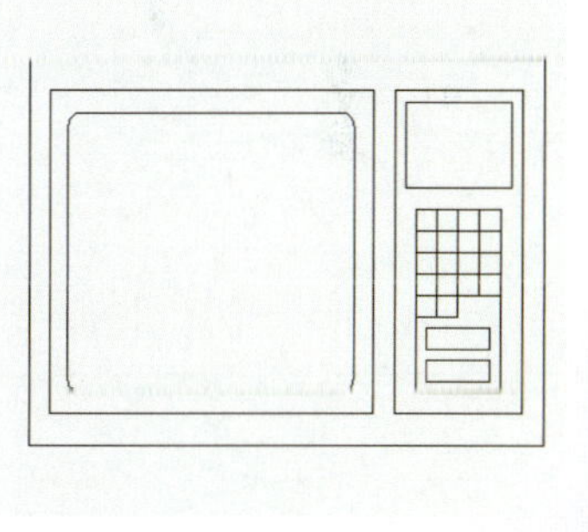
第5章第112集绘制矩形

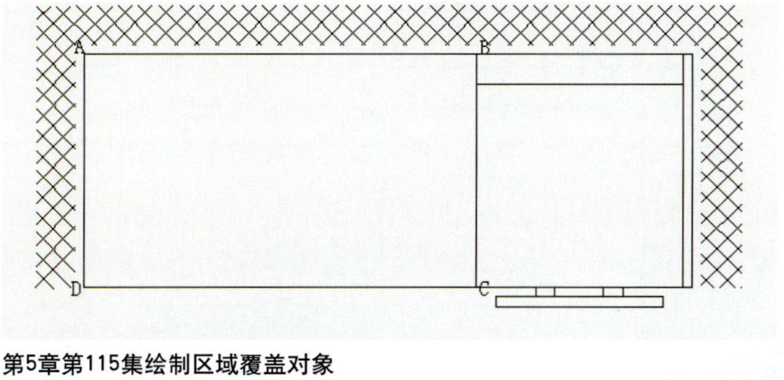

第5章第115集绘制区域覆盖对象

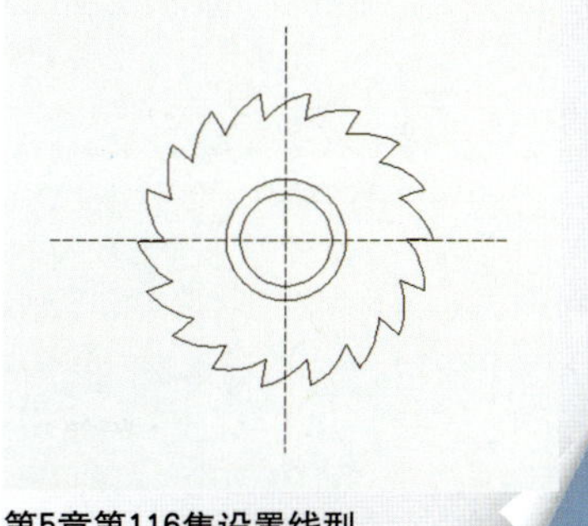
第5章第116集设置线型

第5章第118集显示线宽

第6章第134集矩形阵列对象

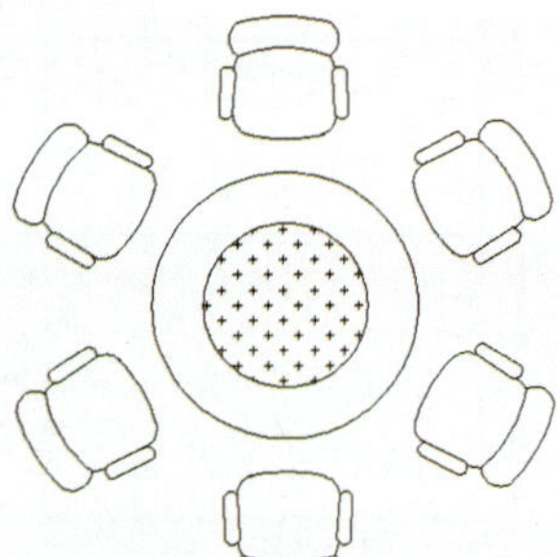

第6章第135集环形阵列对象

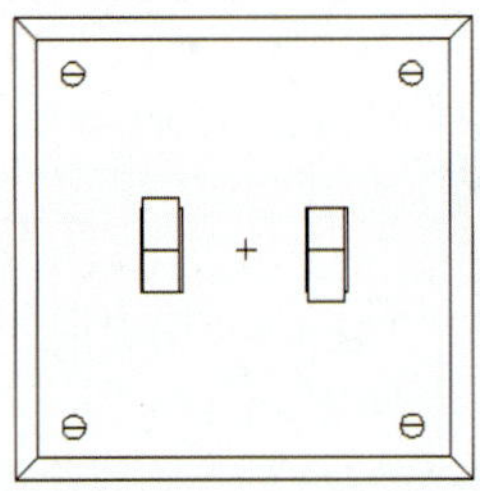

第7章第143集按照比例因子缩放对象

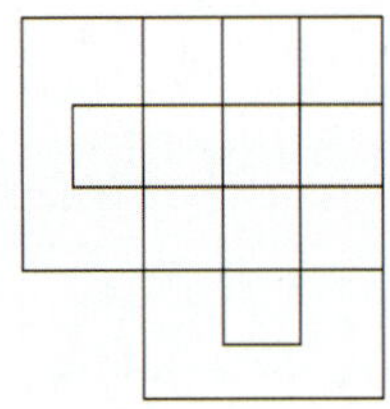

第7章第146集快速修剪

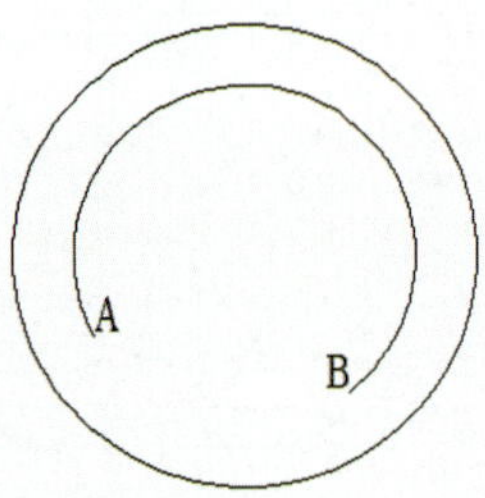

第7章第150集打断图形

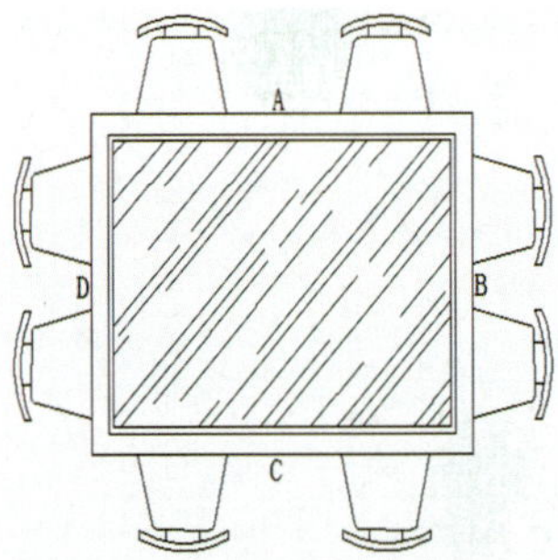

第7章第153集倒角不相连的线段

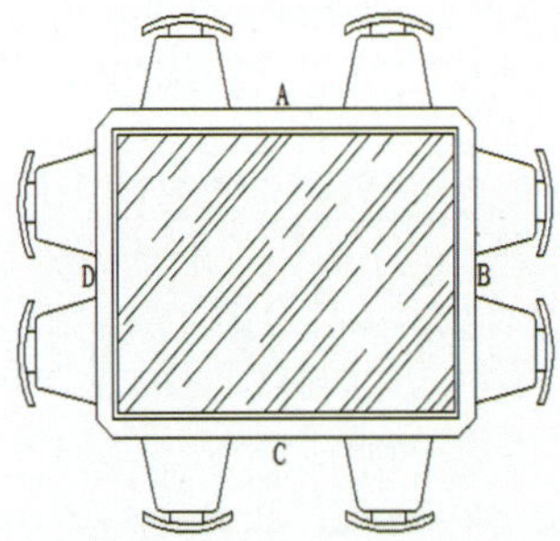

第7章第155集通过指定角度进行倒角

第7章第168集运用“特性”面板修改对象

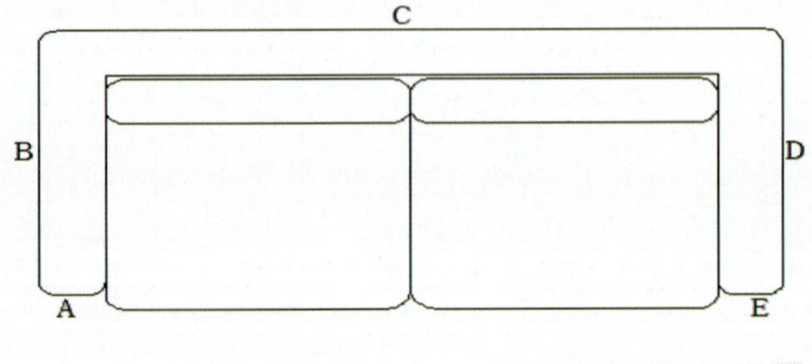

第7章第162集为多组对象进行圆角

第9章第209集合并图层

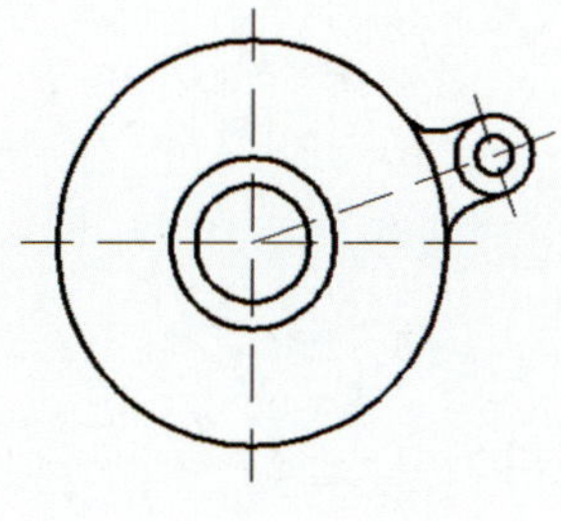

第9章第198集设置图层线形比例

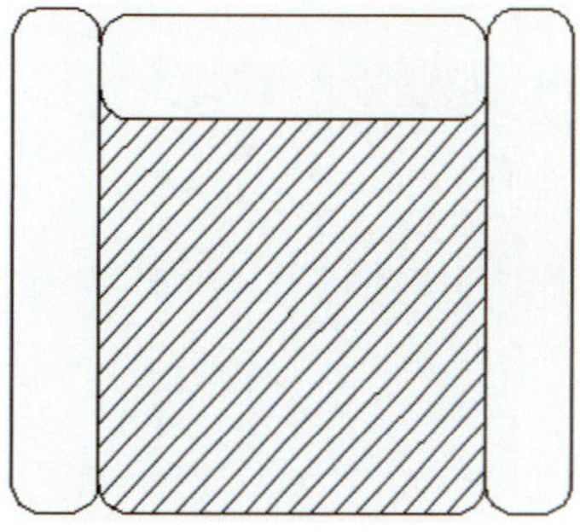

第10章第227集设置图案样例

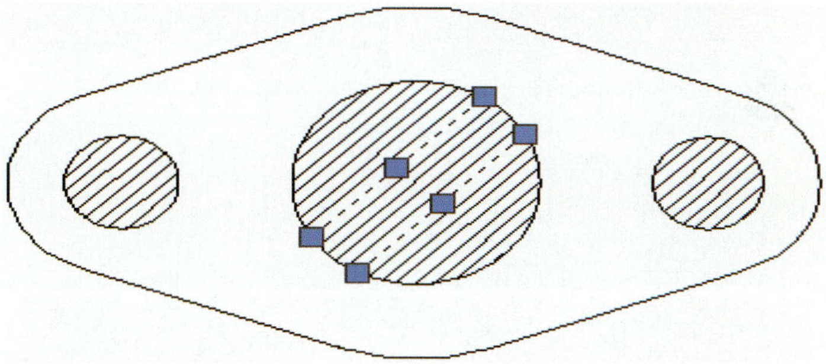

第10章第230集分解图案

第10章第224集用户定义的填充图案

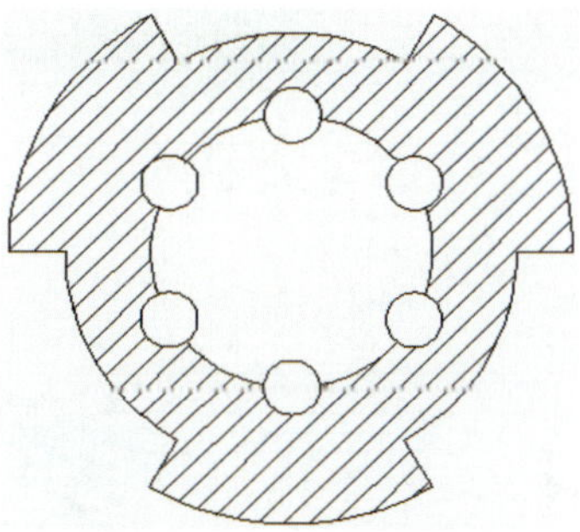

第10章第223集预定义填充图案

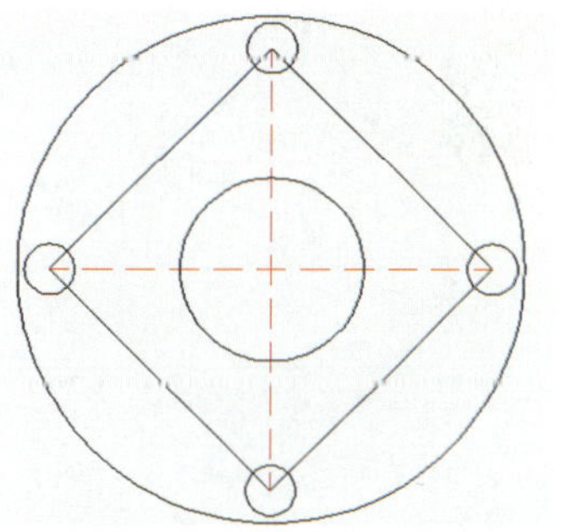

第11章第243集运用CAL作为桌面计算器

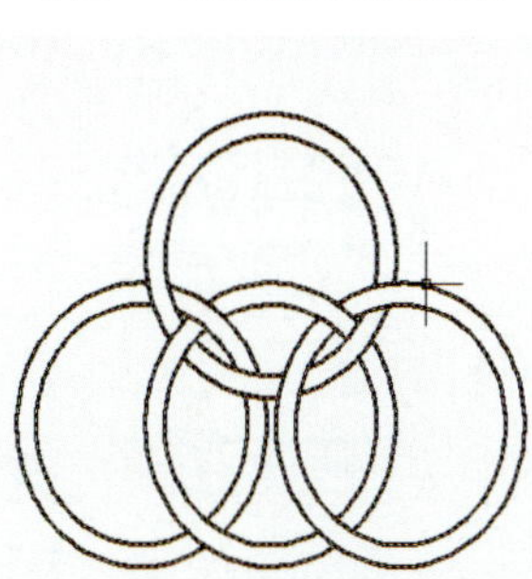

第12章第258集插入单个图块

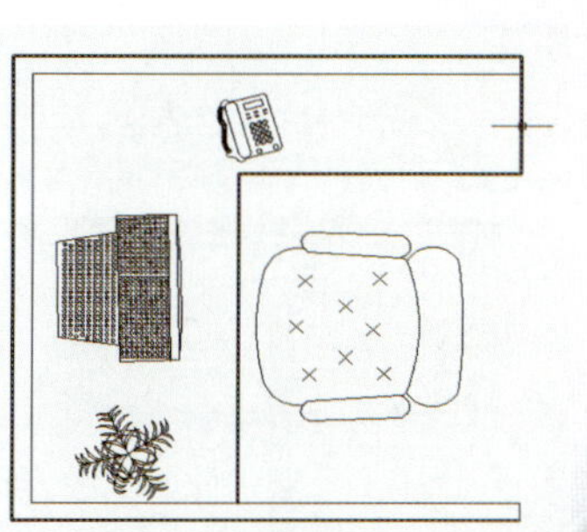

第12章第261集分解图块

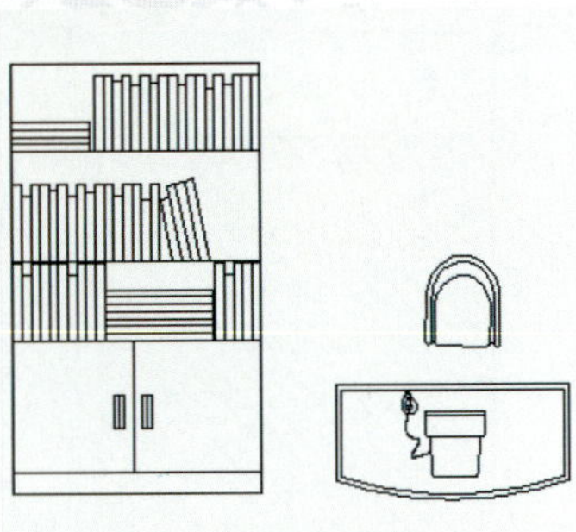
第12章第279集插入外部文件

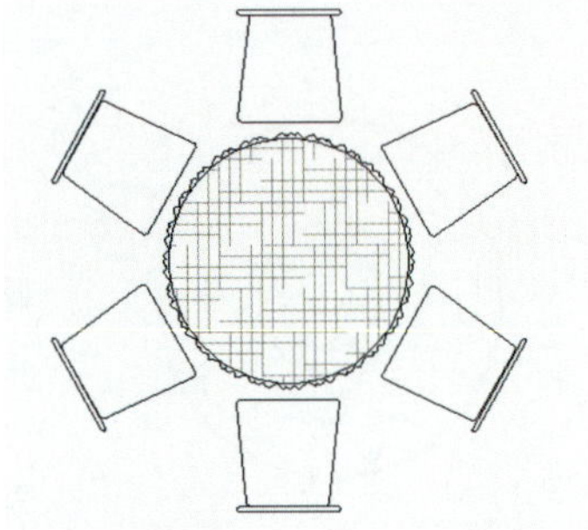
第12章第282集使用“工具”选项板填充图案

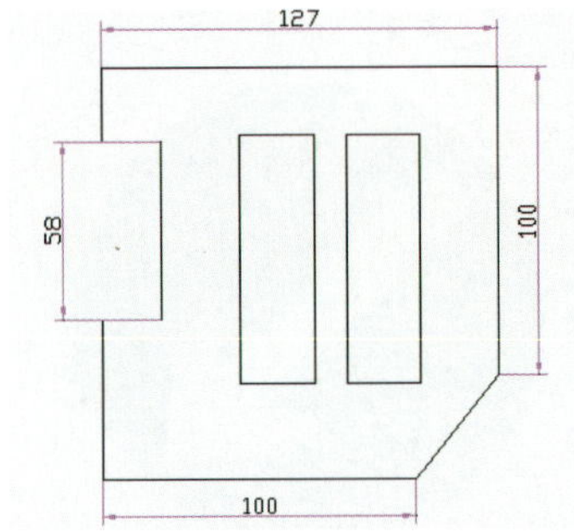

第15章第346集设置当前尺寸标注样式

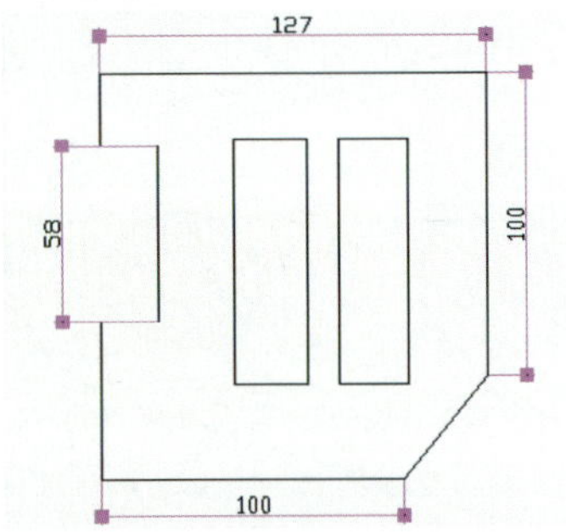

第15章第347集替代标注样式

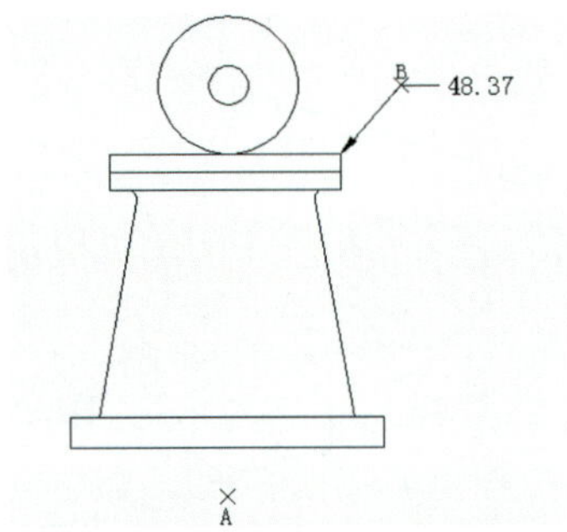

第15章第362集创建引线尺寸标注

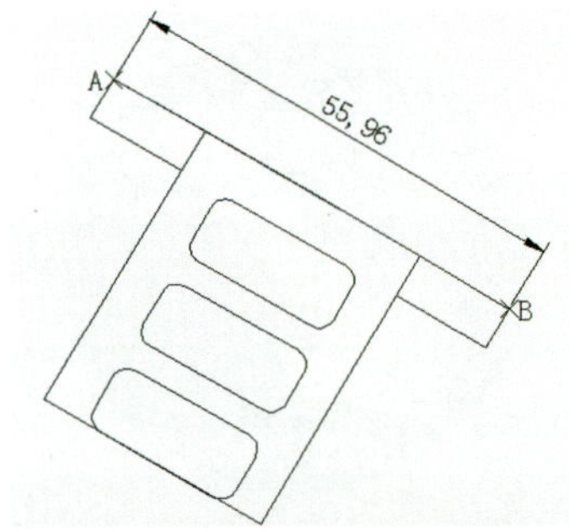

第15章第365集创建转角尺寸标注

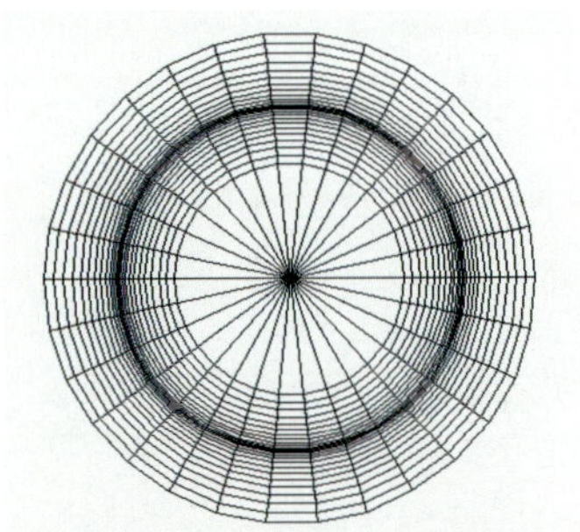
第16章第381集使用视点预设设置视点

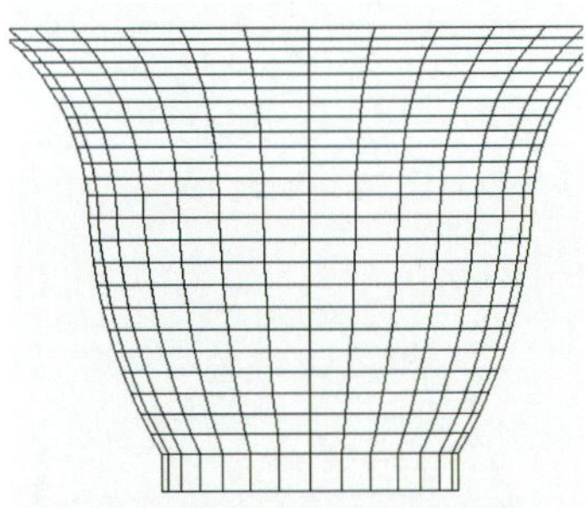
第16章第383集使用“三维视图”命令设置视点

第16章第393集创建距离投影

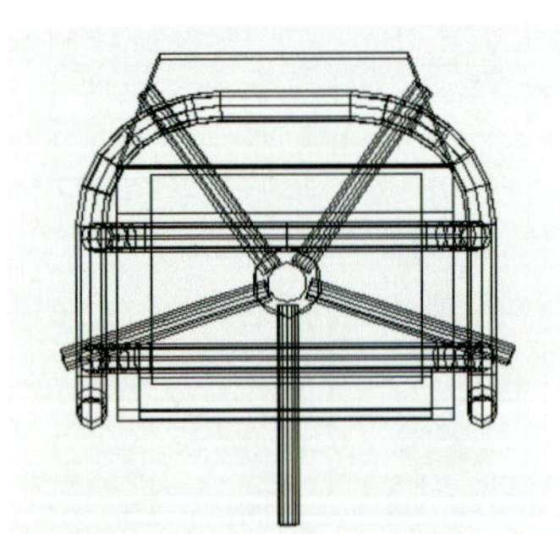
第16章第396集定义XY平面视图

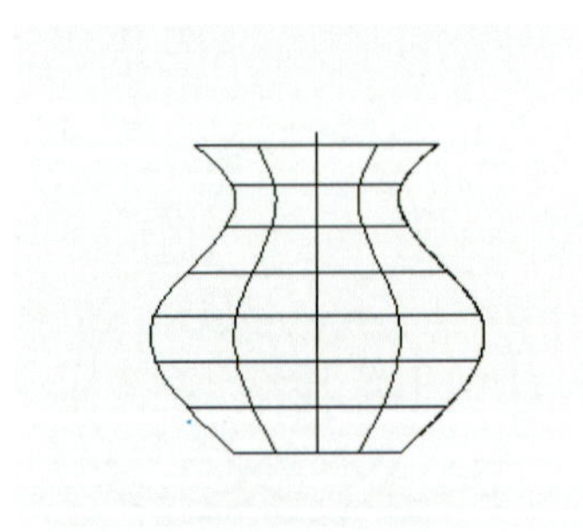
第17章第415集创建旋转实体

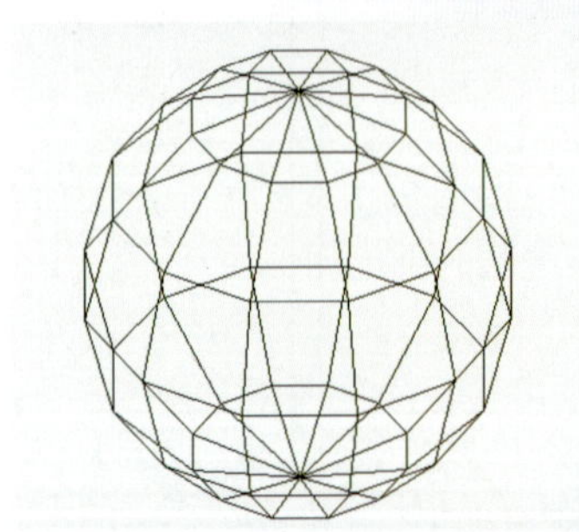
第18章第440集曲面转换为实体

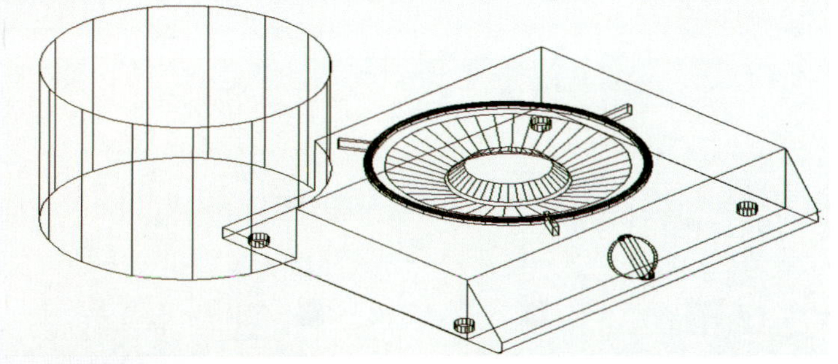
第18章第442集并集三维实体

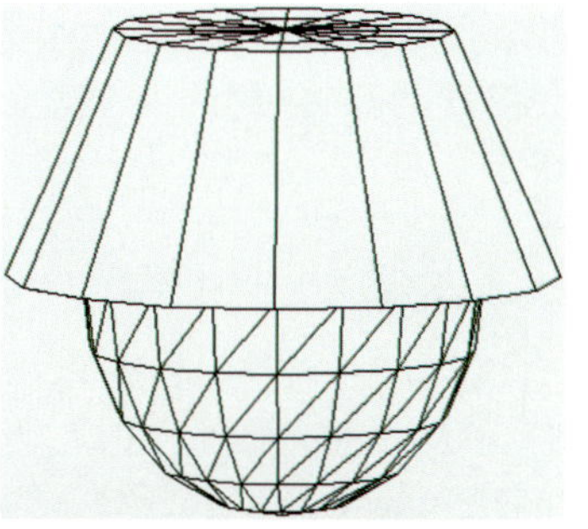
第19章第451集设置消隐显示

第19章第461集设置漫射贴图

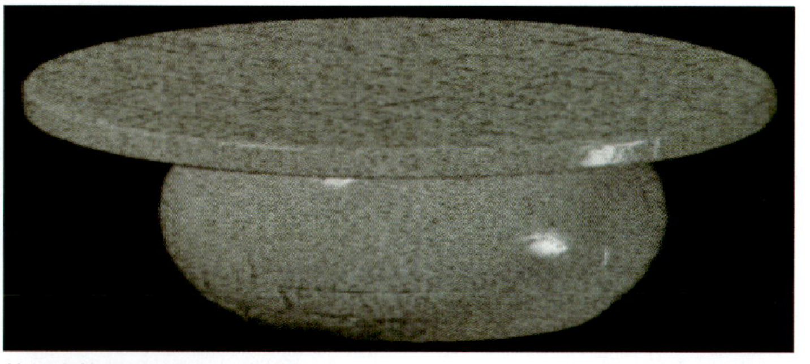
第19章第464集设置凹凸贴图

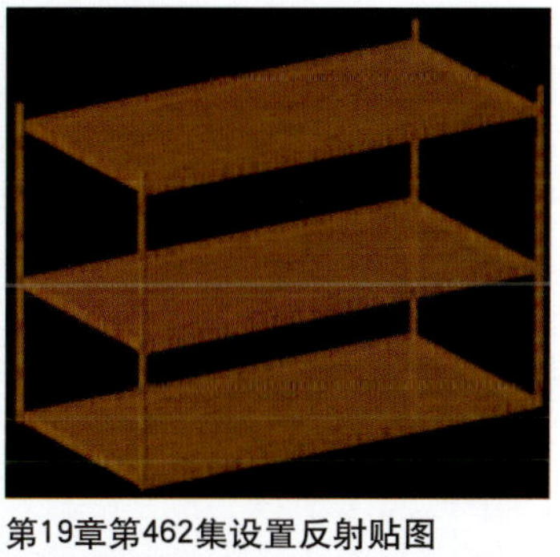
第19章第462集设置反射贴图

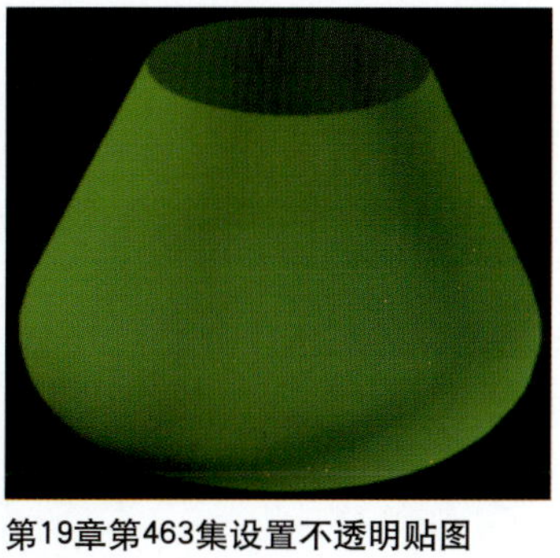
第19章第463集设置不透明贴图

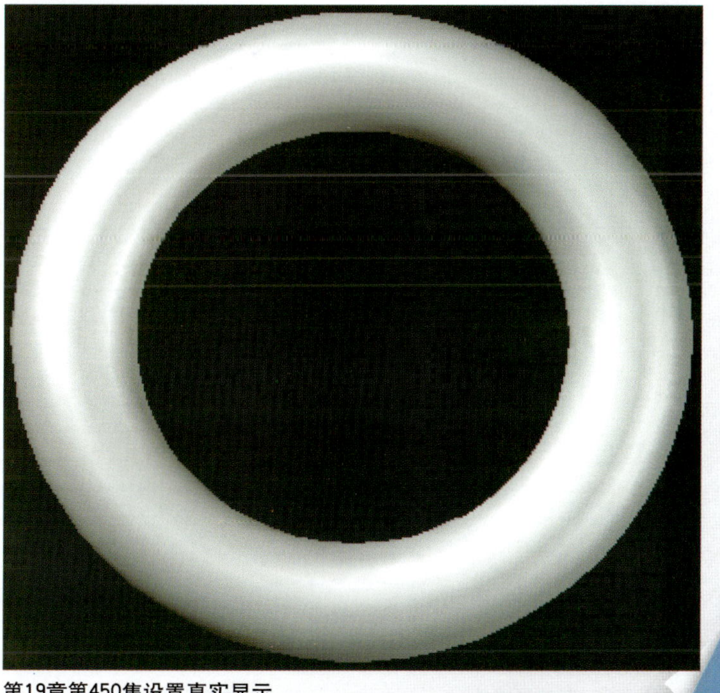
第19章第450集设置真实显示

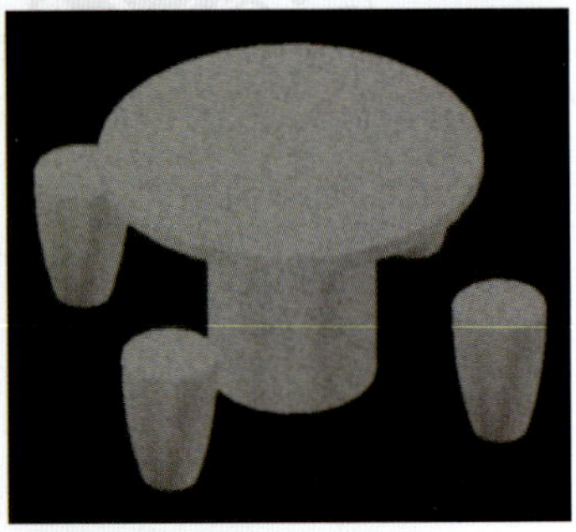

第19章第469集渲染并保存图形

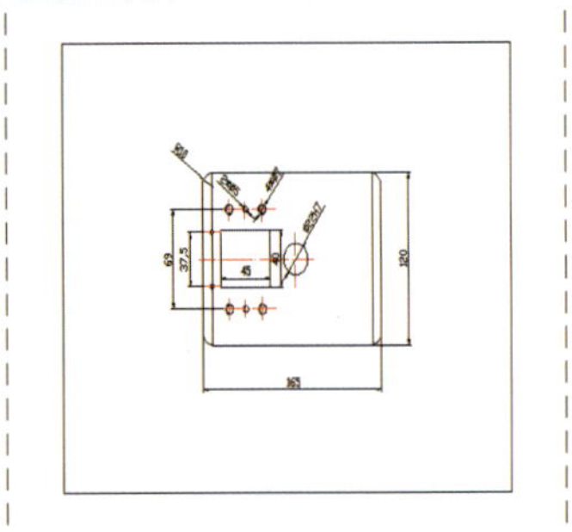

第20章第488集相对图纸空间比例缩放视图

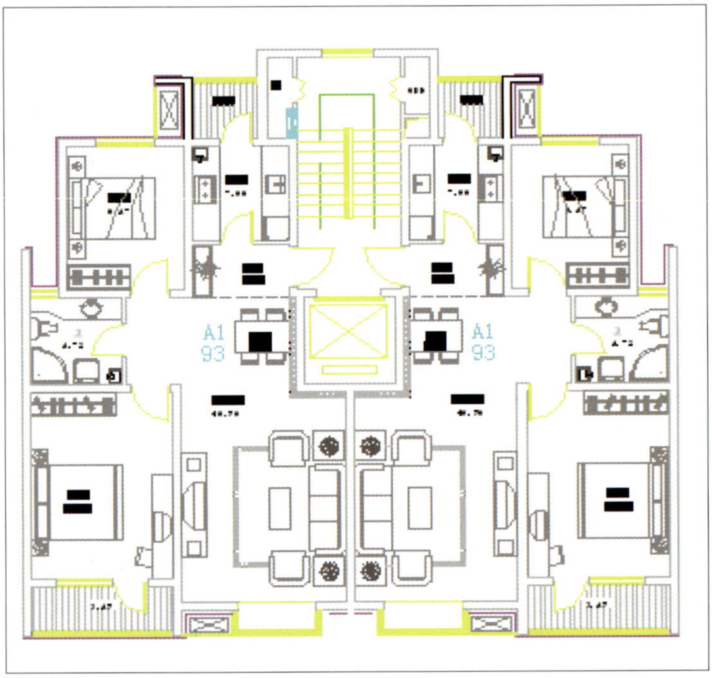

第20章第482集在图纸空间打印

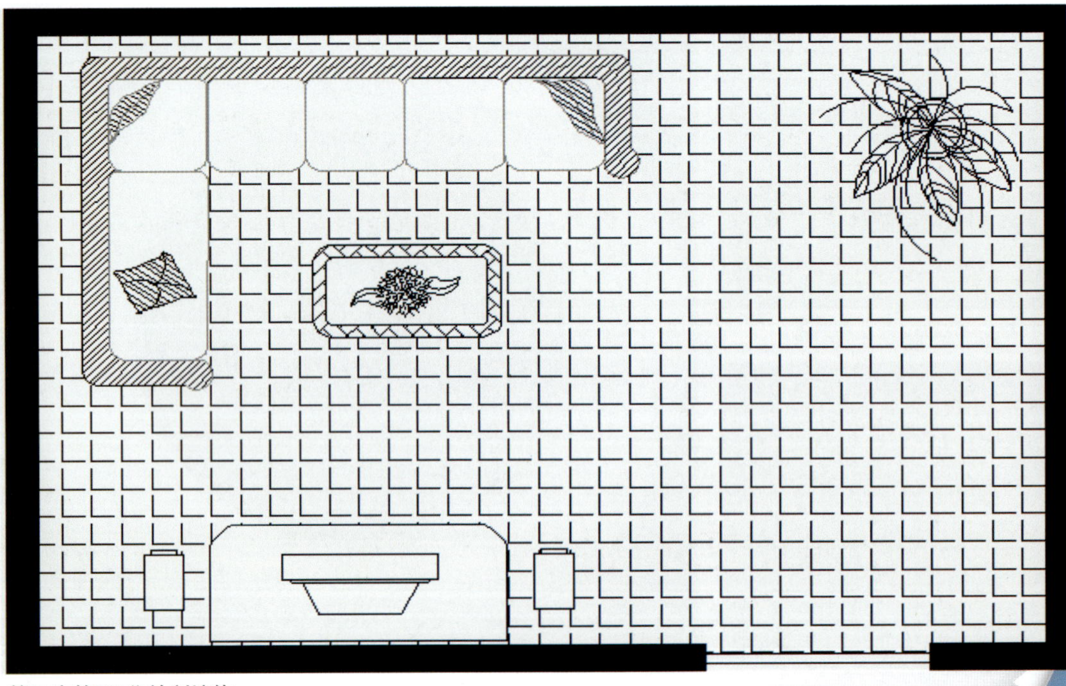

第21章第504集绘制墙体

AutoCAD是美国Autodesk公司推出的，集二维绘图、三维设计、渲染及通用数据库管理和互联网通信功能于一体的计算机辅助绘图软件包。自1982年推出以来，从最初的1.0版本，经过多次版本更新和性能完善，现已发展到AutoCAD 2012。目前，AutoCAD不仅在机械、电子和建筑等工程设计领域得到了大规模的应用，而且在地理、气象、航海等特殊图形的绘制，甚至在乐谱、灯光、幻灯和广告等其他领域也得到了广泛的应用。AutoCAD已成为CAD系统中应用最为广泛和普及的图形软件。

本教程的执笔作者均系各高校多年从事计算机图形学教学研究的教师和一线资深CAD设计师，他们具有丰富的教学实践经验、设计经验和教材编写经验。在本书中，处处凝结着编者的经验与体会，贯彻了他们的教学思想和设计理念，希望能够给广大读者的学习起到抛砖引玉的作用，并提供有效的捷径。

本教程共21章，内容包括初识AutoCAD 2012、简单设置绘图环境、精确设置绘图环境、设置绘图辅助功能、绘制与编辑二维图形、选择与管理二维图形、修改二维图形、控制图形显示、创建与管理图层、应用面域和填充图案、查询、计算与外部参照、应用图块和AutoCAD设计中心、创建与编辑文字、创建与编辑表格、创建与管理尺寸标注、控制三维视图及显示、绘制三维模型、编辑三维模型、观察与渲染三维模型、打印和发布图形等，最后从家具设计、三维设计、模具设计和室内装潢设计4个领域精选实例，详细介绍了制作步骤，让读者融会贯通、举一反三，逐步精通，成为实战高手。

本教程全面、详细地讲解了AutoCAD 2012的各项核心技术与精髓内容，并通过510个技能大演练及510段视频大观摩，帮助读者在最短的时间内从入门到精通软件，从新手成为高手。

本教程主要有以下几大优点。

内容全面。几乎覆盖了中文版AutoCAD 2012所有选项和命令。

语言通俗易懂，讲解清晰，前后呼应。以最小的篇幅、最易读懂的语言来讲述每一项功能和每一个实例。

实例丰富，技术含量高，与实践紧密结合。每一个实例都倾注了作者多年的实践经验，每一个功能都经过技术认证。

版面美观，图例清晰，具有针对性。每一个图例都经过作者精心策划和编辑，只要仔细阅读本书，即可从中学到很多知识和技巧。

本教程主要由牟艳霞、刘涛、李少勇编写，参与编写的还有张林、于海宝、王雄健、李向瑞、张凯、荣立峰、胡恒、王玉、刘峥、张云、贾玉印、张春燕、刘杰、罗冰、陈月娟、陈月霞、刘希林、黄健、黄永生、田冰、徐昊，北方电脑学校的温振宁、黄荣芹、刘德生、宋明、刘景君老师，德州职业技术学院机械系的胡静、支保均老师以及计算机系的张锋、相世强、徐伟伟、王海峰老师，在此一并表示感谢。

由于水平有限，本书错误在所难免，希望广大读者批评指正。

编著者

第1章　熟悉AutoCAD 2012基本操作

第2章　初识绘图环境

第3章　绘图环境的精确设置

第4章　熟悉并设置绘图辅助功能

第5章　二维图形的绘制与编辑

第6章　选择与管理二维图形

第9章 图层的创建与管理

第10章 应用面域和填充图案

第11章 使用查询、计算与外部参照

第12章 图块和AutoCAD设计中心的应用

第13章 文字的创建与编辑

第14章 编辑表格

第15章 创建与管理尺寸标注

第16章 三维视图及显示控制

第17章　绘制三维图形

第18章　编辑三维图形

第19章　观察与渲染三维图形

第20章　图形的打印和发布

第21章　综合实例

第1章 熟悉AutoCAD 2012基本操作

AutoCAD是由美国Autodesk公司开发的通用计算机辅助设计软件。用户利用该软件能够完成绘制二维图形和三维图形等功能，在目前的计算机绘图领域，AutoCAD是使用最为广泛的计算机绘图软件。AutoCAD 2012是Autodesk公司推出的AutoCAD新版本，其功能也得到了进一步的完善与提高。本章主要向用户介绍AutoCAD 2012中的基本操作及其常用的相关功能。

1.1 安装与卸载AutoCAD 2012

第1集 安装AutoCAD 2012

素材：无	效果：无
视频：视频\第1章\第1集.avi	时长：52秒
难度：★★	关键技术：setup.exe文件

下面将介绍AutoCAD 2012的具体安装步骤。

01 AutoCAD 2012软件包以光盘形式提供，光盘中有名为setup.exe安装文件，执行setup.exe文件（AutoCAD 2012安装盘放入CD-ROM后可以自动执行setup.exe文件）将弹出如图1-1所示对话框。

图1-1 安装

02 在该对话框中单击“安装说明”右侧的下三角按钮，在弹出的下拉列表中选择“中文（简体）（Chinese）”选项，再单击“安装”按钮，则弹出如图1-2所示的对话框。

03 在“安装-许可协议”对话框中查看适用于用户所在国家/地区的Autodesk软件许可协议（用户必须接受协议才能继续安装）。选择用户所在的国家/地区，选中“我接受”单选按钮，再单击“下一步”按钮，弹出如图1-3所示的“安装-产品信息”对话框。

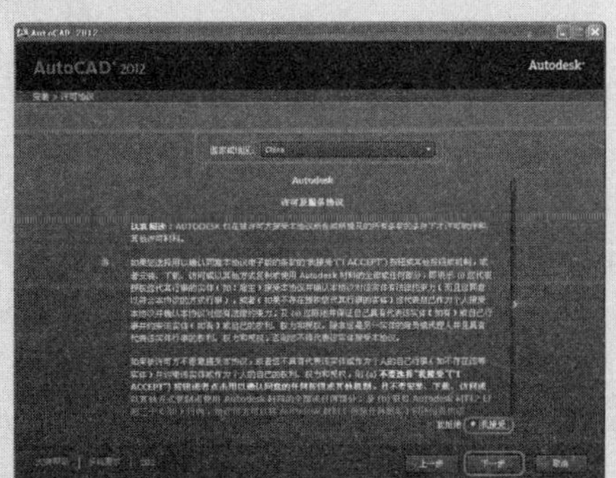

图1-2 “安装-许可协议”对话框

04 在“许可类型”选项组中选中“单击 使用工作站上的许可”单选按钮，再在“产品信息”选项组中选中“我有我的产品信息”单选按钮，并输入产品的序列号与产品密钥，单击“下一步”按钮，弹出如图1-4所示的“安装-配置安装”对话框。

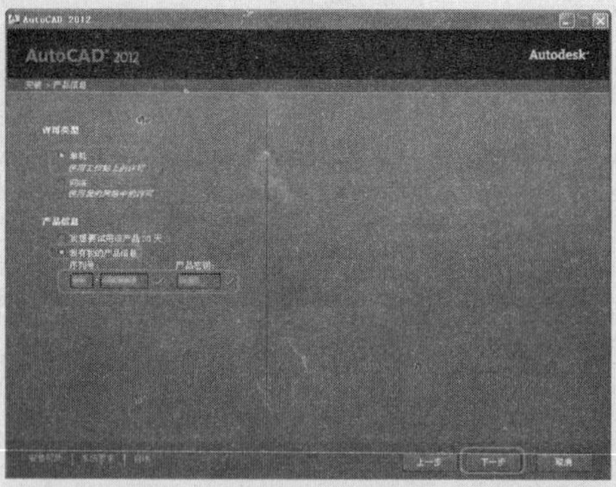

图1-3 “安装-产品信息”对话框

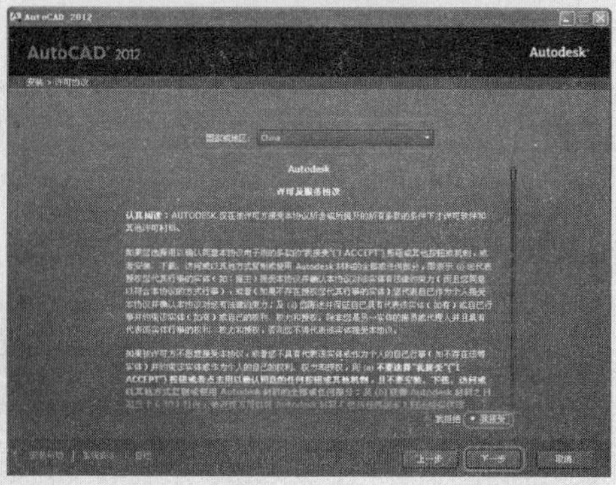

图1-4 “安装-配置安装”对话框

专家提醒

如果不同意许可协议的条款并希望终止安装，应单击“取消”按钮。

05 选择“浏览”按钮，弹出“AutoCAD 2012 安装”对话框，如图1-5所示。在该对话框中单击“查找范围”右侧的下三角按钮，在弹出的下拉列表中可以选择产品安装的位置。

06 选择完成后，单击“确定”按钮返回到“安装-配置安装”对话框中，单击“安装”按钮，开始安装，安装过程如图1-6所示。

07 安装完成后弹出“安装完成”对话框，如图1-7所示。选择“完成”按钮完成安装。

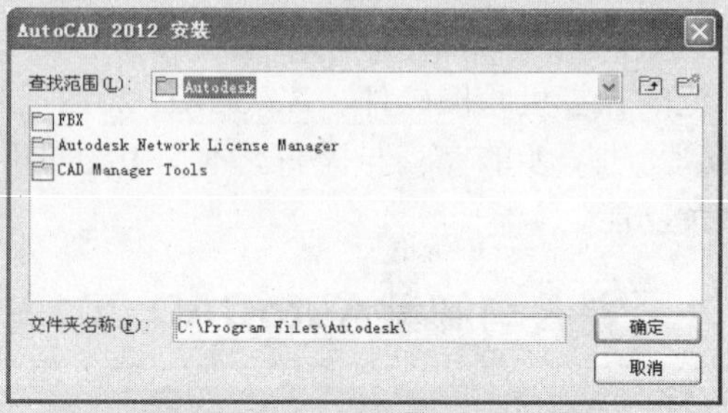

图1-5 “AutoCAD 2012 安装”对话框

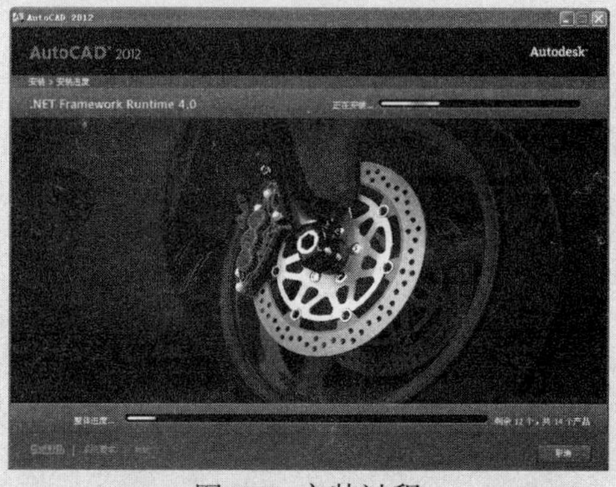

图1-6 安装过程

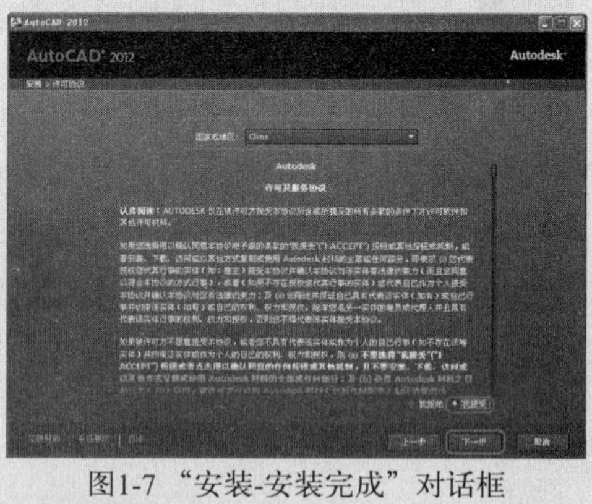

图1-7 “安装-安装完成”对话框

第2集 卸载AutoCAD 2012

素材：无
效果：无
视频：视频\第1章\第2集.avi
时长：57秒
难度：★★
关键技术：“添加/删除程序”

01 选择“开始”|“设置”|“控制面板”命令，将弹出如图2-1所示的“控制面板”对话框。

02 选择“添加/删除程序”命令，将弹出如图2-2所示的“添加或删除程序”对话框。

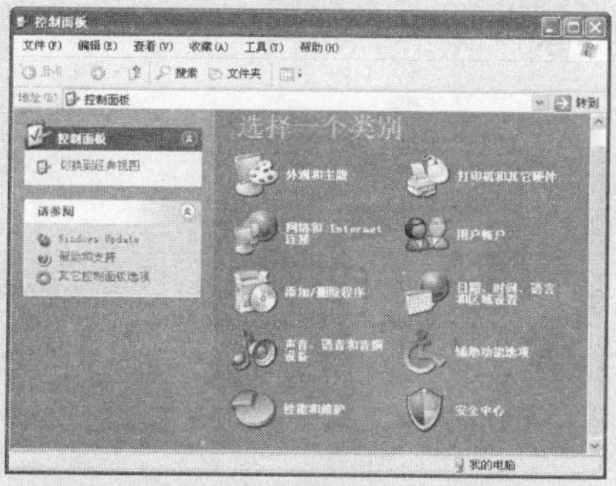

图2-1　“控制面板”对话框

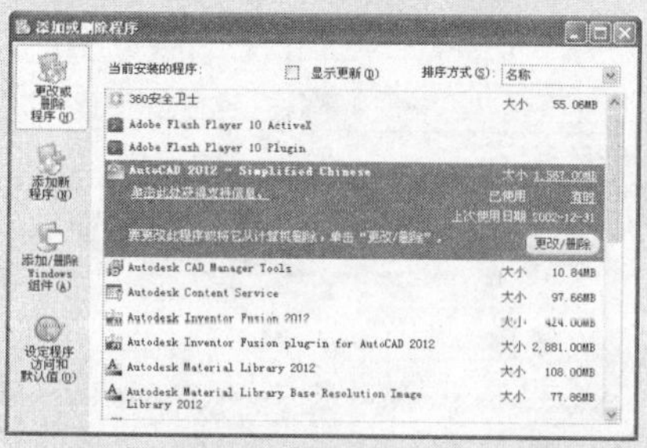

图2-2　“添加/删除程序”对话框

03 在打开的对话框中选择AutoCAD 2012，单击“更改/删除”按钮，将弹出如图2-3所示的“安装初始化”对话框。

图2-3　“安装初始化”对话框

04 安装初始化完成以后将弹出如图2-4所示的AutoCAD 2012对话框，选择“卸载”命令，如图2-4所示。

05 再在如图2-5所示的对话框中单击“卸载”按钮。

06 出现如图2-6所示的正在卸载AutoCAD 2012对话框。

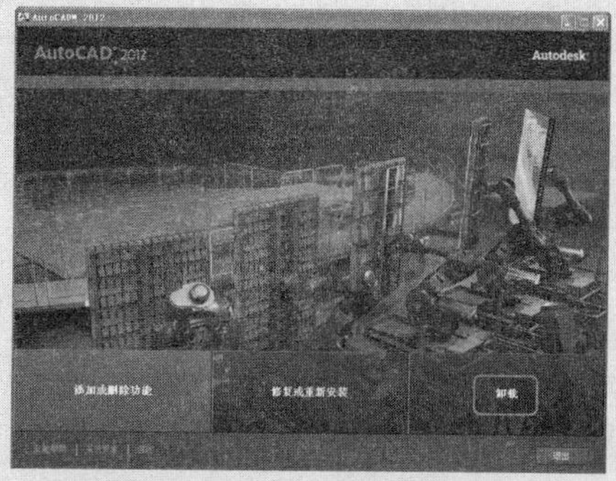

图2-4　卸载AutoCAD 2012

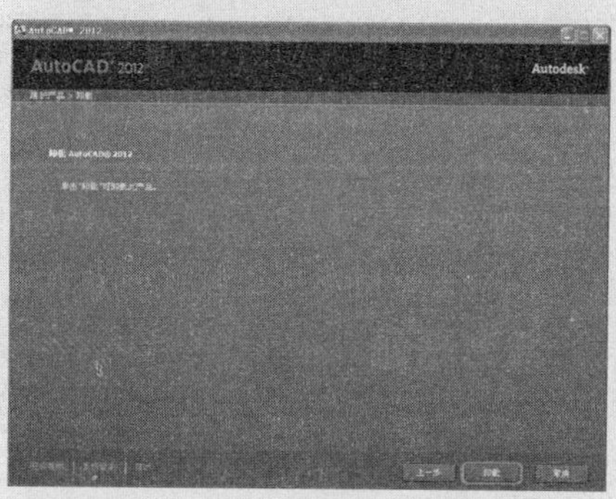

图2-5　“卸载”对话框

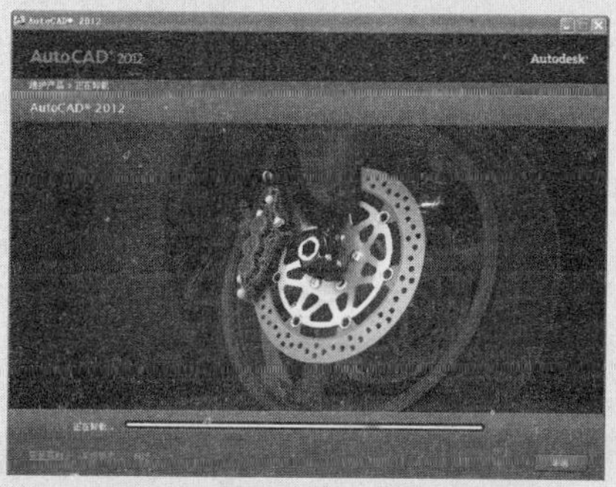

图2-6　正在卸载AutoCAD 2012

07 卸载完成后系统将弹出如图2-7所示的卸载完成对话框，单击“完成”按钮退出。

图2-7　卸载完成

1.2 启动与退出AutoCAD 2012

第3集 启动AutoCAD 2012

素材：无
效果：无
视频：视频\第1章\第3集.avi
时长：22秒
难度：★
关键技术：双击桌面图标

01 拖曳鼠标至桌面上的AutoCAD 2012快捷方式图标上，双击鼠标即可启动AutoCAD 2012程序，如图3-1所示。

图3-1 启动界面

02 程序启动后，即可进入AutoCAD 2012工作界面，如图3-2所示。

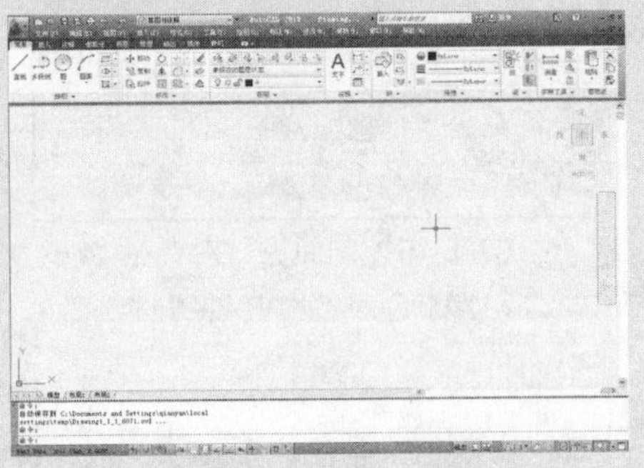
图3-2 AutoCAD 2012工作界面

专家提醒

除了运用上述方法外，还有以下两种方法启动AutoCAD 2012。

- 命令：在菜单栏中选择“开始”|“程序”| Autodesk | AutoCAD 2012-Simplified Chinese| AutoCAD 2012-Simplified Chinese 命令。
- 文件格式：双击计算计中已经存盘的任意一个DWG格式的AutoCAD 文件。

第4集 退出AutoCAD 2012

素材：无
效果：无
视频：视频\第1章\第4集.avi
时长：37秒
难度：★
关键技术：“关闭”按钮

01 单击AutoCAD 2012窗口右上角的☒“关闭”按钮，如图4-1所示，即可退出AutoCAD 2012。

02 若在工作界面中进行了部分操作，之前也未保存，在退出该软件时，弹出信息提示对话框，如图4-2所示。单击“是”按钮，将保存文件；单击“否”按钮，将不保存文件；单击“取消”按钮，将不退出AutoCAD 2012程序。

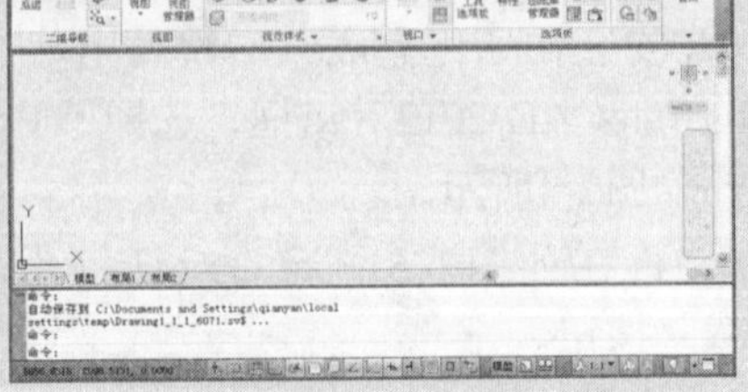

图4-1 单击“关闭”按钮

专家提醒

除了运用上述方法外，还有以下两种方法可以退出AutoCAD 2012。

- 按钮：单击按钮，弹出如图4-3所示的下拉菜单，选择右下角的“退出AutoCAD”按钮。
- 快捷键：按Alt＋F4键。

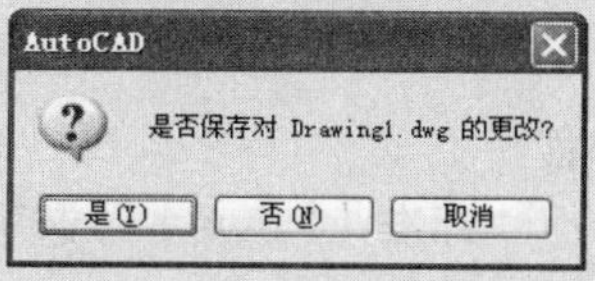

图4-2　信息提示框

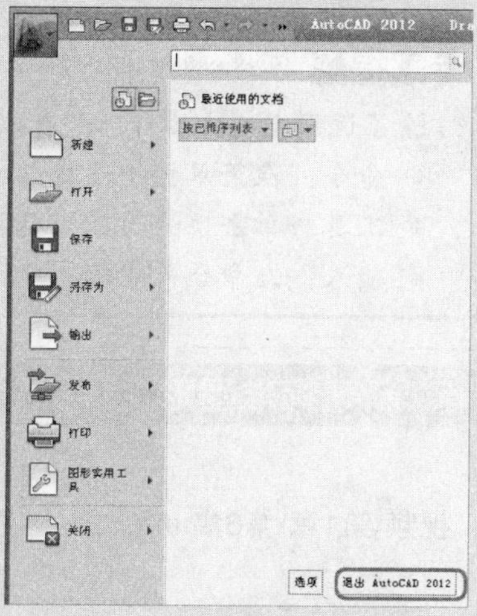

图4-3　菜单浏览器列表单

1.3　新建图形文件

第5集　新建图形文件

素材：无　　效果：无

视频：视频\第1章\第5集.avi　　时长：37秒

难度：★　　关键技术：“图形（*.dwg）”选项

01 单击按钮，在弹出的下拉菜单中选择“新建”|“图形”命令，如图5-1所示。

02 弹出“选择样板”对话框，将“文件类型”设置为“图形（*.dwg）”，并在“文件名”列表中选择acadiso.dwt样板，如图5-2所示。

03 单击“打开”按钮，即可新建一幅空白图形文件，如图5-3所示。

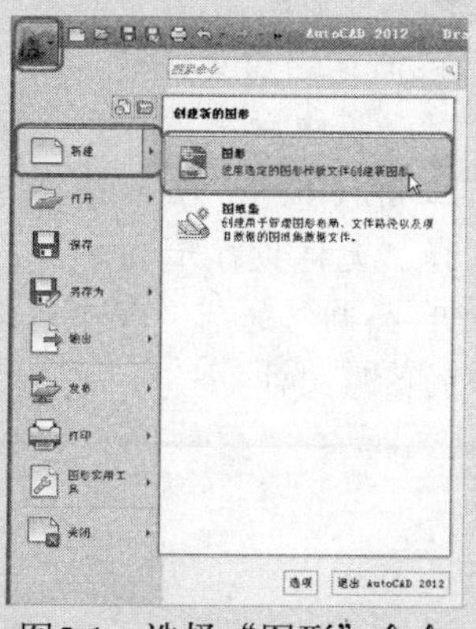

图5-1　选择“图形”命令

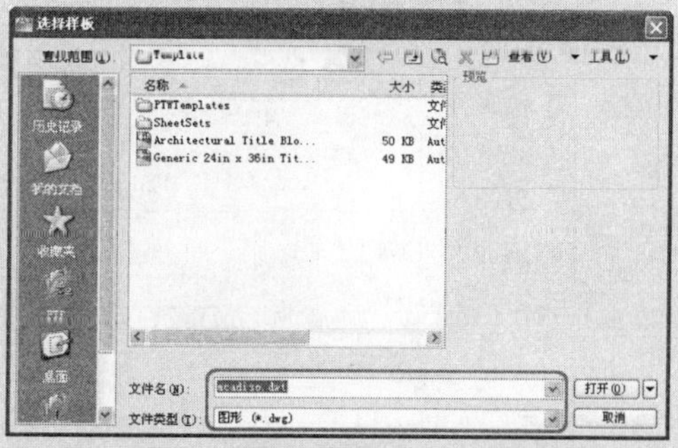

图5-2　“选择样板”对话框

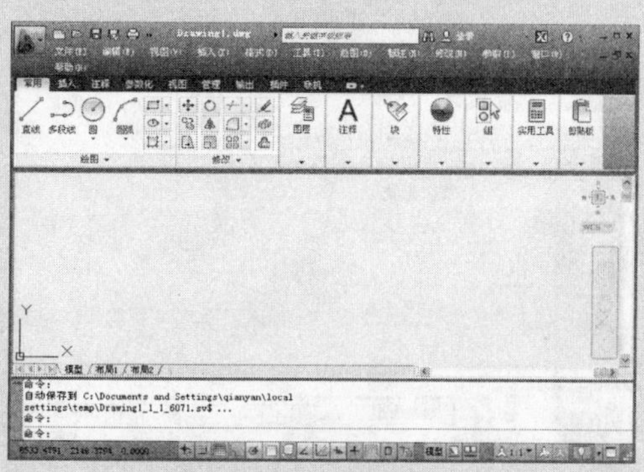

图5-3　新建的图形文件

专家提醒

除了运用上述方法外，还有以下3种方法新建图形文件。

- 命令：在菜单栏中选择“文件”|“新建”命令。
- 工具：单击快速访问工具栏中的“新建”按钮。
- 输入：在命令行中输入NEW（新建），然后按Enter键确定。

第6集　新建标准图形文件

素材：无　　效果：无

视频：视频\第1章\第6集.avi　　时长：36秒

难度：★　　关键技术：“标准（*.dws）”选项

01 单击按钮，在弹出的下拉菜单中选择“新建”|“图形”命令，如图6-1所示。

02 弹出“选择样板”对话框，将“文件类型”设置为“标准（*.dws）”，并在“文件名”列表框中选择acadiso.dwt样板，如图6-2所示。

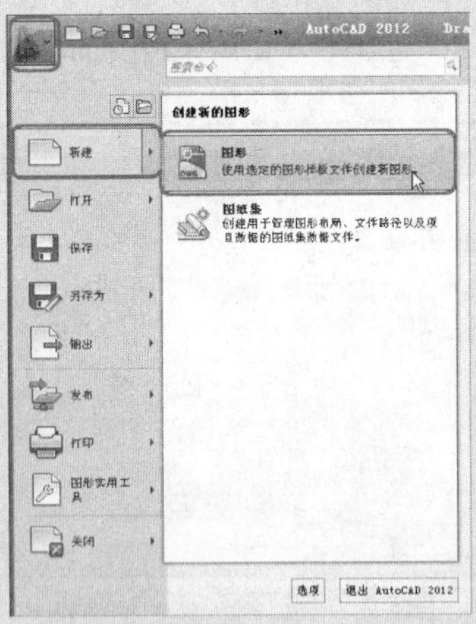

图6-1　选择“新建”|“图形”命令

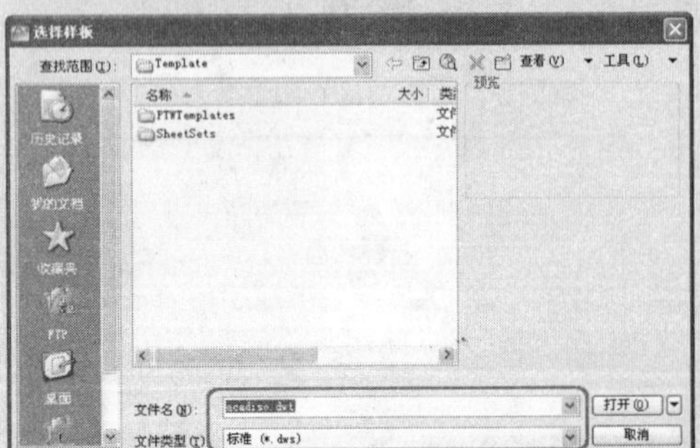

图6-2　“选择样板”对话框

03 单击“打开”按钮，即可新建一幅空白图形文件，如图6-3所示。

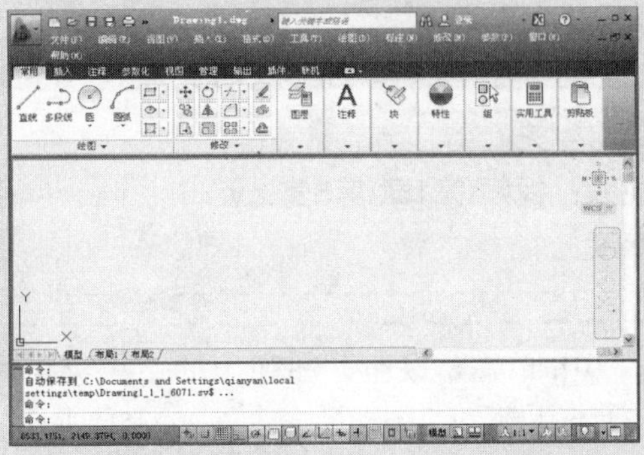

图6-3　新建的标准图形文件

专家提醒

新建标准图形文件的其他方法与新建图形文件的其他方法基本相同，这里就不再赘述。

在新建图形文件时，在“选择样板”对话框中单击“打开”按钮右侧的下三角按钮，在弹出的下拉菜单中选择“无样板打开-英制”或“无样板打开-公制”选项，即可创建一个无样板的图形文件。

第7集　新建图形模板文件

素材：无　　效果：无
视频：视频\第1章\第7集.avi　　时长：38秒
难度：★　　关键技术："图形样板（*.dwt）"选项

01 单击按钮，在弹出的下拉菜单中选择"新建"|"图形"命令，如图7-1所示。

02 弹出"选择样板"对话框，将"文件类型"设置为"图形样板（*.dwt）"，并在"名称"列表框中选择acadiso.dwt样板，如图7-2所示。

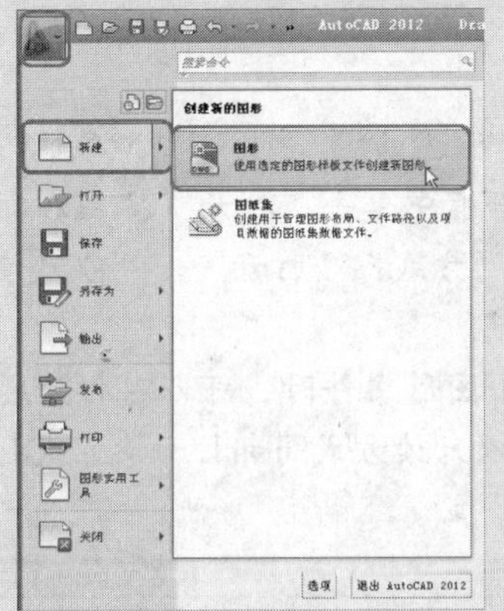

图7-1　选择"图形"命令

03 单击"打开"按钮，即可新建一幅空白图形文件。

图7-2　"选择样板"对话框

专家提醒

新建图形模板文件的其他方法与新建图形文件的其他方法相同，这里就不再赘述。

1.4　打开图形文件

第8集　打开已有图形文件

素材：素材\第1章\8-1.dwg　　效果：无
视频：视频\第1章\第8集.avi　　时长：27秒
难度：★　　关键技术："图形"命令

01 单击按钮，在弹出的下拉菜单中选择"打开"|"图形"命令，如图8-1所示。

02 弹出"选择文件"对话框，在"名称"列表框中选择8-1.dwg文件，如图8-2所示。

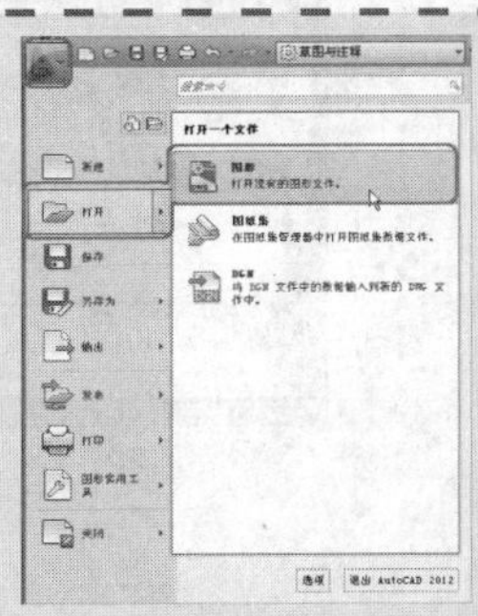

图8-1　选择"图形"命令

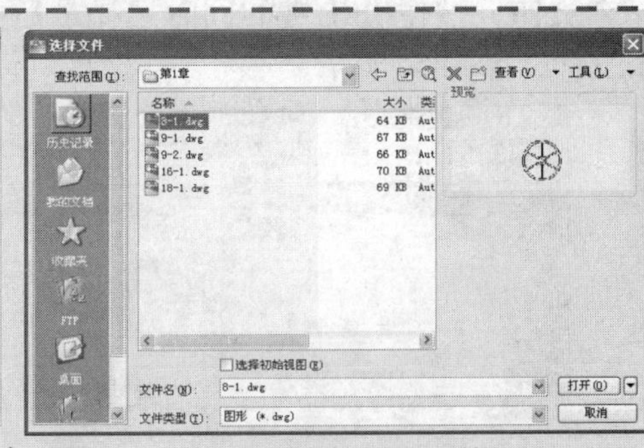

图8-2　选择图形文件

专家提醒

除了运用上述方法外，还有以下4种方法可以打开已有的图形文件。

- 工具：单击快速访问工具栏中的“打开”按钮。
- 命令：在菜单栏中选择“文件”|“打开”命令。
- 输入：在命令行中输入OPEN（打开），然后按Enter键确认。
- 快捷键：按Ctrl+O键。

03 单击“打开”按钮，就可以打开已有的图形文件，如图8-3所示。

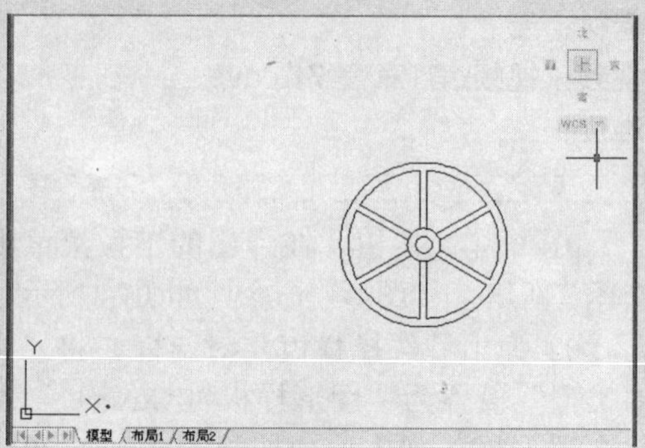

图8-3　打开已有图形文件

专家提醒

打开图形文件时，在打开的“选择文件”对话框中单击“打开”按钮右侧的下三角按钮，在弹出的下拉菜单中有4种打开图形文件的方式：“打开”、“以只读方式打开”、“局部打开”和“以只读方式局部打开”。

当使用“打开”或“局部打开”方式打开一个图形文件时，可以对打开的图形文件进行编辑操作；当使用“以只读方式打开”或“以只读方式局部打开”方式打开一个图形文件时，则不能对原文件进行编辑操作。

第9集　打开多个图形文件

素材：素材\第1章\8-1. dwg、9-1.dwg各9-2. dwg　　效果：无

视频：视频\第1章\第9集.avi　　时长：37秒

难度：★　　关键技术：Shift键

01 单击按钮，在弹出的下拉菜单中选择“打开”|“图形”选项。

02 弹出“选择文件”对话框，选择第一个文件，按住Shift键的同时选择最后一个文件，如图9-1所示。

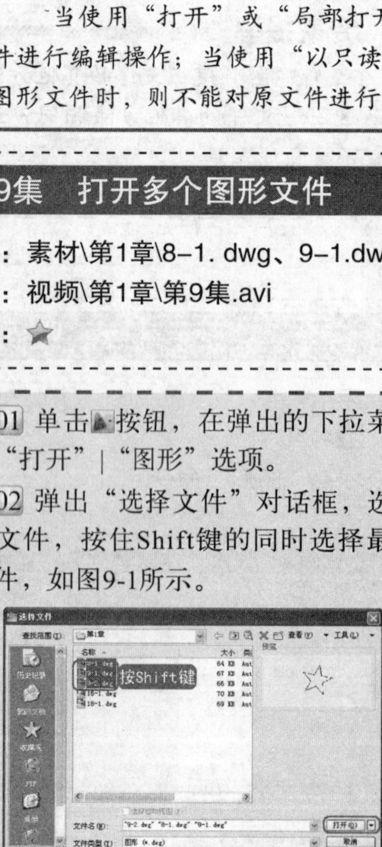

图9-1　选择多个文件

03 单击“打开”按钮，移动绘图窗口，即可显示打开的多个连续图形文件，如图9-2所示。

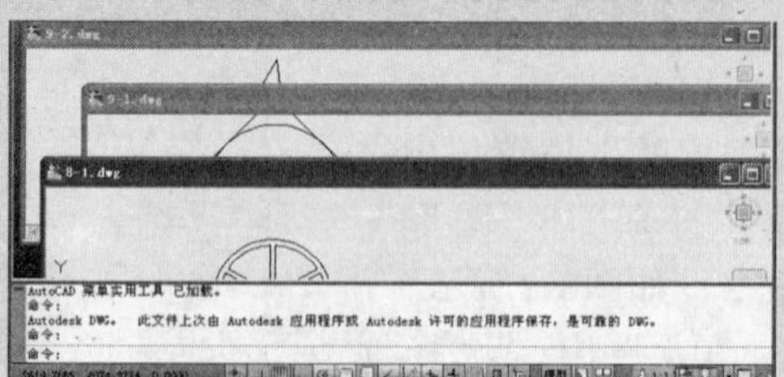

图9-2　打开的多个图形文件

第10集　打开间隔图形文件

素材：素材\第1章\8-1. dwg、9-2. dwg　　效果：无
视频：视频\第1章\第10集.avi　　时长：32秒
难度：★　　关键技术：Ctrl键

01 单击按钮，在弹出的下拉菜单中选择“打开”|“图形”选项。

02 打开“选择文件”对话框，选择一个文件后，按住Ctrl键的同时选择另一个需要打开的文件，如图10-1所示。

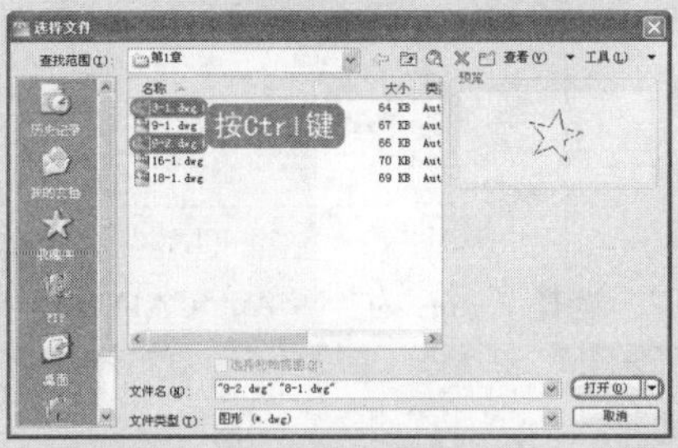

图10-1　选择要打开的文件

03 单击“打开”按钮，移动绘图窗口，即可显示打开选择的图形文件，如图10-2所示。

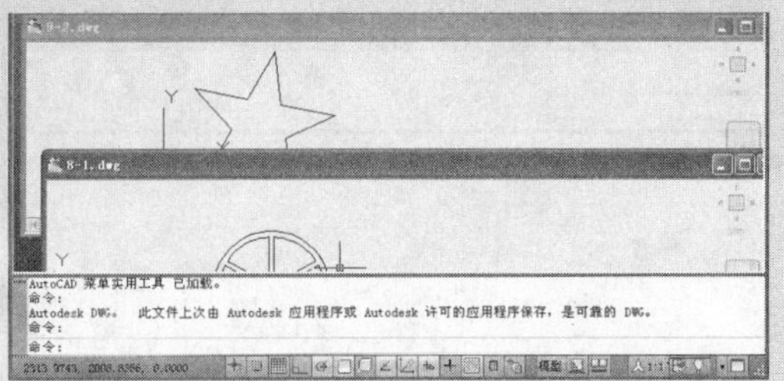
图10-2　打开的多个图形文件

1.5　保存图形文件

第11集　直接保存文件

素材：无　　效果：无
视频：视频\第1章\第11集.avi　　时长：43秒
难度：★　　关键技术：“保存”命令

01 单击快速访问工具栏中的“新建”按钮，在弹出的对话框中新建一幅空白图形文件，如图11-1所示。

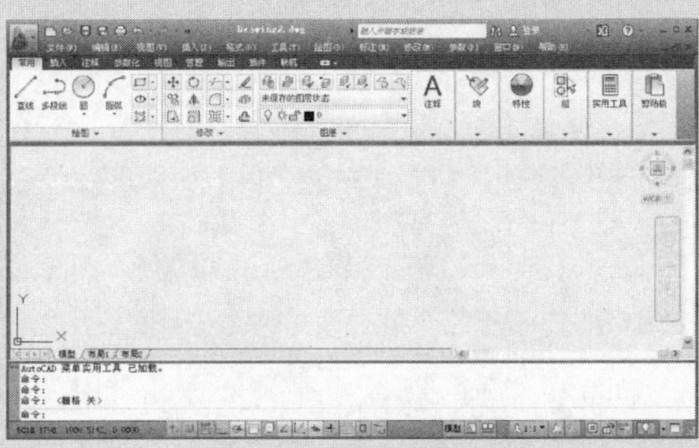
图11-1　新建的图形文件

02 单击菜单栏中的“文件”|“保存”命令，打开“图形另存为”对话框，如图11-2所示。选择保存路径，单击“保存”按钮即可。

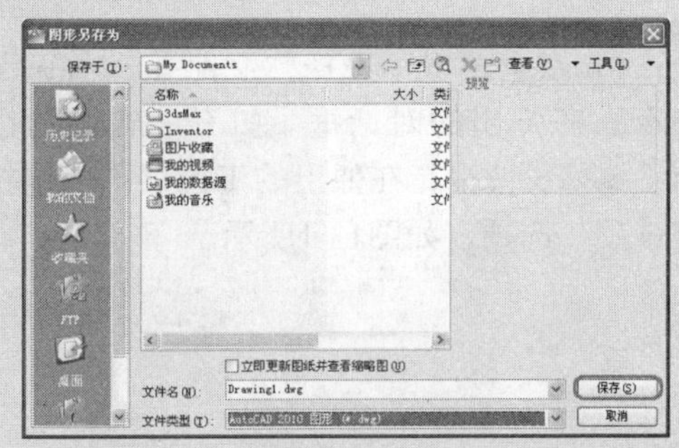
图11-2　“图形另存为”对话框

第12集 另存为图形文件

素材：素材\第1章\8-1.dwg　　效果：无

视频：视频\第1章\第12集.avi　　时长：35秒

难度：★　　关键技术："另存为"命令

01 单击菜单栏中的"文件"|"打开"命令，在弹出的对话框中打开一幅素材图形，如图12-1所示。

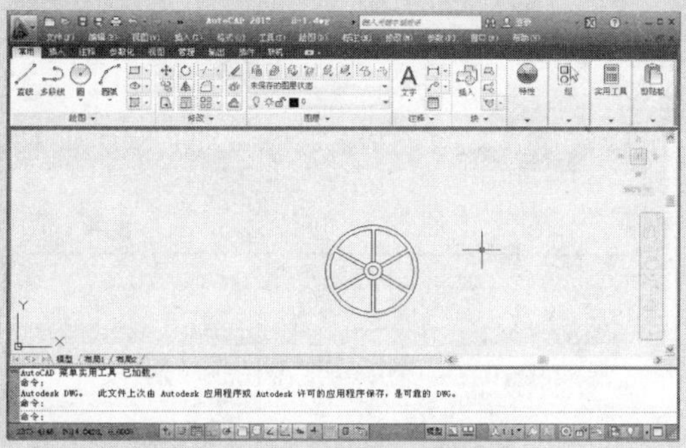

图12-1 打开的素材图形

02 单击▲按钮，在弹出的下拉菜单中选择"另存为"|"AutoCAD图形"选项，如图12-2所示。

图12-2 选择"另存为"|"AutoCAD图形"命令

03 弹出"图形另存为"对话框，如图12-3所示。设置好图形的文件名、类型和保存路径后单击"保存"按钮即可。

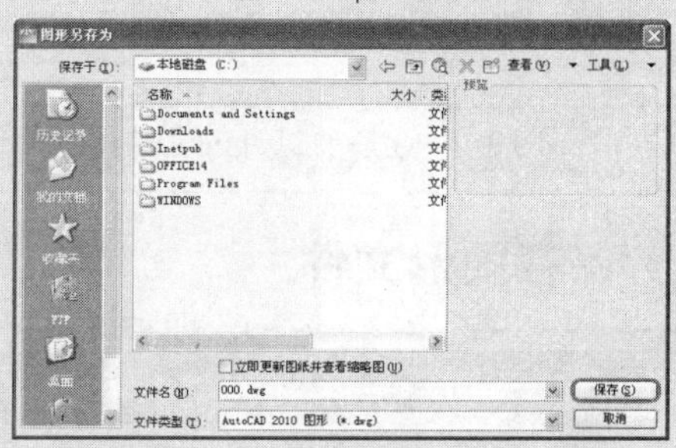

图12-3 "图形另存为"对话框

第13集 设置自动保存文件

素材：素材\第1章\8-1.dwg　　效果：无

视频：视频\第1章\第13集.avi　　时长：48秒

难度：★　　关键技术："自动保存"复选框

01 在菜单栏中选择"文件"|"打开"命令，在弹出的对话框中打开一幅素材图形。单击▲按钮，在弹出的下拉菜单中选择"选项"选项，如图13-1所示。

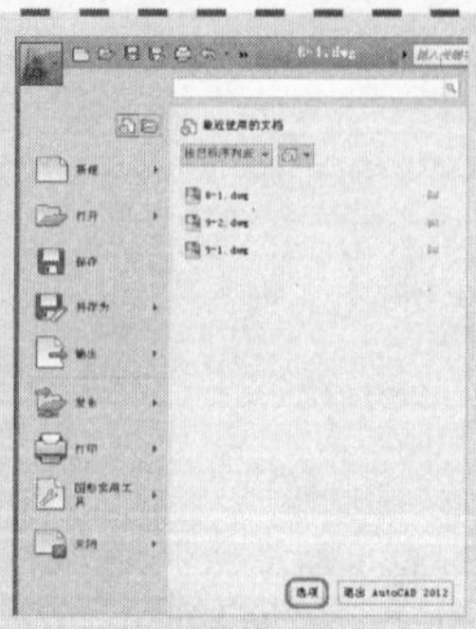

图13-1 单击"选项"按钮

02 弹出“选项”对话框，选择“打开和保存”选项卡，在“文件安全措施”选项组中勾选“自动保存”复选框，并在“保存间隔分钟数”文本框中输入数值，如图13-2所示。设置完成后单击“确定”按钮即可。

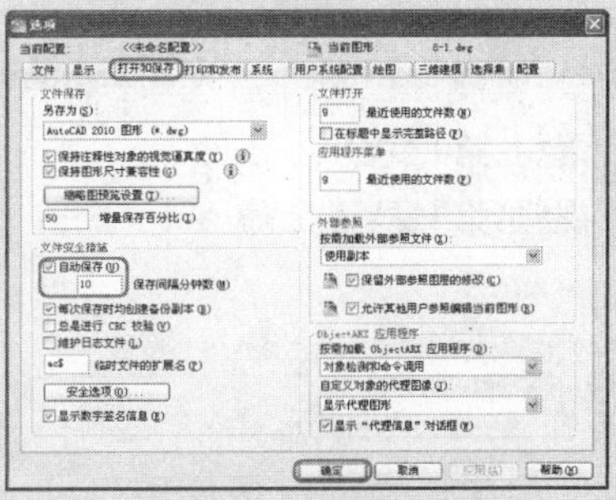

图13-2　设置自动保存

1.6　切换和加密保护图形

第14集　切换图形文件

素材：素材\第1章\8-1. dwg、9-1. dwg　　效果：无

视频：视频\第1章\第14集.avi　　时长：36秒

难度：★　　关键技术：“切换窗口”下拉按钮

01 在菜单栏中选择“文件”|“打开”命令，在弹出的对话框中打开两幅素材图形，如图14-1所示。

图14-1　打开的素材图形

02 选择“视图”选项卡，在“窗口”选项板中单击“切换窗口”按钮，如图14-2所示。

图14-2　单击“切换窗口”下拉按钮

03 在弹出的下拉菜单中选择9-1.dwg图形文件，即可切换到选择的图形窗口中，如图14-3所示。

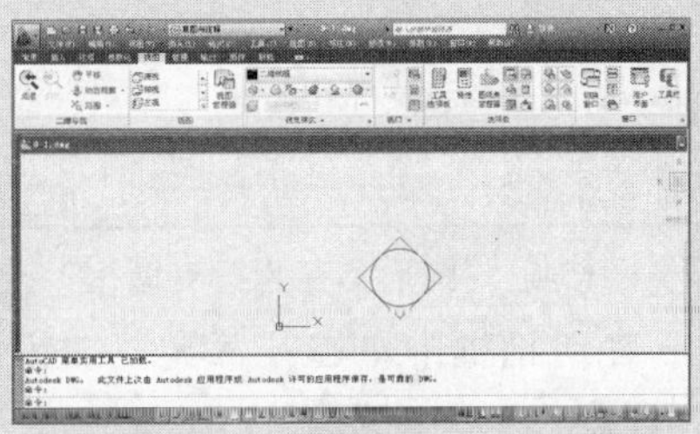

图14-3　切换的图形文件

04 再次单击“切换窗口”按钮，在弹出的下拉菜单中选择8-1.dwg图形文件，即可切换到选择的图形窗口中，如图14-4所示。

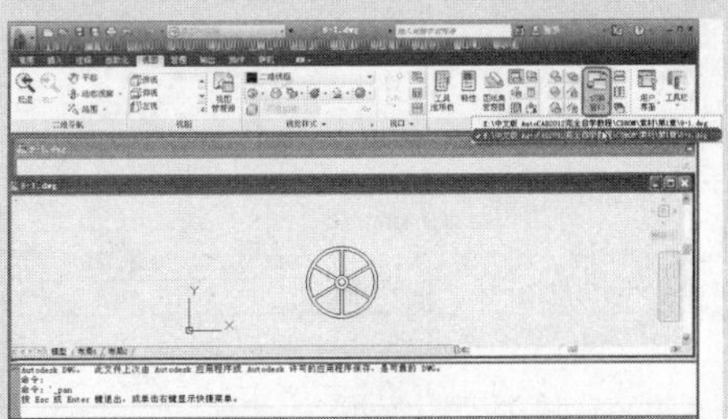

图14-4　切换图形文件

专家提醒

也可以按Ctrl+Tab键切换图形文件。

第15集　加密保护图形文件

素材：素材\第1章\9-2. dwg　　效果：无
视频：视频\第1章\第15集.avi　　时长：1分47秒
难度：★★　　关键技术："安全选项"对话框

01 在菜单栏中选择"文件"|"打开"命令，在弹出的对话框中打开一幅素材图形，将打开的图形文件另存为，单击▲按钮，在弹出的下拉菜单中选择"另存为"|"AutoCAD图形"选项，弹出"图形另存为"对话框，如图15-1所示。

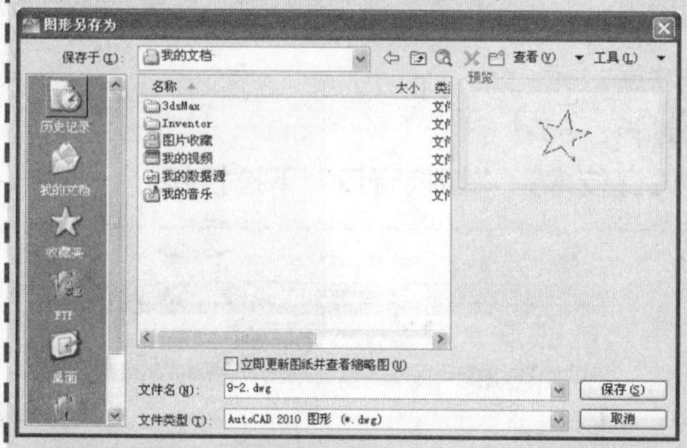

图15-1　"图形另存为"对话框

02 在对话框中单击"工具"按钮，弹出如图15-2所示的下拉菜单。

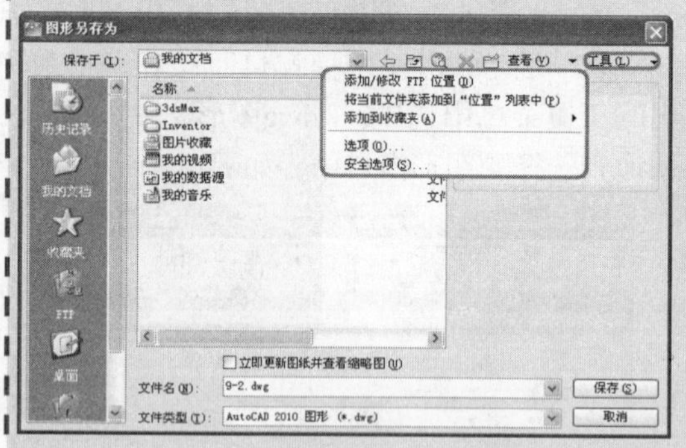

图15-2　单击"工具"按钮

03 在下拉菜单中选择"安全选项"选项，弹出"安全选项"对话框，在"密码"选项卡下的"用于打开此图形的密码或短语"文本框中输入密码，如图15-3所示。

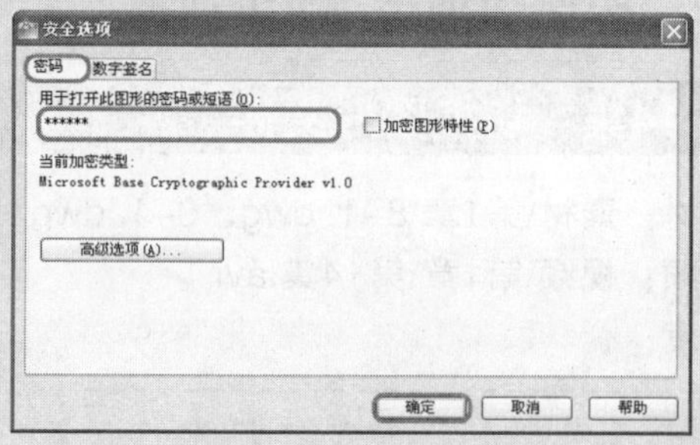

图15-3　输入密码

04 单击"确定"按钮，弹出"确认密码"对话框，如图15-4所示。

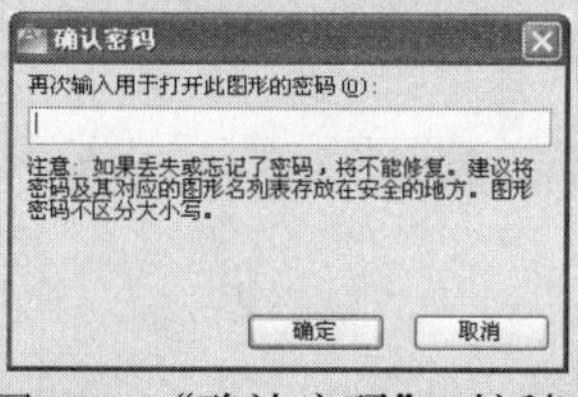

图15-4　"确认密码"对话框

05 在"再次输入用于打开此图形的密码"文本框中输入确认密码后单击"确定"按钮，然后在"图形另存为"对话框中单击"保存"按钮。

06 当再次打开该文件时，系统将弹出"密码"对话框，要求输入正确的密码，否则将无法打开此文件。

1.7　输出和关闭图形文件

第16集　输出图形文件

素材：素材\第1章\16-1. dwg　　效果：无
视频：视频\第1章\第16集.avi　　时长：37秒
难度：★　　关键技术："输出"命令

01 按Ctrl+O键打开一幅素材图形，单击按钮，在弹出的下拉菜单中选择“输出”|DWF选项，如图16-1所示。

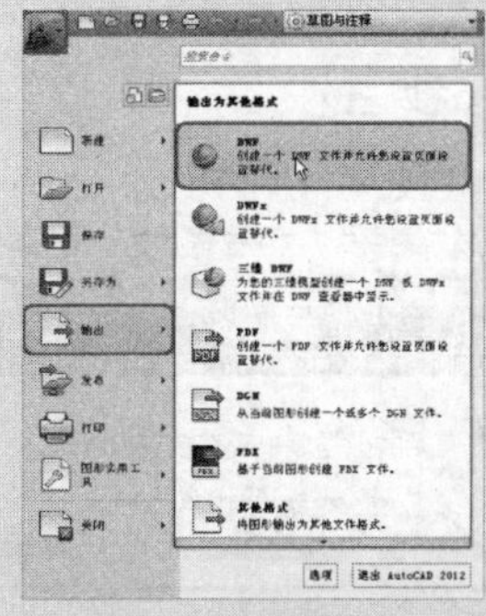

图16-1　选择DWF选项

02 弹出“另存为DWF”对话框，如图16-2所示，设置输出路径，单击“保存”按钮，返回绘制区。

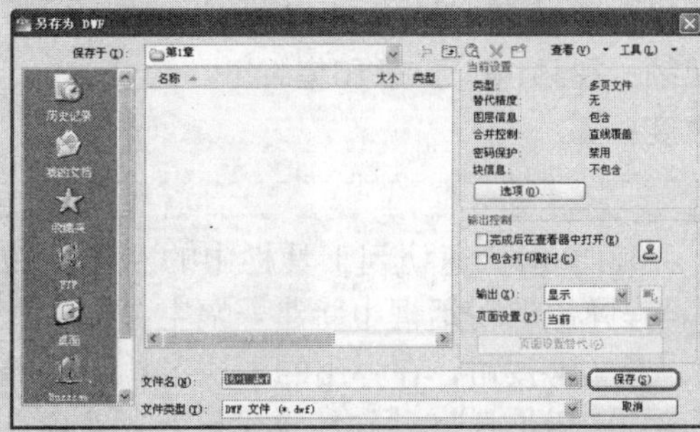

图16-2　“另存为DWF”对话框

第17集　关闭图形文件

素材：无　　效果：无

视频：视频\第1章\第17集.avi　　时长：36秒

难度：★　　关键技术：“关闭”命令

01 在菜单栏中选择“文件”|“新建”命令，在弹出的对话框中新建一幅空白图形文件，单击按钮，在弹出的下拉菜单中选择“关闭”|“当前图形”选项，如图17-1所示。

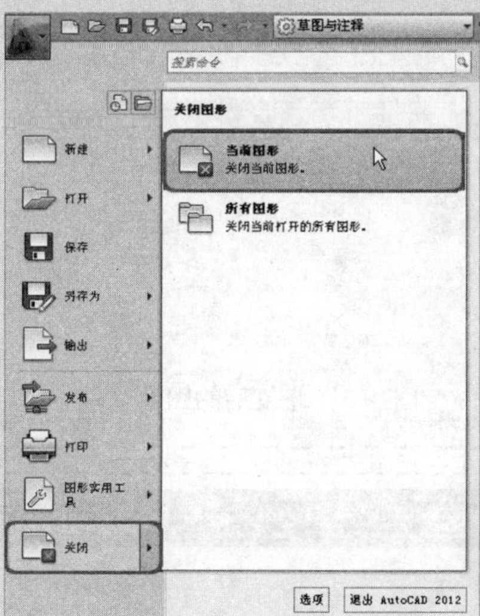

图17-1　选择“当前图形”选项

02 如果关闭文件前没有保存，则会弹出信息提示对话框，询问是否保存文件，如图17 2所示。

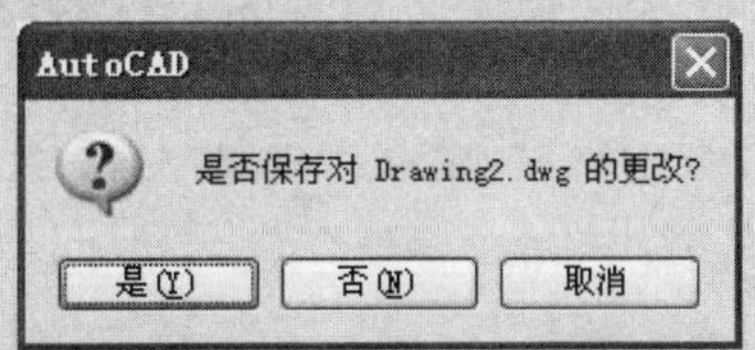

图17-2　提示保存文件对话框

专家提醒

除了运用上述方法外，还有以下3种方法可以关闭图形文件。

- 命令：在菜单栏中选择“文件”|“关闭”命令。
- 按钮：单击图形文件右上角的“关闭”按钮☒。
- 输入：在命令行中输入CLOSE（关闭），然后按Enter键。

1.8 修复和恢复图形文件

第18集 修复图形文件

素材：素材\第1章\18-1. dwg　　效果：无
视频：视频\第1章\第18集.avi　　时长：1分16秒
难度：★　　关键技术：“修复”命令

01 单击快速访问工具栏中的新建按钮，在弹出的对话框中新建一幅空白图形文件。单击按钮，在弹出的下拉菜单中选择“图形实用工具”|“修复”|“修复”选项，如图18-1所示。

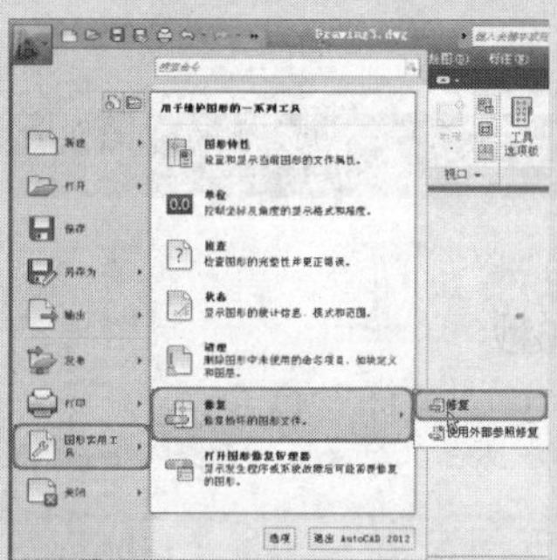

图18-1 选择“修复”命令

02 弹出“选择文件”对话框，在该对话框中选择一幅需要修复的素材图形，如图18-2所示。

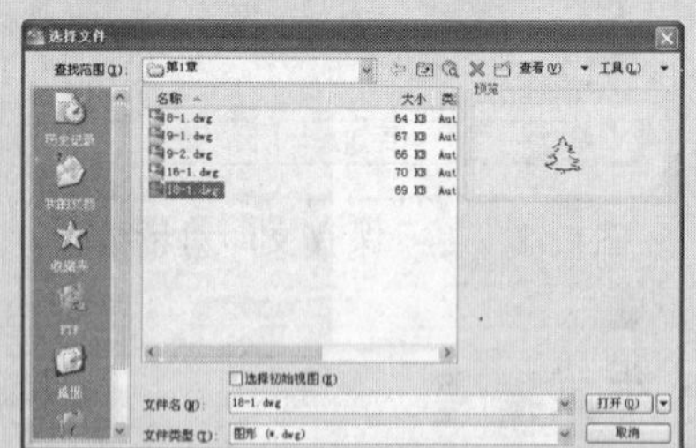

图18-2 选择图形文件

03 单击“打开”按钮，则会弹出如图18-3所示的消息提示框。

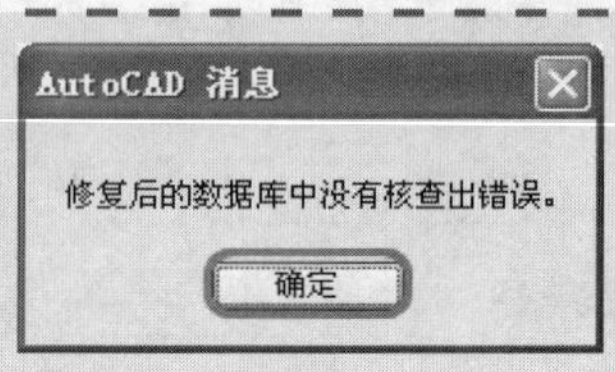

图18-3 消息提示对话框

04 单击“确定”按钮，并将如图18-4所示的对话框进行关闭。

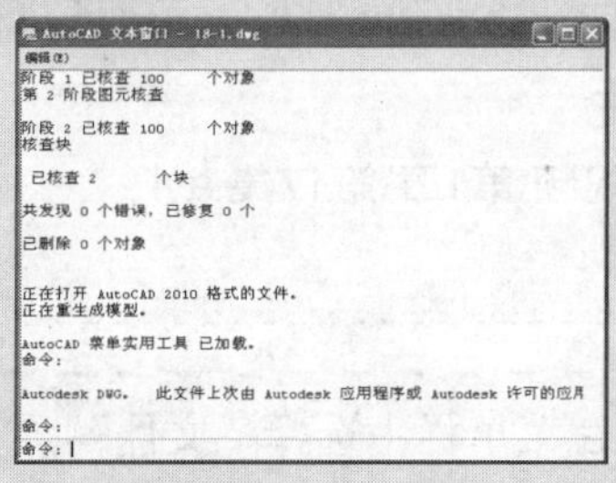

图18-4 “AutoCAD 文本窗口”对话框

05 将“AutoCAD 文本窗口”关闭后则会显示出修复后的图形文件，如图18-5所示。

图18-5 修复后的图形文件

第19集 恢复图形文件

素材：无　　效果：无
视频：视频\第1章\第19集.avi　　时长：54秒
难度：★　　关键技术：“图形修复管理器”面板

01 在菜单栏中选择“文件”|“新建”命令，在弹出的对话框中新建一幅空白图形文件，单击按钮，在弹出的下拉菜单中选择“图形实用工具”|“打开图形修复管理器”选项，如图19-1所示。

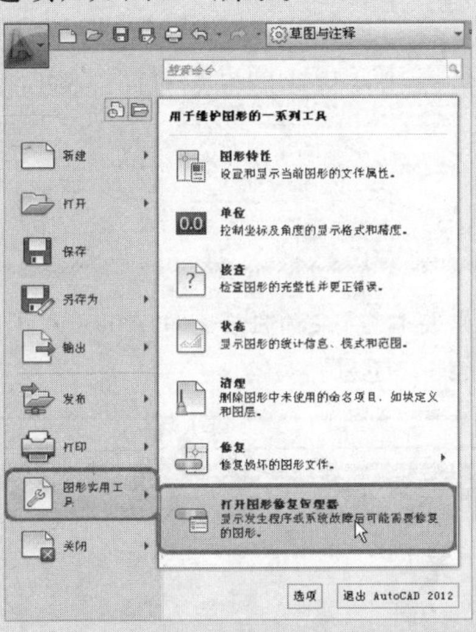

图19-1　选择“打开图形修复管理器”命令

02 打开“图形修复管理器”面板。单击文件夹前的+号按钮，列出所有备份文件，双击备份文件，或者右击备份文件并在弹出的快捷菜单中选择“打开”命令，即可恢复图形文件，如图19-2所示。

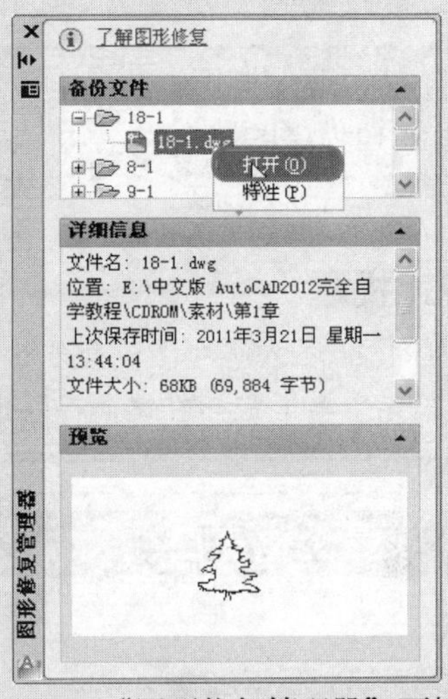

图19-2　“图形修复管理器”面板

1.9　管理AutoCAD 2012窗口

第20集　最小化窗口

素材：无　　效果：无

视频：视频\第1章\第20集.avi　　时长：14秒

难度：★　　关键技术：“最小化”按钮

01 将鼠标指针移至标题栏右上角的“最小化”按钮处，如图20-1所示。

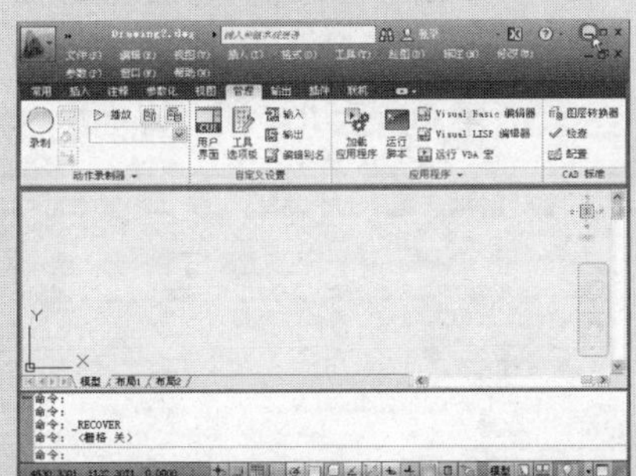

图20-1　选择“最小化”按钮

02 单击“最小化”按钮，即可将窗口最小化。

专家提醒

除了运用上述方法外，还有以下两种方法可以将窗口最小化。

- 方法1：在桌面任务栏上的AutoCAD 2012程序图标上右击鼠标，在弹出的快捷菜单中选择“最小化”命令。
- 方法2：在标题栏上右击鼠标，在弹出的快捷菜单中选择“最小化”命令。

第21集　还原窗口

素材：无　　效果：无

视频：视频\第1章\第21集.avi　　时长：15秒

难度：★　　关键技术："还原"命令

01 将鼠标指针移至桌面任务栏上的AutoCAD 2012程序图标上。

02 单击该程序图标即可还原窗口。

专家提醒

除了上述方法外，还有另外一种方法可以还原窗口:在桌面任务栏的AutoCAD 2012程序图标上单击鼠标右键，在弹出的快捷菜单中选择"还原"命令。

第22集　最大化窗口

素材：无　　效果：无

视频：视频\第1章\第22集.avi　　时长：13秒

难度：★　　关键技术："最大化"按钮

01 将鼠标指针移至标题栏右上角的"最大化"按钮□处，如图22-1所示。

02 单击该按钮，即可将窗口最大化。

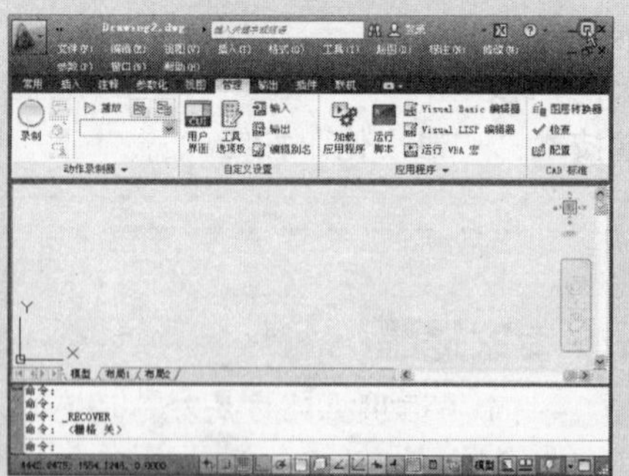

图22-1　选择"最大化"按钮

专家提醒

除了上述方法外，还有以下两种方法可以将窗口最大化。

- 方法1：在桌面任务栏的AutoCAD 2012程序图标上右击鼠标，在弹出的快捷菜单中选择"最大化"命令。
- 方法2：在标题栏上右击鼠标，在弹出的快捷菜单中选择"最大化"命令。

第 2 章 初识绘图环境

在运用AutoCAD 2012绘制图形之前，通常需要对绘图环境进行设置，这样可以保证操作准确、符合规定，同时也可以提高设计效率。

2.1 管理“功能区”面板

第23集 隐藏功能区

素材：素材\第2章\23-1.dwg　　效果：无
视频：视频\第2章\第23集.avi　　时长：27秒
难度：★　　关键技术：RIBBONCLOSE命令

01 启动AutoCAD 2012软件，按Ctrl+O键，打开一幅素材图形，如图23-1所示。

02 在命令行中输入RIBBONCLOSE（隐藏功能区）命令，按Enter键确认，即可隐藏功能区，如图23-2所示。

专家提醒

除了使用命令隐藏功能区，还有以下两种方法：

- 方法1：在“功能区”选项板空白处右击鼠标，在弹出的快捷菜单中选择“关闭”命令。
- 方法2：在菜单栏中选择“工具”|“选项板”|“功能区”命令。

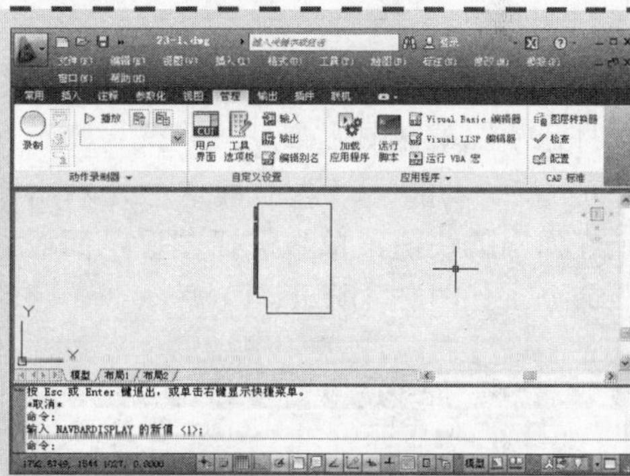

图23-1 打开素材图形

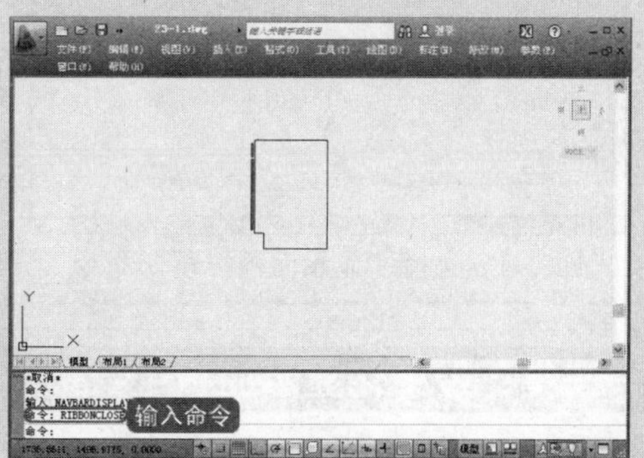

图23-2 隐藏功能区

第24集 显示功能区

素材：素材\第2章\23-1.dwg　　效果：无
视频：视频\第2章\第24集.avi　　时长：16秒
难度：★　　关键技术：RIBBON命令

01 接第23集，在命令行中输入RIBBON（显示功能区）命令，按Enter键确认，即可显示已隐藏的功能区，如图24-1所示。

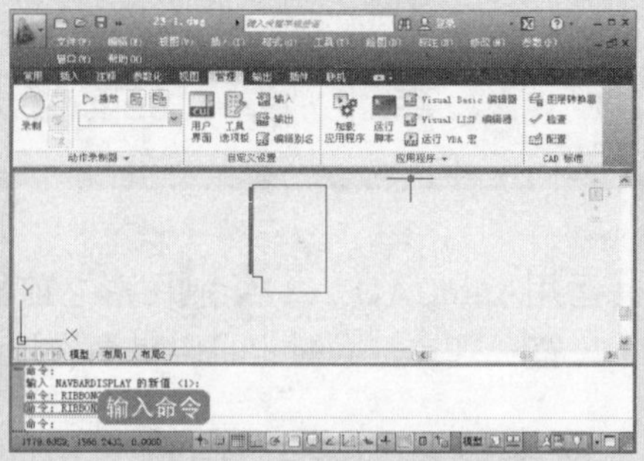

图24-1 显示功能区

第25集 隐藏面板标题

素材：素材\第2章\25–1.dwg
效果：无
视频：视频\第2章\第25集.avi
时长：25秒
难度：★
关键技术：“显示面板标题”选项

01 启动AutoCAD 2012软件，按Ctrl+O键，打开一幅素材图形。

02 在“功能区”选项板空白处右击鼠标，在弹出的快捷菜单中选择“显示面板标题”命令，如图25-1所示。

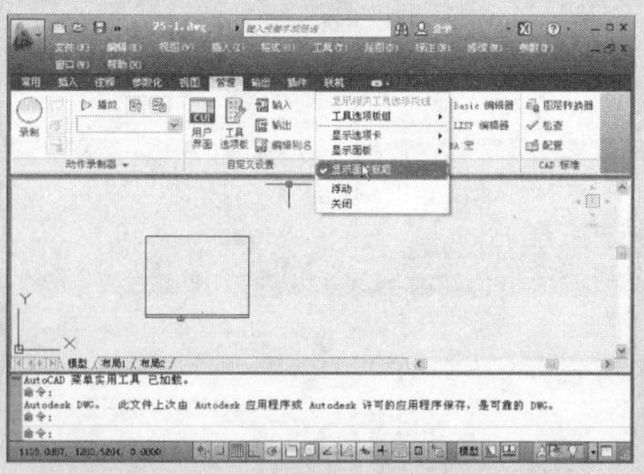
图25-1 选择“显示面板标题”命令

03 执行操作后，即可将面板标题隐藏。如图25-2所示。

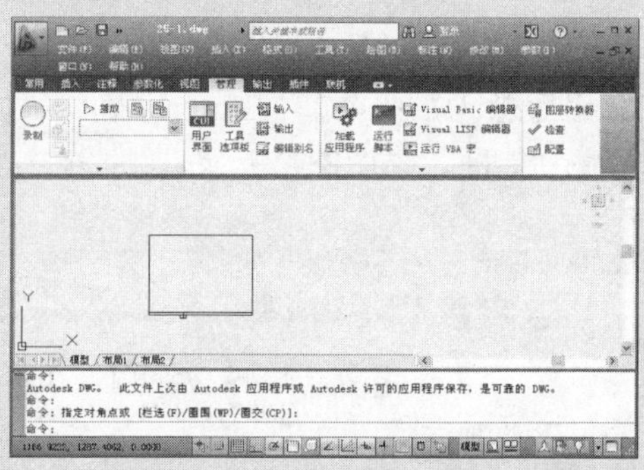
图25-2 隐藏显示面板标题

第26集 最小化显示面板

素材：素材\第2章\26–1.dwg
效果：无
视频：视频\第2章\第26集.avi
时长：21秒
难度：★
关键技术：“最小化为面板”按钮

01 启动AutoCAD 2012软件，按Ctrl+O键，打开一幅素材图形，如图26-1所示。在“功能区”选项板中单击“最小化为面板”按钮。

02 执行完操作后，即可将功能区最小化为显示面板。如图26-2所示。

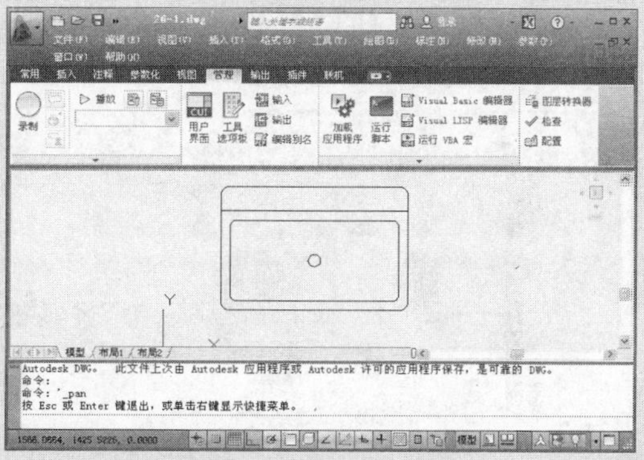

图26-1　打开素材图形

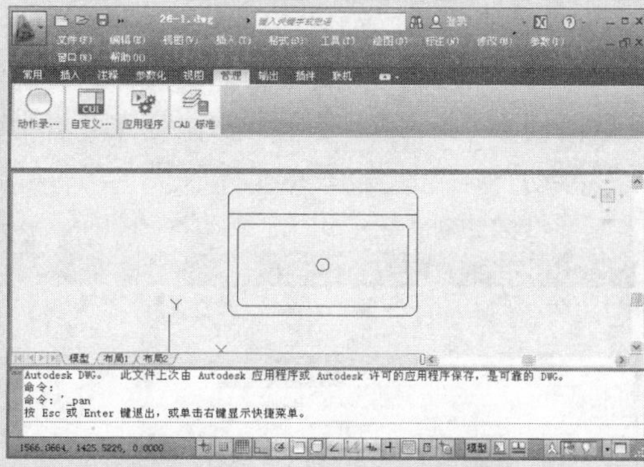

图26-2　最小化显示面板

专家提醒

单击“最小化为面板”按钮后的下三角按钮，在打开的下拉列表中可以选择“最小化为面板标题”和“最小化为选项卡按钮”等选项。

第27集　最大化显示选项卡

素材：素材\第2章\26-1.dwg　　效果：无

视频：视频\第2章\第27集.avi　　时长：31秒

难度：★　　关键技术：“显示完整的功能区”按钮

01 接第26集，当将功能区最小化为选项卡时，“最小化为选项卡”按钮将变为“显示完整的功能区”按钮，如图27-1所示。

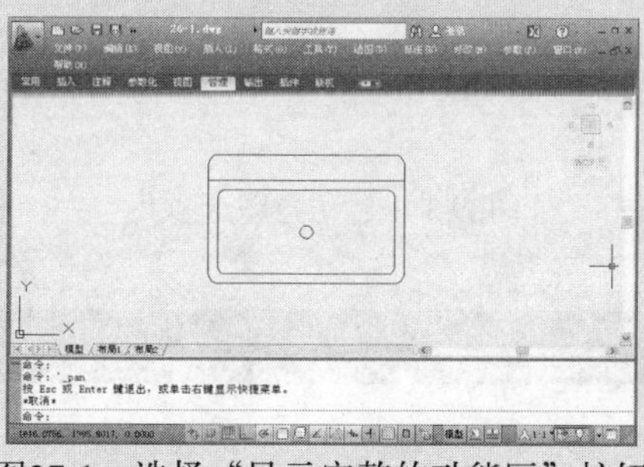

图27-1　选择“显示完整的功能区”按钮

02 单击该按钮，即可显示完整的功能区，如图27-2所示。

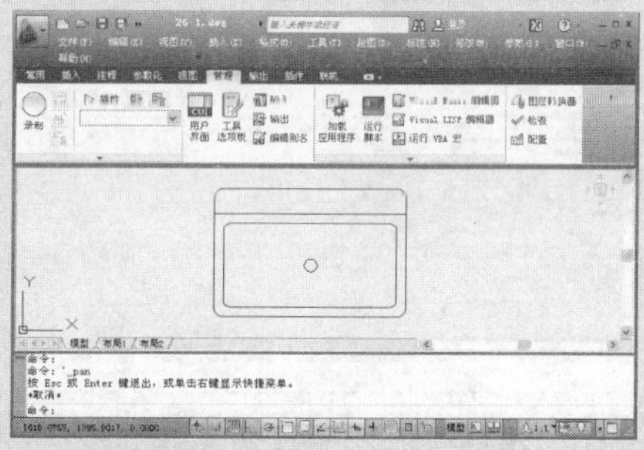

图27-2　显示完整的功能区

第28集　浮动选项卡

素材：素材\第2章\28-1.dwg　　效果：无

视频：视频\第2章\第28集.avi　　时长：27秒

难度：★　　关键技术：“浮动”命令

01 启动AutoCAD 2012软件，按Ctrl+O键，打开一幅素材图形，在“功能区”选项板空白处右击鼠标，在弹出的快捷菜单中选择“浮动”命令，如图28-1所示。

图28-1　选择“浮动”命令

02 选择“浮动”命令后，即可将功能区变为浮动面板，如图28-2所示。

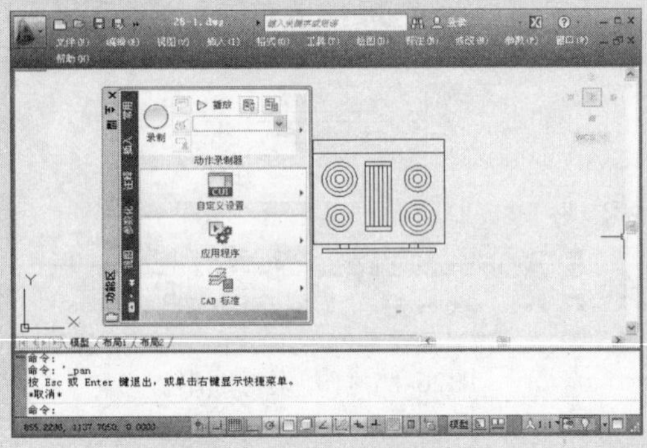

图28-2　浮动选项卡

第29集　自动隐藏选项卡

素材：素材\第2章\28–1.dwg　　效果：无
视频：视频\第2章\第29集.avi　　时长：19秒
难度：★　　关键技术：“自动隐藏”按钮

01 接第28集的操作，将鼠标移动到浮动的“功能区”面板上的“自动隐藏”按钮上，单击该按钮，即可自动隐藏选项卡，如图29-1所示。

图29-1　自动隐藏选项卡

第30集　关闭选项卡

素材：素材\第2章\30–1.dwg　　效果：无
视频：视频\第2章\第30集.avi　　时长：16秒
难度：★　　关键技术：“关闭”命令

01 启动AutoCAD 2012软件，按Ctrl+O键，打开一幅素材图形，在“功能区”选项板空白处右击鼠标，在弹出的快捷菜单中选择“关闭”命令，如图30-1所示。

02 选择该命令后，即可关闭选项卡，如图30-2所示。

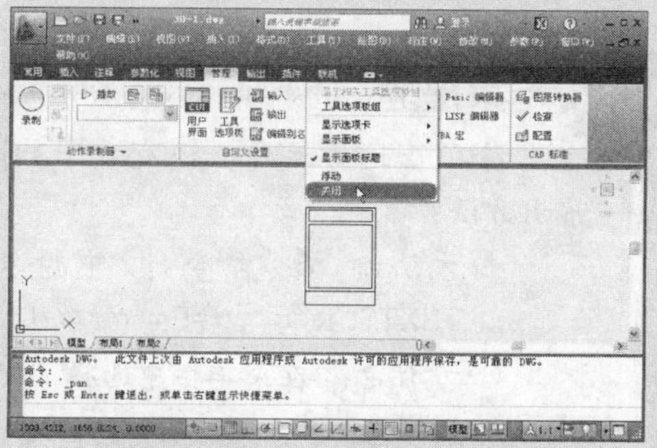
图30-1　选择“关闭”命令

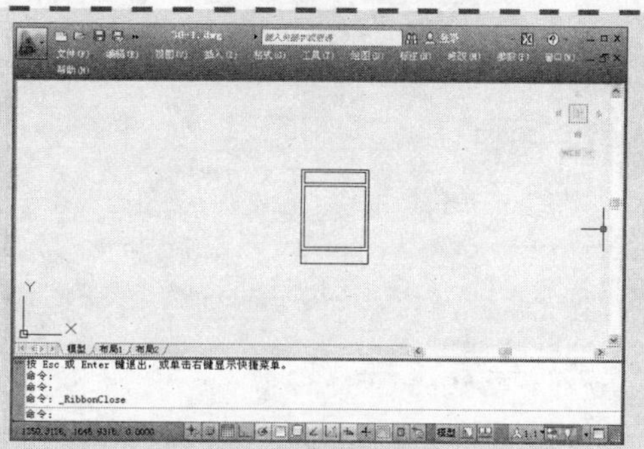
图30-2　关闭选项卡

2.2　设置命令提示行

第31集　移动命令行

素材：素材\第2章\31–1.dwg　　效果：无
视频：视频\第2章\第31集.avi　　时长：21秒
难度：★　　关键技术：拖动鼠标

01 启动AutoCAD 2012软件，按Ctrl+O键，打开一幅素材图形，将鼠标移至“命令行”窗口最左侧，将其拖动至合适的位置，松开鼠标即可移动命令行，如图31-1所示。

图31-1　移动命令行

第32集　查看执行多行命令

素材：无　　效果：无
视频：视频\第2章\第32集.avi　　时长：32秒
难度：★　　关键技术：“文本窗口”

01 启动AutoCAD 2012软件，单击“功能区”选项板中的“视图”选项卡，在“窗口”面板中单击“用户界面”按钮，在打开的下位菜单中勾选“文本窗口”复选框，如图32-1所示。

02 选择“文本窗口”复选框后，会弹出“AutoCAD文本窗口”对话框，用户在文本窗口中即可查看多行命令，如图32-2所示。

图32-1　单击“文本窗口”复选框

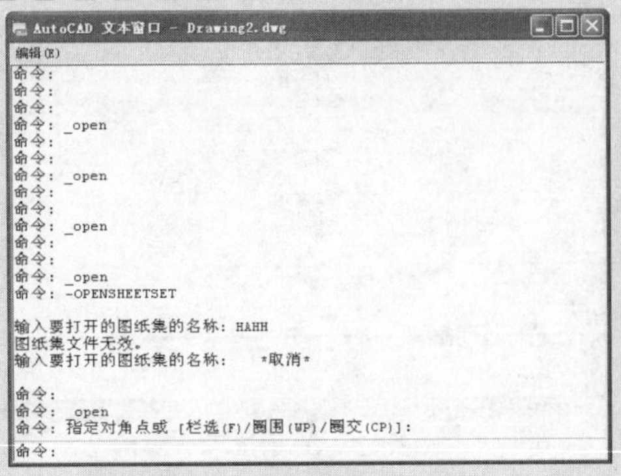

图32-2 “AutoCAD文本窗口”

专家提醒

除了上述方法外，还有以下3种常用方法：

- 方法1：在“命令行”中输入TEXTSCR命令，按Enter键确认。
- 方法2：在菜单栏中选择“视图”|“显示”|“文本窗口”命令。
- 方法3：按F2键。

2.3 设置十字光标

第33集 设置光标大小

素材：素材\第2章\33–1.dwg　　效果：无

视频：视频\第2章\第33集.avi　　时长：40秒

难度：★　　关键技术：“显示”选项卡

01 启动AutoCAD 2012软件，按Ctrl+O键，打开一幅素材图形，单击按钮，在弹出的下拉菜单中选择“选项”选项，如图33-1所示。

02 在弹出的“选项”对话框中切换到“显示”选项卡，在“十字光标大小”下的文本框中输入数值，如输入30，如图33-2所示。

03 单击“确定”按钮，在绘图窗口中即可查看光标设置后的效果，如图33-3所示。

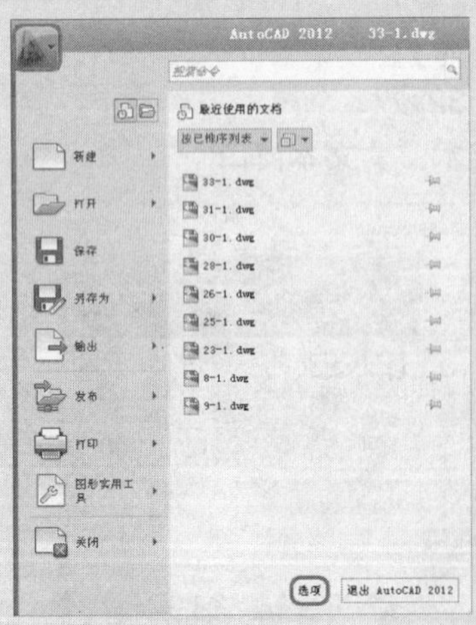

图33-1 单击“选项”按钮

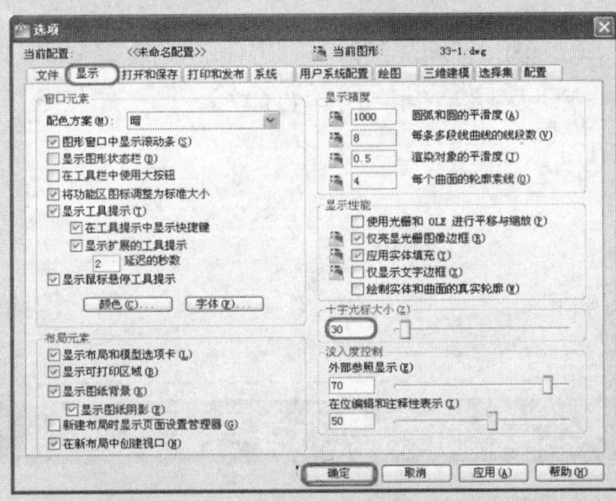

图33-2 设置光标大小

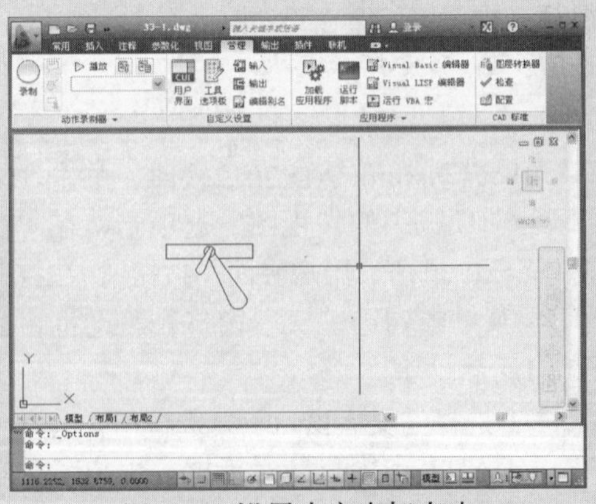

图33-3 设置十字光标大小

第34集　显示光标坐标值

素材：素材\第2章\34-1.dwg　　效果：无

视频：视频\第2章\第34集.avi　　时长：30秒

难度：☆　　关键技术：“绝对”命令

01 启动AutoCAD 2012软件，按Ctrl+O键，打开一幅素材图形，将鼠标移动至状态栏左下角的“图形坐标”数值处，右击鼠标，在弹出的快捷菜单中选择“绝对”命令，如图34-1所示。

02 选择“绝对”命令后，移动十字光标时该处数值也随之发生变化。

图34-1　选择“绝对”命令

2.4　显示菜单栏和工具栏

第35集　显示菜单栏

素材：素材\第2章\34-1.dwg　　效果：无

视频：视频\第2章\第35集.avi　　时长：20秒

难度：☆　　关键技术：“显示菜单栏”命令

01 接第34集的操作，单击“工作空间”右侧▾按钮，在弹出的下拉菜单中选择“显示菜单栏”选项，如图35-1所示。

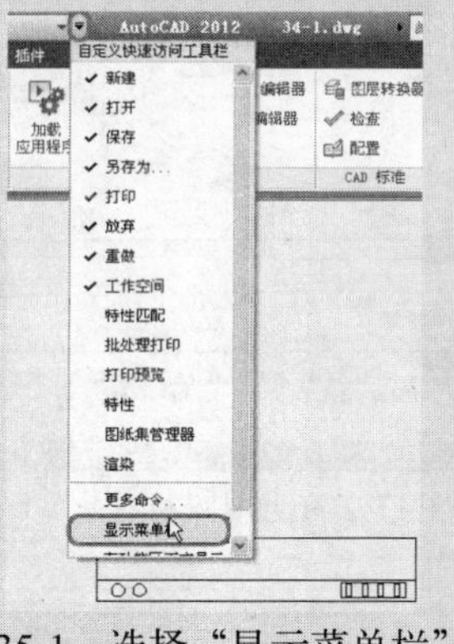

图35-1　选择“显示菜单栏”

02 执行该命令后，即可将菜单栏显示出来，如图35-2所示。

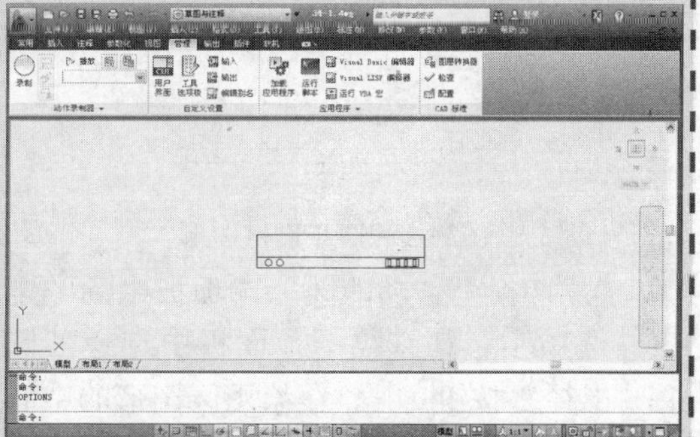

图35-2　显示菜单栏

第36集　调出工具栏

素材：无　　效果：无

视频：视频\第2章\第36集.avi　　时长：20秒

难度：☆　　关键技术：“工具栏”命令

01 启动AutoCAD 2012软件，在菜单栏中选择“工具”|“工具栏”|AutoCAD|“文字”命令，如图36-1所示。

02 选择“文字”命令后，即可调出文字工具栏，如图36-2所示。

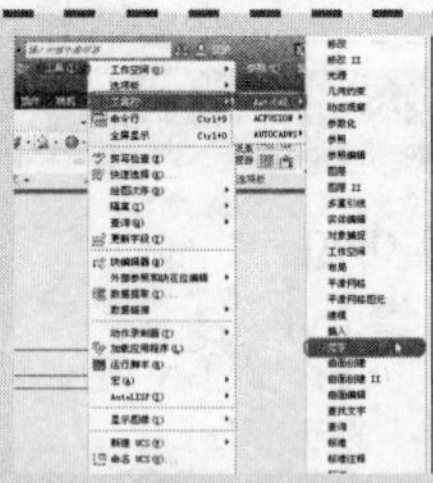
图36-1 选择“文字”命令

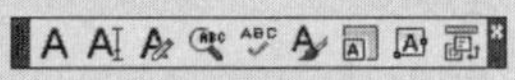
图36-2 文字工具栏

2.5 命令的使用

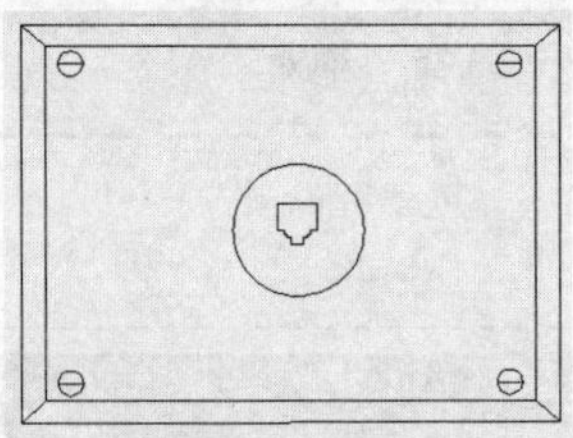

第37集 使用鼠标执行命令

素材：素材\第2章\37–1.dwg
效果：效果\第2章\第37集.dwg
视频：视频\第2章\第37集.avi
时长：49秒
难度：★
关键技术：““圆心，半径”按钮

01 启动AutoCAD 2012软件，按Ctrl+O键，打开一幅素材图形，如图37-1所示。

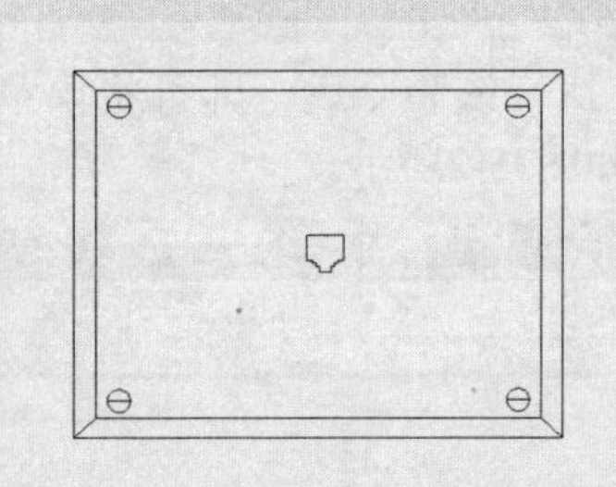
图37-1 打开素材图形

02 切换至“功能区”选项板中的“常用”选项卡，在“绘图”面板中选择“圆心，半径”按钮，在绘图区图形的中心位置单击鼠标，输入300，按Enter键确认，即可绘制一个圆，如图37-2所示。

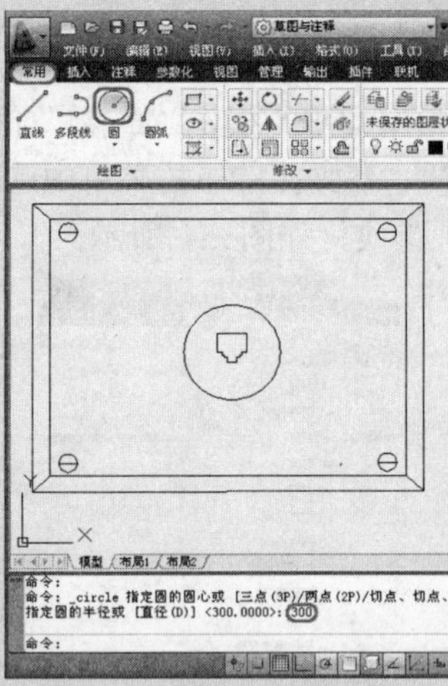
图37-2 使用鼠标执行命令

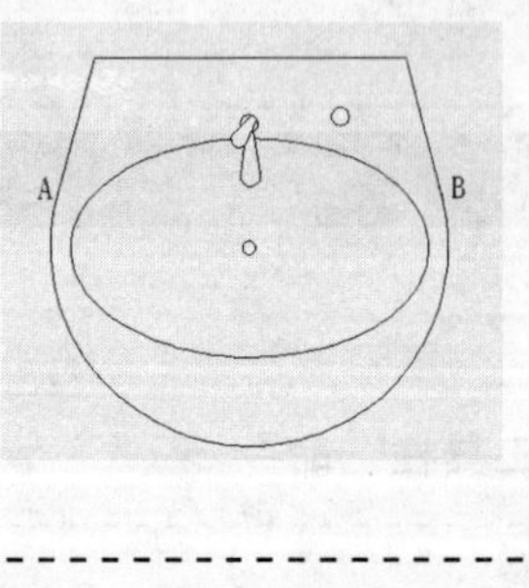

第38集 使用命令行执行命令

素材：素材\第2章\38–1.dwg
效果：效果\第2章\第38集.dwg
视频：视频\第2章\第38集.avi
时长：42秒
难度：★
关键技术：ARC命令

01 启动AutoCAD 2012软件，按Ctrl+O键，打开一幅素材图形，如图38-1所示

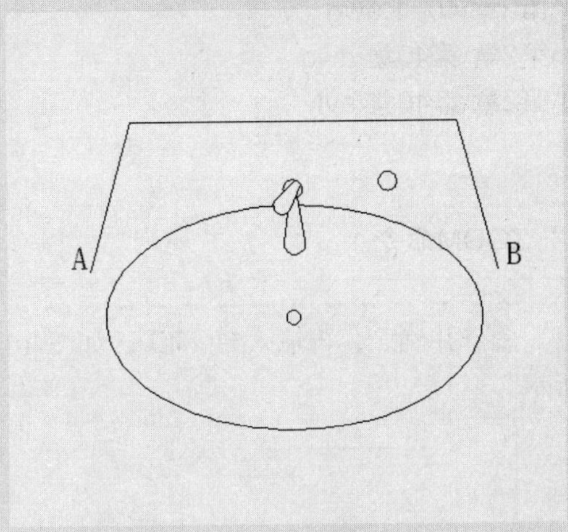

图38-1 打开素材图形

02 在命令行中输入ARC（圆弧）命令，按Enter键确认，在绘图区中的A点上单击鼠标，确定圆弧的起点，将光标移至B点并单击鼠标，确定圆弧第二点，移动鼠标调整圆弧大小，单击鼠标确认，如图38-2所示。

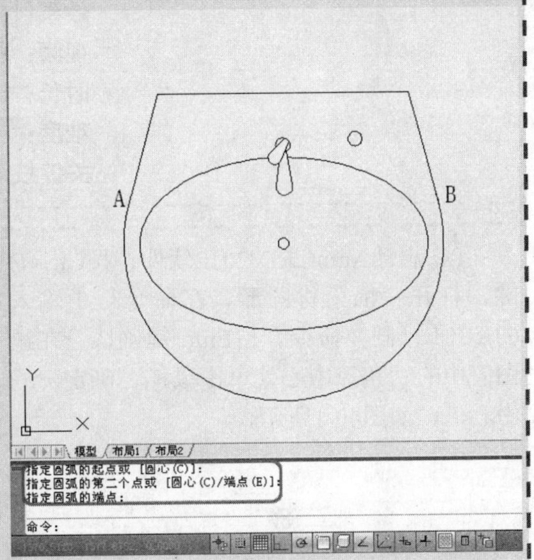

图38-2 绘制后的效果

第39集　使用文本窗口执行命令

素材：无

效果：无

视频：视频\第2章\第39集.avi

时长：41秒

难度：★

关键技术：“近期使用的命令”

01 如要执行前面已执行过的某个命令，可以切换至“功能区”选项板中“视图”选项卡，在“窗口”面板中单击“用户界面”按钮，在打开的下拉菜单中勾选“文本窗口”复选框，如图39-1所示。

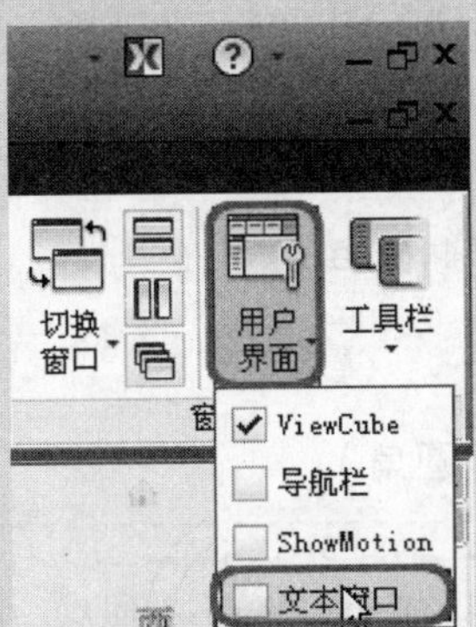

图39-1　选择“文本窗口”复选框

02 在弹出的“文本窗口”对话框中右击鼠标，在弹出的快捷菜单中选择“近期使用的”命令，在打开的子菜单中选择需要的命令，如图39-2所示。

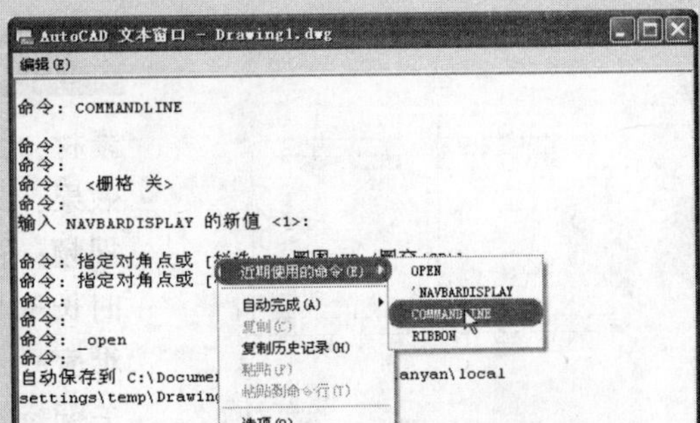

图39-2　选择“近期使用的命令”

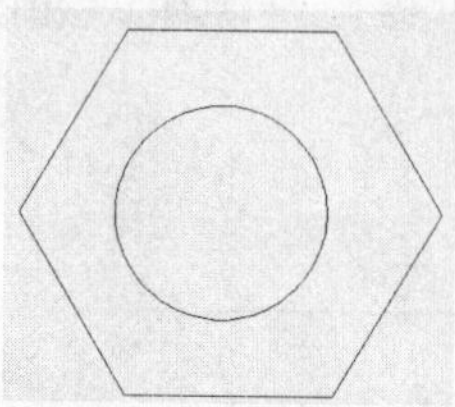

第40集 使用“透明”命令

素材：素材\第2章\40-1.dwg

效果：效果\第2章\第40集.dwg

视频：视频\第2章\第40集.avi

时长：51秒

难度：★

关键技术：’ZOOM命令

01 启动AutoCAD 2012软件，按Ctrl+O键，打开一幅素材图形，在命令行中输入CIRCLE（圆）命令，按Enter键确认，在绘图区中的六角形中心处单击鼠标，确定圆的中心点，如图40-1所示。

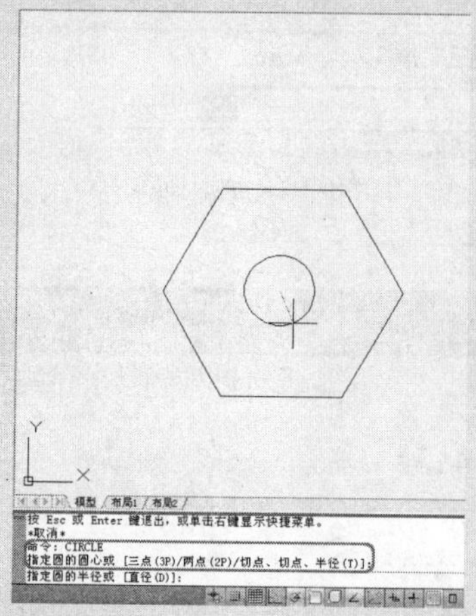

图40-1　打开素材图形并输入命令

02 接着在命令行中输入’ZOOM（缩放）命令并按Enter键确认，然后输入E（范围）命令并确认，再输入5并确认，如图40-2所示。

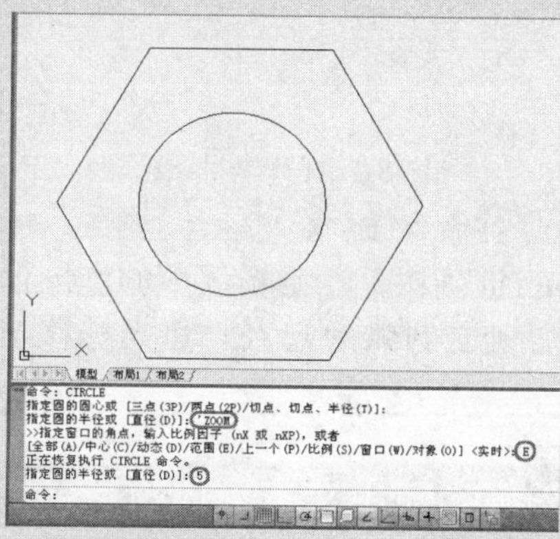

图40-2　使用“透明”命令画圆

专家提醒

在AutoCAD中的“透明”命令是指不仅可以在命令行中使用，而且还可以在其他命令执行过程中插入并执行，待该命令执行完后，系统继续执行原命令。

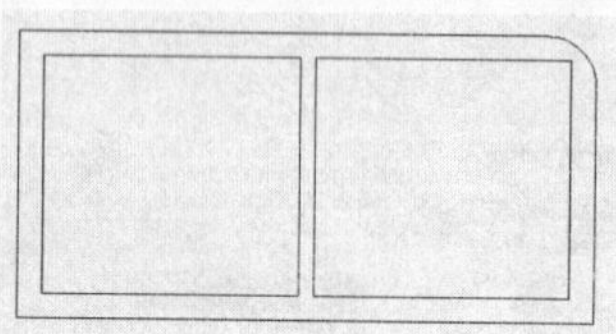

第41集 使用“扩展”命令

素材：素材\第2章\41-1.dwg

效果：无

视频：视频\第2章\第41集.avi

时长：43秒

难度：★

关键技术：FILLET（圆角）

01 启动AutoCAD 2012软件，按Ctrl+O键，打开一幅素材图形，在命令行中输入FILLET（圆角）并按Enter键确认，在命令行中出现提示信息“[放弃(U)/多段线(P)/半径(R)/

修剪(T)/多个(M)]”，如图41-1所示。

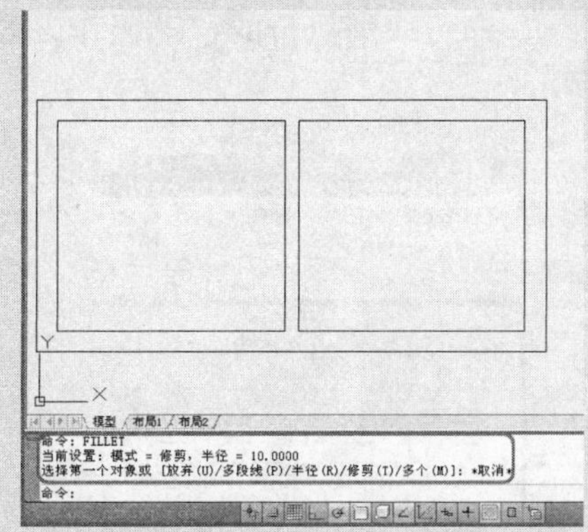

图41-1　输入命令

02 在命令行中输入R并确认，再输入3并确认，在绘图区中选择要设置圆角的边，如图41-2所示。

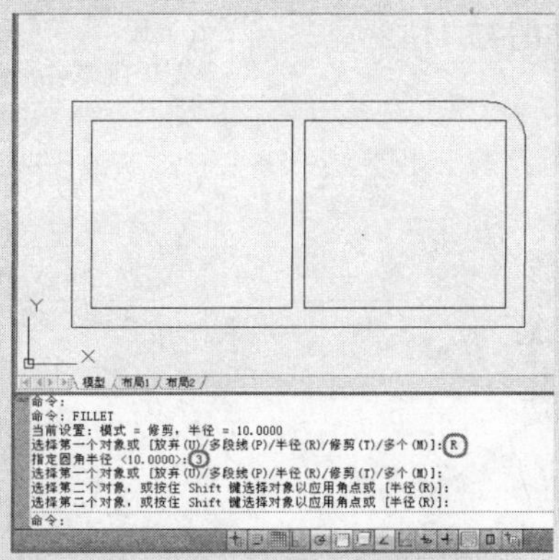

图41-2　设置圆角后的效果

专家提醒

“扩展”命令是在命令行中输入某个命令并按Enter键确认后，在命令行中出现多个选项，选择不同的选项，可以进行不同的操作，最后效果也不同。

第42集　自动完成功能

素材：无　　效果：无

视频：视频\第2章\第42集.avi　　时长：29秒

难度：★　　关键技术：Tab键

01 启动AutoCAD 2012软件，在命令行中输入字母HE，如图42-1所示。

图42-1　输入字母

02 按两次Tab键，在命令行中将出现HELP，即可实现自动完成功能，如图42-2所示。

图42-2　自动完成功能

专家提醒

在AutoCAD 2012中，如果不记得某个命令的拼写或找不到相应的菜单时，只需要在命令行中输入该命令的前几个字母，按Tab键查找即可。

第43集　取消已执行的命令

素材：素材\第2章\43-1.dwg　　效果：无

视频：视频\第2章\第43集.avi　　时长：36秒

难度：★　　关键技术：“放弃”按钮

01 启动AutoCAD 2012软件，按Ctrl+O键，打开一幅素材图形，移动小五角形的位置，如图43-1所示。

图43-1　打开并移动图形

02 单击快速访问工具栏中的“放弃”按钮，即可取消执行的移动操作，如图43-2所示。

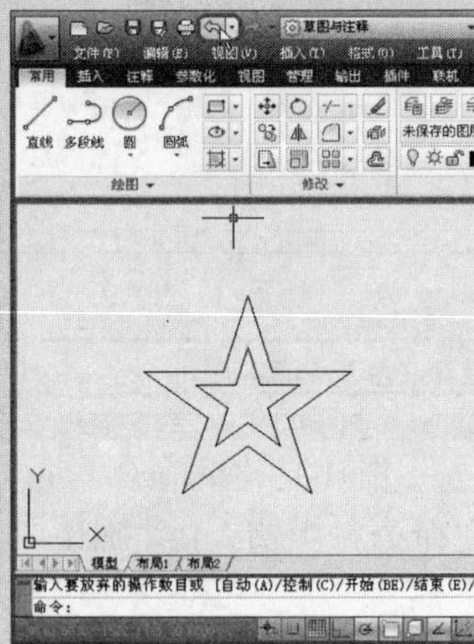

图43-2　放弃移动

专家提醒

除了上述方法可取消已执行的命令外，还有以下几种方法。

- 方法1：在菜单栏中选择“编辑”|“放弃”命令。
- 方法2：在命令行中输入UNDO(放弃)命令，并按Enter键确认，根据提示进行操作。
- 方法3：按Ctrl+Z键。

第44集　恢复已撤销的命令

素材：素材\第2章\43–1.dwg　　效果：无

视频：视频\第2章\第44集.avi　　时长：17秒

难度：★　　关键技术：“重做”按钮

01 接第43集的操作，如果需要重做刚才对五角形的移动操作，可以单击快速访问工具栏中的“重做”按钮，即可恢复已撤销的操作，如图44-1所示。

图44-1　重做移动

第45集　退出正在执行的命令

素材：素材\第2章\45-1.dwg
视频：视频\第2章\第45集.avi
难度：★
效果：无
时长：26秒
关键技术：Esc键

01 启动AutoCAD 2012软件，按Ctrl+O键，打开一幅素材图形，在命令行中输入ARC（圆弧）命令，按Enter键确认，如图45-1所示。

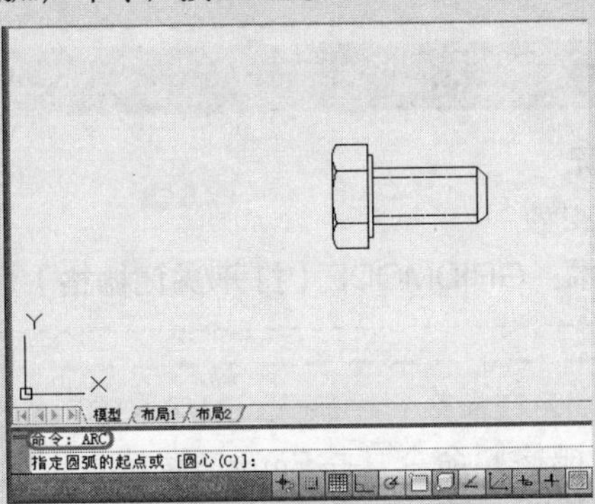

图45-1　打开并输入命令

02 按Esc键，退出正在执行的圆弧命令，如图45-2所示。

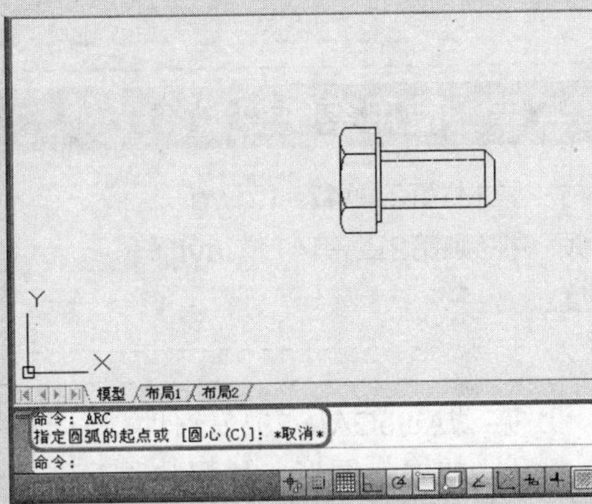

图45-2　退出命令

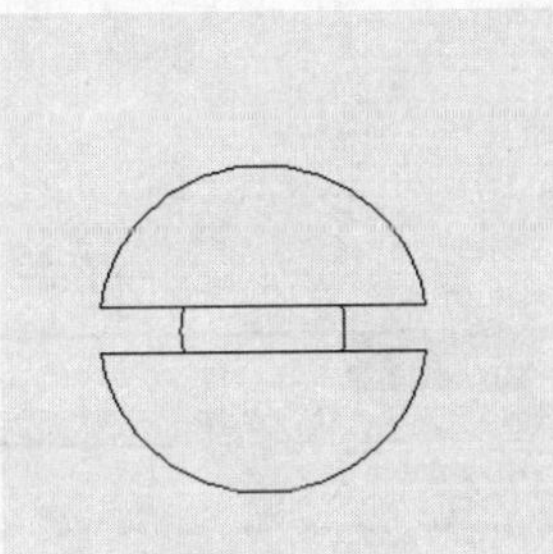

第46集　重做已执行的命令

素材：素材\第2章\46-1.dwg
效果：效果\第2章\第46集.dwg
视频：视频\第2章\第46集.avi
时长：1分03秒
难度：★
关键技术：Enter键

01 启动AutoCAD 2012软件，按Ctrl+O键，打开一幅素材图形，在命令行中输入LINE（直线）命令并确认，在第一条圆弧左侧端点处单击鼠标左键，确定直线第一点，将鼠标移动至第一条圆弧右侧端点处单击鼠标，确定直线第二点，按Enter键确认，绘制一条直线，如图46-1所示。

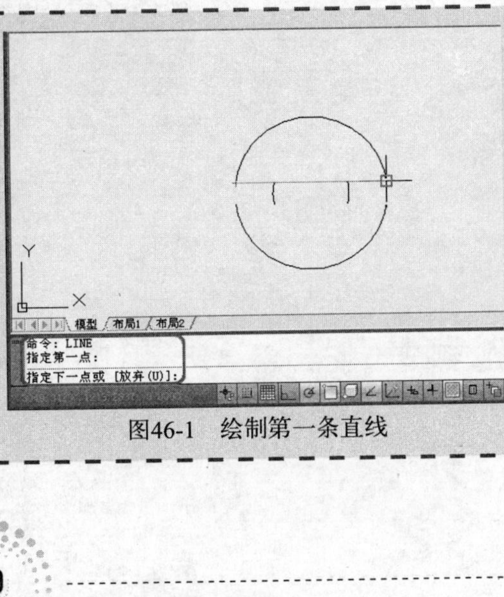

图46-1　绘制第一条直线

02 再次按Enter键，重复执行LINE（直线）命令，在第二条圆弧上绘制直线，如图46-2所示。

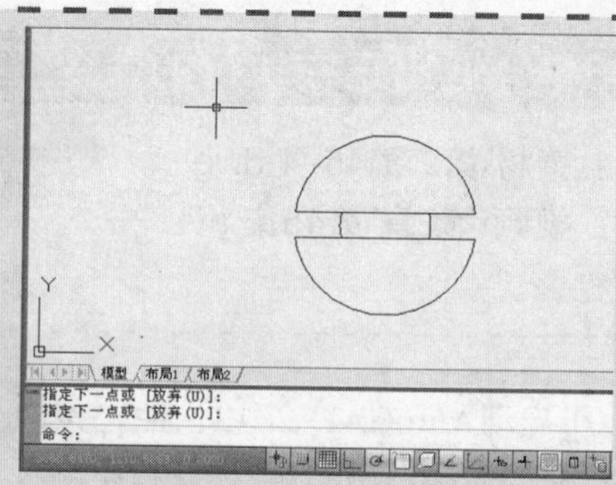

图46-2　重做直线命令

第47集　使用系统变量

素材：素材\第2章\47-1.dwg

视频：视频\第2章\第47集.avi

难度：★

效果：无

时长：22秒

关键技术：GRIDMODE（打开/关闭栅格）命令

01 启动AutoCAD 2012软件，按Ctrl+O键，打开一幅素材图形，如图47-1所示。

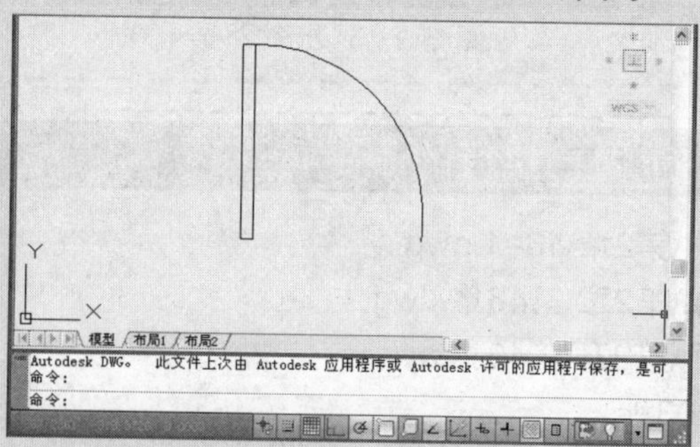

图47-1　打开素材图形

02 在命令行中输入GRIDMODE（打开/关闭栅格）命令，按Enter键确认，再输入1并确认，如图47-2所示。

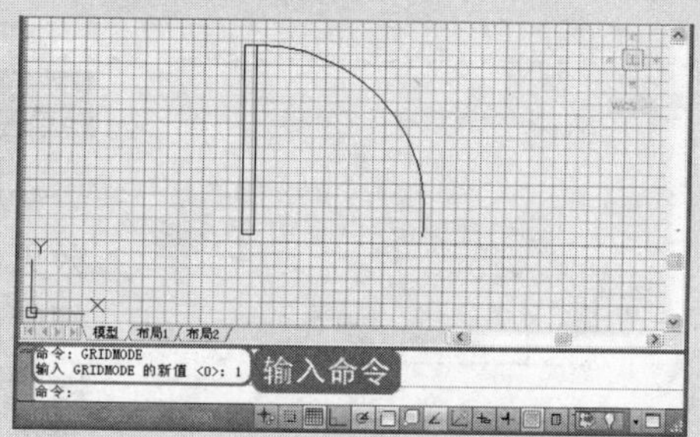

图47-2　输入命令

第3章　绘图环境的精确设置

在AutoCAD 2012中，可以自定义工作空间来创建绘图环境，以便显示用户需要的工具栏、菜单和可固定的窗口。在实际制作中，需要对绘图环境的某些参数进行设置，如设置系统参数、自定义用户界面、设置图形的单位和界限等，从而优化绘图的环境。

3.1　设置系统参数选项

第48集　设置文件路径

素材：素材\第3章\48-1.dwg　　效果：无

视频：视频\第3章\第48集.avi　　时长：1分06秒

难度：★　　关键技术："文件"选项卡

01 在菜单栏中选择"文件"|"打开"命令，在弹出的对话框中打开一幅素材图形。

02 单击按钮，在弹出的下拉菜单中选择"选项"选项，如图48-1所示。

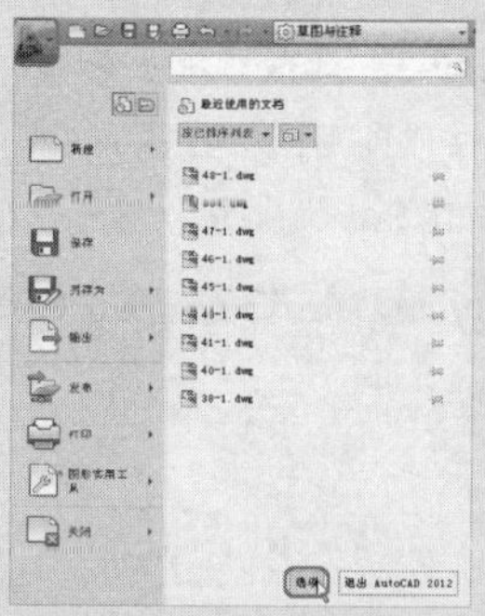

图48-1　单击"选项"按钮

03 弹出"选项"对话框，单击"文件"选项卡，单击"支持文件搜索路径"前的+号按钮，在展开的列表中选择C:\program files\autodesk\autocad 2012-simplified chinese\support选项，如图48-2所示。

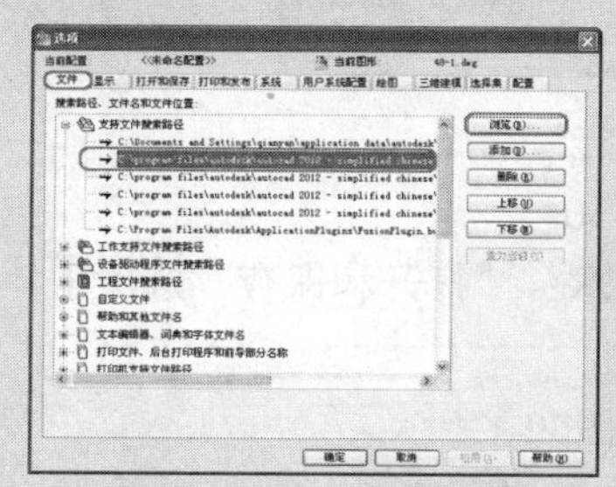

图48-2　"文件"选项卡

04 单击"浏览"按钮，弹出如图48-3所示的"浏览文件夹"对话框，在该对话框中选择存储路径，单击"确定"按钮，如图48-4所示。

05 返回到"选项"对话框，单击"应用"和"确定"按钮即可。

图48-3　"浏览文件夹"对话框

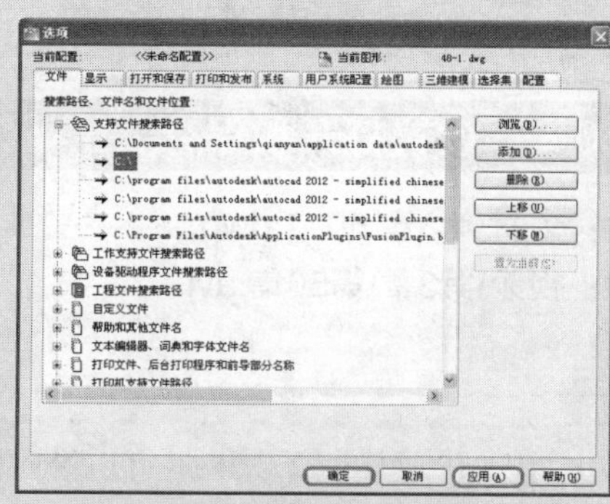

图48-4　设置存储路径

第49集　设置窗口显示

素材：素材\第3章\49-1.dwg　　效果：无
视频：视频\第3章\第49集.avi　　时长：50秒
难度：★　　关键技术："显示"选项卡

01 单击快速访问工具栏中的"打开"按钮，在弹出的对话框中打开一幅素材图形，如图49-1所示。

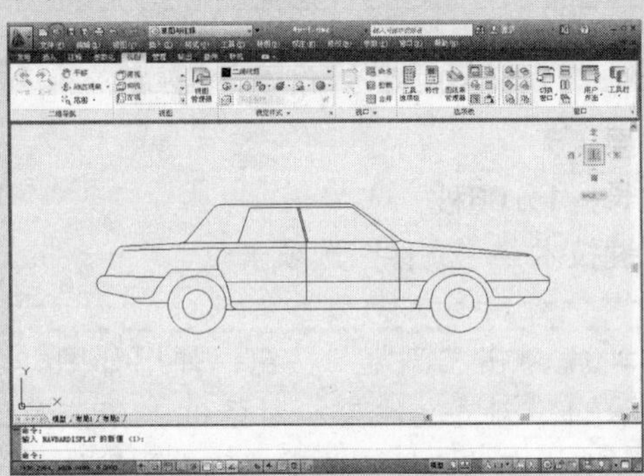

图49-1　打开的素材图形

02 单击按钮，在弹出的下拉菜单中选择"选项"选项，弹出"选项"对话框，选择"显示"选项卡，如图49-2所示。

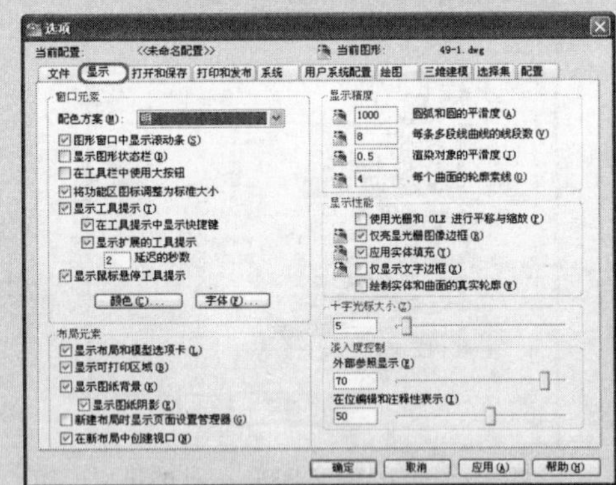

图49-2　"显示"选项卡

03 单击"配色方案"右侧的下三角按钮，在弹出的下拉菜单中有两种配色方案。系统默认的为"暗"选项，在这里我们选择"明"选项，如图49-3所示。

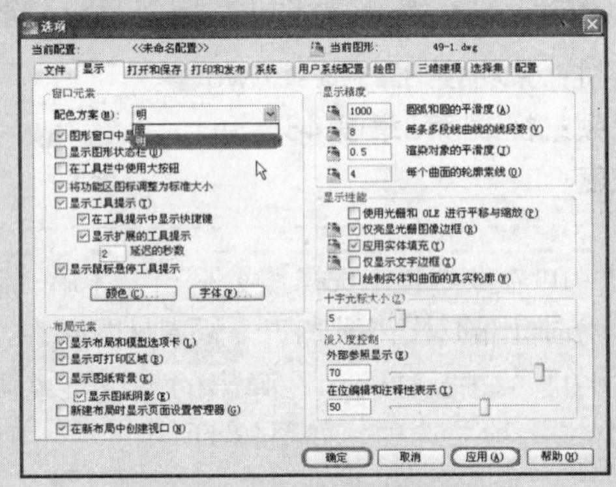

图49-3　选择"配色方案"

04 单击"应用"和"确定"按钮，设置后的效果如图49-4所示。

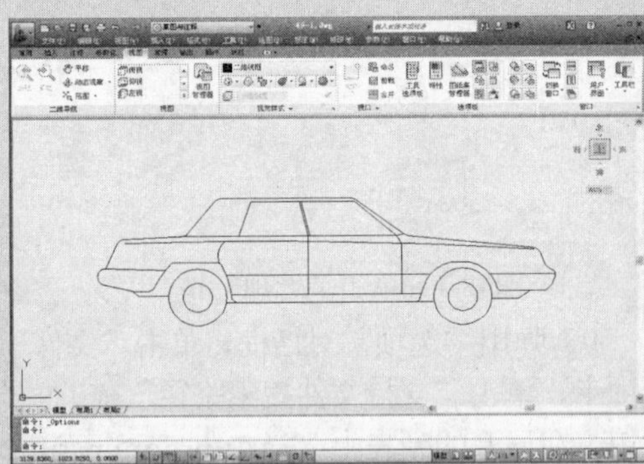

图49-4　设置后的效果

第50集　设置打开和保存

素材：素材\第3章\50-1.dwg　　效果：无
视频：视频\第3章\第50集.avi　　时长：50秒
难度：★　　关键技术："打开和保存"选项卡

01 单击快速访问工具栏中的"打开"按钮，在弹出的对话框中打开一个素材图形，如图50-1所示。

02 单击按钮，在弹出的下拉菜单中

选择“选项”选项，弹出“选项”对话框，选择“打开和保存”选项卡，如图50-2所示。

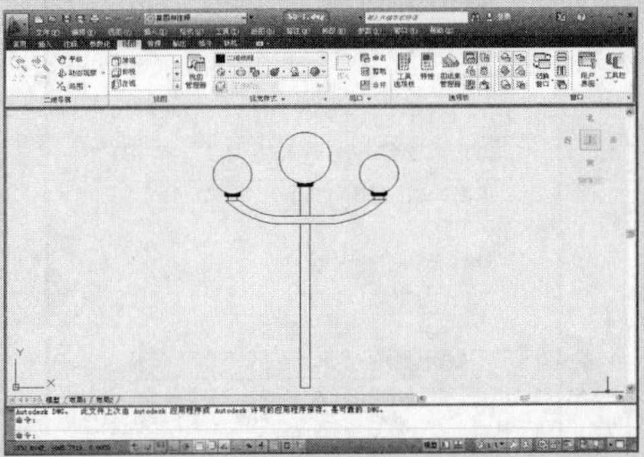

图50-1　打开的素材图形

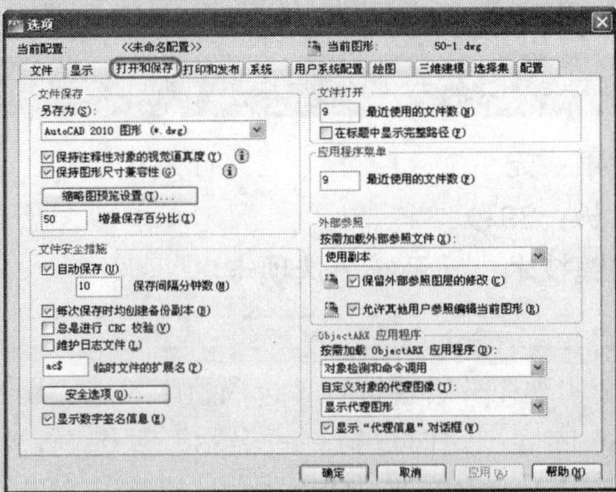

图50-2　“打开和保存”选项卡

03 在“文件保存”选项组中使用默认的设置即可，在“文件打开”选项组中勾选“在标题中显示完整路径”复选框，如图50-3所示。

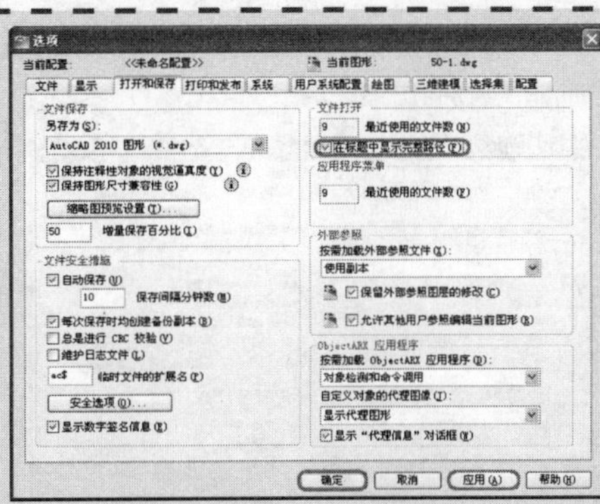

图50-3　勾选“在标题中显示完整路径”复选框

04 单击“应用”和“确定”按钮，即可看到在标题栏中显示的完整路径，如图50-4所示。

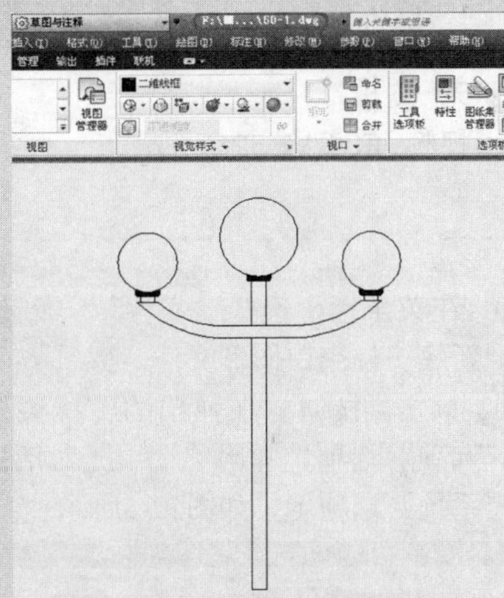

图50-4　显示的完整路径

第51集　设置打印和发布

素材：素材\第3章\51-1.dwg

视频：视频\第3章\第51集.avi

难度：★

效果：无

时长：50秒

关键技术：“打印和发布”选项卡

01 在菜单栏中选择“文件”|“打开”命令，在弹出的对话框中打开一幅素材图形。

02 单击按钮，在弹出的下拉菜单中选择“选项”选项，弹出“选项”对话框，选择“打印和发布”选项卡，如图51-1所示。

03 可以在其中设置打印到文件操作的默认位置，何时启动后台打印等。单击“打印样式表设置”按钮，弹出“打印样式表设置”对话框，如图51-2所示。在该对话框中提供了两种新图形的默认打印样式。

04 选择一种样式后，单击“确定”按

钮，返回到“选项”对话框，设置完成后单击“确定”按钮。

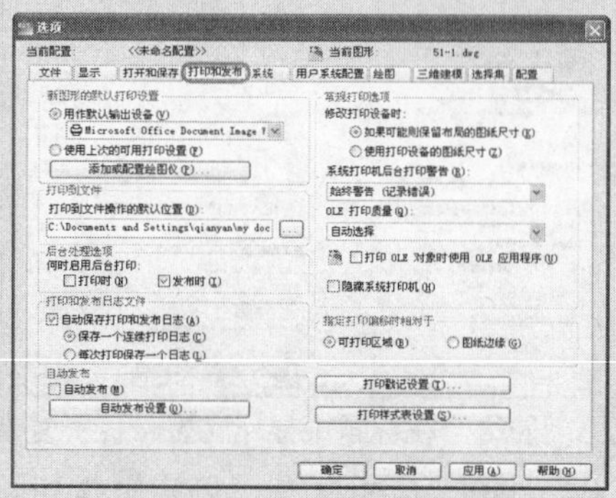

图51-1 “打印和发布”选项卡

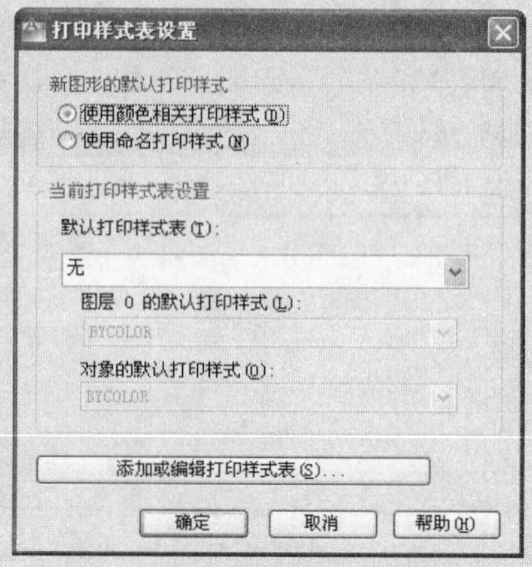

图51-2 “打印样式表设置”对话框

第52集 设置系统提示音

素材：无
效果：无
视频：视频\第3章\第52集.avi
时长：39秒
难度：★
关键技术：“系统”选项卡

01 在菜单栏中选择“文件”|“新建”命令，新建一幅空白图形文件。

02 单击按钮，在弹出的下拉菜单中选择“选项”选项，弹出“选项”对话框，选择“系统”选项卡，如图52-1所示。

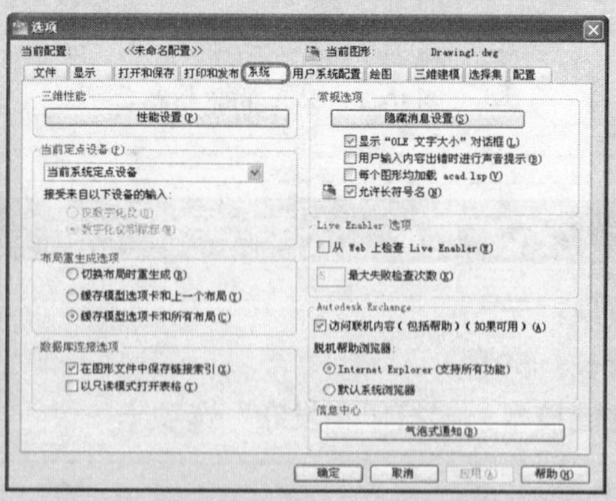

图52-1 “系统”选项卡

03 在“常规选项”选项组中勾选“用户输入内容出错时进行声音提示”复选框，如图52-2所示，单击“应用”和“确定”按钮。

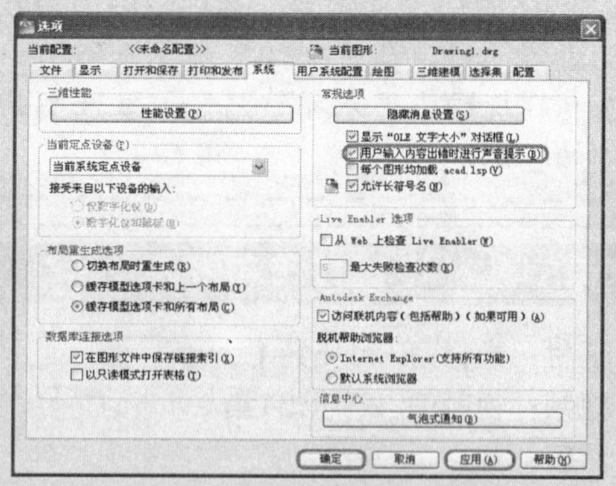

图52-2 选中“用户输入内容出错时进行声音提示”复选框

第53集 设置选择拾取框大小

素材：无
效果：无
视频：视频\第3章\第53集.avi
时长：41秒
难度：★
关键技术：“选择集”选项卡

01 单击快速访问工具栏中的“新建”按钮，在弹出的对话框中新建一幅空白图形文件，此时拾取框的大小如图53-1所示。

图53-1 设置前的拾取框大小

02 单击按钮，在弹出的下拉菜单中选择“选项”选项，弹出“选项”对话框，选择“选择集”选项卡，如图53-2所示。

03 在“拾取框大小”区域中左右滑动滑块可以调整拾取框的大小，在这里向右滑动滑块，单击“应用”和“确定”按钮，调整大小后的拾取框如图53-3所示。

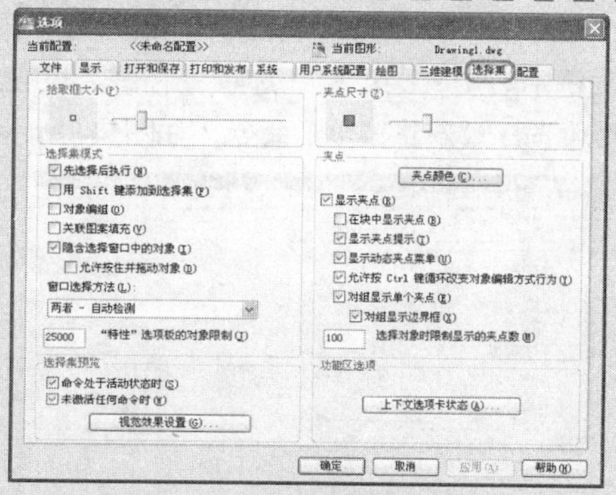

图53-2 “选择集”选项卡

图53-3 调整后的拾取框大小

3.2 自定义用户界面

第54集 自定义用户界面

素材：无

视频：视频\第3章\第54集.avi

难度：★★

效果：无

时长：1分06秒

关键技术：“自定义用户界面”对话框

01 单击快速访问工具栏中的“新建”按钮，在弹出的对话框中新建一幅空白图形文件，在菜单栏中选择“工具”|“自定义”|“界面”命令，如图54-1所示。

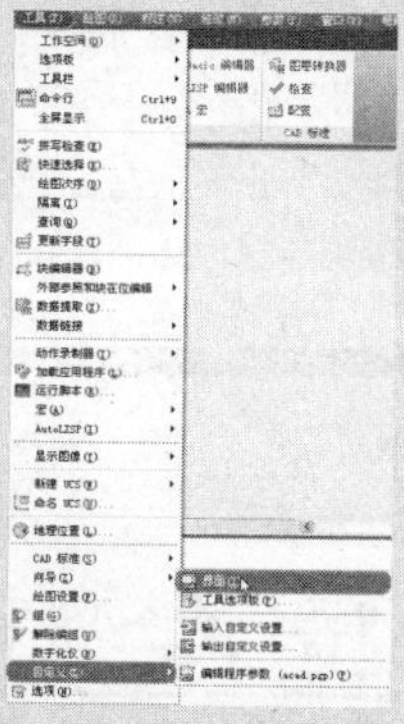

图54-1 选择“界面”命令

02 弹出“自定义用户界面”对话框，如图54-2所示。

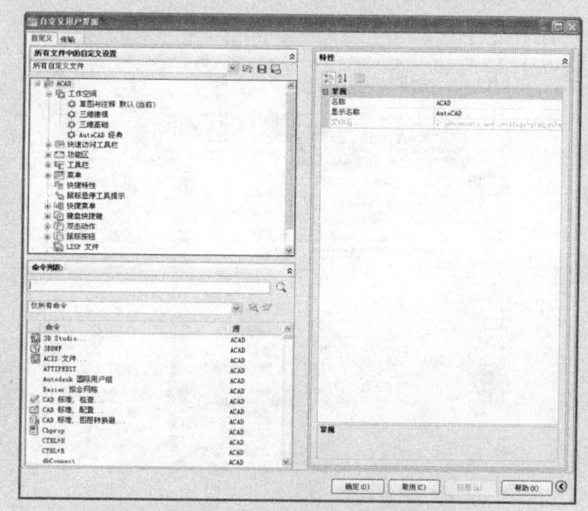

图54-2 “自定义用户界面”对话框

03 在“所有文件中的自定义设置”下拉列表框中右击“菜单栏”选项，在弹出的快捷菜单中选择“新建菜单”命令，如图54-3所示。

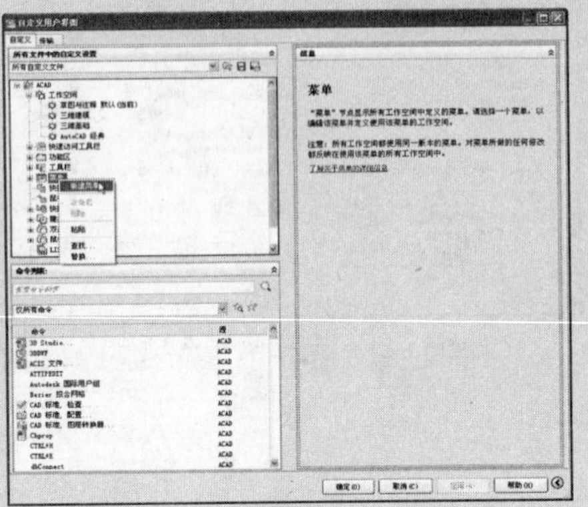

图54-3 选择“新建菜单”命令

04 在文本框中输入“自定义”，如图54-4所示。单击“应用”和“确定”按钮，即可新建自定义菜单栏。

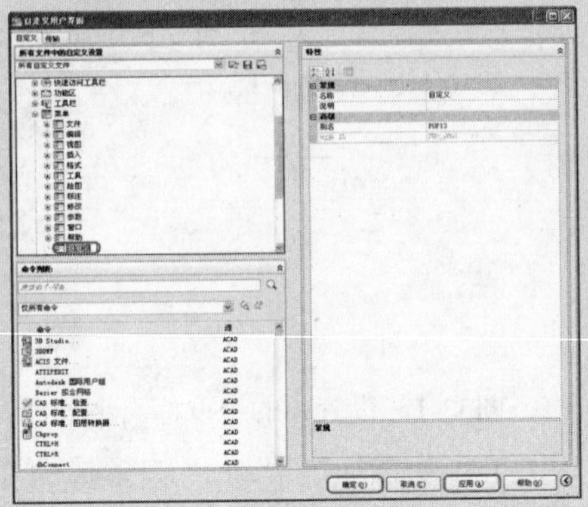

图54-4 输入名称

专家提醒

本集只是以新建菜单栏来进行讲解，也可以在“自定义用户界面”对话框中新建其他的命令，如新建“选项卡”、新建“快速访问工具栏”等。

第55集 自定义个性化工具栏

素材：无
效果：无
视频：视频\第3章\第55集.avi
时长：1分06秒
难度：★★
关键技术：“自定义用户界面”对话框

01 在菜单栏中选择“文件”|“新建”命令，在弹出的对话框中新建一幅空白图形文件，并单击快速访问工具栏中的按钮，在弹出的下拉菜单中选择“更多命令”选项，如图55-1所示。

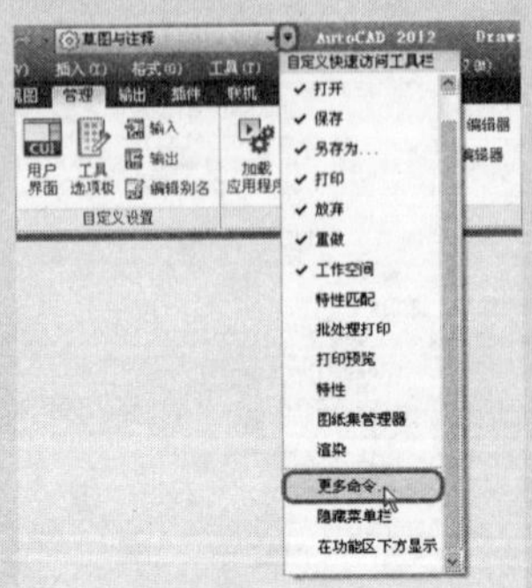

图55-1 选择“更多命令”选项

02 弹出“自定义用户界面”对话框，选择“边界”选项，如图55-2所示。

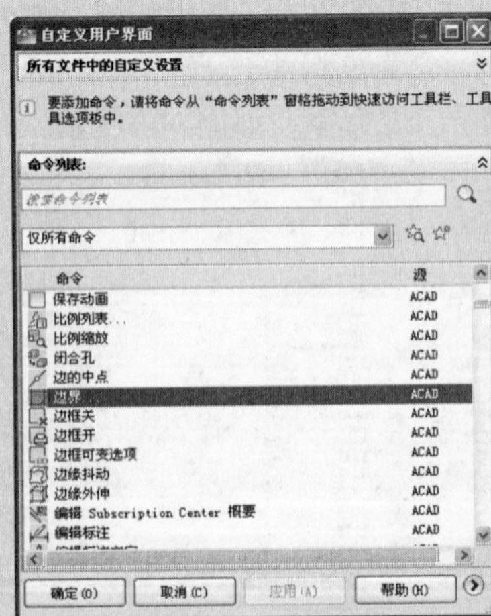

图55-2 “自定义用户界面”对话框

03 拖动到快速访问工具栏上，并单击“自定义用户界面”对话框中的“确定”按钮，即可在快速访问工具栏中显示“边界”按钮，如图55-3所示。

专家提醒

也可以将其他的命令拖动到快速访问工具栏、工具栏或工具选项板中。

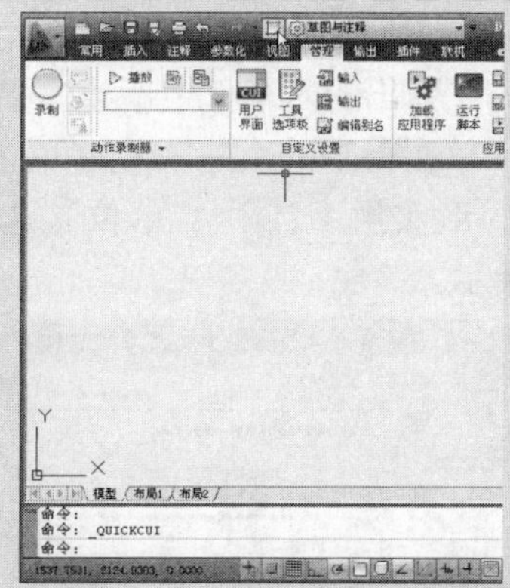

图55-3　显示出的“边界”按钮

第56集　保存工作空间

素材：无　　效果：无

视频：视频\第3章\第56集.avi　　时长：34秒

难度：★　　关键技术：“保存工作空间”对话框

01 单击快速访问工具栏中的“新建”按钮，在弹出的对话框中新建一幅空白图形文件，并单击状态栏中的“切换工作空间”按钮，在弹出的下拉菜单中选择“将当前工作空间另存为”选项，如图56-1所示。

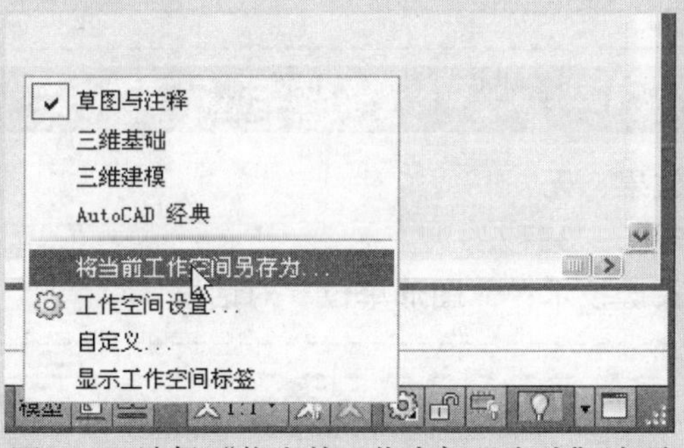

图56-1　选择“将当前工作空间另存为”选项

02 弹出“保存工作空间”对话框，如图56-2所示。在名称文本框中输入名称，单击“保存”按钮，即可保存工作空间。

图56-2　“保存工作空间”对话框

专家提醒

除了用上述方法保存工作空间外，还可以在菜单栏中选择“工具”|“工作空间”|“将当前工作空间另存为”命令。

3.3　设置图形单位

第57集　设置图形单位的长度

素材：无　　效果：无

视频：视频\第3章\第57集.avi　　时长：44秒

难度：★　　关键技术：“图形单位”对话框

01 单击快速访问工具栏中的“新建”按钮，在弹出的对话框中新建一幅空白图形文件，单击按钮，在弹出的下拉菜单中选择“图形实用工具”|“单位”选项，如图57-1所示。

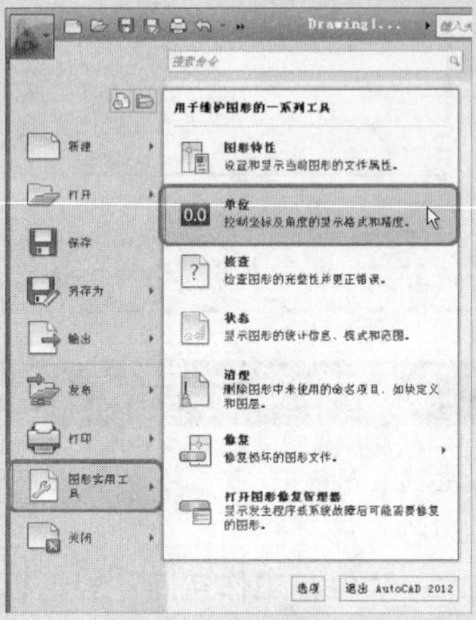

图57-1　选择“单位”命令

02 弹出“图形单位”对话框，在该对话框的“长度”区域中设置“类型”和“精度”，在这里将“类型”设置为“小数”，“精度”设置为0.0000，如图57-2所示，设置完成后单击“确定”按钮。

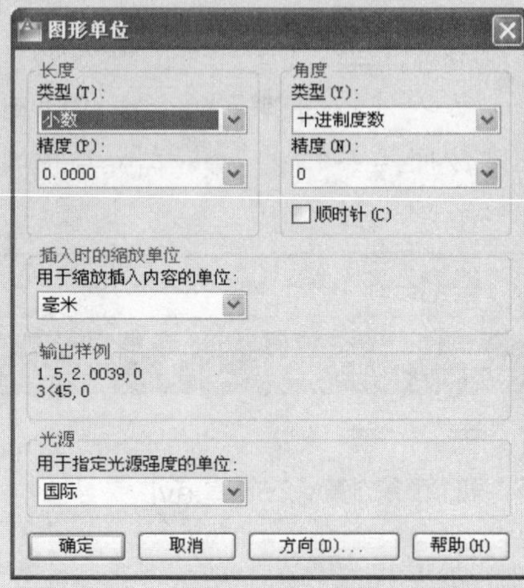

图57-2　设置图形单位的长度

专家提醒

除了用上述方法打开“图形单位”对话框外，还有以下两种方法打开此对话框。

- 命令：在菜单栏中选择“格式”|“单位”命令。
- 输入：在命令行中输入UNITS命令，然后按Enter键确认。

第58集　设置图形单位的角度

素材：无　　效果：无

视频：视频\第3章\第58集.avi　　时长：33秒

难度：★　　关键技术：“图形单位”对话框

01 单击快速访问工具栏中的“新建”按钮，在弹出的对话框中新建一幅空白图形文件，在菜单栏中选择“格式”|“单位”命令。

02 打开“图形单位”对话框，在该对话框的“角度”区域中设置“类型”和“精度”，在这里将“类型”设置为“十进制度数”，“精度”设置为0，如图58-1所示。设置完成后单击“确定”按钮。

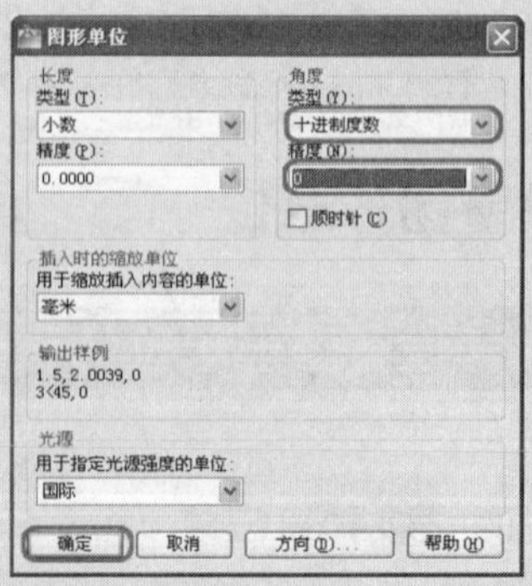

图58-1　设置图形单位的角度

专家提醒

如果勾选“角度”选项组中的“顺时针”复选框，则会以顺时针方向计算正的角度值，默认的正角度方向是逆时针方向。

第59集　设置图形单位的方向

素材：无　　　　效果：无

视频：视频\第3章\第59集.avi　　　　时长：34秒

难度：★　　　　关键技术：“方向控制”对话框

01 单击快速访问工具栏中的“新建”按钮，在弹出的对话框中新建一幅空白图形文件，在菜单栏中选择“格式”|“单位”命令。

02 打开“图形单位”对话框，在该对话框中单击“方向”按钮，弹出“方向控制”对话框，在该对话框中设置“基准角度”的方向，在此选中“北”单选按钮，如图59-1所示，单击“确定”按钮即可。

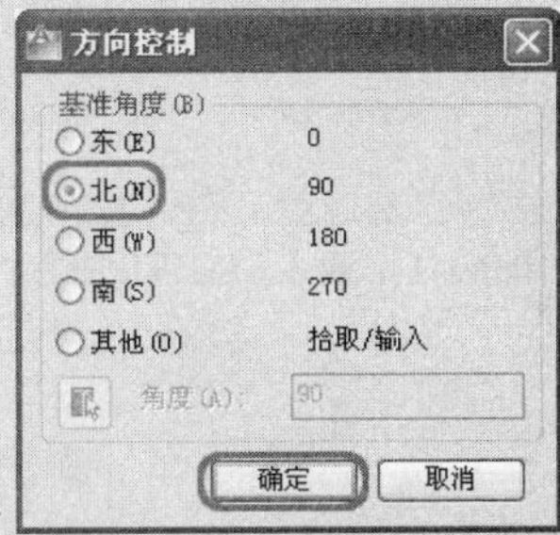

图59-1　“方向控制”对话框

专家提醒

在“方向控制”对话框中也可以选中“其他”单选按钮，并使用下面的“拾取角度”按钮在绘图窗口中拾取角度或者直接在“角度”文本框中输入角度。

第60集　设置图形单位的缩放比例

素材：无　　　　效果：无

视频：视频\第3章\第60集.avi　　　　时长：26秒

难度：★　　　　关键技术：“图形单位”对话框

01 单击快速访问工具栏中的“新建”按钮，在弹出的对话框中新建一幅空白图形文件，在菜单栏中选择“格式”|“单位”命令。

02 弹出“图形单位”对话框，在“插入时的缩放单位”选项组中单击“用于缩放插入内容的单位”下拉按钮，在弹出的下拉列表框中选择“毫米”选项，如图60-1所示。

03 单击“确定”按钮，即可将图形单位的缩放比例设置为毫米。

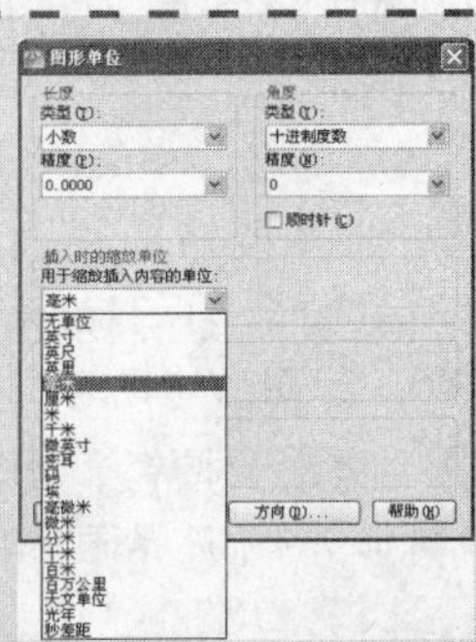

图60-1　选择“毫米”选项

3.4 设置图形界限

第61集 设置图形界限

素材：无　　效果：无
视频：视频\第3章\第61集.avi　　时长：46秒
难度：★　　关键技术：LIMITS命令

01 单击快速访问工具栏中的“新建”按钮▢，在弹出的对话框中新建一个空白图形文件，在命令行中输入LIMITS命令并按Enter键确认，如图61-1所示。

图61-1 输入LIMITS命令

02 在命令行中指定左下角点，在这里输入的为（0,0），按Enter键确认。再指定右上角点，在这里输入的为（150,120），按Enter键确认，如图61-2所示。

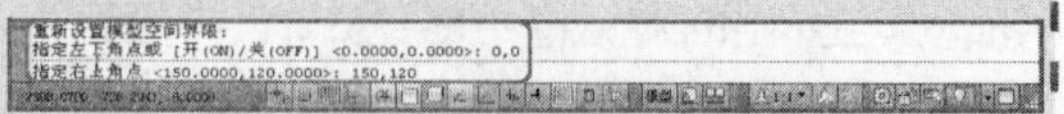
图61-2 指定左下和右上角点

03 至此，图形界限就设置完成了。

专家提醒

在菜单栏中选择“格式”|“图形界限”命令也可以设置图形界限。

第62集 显示图形界限

素材：无　　效果：无
视频：视频\第3章\第62集.avi　　时长：54秒
难度：★　　关键技术：DSETTINGS命令

01 继续第61集中的操作，在命令行中输入DSETTINGS（草图设置）命令，并按Enter键确认，弹出“草图设置”对话框，选择“捕捉和栅格”选项卡，如图62-1所示。

02 勾选“启用栅格”复选框，在“栅格行为”选项组中取消“显示超出界限的栅格”的勾选，如图62-2所示。

03 单击“确定”按钮，即可在绘图窗口中使用栅格显示图形界限内的区域，如图62-3所示。

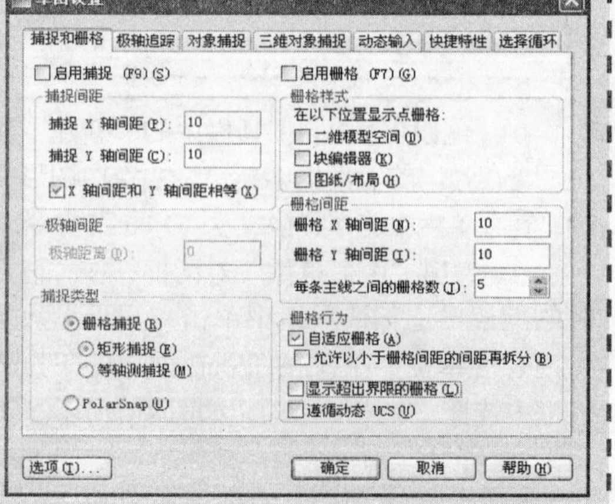

图62-1 “草图设置”对话框

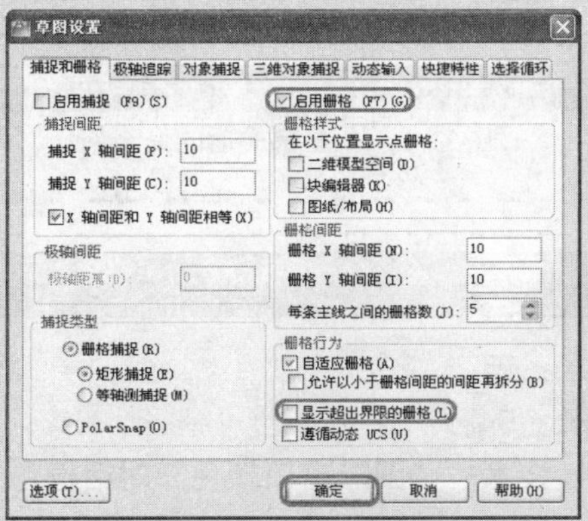

图62-2　设置栅格

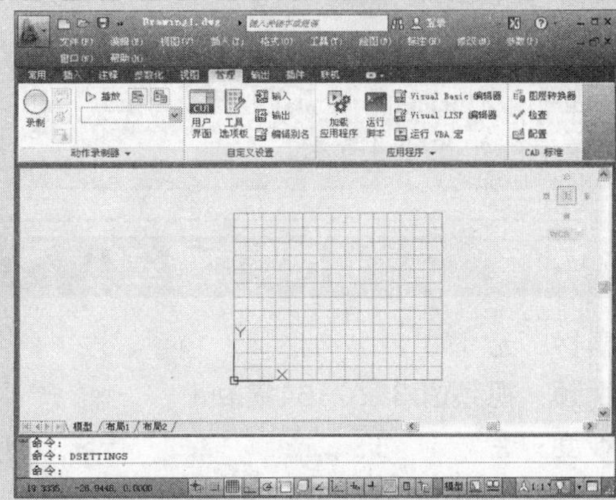

图62-3　显示图形界限内的区域

3.5　设置命令行字体及绘图窗口背景

第63集　设置命令行字体

素材：无　　效果：无

视频：视频\第3章\第63集.avi　　时长：1分02秒

难度：　　关键技术："命令行窗口字体"对话框

01 单击快速访问工具栏中的"新建"按钮，在弹出的对话框中新建一幅空白图形文件，此时命令行中的字体如图63-1所示。

图63-1　新建图形文件

02 单击按钮，在弹出的下拉菜单中选择"选项"选项，弹出"选项"对话框，选择"显示"选项卡，如图63-2所示。

03 单击"窗口元素"选项组中的"字体"按钮，弹出"命令行窗口字体"对话框，在"字体"下拉列表框中选择"楷体GB2312"，在"字形"下拉列表框中选择"粗斜体"，在"字号"下拉列表框中选择14号，如图63-3所示。

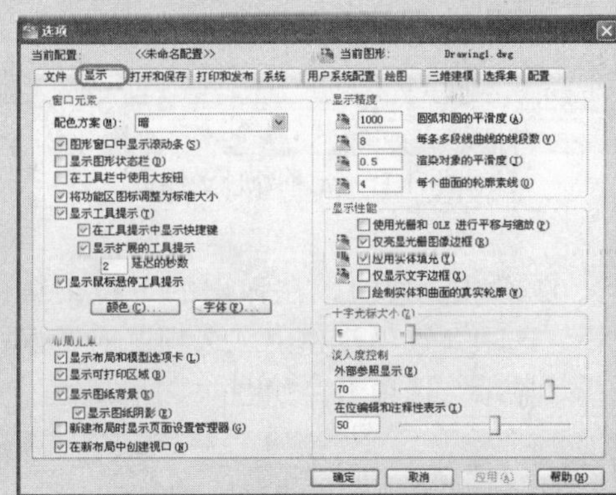

图63-2　"显示"选项卡

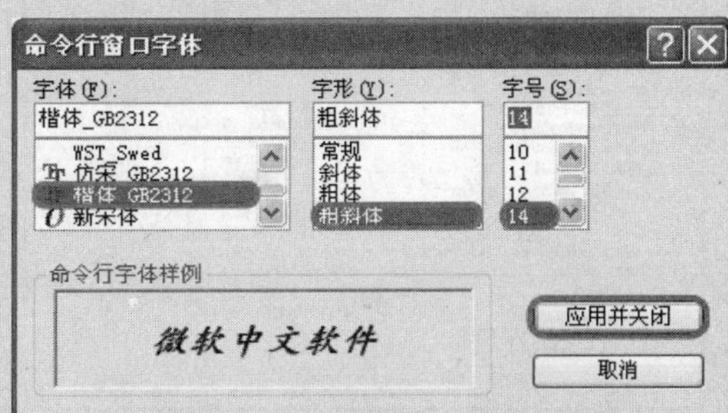

图63-3　"命令行窗口字体"对话框

04 单击“应用并关闭”按钮，返回到“选项”对话框，单击“确定”按钮，此时的命令行如图63-4所示。

图63-4　设置完成后的命令行

第64集　设置绘图窗口背景

素材：无　　效果：无

视频：视频\第3章\第64集.avi　　时长：54秒

难度：★　　关键技术：“图形窗口颜色”对话框

01 单击快速访问工具栏中的“新建”按钮，在弹出的对话框中新建一幅空白图形文件，此时的绘图窗口背景如图64-1所示。

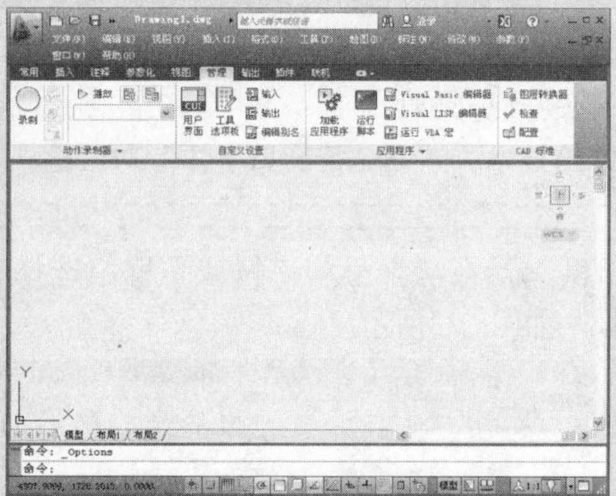

图64-1　新建图形文件

02 单击按钮，在弹出的下拉菜单中选择“选项”选项，弹出“选项”对话框，选择“显示”选项卡，如图64-2所示。

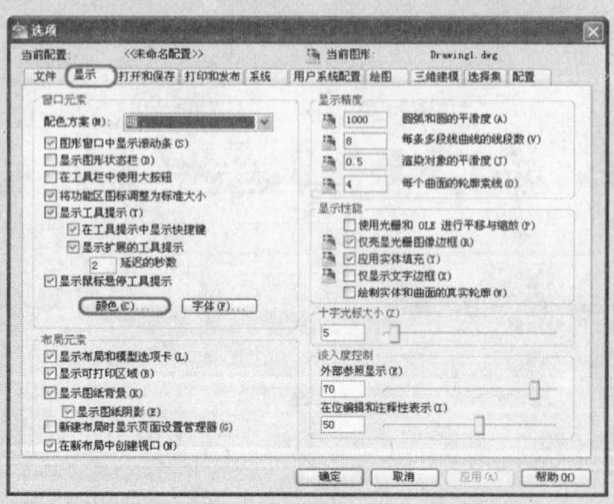

图64-2　“显示”选项卡

03 单击“窗口元素”选项组中的“颜色”按钮，弹出“图形窗口颜色”对话框，单击“颜色”下拉按钮，在弹出的列表框中选择“黄”选项，如图64-3所示。

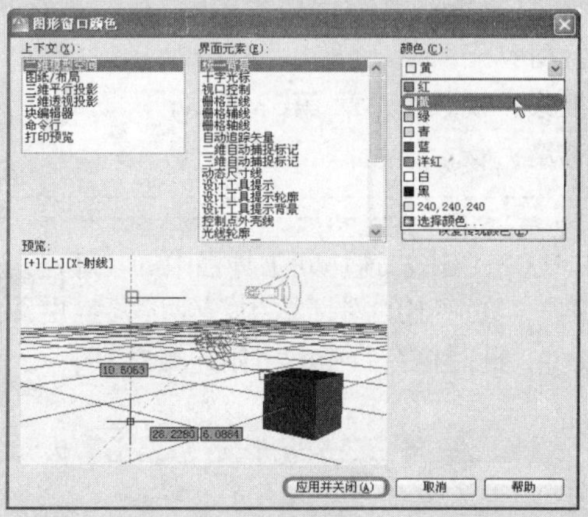

图64-3　设置图形窗口“颜色”

04 单击“应用并关闭”按钮，返回到“选项”对话框，单击“确定”按钮，此时的绘图窗口背景如图64-4所示。

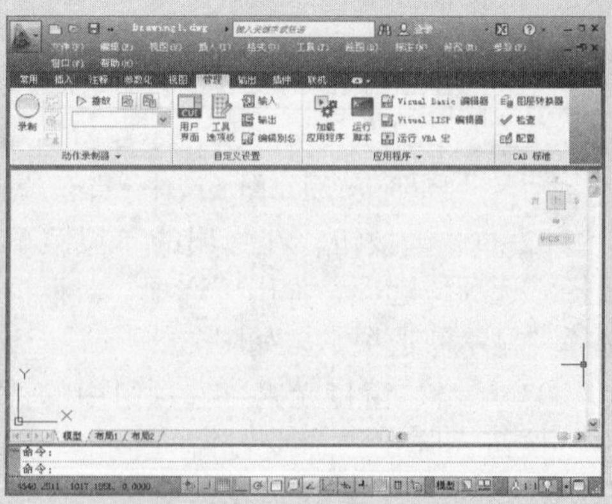

图64-4　设置完成后的绘图窗口背景

3.6　切换绘图空间

第65集　切换模型空间与图纸空间

素材：素材\第3章\65-1.dwg　　效果：无
视频：视频\第3章\第65集.avi　　时长：24秒
难度：★　　关键技术："模型"按钮

01 在菜单栏中选择"文件"|"打开"命令，在弹出的对话框中打开一幅素材图形，并将鼠标指针移动到状态栏上的"模型"按钮模型处，如图65-1所示。

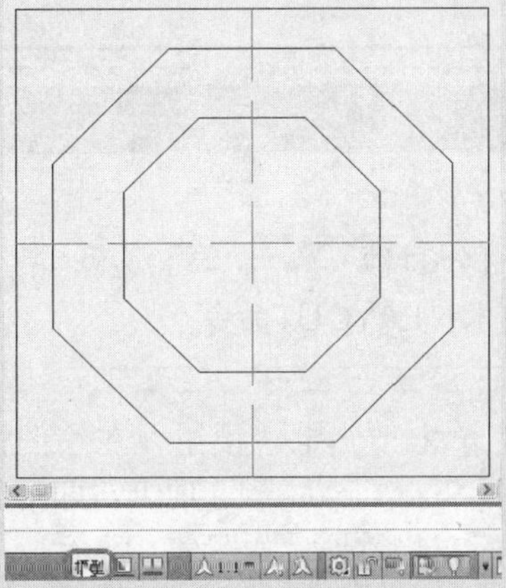

图65-1　确定鼠标位置

02 单击该按钮，即可切换到模型空间，如图65-2所示。

03 再次单击"模型"按钮模型，即可切换到图纸空间，如图65-3所示。

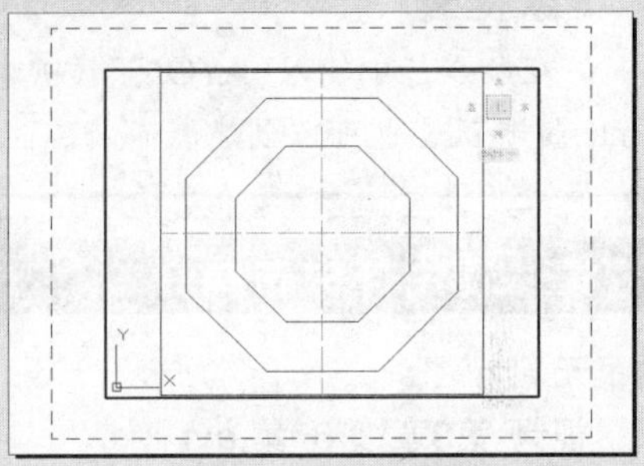

图65-2　模型空间

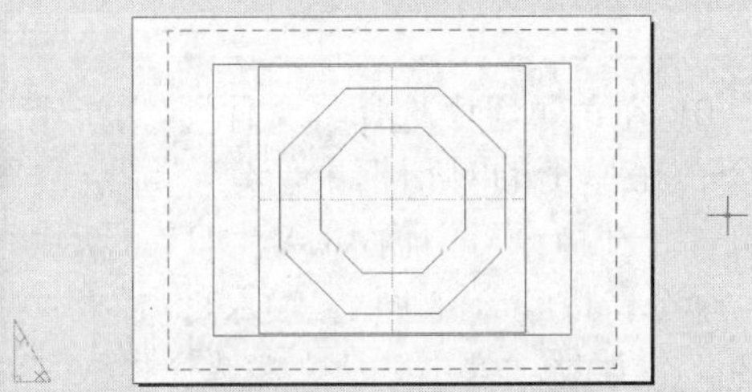

图65-3　图纸空间

第66集　创建新布局

素材：无　　效果：无
视频：视频\第3章\第66集.avi　　时长：31秒
难度：★　　关键技术："新建布局"命令

01 在菜单栏中选择"文件"|"新建"命令，在弹出的对话框中新建一幅空白图形文件，如图66-1所示。

02 在菜单栏中选择"插入"|"布局"|"新建布局"命令，如图66-2所示。

03 在命令行中为新布局命名，或者直接按Enter键使用默认的名称，如图66-3所示。

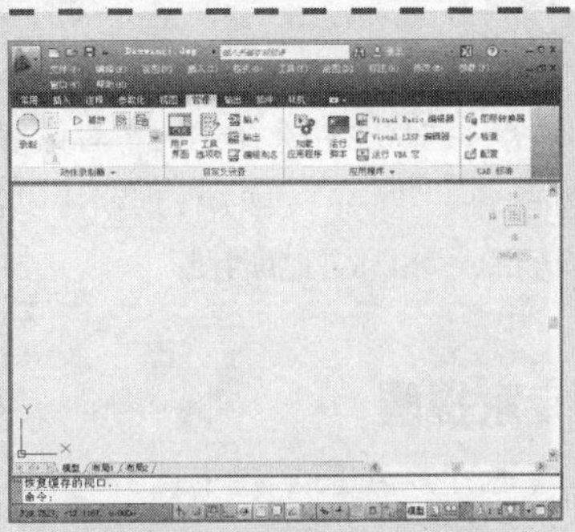

图66-1　新建的图形文件

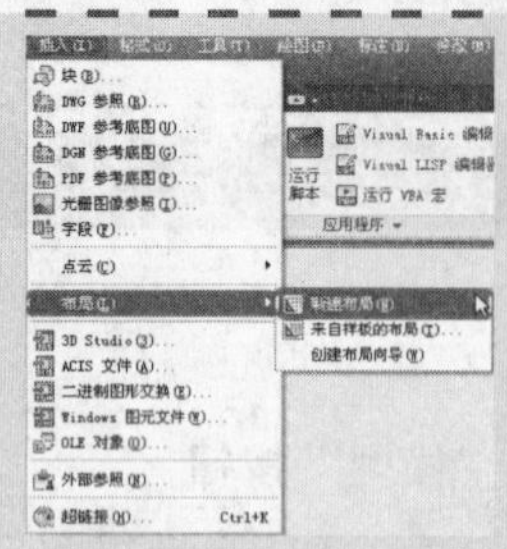
图66-2　选择“新建布局”命令

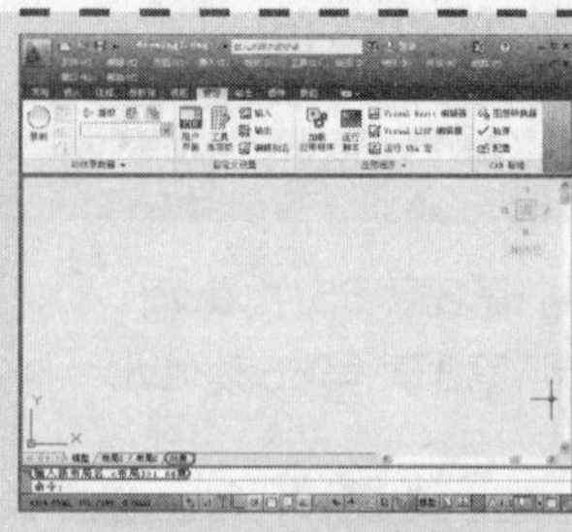
图66-3　新建布局3

专家提醒

在命令行中输入LAYOUT（新建布局）命令，按Enter键确认，输入N（新建）并按Enter键确认，也可以创建新布局。

第67集　使用样板布局

素材：无　　效果：无

视频：视频\第3章\第67集.avi　　时长：1分01秒

难度：★★　　关键技术：LAYOUT命令

01 在菜单栏中选择“文件”|“新建”命令，在弹出的对话框中新建一幅空白图形文件，在命令行中输入LAYOUT（新建布局）命令，按Enter键确认，输入T（样板）并按Enter键确认，弹出“从文件选择样板“对话框，在该对话框的“名称”下拉列表框中选择一个样板，在这里选择的是Tutorial-iArch.dwt样板，如图67-1所示。

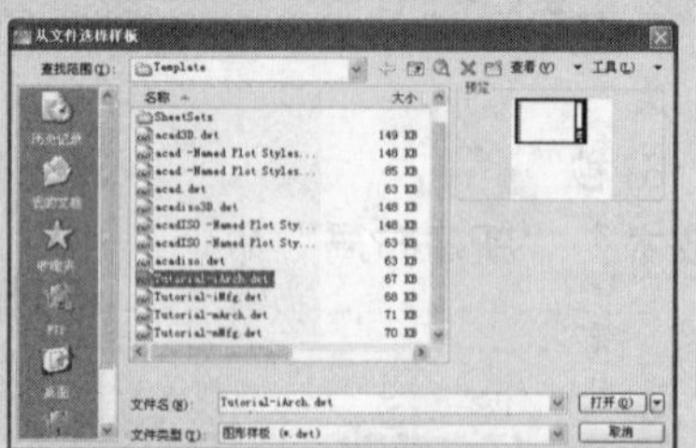
图67-1　“从文件选择样板“对话框

02 单击“打开”按钮，弹出“插入布局”对话框，如图67-2所示。

03 单击“确定“按钮，在绘图窗口中单击“D-Size Layout”选项卡，即可查看使用的样板布局效果，如图67-3所示。

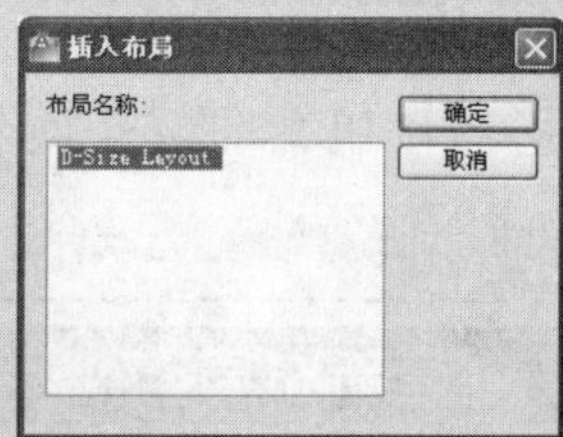

图67-2　“插入布局”对话框

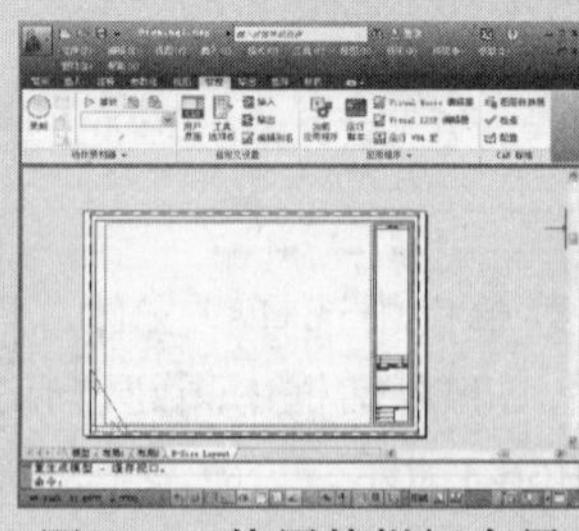
图67-3　使用的样板布局

专家提醒

也可以在菜单栏中选择“插入”|“布局”|“来自样板的布局”命令打开“从文件选择样板”对话框。

第4章 熟悉并设置绘图辅助功能

AutoCAD为用户提供了多种绘图的辅助工具，如栅格、捕捉、正交、极轴追踪和对象捕捉等，可以更加精确、快速地创建和修改图形对象。本章将对辅助功能进行简单的介绍。

4.1 设置捕捉功能

第68集 启动捕捉功能

素材：无

视频：视频\第4章\第68集.avi

难度：★

效果：无

时长：36秒

关键技术："启用捕捉"复选框

01 在菜单栏中选择"文件"|"新建"命令，在弹出的对话框中新建一幅空白图形文件，在命令行中输入DSETTINGS命令，按Enter键进行确认，弹出"草图设置"对话框，选择"捕捉和栅格"选项卡，勾选"启用捕捉"复选框，如图68-1所示。

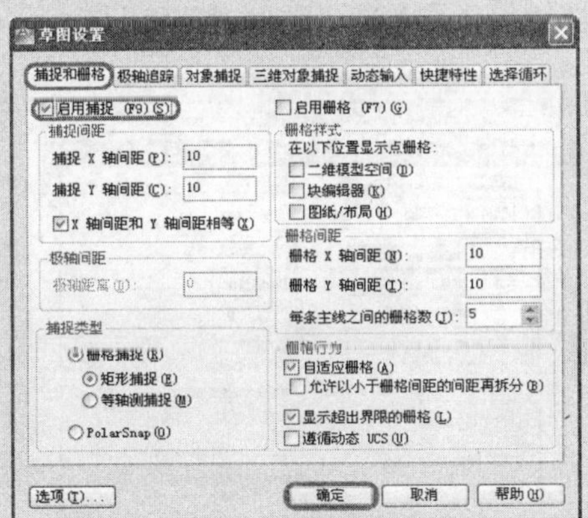

图68-1 勾选"启用捕捉"复选框

02 单击"确定"按钮，即可启动捕捉功能。

专家提醒

除了用上述方法启动捕捉功能外，还有以下4种方法启动捕捉功能。

- 按钮：单击状态栏中的"捕捉模式"按钮。
- 快捷键：按F9键或者Ctrl+B组合键。
- 右击：右击"捕捉模式"按钮，在弹出的快捷菜单中选择"启用栅格捕捉"命令。
- 命令：在菜单栏中选择"工具"|"绘图设置"命令。

第69集 关闭捕捉功能

素材：无

视频：视频\第4章\第69集.avi

难度：★

效果：无

时长：29秒

关键技术："启用捕捉"复选框

01 继续使用第68集中的图形文件，在菜单栏中选择"工具"|"绘图设置"命令，如

图69-1所示。

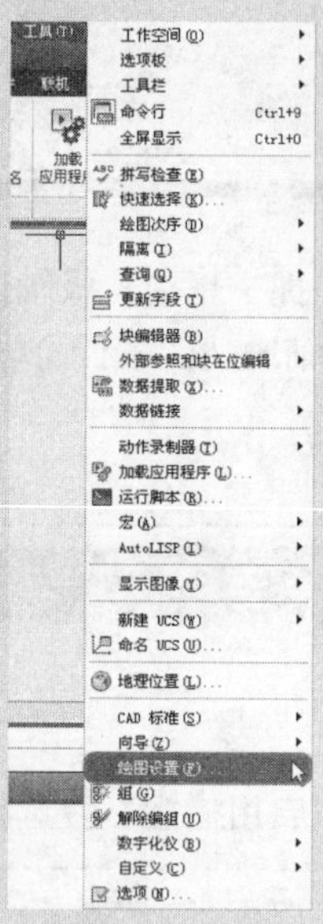

图69-1 选择“草图设置”命令

02 弹出“草图设置”对话框，选择“捕捉和栅格”选项卡，取消勾选“启用捕捉”复选框，如图69-2所示。

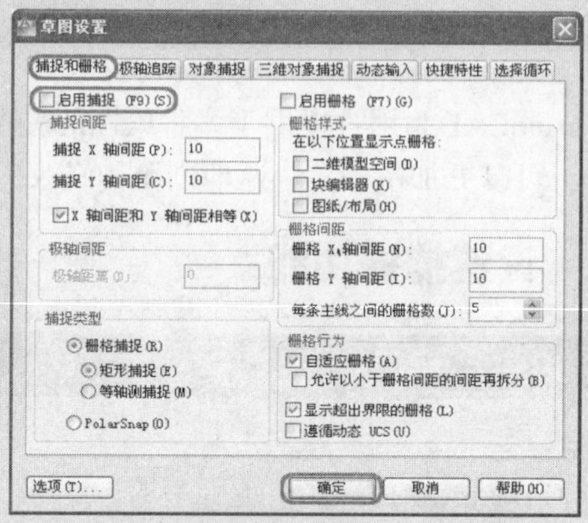

图69-2 取消“启用捕捉”的勾选

03 单击“确定”按钮，即可关闭捕捉功能。

第70集 设置捕捉间距

素材：无
效果：无
视频：视频\第4章\第70集.avi
时长：43秒
难度：★
关键技术：“草图设置”对话框

01 单击快速访问工具栏中的“新建”按钮，在弹出的对话框中新建一幅空白图形文件，在菜单栏中选择“工具”|“绘图设置”命令，弹出“草图设置”对话框，选择“捕捉和栅格”选项卡，勾选“启用捕捉”复选框，在“捕捉间距”选项组中设置“捕捉X轴间距”为98，“捕捉Y轴间距”为98，如图70-1所示。

02 单击“确定”按钮，捕捉间距就设置完成了。

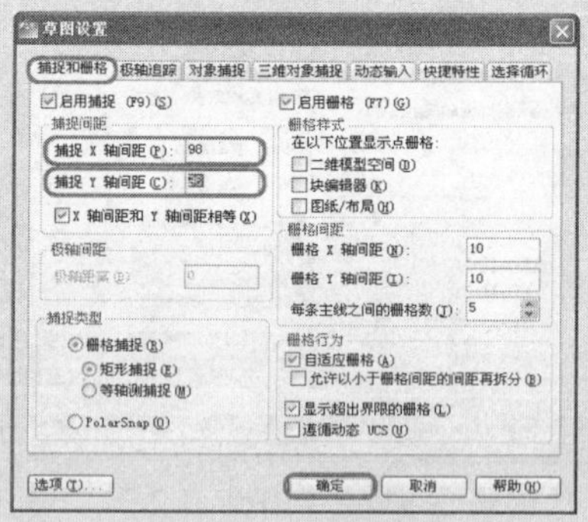

图70-1 设置捕捉间距

专家提醒

如果取消“草图设置”对话框中“X轴间距和Y轴间距相等”复选框的勾选，则可以为捕捉X轴、Y轴设置不同的间距。

除了用上述方法设置捕捉间距外，还可以在命令行中输入SNAP命令并按Enter键确认，输入捕捉间距值并按Enter键确认。

4.2　设置栅格功能

第71集　启动栅格功能

素材：素材\第4章\71–1.dwg　　效果：无
视频：视频\第4章\第71集.avi　　时长：21秒
难度：★　　关键技术：GRIDMODE命令

01 单击按钮，在弹出的下拉菜单中选择“打开”|“图形”命令。在弹出的对话框中打开一幅素材图形，如图71-1所示。

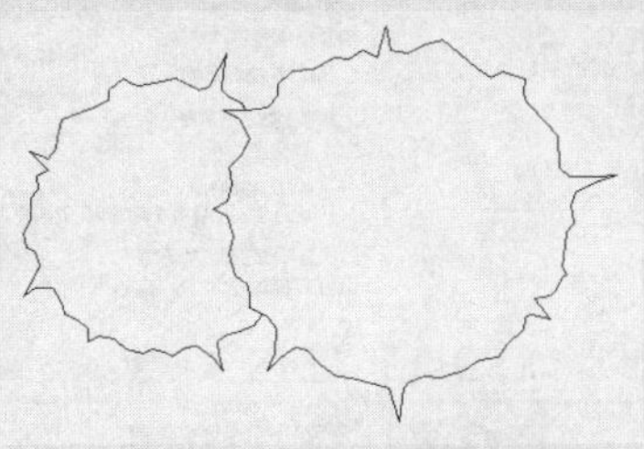

图71-1　打开的素材图形

02 在命令行中输入GRIDMODE命令，按Enter键确认，再输入1，按Enter键确认，即可在绘图窗口中启动栅格，如图71-2所示。

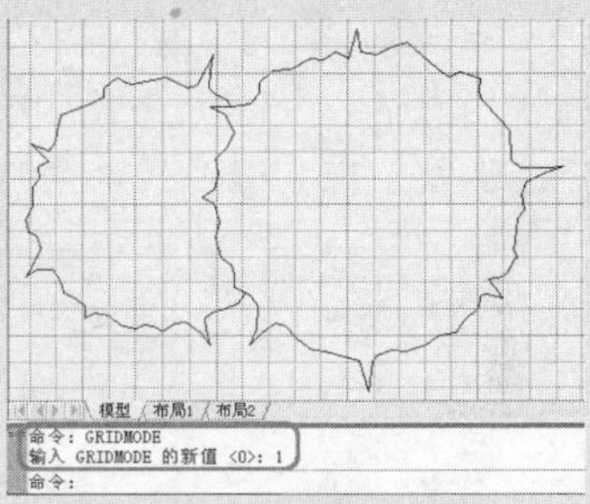

图71-2　输入GRIDMODE命令

专家提醒

除了运用上述方法启动栅格外，还有以下3种方法启动栅格。

- 按钮：在状态栏中单击“栅格显示”按钮。
- 快捷键：按F7键。
- 对话框：在菜单栏中选择“工具”|“绘图设置”命令，弹出“草图设置”对话框，选择“捕捉和栅格”选项卡，勾选“启用栅格”复选框，单击“确定”按钮。

第72集　关闭栅格功能

素材：素材\第4章\71–1.dwg　　效果：无
视频：视频\第4章\第72集.avi　　时长：10秒
难度：★　　关键技术：“栅格显示”按钮

01 继续使用第71集中的素材图形，单击状态栏中的“栅格显示”按钮，即可关闭栅格，如图72-1所示。

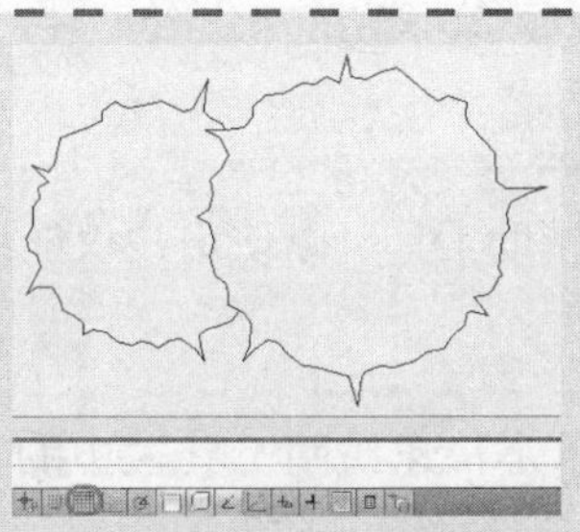

图72-1　单击“栅格显示”按钮

第73集 设置栅格间距

素材：无　　效果：无
视频：视频\第4章\第73集.avi　　时长：43秒
难度：★　　关键技术：“捕捉和栅格”对话框

01 单击快速访问工具栏中的“新建”按钮▢，在弹出的对话框中新建一幅空白图形文件，此时的栅格大小如图73-1所示。

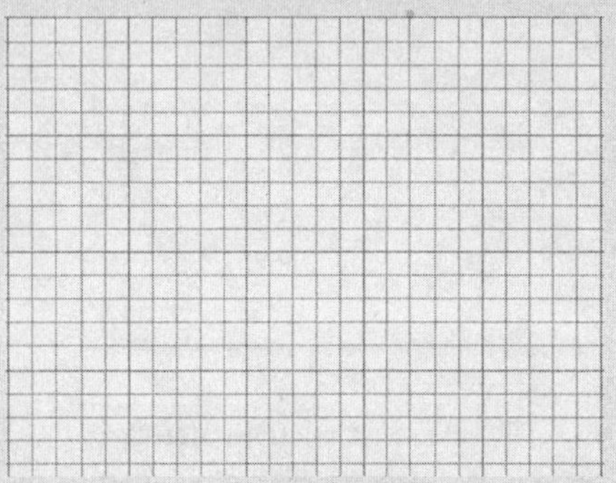

图73-1　设置前的栅格大小

02 在菜单栏中选择“工具”|“绘图设置”命令，弹出“草图设置”对话框，选择“捕捉和栅格”选项卡，在“栅格间距”选项组中设置“栅格X轴间距”为20，“栅格Y轴间距”为20，如图73-2所示。

03 单击“确定”按钮，栅格间距就设置完成了。此时的栅格大小如图73-3所示。

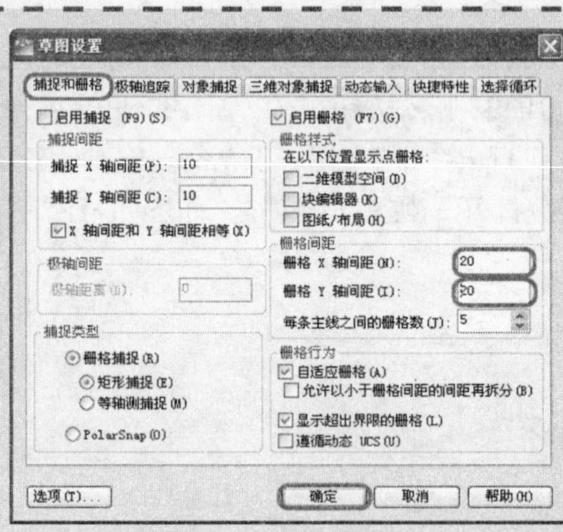

图73-2　设置栅格间距

图73-3　设置后的栅格大小

4.3 设置正交和极轴追踪功能

第74集 开启正交功能

素材：无　　效果：无
视频：视频\第4章\第74集.avi　　时长：26秒
难度：★　　关键技术：ORTHO命令

正交辅助工具可以使用户仅能绘制出平行于X轴或Y轴的直线。开启正交功能的具体操作步骤如下：

01 单击快速访问工具栏中的“新建”按钮▢，在弹出的对话框中新建一幅空白图形文件。

02 在命令行中输入ORTHO命令，按

Enter键确认，再按1键，按Enter键确认，即可开启正交功能，如图74-1所示。

图74-1　输入ORTHO命令

专家提醒

除了用上述方法开启正交功能外，还有以下3种方法开启正交功能。

- 按钮：单击状态栏中的“正交模式”按钮。
- 快捷键：按F8键。
- 右击：右击状态栏中的“正交模式”按钮，在弹出的快捷菜单中选择“启用”命令。

第75集　开启极轴追踪功能

素材：无　　效果：无

视频：视频\第4章\第75集.avi　　时长：37秒

难度：★　　关键技术：“启用极轴追踪”复选框

当开启极轴追踪功能时，绘图窗口中将出现追踪线（追踪线可以是水平的或垂直的，也可以有一定角度），可以帮助用户精确地确定位置和角度来创建对象。开启极轴追踪功能的具体操作步骤如下：

01 单击快速访问工具栏中的“新建”按钮，在弹出的对话框中新建一幅空白图形文件。

02 在命令行中输入DSETTINGS命令，按Enter键进行确认，弹出“草图设置”对话框，选择“极轴追踪”选项卡，勾选“启用极轴追踪”复选框，如图75-1所示。

03 单击“确定”按钮，即可开启极轴追踪功能。

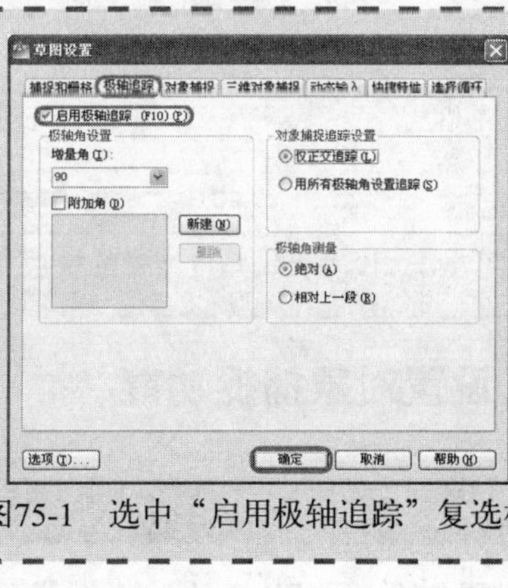

图75-1　选中“启用极轴追踪”复选框

专家提醒

除了用上述方法可以开启极轴功能外，还有以下3种方法来开启极轴追踪功能。

- 按钮：单击状态栏中的“极轴追踪”按钮。
- 快捷键：按F10键。
- 命令：在菜单栏中选择“工具”|“草图设置”命令，弹出“草图设置”对话框，选择“极轴追踪”选项卡，勾选“启用极轴追踪”复选框。

第76集　设置极轴追踪增量角功能

素材：无	效果：无
视频：视频\第4章\第76集.avi	时长：40秒
难度：★	关键技术："草图设置"对话框

01 单击快速访问工具栏中的"新建"按钮，在弹出的对话框中新建一幅空白图形文件。在菜单栏中选择"工具"|"绘图设置"命令，弹出"草图设置"对话框，选择"极轴追踪"选项卡，勾选"启用极轴追踪"复选框，在"极轴角设置"选项组中单击"增量角"下的按钮，在弹出的下拉列表中设置极轴角度增量的模数，在这里选择的是90，如图76-1所示。

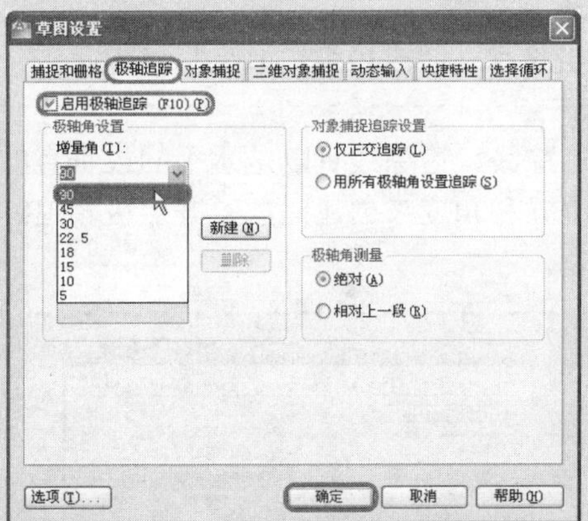

图76-1　设置极轴角度增量的模数

专家提醒

除了用上述方法设置极轴角度增量的模数外，还可以用下面一种方法设置极轴角度增量的模数：

- 右击"极轴追踪"按钮，在弹出的快捷菜单中选择极轴角度增量的模数，如图76-2所示。

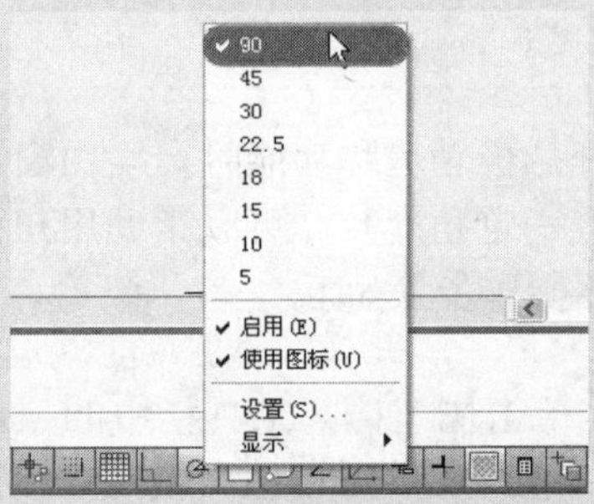

图76-2　右击"极轴追踪"按钮

02 单击"确定"按钮，在绘图过程中追踪到的极轴角度将为此模数的倍数。

4.4　设置对象捕捉功能

第77集　设置对象捕捉中点

素材：素材\第4章\77-1.dwg	效果：无
视频：视频\第4章\第77集.avi	时长：52秒
难度：★	关键技术："中点"复选框

01 单击快速访问工具栏中的"打开"按钮，在弹出的对话框中打开一幅素材图形文件，如图77-1所示。

02 在状态栏中右击"对象捕捉"按钮，在弹出的快捷菜单中选择"设置"命令，弹出"草图设置"对话框，在"对象捕捉模式"选项组中勾选"中点"复选框，如图77-2所示。

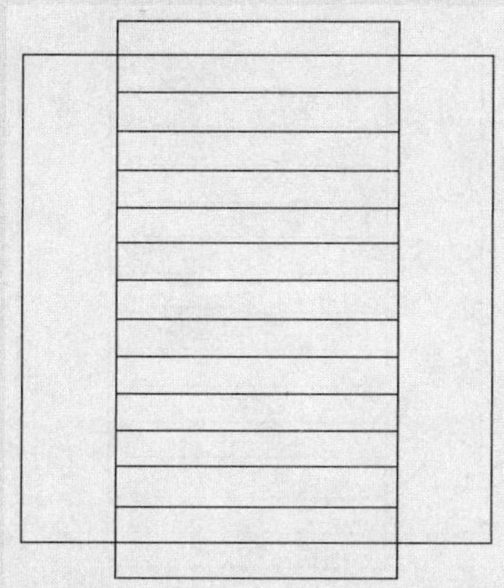

图77-1　打开的素材图形文件

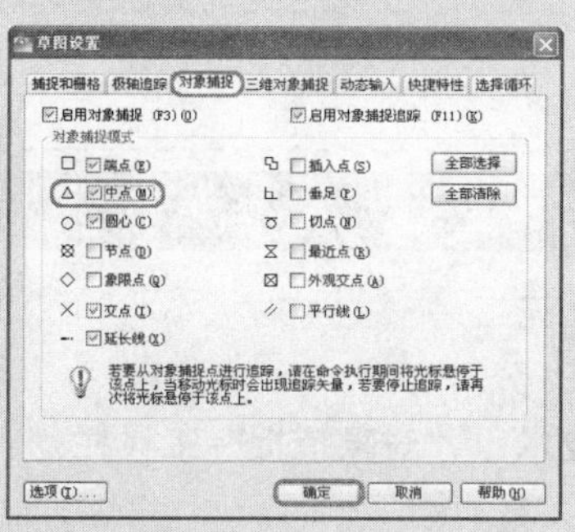

图77-2　选择“中点”复选框

03 单击“确定”按钮，在命令行中输入LINE（直线）命令，按Enter键确认，并将鼠标移至素材图形上任意线段的中心位置，即可显示对象捕捉中点，如图77-3所示。

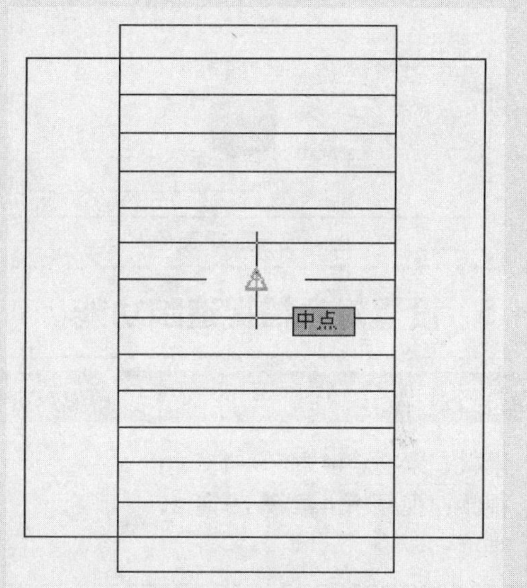

图77-3　显示对象捕捉中点

第78集　设置自动捕捉标记的颜色

素材：无

效果：无

视频：视频\第4章\第78集.avi

时长：1分13秒

难度：★★

关键技术：“图形窗口颜色”对话框

01 继续第77集中的操作，单击按钮，在弹出的下拉菜单中选择“选项”选项，弹出“选项”对话框，选择“绘图”选项卡，如图78-1所示。

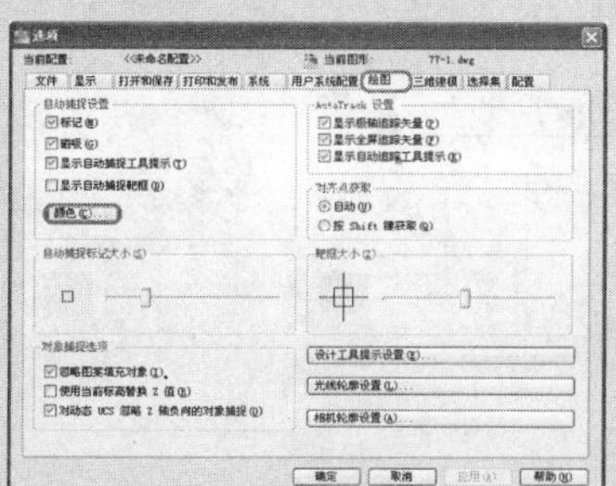

图78-1　“选项”对话框

02 单击“自动捕捉设置”选项组中的“颜色”按钮，弹出“图形窗口颜色”对话框，单击“颜色”下的按钮，在弹出的下拉列表中选择“红”选项，如图78-2所示。

03 单击“应用并关闭”按钮，返回到“选项”对话框，单击“确定”按钮，在命令行中输入LINE（直线）命令，按Enter键确认，并将鼠标移至素材图形上任意线段的中心位置，即可显示出刚才设置的对象捕捉中点的颜色，如图78-3所示。

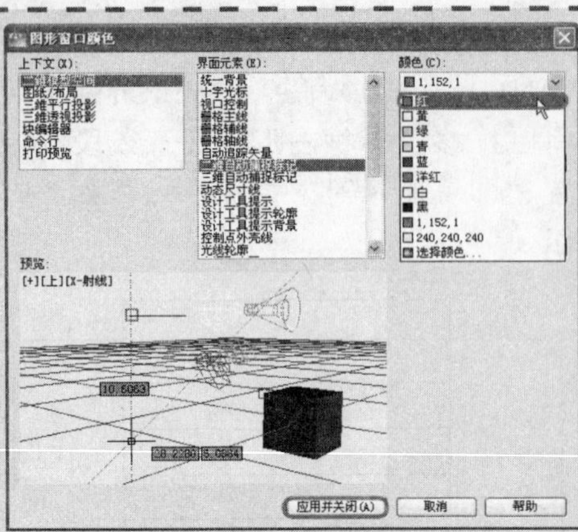

图78-2　选择颜色

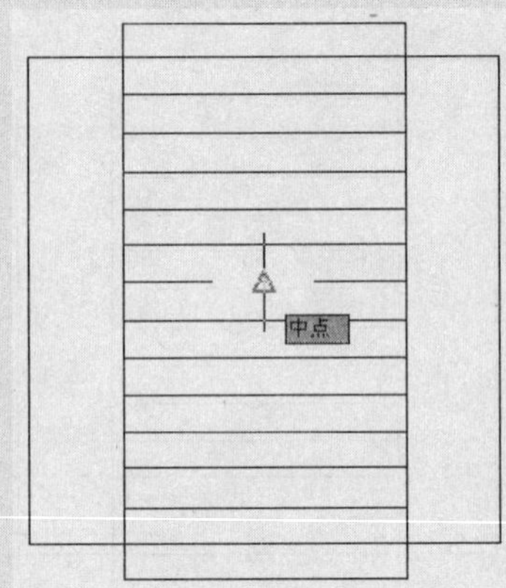

图78-3　显示出的对象捕捉中点的颜色

4.5　设置对象捕捉追踪功能

第79集　使用临时追踪点

素材：素材\第4章\79-1.dwg　　效果：无

视频：视频\第4章\第79集.avi　　时长：1分27秒

难度：★★　　关键技术："对象捕捉"工具栏

01 单击快速访问工具栏中的"打开"按钮，在弹出的对话框中打开一幅素材图形。

02 在菜单栏中选择"工具"|"工具栏"|Auto CAD|"对象捕捉"命令，弹出"对象捕捉"工具栏，如图79-1所示。

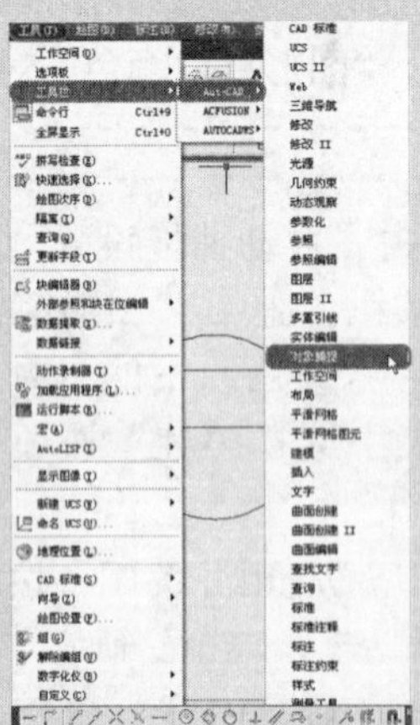

图79-1　"对象捕捉"工具栏

03 在命令行中输入LINE命令，按Enter键确认。在"对象捕捉"工具栏中单击"临时追踪点"按钮，在A点位置上单击鼠标，确定临时追踪点，如图79-2所示。

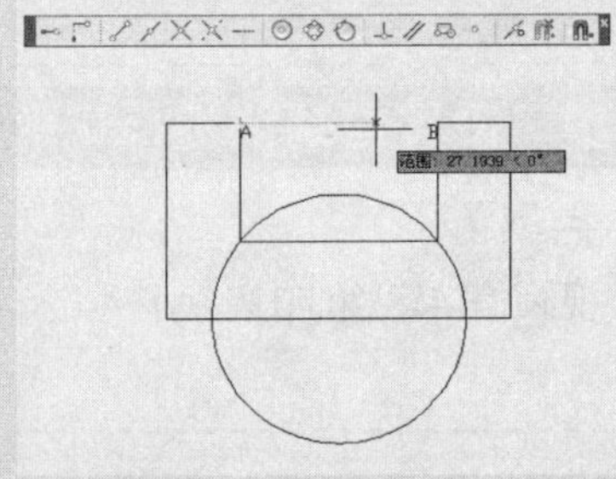

图79-2　确定临时追踪点

04 在B点位置上单击鼠标，确定第一点，向右引导鼠标，输入数值50，并按Enter键确认，即可绘制一条长度为50的直线，如图79-3所示。

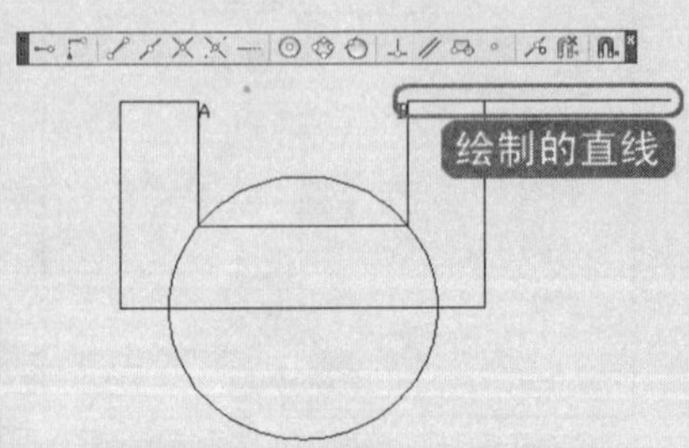

图79-3 绘制直线

第80集　使用对象捕捉追踪

素材：无　　效果：无

视频：视频\第4章\第80集.avi　　时长：30秒

难度：★　　关键技术："启用对象捕捉追踪"复选框

01 单击快速访问工具栏中的"新建"按钮，在弹出的对话框中新建一幅空白图形文件。在菜单栏中选择"工具"|"绘图设置"命令，弹出"草图设置"对话框，选择"对象捕捉"选项卡，勾选"启用对象捕捉追踪"复选框，如图80-1所示。

02 单击"确定"按钮，即可使用对象捕捉追踪功能。

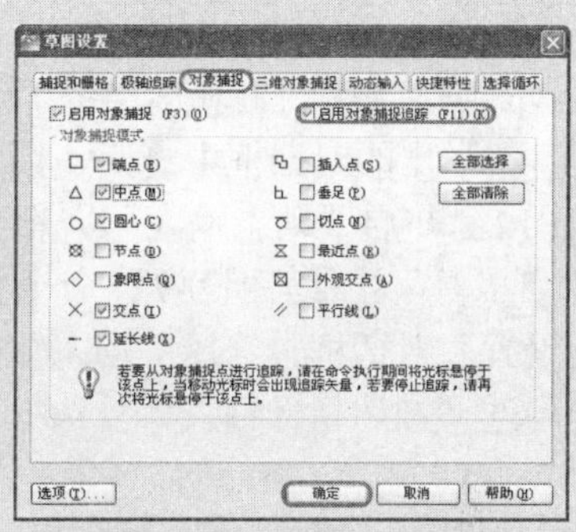

图80-1　选中"启用对象捕捉追踪"复选框

专家提醒

除了用上述方法启动对象捕捉追踪功能外，还有以下两种方法启动此功能。

- 按钮：单击状态栏中的"对象捕捉追踪"按钮。
- 快捷键：按F11键。

第81集　使用自动追踪功能

素材：无　　效果：无

视频：视频\第4章\第81集.avi　　时长：35秒

难度：★　　关键技术："显示自动追踪工具提示"复选框

01 单击快速访问工具栏中的"新建"按钮，在弹出的对话框中新建一幅空白图形文件。

02 单击按钮，在弹出的下拉菜单中选择"选项"选项，弹出"选项"对话框，选择"绘图"选项卡，在"AutoTrack设置"选项组中勾选"显示自动追踪工具提示"复选框，如图81-1所示。

03 单击"确定"按钮，即可使用自动追踪功能。

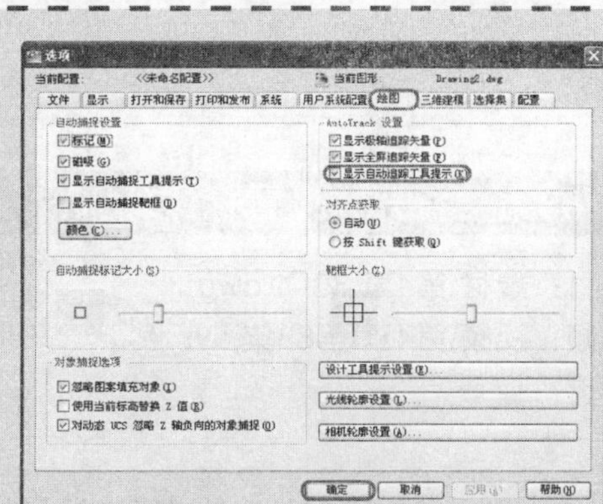

图81-1　选中"显示自动追踪工具提示"复选框

4.6 设置对象动态输入功能

第82集 打开并设置指针输入

素材：素材\第4章\82-1.dwg　　效果：无
视频：视频\第4章\第82集.avi　　时长：1分15秒
难度：★★　　关键技术："指针输入设置"对话框

01 单击快速访问工具栏中的"打开"按钮，在弹出的对话框中打开一幅素材图形。按F12键开启"动态输入"，在菜单栏中选择"工具"|"绘图设置"命令，弹出"草图设置"对话框，选择"动态输入"选项卡，勾选"启用指针输入"复选框，如图82-1所示。

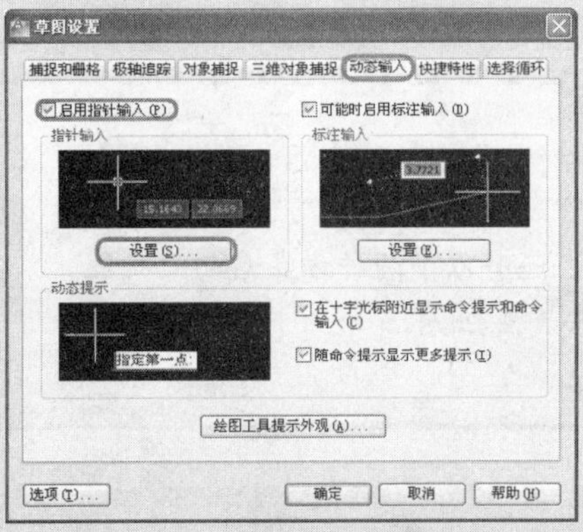

图82-1 选中"启用指针输入"复选框

02 单击"指针输入"选项组的"设置"按钮，弹出"指针输入设置"对话框，在"显示坐标工具提示"选项组中勾选"命令需要一个点时"复选框，如图82-2所示。

03 单击"确定"按钮，返回到"草图设置"对话框，单击"确定"按钮。

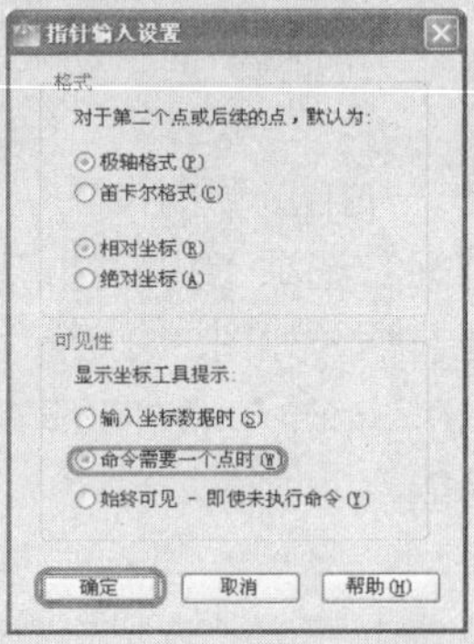

图82-2 选中"命令需要一个点时"复选框

04 在命令行中输入LINE命令，按Enter键确认，将鼠标移至绘图区中，即可显示坐标数据，如图82-3所示。

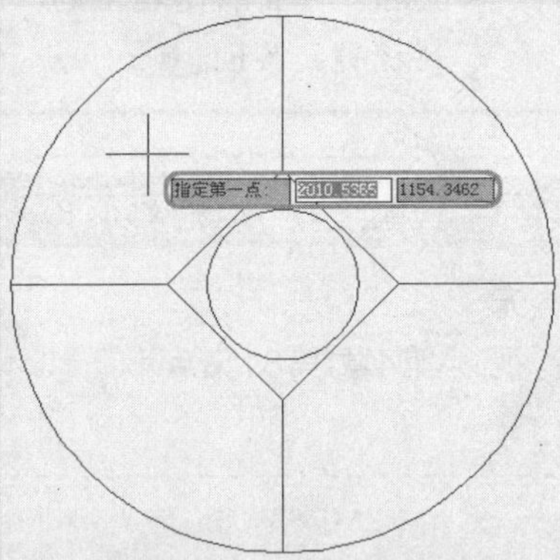

图82-3 显示坐标数据

第83集 打开并设置标注输入

素材：素材\第4章\83-1.dwg　　效果：无
视频：视频\第4章\第83集.avi　　时长：1分07秒
难度：★★　　关键技术："标注输入的设置"对话框

01 单击快速访问工具栏中的"打开"按钮，在弹出的对话框中打开一幅素材图形。在菜单栏中选择"工具"|"绘图设置"命令，弹出"草图设置"对话框，选择

“动态输入”选项卡，并勾选“可能时启用标注输入”复选框，如图83-1所示。

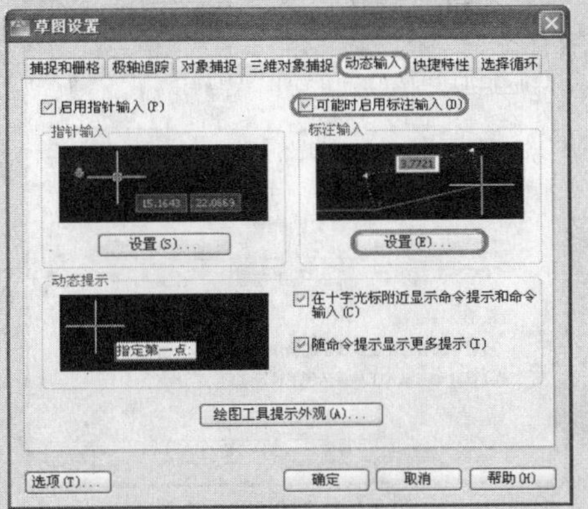

图83-1　选中“可能时启用标注输入”复选框

02 单击“标注输入”选项组的“设置”按钮，弹出“标注输入的设置”对话框，在“夹点拉伸时”选项组中选中“每次显示2个标注输入字段”单选按钮，如图83-2所示。

03 单击“确定”按钮，返回到“草图设置”对话框，单击“确定”按钮，在命令行中输入LINE命令，并按Enter键确认，在绘图区中的任意位置上单击鼠标，并向任意方向拖动鼠标，即可显示两个标注输入，如图83-3所示。

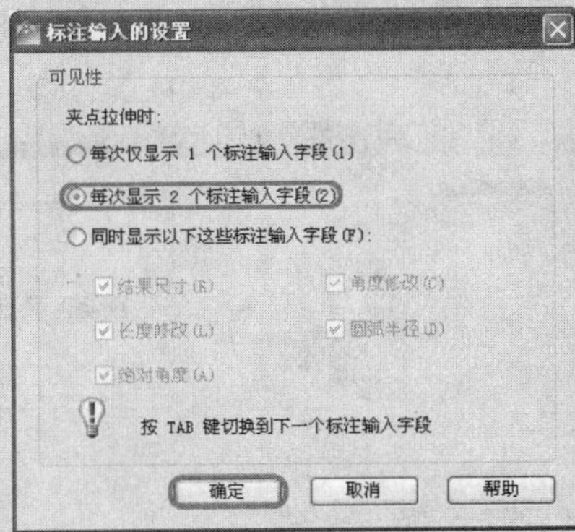

图83-2　“标注输入的设置”对话框

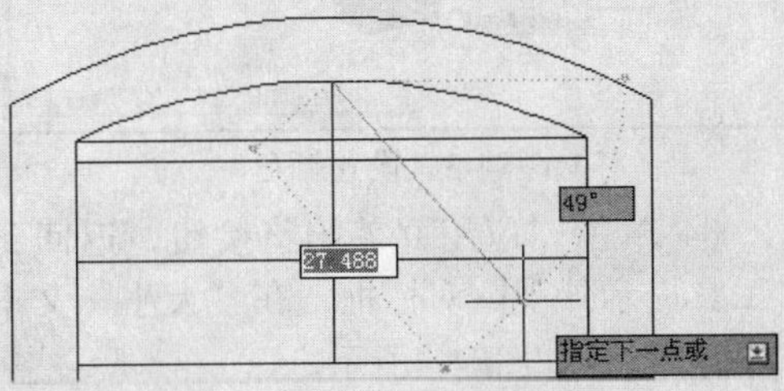

图83-3　显示的两个标注输入

第84集　设置工具提示外观

素材：素材\第4章\84-1.dwg

视频：视频\第4章\第84集.avi

难度：★★

效果：无

时长：1分19秒

关键技术：“工具提示外观”对话框

01 单击快速访问工具栏中的“打开”按钮，在弹出的对话框中打开一幅素材图形，如图84-1所示。

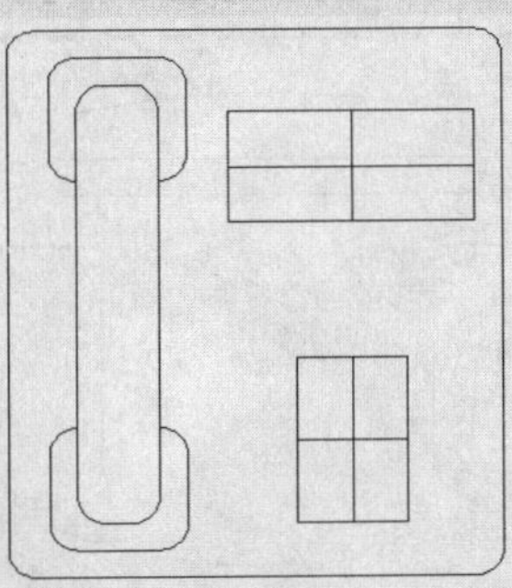

图84-1　打开的素材图形

02 在菜单栏中选择“工具”|“绘图设置”命令，弹出“草图设置”对话框，选择“动态输入”选项卡，单击“绘图工具提示外观”按钮，如图84-2所示。

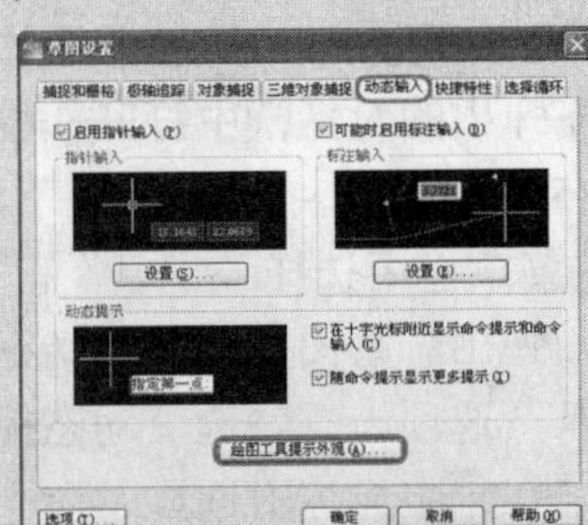

图84-2　单击“绘图工具提示外观”按钮

03 弹出“工具提示外观”对话框，单击“颜色”按钮，弹出“图形窗口颜色”对话框，单击“颜色”下拉按钮，在弹出的下拉列表中选择“洋红”选项，如图84-3所示。

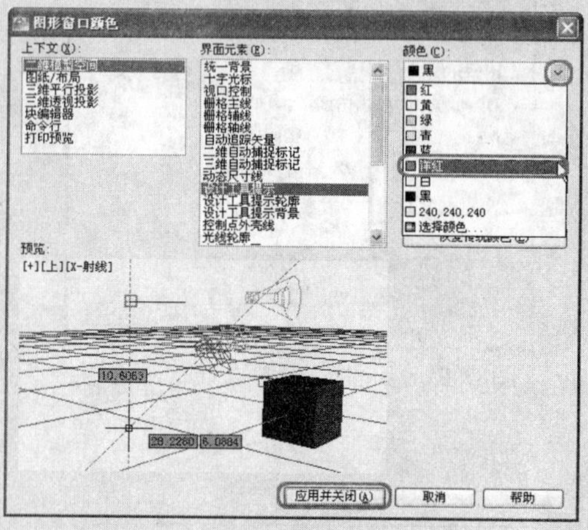

图84-3 设置颜色

04 单击“应用并关闭”按钮，返回到“工具提示外观”对话框，在“大小”文本框中输入5，如图84-4所示。

05 单击“确定”按钮，返回到“草图设置”对话框，单击“确定”按钮，在命令行中输入LINE命令，按Enter确认，将鼠标移至绘图区中的任意位置即可显示出刚刚设置的工具外观，如图84-5所示。

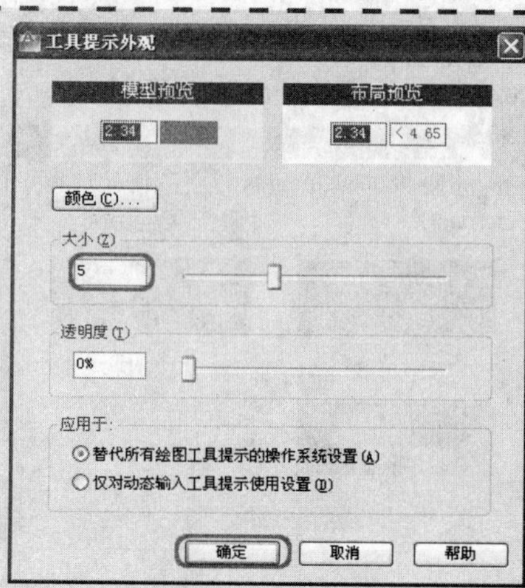

图84-4 设置大小

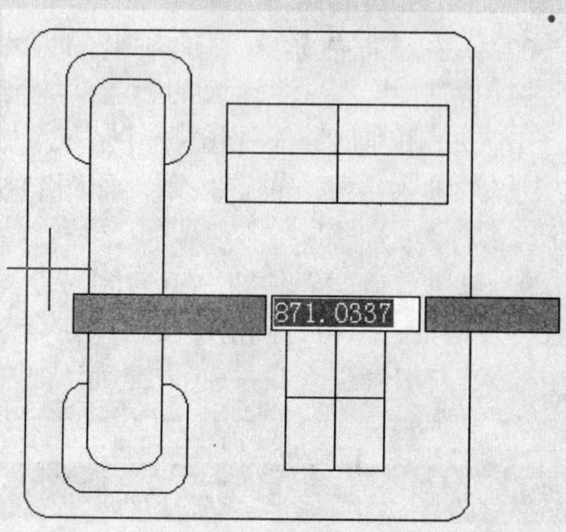

图84-5 显示工具外观

第85集 显示命令提示

素材：素材\第4章\85-1.dwg
视频：视频\第4章\第85集.avi
难度：★

效果：无
时长：48秒
关键技术：“草图设置”对话框

01 单击快速访问工具栏中的“打开”按钮，在弹出的对话框中打开一幅素材图形，如图85-1所示。

02 在菜单栏中选择“工具”|“绘图设置”命令，弹出“草图设置”对话框，选择“动态输入”选项卡，勾选“动态提示”选项组中的“在十字光标附近显示命令提示和命令输入”复选框，如图85-2所示。

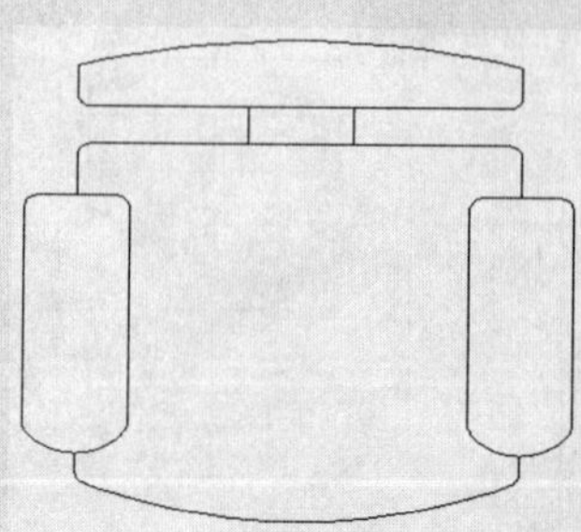

图85-1 打开的素材图形

图85-2　“草图设置”对话框

03 单击“确定”按钮，在命令行中输入LINE命令，按Enter确认，将鼠标移至绘图区中的任意位置上单击鼠标，即可显示命令提示，如图85-3所示。

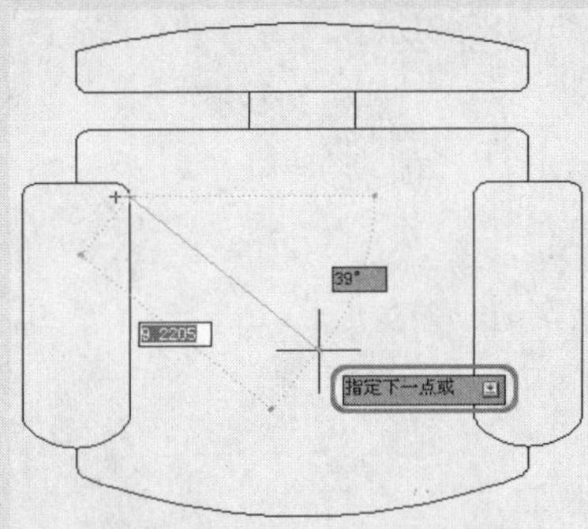

图85-3　显示命令提示

4.7　设置坐标系统功能

第86集　输入点坐标

素材：无

效果：无

视频：视频\第4章\第86集.avi

时长：47秒

难度：★

关键技术：输入点坐标

01 单击快速访问工具栏中的“新建”按钮，在弹出的对话框中新建一幅空白图形文件。

02 在命令行中输入LINE命令，按Enter键确认，根据命令行提示进行操作，输入（40，35），并按Enter键确认，再输入（@450,0），按Enter键确认，再按Esc键取消创建，即可绘制一条直线，如图86-1所示。

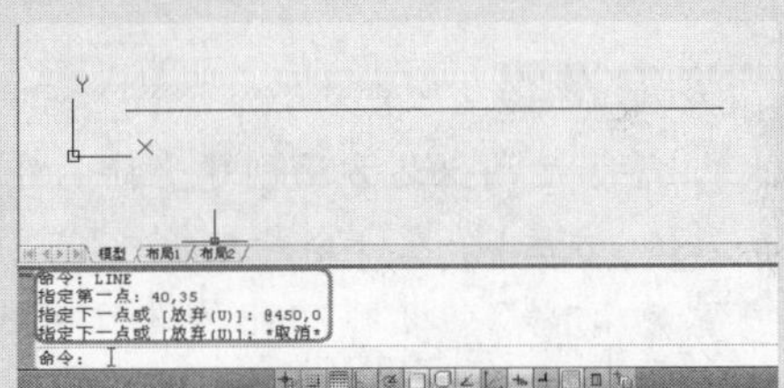

图86-1　绘制的直线

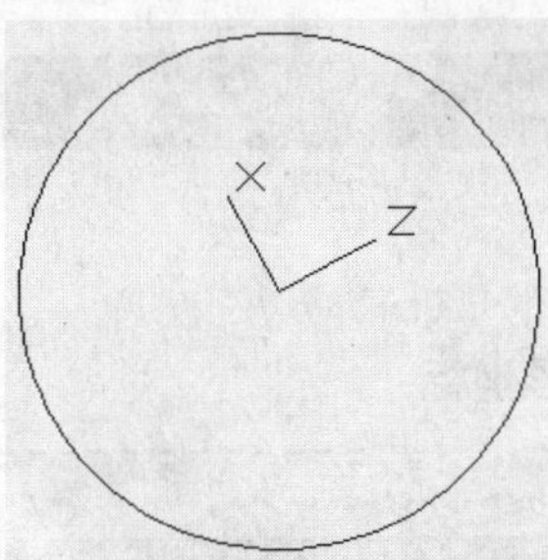

第87集　创建坐标系

素材：素材\第4章\87-1.dwg

效果：效果\第4章\第87集.dwg

视频：视频\第4章\第87集.avi

时长：47秒

难度：★

关键技术：“Z轴矢量”命令

01 单击快速访问工具栏中的“打开”按钮，在弹出的对话框中打开一幅素材图形，如图87-1所示。

02 在菜单栏中选择“工具”|“新建UCS”|“Z轴矢量”命令，根据命令行提示进行操作，在绘图区中的圆心上单击鼠标，

确定新UCS坐标原点，并向右上方引导光标，输入50并按Enter键确认，即可创建坐标系，如图87-2所示。

图87-1　打开的素材图形

图87-2　创建的坐标系

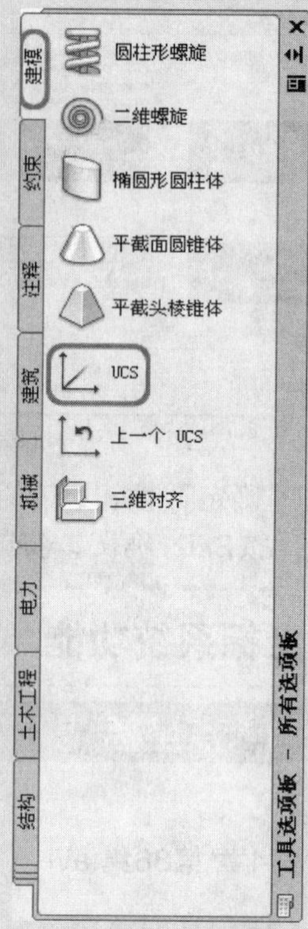

图87-3　选项板集面板

专家提醒

除了运用上述方法创建坐标系外，还有以下两种方法创建坐标系。

- 方法1：在命令行中输入UCS命令，并按Enter键确认。
- 方法2：选择功能区选项板中的“视图”选项卡，在“选项板”面板中单击“工具选项板”按钮，弹出如图87-3所示的选项板集面板，在选项板中选择“建模”选项卡，单击按钮，再根据命令行提示进行操作。

第88集　控制坐标参数的显示

素材：无　　效果：无

视频：视频\第4章\第88集.avi　　时长：43秒

难度：★　　关键技术：图形坐标

01 单击快速访问工具栏中的“新建”按钮，在弹出的对话框中新建一幅空白图形文件。在默认情况下，状态栏中的“图形坐标”是开启的状态，显示为绝对坐标参数，如图88-1所示。

图88-1　开启的“图形坐标”

02 单击“图形坐标”数值，坐标参数显示成灰色，此时处于关闭状态，如图88-2所示。

图88-2　关闭的“图形坐标”

03 开启“图形坐标”，在命令行中输入LINE命令，并按Enter键确认，根据命令行提示进行操作，在绘图区中的任意位置单击鼠标，向右引导光标，状态栏上的图形坐标参数显示为相对坐标参数，如图88-3所示。

图88-3　相对坐标参数

第89集　控制坐标系图标显示

素材：无

效果：无

视频：视频\第4章\第89集.avi

时长：37秒

难度：★

关键技术：“UCS”对话框

01 单击快速访问工具栏中的“新建”按钮，在弹出的对话框中新建一幅空白图形文件。在默认情况下，坐标系图标会在绘图区中的左下角显示，如图89-1所示。

图89-1　显示的坐标系图标

02 在菜单栏中选择“工具”|“命名UCS”命令，弹出“UCS”对话框，选择“设置”选项卡，在“UCS图标设置”选项组中取消勾选“开”复选框，如图89-2所示。

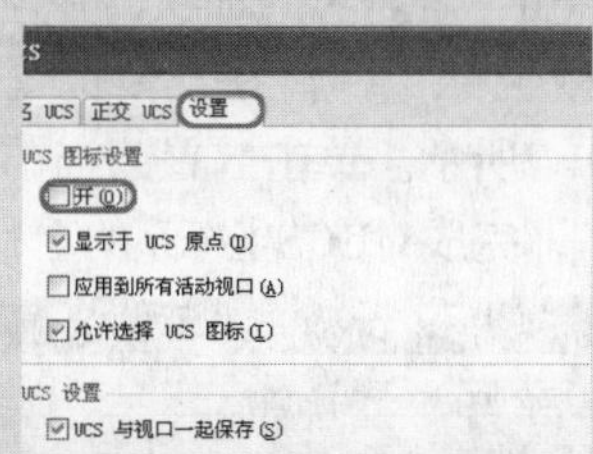

图89-2　“UCS”对话框

03 单击“确定”按钮，即可取消显示坐标系图标，如图89-3所示。

图89-3　取消显示坐标系图标

专家提醒

除了用上述方法取消显示坐标系图标外，还可以用下面几种方法。

- 命令：在命令行中输入UCSICON命令，并按Enter键确认，再输入OFF并按Enter键确认即可。
- 菜单：在菜单栏中选择“视图”|“显示”|“UCS图标”|“开”命令。

第90集　使用正交坐标系

素材：无

效果：无

视频：视频\第4章\第90集.avi

时长：35秒

难度：★

关键技术：“UCS”对话框

01 单击快速访问工具栏中的“新建”按钮，在弹出的对话框中新建一幅空白图形文件。此时的坐标系图标如图90-1所示。

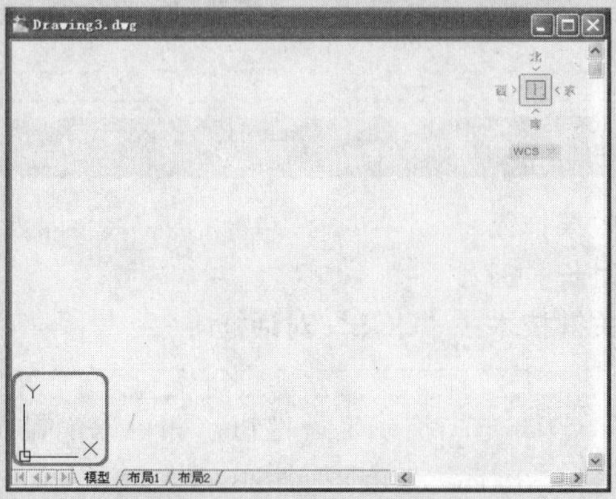

图90-1 显示的坐标系图标

02 在菜单栏中选择“工具”|“命名UCS”命令，弹出“UCS”对话框，选择“正交UCS”选项卡，在“当前UCS：世界”列表框中选择“后视”选项，如图90-2所示。

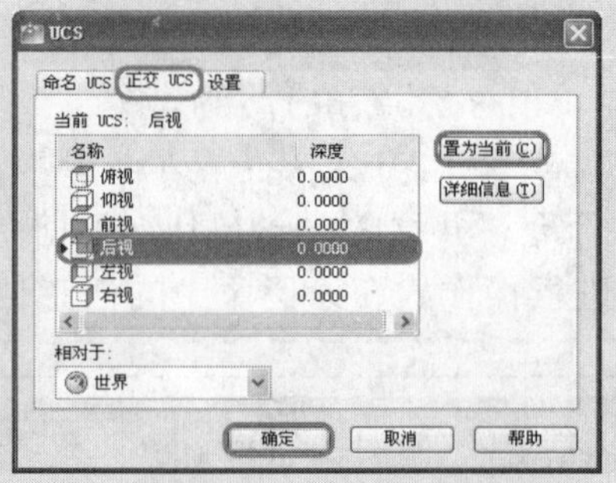

图90-2 选择“后视”选项

03 单击“置为当前”和“确定”按钮，即可显示正交坐标系，如图90-3所示。

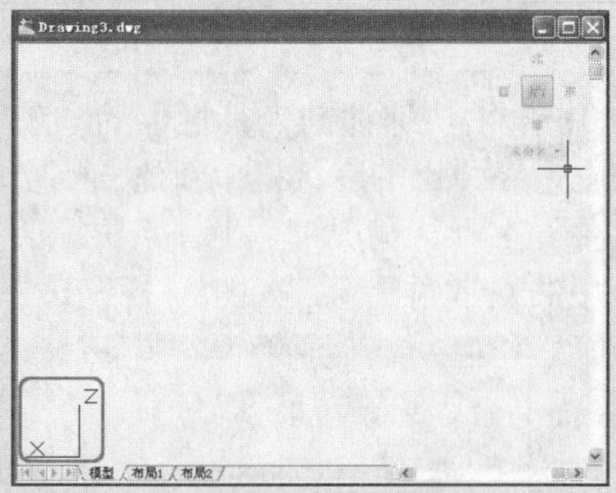

图90-3 显示的正交坐标系

第91集 重命名用户坐标系

素材：素材\第4章\91-1.dwg

视频：视频\第4章\第91集.avi

难度：★

效果：无

时长：43秒

关键技术：“UCS”对话框

01 单击快速访问工具栏中的“打开”按钮，在弹出的对话框中打开一幅素材图形，如图91-1所示。

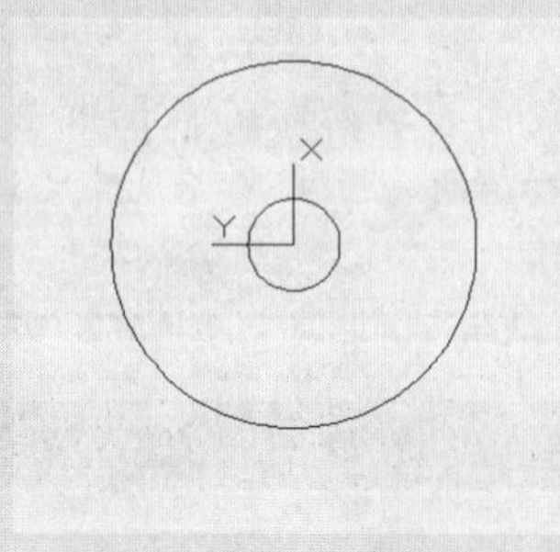

图91-1 打开的素材图形

02 在菜单栏中选择“工具”|“命名UCS”命令，弹出“UCS”对话框，选择“命名UCS”选项卡，单击“未命名”选项，并在文本框中输入“机械坐标”，再在空白位置处单击鼠标，如图91-2所示。单击“置为当前”和“确定”按钮，即完成对UCS坐标系的重命名。

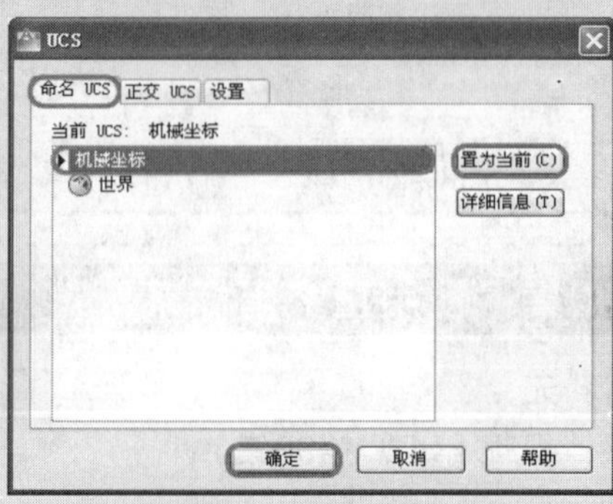

图91-2 重命名UCS坐标系

第92集　设置UCS的其他选项

素材：无　　效果：无

视频：视频\第4章\第92集.avi　　时长：36秒

难度：★　　关键技术："UCS图标"对话框

01 单击快速访问工具栏中的"新建"按钮，在弹出的对话框中新建一幅空白图形文件。在菜单栏中选择"视图"|"显示"|"UCS图标"|"特性"命令，如图92-1所示。

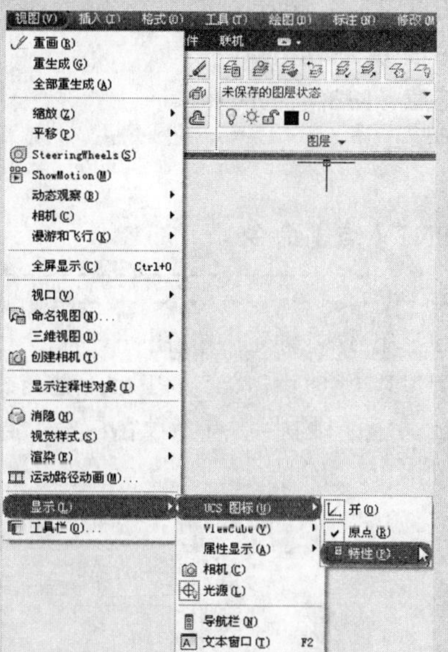

图92-1　选择"特性"命令

02 弹出"UCS图标"对话框，在"UCS图标样式"选项组中选中"二维"单选按钮，如图92-2所示。

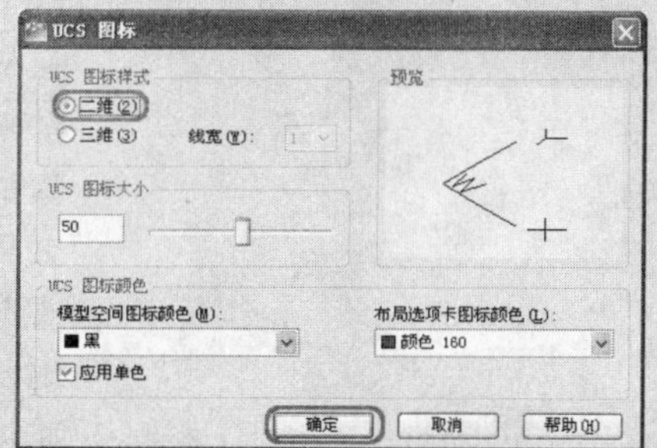

图92-2　勾选"二维"单选按钮

03 单击"确定"按钮，即可显示二维坐标系样式，如图92-3所示。

图92-3　二维坐标系样式

第5章 二维图形的绘制与编辑

本章将详细介绍AutoCAD 2012的基本绘图功能，其中包括圆、圆弧、矩形、正多边形、椭圆以及各种线和点的绘制方法。在AutoCAD中，无论多么复杂的图形都由这些基本的图形组合而成，熟练掌握这些基本绘图功能是利用AutoCAD绘图的基础。

5.1 绘制点对象

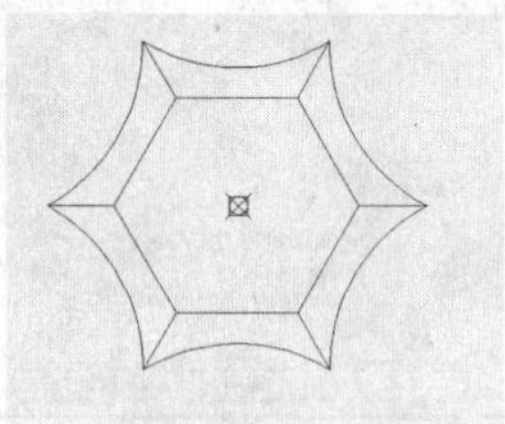

第93集 绘制单点

素材：素材\第5章\93-1.dwg

效果：效果\第5章\第93集.dwg

视频：视频\第5章\第93集.avi

时长：51秒

难度：★

关键技术：POINT（点）命令

01 启动AutoCAD 2012软件，按Ctrl+O键，打开一幅素材图形，在“功能区”选项板的“常用”选项卡中单击“实用工具”按钮 实用工具 ，在打开的下拉菜单中选择“点样式” 点样式... 选项，打开“点样式”对话框，选择点样式第4行第4个样式，如图93-1所示。

图93-1 “点样式”对话框

02 单击“确定”按钮，在命令行中输入POINT（点）命令，按Enter键确认，在绘图区中图形的中心点上单击鼠标，绘制单点，如图93-2所示。

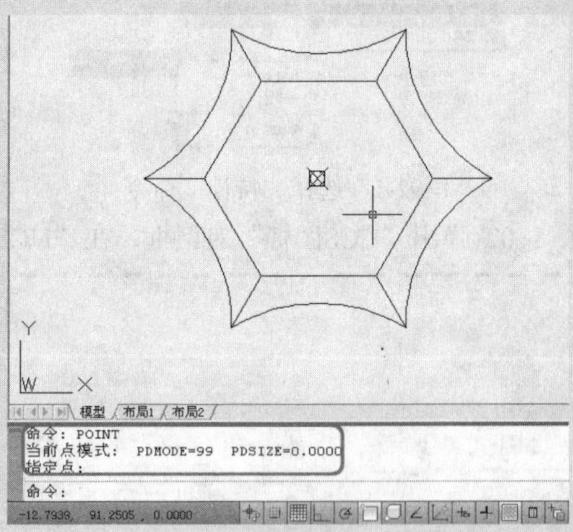

图93-2 绘制单点

专家提醒

除上述方法可以使用“点样式”命令外，还有以下两种方法。

- 方法1：在命令行中输入DDPTYPE（点样式）命令，按Enter键确认。
- 方法2：在菜单栏中选择“格式”|“点样式”命令。

第94集　绘制多点

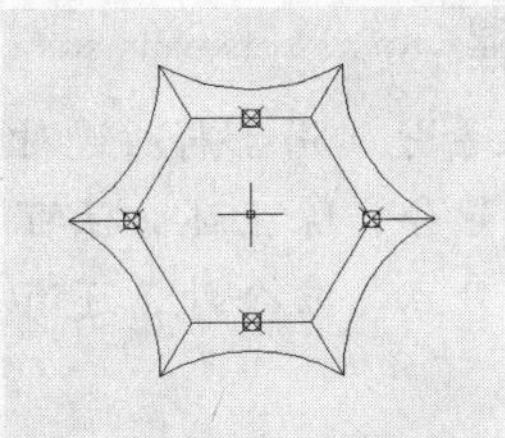

素材：素材\第5章\93-1.dwg

效果：效果\第5章\第94集.dwg

视频：视频\第5章\第94集.avi

时长：41秒

难度：★

关键技术："多点"按钮

01 以第93集素材为例，在"功能区"选项板的"常用"选项卡中单击"绘图"按钮 绘图 ▾ ，在打开的下拉菜单中选择"多点" 选项，如图94-1所示。

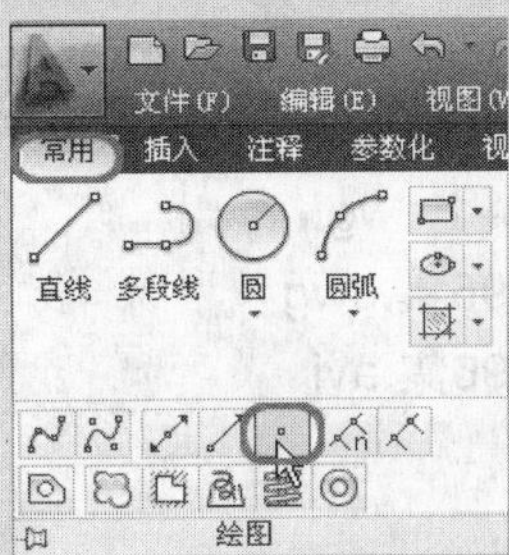

图94-1　选择"多点"命令

02 依次在绘图区中图形的六边形上单击鼠标，按Esc键退出命令，如图94-2所示效果绘制多点。

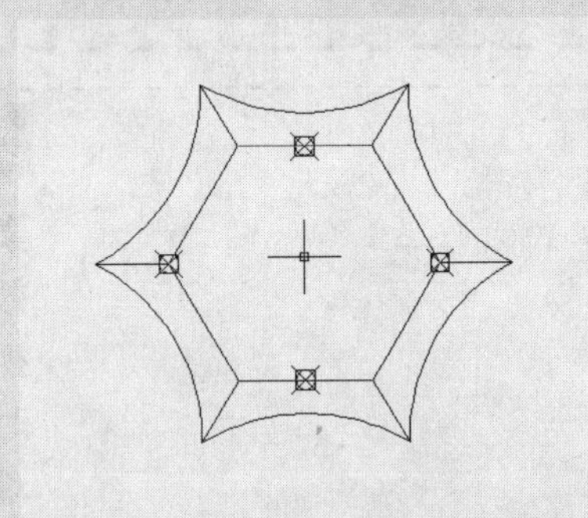

图94-2　绘制多点

第95集　绘制定数等分点

素材：素材\第5章\93-1.dwg

效果：效果\第5章\第95集.dwg

视频：视频\第5章\第95集.avi

时长：33秒

难度：★

关键技术："定数等分"按钮

01 以第93集素材为例，在"功能区"选项板的"常用"选项卡中单击"绘图"按钮 绘图 ▾ ，在打开的下拉菜单中选择"定数等分" 选项，如图95-1所示。

02 在绘图区中选择六边形为定数等分对象，输入线段数为2，按Enter键确认，效果如图95-2所示。

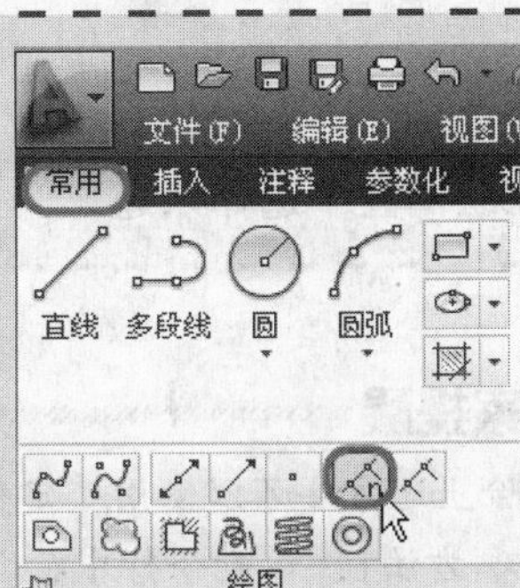

图95-1　选择"定数等分"命令

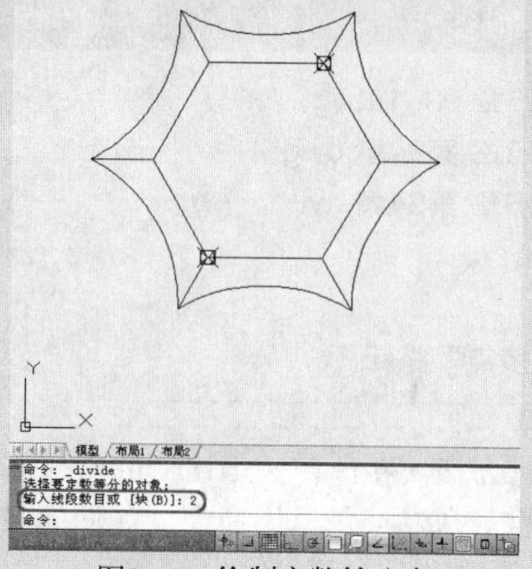

图95-2　绘制定数等分点

专家提醒

“定数等分”用于将所选对象按指定线段数等分，除上述方法可以使用“定数等分点”命令外，还有以下两种方法。

- 方法1：在命令行中输入DIVIDE（定数等分）命令，并按Enter键确认。
- 方法2：在菜单栏中选择“绘图”|“点”|“定数等分”命令。

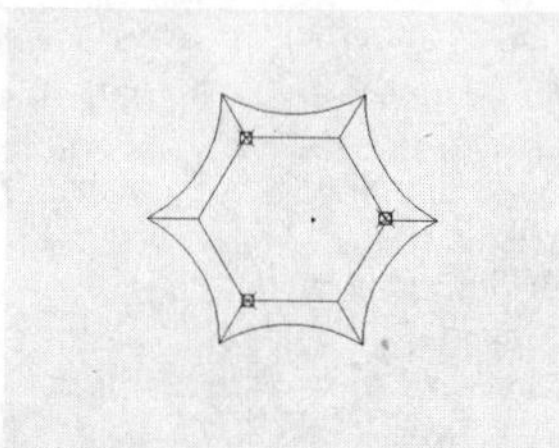

第96集　绘制定距等分点

素材：素材\第5章\93–1.dwg
效果：效果\第5章\第96集.dwg
视频：视频\第5章\第96集.avi
时长：31秒
难度：★
关键技术：“定距等分”按钮

01 以第93集素材为例，在“功能区”选项板的“常用”选项卡中单击“绘图”按钮 绘图▼ ，再在打开的下拉菜单中选择“测量”选项，如图96-1所示。

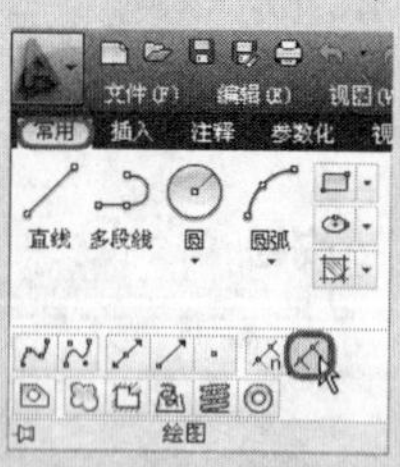

图96-1　选择“测量”命令

02 在绘图区中选择六边形为定距等分对象，输入线段长度为130，按Enter键确认，效果如图96-2所示。

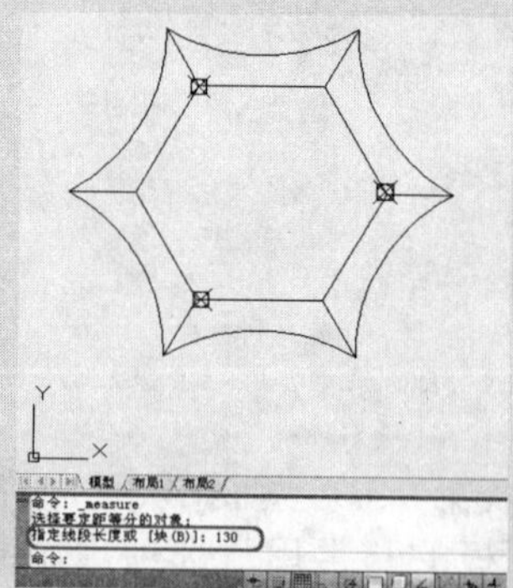

图96-2　绘制定距等分点

专家提醒

除上述方法可以使用“定数等分点”命令外，还有以下两种方法。

- 方法1：在命令行中输入MEASURE（定距等分）命令，并按Enter键确认。
- 方法2：在菜单栏中选择“绘图”|“点”|“定距等分”命令。

5.2　绘制直线型对象

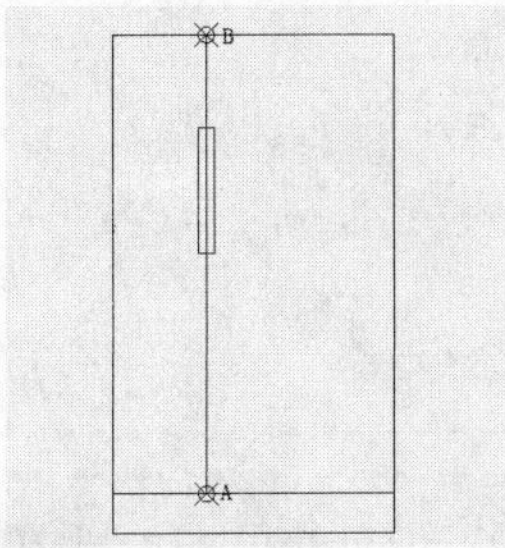

第97集　绘制直线

素材：素材\第5章\97–1.dwg

效果：效果\第5章\第97集.dwg

视频：视频\第5章\第97集.avi

时长：32秒

难度：★

关键技术：LINE（直线）命令

01 启动AutoCAD 2012软件，按Ctrl+O键，打开一幅素材图形，如图97-1所示。

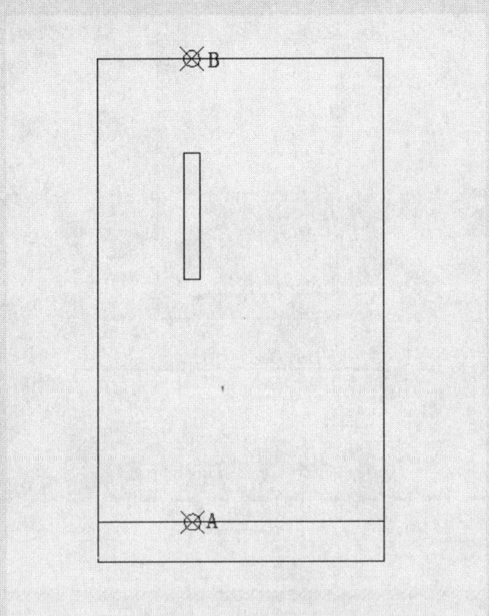

图97-1　打开素材图形

02 在命令行中输入LINE（直线）命令，按Enter键，在A点上单击鼠标，指定线段第一点，将鼠标移至B点单击鼠标，指定线段第二点，按Enter键确认，如图97-2所示绘制一条直线。

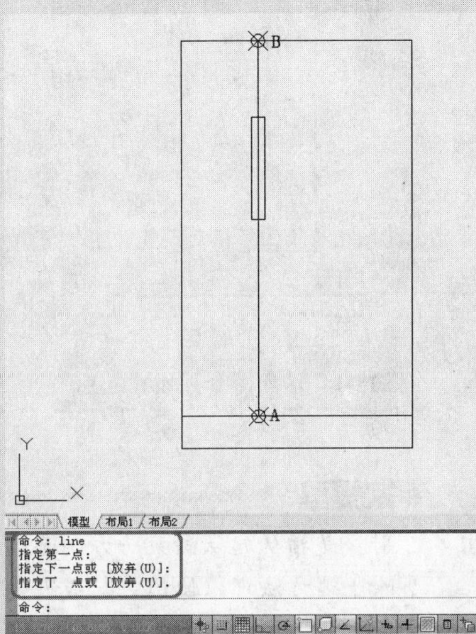

图97-2　绘制直线

专家提醒

直线是绘图中最常用、最简单的图形对象，只要指定了起点和终点即可绘制一条直线。

除上述方法可以使用“直线”命令外，还有以下两种方法。

- 方法1：在“功能区”选项板的“常用”选项卡中单击“绘图”面板中的“直线”按钮。
- 方法2：在菜单栏中选择“绘图”|“直线”命令。

第98集 绘制射线

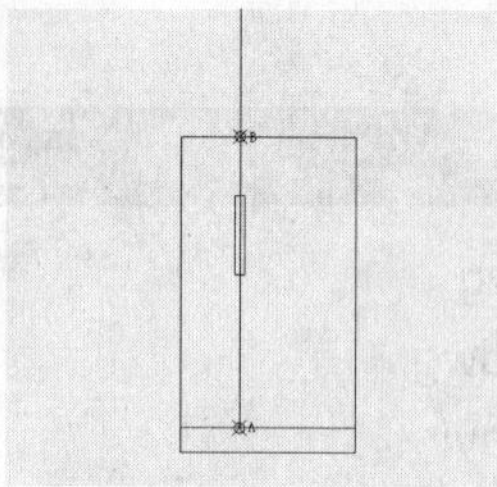

素材：素材\第5章\97–1.dwg

效果：效果\第5章\第98集.dwg

视频：视频\第5章\第98集.avi

时长：30秒

难度：★

关键技术：RAY（射线）命令

01 以第97集素材为例，在命令行中输入RAY（射线）命令，按Enter键确认，在绘图区中A点位置单击鼠标，指定起点位置，如图98-1所示。

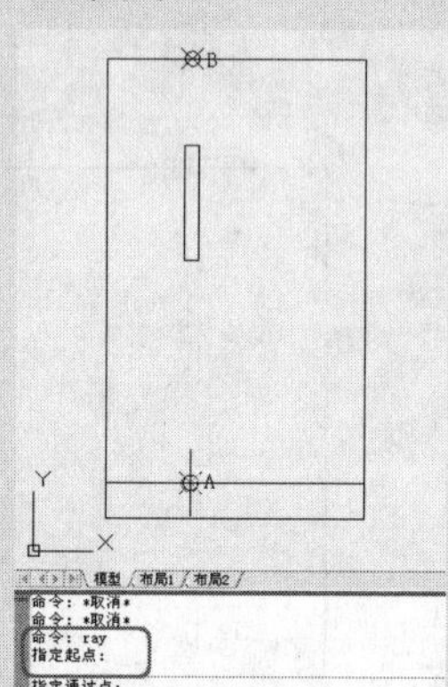

图98-1 输入命令并设置起点

02 将鼠标移至B点处单击，指定射线通过点，按Enter键确认，效果如图98-2所示。

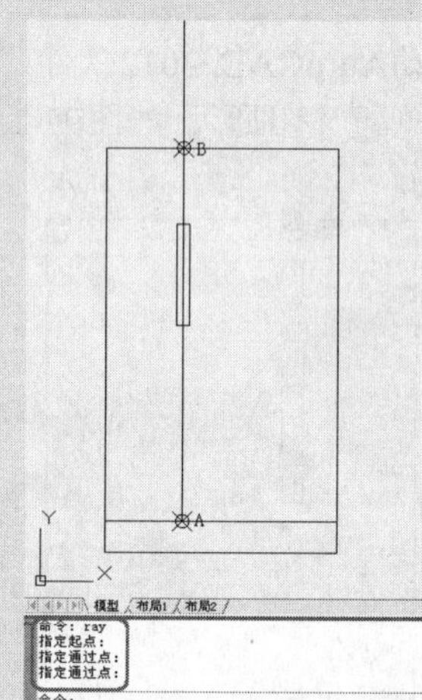

图98-2 绘制射线

专家提醒

射线是指从起点向某一方向无限延伸的直线，通常用作对象的参考线。

除上述方法可以使用“射线”命令外，还有以下两种方法。

- 方法1：在“功能区”选项板的“常用”选项卡中单击“绘图”按钮 绘图 ▾，在打开的下拉菜单中选择“射线”选项。
- 方法2：在菜单栏中选择“绘图”|“射线”命令。

第99集 绘制构造线

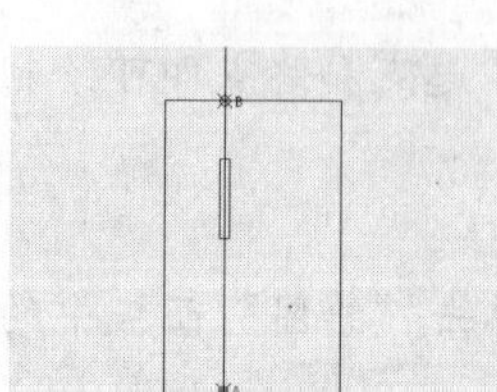

素材：素材\第5章\97–1.dwg

效果：效果\第5章\第99集.dwg

视频：视频\第5章\第99集.avi

时长：28秒

难度：★

关键技术：XLINE（构造线）命令

01 以第97集素材为例，在命令行中输入XLINE（构造线）命令，按Enter键确认，在绘图区中A点处单击鼠标，指定第一点，如图99-1所示。

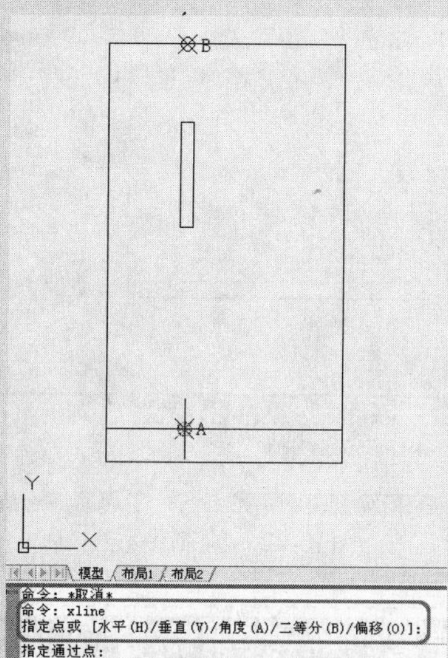

图99-1　输入命令并设置第一点

02 将鼠标移至B点处单击，指定构造线通过点，按Enter键确认，效果如图99-2所示。

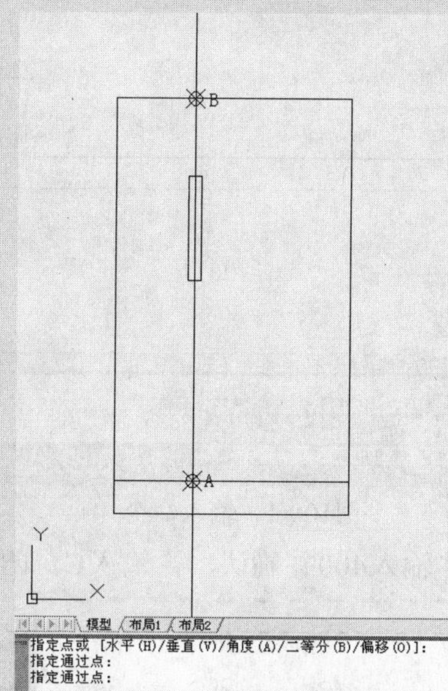

图99-2　绘制构造线

专家提醒

构造线是一条没有起点和终点的两端无限延伸的直线，通常用作辅助线。

除上述方法可以使用“构造线”命令外，还有以下两种方法。

- 方法1：在“功能区”选项板的“常用”选项卡中单击“绘图”按钮，在打开的下拉菜单中选择“构造线”选项。
- 方法2：在菜单栏中选择“绘图”|“构造线”命令。

5.3　绘制多线对象

第100集　绘制多线

素材：无

效果：效果\第5章\第100集.dwg

视频：视频\第5章\第100集.avi

时长：57秒

难度：★

关键技术：MLINE(多线)命令

01 启动AutoCAD 2012软件，在命令行中输入MLINE（多线）命令，按Enter键确认，单击状态栏中的“正交模式”按钮，打开正交模式，输入“100，100”并确认，指定多线起点，将鼠标移至起点右侧，输入300并确认，指定多线第二点，并将鼠标移至该点上方，如图100-1所示。

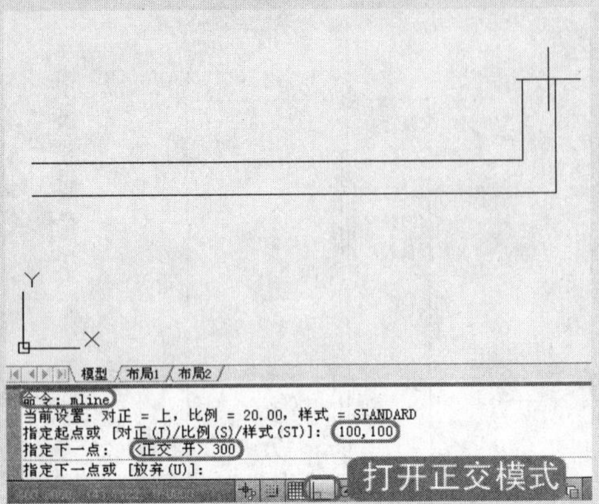

图100-1　输入命令

02 输入400并确认，再输入C，闭合多线，效果如图100-2所示。

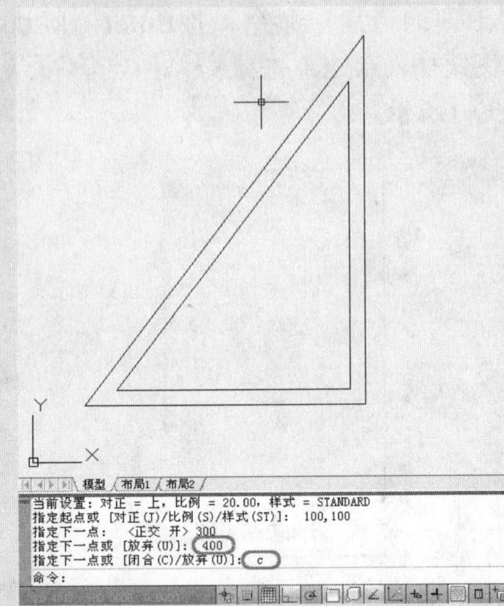

图100-2　绘制多线

第101集　创建多线样式

素材：无
效果：效果\第5章\第101集.dwg
视频：视频\第5章\第101集.avi
时长：1分45秒
难度：★★★
关键技术：MLSTYLE(多线样式)命令

01 启动AutoCAD 2012软件，在命令行中输入MLSTYLE（多线样式）命令，弹出“多线样式”对话框，如图101-1所示。

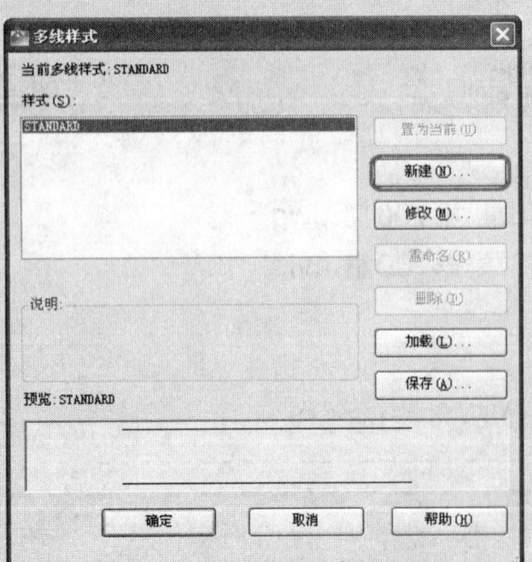

图101-1　“多线样式”对话框

02 单击“新建”按钮，弹出“创建新的多线样式”对话框，在“新样式名”文本框中输入样式名“外框”，如图101-2所示。

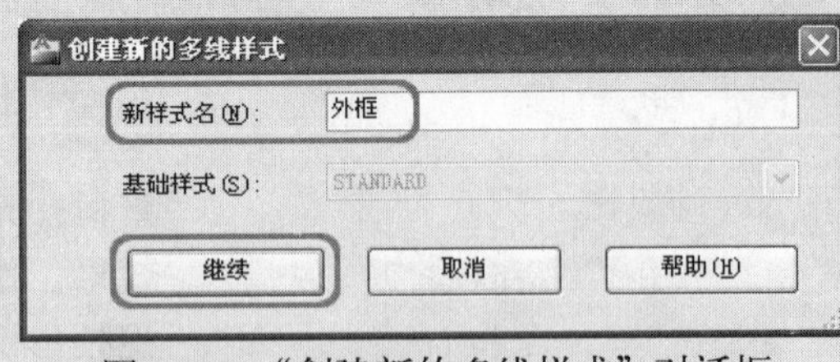

图101-2　“创建新的多线样式”对话框

03 单击“继续”按钮，弹出“新建多线样式：外框”对话框，将起点“角度”和端点“角度”设置为45，勾选“显示连接”复选框，单击“添加”按钮，添加两个图元，分别将“偏移”设置为2、1、–1和–2，如图101-3所示

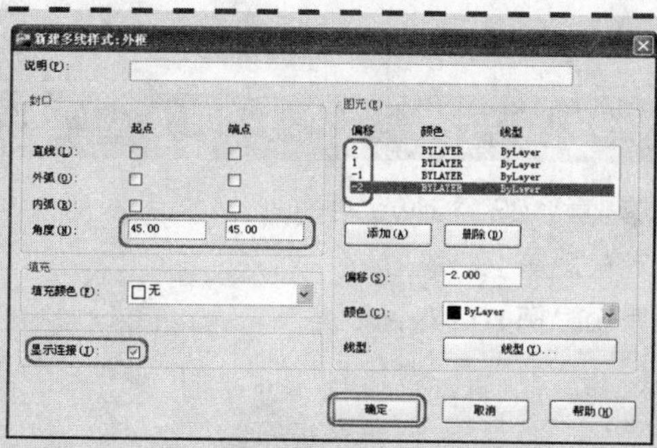

图101-3　“新建多线样式：外框”对话框

04 单击“确定”按钮，返回“多线样式”对话框，选择“外框”样式，单击“置为当前”按钮，单击“确定”按钮，在绘图区中绘制多线，如图101-4所示。

图101-4　新建多线样式效果

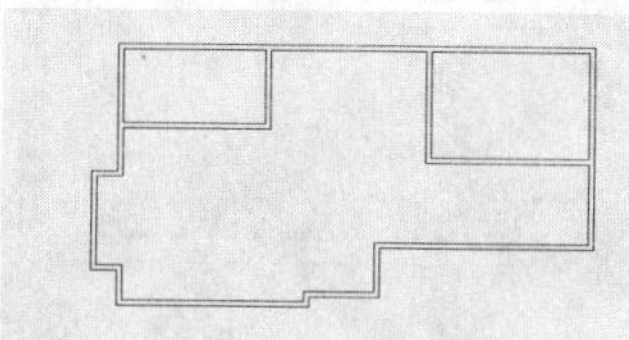

第102集　编辑多线样式

素材：素材\第5章\102–1.dwg

效果：效果\第5章\第102集.dwg

视频：视频\第5章\第102集.avi

时长：52秒

难度：★★

关键技术：MLEDIT（编辑多线）命令

01 启动AutoCAD 2012软件，按Ctrl+O键，打开一幅素材图形，如图102-1所示。

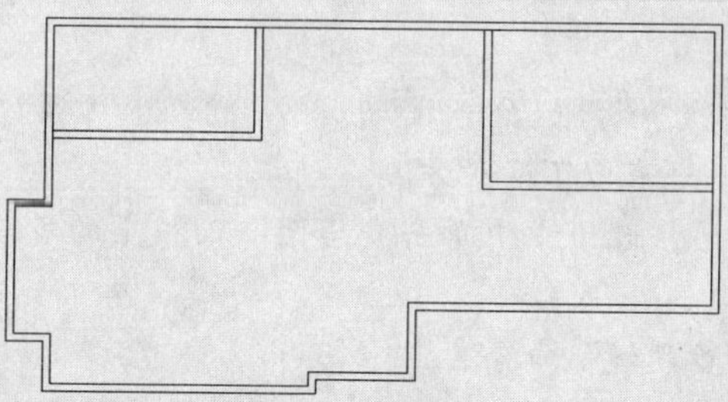

图102-1　打开素材图形

02 在命令行中输入MLEDIT（编辑多线）命令，按Enter键确认，打开“多线编辑工具”对话框，如图102-2所示。

03 选择“T形打开”选项，在绘图区中选择图形内部的一条多线，再选择与其相邻的外部多线，编辑后的效果如图102-3所示。

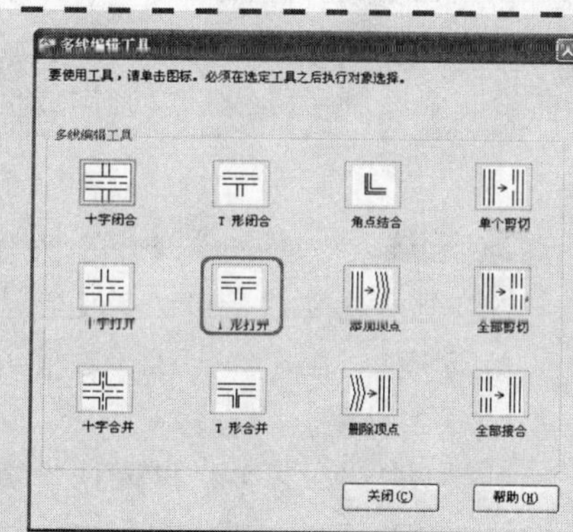

图102-2　“多线编辑工具”对话框

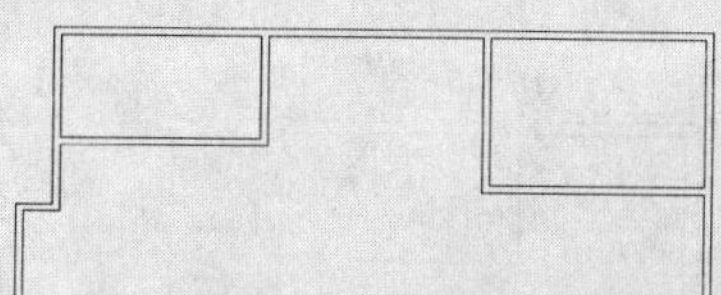

图102-3　多线编辑后的效果

5.4 绘制多段线和样条曲线对象

第103集 绘制多段线

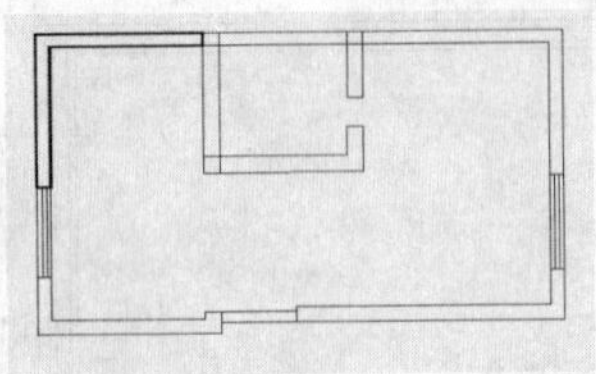

素材：素材\第5章\103-1.dwg
效果：效果\第5章\第103集.dwg
视频：视频\第5章\第103集.avi
时长：54秒
难度：★
关键技术：PLINE（多段线）命令

01 启动AutoCAD 2012软件，按Ctrl+O键，打开一幅素材图形，如图103-1所示。

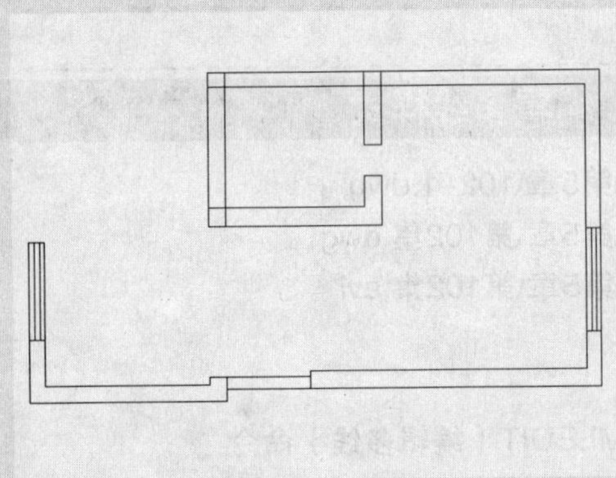

图103-1 打开素材图形

02 在命令行中输入PLINE（多段线）命令，在绘图中绘制多段线，绘制完成后按Enter键确认，效果如图103-2所示。

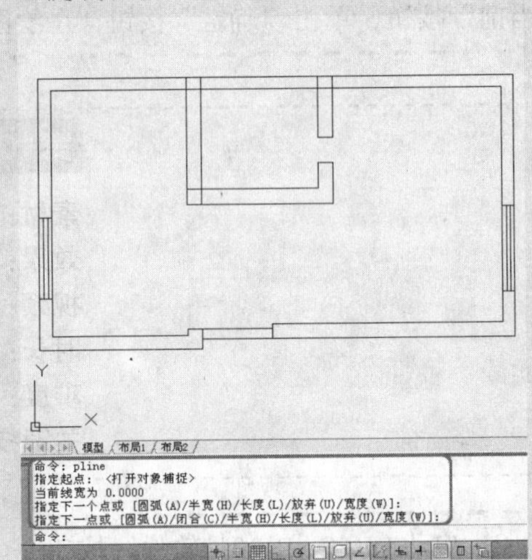

图103-2 绘制多段线

专家提醒

除上述方法可以使用"多段线"命令外，还有以下两种方法。

- 方法1：在"功能区"选项板的"常用"选项卡中单击"绘图"面板上的多段线按钮。
- 方法2：在菜单栏中选择"绘图"|"多段线"命令。

第104集 编辑多段线

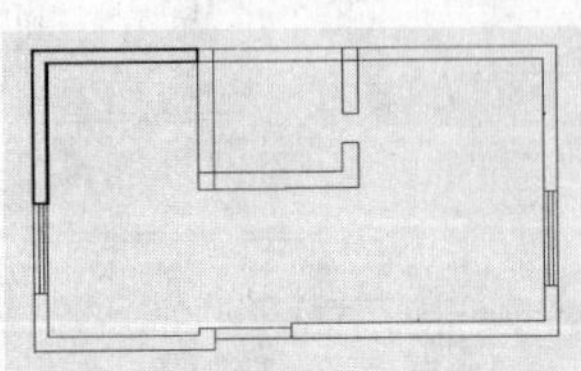

素材：无
效果：效果\第5章\第104集.dwg
视频：视频\第5章\第104集.avi
时长：41秒
难度：★
关键技术："编辑多段线"按钮

01 接第103集的操作，在“功能区”选项板的“常用”选项卡中单击“修改”按钮［修改▾］，在打开的下拉菜单中选择“编辑多段线”选项，如图104-1所示。

图104-1　选择“编辑多段线”按钮

02 在绘图区中选择新绘制的多段线，输入W并按Enter键确认，输入数值2并确认，效果如图104-2所示。

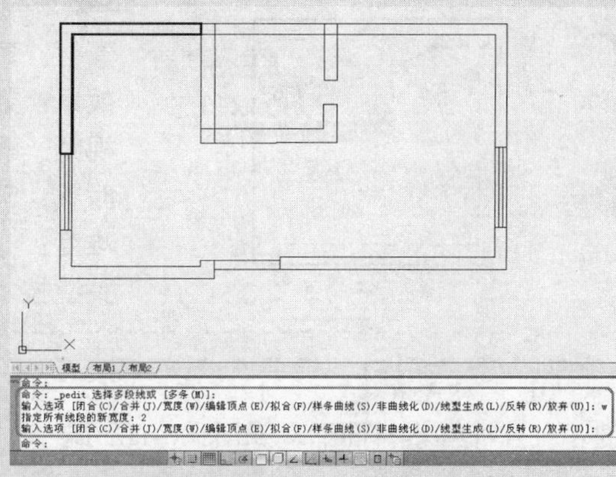

图104-2　编辑多段线效果

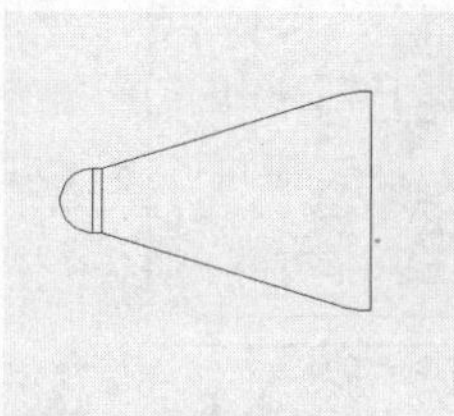

第105集　拉直多段线

素材：素材\第5章\105-1.dwg

效果：效果\第5章\第105集.dwg

视频：视频\第5章\第105集.avi

时长：41秒

难度：★

关键技术：E（编辑顶点）选项

01 启动AutoCAD 2012软件，按Ctrl+O键，打开一幅素材图形，如图105-1所示。

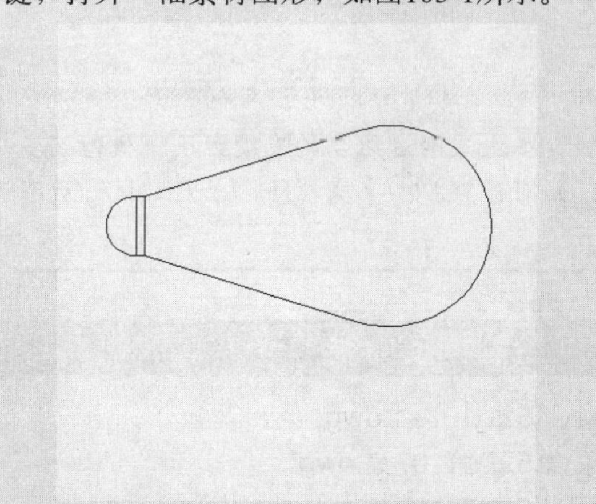

图105-1　打开素材图形

02 在“功能区”选项板的常用选项卡中单击“修改”按钮［修改▾］，在打开的下拉菜单中选择“编辑多段线”选项，在绘图区中选择需要拉直的对象，在命令行中输入E（编辑顶点）并确认，输入S（拉直）并确认，再输入G（执行）并确认，拉直后的效果如图105-2所示。

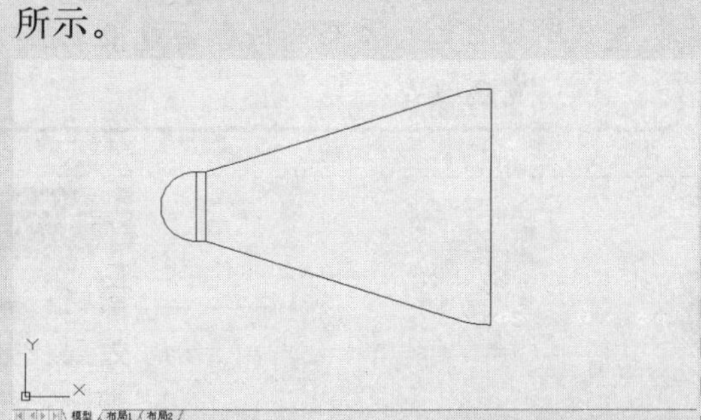

图105-2　拉直多段线

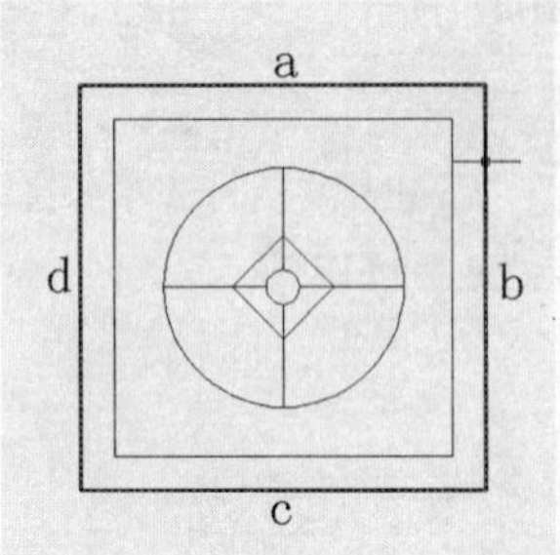

第106集 合并为多段线

素材：素材\第5章\106-1.dwg
效果：效果\第5章\第106集.dwg
视频：视频\第5章\第106集.avi
时长：59秒
难度：★
关键技术：J（合并）选项

01 启动AutoCAD 2012软件，按Ctrl+O键，打开一幅素材图形，如图106-1所示。

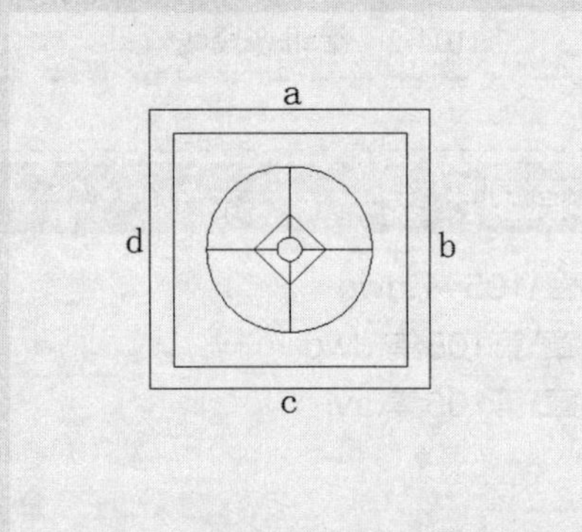

图106-1 打开素材图形

02 在“功能区”选项板的“常用”选项卡中单击“修改”按钮 修改 ，在打开的下拉菜单中选择“编辑多段线”选项，在绘图区中选择a为合并对象，并按Enter键确认，在命令行中输入J，并确认，在绘图区中依次选择b、c、d三条直线并确认，即可将四条直线合并为多段线，如图106-2所示。

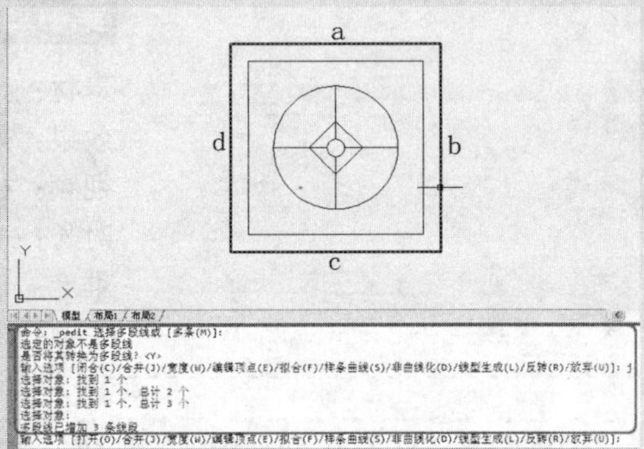

图106-2 合并为多段线

专家提醒

多段线是由不同宽度，不同线型的直线、弧线或两者组合的连续线段，执行“多段线”命令后，在命令行中出现很多选项，如圆弧（A）/半宽（H）/长度（L）/放弃（U）/宽度（W）。

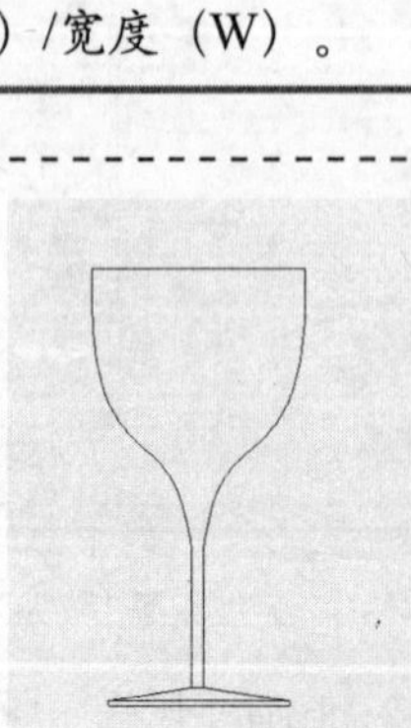

第107集 绘制样条曲线

素材：素材\第5章\107-1.dwg
效果：效果\第5章\第107集.dwg
视频：视频\第5章\第107集.avi
时长：1分16秒
难度：★★
关键技术：SPLINE（样条曲线）命令

01 启动AutoCAD 2012软件，按Ctrl+O键，打开一幅素材图形，如图107-1所示。

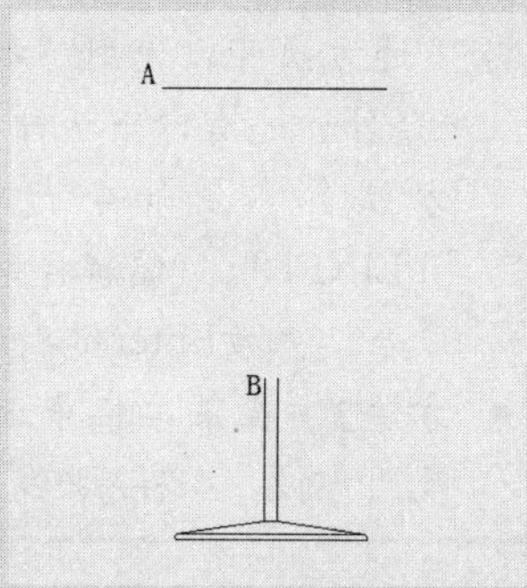

图107-1　打开素材图形

02 在命令行中输入SPLINE（样条曲线）命令并按Enter键确认，在绘图区A点处单击鼠标，确定起点，移动光标到合适的位置处单击鼠标，确定样条曲线第二点，移动鼠标调整样条曲线形状，调整完成后单击鼠标确认样条曲线第三点，在B点处单击鼠标，确定样条曲线第四点，效果如图107-2所示。

03 同理，绘制第二条样条曲线。

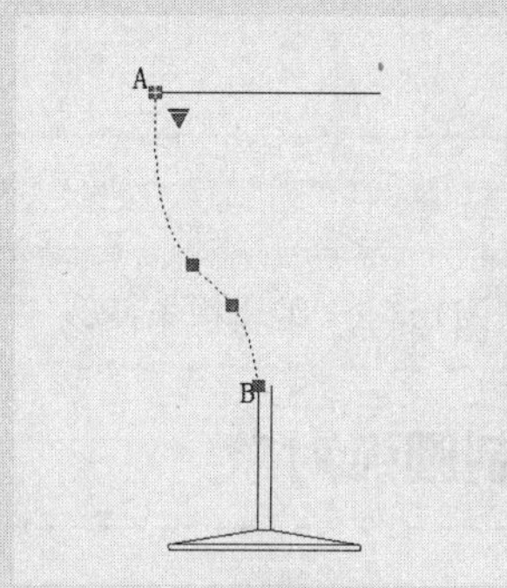

图107-2　绘制样条曲线

专家提醒

样条曲线是由一组输入的拟合点生成的光滑曲线，除了上述方法使用“样条曲线”命令外，还有以下两种方法。

- 方法1：在“功能区”选项板中的“常用”选项卡中单击“绘图”面板按钮，在打开的面板中单击 按钮。
- 方法2：在菜单栏中选择“绘图”|“样条曲线”|“拟合点”命令。

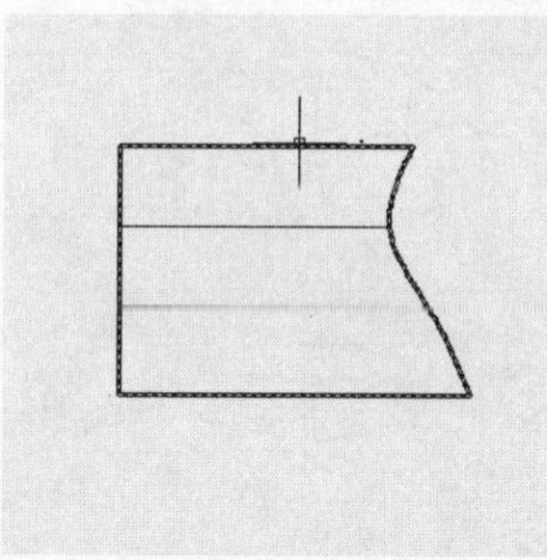

第108集　编辑样条曲线

素材：素材\第5章\108-1.dwg
效果：效果\第5章\第108集.dwg
视频：视频\第5章\第108集.avi
时长：42秒
难度：★
关键技术：“编辑样条曲线”按钮

01 启动AutoCAD 2012软件，按Ctrl+O键，打开一幅素材图形，在“功能区”选项板中的“常用”选项卡中单击“修改”面板按钮 修改 ，在打开的面板中单击“编辑样条曲线”按钮 ，如图108-1所示。

02 根据命令行提示进行操作，在绘图区中选择样条曲线为编辑对象，在命令行中输入J（合并），按Enter键确认，选择多段线，按两次Enter键确认，效果如图108-2所示。

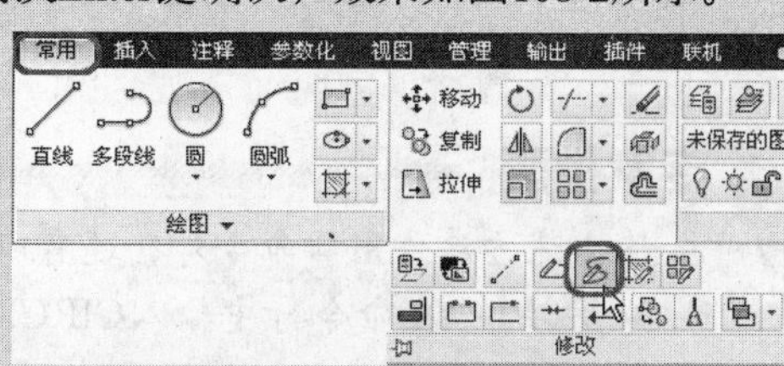

图108-1　选择“编辑样条曲线”按钮

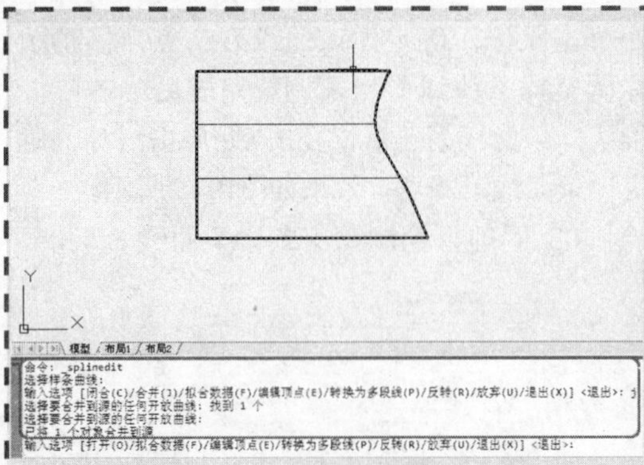

图108-2　编辑样条曲线

专家提醒

除上述方法可以使用“编辑样条曲线”命令外，还有以下两种方法。

- 方法1：在命令行中输入SPLINEDIT（编辑样条曲线）命令，并按Enter键确认。
- 方法2：在菜单栏中选择“修改”|“对象”|“样条曲线”命令。

5.5　绘制圆弧对象

第109集　绘制圆

素材：素材\第5章\109-1.dwg

效果：效果\第5章\第109集.dwg

视频：视频\第5章\第109集.avi

时长：33秒

难度：★

关键技术：“圆心，半径”按钮

01 启动AutoCAD 2012软件，按Ctrl+O键，打开一幅素材图形，如图109-1所示。

图109-1　打开素材图形

02 在“功能区”选项板中的“常用”选项卡中单击“圆心，半径”按钮，在绘图区中的图形中心处单击鼠标，确定圆心，再输入130并确认，如图109-2所示。

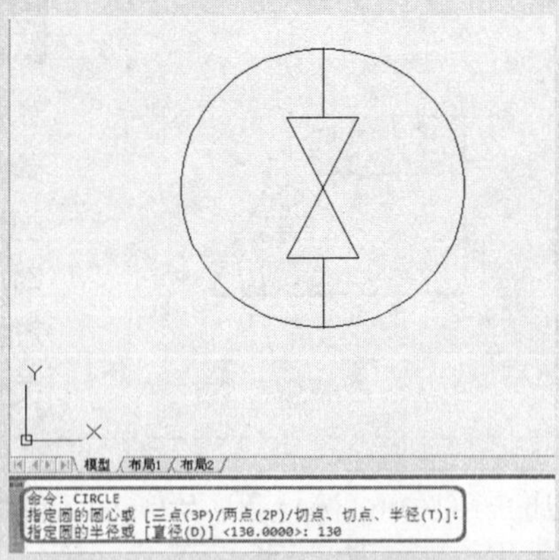

图109-2　绘制圆

专家提醒

除上述方法作用圆命令外，还有以下两种方法。

- 方法1：在命令行中输入CIRCLE（圆）命令，并按Enter键确认。
- 方法2：在菜单栏中选择“绘图”|“圆”命令，在打开的子菜单中选择需要的命令。

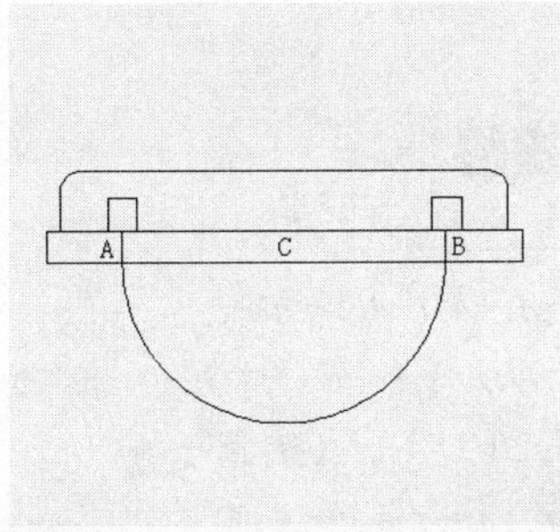

第110集　绘制圆弧

素材：素材\第5章\110–1.dwg
效果：效果\第5章\第110集,dwg
视频：视频\第5章\第110集.avi
时长：49秒
难度：★
关键技术：“起点，圆心，端点”按钮

01 启动AutoCAD 2012软件，按Ctrl+O键，打开一幅素材图形。

02 在“功能区”选项板中的“常用”选项卡中单击“绘图”面板中“圆弧”按钮下的下三角按钮，在打开的下拉列表中选择“起点，圆心，端点”选项，如图110-1所示。

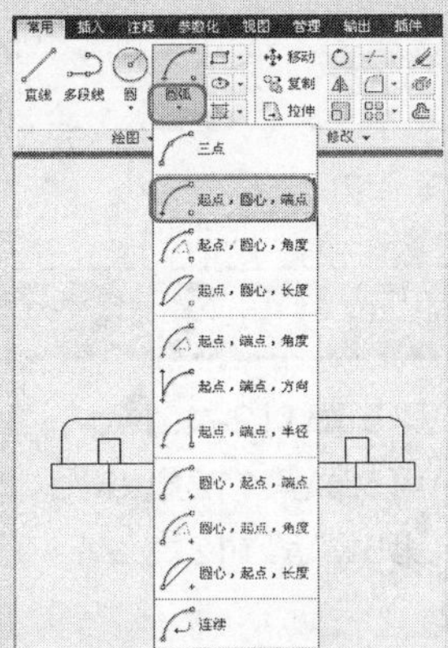

图110-1　选择“起点，圆心，端点”按钮

03 在绘图区中A点处单击鼠标，确定圆弧起点，在C点处单击鼠标，确定圆弧圆心，将鼠标移至B点处单击，确定圆弧端点，效果如图110-2所示。

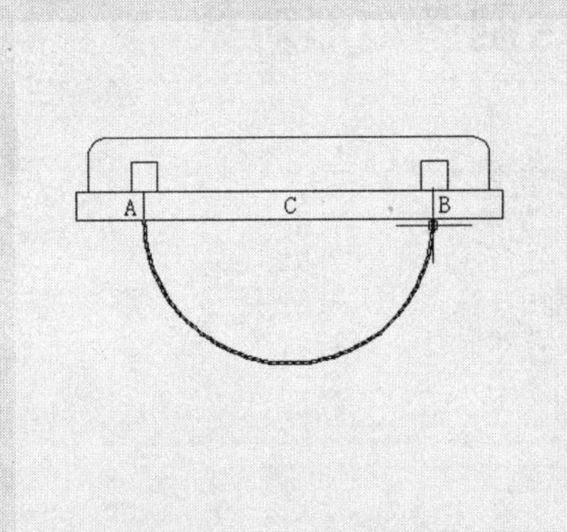

图110-2　绘制圆弧

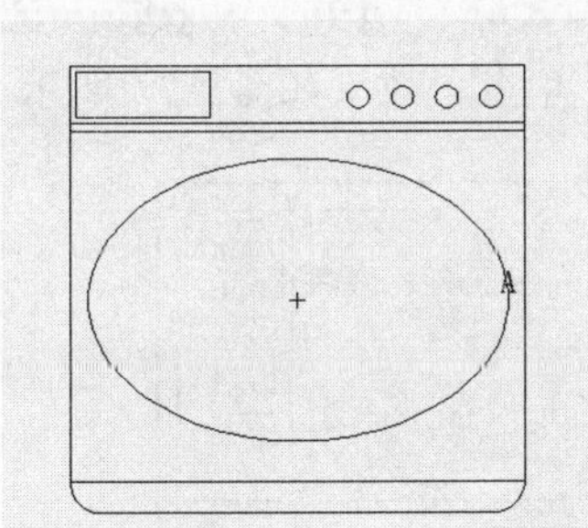

第111集　绘制椭圆

素材：素材\第5章\111–1.dwg
效果：效果\第5章\第111集.dwg
视频：视频\第5章\第111集.avi
时长：41秒
难度：★
关键技术：“圆心”按钮

01 启动AutoCAD 2012软件，按Ctrl+O键，打开一幅素材图形，如图111-1所示。

02 在“功能区”选项板中的“常用”选项卡中单击“圆心”按钮，在绘图区中图形中的“十字标记”处单击鼠标，确定椭圆的中心点，移动鼠标至A点处单击，确定椭圆轴端点，移动鼠标调整另一条半轴长度并单击鼠标确定，效果如图111-2所示。

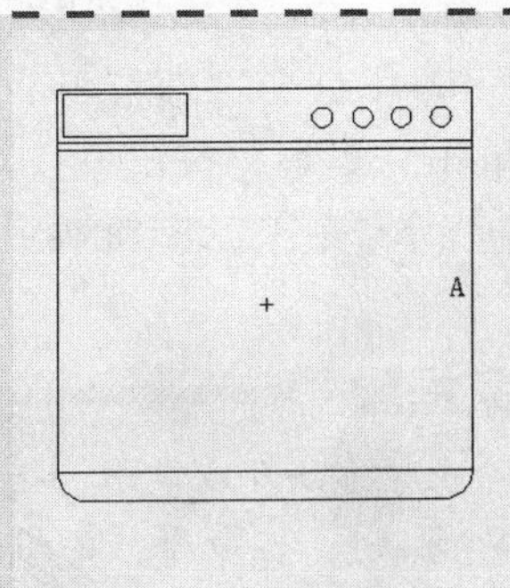

图111-1　打开素材图形

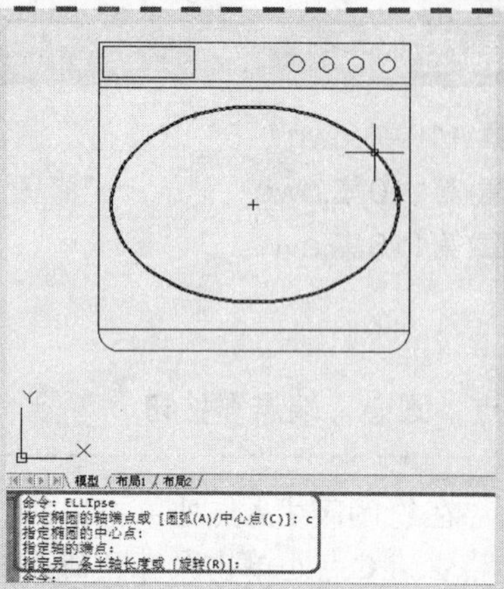

图111-2　绘制椭圆

专家提醒

除上述方法可以使用“椭圆”命令外，还有以下两种方法。

- 方法1：在命令行中输入ELLIPSE（椭圆）命令，并按Enter键确认。
- 方法2：在菜单栏中选择“绘图”|“椭圆”|“圆心”命令。

5.6　绘制多边形对象

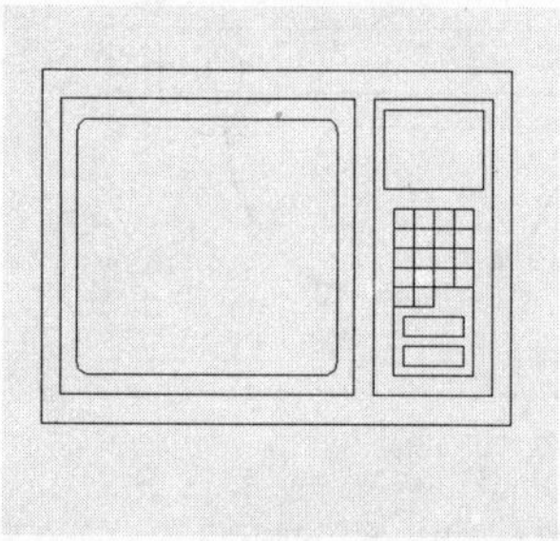

第112集　绘制矩形

素材：素材\第5章\112-1.dwg
效果：效果\第5章\第112集.dwg
视频：视频\第5章\第112集.avi
时长：38秒
难度：★
关键技术：“矩形”按钮

01 启动AutoCAD 2012软件，按Ctrl+O键，打开一幅素材图形，如图112-1所示。

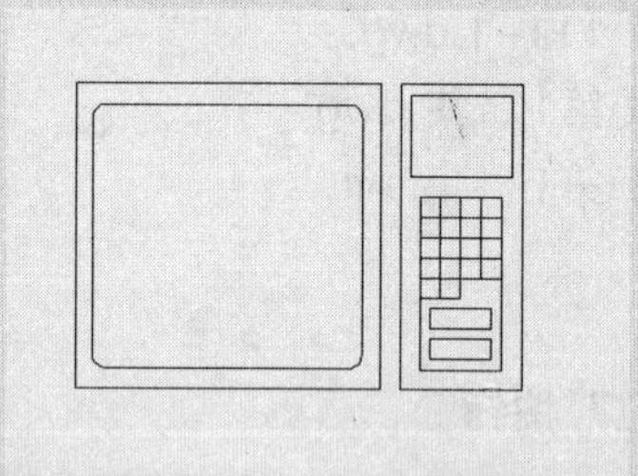

图112-1　打开素材图形

02 在“功能区”选项板中的“常用”选项卡中单击“矩形”按钮，在命令行中输入−130，631并按Enter键确定矩形第一个角点，再输入451、195，并按Enter键确定矩形另一个角点，效果如图112-2所示。

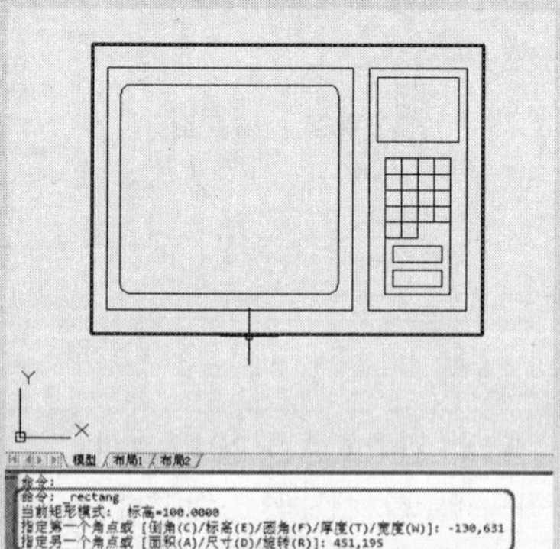

图112-2　绘制矩形

专家提醒

除上述方法可以使用“矩形”命令外，还有以下两种方法。

- 方法1：在命令行中输入RECTANG（矩形）命令，并按Enter键确认。
- 方法2：在菜单栏中选择“绘图”|“矩形”命令。

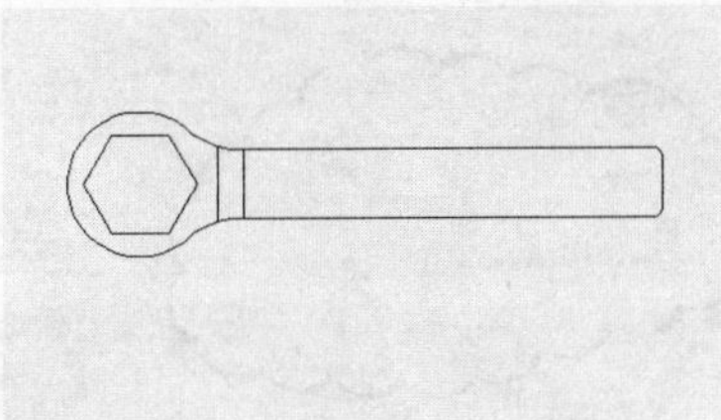

第113集　绘制正多边形

素材：素材\第5章\113–1.dwg

效果：效果\第5章\第113集.dwg

视频：视频\第5章\第113集.avi

时长：52秒

难度：★

关键技术：“多边形”按钮

01 启动AutoCAD 2012软件，按Ctrl+O键，打开一幅素材图形，在“功能区”选项板中的“常用”选项卡中单击“绘图”面板中的“矩形”按钮右侧下三角按钮，在打开的列表中选择“多边形”按钮，如图113-1所示。

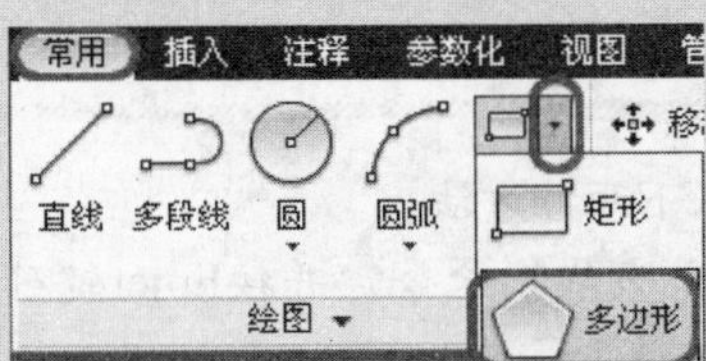

图113-1　选择“多边形”按钮

02 在命令行中输入6并按Enter键确认，在绘图区中选择图形圆的中心点，并单击鼠标，确定多边形中心，输入C（外切于圆）并确认，再输入200并确认，确定圆的半径，效果如图113-2所示。

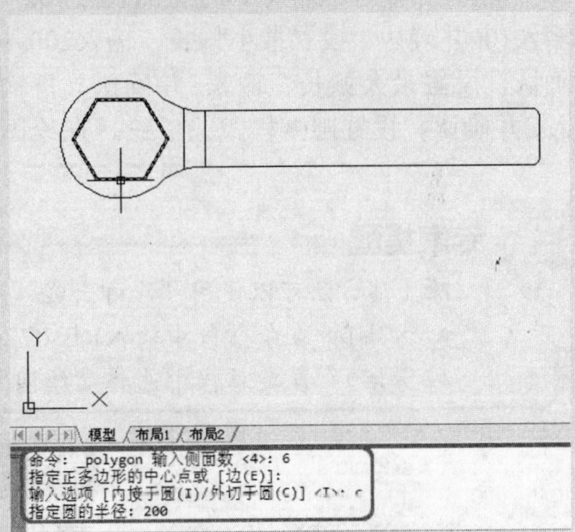

图113-2　绘制多边形

专家提醒

除上述方法可以使用“矩形”命令外，还有以下两种方法。

- 方法1：在命令行中输入POLYGON（多边形）命令，并按Enter键确认。
- 方法2：在菜单栏中选择“绘图”|“多边形”命令。

5.7　徒手绘制图形

第114集　绘制修订云线

素材：无

效果：效果\第5章\第114集.dwg

视频：视频\第5章\第114集.avi

时长：1分04秒

难度：★★

关键技术：“修订云线”按钮

01 启动AutoCAD 2012软件，在“功能区”选项板中的“常用”选项卡中单击“绘图”面板按钮，在打开的面板中单击“修订云线”按钮，如图114-1所示。

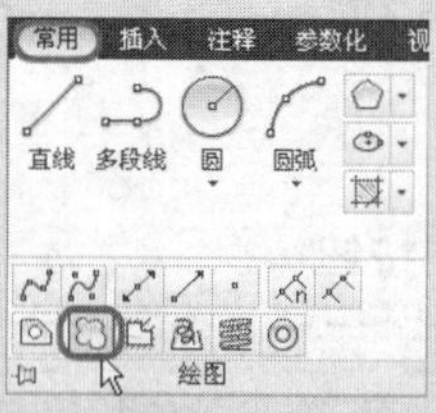

图114-1 选择“修订云线”按钮

02 在命令行中输入A并按Enter键确认，输入100并确认，设置最小弧长，输入200并确认，设置最大弧长，输入S并确认，再输入C并确认，设置圆弧样式为手绘，在绘图区中绘制修订云线，效果如图114-2所示。

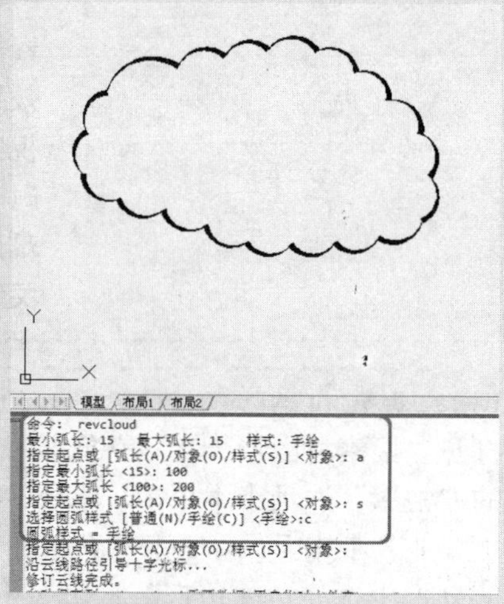

图114-2 绘制修订云线

专家提醒

除上述方法可以使用“修订云线”外，还有以下两种方法。

- 方法1：在命令行中输入REVCLOUD（修订云线）命令，并按Enter键确认。
- 方法2：在菜单栏中选择“绘图”|“修订云线”命令。

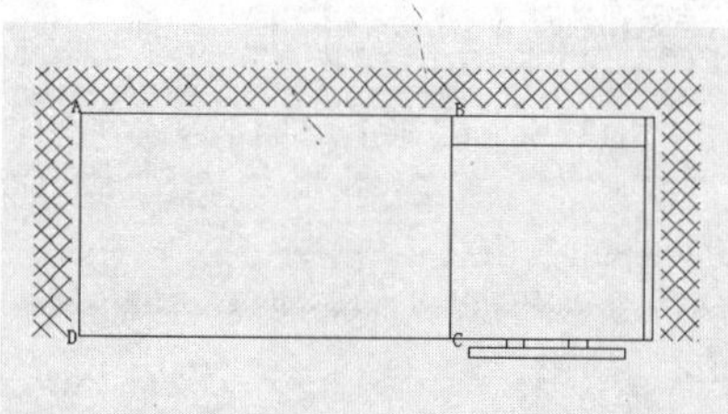

第115集 绘制区域覆盖对象

素材： 素材\第5章\115-1.dwg

效果： 效果\第5章\第115集.dwg

视频： 视频\第5章\第115集.avi

时长： 41秒

难度： ★

关键技术： “区域覆盖”按钮

01 启动AutoCAD 2012软件，按Ctrl+O键，打开一幅素材图形，如图115-1所示。

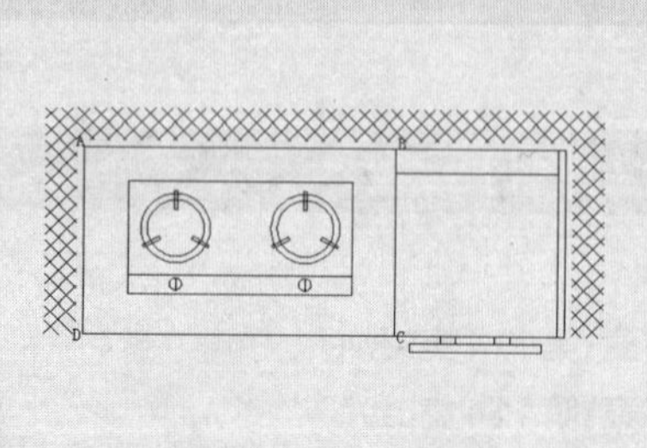
图115-1 打开素材图形

02 在“功能区”选项板中的“常用”选项卡中单击“绘图”面板按钮，在打开的面板中单击“区域覆盖”按钮，在绘图区中矩形的A、B、C、D点上依次单击鼠标，按Enter键确认，绘制区域覆盖对象，效果如图115-2所示。

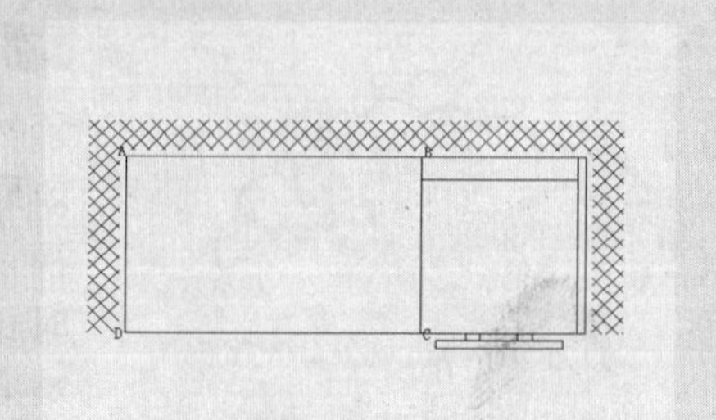
图115-2 绘制区域覆盖对象

专家提醒

除上述方法可以使用“区域覆盖”命令外，还有以下两种方法。

- 方法1：在命令行中输入WIPEOUT（区域覆盖）命令，并按Enter键确认。
- 方法2：在菜单栏中选择“绘图”|“区域覆盖”命令。

5.8　设置线型和线宽

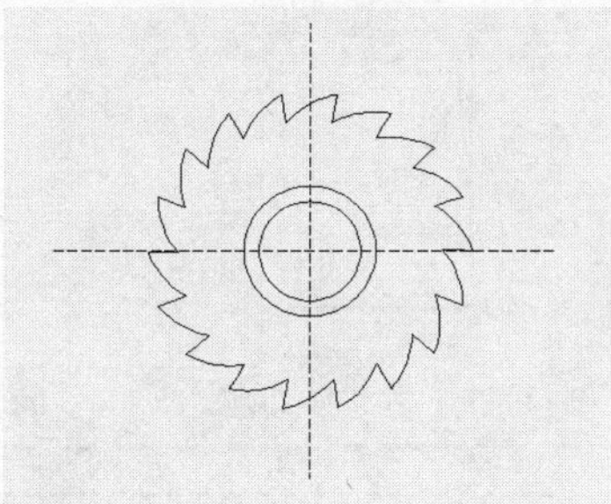

第116集　设置线型

素材：素材\第5章\116-1.dwg

效果：效果\第5章\第116集.dwg

视频：视频\第5章\第116集.avi

时长：1分23秒

难度：★★

关键技术：LINETYPE（线型）命令

01 启动AutoCAD 2012软件，按Ctrl+O键，打开一幅素材图形，如图116-1所示。

图116-1　打开素材图形

02 在命令行中输入LINETYPE（线型）命令，并按Enter键确认，弹出“线型管理器”对话框，如图116-2所示。

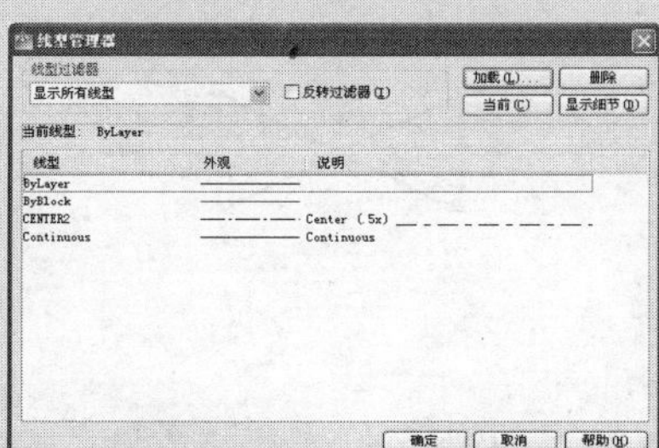

图116-2　“线型管理器”对话框

03 单击“加载”按钮，弹出“加载或重载线型”对话框，在“可用线型”下拉列表框中选择HIDDEN线型，如图116-3所示。

04 单击“确定”按钮，返回“线型管理器”对话框，单击“确定”按钮，在绘图区中选择中心线，在“功能区”选项板中的“常用”选项卡中单击“特性”面板中的“线型”按钮ByLayer，在打开的列表中选择HIDDEN线型，效果如图116-4所示。

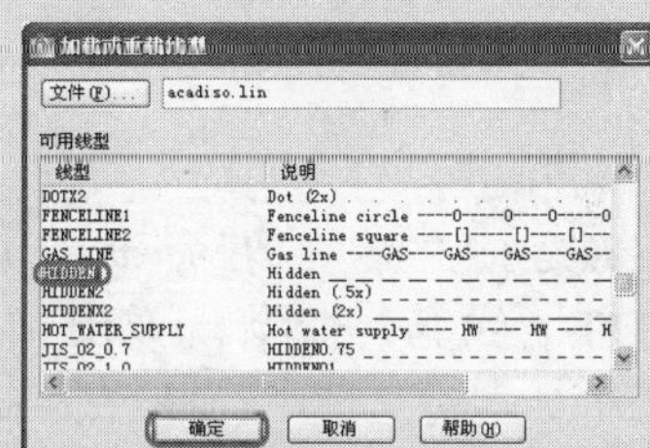

图116-3　“加载或重载线型”对话框

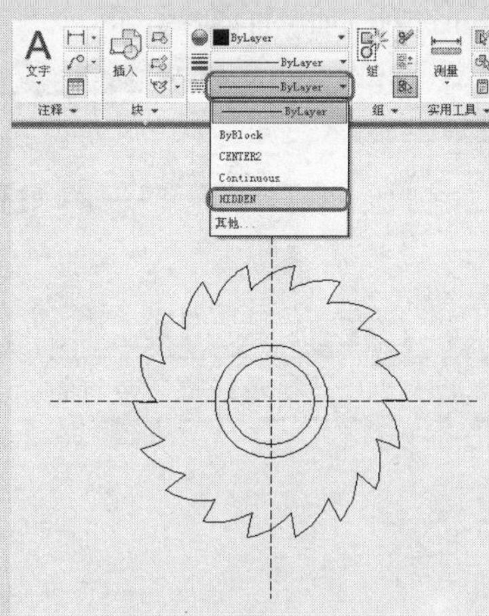

图116-4　设置线型

第117集　设置线宽

素材：素材\第5章\117-1.dwg　　效果：无
视频：视频\第5章\第117集.avi　　时长：29秒
难度：★　　关键技术：“线宽”按钮

01 启动AutoCAD 2012软件，按Ctrl+O键，打开一幅素材图形，在“功能区”选项板中的“常用”选项卡中单击“特性”面板中的“线宽”按钮≡——ByLayer▾，在打开的下拉列表中选择“0.30毫米”选项，如图117-1所示。

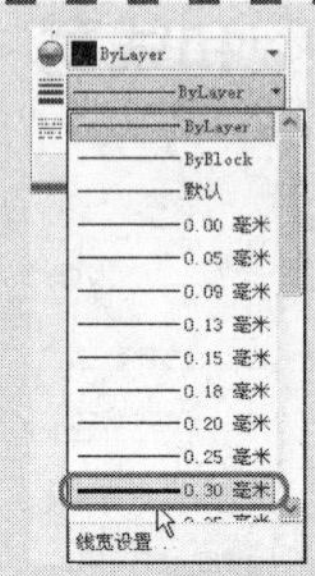

图117-1　选择“线宽”

第118集　显示线宽

素材：素材\第5章\117-1.dwg
效果：效果\第5章\第118集.dwg
视频：视频\第5章\第118集.avi
时长：32秒
难度：★
关键技术：“显示线宽”复选框

01 接第117集，在命令行中输入LWEIGHT（线宽）命令，弹出“线宽设置”对话框，在对话框中选择“显示线宽”复选框，在“默认”右侧的下拉列表框中选择0.30mm选项，如图118-1所示。

图118-1　“显示线宽”复选框

02 单击“确定”按钮，即可显示线宽，如图118-2所示。

图118-2　显示线宽

第 6 章　选择与管理二维图形

在AutoCAD 2012中单纯地利用绘图工具只能创建一些简单的基本对象，而对于复杂的对象就需要不断地进行修改才能实现最终的效果，这就需要了解对象的选择方法、复制、镜像、偏移以及编组、阵列等操作。

6.1　选择对象

第119集　点选对象

素材：素材\第6章\119-1.dwg　　效果：无
视频：视频\第6章\第119集.avi　　时长：18秒
难度：★　　关键技术：直接单击鼠标左键

01 单击快速访问工具栏中的"打开"按钮，在弹出的对话框中打开一幅素材图形，如图119-1所示。

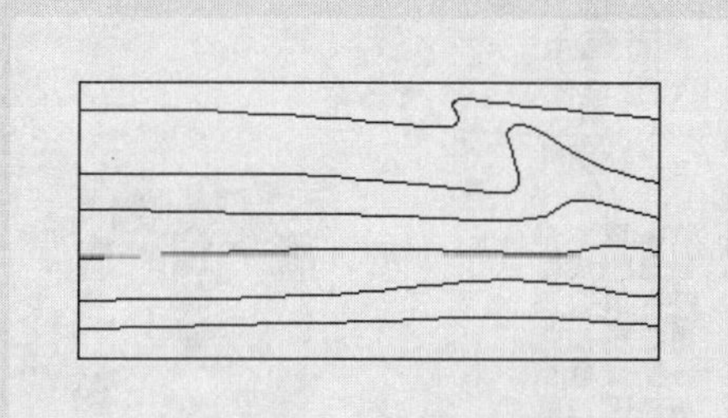

图119-1　打开的素材图形

02 将十字光标移至绘图区中的矩形上单击鼠标，即可点选矩形，选中的矩形呈虚线显示，如图119-2所示。

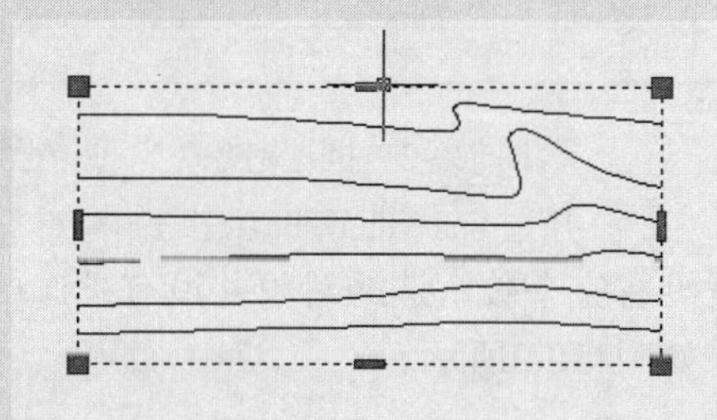

图119-2　点选矩形

专家提醒

在命令行中输入SELECT（选择对象）命令，并按Enter键确认，根据命令行提示进行操作，也可以点选对象。

第120集　框选对象

素材：素材\第6章\120-1.dwg　　效果：无
视频：视频\第6章\第120集.avi　　时长：1分07秒
难度：★　　关键技术：框选方向

01 单击快速访问工具栏中的"打开"按钮，在弹出的对话框中打开一幅素材图形，如图120-1所示。

02 在A右侧的空白位置处向右下方拖动鼠标，将其拖动至B左侧的空白位置处，选择框为蓝色，如图120-2所示。

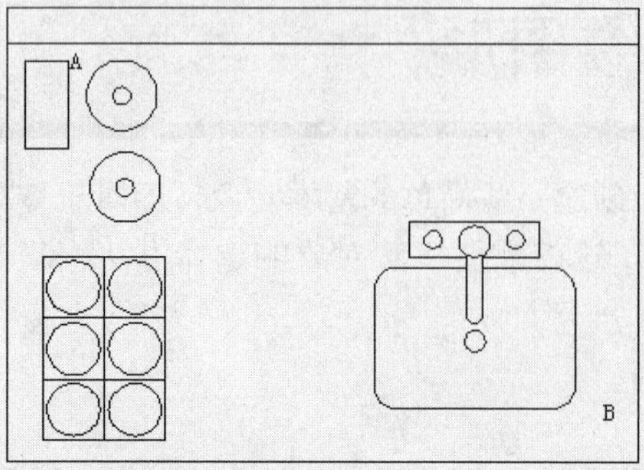

图120-1　打开的素材图形

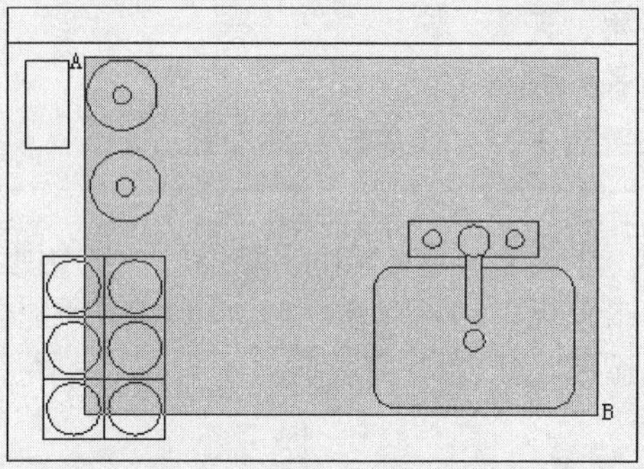

图120-2　框选对象

03 松开鼠标，即可选中框选的对象，但是没有完全被框选的对象并没有被选中，效果如图120-3所示。

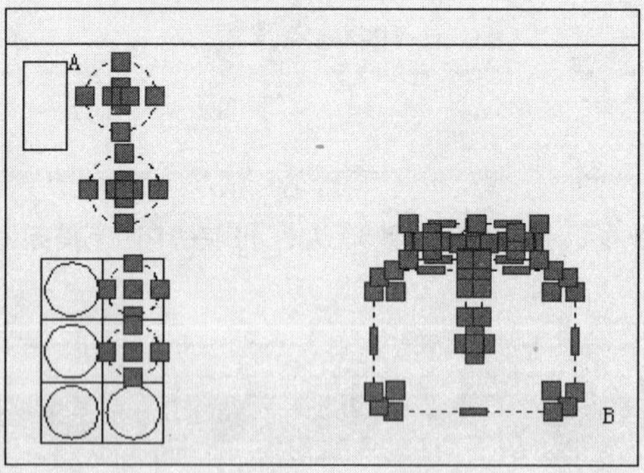

图120-3　被选中的对象

04 按Esc键取消选择，在B左侧的空白位置处向左上方拖动鼠标，将其拖动至A右侧的空白位置处，选择框为绿色，如图120-4所示。

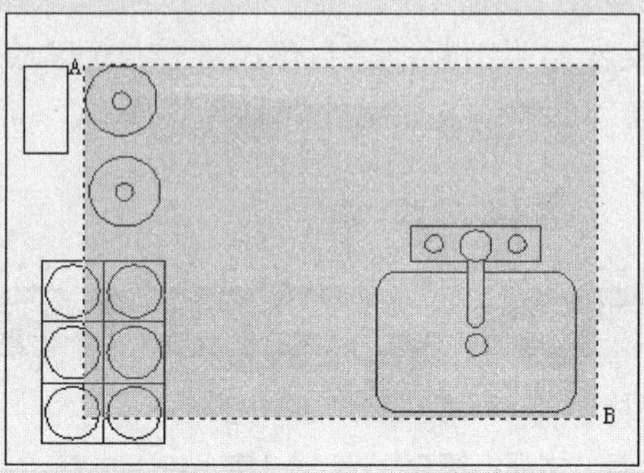

图120-4　框选对象

05 松开鼠标，即可选中框选的对象，没有完全被框选的对象也被选中了，效果如图120-5所示。

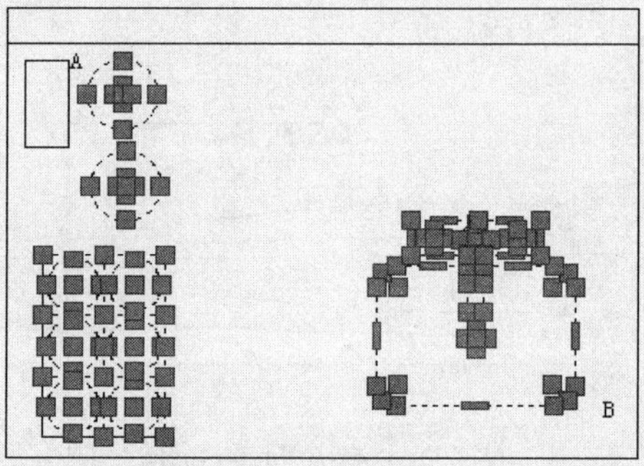

图120-5　选中的对象

专家提醒

在命令行中输入SELECT（选择对象）命令，并按Enter键确认，根据命令行提示进行操作，输入？后，按Enter键确认，输入BOX并按Enter键确认，然后在绘图区中框选对象。

第121集　全选对象

素材：无　　效果：无

视频：视频\第6章\第121集.avi　　时长：18秒

难度：★　　关键技术：“全部选择”按钮

01 继续第120集中的操作，按Esc键取消选择，选择“功能区”选项板中的“常用”选项卡，在“实用工具”面板上单击“全部选择”按钮，如图121-1所示。

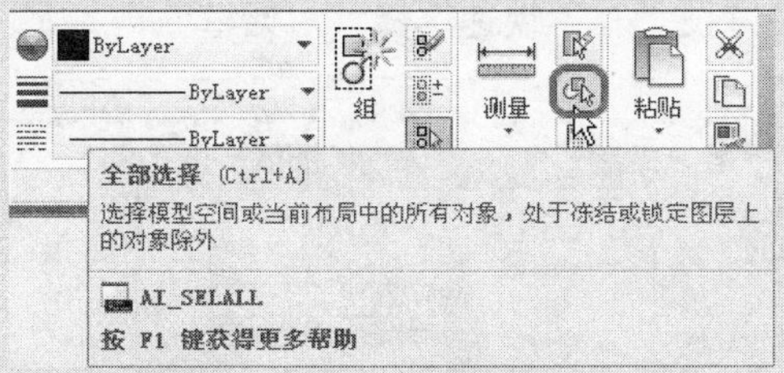

图121-1　单击“全部选择”按钮

02 选中的所有对象，如图121-2所示。

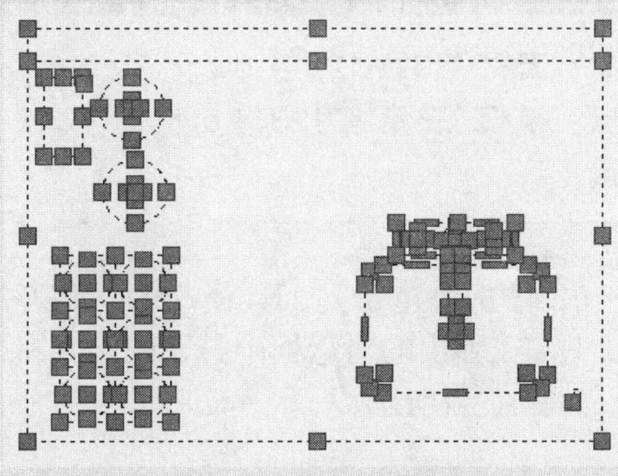

图121-2　选中所有对象

专家提醒

在命令行中输入SELECT（选择对象）命令，并按Enter键确认，根据命令行提示进行操作，输入？并按Enter键确认，输入ALL并按Enter键确认，即可选中所有对象。

第122集　选择多个对象

素材：素材\第6章\122-1.dwg　　效果：无

视频：视频\第6章\第122集.avi　　时长：13秒

难度：★　　关键技术：直接单击要选择的对象

01 单击快速访问工具栏中的“打开”按钮，在弹出的对话框中打开一幅素材图形，如图122-1所示。

图122-1　打开的素材图形

02 在绘图区中直接单击要选择的对象即可，如图122-2所示。

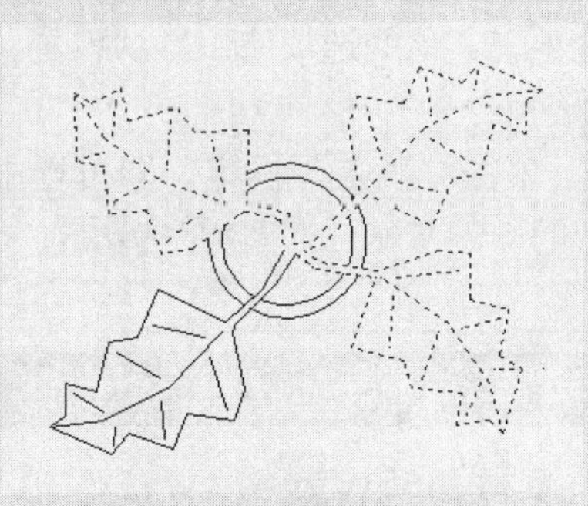

图122-2　选择多个对象

专家提醒

在命令行中输入SELECT（选择对象）命令，并按Enter键确认，根据命令行提示进行操作，输入？并按Enter键确认，输入M并按Enter键确认，在绘图区中选择了多个对象后再按Enter键确认。

第123集　快速选择对象

素材：素材\第6章\123-1.dwg　　效果：无
视频：视频\第6章\第123集.avi　　时长：37秒
难度：★　　关键技术：“快速选择”对话框

01 单击快速访问工具栏中的“打开”按钮，在弹出的对话框中打开一幅素材图形，如图123-1所示。

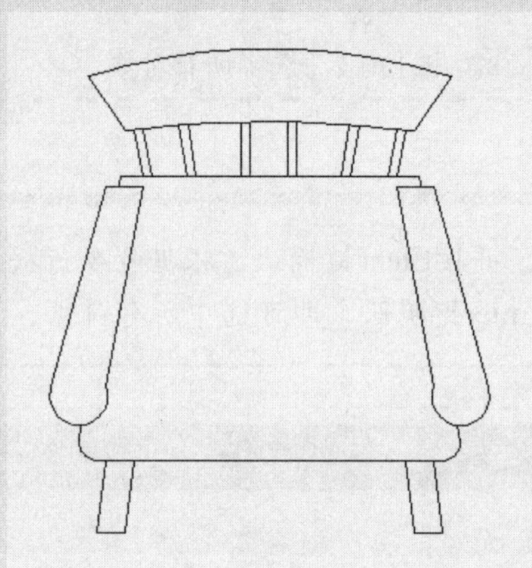

图123-1　打开的素材图形

02 选择“功能区”选项板中的“常用”选项卡，在“实用工具”面板上单击“快速选择”按钮，弹出“快速选择”对话框，在“对象类型”下拉列表中选择“圆弧”选项，其他的选项使用默认设置，如图123-2所示。

03 单击“确定”按钮，即可选中绘图区域中的圆弧对象，如图123-3所示。

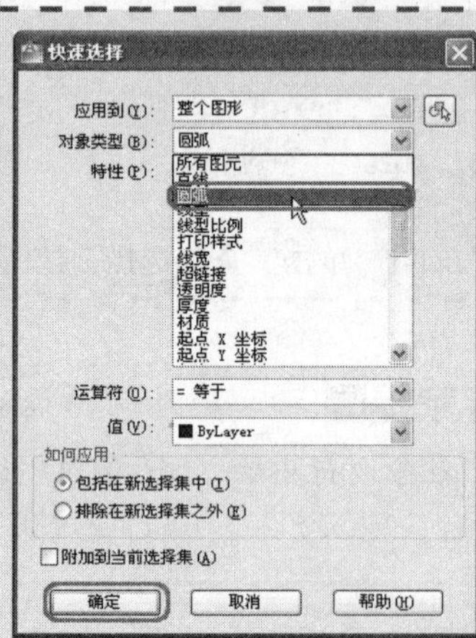

图123-2　“快速选择”对话框

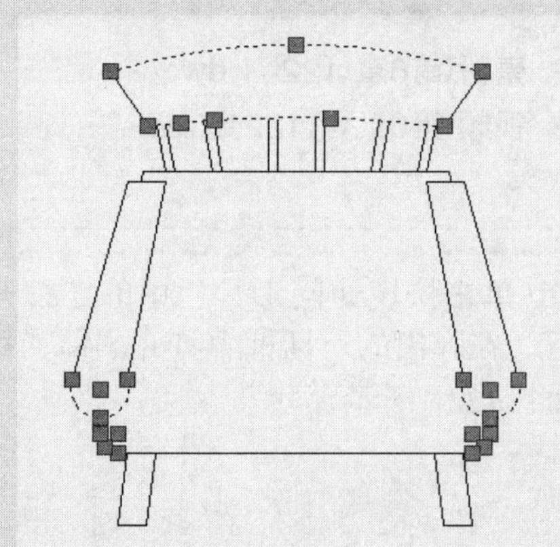

图123-3　选中的圆弧对象

第124集　过滤选择对象

素材：素材\第6章\124-1.dwg　　效果：无
视频：视频\第6章\第124集.avi　　时长：57秒
难度：★　　关键技术：“对象选择过滤器”对话框

01 单击快速访问工具栏中的“打开”按钮，在弹出的对话框中打开一幅素材图形，如图124-1所示。

02 在命令行中输入FILTER（过滤选择对象）命令，按Enter键确认，弹出“对象选择过滤器”对话框，在“选择过滤器”下拉列表中选择“圆弧”选项，单击“添加到列表”按钮，如图124-2所示。

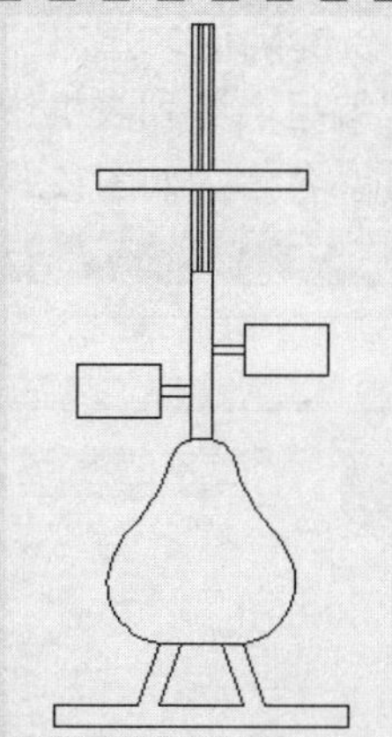

图124-1　打开的素材图形

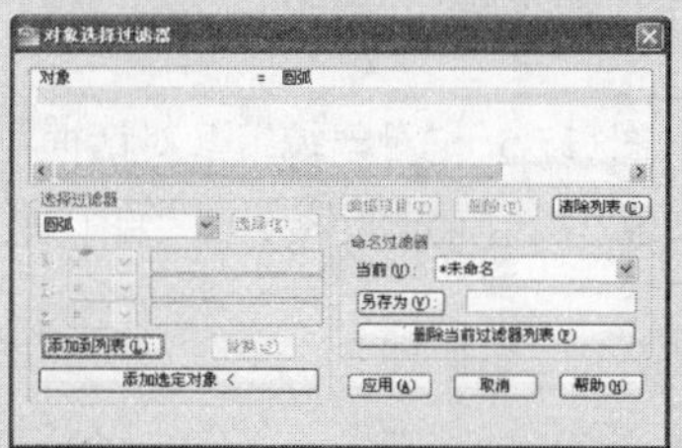

图124-2　“对象选择过滤器”对话框

03 单击“应用”按钮，在绘图区域中框选所有的对象，这时系统过滤会将满足条件的对象选中，如图124-3所示。

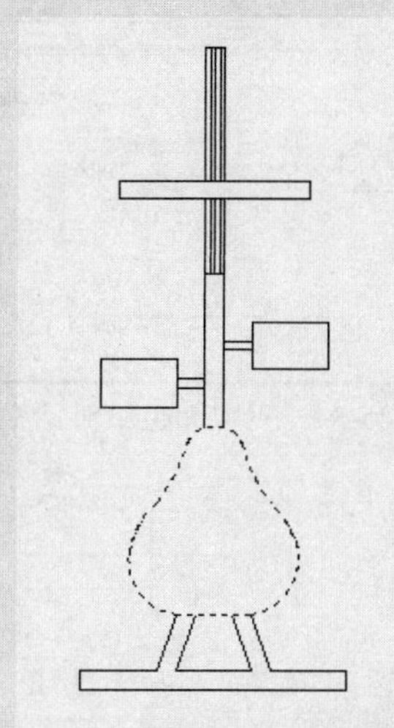

图124-3　选中的圆弧对象

6.2　编组对象

第125集　创建编组对象

素材：素材\第6章\125-1.dwg　　效果：无

视频：视频\第6章\第125集.avi　　时长：1分05秒

难度：★★　　关键技术：“对象编组”对话框

01 单击快速访问工具栏中的“打开”按钮，在弹出的对话框中打开一幅素材图形，如图125-1所示。

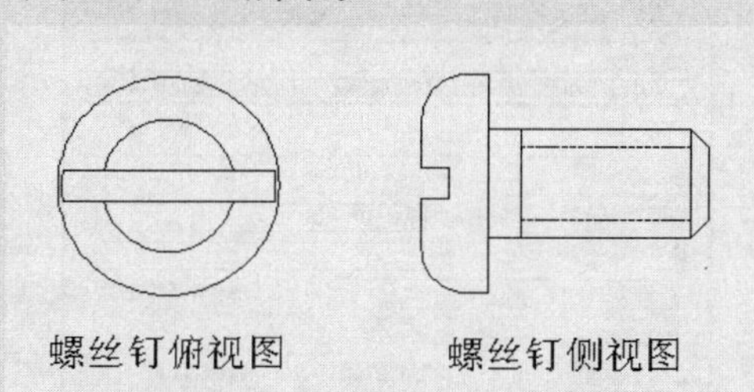

图125-1　打开的素材图形

02 选择“功能区”选项板中的“常用”选项卡，在“组”面板上单击 组▾ 按钮，弹出如图125-2所示的快捷菜单。

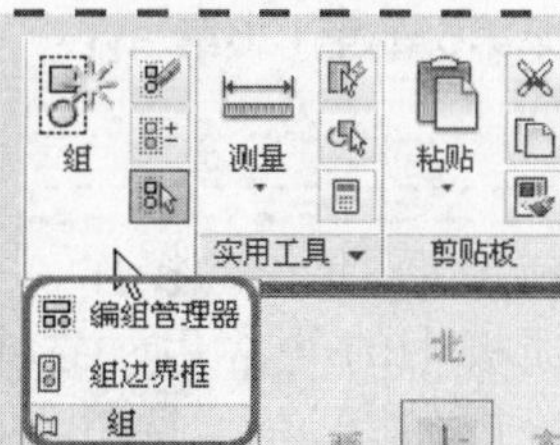

图125-2　“组”面板

03 在快捷菜单中选择“编组管理器”命令，弹出“对象编组”对话框，在“编组名”文本框中输入“螺丝钉俯视图”，如图125-3所示。

04 单击“创建编组”选项组中的“新建”按钮，在绘图区中选择螺丝钉俯视图为编辑对象，如图125-4所示。

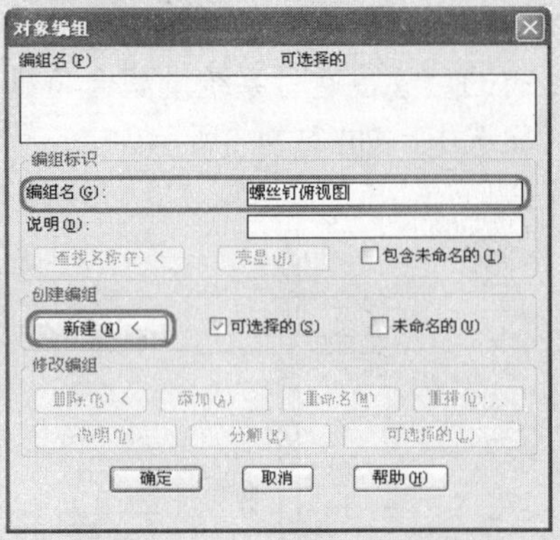

图125-3 “对象编组”对话框

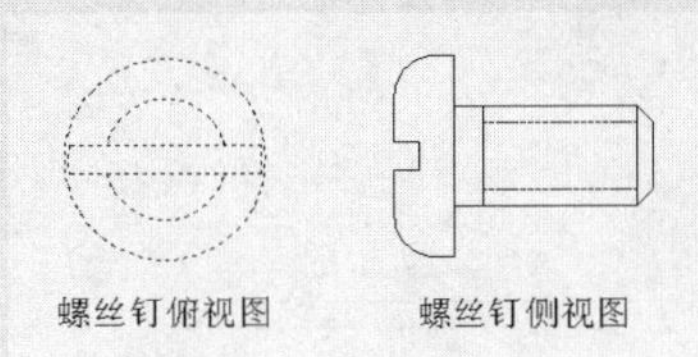

图125-4 选择对象

05 按Enter键确认，弹出“对象编组”对话框，在“编组名”列表框中即可显示出创建的编组对象名称，如图125-5所示。

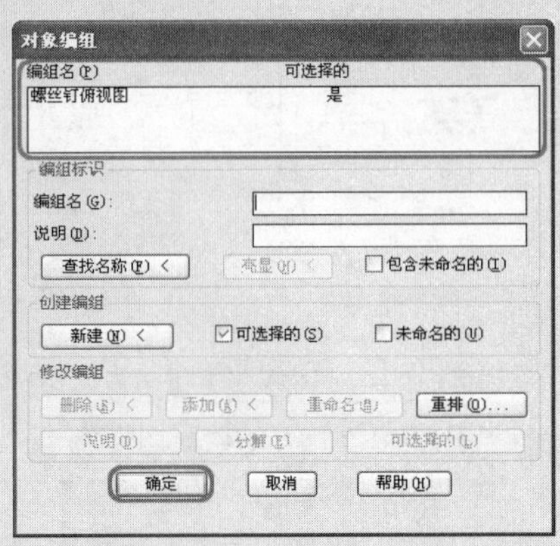

图125-5 “对象编组”对话框

06 单击“确定”按钮，编组对象就创建完成了。

专家提醒

除了用上述方法外，还有以下两种方法创建编组对象。

- 按钮：选中要编组的对象，然后选择“功能区”选项板中的“常用”选项卡，在“组”面板上单击“组”按钮。
- 命令：在命令行中输入GROUP命令，并按Enter键确认。

第126集 添加编组对象

素材：无　　效果：无

视频：视频\第6章\第126集.avi　　时长：1分06秒

难度：☆　　关键技术：“对象编组”对话框

01 继续第125集中的操作，选择“功能区”选项板中的“常用”选项卡，在“组”面板上单击 组 ▾ 按钮，在弹出的面板中选择“编组管理器”命令，弹出“对象编组”对话框，选择“编组名”列表框中的“螺丝钉俯视图”选项，即可显示出“修改编组”选项组中的各选项，如图126-1所示。

02 单击“添加”按钮，在绘图区列表框中选择螺丝钉侧视图为编辑对象，如图126-2所示。

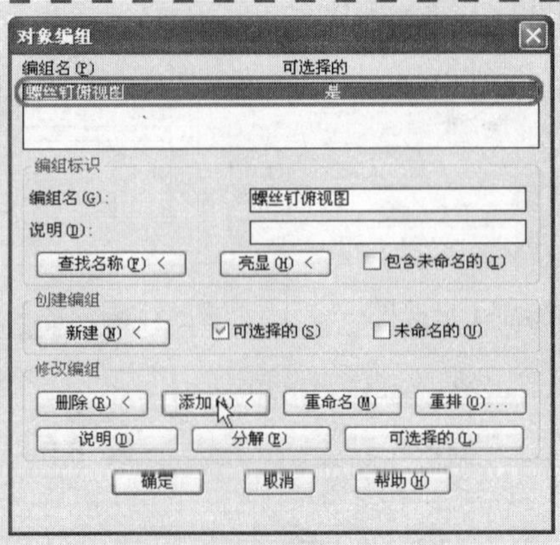

图126-1 “对象编组”对话框

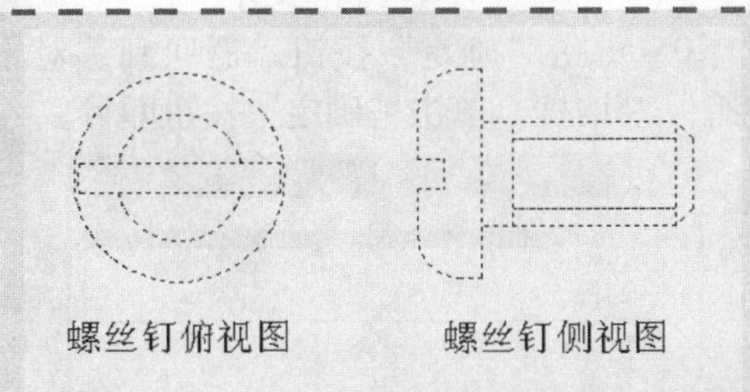

图126-2 选择对象

03 按Enter键确认，弹出“对象编组”对话框，单击“确定”按钮，即可将螺丝钉侧视图添加到“螺丝钉俯视图”编组对象中。

专家提醒

除了使用上述方法外，还可以用下面的方法来添加编组对象。

选中要添加编组的对象，然后选择“功能区”选项板中的“常用”选项卡，在“组”面板上单击“组编辑”按钮，根据命令行提示进行操作，输入A，按Enter键确认，然后在绘图区中选择对象，按Enter键确认。

第127集 重排序编组对象

素材：无	效果：无
视频：视频\第6章\第127集.avi	时长：1分25秒
难度：★	关键技术：“编组排序”对话框

01 继续第126集的操作，选择“功能区”选项板中的“常用”选项卡，在“组”面板上单击 组 ▾ 按钮，在弹出的面板中选择“编组管理器”命令，弹出“对象编组”对话框，选择“编组名”列表框中的“螺丝钉俯视图”选项，即可显示出“修改编组”选项组中的各选项，单击“重排”按钮，如图127-1所示。

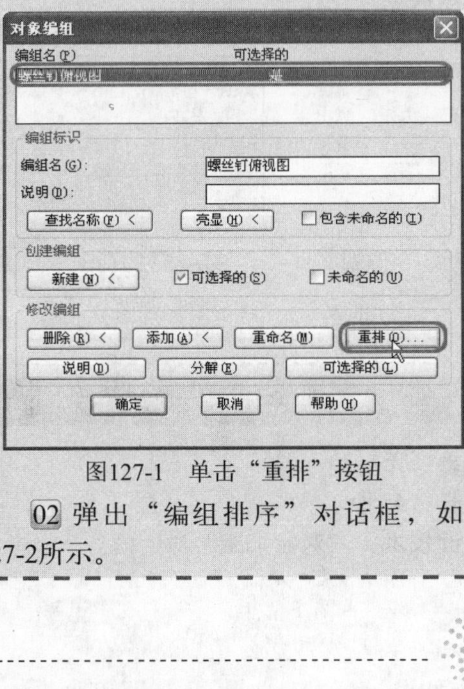

图127-1 单击“重排”按钮

02 弹出“编组排序”对话框，如图127-2所示。

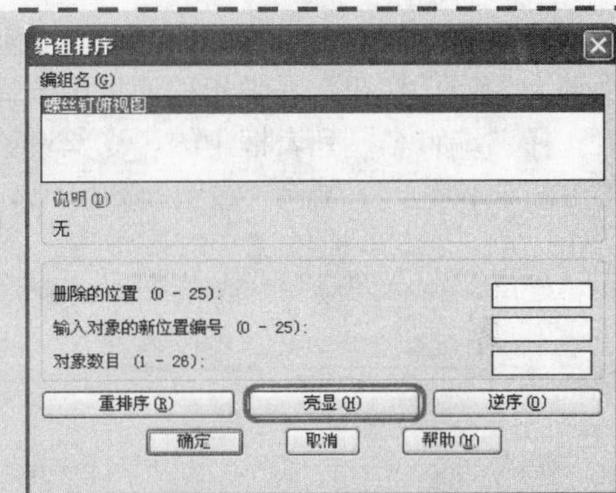

图127-2 “编组排序”对话框

03 单击“亮显”按钮，弹出“对象编组”对话框，如图127-3所示。单击“下一组”按钮，在绘图区中查看对象，然后单击“确定”按钮，返回到“编组排序”对话框，设置“删除的位置”为1，“输入对象的新位置编号”为0，“对象数目”为2，如图127-4所示。

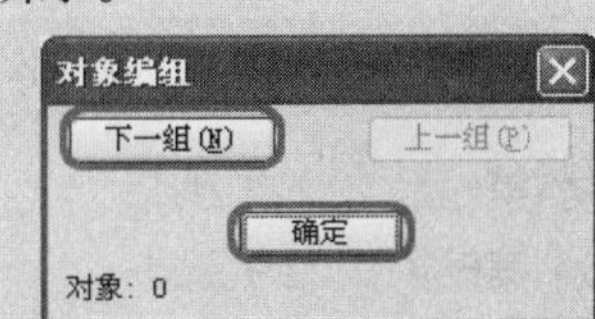

图127-3 “对象编组”对话框

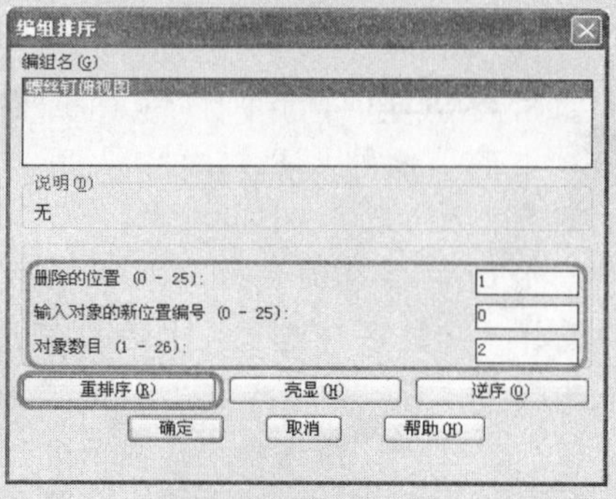

图127-4 设置参数

04 单击“重排序”按钮，编组即可重新排序，如图127-5所示。

05 单击“确定”按钮，返回到“对象编组”对话框，单击“确定”按钮即可。

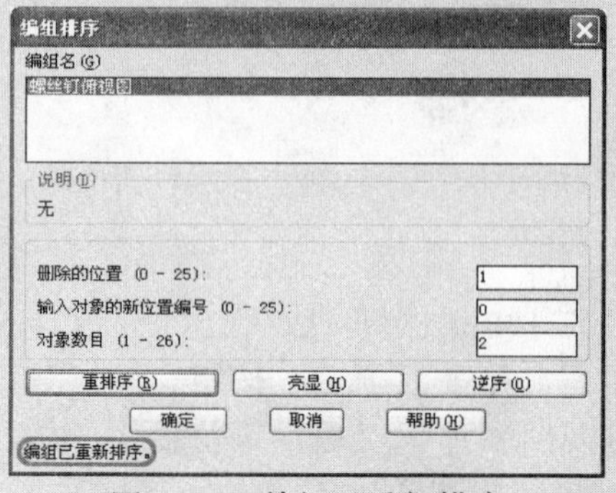

图127-5 编组已重新排序

第128集 删除命名编组

素材：无　　效果：无
视频：视频\第6章\第128集.avi　　时长：50秒
难度：☆　　关键技术：“对象编组”对话框

01 继续第127集的操作，选择“功能区”选项板中的“常用”选项卡，在“组”面板上单击 组▼ 按钮，在弹出的面板中选择“编组管理器”命令，弹出“对象编组”对话框，选择“编组名”列表框中的“螺丝钉俯视图”选项，即可显示出“修改编组”选项组中的各选项，单击“删除”按钮，如图128-1所示。

02 在绘图区中选择螺丝钉侧视图，如图128-2所示。按Enter键确认，弹出“对象编组”对话框，单击“确定”按钮，即可删除命名编组中的螺丝钉侧视图。

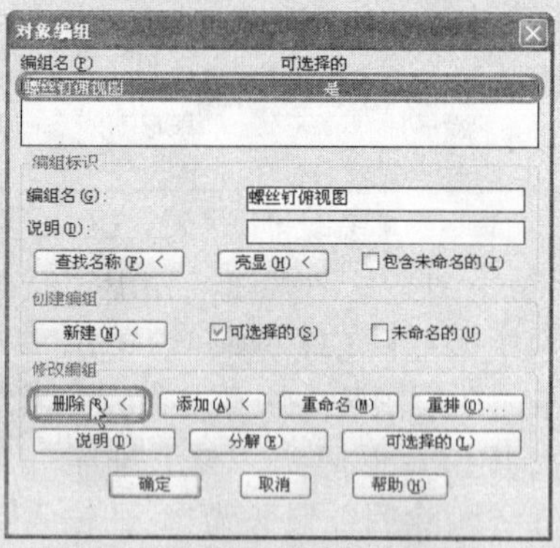

图128-1 单击“删除”按钮

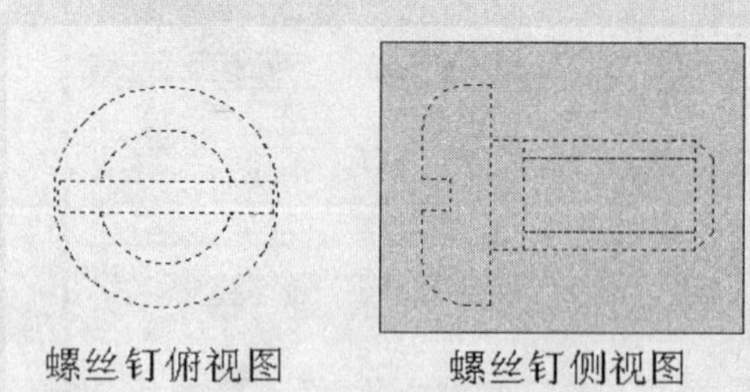

图128-2 选择螺丝钉侧视图

第129集 分解编组对象

素材：素材\第6章\129-1.dwg　　效果：无
视频：视频\第6章\第129集.avi　　时长：45秒
难度：☆　　关键技术：“对象编组”对话框

01 单击快速访问工具栏中的“打开”按钮，在弹出的对话框中打开一幅素材图形，如图129-1所示。

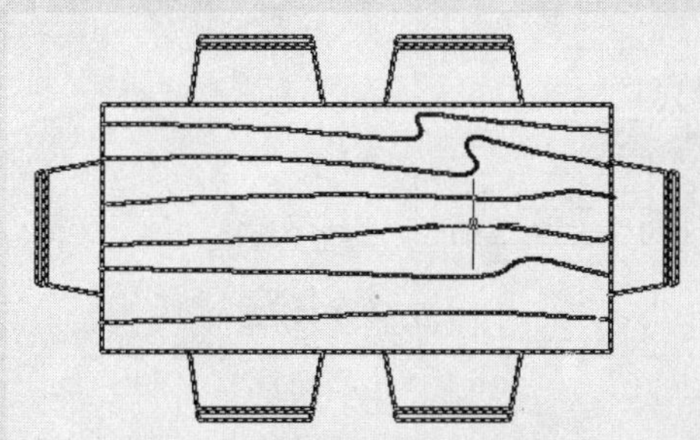

图129-1　打开的素材图形

02 选择“功能区”选项板中的“常用”选项卡，在“组”面板上单击 组 按钮，在弹出的面板中选择“编组管理器”命令，弹出“对象编组”对话框，选择“编组名”列表框中的“餐桌椅”选项，即可显示出“修改编组”选项组中的各选项，单击“分解”按钮，如图129-2所示。

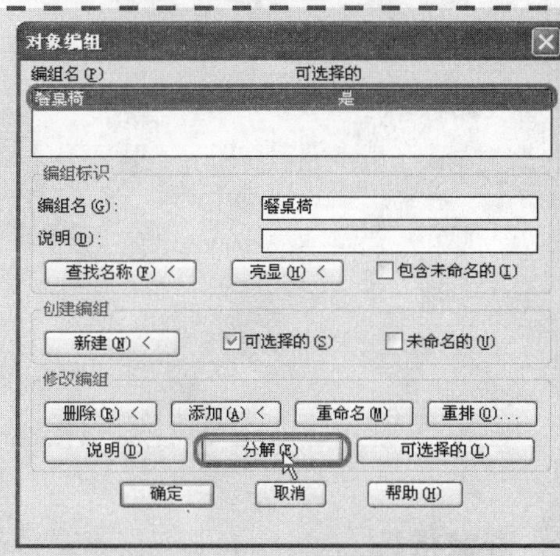

图129-2　单击“分解”按钮

03 单击“确定”按钮，即可分解编组图形，如图129-3所示。

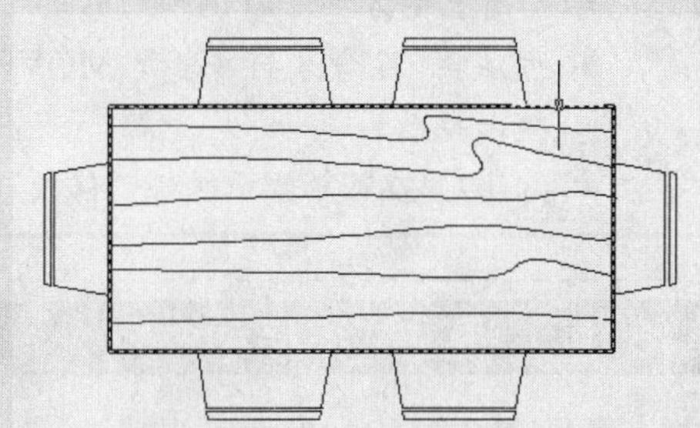

图129-3　分解的编组图形

专家提醒

除了用上述方法外，还可以用下面的方法来分解编组对象。

选中要分解的编组对象，然后选择“功能区”选项板中的“常用”选项卡，在“组”面板上单击“解除编组”按钮即可。

6.3　移动对象

第130集　通过两点移动对象

素材：素材\第6章\130-1.dwg　　效果：无

视频：视频\第6章\第130集.avi　　时长：59秒

难度：★　　关键技术：“移动”按钮

01 单击快速访问工具栏中的“打开”按钮，在弹出的对话框中打开一幅素材图形，如图130-1所示。

02 选择“功能区”选项板中的“常用”选项卡，在“修改”面板上单击“移动”按钮 移动，根据命令行提示进行操作，在绘图区中选择右侧的图形，按Enter键确认，在右侧图形的任意边上单击鼠标，并将A点移动至左侧图形的B点处，如图130-2所示。然后单击鼠标确定位置，即可完成通过两点移动图形的操作。

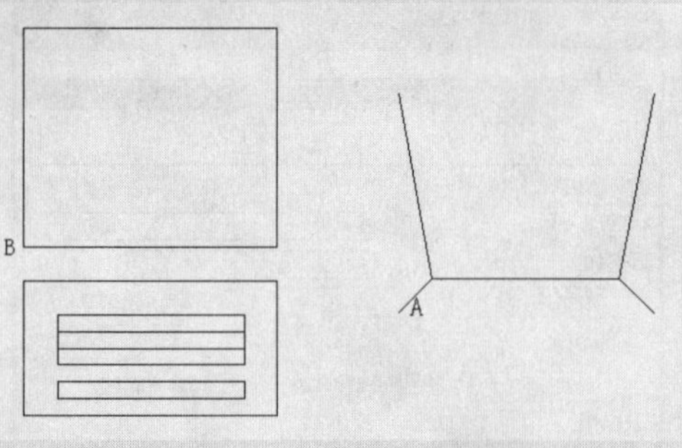

图130-1　打开的素材图形

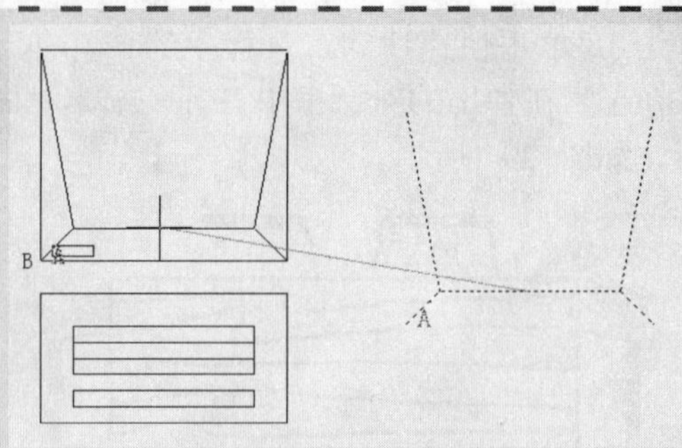

图130-2　移动图形

专家提醒

除了用上述方法可以调用“移动”命令外，还有以下两种常用的方法。

- 方法1：在命令行中输入MOVE（移动）命令并按Enter键确认，然后根据命令行提示操作。
- 方法2：在菜单栏中选择“修改”|“移动”命令，然后根据命令行提示进行操作。

第131集　通过位移移动对象

素材：素材\第6章\131–1.dwg	效果：无
视频：视频\第6章\第131集.avi	时长：43秒
难度：★	关键技术：MOVE（移动）命令

01 单击快速访问工具栏中的“打开”按钮，在弹出的对话框中打开一幅素材图形，如图131-1所示。

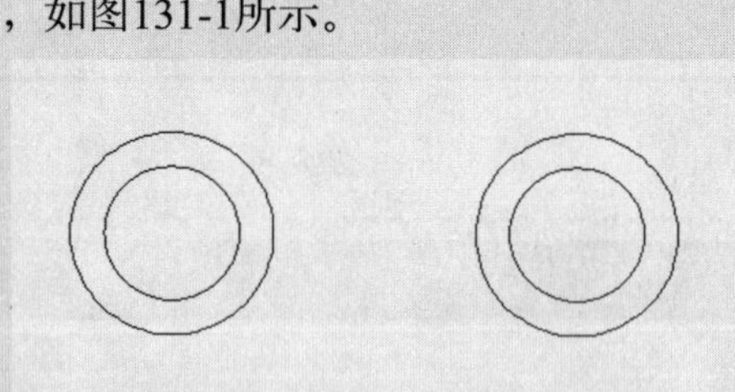

图131-1　打开的素材图形

02 在命令行中输入MOVE（移动）命令，按Enter键确认，根据命令行提示操作，在绘图区中选择对象，按Enter键确认，如图131-2所示。

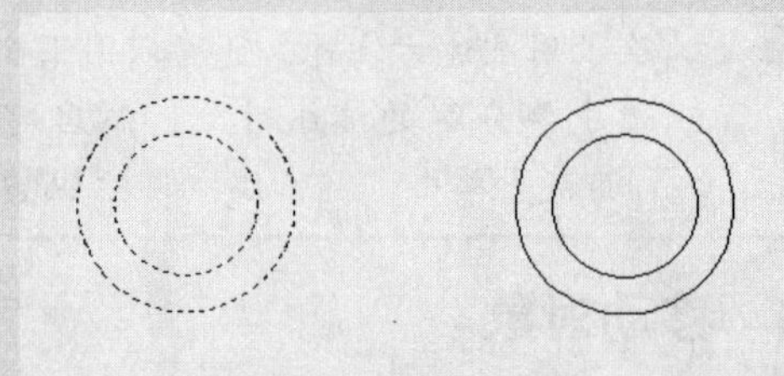

图131-2　选择对象

03 在命令行中输入D，并按Enter键确认，然后再输入（@500,0），按Enter键确认，即可通过位移移动对象，效果如图131-3所示。

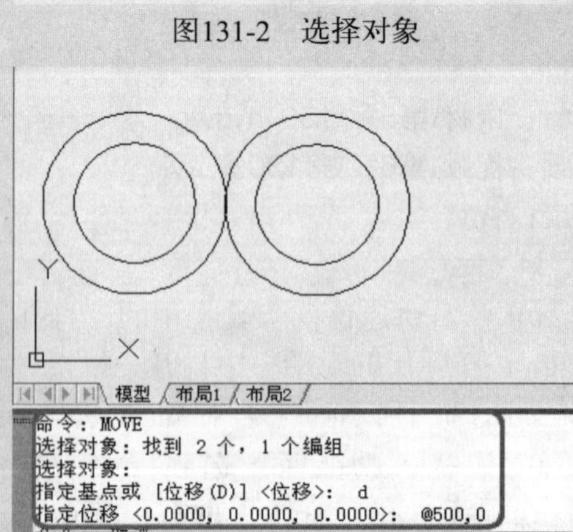

图131-3　位移后的效果

第132集　通过拉伸来移动

素材：素材\第6章\132-1.dwg　　效果：无

视频：视频\第6章\第132集.avi　　时长：1分11秒

难度：★　　关键技术：“拉伸”按钮

01 单击快速访问工具栏中的“打开”按钮，在弹出的对话框中打开一幅素材图形，如图132-1所示。

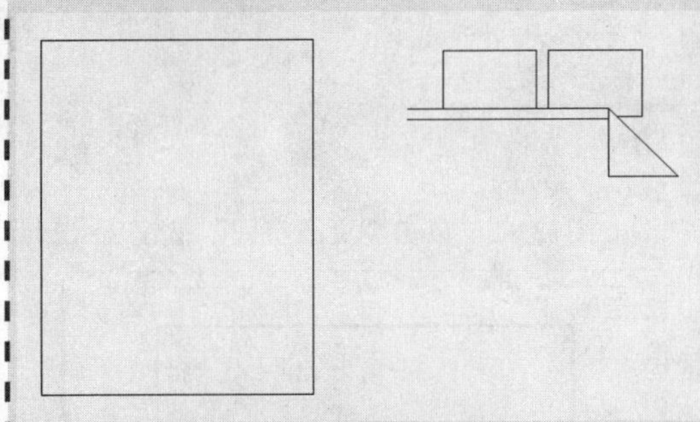

图132-1 打开的素材图形

02 选择“功能区”选项板中的“常用”选项卡，在“修改”面板上单击“拉伸”按钮，如图132-2所示。

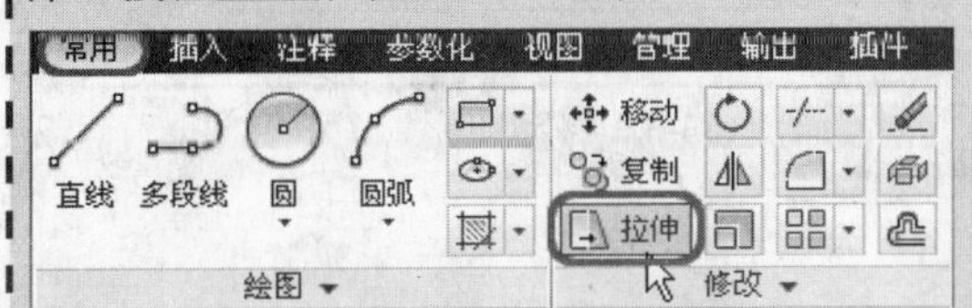

图132-2　选择“拉伸“按钮

03 根据命令行提示进行操作，在绘图区中选择左侧的矩形，按Enter键确认。在状态栏中开启“对象捕捉”和“对象捕捉追踪”功能，然后在矩形的中心位置上单击鼠标，确定基点，如图132-3所示。

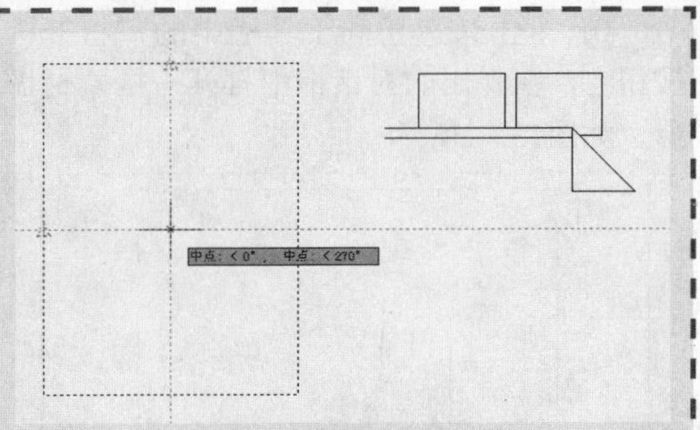

图132-3　确定基点

04 向右引导光标，然后输入（@81,0），按Enter键确认，即可通过拉伸来移动对象，效果如图132-4所示。

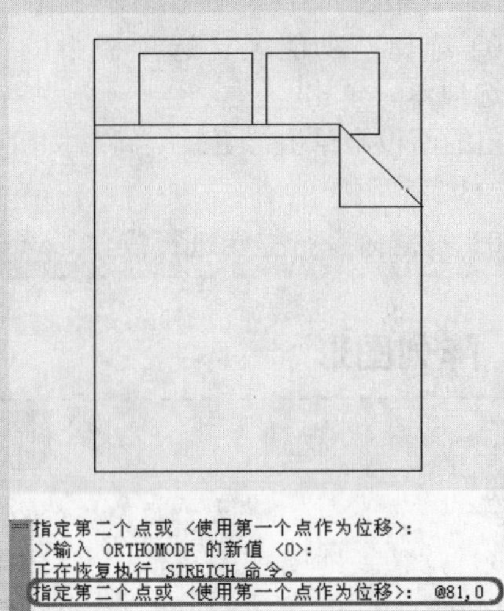

图132-4　通过拉伸来移动对象

专家提醒

除了用上述方法可以调用“拉伸”命令外，还有以下两种常用的方法。

- 方法1：在命令行中输入STRETCH(拉伸)命令并按Enter键确认，然后根据命令行提示操作。
- 方法2：在菜单栏中选择“修改”|“拉伸”命令，然后根据命令行提示进行操作。

第133集 将图形从模型空间移动到图纸空间

素材：素材\第6章\133-1.dwg 效果：无
视频：视频\第6章\第133集.avi 时长：38秒
难度：★ 关键技术："更改空间"按钮

01 单击快速访问工具栏中的"打开"按钮，在弹出的对话框中打开一幅素材图形，如图133-1所示。

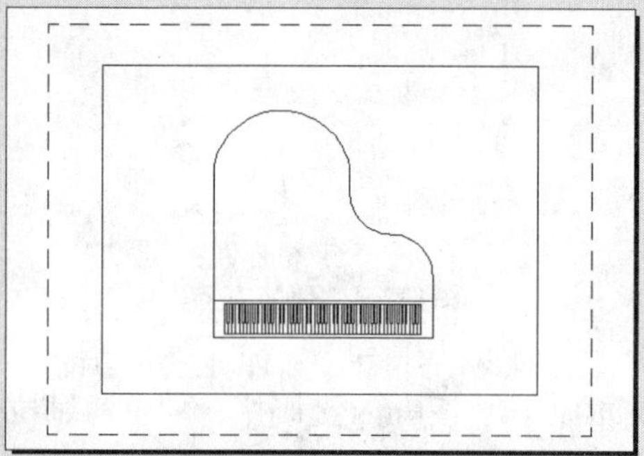

图133-1 打开的素材图形

02 选择"功能区"选项板中的"常用"选项卡，单击[修改▼]按钮，在弹出的面板中单击"更改空间"按钮，如图133-2所示。

03 根据命令行提示进行操作，选择钢琴为编辑对象，按Enter键确认，即可移动图形到图纸空间，如图133-3所示。

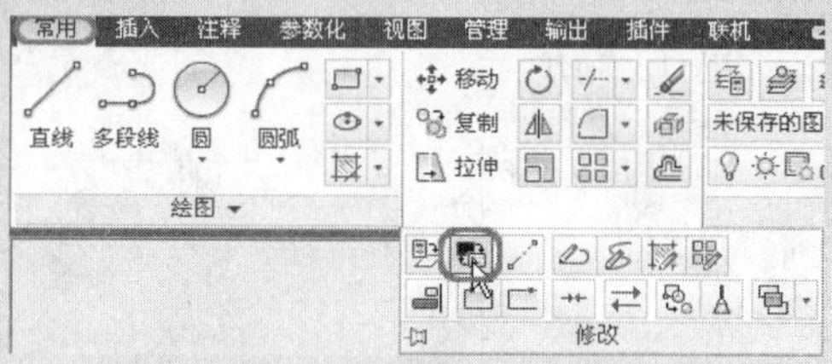

图133-2 单击"更改空间"按钮

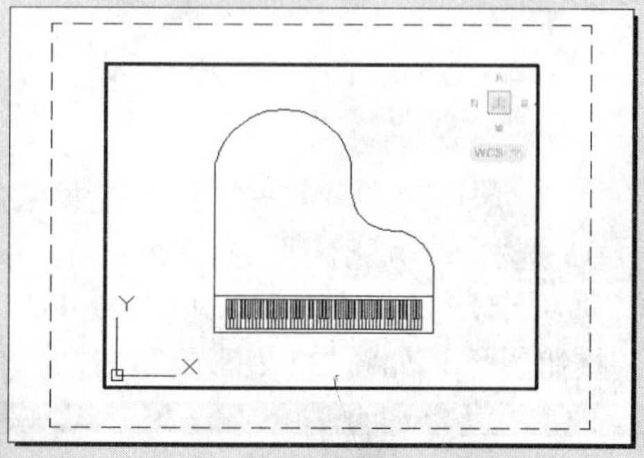

图133-3 移动图形到图纸空间

6.4 阵列图形

第134集 矩形阵列对象

素材：素材\第6章\134-1.dwg
效果：效果\第6章\第134集.dwg
视频：视频\第6章\第134集.avi
时长：1分23秒
难度：★★
关键技术："矩形阵列"按钮

01 单击快速访问工具栏中的"打开"按钮，在弹出的对话框中打开一幅素材图形，如图134-1所示。

02 选择"功能区"选项板中的"常用"选项卡，在"修改"面板上单击"矩形阵列"按钮，如图134-2所示。

03 根据命令行提示进行操作，在绘图区中选择如图134-3所示的圆角矩形，并按Enter键确认。然后输入C，按Enter键确认。再输入行数为5，按Enter键确认，输入列数为4，按Enter键确认，如图134-4所示。

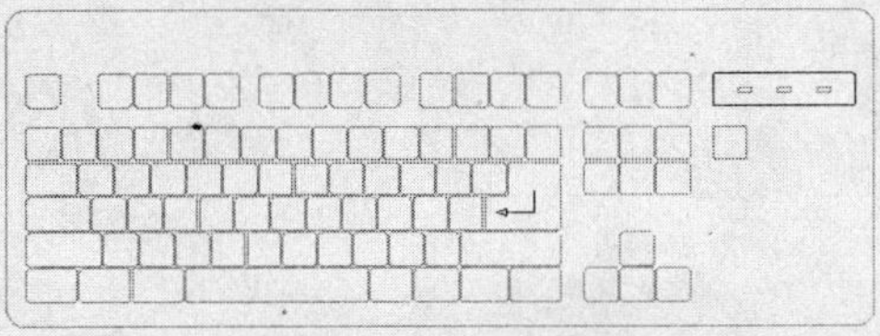

图134-1　打开的素材图形

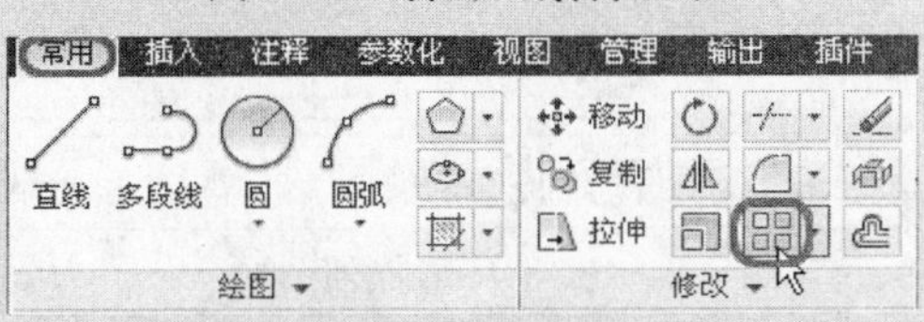

图134-2　单击“矩形阵列”按钮

图134-3　选择圆角矩形

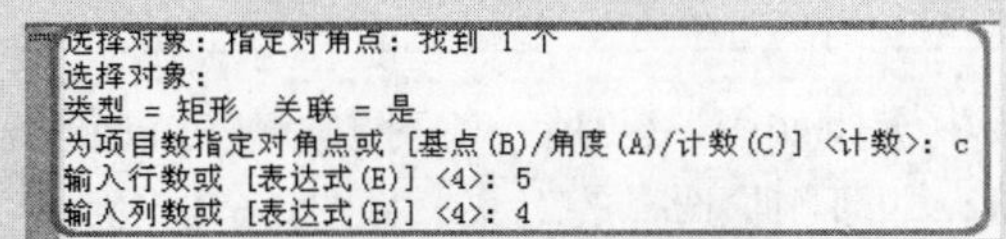

图134-4　输入行数和列数

04 继续输入S，按Enter键确认，再输入行之间的距离为-19，按Enter键确认，输入列之间的距离为19，按Enter键确认，再输入X，按Enter键确认，即可完成矩形阵列图形，如图134-5所示。

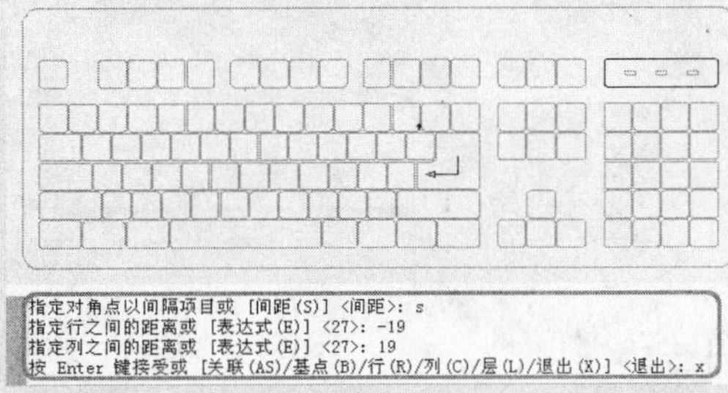

图134-5　矩形阵列图形

专家提醒

除了用上述方法可以调用“阵列”命令外，还有以下两种常用的方法。

- 方法1：在命令行中输入ARRAY(阵列)命令并按Enter键确认，然后根据命令行提示操作。
- 方法2：在菜单栏中选择“修改”|“阵列”|“矩形阵列”命令，然后根据命令行提示进行操作。

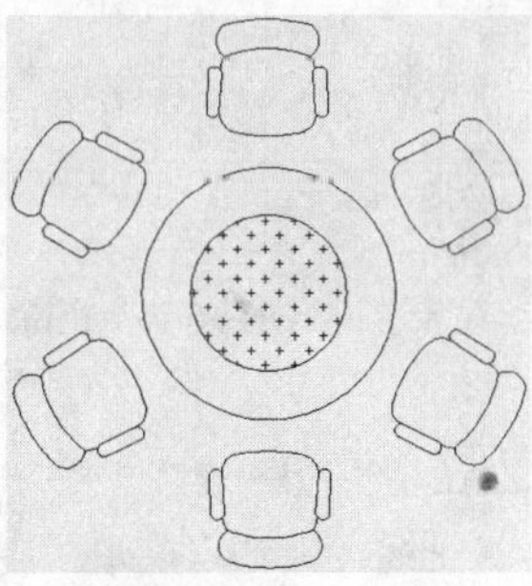

第135集　环形阵列对象

素材：素材\第6章\135–1.dwg

效果：效果\第6章\第135集.dwg

视频：视频\第6章\第135集.avi

时长：1分10秒

难度：★★

关键技术：“环形阵列”命令

01 单击快速访问工具栏中的“打开”按钮，在弹出的对话框中打开一幅素材图形，如图135-1所示。

02 选择“功能区”选项板中的“常用”选项卡，在“修改”面板上单击“矩形阵列”按钮右侧的按钮，在弹出的下拉菜单中选择“环形阵列”选项，如图135-2所示。

03 根据命令行提示进行操作，在绘图区中选择椅子，按Enter键确认，然后指定圆心为阵列的中心点，输入项目数为6，按Enter键确认，输入填充角度为360，按Enter键确认，然后输入X，按Enter键确认，即可完成环形阵列图形，如图135-3所示。

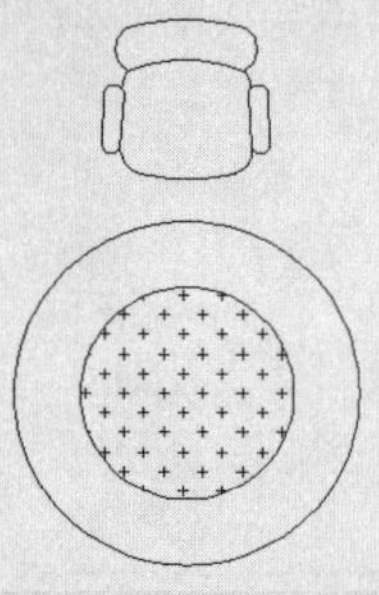

图135-1　打开的素材图形

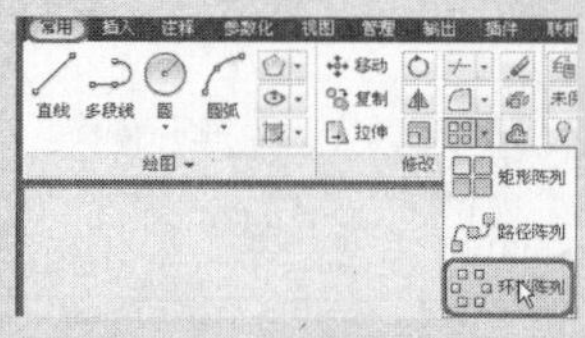

图135-2　选择“环形阵列”命令

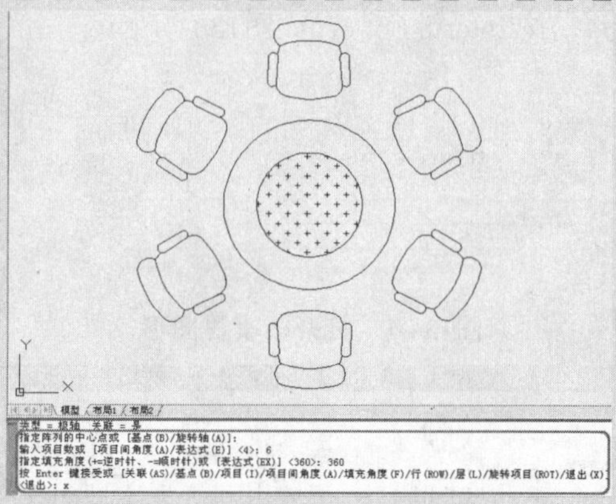

图135-3　环形阵列图形

6.5　删除和恢复图形

第136集　删除图形对象

素材：素材\第6章\136–1.dwg
视频：视频\第6章\第136集.avi
难度：★
效果：无
时长：28秒
关键技术：“删除”按钮

01 单击快速访问工具栏中的“打开”按钮，在弹出的对话框中打开一幅素材图形，如图136-1所示。

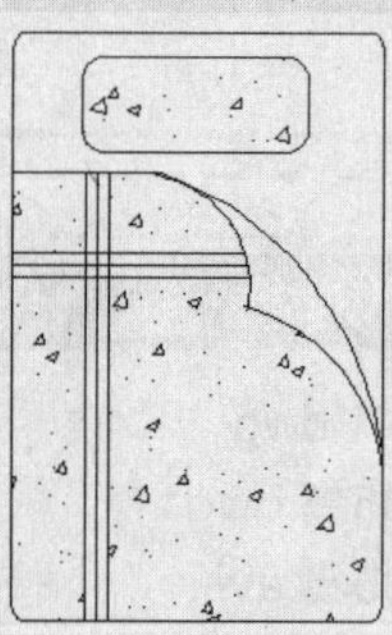

图136-1　打开的素材图形

02 选择“功能区”选项板中的“常用”选项卡，在“修改”面板上单击“删除”按钮，如图136-2所示。

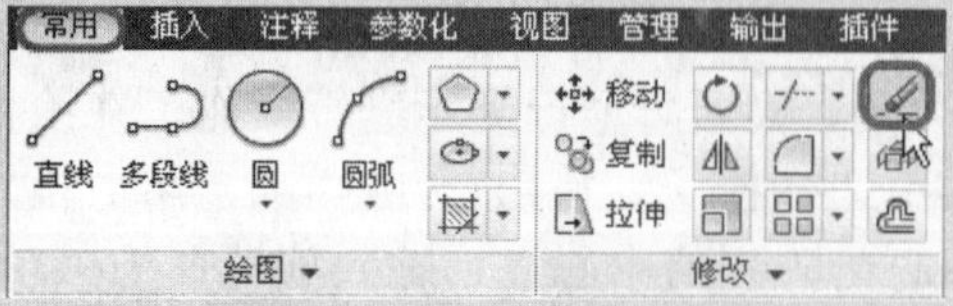

图136-2　单击“删除”按钮

03 根据命令行提示进行操作，在绘图区中选择如图136-3所示的对象，按Enter键确认，即可删除选择的对象，如图136-4所示。

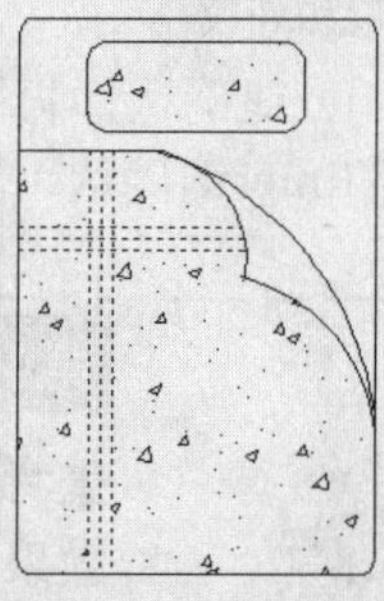

图136-3　选择对象

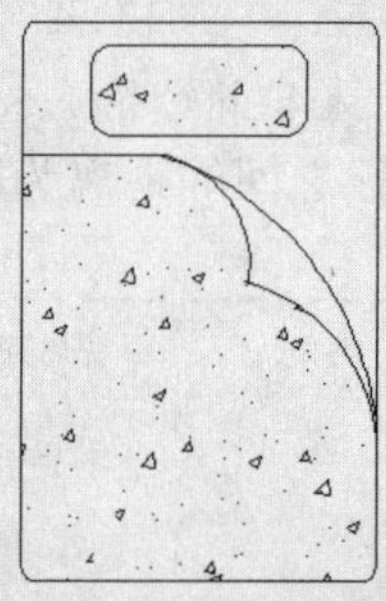

图136-4　删除对象

专家提醒

除了用上述方法可以调用“删除”命令外，还有以下两种常用的方法。

- 方法1：在命令行中输入ERASE(删除)命令并按Enter键确认，然后根据命令行提示操作。
- 方法2：在菜单栏中选择“修改”|“删除”命令，然后根据命令行提示进行操作。

第137集　恢复删除图形对象

素材：无
视频：视频\第6章\第137集.avi
难度：★

效果：无
时长：21秒
关键技术：OOPS（恢复）命令

01 继续第136集的操作，在命令行中输入OOPS（恢复）命令，按Enter键确认，即可恢复删除了的图形，如图137-1所示。

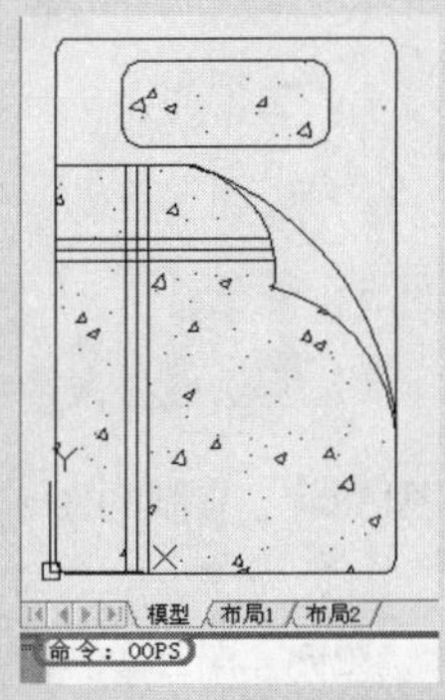

图137-1　恢复删除图形

6.6　复制、镜像和偏移对象

第138集　复制对象

素材：素材\第6章\138-1.dwg
视频：视频\第6章\第138集.avi
难度：★

效果：无
时长：43秒
关键技术："复制"按钮

01 单击快速访问工具栏中的"打开"按钮，在弹出的对话框中打开一幅素材图形，如图138-1所示。

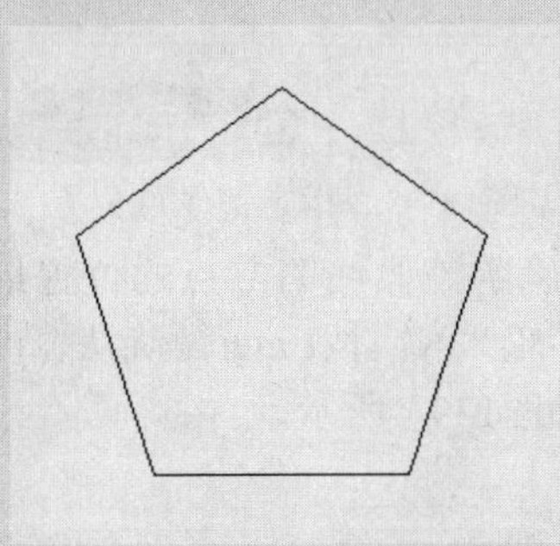
图138-1　打开的素材图形

02 选择"功能区"选项板中的"常用"选项卡，在"修改"面板上单击"复制"按钮，如图138-2所示。

03 根据命令行提示进行操作，在绘图区中选择对象，按Enter键确认，任意指定一个点为基点，并向下引导光标，如图138-3所示。

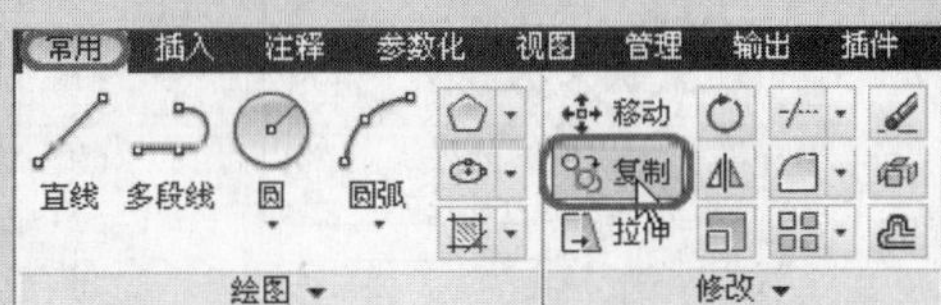

图138-2　单击"复制"按钮

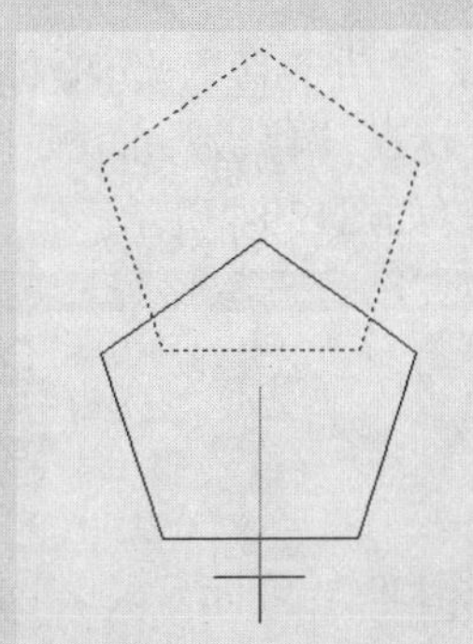
图138-3　指定第一个基点

04 指定第二点，确定点的位置后单击鼠标，按Enter键确认，即可复制图形，如图138-4所示。

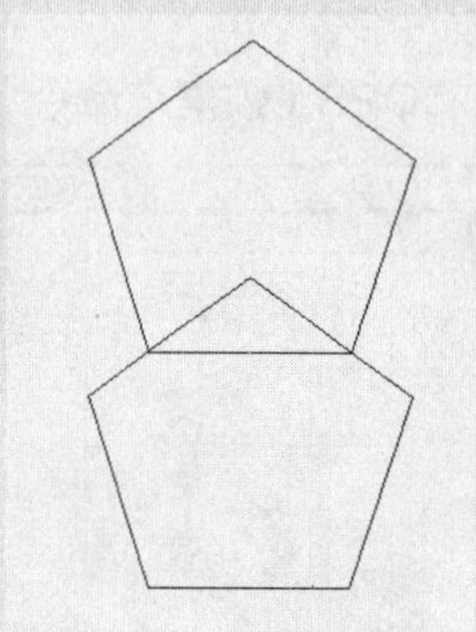

图138-4　复制的图形

专家提醒

除了用上述方法可以调用“复制”命令外，还有以下两种常用的方法。

- 方法1：在命令行中输入COPY(复制)命令并按Enter键确认，然后根据命令行提示操作。
- 方法2：在菜单栏中选择“修改”|“复制”命令，然后根据命令行提示进行操作。

第139集　镜像对象

素材：素材\第6章\139-1.dwg　　效果：无
视频：视频\第6章\第139集.avi　　时长：54秒
难度：★　　关键技术：“镜像”按钮

01 单击快速访问工具栏中的“打开”按钮，在弹出的对话框中打开一幅素材图形，如图139-1所示。

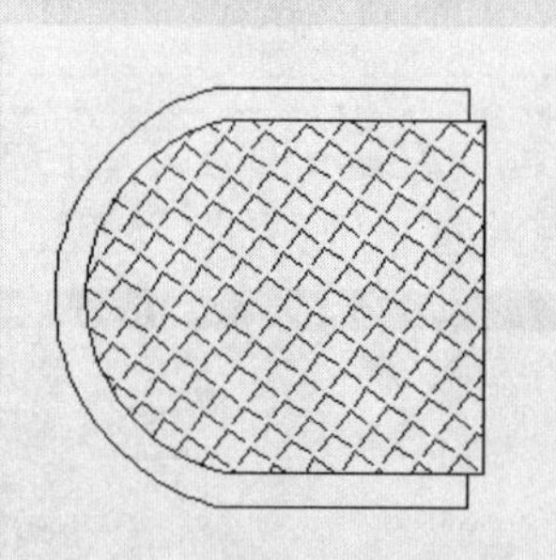

图139-1　打开的素材图形

02 选择“功能区”选项板中的“常用”选项卡，在“修改”面板上单击“镜像”按钮，如图139-2所示。

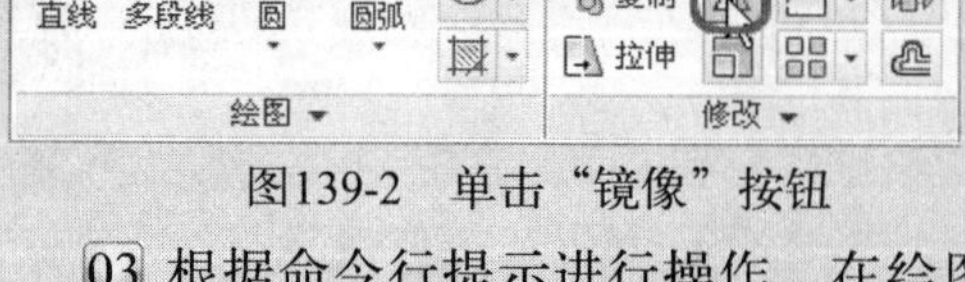

图139-2　单击“镜像”按钮

03 根据命令行提示进行操作，在绘图区中选择所有对象，按Enter键确认，指定选择对象右下角的一个点为镜像线的第一点，然后向上引导光标，如图139-3所示。

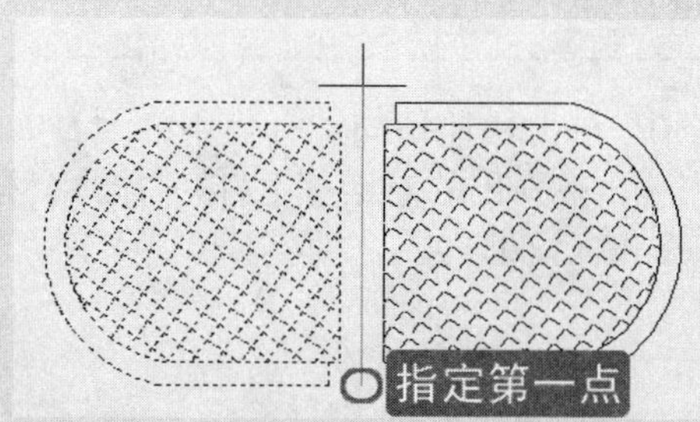

图139-3　指定镜像点位置

04 确定镜像线第二点的位置后单击鼠标，然后输入N，按Enter键确认，即可镜像图形，如图139-4所示。

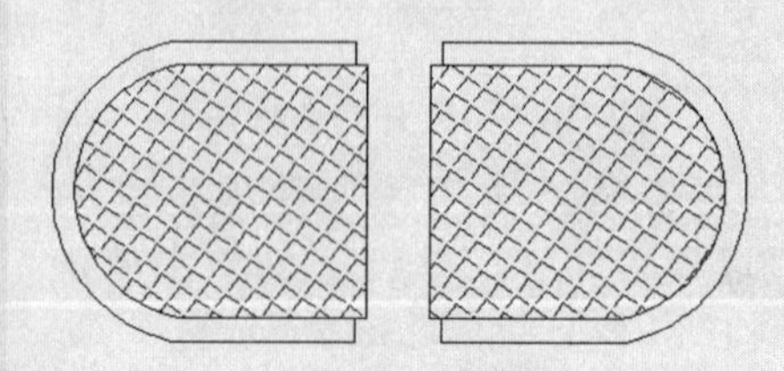

图139-4　镜像图形

专家提醒

除了用上述方法可以调用“镜像”命令外，还有以下两种常用的方法。

- 方法1：在命令行中输入MIRROR(镜像)命令并按Enter键确认，然后根据命令行提示操作。
- 方法2：在菜单栏中选择“修改”|“镜像”命令，然后根据命令行提示进行操作。

第140集　偏移对象

素材：素材\第6章\140–1.dwg　　效果：无

视频：视频\第6章\第140集.avi　　时长：39秒

难度：★　　关键技术：“偏移”按钮

01 单击快速访问工具栏中的“打开”按钮，在弹出的对话框中打开一幅素材图形，如图140-1所示。

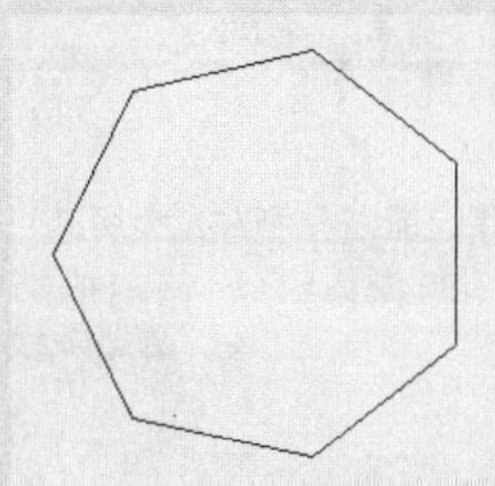

图140-1　打开的素材图形

02 选择“功能区”选项板中的“常用”选项卡，在“修改”面板上单击“偏移”按钮，如图140-2所示。

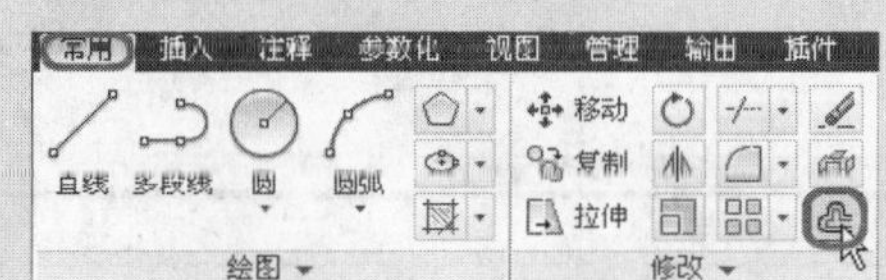

图140-2　单击“偏移”按钮

03 根据命令行提示进行操作，输入偏移距离为60，并按Enter键确认，然后在绘图区中选择对象，并在对象外拾取一点，按Enter键确认，偏移后的图形如图140-3所示。

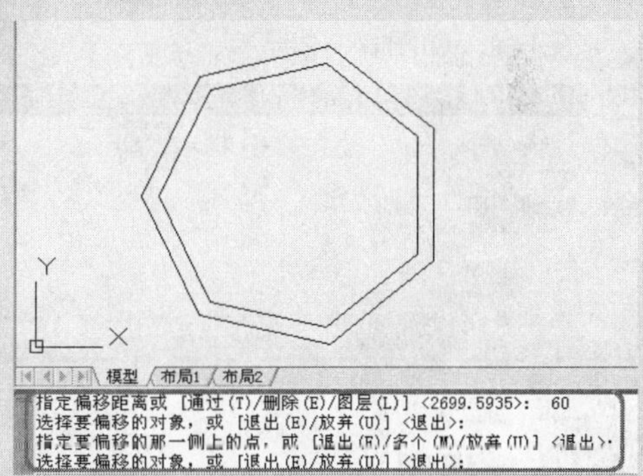

图140-3　偏移后的图形

专家提醒

除了用上述方法可以调用“偏移”命令外，还有以下两种常用的方法。

- 方法1：在命令行中输入OFFSET(偏移)命令并按Enter键确认，然后根据命令行提示操作。
- 方法2：在菜单栏中选择“修改”|“偏移”命令，然后根据命令行提示进行操作。

6.7　旋转和对齐对象

第141集　旋转对象

素材：素材\第6章\141–1.dwg　　效果：无

视频：视频\第6章\第141集.avi　　时长：41秒

难度：★　　关键技术：“旋转”按钮

01 单击快速访问工具栏中的“打开”按钮，在弹出的对话框中打开一幅素材图形，如图141-1所示。

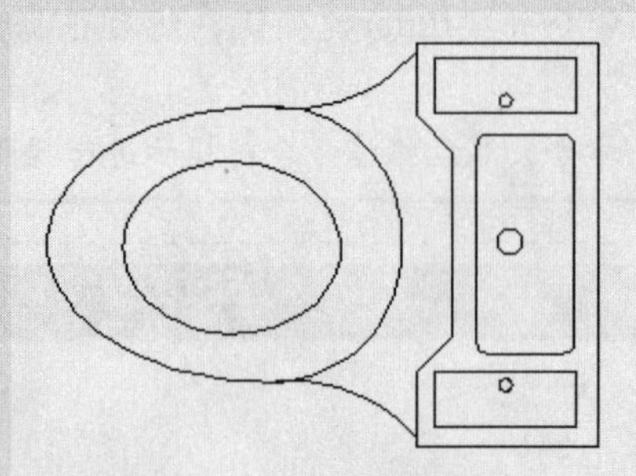

图141-1 打开的素材图形

02 选择“功能区”选项板中的“常用”选项卡，在“修改”面板上单击“旋转”按钮，如图141-2所示。

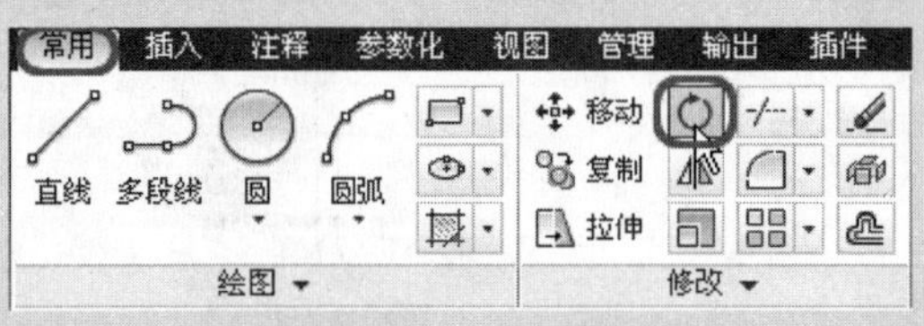

图141-2 单击“旋转”按钮

03 根据命令行提示进行操作，在绘图区中选择对象，并按Enter键确认，指定任意一点作为基点，然后输入旋转角度为-90，并按Enter键确认，即可旋转图形，如图141-3所示。

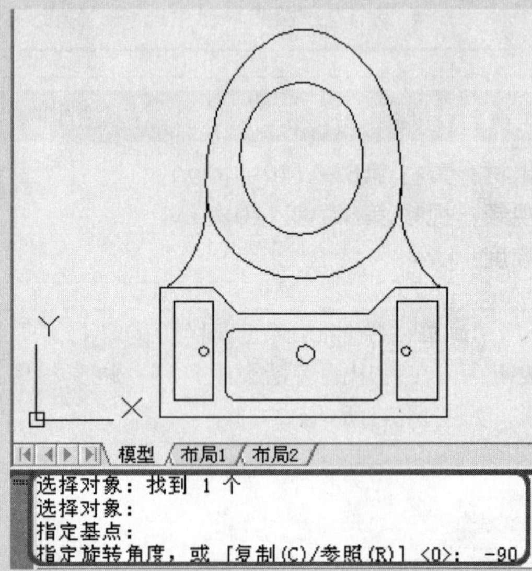

图141-3 旋转图形

专家提醒

除了用上述方法可以调用“旋转”命令外，还有以下两种常用的方法。

- 方法1：在命令行中输入ROTATE（旋转)命令并按Enter键确认，然后根据命令行提示操作。
- 方法2：在菜单栏中选择“修改”|“旋转”命令，然后根据命令行提示进行操作。

第142集 对齐对象

素材：素材\第6章\142-1.dwg
效果：无
视频：视频\第6章\第142集.avi
时长：59秒
难度：★
关键技术：“对齐”按钮

01 单击快速访问工具栏中的“打开”按钮，在弹出的对话框中打开一幅素材图形，如图142-1所示。

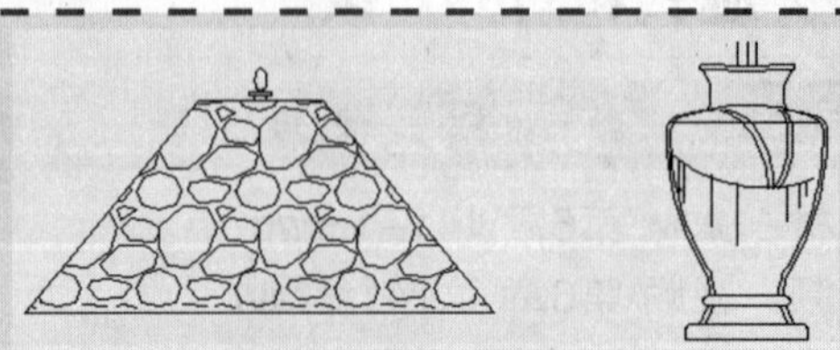

图142-1 打开的素材图形

02 选择“功能区”选项板中的“常用”选项卡，单击 修改 按钮，在弹出的面板中单击“对齐”按钮，如图142-2所示。

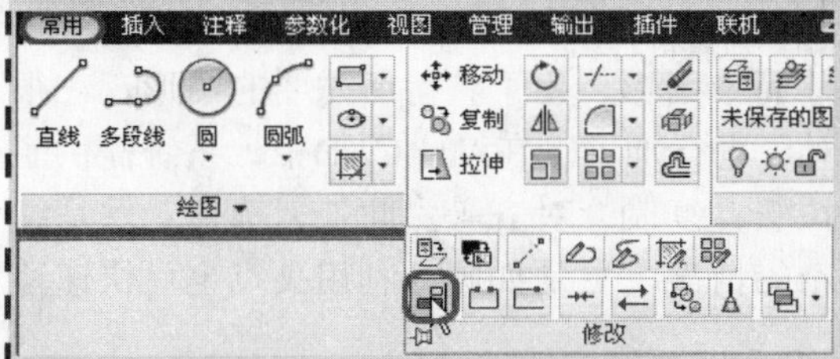

图142-2 单击“对齐”按钮

03 根据命令行提示进行操作，在绘图区中选择左侧的图形作为对齐对象，按Enter键确认，在左侧图形最下方的中点上单击鼠标，确定第一个源点，将光标引导至右侧图形的最上方，在如图142-3所示的位置处单击鼠标，确定目标点。按Enter键确认即可对齐图形，如图142-4所示。

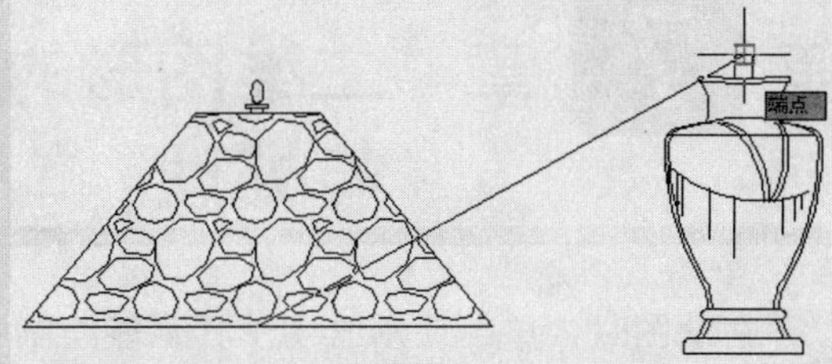

图142-3 确定源点和目标点

图142-4 对齐图形

专家提醒

除了用上述方法可以调用“对齐”命令外，还有以下两种常用的方法。

- 方法1：在命令行中输入ALIGN（对齐)命令并按Enter键确认，然后根据命令行的提示进行操作。
- 方法2：在菜单栏中选择“修改”|“三维操作”|“对齐”命令，然后根据命令行提示进行操作。

第 7 章 二维图形的修改与处理

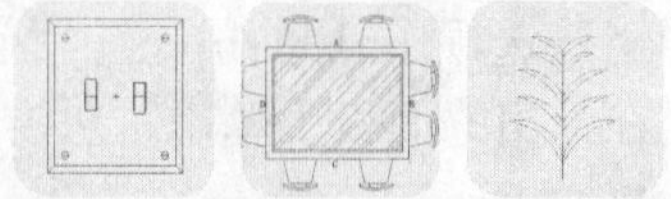

在绘图时，单纯使用绘图工具只能绘制一些简单图形，为了获得所需要的图形，在很多情况下都必须借助图形编辑命令对基本图形对象进行加工。在AutoCAD中，系统提供了丰富的图形编辑命令，如移动、旋转、修剪、拉长、复制、对齐等。此外，选择对象是编辑图形的一项基础操作，特别是在图形比较复杂的情况下更是如此。利用夹点也可快速移动、镜像、旋转、缩放或拉伸图形。

7.1 缩放对象

第143集 按照比例因子缩放对象

素材：素材\第7章\143-1.dwg

效果：效果\第7章\第143集.dwg

视频：视频\第7章\第143集.avi

时长：54秒

难度：★

关键技术："缩放"按钮

01 启动AutoCAD 2011软件，按Ctrl+O键，打开一幅素材图形，如图143-1所示。

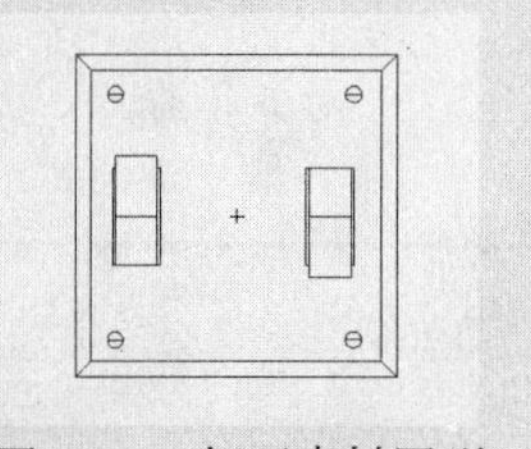

图143-1 打开素材图形

02 在"功能区"选项板中的"常用"选项卡中单击"修改"面板中的"缩放"按钮，在绘图区中选择开关为缩放对象，按Enter键确认，在两个开关的中心点处单击鼠标，确定基点，输入0.6并确认，即可按指定的比例因子缩放图形，如图143-2所示。

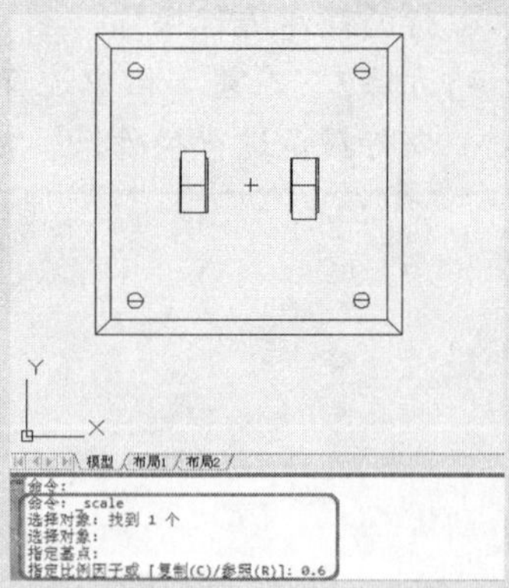

图143-2 缩放图形

专家提醒

缩放可以把整个对象或者对象的一部分沿X、Y、Z轴方向以相同的比例缩放大小。除上述方法可以使用"缩放"命令外，还有以下两种方法。

- 方法1：在命令行中输入SCALE（缩放）命令，并按Enter键确认。
- 方法2：在菜单栏中选择"修改"|"缩放"命令。

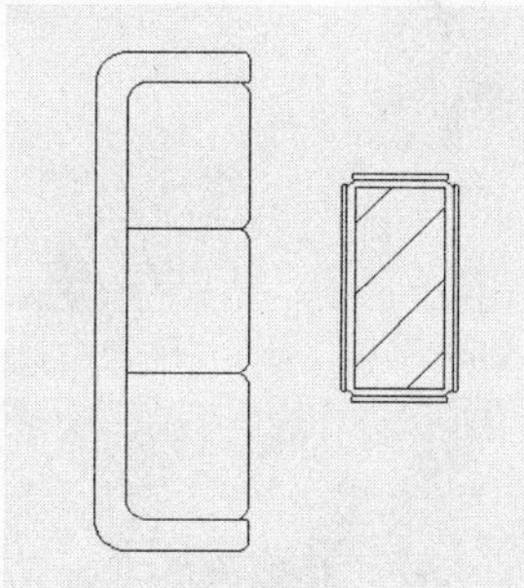

第144集　按照参照距离缩放对象

素材：素材\第7章\144-1.dwg
效果：效果\第7章\第144集.dwg
视频：视频\第7章\第144集.avi
时长：54秒
难度：★
关键技术：R（参照）选项

01 启动AutoCAD 2012软件，按Ctrl+O键，打开一幅素材图形，如图144-1所示。

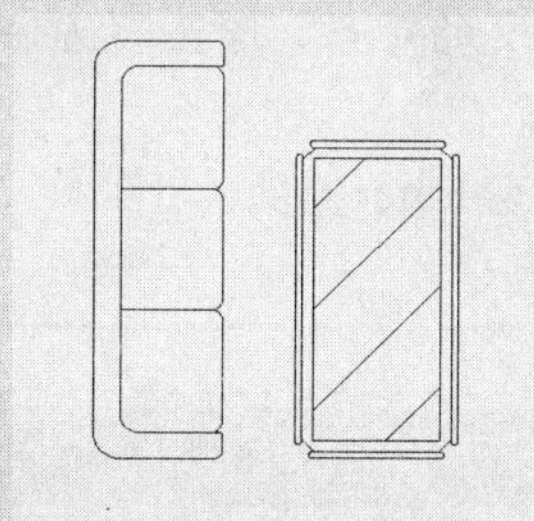

图144-1　打开素材图形

02 在“功能区”选项板中的“常用”选项卡中单击“修改”面板中的“缩放”按钮，在绘图区中选择茶几为缩放对象，按Enter键确认，在茶几左上角位置单击鼠标，确定基点，输入R（参照）并确认，输入参照长度1并确认，再输入新的长度0.6并确认，即可按照参照距离缩放对象，效果如图144-2所示。

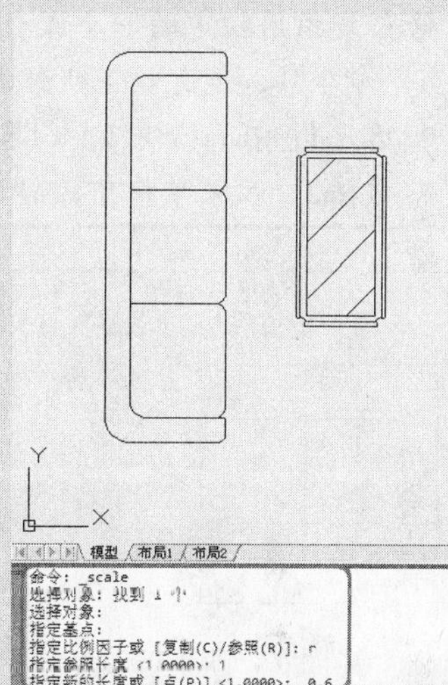

图144-2　按照参照距离缩放

7.2　修剪对象

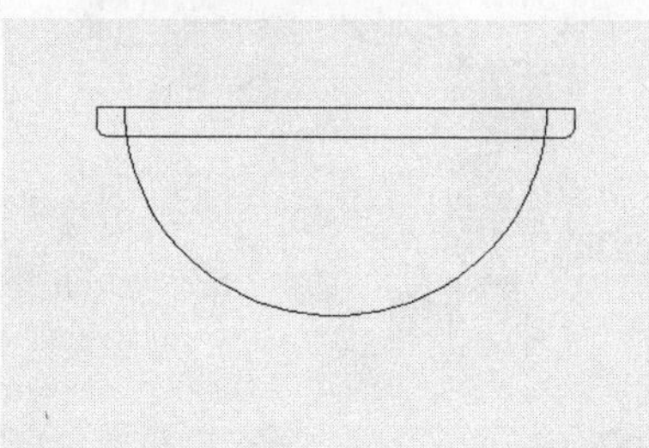

第145集　单个修剪对象

素材：素材\第7章\145-1.dwg
效果：素材\第7章\第145集.dwg
视频：视频\第7章\第145集.avi
时长：34秒
难度：★
关键技术：“修剪”按钮

01 启动AutoCAD 2012软件，按Ctrl+O键，打开一幅素材图形，如图145-1所示。

02 在“功能区”选项板中的“常用”选项卡中，单击“修改”面板中的“修剪”按钮，在绘图区中选择所有图形为修剪对象，并按“Enter”键确认，输入E（边），按两次“Enter”键确认，在上方的半圆上单击鼠标左键，效果如图145-2所示。

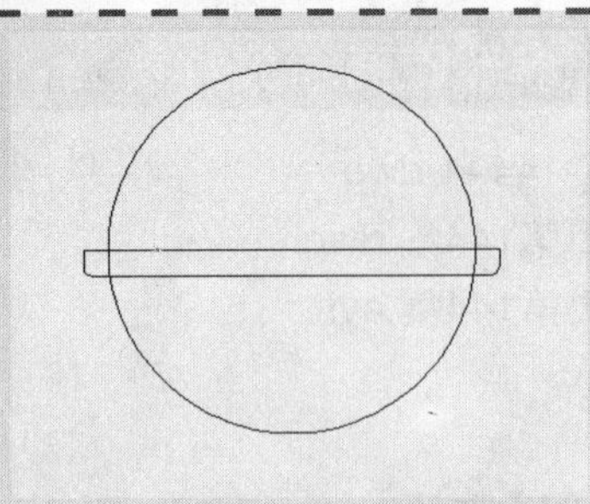

图145-1　打开素材图形

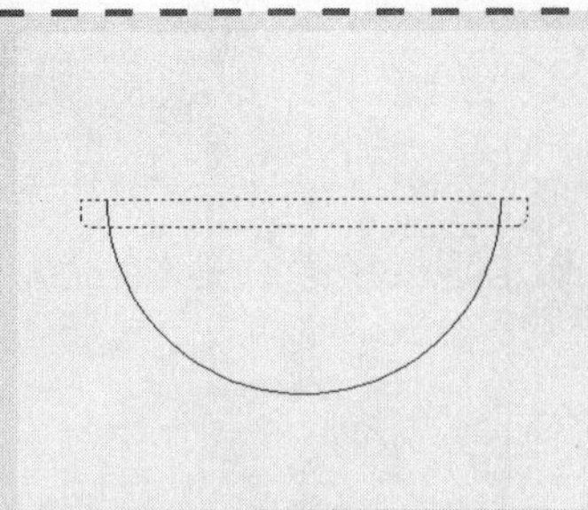

图145-2　修剪图形

专家提醒

修剪是指用指定的一个或多个边界来修剪与之相交的对象，除上述方法可以使用“修剪”命令外，还有以下两种方法。

- 方法1：在命令中输入TRIM（修剪）命令，并按Enter键确认。
- 方法2：在菜单栏中选择“修改”|“修剪”命令。

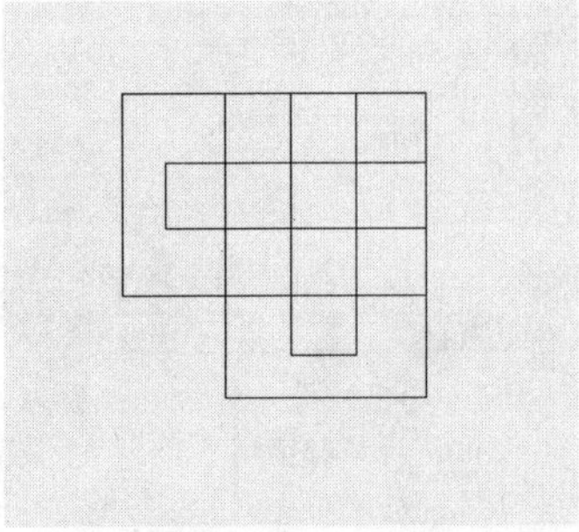

第146集　快速修剪

素材：素材\第7章\146-1.dwg

效果：效果\第7章\第146集.dwg

视频：视频\第7章\第146集.avi

时长：58秒

难度：★

关键技术：F（栏选）选项

01 启动AutoCAD 2012软件，按Ctrl+O键，打开一幅素材图形，如图146-1所示。

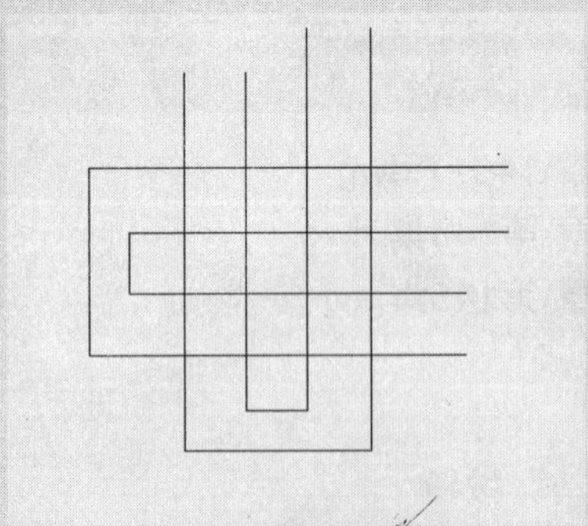

图146-1　打开素材图形

02 在“功能区”选项板的“常用”选项卡中单击“修改”面板中的“修剪”按钮[-/--]，在绘图中选择所有图形为修剪对象，并按Enter键确认，输入F（栏选）并确认，在绘图区中指定栏点，如图146-2所示。

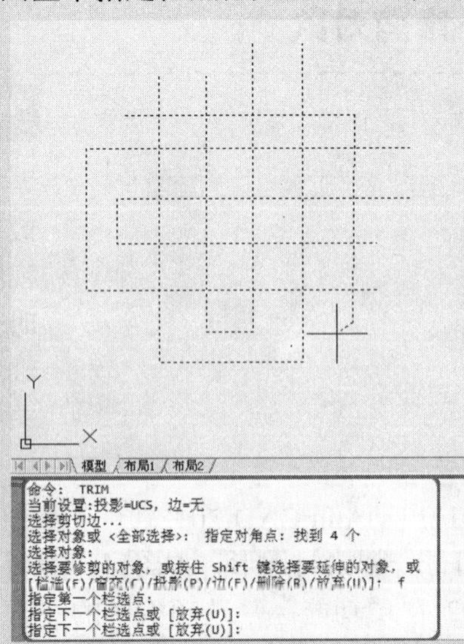

图146-2　绘制栏点

03 按两次Enter键确认，与栏线相交的对象都被剪掉，效果如图146-3所示。

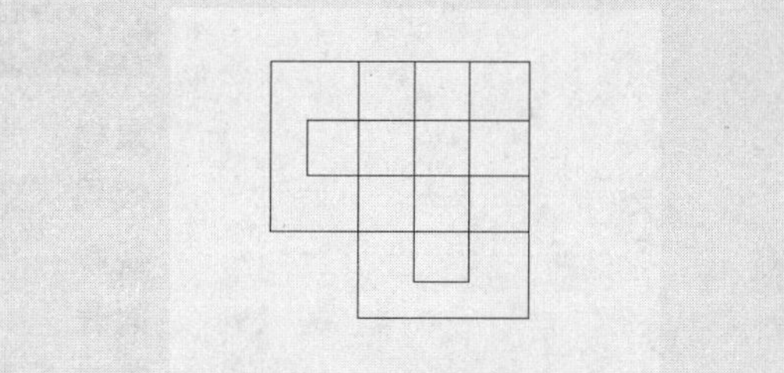

图146-3　修剪后的效果

7.3　拉伸、拉长和延伸对象

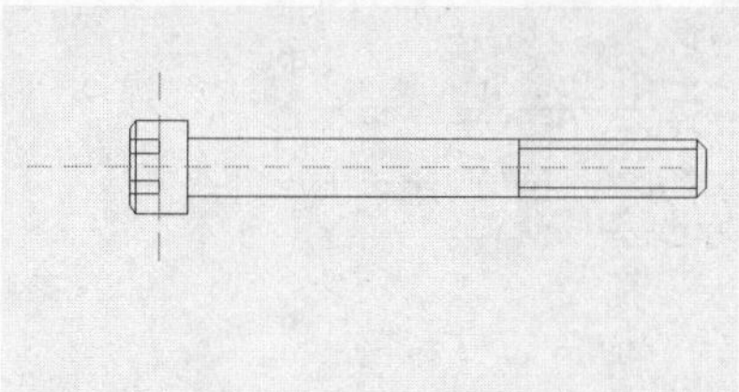

第147集　拉伸对象

素材：素材\第7章\147-1.dwg
效果：效果\第7章\第147集.dwg
视频：视频\第7章\第147集.avi
时长：53秒
难度：★
关键技术：“拉伸”按钮

01 启动AutoCAD 2012软件，按Ctrl+O键，打开一幅素材图形，如图147-1所示。

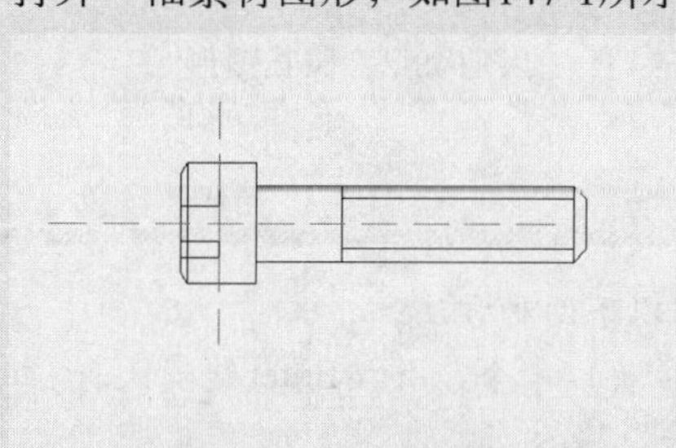

图147-1　打开素材图形

02 在“功能区”选项板的“常用”选项卡中单击“修剪”面板中的“拉伸”按钮 拉伸，在绘图区中选择如图147-2所示对象。

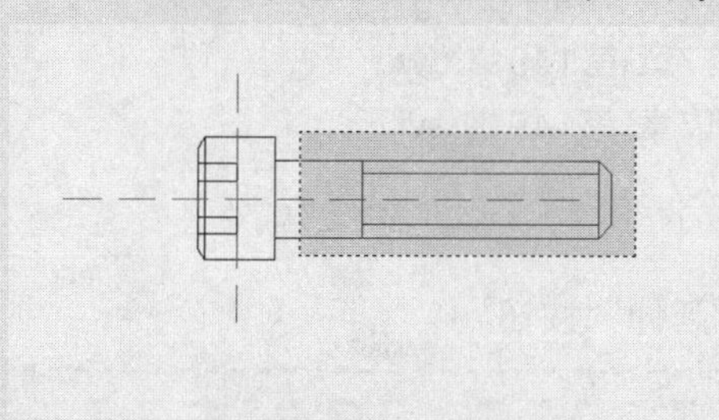

图147-2　选择对象

03 按Enter键确认，在图形最右侧直线的中点处单击鼠标，确定基点，向右引导光标，在命令行中输入100并确认，如图147-3所示。

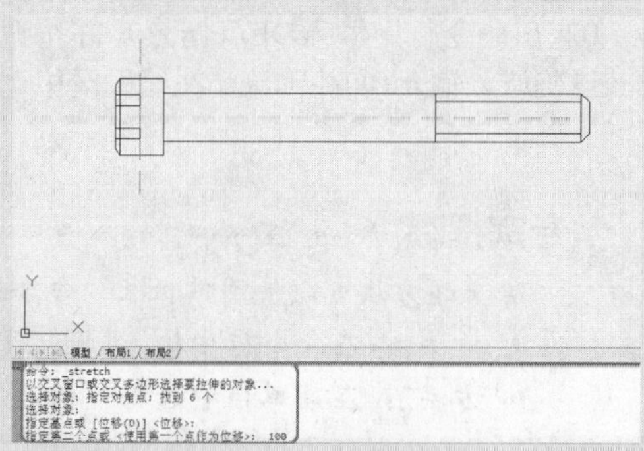

图147-3　拉伸图形

专家提醒

“拉伸”命令对于直线、圆弧、区域填充和多段线等对象，若所有部分均在选择框内，则它们将被移动，如果只有一部分在选择框内，则进行拉伸。除上述方法可以使用“拉伸”命令外，还有以下两种方法。

- 方法1：在命令行中输入STRETCH（拉伸）命令，并按Enter键确认。
- 方法2：在菜单栏中选择“修改”|“拉伸”命令。

第148集　拉长对象

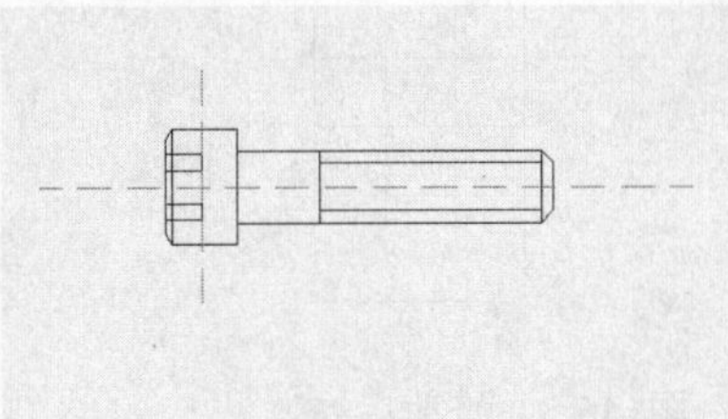

素材：素材\第7章\147–1.dwg
效果：效果\第7章\第148.dwg
视频：视频\第7章\第148集.avi
时长：48秒
难度：★
关键技术：“拉长”按钮

01 以第147集素材为例，在“功能区”选项板的“常用”选项卡中单击“修改”面板按钮［修改▾］，在打开的面板中选择“拉长”按钮，如图148-1所示。

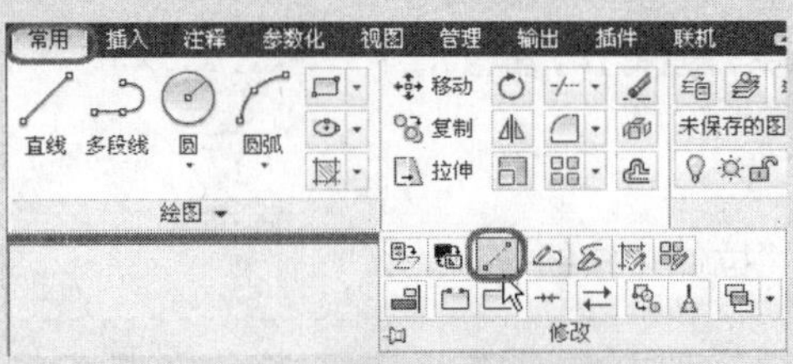

图148-1　选择“拉长”按钮

02 在命令行中输入DE（增量）并按钮Enter键确认，输入100并确认，在绘图区中选择中心线为修改对象，效果如图148-2所示。

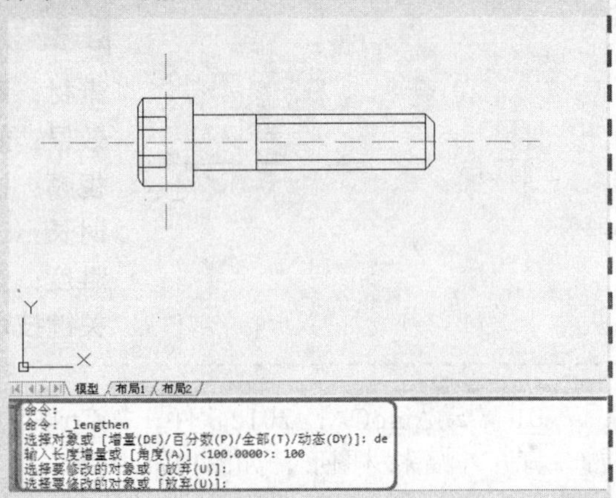

图148-2　拉长图形

专家提醒

除上述方法可以使用“拉长”命令外，还有以下两种方法。

- 方法1：在命令行中输入LENGTHEN（拉长）命令，并按Enter键确认。
- 方法2：在菜单栏中选择“修改”|“拉长”命令。

第149集　延伸对象

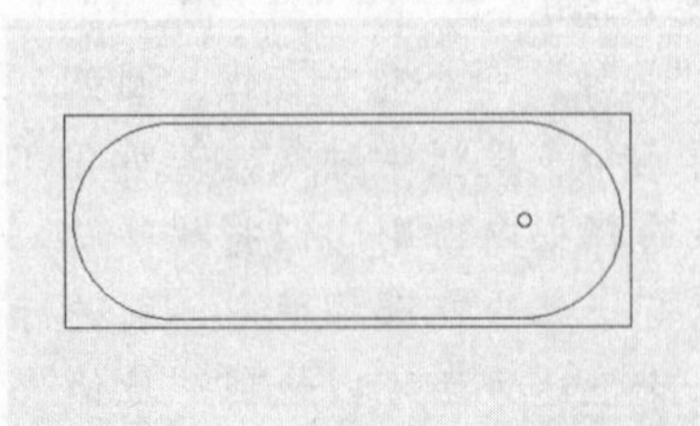

素材：素材\第7章\149–1.dwg
效果：效果\第7章\第149集.dwg
视频：视频\第7章\第149集.avi
时长：55秒
难度：★
关键技术：“延伸”按钮

01 启动AutoCAD 2012软件，按Ctrl+O键，打开一幅素材图形，在“功能区”选项板的“常用”选项卡中单击“修改”面板“修剪”按钮右侧下三角按钮，在打开的下拉菜单中选择“延伸”选项，如图149-1所示。

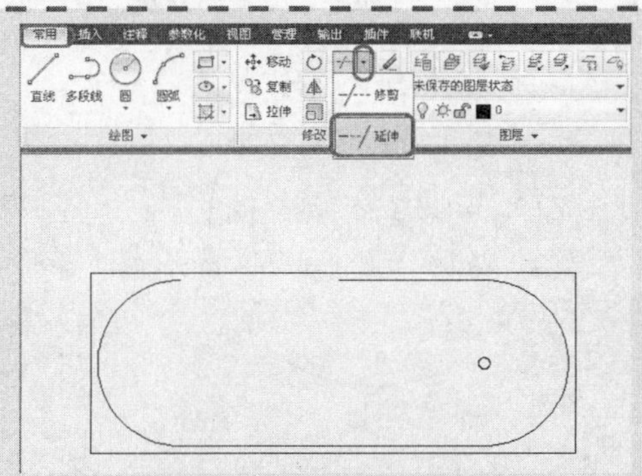

图149-1　选择“延伸”按钮

专家提醒

在使用“修剪”命令时，如果按SHIFT键选择对象时，表示进行延伸操作。除上述方法可以使用“延伸”命令外，还有以下两种方法。

- 方法1：在命令行中输入EXTEND（延伸）命令，并按Enter键确认。
- 方法2：在菜单栏中选择“修改”|“延伸”命令。

02 在绘图区中选择图形中间的对象，并按Enter键确认，在命令行中输入E（边）并确认，再输入E（延伸）并确认，单击所选对象顶部的直线，并按Enter键确认，效果如图149-2所示。

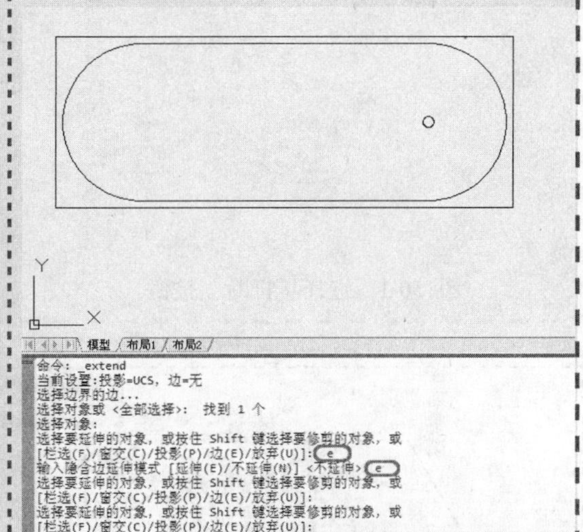

图149-2　延伸效果

7.4　打断、分解和合并对象

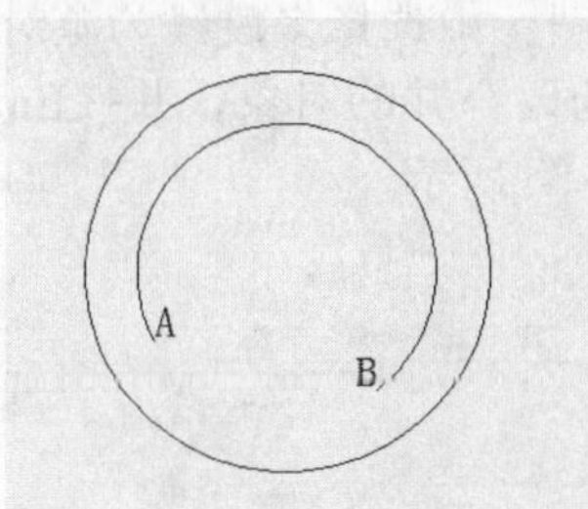

第150集　打断图形

素材：素材\第7章\150–1.dwg

效果：效果\第7章\第150集.dwg

视频：视频\第7章\第150集.avi

时长：37秒

难度：★

关键技术：“打断”按钮

01 启动AutoCAD 2012软件，按Ctrl+O键，打开一幅素材图形，在“功能区”选项板的“常用”选项卡中单击“修改”面板按钮，在打开的面板中选择“打断”按钮，如图150-1所示。

02 在绘图区中选择内圆，在命令行中输入F（第一点）并按Enter键确认，在A点处单击鼠标，确定第一个打断点，在B点处单击鼠标，确定第二个打断点，效果如图150-2所示。

专家提醒

除上述方法可以使用“打断”命令外，还有以下两种方法。

- 方法1：在命令行中输入BREAK（打断）命令，并按Enter键确认。
- 方法2：在菜单栏中选择“修改”|“打断”命令。

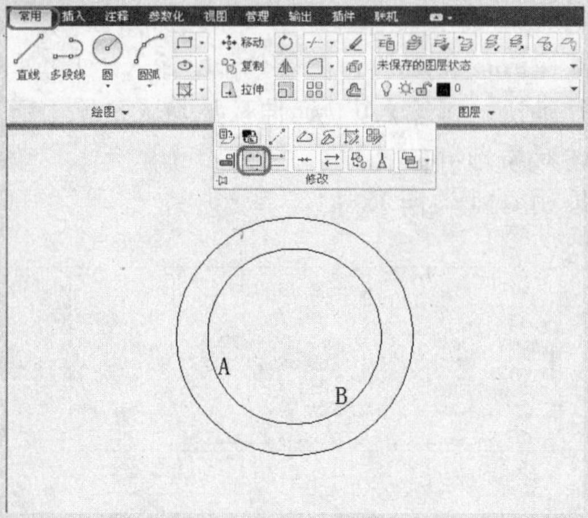

图150-1　选择“打断”按钮

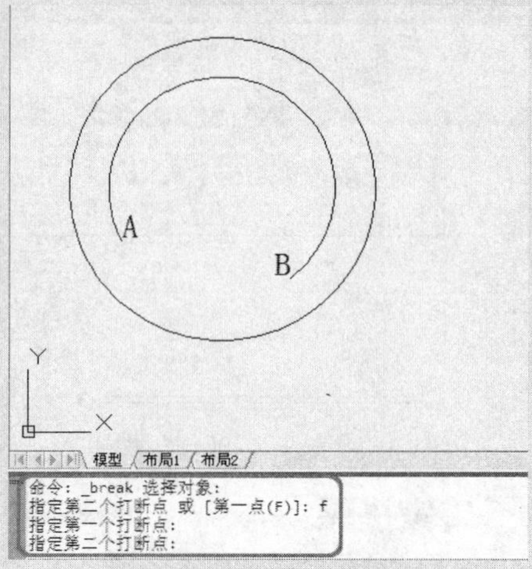

图150-2　打断图形

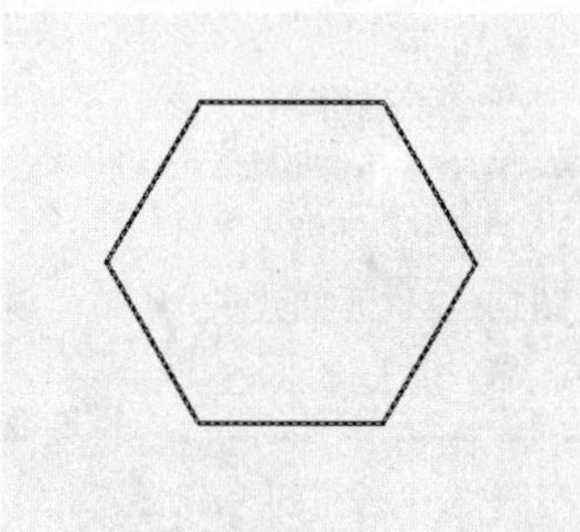

第151集　合并图形

素材：素材\第7章\151-1.dwg

效果：效果\第7章\第151集.dwg

视频：视频\第7章\第151集.avi

时长：39秒

难度：★

关键技术：“合并”按钮

01 启动AutoCAD 2012软件，按Ctrl+O键，打开一幅素材图形，在“功能区”选项板的“常用”选项卡中单击“修改”面板按钮，在打开的面板中选择“合并”按钮，如图151-1所示。

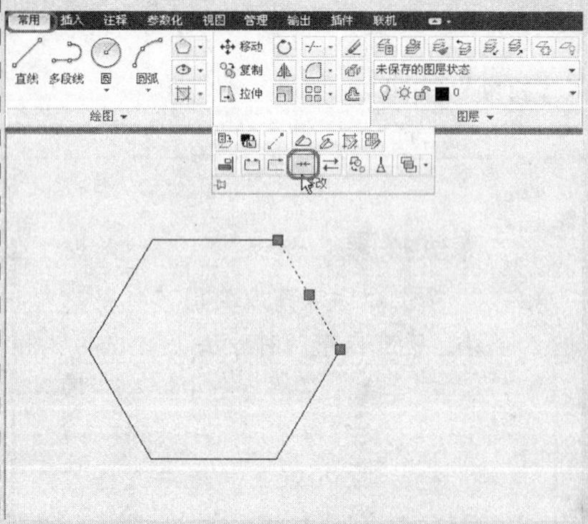

图151-1　选择“合并”按钮

02 在绘图区中选择多段线为源对象，再选择直线为要合并的对象，并按Enter键确认，如图151-2所示。

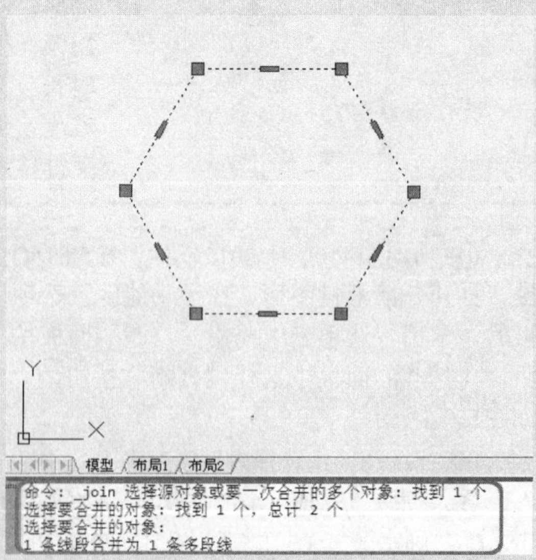

图151-2　合并图形

专家提醒

合并命令是将图形合并，形成一个完整的对象，除上述方法可以使用“合并”按钮外，还有以下两种方法。

- 方法1：在命令行中输入JOIN（合并）命令，并按Enter键确认。
- 方法2：在菜单栏中选择“修改”|“合并”命令。

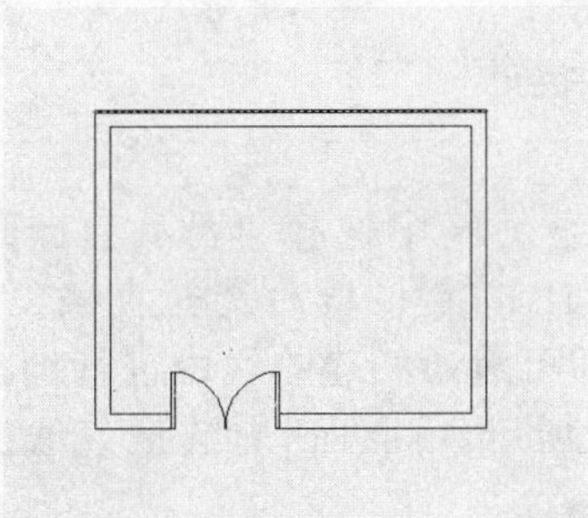

第152集　分解图形

素材：素材\第7章\152-1.dwg

效果：效果\第7章\第152集.dwg

视频：视频\第7章\第152集.avi

时长：22秒

难度：★

关键技术：“分解”按钮

01 启动AutoCAD 2012软件，按Ctrl+O键，打开一幅素材图形，在“功能区”选项板的“常用”选项卡中单击“修改”面板中的“分解”按钮，如图152-1所示。

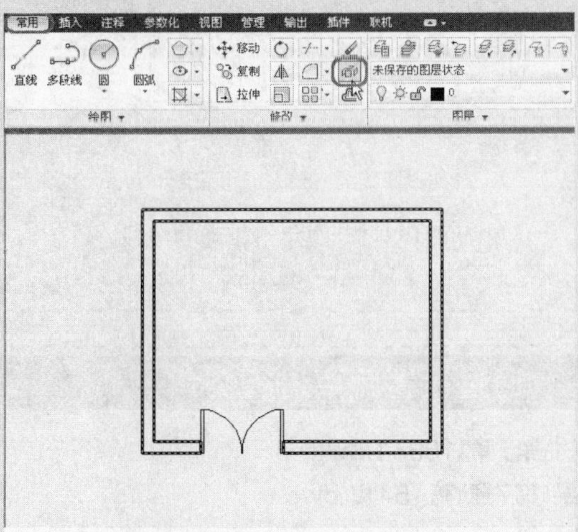

图152-1　选择“分解”按钮

02 在绘图区中选择多段线，并按Enter键确认，如图152-2所示。

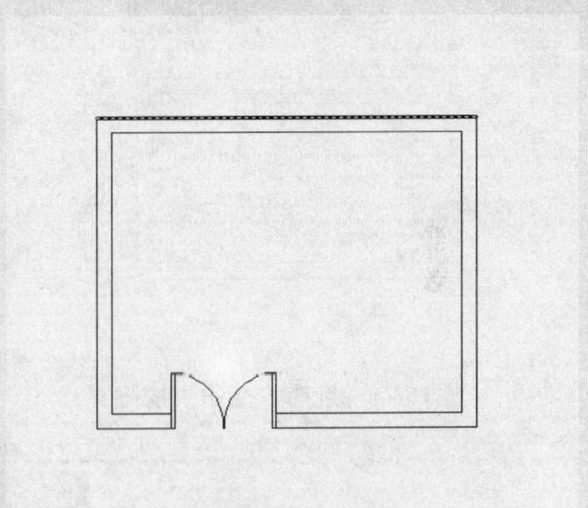

图152-2　分解图形

专家提醒

分解是指把组合对象分解成单个对象，除上述方法可以使用“分解”命令外，还有以下两种方法。

- 方法1：在命令行中输入EXPLODE（分解）命令，并按Enter键确认。
- 方法2：在菜单栏中选择“修改”|“分解”命令。

7.5 倒角对象

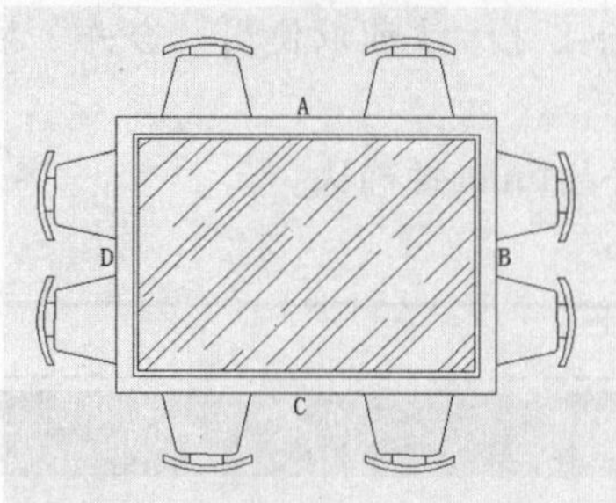

第153集 倒角不相连的线段

素材：素材\第7章\153-1.dwg
效果：效果\第7章\第153.dwg
视频：视频\第7章\第153集.avi
时长：41秒
难度：★
关键技术："倒角"按钮

01 启动AutoCAD 2012软件，按Ctrl+O键，打开一幅素材图形，在"功能区"选项板的"常用"选项卡中单击"修改"面板中"圆角"按钮右侧下三角按钮，在打开的列表中选择"倒角"，如图153-1所示。

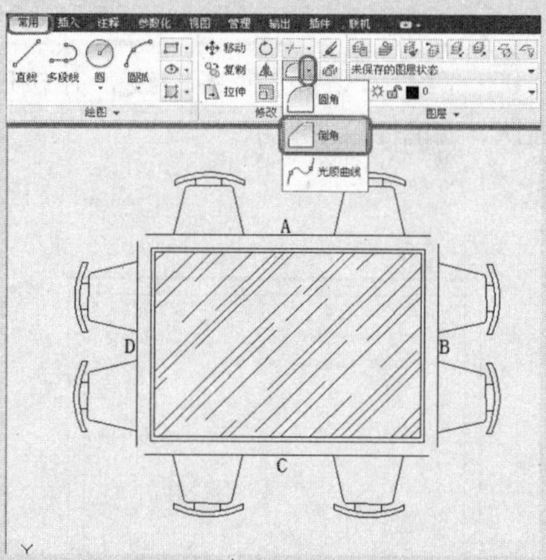

图153-1 选择"倒角"按钮

02 在绘图区中选择直线A为倒角对象，按住SHIFT键的同时选择直线B为倒角对象，即可对不相连的线段进行倒角，如图153-2所示。同理，对其他直线进行倒角。

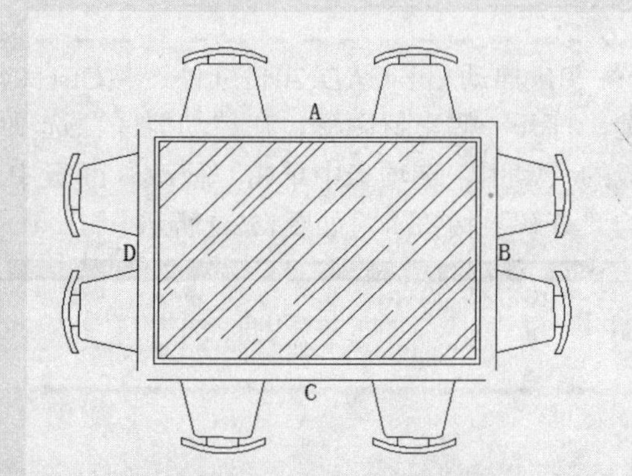

图153-2 倒角不相连的线段

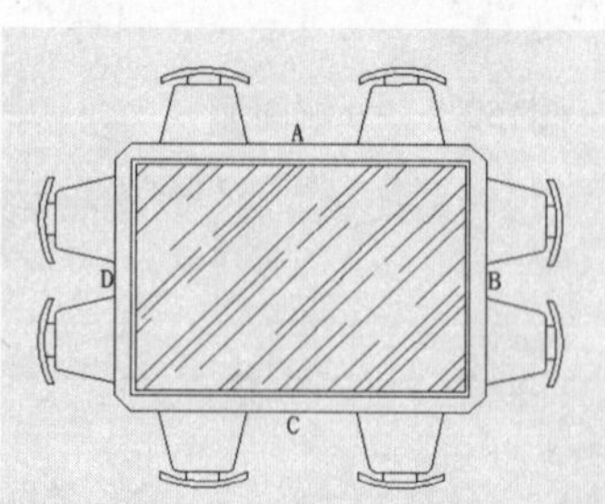

第154集 通过设置距离进行倒角

素材：素材\第7章\153-1.dwg
效果：效果\第7章\第154集.dwg
视频：视频\第7章\第154集.avi
时长：46秒
难度：★
关键技术：D（距离）选项

01 以第153集素材为例，在"功能区"选项板的"常用"选项卡中单击"修改"面板中的"倒角"按钮，在命令行中输入D（距离）并按Enter键确认，输入80并确认，指定第一个倒角距离，再输入80并确认，指定第二个倒角距离，如图154-1所示。

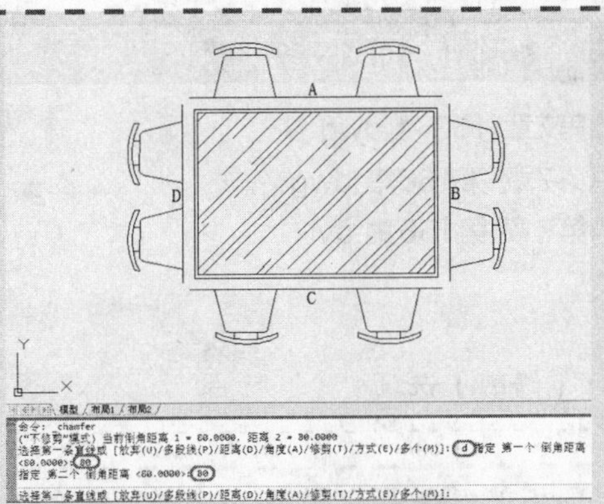

图154-1　设置倒角距离

02 在绘图区中依次选择直线A和直线B，对其进行倒角，如图154-2所示。同理，对其他直线进行倒角。

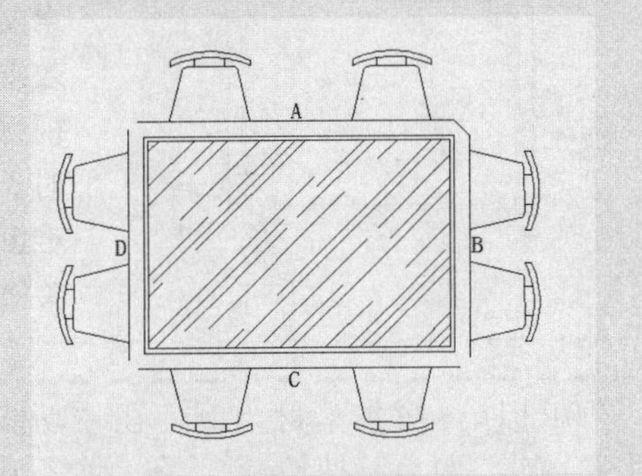

图154-2　通过设置距离进行倒角

专家提醒

倒角是指使用斜线连接两个不平行的对象，除上述方法可使用“倒角”命令处，还有以下两种方法。

- 方法1：在命令行中输入CHAMFER（倒角）命令，并按Enter键确认。
- 方法2：在菜单栏中选择“修改”|“倒角”命令。

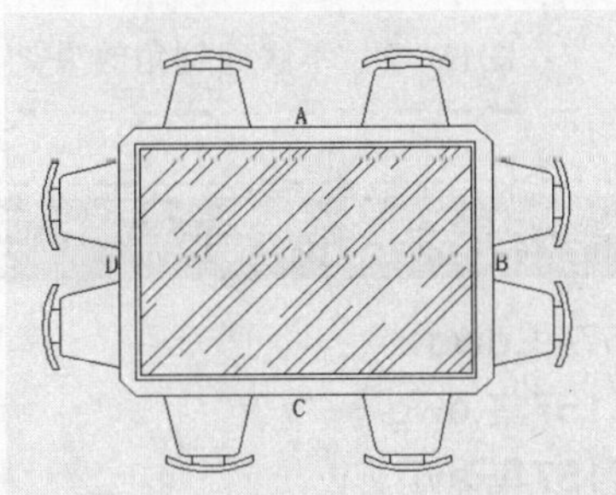

第155集　通过指定角度进行倒角

素材：素材\第7章\153-1.dwg

效果：效果\第7章\第155集.dwg

视频：视频\第7章\第155集.avi

时长：46秒

难度：★

关键技术：A（角度）选项

01 以第153集素材为例，在“功能区”选项板中的“常用”选项卡中单击“修改”面板中的“倒角”按钮，在命令行中输入A（角度）并按Enter键确认，输入80并确认，指定第一条直线的倒角长度，再输入45并确认，指定第一条直线的倒角角度，如图155-1所示。

02 在绘图区中依次选择直线A和直线B，如图155-2所示。同理，对其他直线进行倒角。

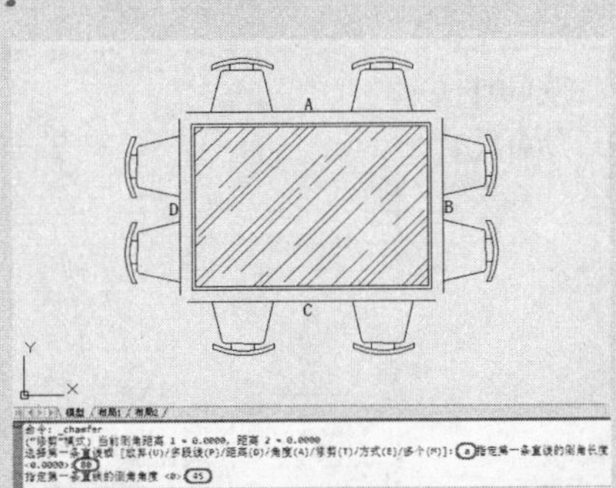

图155-1　设置倒角角度

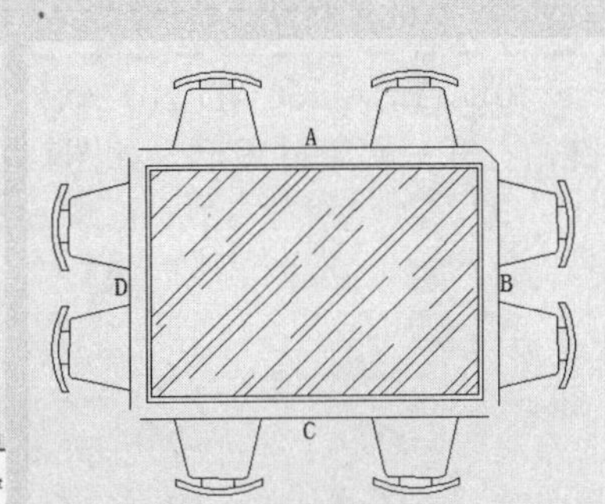

图155-2　通过指定角度进行倒角

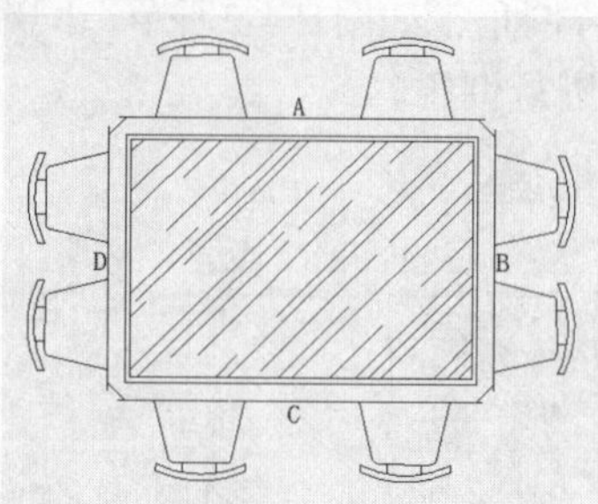

第156集 进行倒角而不修剪

素材：素材\第7章\153-1.dwg
效果：效果\第7章\第156集.dwg
视频：视频\第7章\第156集.avi
时长：54秒
难度：★
关键技术：T（修剪）选项

01 以第153集素材为例，在“功能区”选项板的“常用”选项卡中单击“修改”面板中的“倒角”按钮，在命令行中输入D（距离）并按Enter键确认，输入80并确认，指定第一个倒角距离，输入80并确认，指定第二个倒角距离，输入T（修剪）并确认，再输入N（不修剪）并确认，设置修剪模式选项，如图156-1所示。

02 在绘图区中依次选择直线A和直线B，如图156-2所示。同理，对其他直线进行倒角。

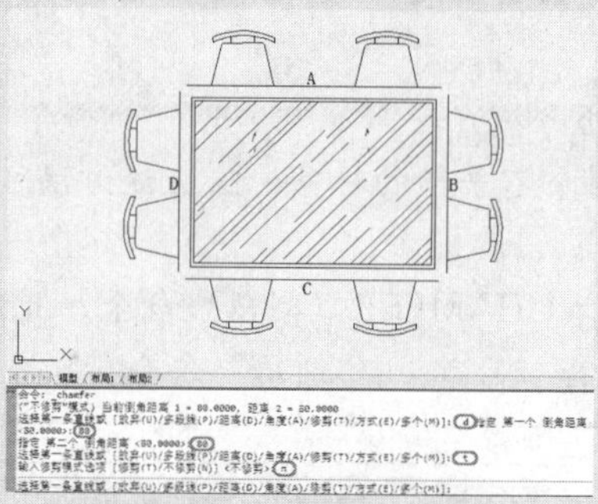

图156-1 设置修剪模式

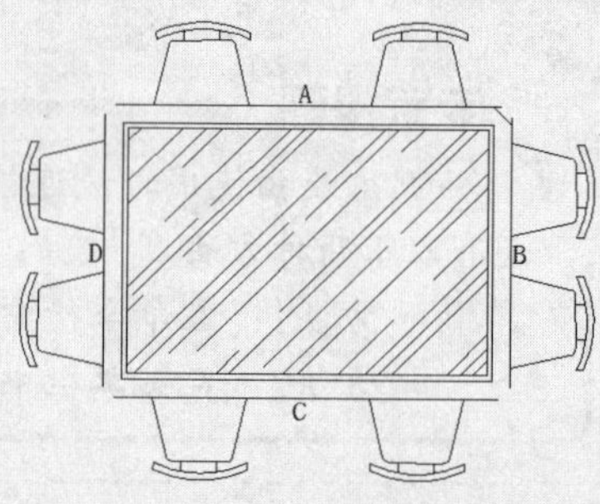

图156-2 不修剪倒角效果

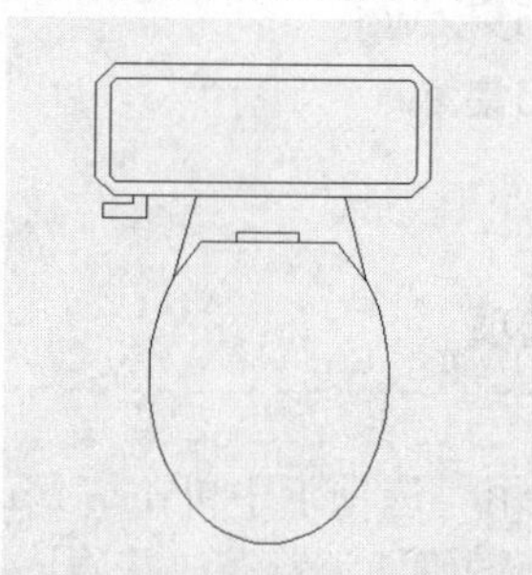

第157集 为整个多段线进行倒角

素材：素材\第7章\157-1.dwg
效果：效果\第7章\第157集.dwg
视频：视频\第7章\第157集.avi
时长：37秒
难度：★
关键技术：P（多段线）选项

01 启动AutoCAD 2012软件，按Ctrl+O键，打开一幅素材图形，如图157-1所示。

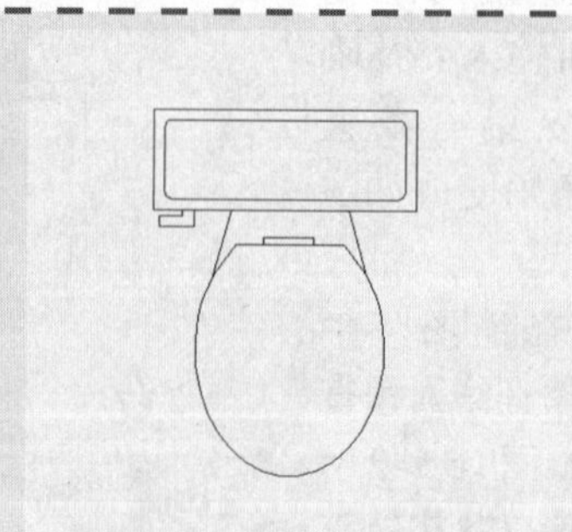
图157-1 打开素材图形

02 在“功能区”选项板的“常用”选项卡中单击“修改”面板中的“倒角”按钮，在命令行中输入D（距离）并按Enter键确认，输入20并确认，指定第一个倒角距离，输入20并确认，指定第二个倒角距离，再输入P（多段线）并确认，在绘图区中选择矩形为倒角对象，如图157-2所示

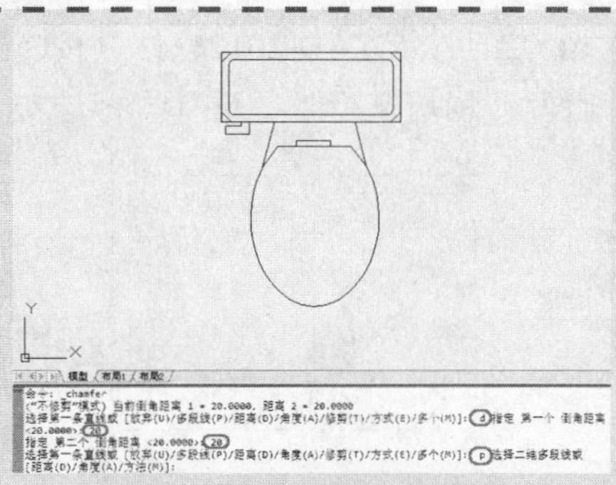

图157-2　倒角整个多段线

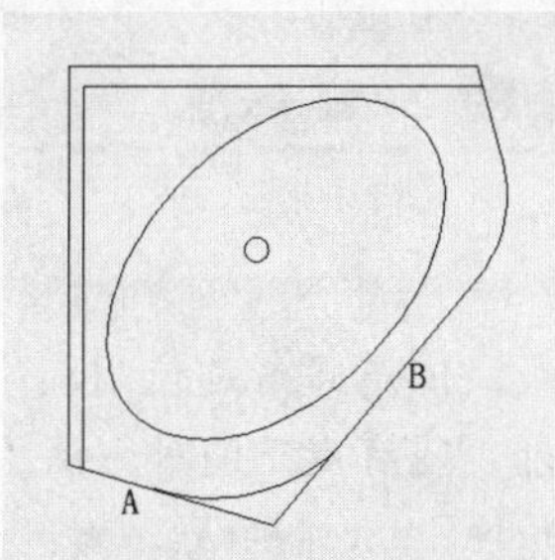

第158集　为非平行线进行倒角

素材：素材\第7章\158.dwg

效果：效果\第7章\第158集.dwg

视频：视频\第7章\第158集.avi

时长：28秒

难度：★

关键技术：“倒角”按钮

01 启动AutoCAD 2012软件，按Ctrl+O键，打开一幅素材图形，如图158-1所示。

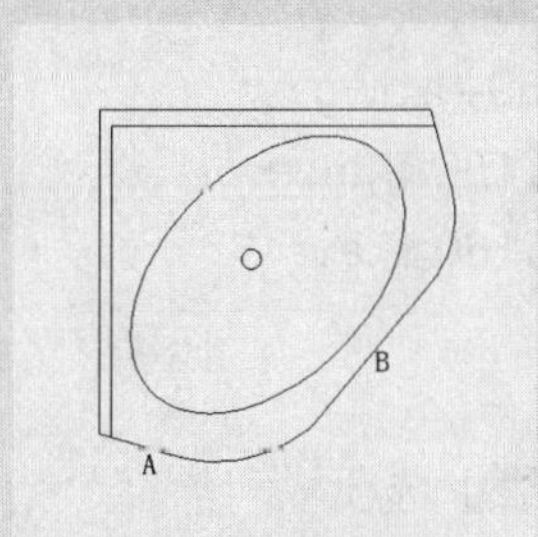

图158-1　打开素材图形

02 在“功能区”选项板的“常用”选项卡中单击“修改”面板中的“倒角”按钮，在绘图中选择直线A为倒角对象，按住Shift键的同时选择直线B，如图158-2所示。

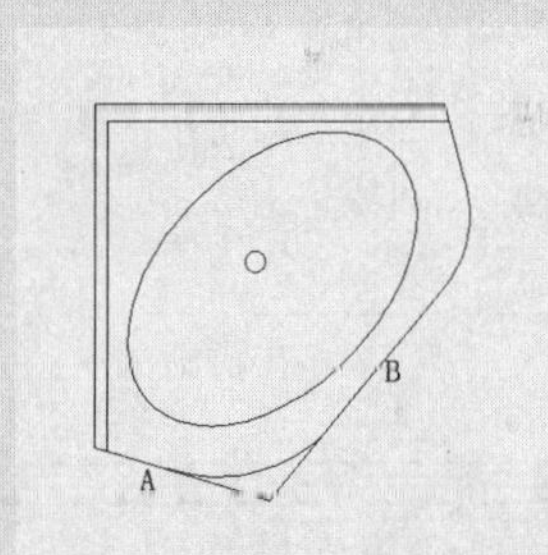

图158-2　为非平行线进行倒角

7.6　圆角对象

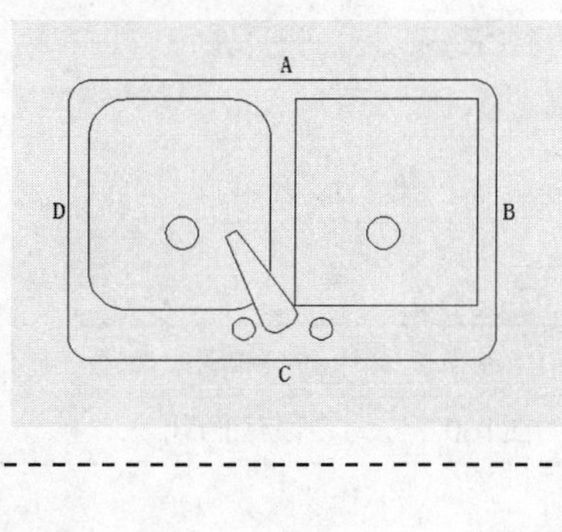

第159集　设置圆角半径

素材：素材\第7章\159-1.dwg

效果：效果\第7章\第159集.dwg

视频：视频\第7章\第159集.avi

时长：38秒

难度：★

关键技术：“圆角”按钮

01 启动AutoCAD 2012软件，按Ctrl+O键，打开一幅素材图形，如图159-1所示。

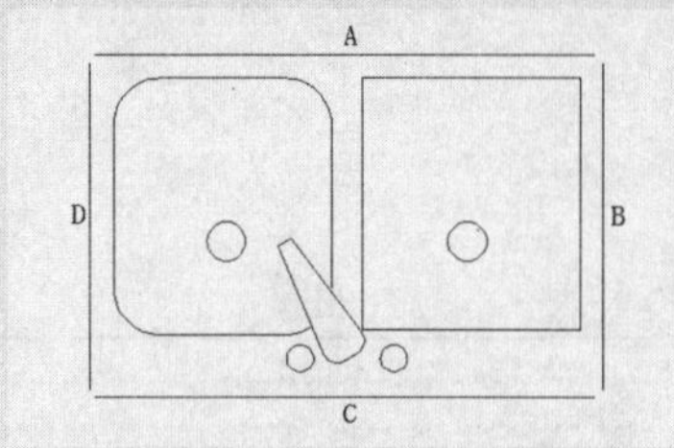

图159-1 打开素材图形

02 在“功能区”选项板的“常用”选项卡中单击“修改”面板中的“圆角”按钮，在命令行中输入R（半径）并按Enter键确认，输入40并确认，指定圆角半径，在绘图区中依次选择直线A和直线B，如图159-2所示。同理，对其他直线进行圆角。

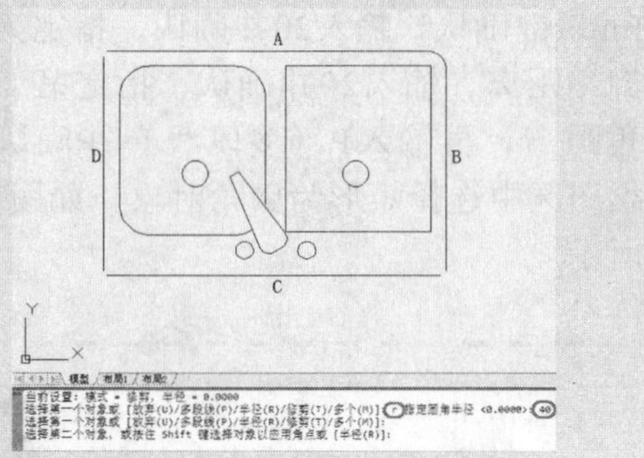

图159-2 圆角效果

专家提醒

圆角与倒角相似，也是两个对象之间的一种连接方式，但是圆角是使用指定半径的圆弧连接两个对象。除上述方法可以使用“圆角”命令外，还有以下两种方法。

- 方法1：在命令行中输入FILLET（圆角）命令，并按Enter键确认。
- 方法2：在菜单栏中选择“修改”|“圆角”命令。

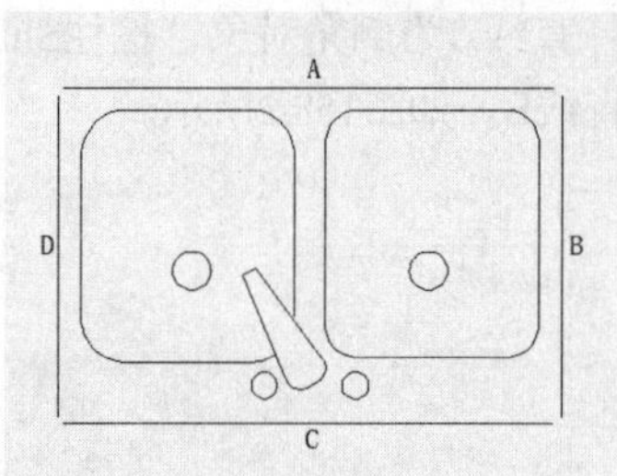

第160集 为整个多段线圆角

素材：素材\第7章\159-1.dwg

效果：效果\第7章\第160集.dwg

视频：视频\第7章\第160集.avi

时长：32秒

难度：★

关键技术：P（多段线）选项

01 以第159集素材为例，在“功能区”选项板的“常用”选项卡中单击“修改”面板中的“圆角”按钮，如图160-1所示。

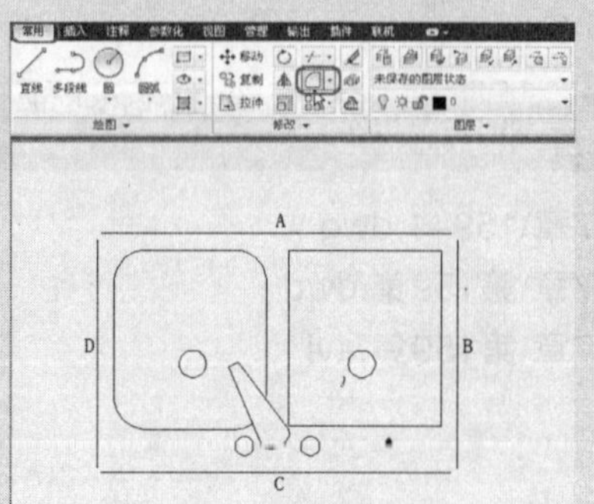

图160-1 选择“圆角”按钮

02 在命令行中输入P（多段线）并按Enter键确认，输入R（半径）并确认，再输入50并确认，指定圆角半径，在绘图区中选择图形中的矩形。

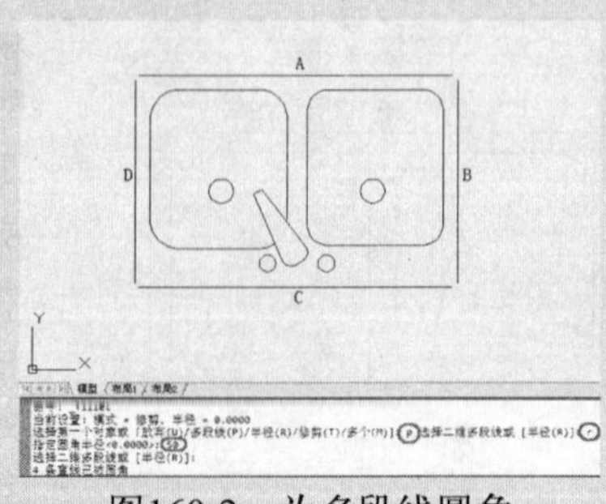

图160-2 为多段线圆角

第161集　进行圆角而不修剪

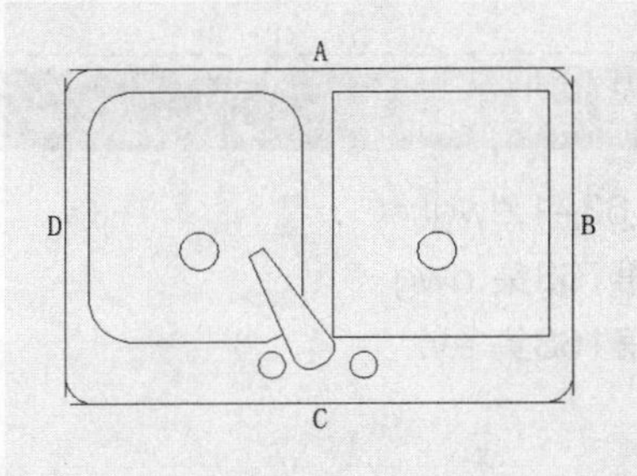

素材：素材\第7章\159.dwg

效果：效果\第7章\第161集.dwg

视频：视频\第7章\第161集.avi

时长：44秒

难度：★

关键技术：T（修剪）选项

01 以第159集素材为例，在“功能区”选项板的“常用”选项卡中单击“修改”面板中的“圆角”按钮，在命令行中输入R（半径）并按Enter键确认，输入40并确认，指定圆角半径，输入T（修剪）并确认，再输入N（不修剪）并确认，在绘图区中依次选择直线A和直线B，如图161-1所示。

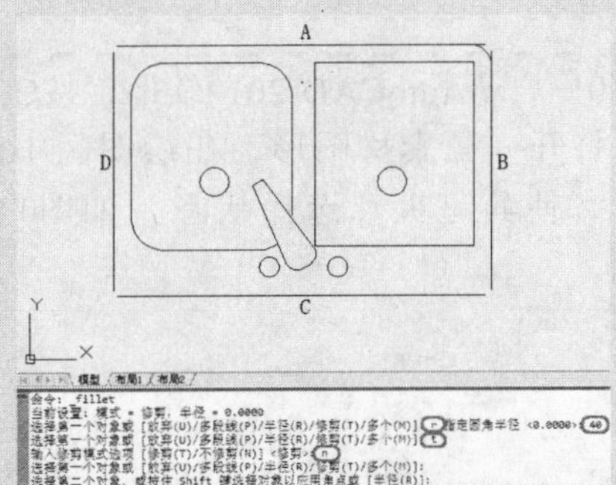

图161-1　不修剪圆角效果

第162集　为多组对象进行圆角

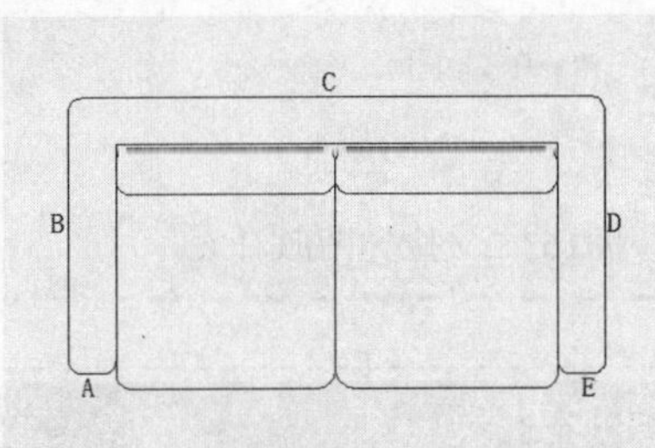

素材：素材\第7章\162–1.dwg

效果：效果\第7章第162集.dwg\

视频：视频\第7章\第162集.avi

时长：42秒

难度：★

关键技术：M（多个）选项

01 启动AutoCAD 2012软件，按Ctrl+O键，打开一幅素材图形，如图162-1所示。

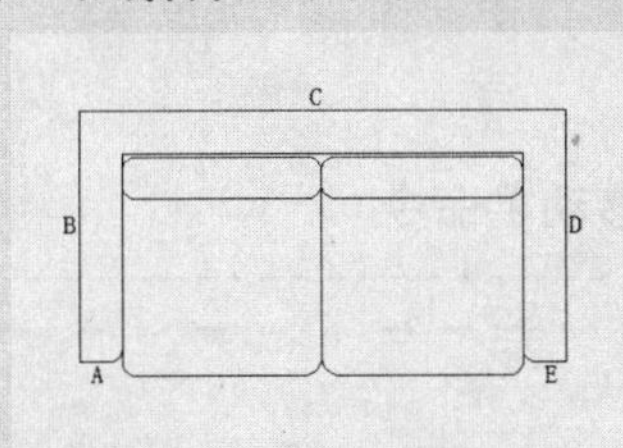

图162-1　打开素材图形

02 在“功能区”选项板的“常用”选项卡中单击“修改”面板中的“圆角”按钮，在命令行中输入R（半径）并按Enter键确认，输入40并确认，指定圆角半径，输入M（多个）并确认，在绘图区中依次选择直线A、B，直线B、C，直线C、D和直线D、E，并按Enter键确认，如图162-2所示。

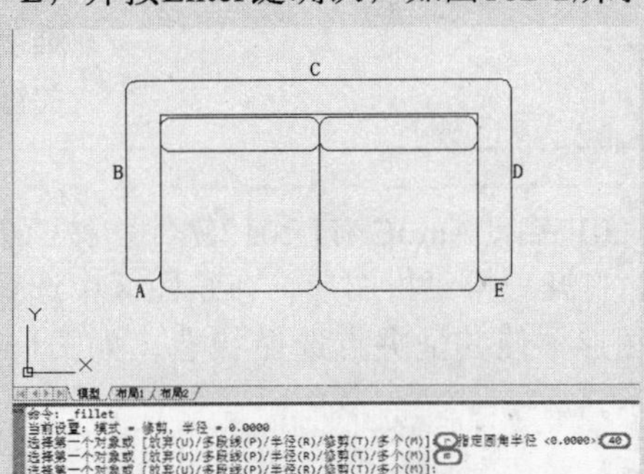

图162-2　为多组对象进行圆角

7.7 夹点修改对象

第163集 拉伸图形对象

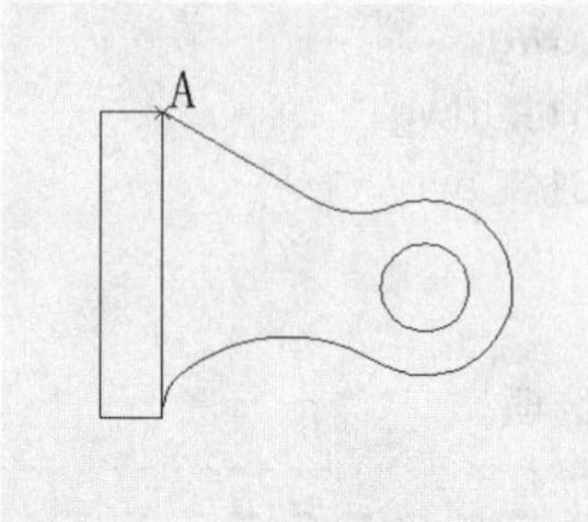

素材：素材\第7章\163–1.dwg
效果：效果\第7章\第163集.dwg
视频：视频\第7章\第163集.avi
时长：35秒
难度：★
关键技术：鼠标左键

01 启动AutoCAD 2012软件，按Ctrl+O键，打开一幅素材图形，在绘图区中选择矩形，使其呈夹点选择状态，如图163-1所示。

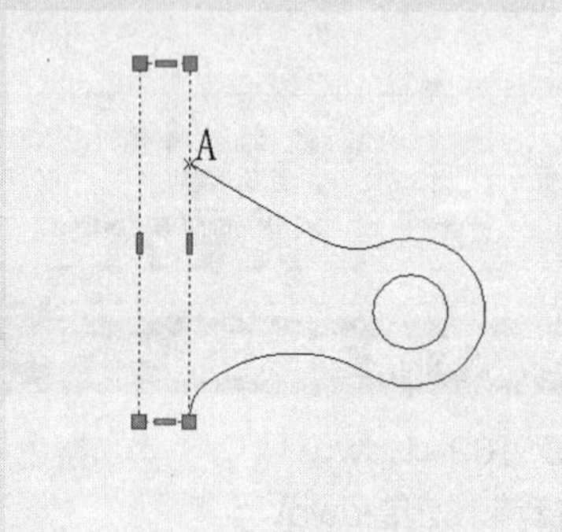

图163-1 选择矩形

02 按住Shift键的同时选择矩形最上方两个端点，松开Shift键，拖动矩形最上方右侧的端点至A点位置，再次单击鼠标确认，如图163-2所示。

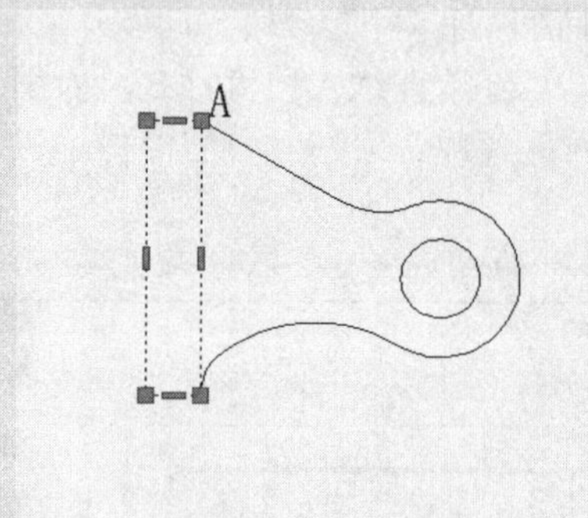

图163-2 拉伸图形对象

第164集 移动图形对象

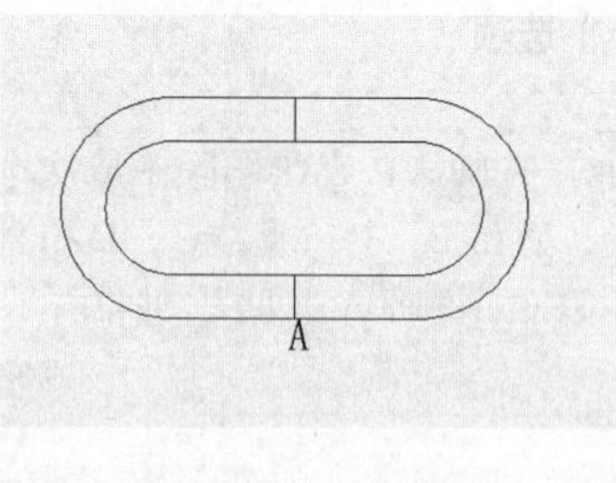

素材：素材\第7章\164–1.dwg
效果：效果\第7章\第164集.dwg
视频：视频\第7章\第164集.avi
时长：37秒
难度：★
关键技术：MO（移动）命令

01 启动AutoCAD 2012软件，按Ctrl+O键，打开一幅素材图形，在绘图区中选择右侧图形，使其呈夹点选择状态，如图164-1所示。

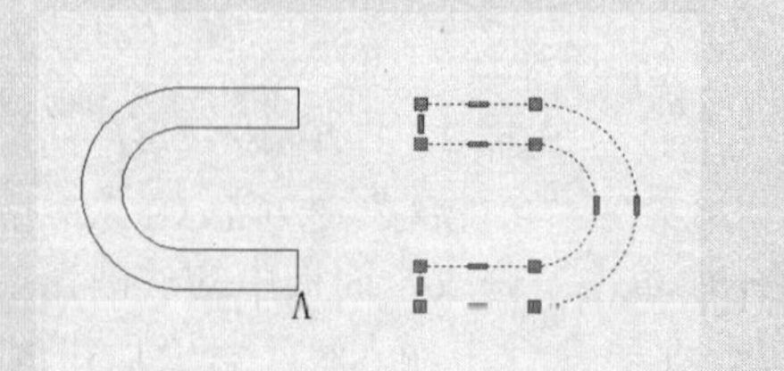

图164-1 选择要移动的图形

02 在所选择的图形左下角的端点上单击鼠标，在命令行中输入MO（移动）并按Enter键确认，拖动鼠标至左侧图形的A点处，并单击鼠标完成图形对象的移动，如图164-2所示。

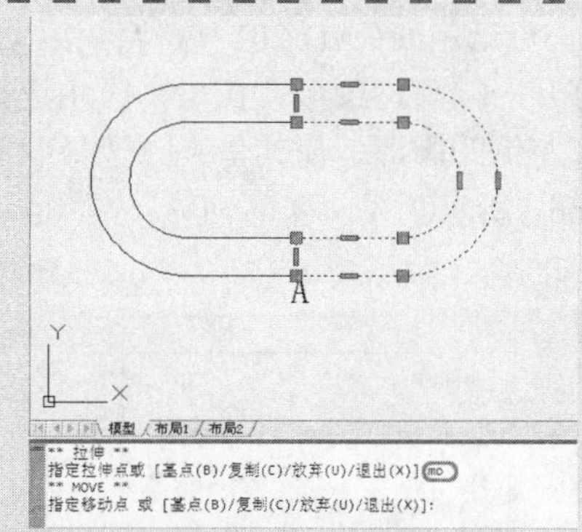

图164-2　移动图形

第165集　旋转图形对象

素材：素材\第7章\165-1.dwg
效果：效果\第7章\第165集.dwg
视频：视频\第7章\第165集.avi
时长：30秒
难度：★
关键技术：RO（移动）命令

01 启动AutoCAD 2012软件，按Ctrl+O键，打开一幅素材图形，选择所有图形，使其呈夹点选择状态，如图165-1所示。

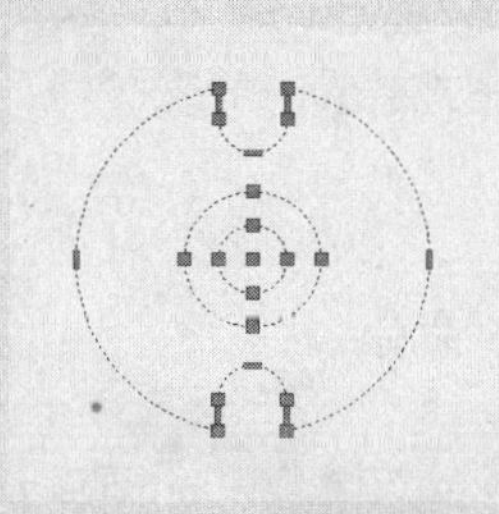

图165-1　选择所有图形

02 在图形的圆心点上单击鼠标，在命令行中输入RO（旋转）命令，并按Enter键确认，输入90并确认，指定旋转角度，如图165-2所示。

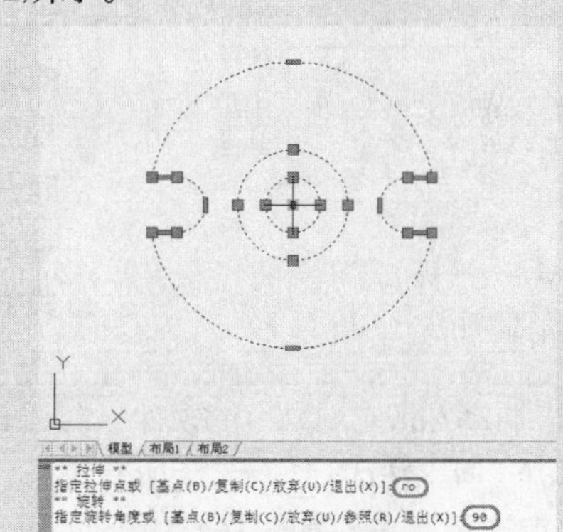

图165-2　旋转图形

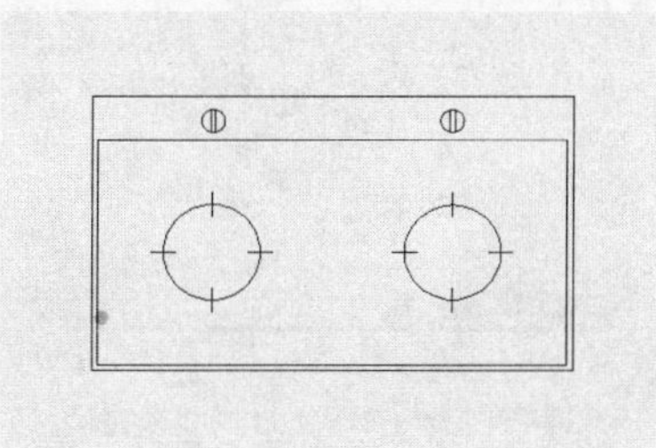

第166集　缩放图形对象

素材：素材\第7章\166-1.dwg
效果：效果\第7章\第166集
视频：视频\第7章\第166集.avi
时长：37秒
难度：★
关键技术：SCALE（缩放）命令

01 启动AutoCAD 2012软件，按Ctrl+O键，打开一幅素材图形，在绘图区中选择图形内部左侧的圆形，使其呈夹点选择状态，如图166-1所示。

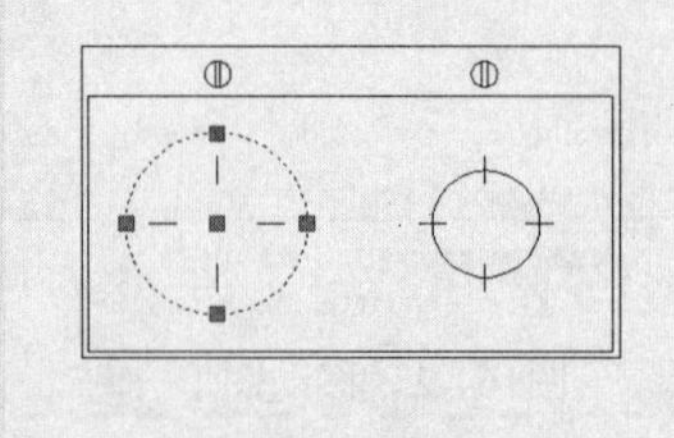

图166-1 选择图形

02 单击所选圆形的中心点，在命令行中输入SCALE（缩放）命令，并按Enter键确认，输入0.6并确认，指定比例因子，如图166-2所示。

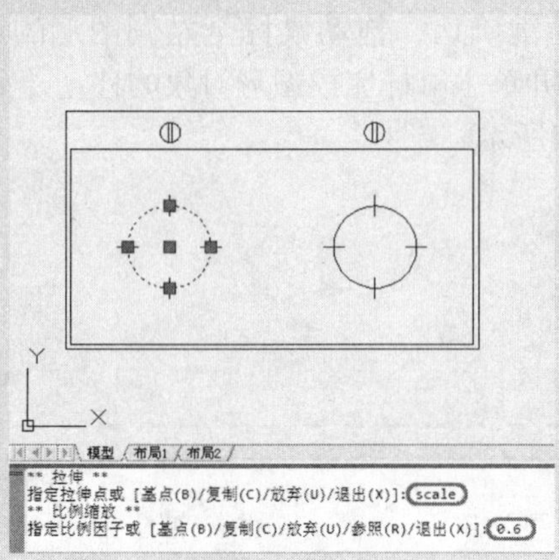

图166-2 缩放图形

专家提醒

在“指定比例因子”时，当比例因子大于1时，放大图形对象；当比例因子大于0小于1时，缩小图形对象。

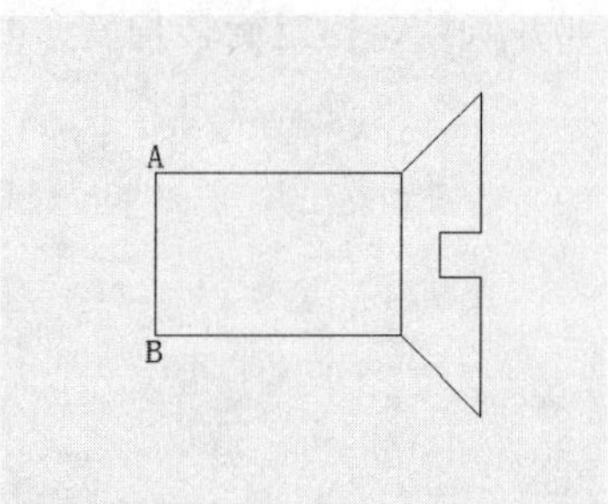

第167集 镜像图形对象

素材：素材\第7章\167-1.dwg

效果：效果\第7章\第167集.dwg

视频：视频\第7章\第167集.avi

时长：41秒

难度：★

关键技术：MI（镜像）命令

01 启动AutoCAD 2012软件，按Ctrl+O键，打开一幅素材图形，选择所有图形，使其呈夹点选择状态，如图167-1所示。

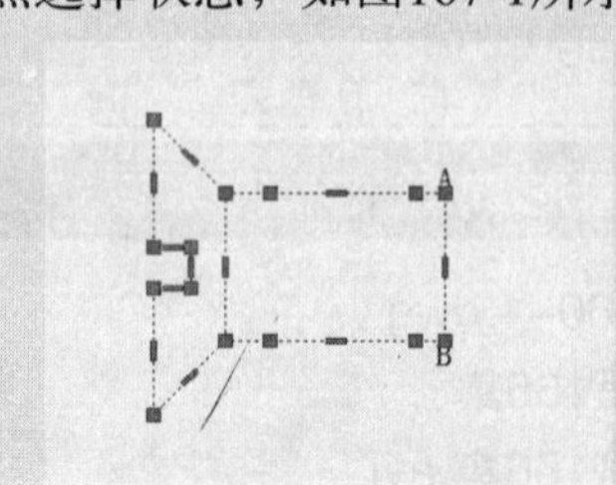

图167-1 选择所有图形

02 在绘图区A点上单击鼠标，在命令行中输入MI（镜像）命令并按Enter键确认，在B点上单击鼠标，如图167-2所示。

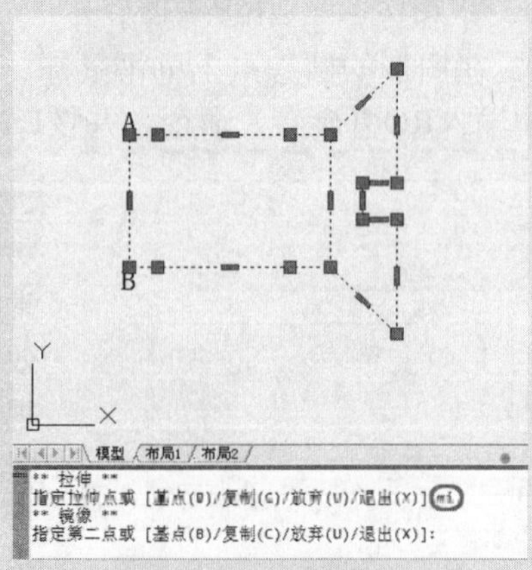

图167-2 镜像图形

7.8　特殊修改图形对象

第168集　运用“特性”面板修改对象

素材：素材\第7章\168–1.dwg

效果：效果\第7章\第168集.dwg

视频：视频\第7章\第168集.avi

时长：1分钟

难度：★

关键技术：“特性”按钮

01 启动AutoCAD 2012软件，按Ctrl+O键，打开一幅素材图形，如图168-1所示。

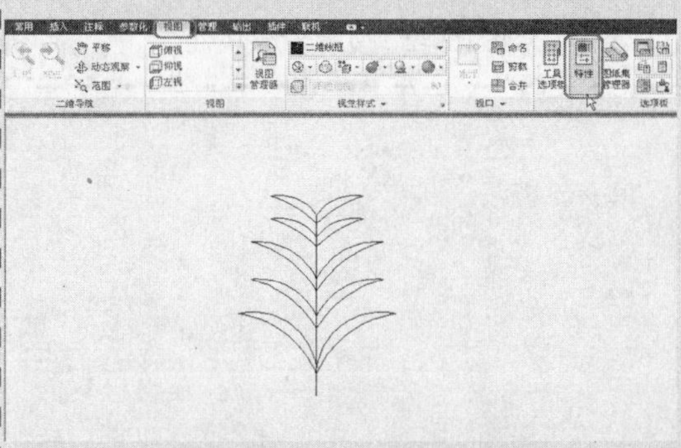

图168-1　选择“特性”按钮

02 在“功能区”选项板的“视图”选项卡中单击“选项板”面板中的“特性”按钮，弹出“特性”面板，单击“选择对象”按钮，在绘图区中选择所有图形对象，按Enter键确认，单击“常规”选项组中的“颜色”选项，单击其右侧下三角按钮，在打开的下拉列表框中选择“红”，如图168-2所示。

03 关闭“特性”面板，按Esc键退出选择状态，修改对象效果如图168-3所示。

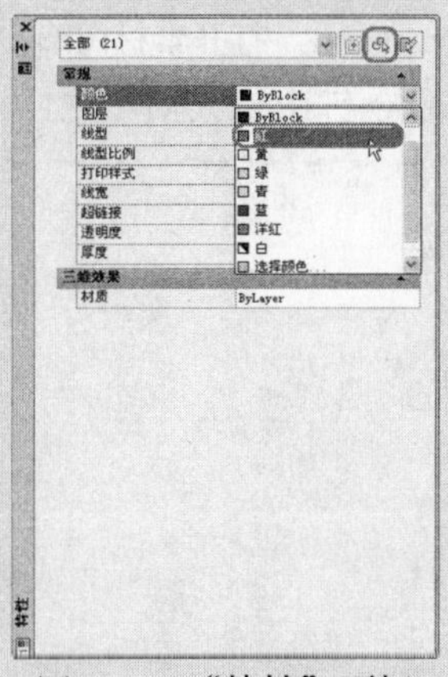

图168-2　“特性”面板

图168-3　修改对象效果

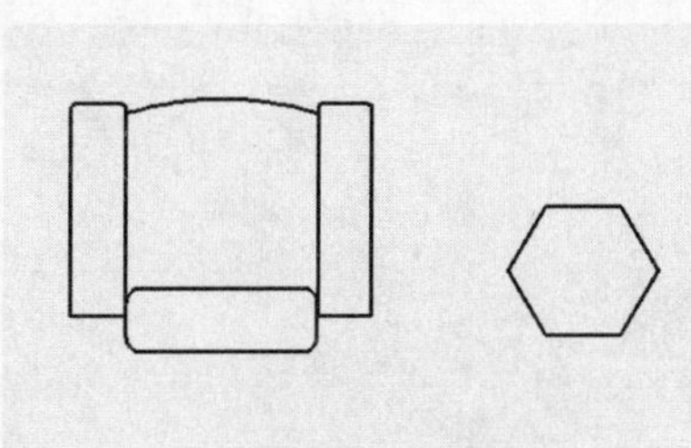

第169集　运用“特性匹配”复制对象

素材：素材\第7章\169–1.dwg

效果：效果\第7章\第169集.dwg

视频：视频\第7章\第169集.avi

时长：33秒

难度：★

关键技术：MATCHPROP（特性匹配）命令

01 启动AutoCAD 2012软件，按Ctrl+O键，打开一幅素材图形，如图169-1所示。

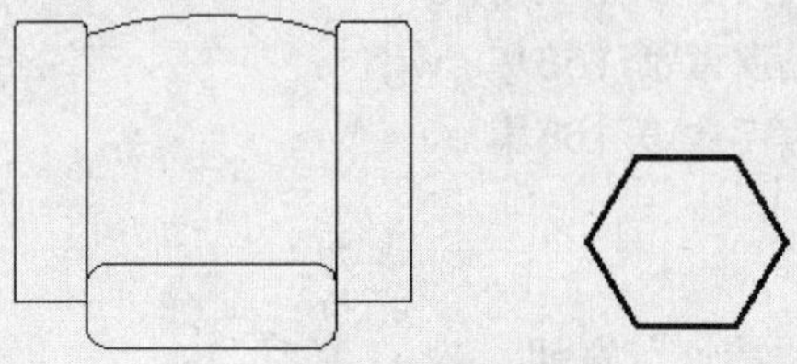

图169-1　打开素材图形

02 在命令行中输入MATCHPROP（特性匹配）命令，并按Enter键确认，在绘图区中选择六边形为源对象，当鼠标变成刷子形状时，单击沙发图形，按Enter键确认，如图169-2所示。

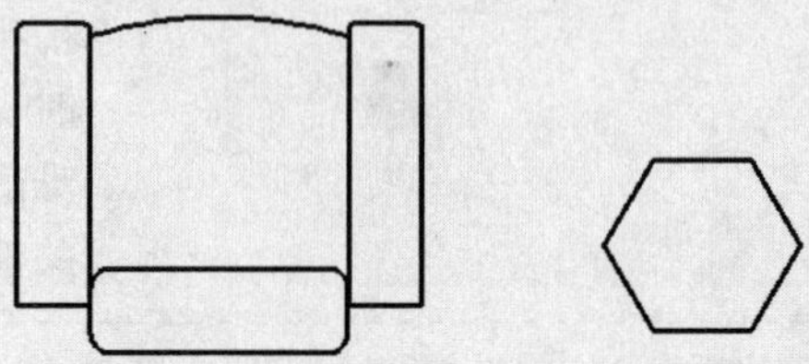

图169-2　复制对象属性

第 8 章 控制视图显示与图层

AutoCAD的图形显示控制功能在工程设计和绘图领域应用中十分广泛。在AutoCAD的三维图形中，经常会用到三视图（主视图、俯视图和侧视图）和轴视图。在三维视图中，图形的显示控制功能尤为重要。在AutoCAD 2012中，用户可以使用多种方法来观察绘图区中所绘制的图形。例如，可以使用“视图”菜单中的命令、“视图”工具栏上的工具按钮、视口及鸟瞰窗口等来观察整个图形或图形的某个部位。图层是AutoCAD提供的一个管理图形对象的工具，用户可以根据图形几何对象、文字和标注等进行归类。

8.1 平移显示图形

第170集 实时平移显示图形

素材：素材\第8章\170-1.dwg　　效果：无
视频：视频\第8章\第170集.avi　　时长：32秒
难度：★　　关键技术：“平移”按钮

01 单击快速访问工具栏中的“打开”按钮，在弹出的对话框中打开一幅素材图形，如图170-1所示。

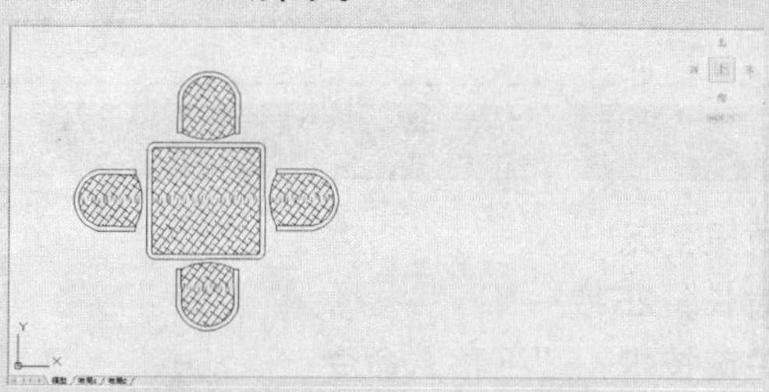

图170-1　打开的素材图形

02 选择“功能区”选项板中的“视图”选项卡，在“二维导航”面板上单击“平移”按钮，如图170-2所示。

03 此时鼠标变成小手形状，拖动鼠标到适当位置处松开鼠标，即可实时平移显示图形，如图170-3所示。

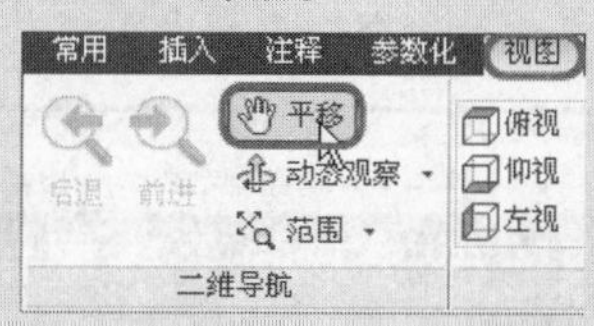

图170-2　单击“平移”按钮

图170-3　实时平移显示图形

专家提醒

除了用上述方法可以调用“对齐”命令外，还有以下4种常用的方法。

- 方法1：在命令行中输入PAN（实时)命令并按Enter键确认。
- 方法2：选择菜单栏中的“视图”|“平移”|“实时”命令。
- 方法3：选择菜单栏中的“工具”|“工具栏”|“AutoCAD”|“标准”命令，弹出“标准”工具栏，单击“实时平移”按钮，如图170-4所示。
- 方法4：在绘图区中右击鼠标，在弹出的快捷菜单中选择“平移”命令。

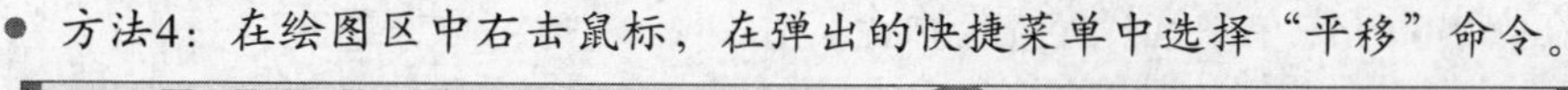

图170-4　“标准”工具栏

第171集　定点平移显示图形

素材：素材\第8章\170-1.dwg　　效果：无
视频：视频\第8章\第171集.avi　　时长：26秒
难度：★　　关键技术：-PAN（定点）命令

01 继续使用第170集中的素材，在命令行中输入-PAN（定点）命令，并按Enter键确认。

02 根据命令行提示进行操作，输入700，按Enter键确认，再次输入700，按Enter键确认，即可定点平移显示图形，如图171-1所示。

图171-1　定点平移显示图形

专家提醒

除了用上述方法可以调用“定点”命令外，还可以在菜单栏中选择“视图”|“平移”|“点”命令，并根据命令行提示进行操作。

第172集　根据方向平移显示图形

素材：素材\第8章\172-1.dwg　　效果：无
视频：视频\第8章\第172集.avi　　时长：25秒
难度：★　　关键技术：“平移”命令

01 单击快速访问工具栏中的“打开”按钮，在弹出的对话框中打开一幅素材图形，如图172-1所示。

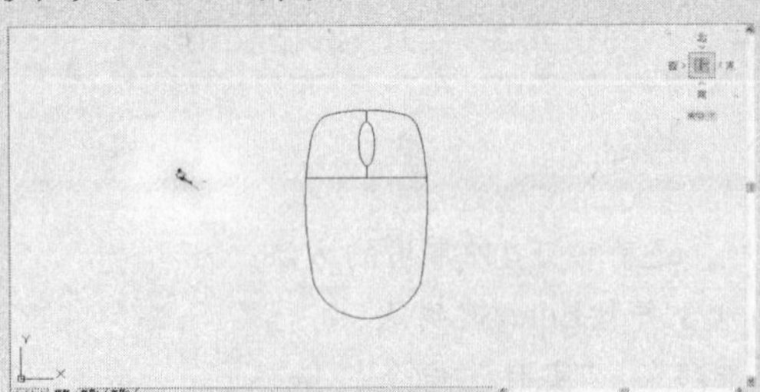

图172-1　打开的素材图形

02 在菜单栏中选择“视图”|“平移”命令，在弹出的子菜单中选择“左”命令，如图172-2所示。此时，图形则会向左平移，如图172-3所示。

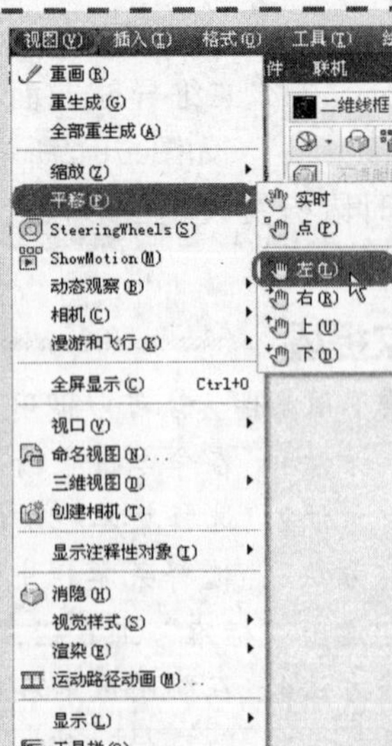

图172-2　选择“左”选项

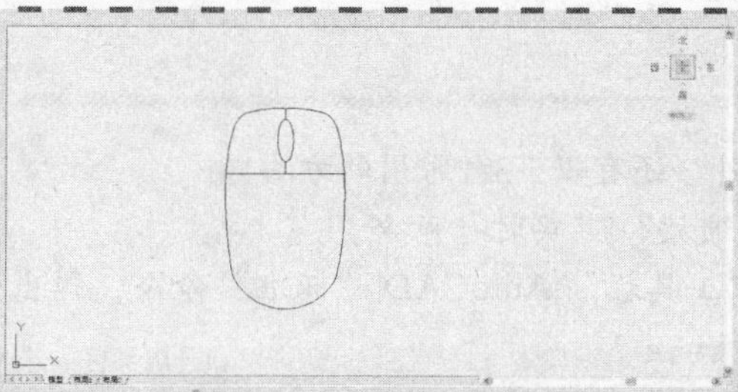

图172-3　图形向左平移

专家提醒

使用上述方法，也可以使图形向右、上或下方向平移。

8.2　缩放显示图形

第173集　运用实时缩放显示图形

素材：素材\第8章\173-1.dwg　　效果：无

视频：视频\第8章\第173集.avi　　时长：45秒

难度：★　　关键技术："实时"按钮

01 单击快速访问工具栏中的"打开"按钮，在弹出的对话框中打开一幅素材图形，如图173-1所示。

图173-1　打开的素材图形

02 选择"功能区"选项板中的"视图"选项卡，在"二维导航"面板上单击如图173-2所示的按钮，在弹出的快捷菜单中选择"实时"选项。

03 此时鼠标变成放大镜形状，在绘图区中向上拖动鼠标，即可放大图形，如图173-3所示。

04 单击鼠标并向下拖动，即可缩小图形，如图173-4所示。

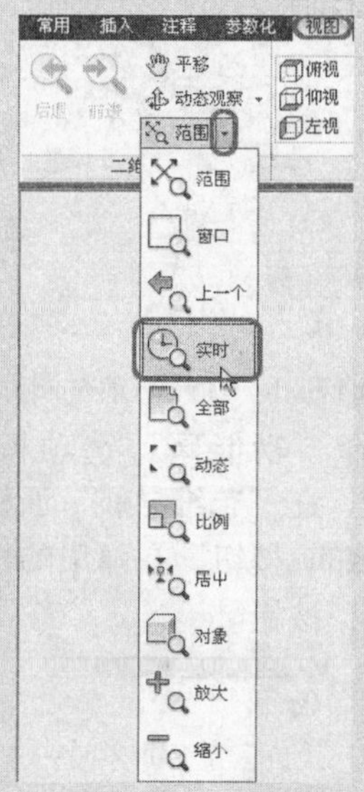

图172-3　单击"实时"按钮

图172-3　放大图形

图173-4　缩小图形

专家提醒

除了用上述方法可以调用“实时”命令外，还有以下3种常用的方法。

- 方法1：在菜单栏中选择“视图”|“缩放”|“实时”命令。
- 方法2：在菜单栏中选择“工具”|“工具栏”|AutoCAD|“标准”命令，弹出“标准”工具栏，单击“实时缩放”按钮。
- 方法3：在绘图区中右击鼠标，在弹出的快捷菜单中选择“缩放”命令。

第174集　运用窗口缩放显示图形

素材：素材\第8章\174-1.dwg　　效果：无
视频：视频\第8章\第174集.avi　　时长：53秒
难度：★　　关键技术：“窗口”按钮

01 单击快速访问工具栏中的“打开”按钮，在弹出的对话框中打开一幅素材图形，如图174-1所示。

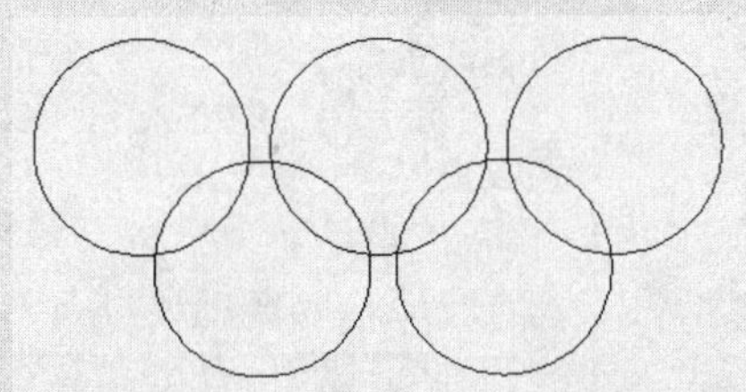

图174-1　打开的素材图形

02 选择“功能区”选项板中的“视图”选项卡，在“二维导航”面板上单击如图174-2所示的按钮，在弹出的快捷菜单中单击“窗口”按钮。

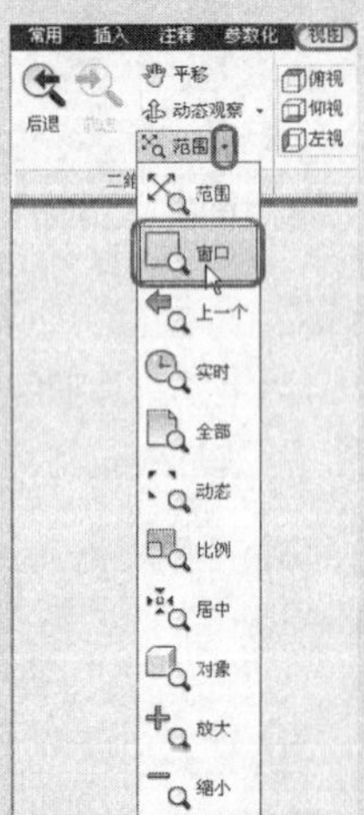

图174-2　单击“窗口”按钮

03 根据命令行提示进行操作，在绘图区中图形的左上角单击鼠标（指定第一个角点），然后拖动至第一个圆形的右下方，如图174-3所示。

图174-3　指定角点

04 单击鼠标（指定对角点），即可放大第一个圆形，如图174-4所示。

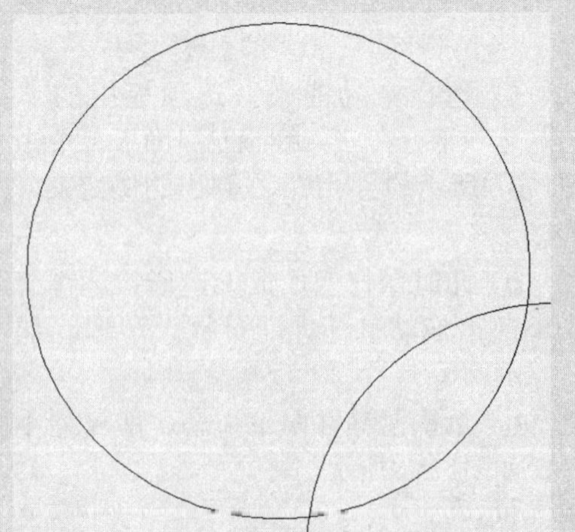

图174-4　放大的圆形

专家提醒

除了用上述方法可以调用“窗口”命令外，还有以下两种常用的方法。

- 方法1：在菜单栏中选择“视图”|“缩放”|“窗口”命令。
- 方法2：在菜单栏中选择“工具”|“工具栏”|“AutoCAD”|“标准”命令，弹出“标准”工具栏，单击“窗口缩放”按钮。

第175集　运用动态缩放显示图形

素材：素材\第8章\175-1.dwg　　效果：无

视频：视频\第8章\第175集.avi　　时长：35秒

难度：★　　关键技术：“动态”按钮

01 单击快速访问工具栏中的“打开”按钮，在弹出的对话框中打开一幅素材图形，如图175-1所示。

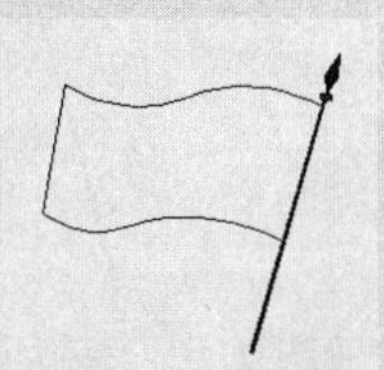

图175 1　打开的素材图形

02 选择“功能区”选项板中的“视图”选项卡，在“二维导航”面板上单击如图175-2所示的按钮，在弹出的快捷菜单中选择“动态”选项，此时的绘图区如图175-3所示。

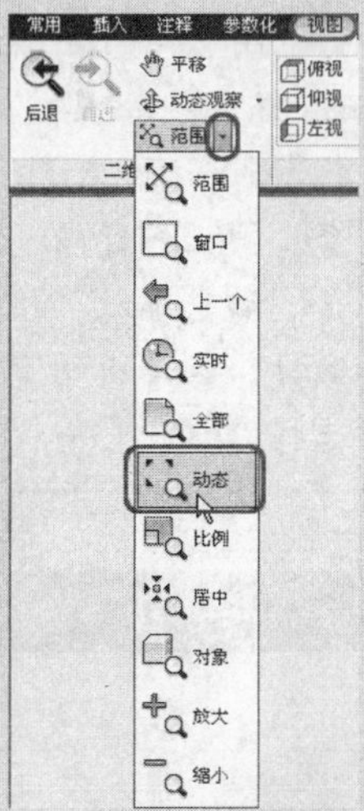

图175-2　单击“动态”按钮

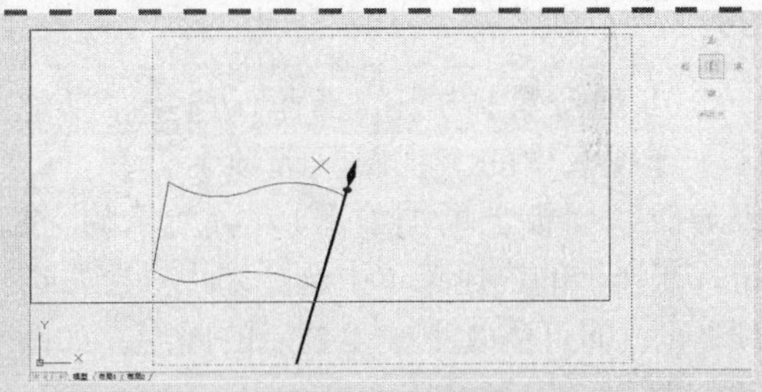

图175-3　绘图区

03 将中央带×的矩形移至如图175-4所示的位置，按Enter键确认，即可运用动态缩放显示图形，如图175-5所示。

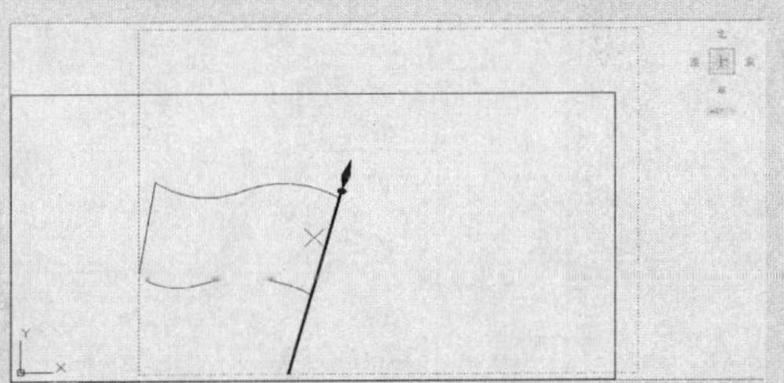

图175-4　移动位置

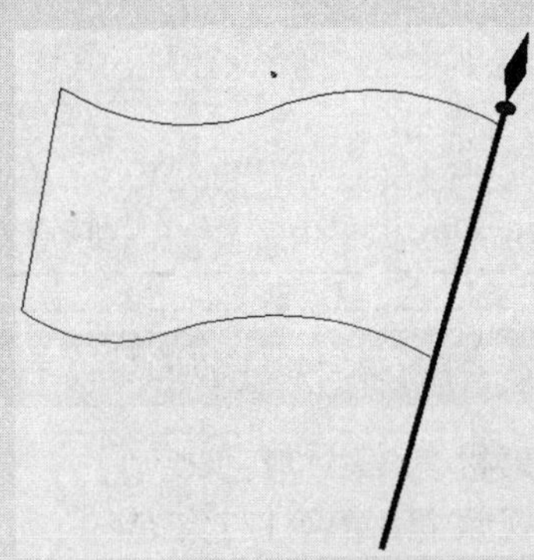

图175-5　运用动态缩放显示图形

专家提醒

除了用上述方法可以调用“动态”命令外，还有以下两种常用的方法。

- 方法1：在菜单栏中选择“视图”|“缩放”|“动态”命令。
- 方法2：在菜单栏中选择“工具”|“工具栏”|AutoCAD|“标准”命令，弹出“标准”工具栏，单击“窗口缩放”按钮不松开鼠标，在弹出的下拉列表框中选择“动态缩放”选项。

第176集　恢复上一步显示的图形

素材：无	效果：无
视频：视频\第8章\第176集.avi	时长：21秒
难度：★	关键技术：“上一个”按钮

01 继续第175集的操作，选择“功能区”选项板中的“视图”选项卡，在“二维导航”面板上单击如图176-1所示的按钮，在弹出的快捷菜单中选择“上一个”选项，即可恢复上一步显示的图形，如图176-2所示。

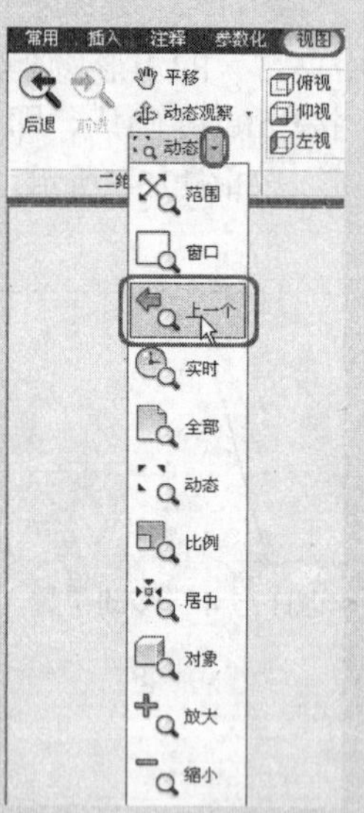

图176-1　单击“上一个”按钮

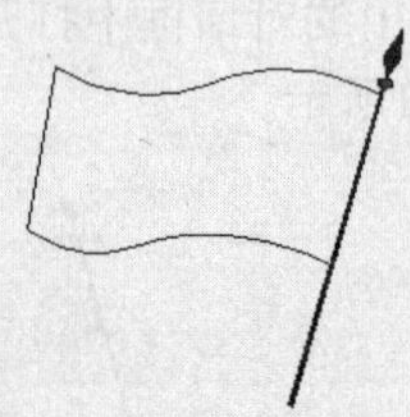

图176-2　恢复上一步显示的图形

专家提醒

除了用上述方法可以调用“上一个”命令外，还有以下两种常用的方法。

- 方法1：在菜单栏中选择“视图”|“缩放”|“上一个”命令。
- 方法2：在菜单栏中选择“工具”|“工具栏”|AutoCAD|“标准”命令，弹出“标准”工具栏，单击“动态缩放”按钮不松开鼠标，在弹出的下拉列表框中选择“缩放上一个”选项。

第177集　按指定比例缩放显示图形

素材：素材\第8章\177-1.dwg	效果：无
视频：视频\第8章\第177集.avi	时长：31秒
难度：★	关键技术：“比例”按钮

01 单击快速访问工具栏中的“打开”按钮，在弹出的对话框中打开一幅素材图形，如图177-1所示。

图177-1　打开的素材图形

02 选择“功能区”选项板中的“视图”选项卡，在“二维导航”面板上单击如图177-2所示的按钮，在弹出的快捷菜单中选择“比例”按钮，根据命令行提示进行操作，输入4，按Enter键确认，即可按比例缩放图形，如图177-3所示。

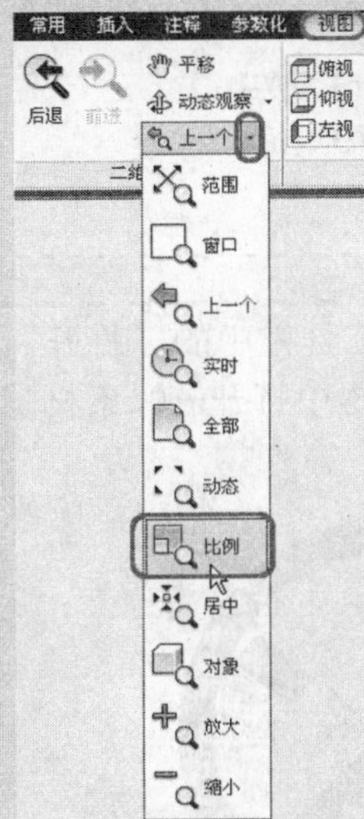

图177-2　单击“比例”按钮

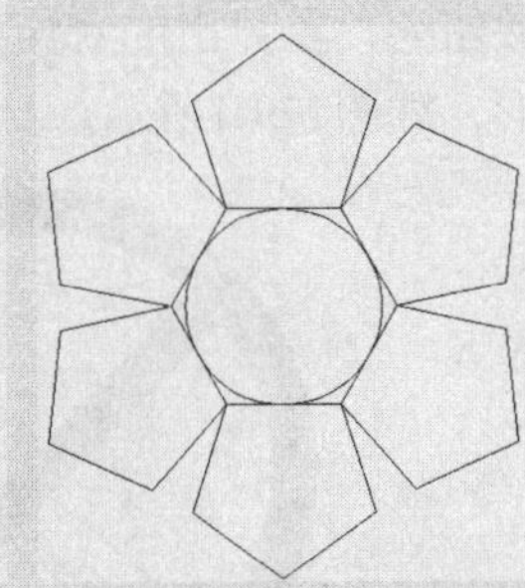

图177-3　按指定比例缩放显示图形

第178集　按圆心缩放显示图形

素材：素材\第8章\178-1.dwg　　效果：无

视频：视频\第8章\第178集.avi　　时长：41秒

难度：★　　关键技术：“居中”按钮

01 单击快速访问工具栏中的“打开”按钮，在弹出的对话框中打开一幅素材图形，如图178-1所示。

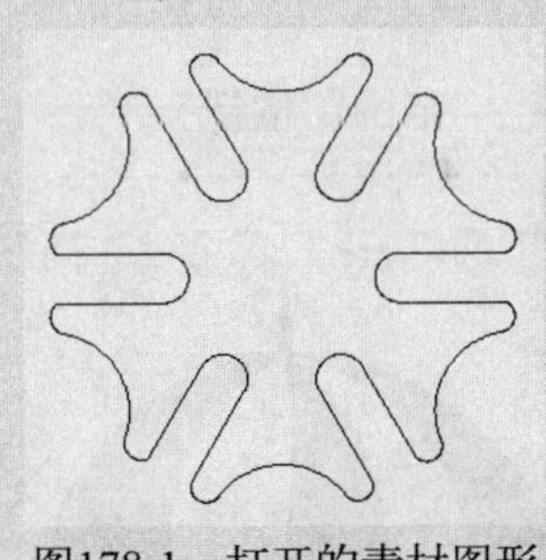

图178-1　打开的素材图形

02 选择“功能区”选项板中的“视图”选项卡，在“二维导航”面板上单击如图178-2所示的按钮，在弹出的快捷菜单中选择“居中”选项，根据命令行提示进行操作，在图形的中心位置单击鼠标，确定中心点，输入60，按Enter键确认，即可按圆心缩放图形，如图178-3所示。

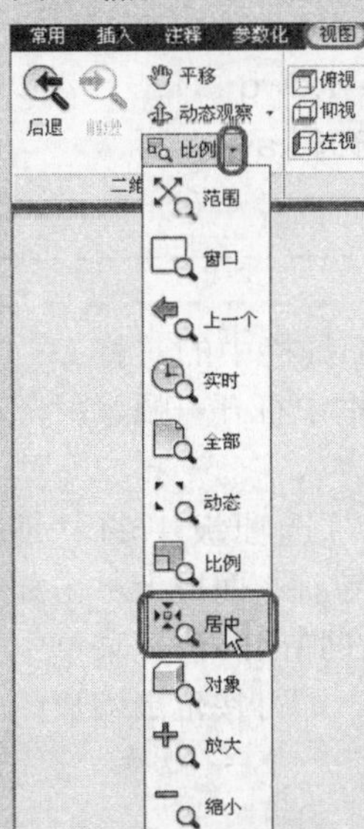

图178-2　单击“居中”按钮

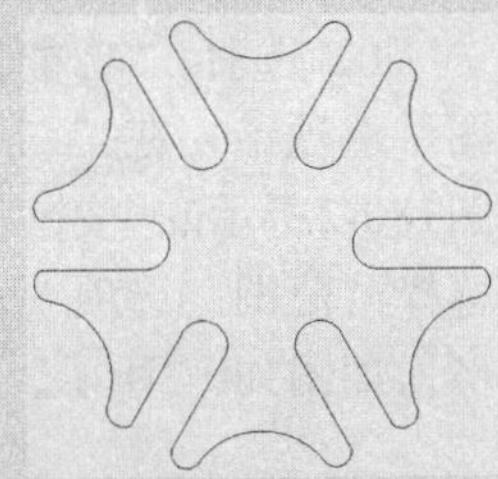

图178-3　按圆心缩放图形

第179集　按全部缩放显示图形

素材：素材\第8章\179-1.dwg
视频：视频\第8章\第179集.avi
难度：★
效果：无
时长：29秒
关键技术："全部"按钮

01 单击快速访问工具栏中的"打开"按钮，在弹出的对话框中打开一幅素材图形，如图179-1所示。

图179-1　打开的素材图形

02 选择"功能区"选项板中的"视图"选项卡，在"二维导航"面板上单击如图179-2所示的按钮，在弹出的快捷菜单中选择"全部"选项，即可按全部缩放图形，如图179-3所示。

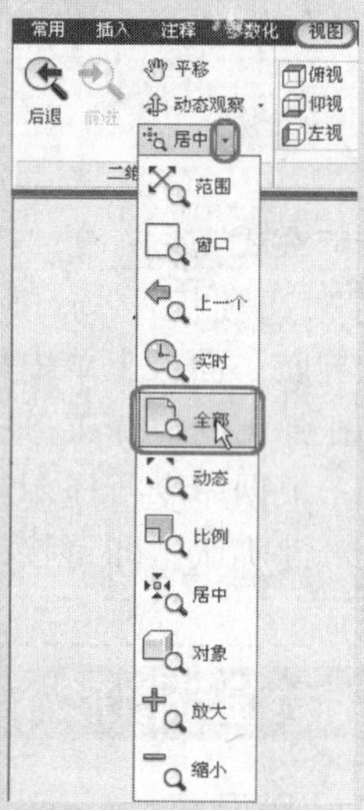

图179-2　单击"全部"按钮

图179-3　按全部缩放图形

第180集　按范围缩放显示图形

素材：素材\第8章\180-1.dwg
视频：视频\第8章\第180集.avi
难度：★
效果：无
时长：25秒
关键技术："范围"按钮

01 单击快速访问工具栏中的"打开"按钮，在弹出的对话框中打开一幅素材图形，如图180-1所示。

02 选择"功能区"选项板中的"视图"选项卡，在"二维导航"面板上单击如图180-2所示的按钮，在弹出的快捷菜单中选择"范围"选项，即可按范围缩放图形，如图180-3所示。

图180-1　打开的素材图形

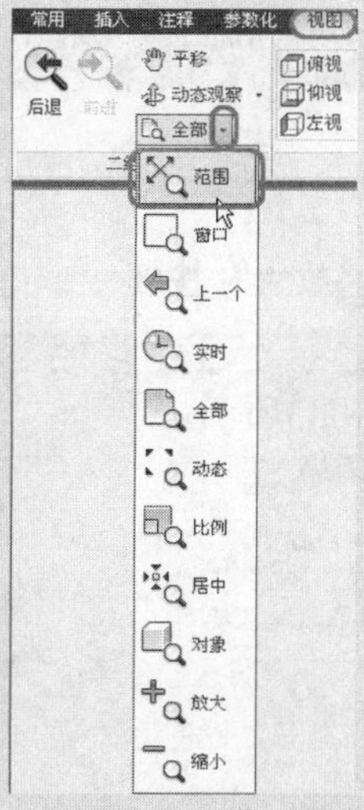

图180-2　单击“范围”按钮

图180-3　按范围缩放图形

第181集　按对象缩放显示图形

素材：素材\第8章\181-1.dwg　　效果：无

视频：视频\第8章\第181集.avi　　时长：34秒

难度：★　　关键技术：“对象”按钮

01 单击快速访问工具栏中的“打开”按钮，在弹出的对话框中打开一幅素材图形，如图181-1所示。

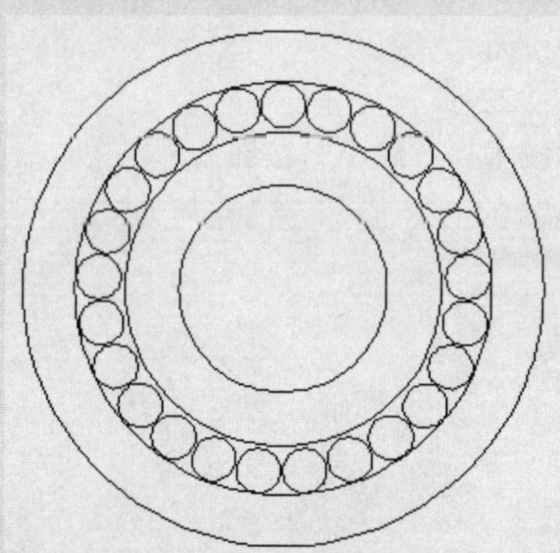

图181-1　打开的素材图形

02 选择“功能区”选项板中的“视图”选项卡，在“二维导航”面板上单击如图181-2所示的按钮，在弹出的快捷菜单中选择“对象”选项，根据命令行提示进行操作。在绘图区中选择图形内侧的圆环，按Enter键确认，即可放大选择的圆环对象，如图181-3所示。

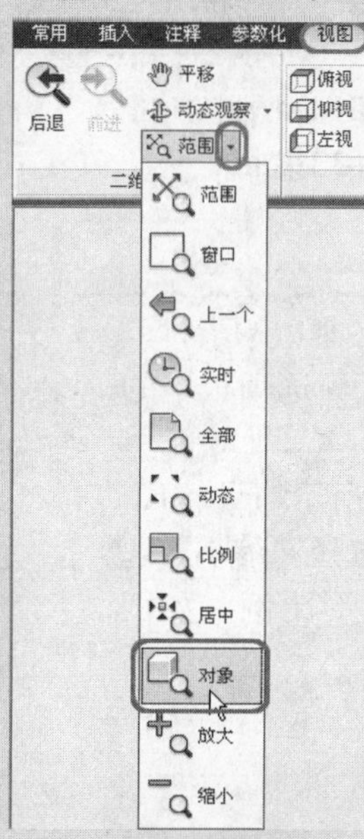

图181-2　单击“对象”按钮

图181-3　放大的圆环对象

第182集　增大显示图形比例

素材：素材\第8章\182-1.dwg　　效果：无
视频：视频\第8章\第182集.avi　　时长：25秒
难度：★　　关键技术："放大"按钮

01 单击快速访问工具栏中的"打开"按钮，在弹出的对话框中选择一幅素材图形将其打开，如图182-1所示。

图182-1　打开的素材图形

02 选择"功能区"选项板中的"视图"选项卡，在"二维导航"面板上单击如图182-2所示的按钮，在弹出的快捷菜单中单击"放大"按钮，即可增大显示图形比例，如图182-3所示。

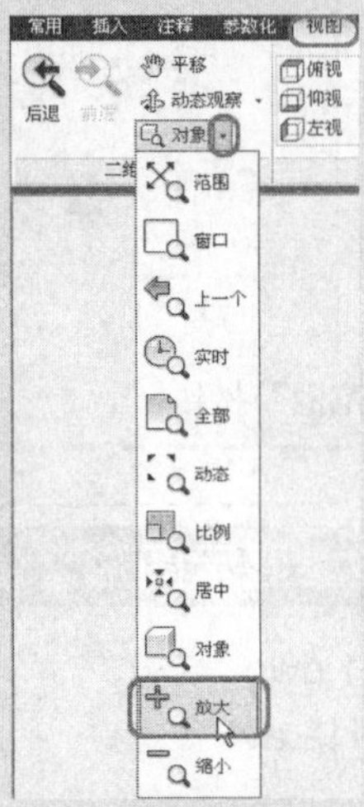

图182-2　单击"放大"按钮

图182-3　增大显示图形比例

第183集　减小显示图形比例

素材：素材\第8章\182-1.dwg　　效果：无
视频：视频\第8章\第183集.avi　　时长：22秒
难度：★　　关键技术："缩小"按钮

01 继续使用第182集中的素材。

02 选择"功能区"选项板中的"视图"选项卡，在"二维导航"面板上单击如图183-1所示的按钮，在弹出的快捷菜单中选择"缩小"选项，即可减小显示图形比例，如图183-2所示。

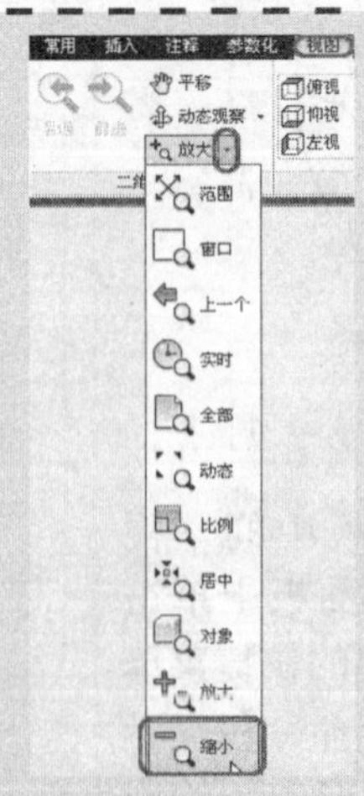

图183-1　单击"缩小"按钮

图183-2　减小显示图形比例

8.3　平铺显示图形

第184集　新建平铺视口

素材：素材\第8章\184-1.dwg　　效果：无
视频：视频\第8章\第184集.avi　　时长：45秒
难度：★　　关键技术："命名"按钮

01 单击快速访问工具栏中的"打开"按钮，在弹出的对话框中选择一幅素材图形将其打开，如图184-1所示。

图184-1　打开的素材图形

02 选择"功能区"选项板中的"视图"选项卡，在"视口"面板上单击"命名"按钮，弹出"视口"对话框，选择"新建视口"选项卡，在"新名称"文本框中输入"平铺"，在"标准视口"列表框中选择"两个：垂直"选项，如图184-2所示。

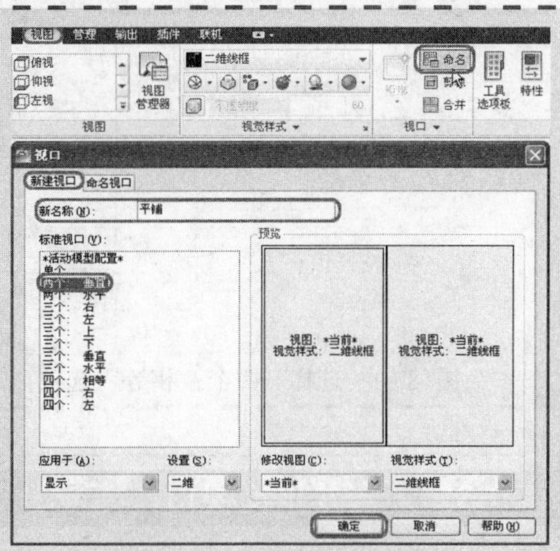

图184-2　"视口"对话框

03 单击"确定"按钮，即可新建平铺视口，如图184-3所示。

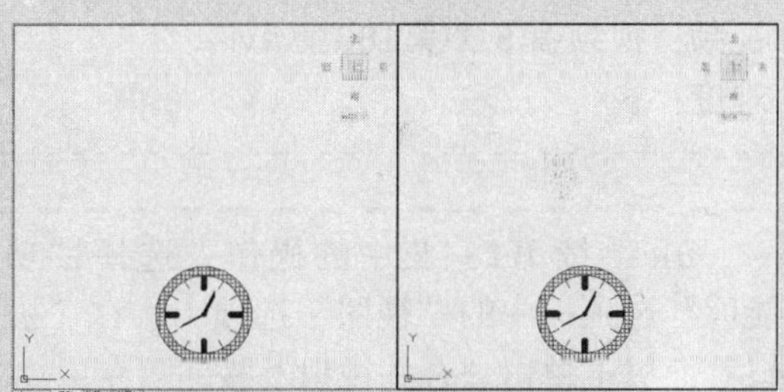

图184-3　新建平铺视口

专家提醒

除了用上述方法可以新建平铺视口外，还有以下两种常用的方法。

- 方法1：在命令行中输入VPORTS（新建视口）命令，并按Enter键确认。
- 方法2：在菜单栏中选择"视图"|"视口"|"新建视口"命令。

第185集　分割平铺视口

素材：素材\第8章\184-1.dwg　　效果：无
视频：视频\第8章\第185集.avi　　时长：24秒
难度：★　　关键技术："视口配置"按钮

01 继续使用第184集中的素材，选择“功能区”选项板中的“视图”选项卡，在“视口”面板上单击 视口 按钮，在弹出的面板中单击“视口配置”按钮 视口配置列表 ，在弹出的下拉列表框中选择“四个：相等”选项，如图185-1所示。

02 分割后的平铺视口如图185-2所示。

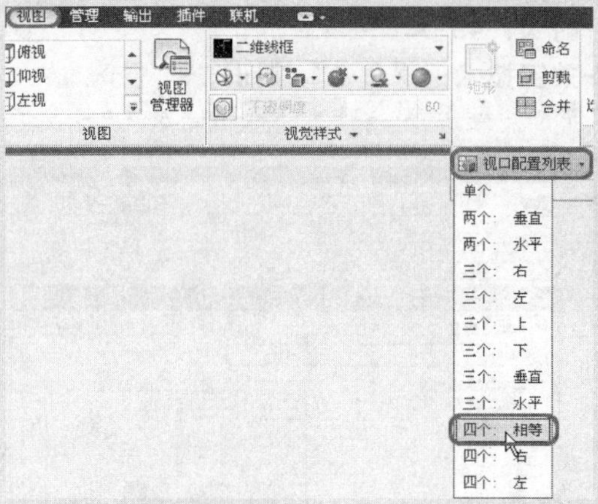

图185-1　选择“四个：相等”选项

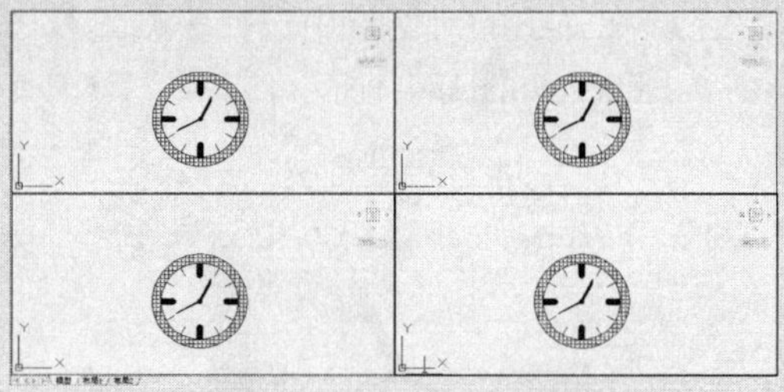

图185-2　分割平铺视口

第186集　合并平铺视口

素材：素材\第8章\184-1.dwg　　效果：无
视频：视频\第8章\第186集.avi　　时长：22秒
难度：★　　关键技术：“合并视口”按钮

01 继续第184集中的操作，选择“功能区”选项板中的“视图”选项卡，在“视口”面板上单击“合并视口”按钮 合并 ，如图186-1所示。

图186-1　单击“合并视口”按钮

02 根据命令行提示进行操作，选择左下方的视口为主视口，选择左上方的视口为要合并的视口，即可合并平铺视口，如图186-2所示。

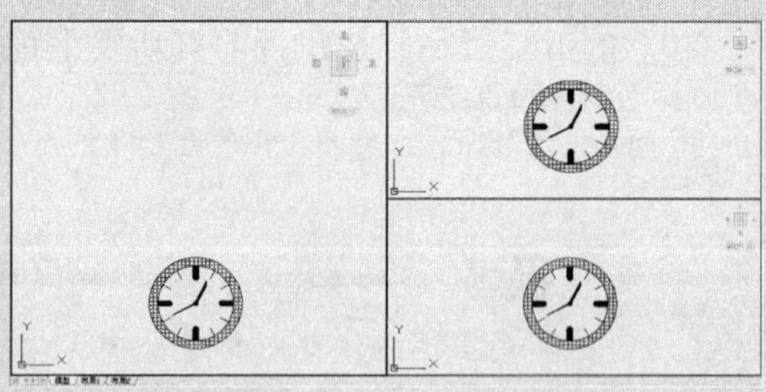

图186-2　合并平铺视口

专家提醒

除了用上述方法可以合并视口外，还可以在菜单栏中选择“视图”|“视口”|“合并”命令。

8.4　全屏显示视图

第187集　启用全屏显示

素材：素材\第8章\187–1.dwg　　效果：无

视频：视频\第8章\第187集.avi　　时长：21秒

难度：★　　关键技术：“全屏显示”命令

01 单击快速访问工具栏中的“打开”按钮，在弹出的对话框中打开一幅素材图形，如图187-1所示。

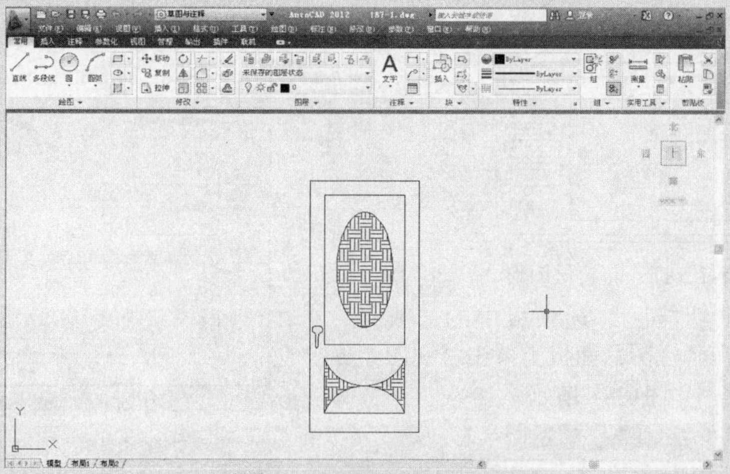

图187-1　打开的素材图形

02 在菜单栏中选择“视图”|“全屏显示”命令，即可启用全屏显示，如图187-2所示。

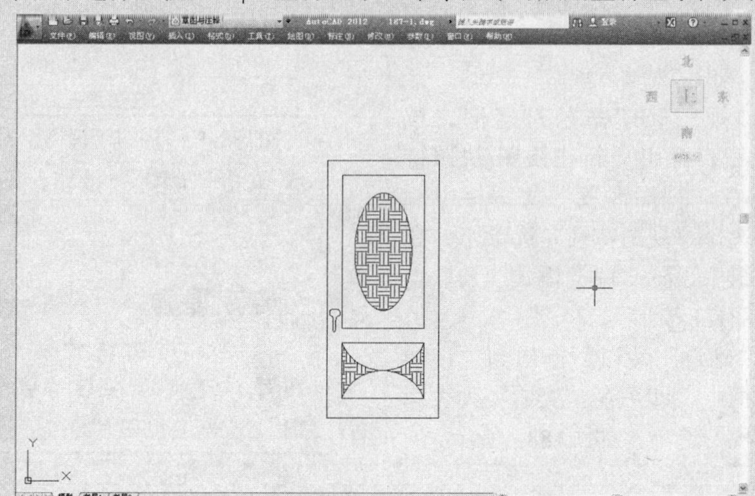

图187-2　全屏显示

专家提醒

若要退出全屏显示，只需再次在菜单栏中选择“视图”|“全屏显示”命令即可。

8.5 使用命名视图

第188集 保存命名视图

素材：素材\第8章\188–1.dwg　　效果：无
视频：视频\第8章\第188集.avi　　时长：1分07秒
难度：☆　　关键技术：“视图 管理器”按钮

01 单击快速访问工具栏中的“打开”按钮，在弹出的对话框中打开一幅素材图形，如图188-1所示。

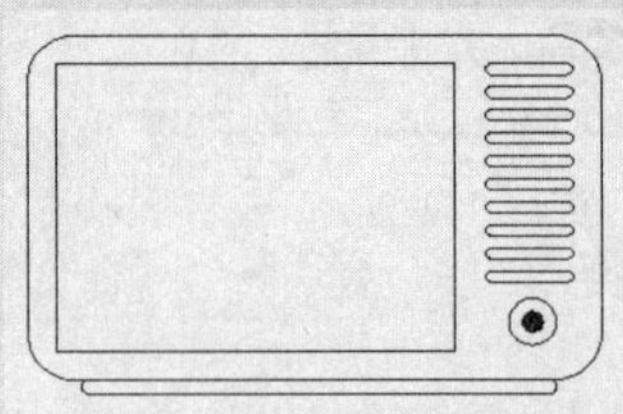

图188-1　打开的素材图形

02 选择“功能区”选项板中的“视图”选项卡，在“视图”面板上单击“视图管理器”按钮，如图188-2所示。

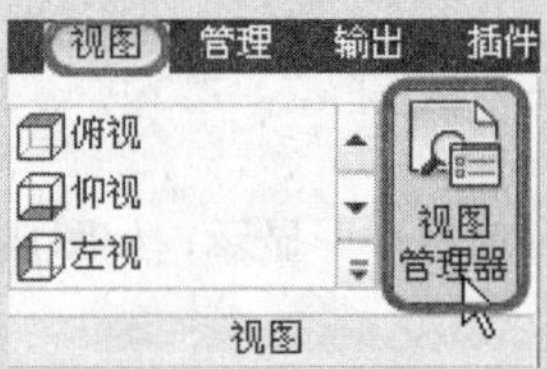

图188-2　单击“视图 管理器”按钮

03 弹出“视图管理器”对话框，单击“新建”按钮，弹出“新建视图/快照特性”对话框，在“视图名称”文本框中输入“电视”，选择“视图特性”选项卡，在“设置”选项组中设置“视觉样式”为“二维线框”，如图188-3所示。

04 单击“确定”按钮，返回到“视图管理器”对话框中，即可在“查看”列表框中显示出“电视”选项，如图188-4所示。

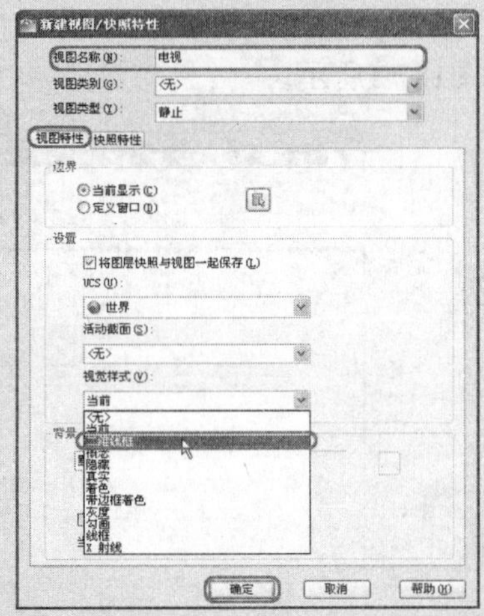

图188-3　“新建视图/快照特性”对话框

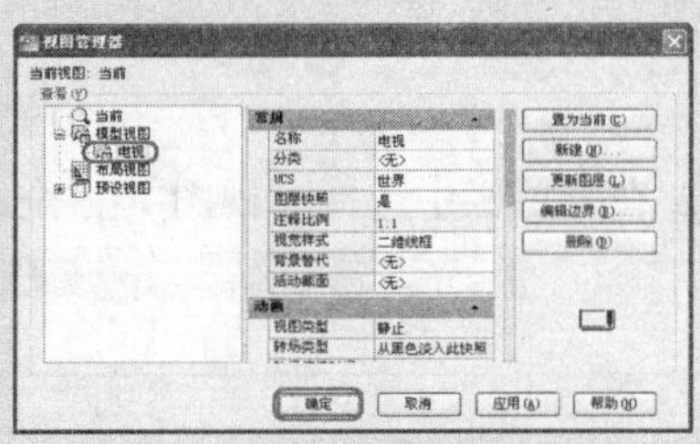

图188-4　“视图管理器”对话框

05 单击“确定”按钮，即可保存命名视图。

专家提醒

除了用上述方法可以新建视图外，还可以在菜单栏中选择“视图”|“命名视图”命令。

第189集 删除命名视图

素材：无　　效果：无
视频：视频\第8章\第189集.avi　　时长：27秒
难度：☆　　关键技术：“视图管理器”对话框

01 继续第188集中的操作。选择“功能区”选项板中的“视图”选项卡，在“视图”面板上单击“视图管理器”按钮，弹出“视图管理器”对话框，在“查看”列表框中选择“电视”选项，如图189-1所示。

02 单击“删除”按钮，即可删除命名视图，然后单击“确定”按钮。

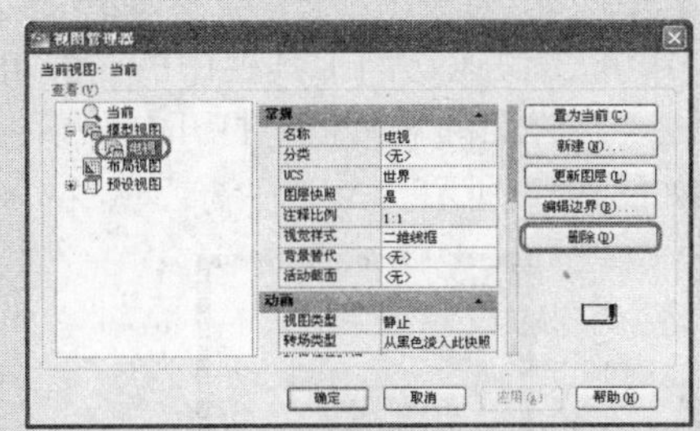

图189-1　“视图管理器”对话框

第190集　预设命名视图

素材：素材\第8章\190-1.dwg　　效果：无

视频：视频\第8章\第190集.avi　　时长：25秒

难度：★　　关键技术：“视图”面板

01 单击快速访问工具栏中的“打开”按钮，在弹出的对话框中打开一幅素材图形，如图190-1所示。

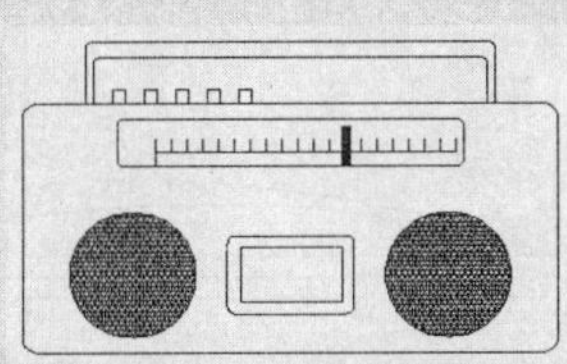

图190-1　打开的素材图形

02 选择“功能区”选项板中的“视图”选项卡，在“视图”面板上单击按钮，在弹出的下拉列表框中选择“东南等轴测”选项，如图190-2所示。

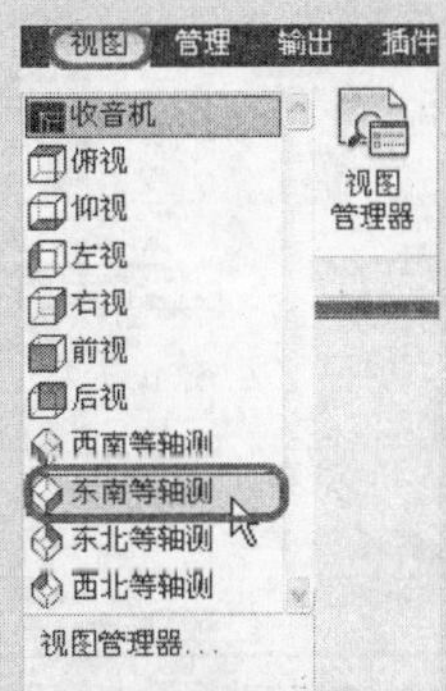

图190-2　选择“东南等轴测”选项

03 此时的视图如图190-3所示。

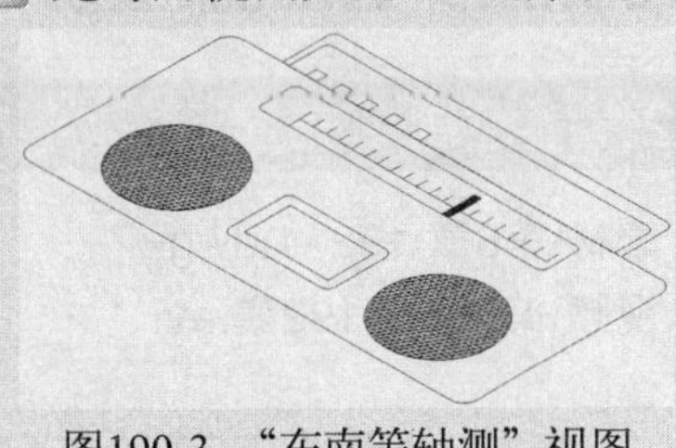

图190-3　“东南等轴测”视图

专家提醒

除了用上述方法可以预设视图外，还可以在菜单栏中选择“视图”|“三维视图”命令，在弹出的子菜单中预设视图。

在“视图管理器”对话框中也可以预设视图。

8.6　重生成图形

第191集　重生成图形

素材：素材\第8章\191-1.dwg　　效果：无

视频：视频\第8章\第191集.avi　　时长：54秒

难度：★　　关键技术：REGEN（重生成）命令

01 单击快速访问工具栏中的“打开”按钮，在弹出的对话框中打开一幅素材图形，如图191-1所示。

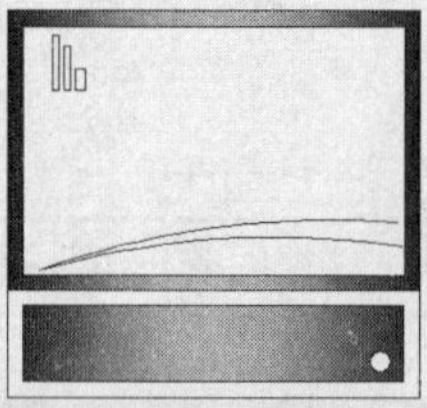

图191-1 打开的素材图形

02 单击按钮，在弹出的下拉菜单中单击“选项”按钮，弹出“选项”对话框，选择“显示”选项卡，在“显示性能”选项组中取消勾选“应用实体填充”复选框，如图191-2所示。

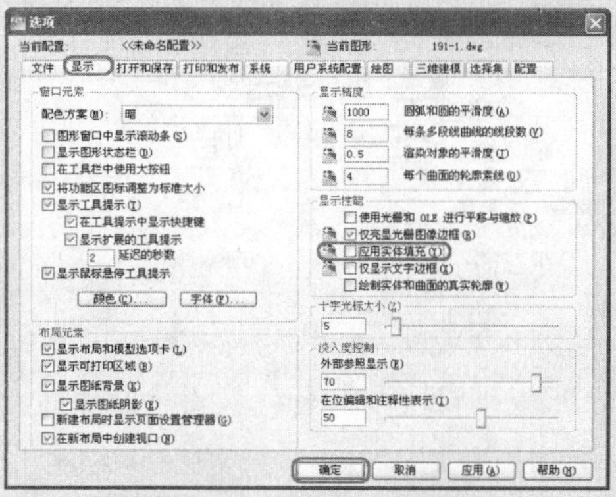

图191-2 “选项”对话框

专家提醒

在AutoCAD2012中还提供了“重画”功能。使用“重画”功能，可以清除在绘制与编辑图形过程中屏幕上留下的对象选取标记，还可以更新用户使用的当前视口。

使用重画功能的方法为：在命令行中输入REDRAWALL命令并按Enter键确认或者在菜单栏中选择“视图”|“重画”命令。

03 单击“确定”按钮，在命令行中输入REGEN（重生成）命令，并按Enter键确认，即可重生图形，如图191-3所示。

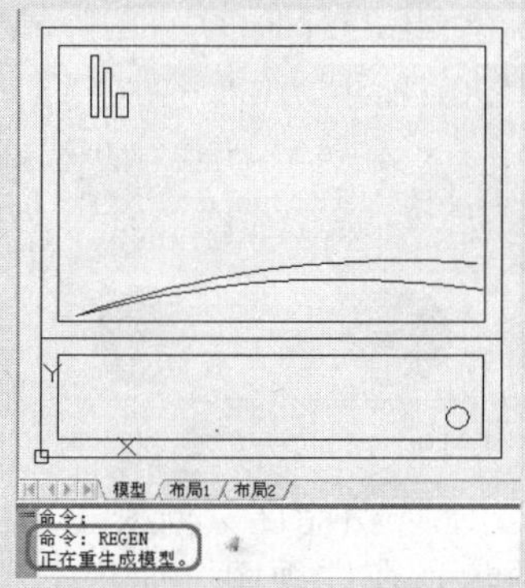

图191-3 重生图形

8.7 控制图形可见元素显示

第192集 控制填充显示

素材：素材\第8章\192-1.dwg

视频：视频\第8章\第192集.avi

难度：★

效果：无

时长：45秒

关键技术：“应用实体填充”复选框

01 单击快速访问工具栏中的“打开”按钮，在弹出的对话框中打开一幅素材图形，如图192-1所示。

02 选择“功能区”选项板中的“视图”选项卡，在“窗口”面板上单击“选项”按钮，弹出“选项”对话框，在“显示性能”选项组中取消勾选“应用实体填充”复选框，如图192-2所示。

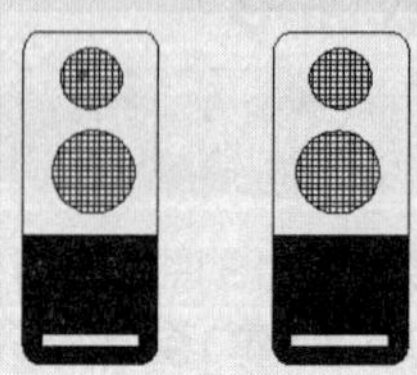

图192-1 打开的素材图形

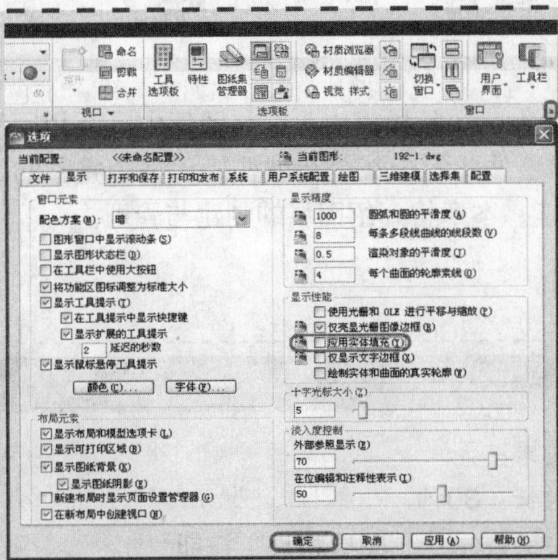

图192-2　“选项”对话框

03 单击“确定”按钮，在命令行中输入REGEN（重生成）命令，并按Enter键确认，即可取消填充显示，如图192-3所示。

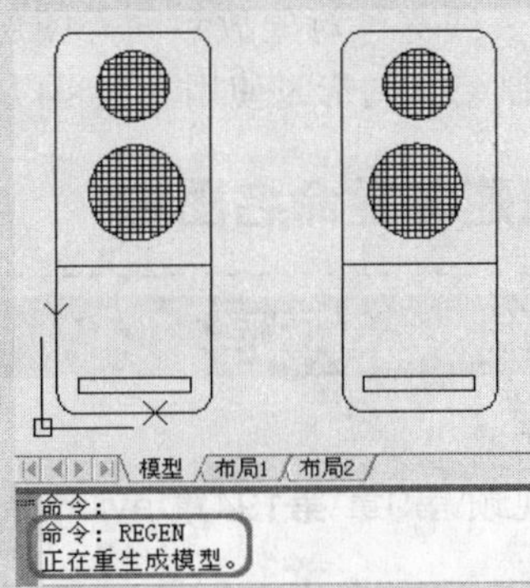

图192-3　取消填充显示

第193集　控制文字快速显示

素材：素材\第8章\193-1.dwg

视频：视频\第8章\第193集.avi

难度：★

效果：无

时长：40秒

关键技术：“仅显示文字边框”复选框

01 单击快速访问工具栏中的“打开”按钮，在弹出的对话框中打开一幅素材图形，如图193-1所示。

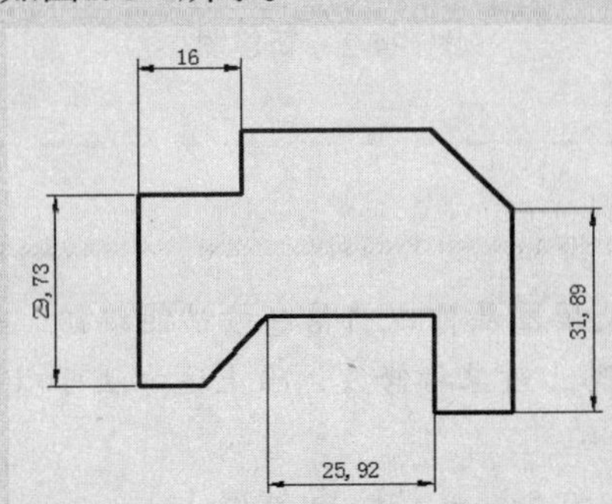

图193-1　打开的素材图形

02 选择“功能区”选项板中的“视图”选项卡，在“窗口”面板上单击“选项”按钮，弹出“选项”对话框，在“显示性能”选项组中勾选“仅显示文字边框”复选框，如图193-2所示。

03 单击“确定”按钮，在命令行中输入REGEN（重生成）命令，并按Enter键确认，即可取消文字显示，如图193-3所示。

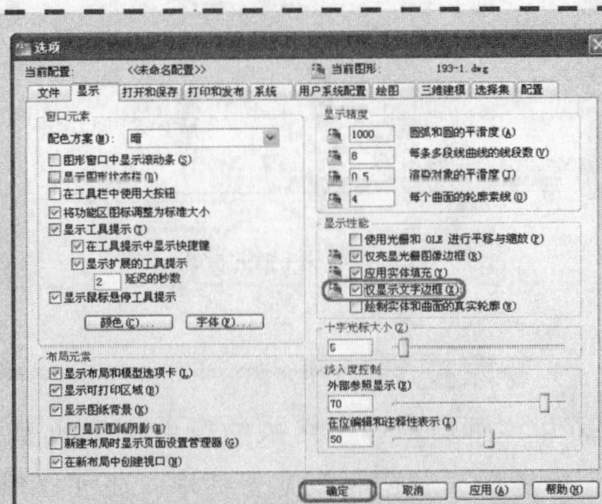

图193-2　“选项”对话框

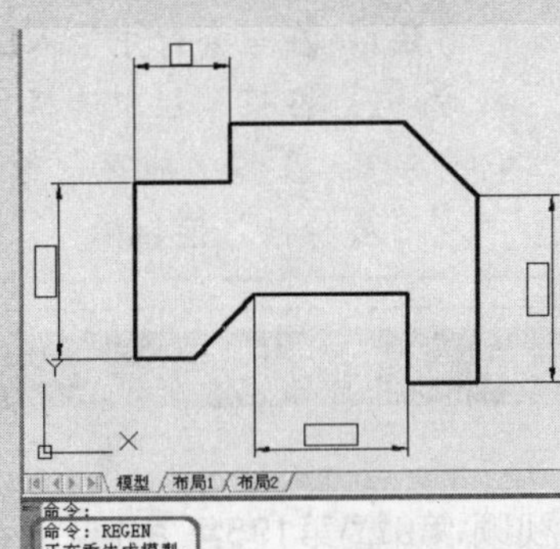

图193-3　取消文字显示

第 9 章　图层的创建与管理

在AutoCAD 中，图层用于组织和管理图形对象，实际操作中可以将图形中具有相同线型、颜色、线宽等对象放到同一图层中，不同图层彼此组合在一起就构成了一个完整的图形。在绘制复杂图形时使用图层可以提高工作效率，本章将介绍图层的创建与管理。

9.1　创建与重命名图层

第194集　创建图层

素材：无　　效果：无

视频：视频\第9章\第194集.avi　　时长：30秒

难度：★　　关键技术：“图层特性”按钮

01 启动AutoCAD 2012软件，在“功能区”选项板的“常用”选项卡中单击“图层”面板中的“图层特性”按钮，弹出“图层特性管理器”面板，如图194-1所示。

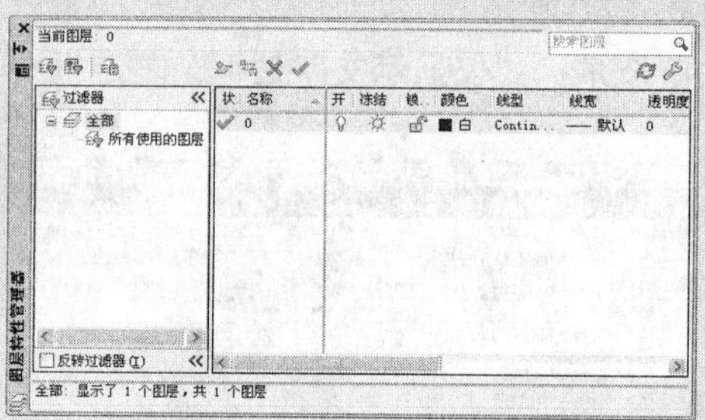

图194-1　“图层特性管理器”

02 单击“新建图层”按钮，在面板右侧列表框中自动新建一个名为“图层1”的新图层，如图194-2所示。

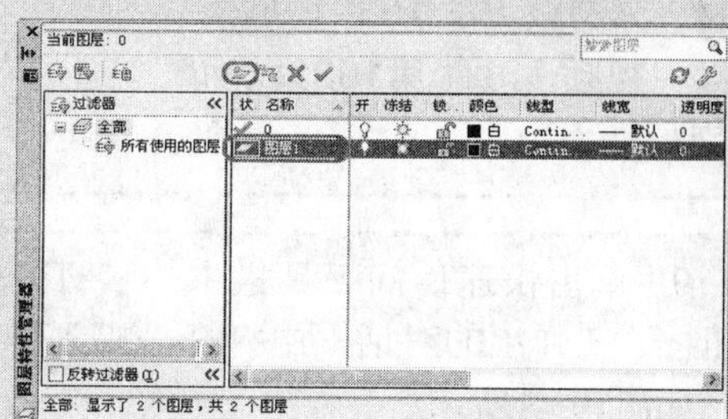

图194-2　新建图层

专家提醒

图层相当于图纸绘图中使用的重叠图纸，使用图层可以将信息按功能编组，并执行线型、颜色和线宽等标准，还可以锁定图层以防止对象被修改。除上述方法可以使用“图层”命令外，还有以下3种方法。

- 方法1：在命令行中输入LAYER（图层）命令，并按Enter键确认。
- 方法2：在菜单栏中选择“格式”|“图层”命令。
- 方法3：在“功能区”选项板的“视图”选项卡中单击“选项板”面板中的“图层特性”按钮。

第195集　重命名图层

素材：无　　效果：无

视频：视频\第9章\第195集.avi　　时长：28秒

难度：★　　关键技术：“重命名图层”选项

01 接第194集的操作，在“功能区”选项板的“常用”选项卡中单击“图层”面板中的“图层特性”按钮，弹出“图层特性管理器”面板，在“名称”列表框中的“图层1”上右击鼠标，在弹出的快捷菜单中选择“重命名图层”命令，如图195-1所示。

02 将其重命名为“标注”，并按Enter键确认，即可重命名图层，如图195-2所示。

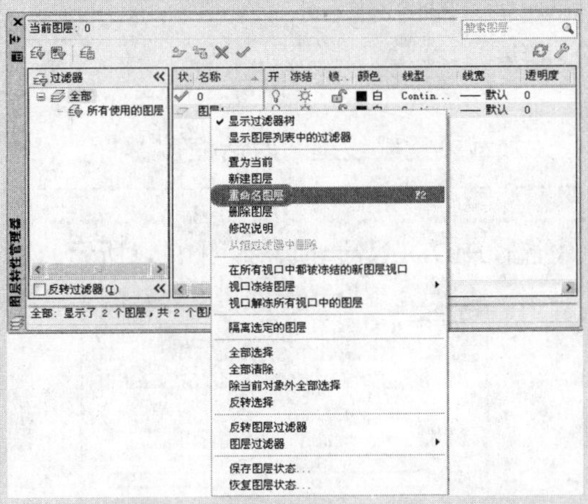

图195-1　选择“重命名图层”命令

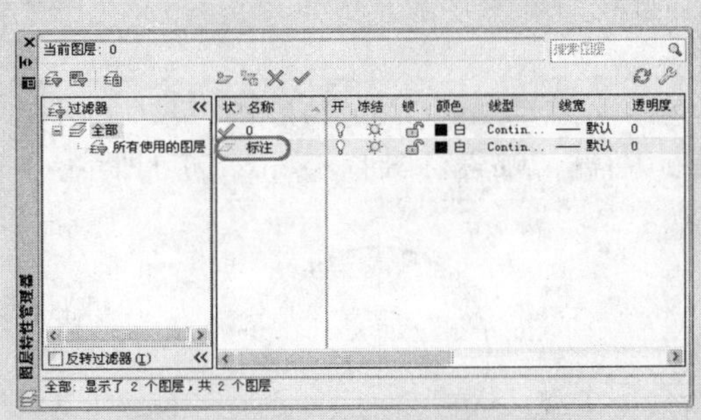

图195-2　重命名图层

9.2　设置图层属性

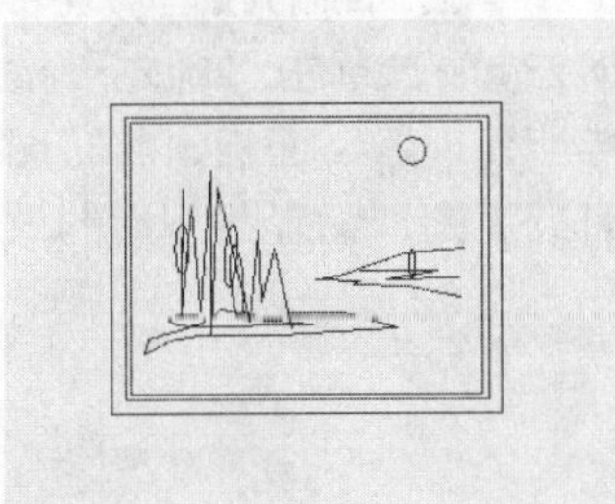

第196集　设置图层颜色

素材：素材\第9章\196-1.dwg

效果：效果\第9章\第196集.dwg

视频：视频\第9章\第196集.avi

时长：45秒

难度：★

关键技术：“选择颜色”对话框

01 启动AutoCAD 2012软件，按Ctrl+O键，打开一幅素材图形，在“功能区”选项板的“常用”选项卡中单击“图层”面板中的“图层特性”按钮，弹出“图层特性管理器”面板，如图196-1所示。

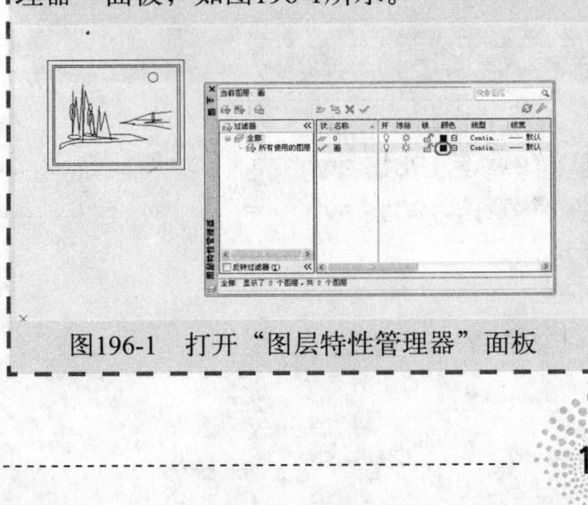

图196-1　打开“图层特性管理器”面板

02 单击“画”图层右侧颜色列中的色块，在弹出的“选择颜色”对话框中选择“蓝”色，如图196-2所示。

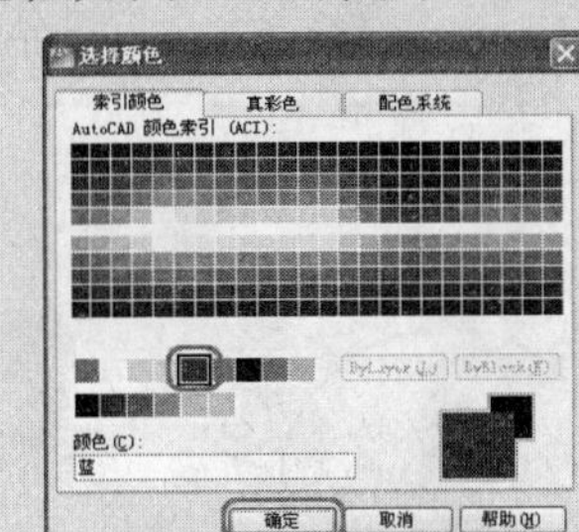

图196-2　“选择颜色”对话框

03 单击“确定”按钮，返回“图层特性管理器”面板，即可设置图层颜色。

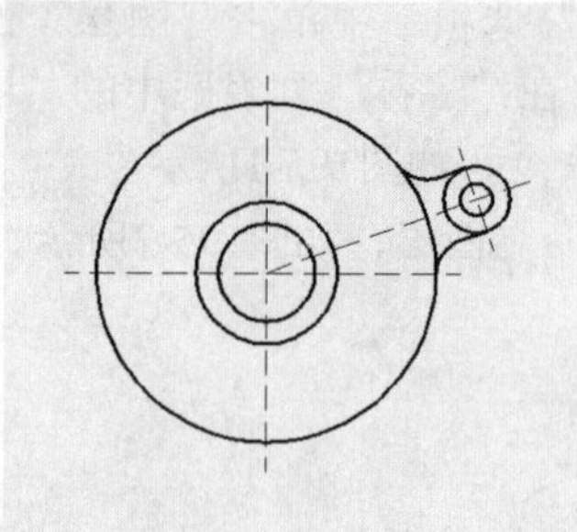

第197集　设置图层线型样式

素材：素材\第9章\197–1.dwg
效果：效果\第9章\第197集.dwg
视频：视频\第9章\第197集.avi
时长：1分11秒
难度：★
关键技术："加载或重载线型"对话框

01 启动AutoCAD 2012软件，按Ctrl+O键，打开一幅素材图形，如图197-1所示。

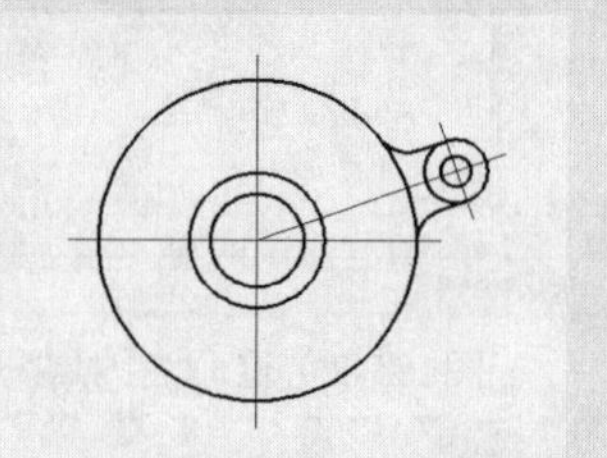

图197-1　打开素材图形

02 在"功能区"选项板的"常用"选项卡中单击"图层"面板中的"图层特性"按钮，弹出"图层特性管理器"面板，单击"辅助线"图层右侧"线型"列，弹出"选择线型"对话框，如图197-2所示。

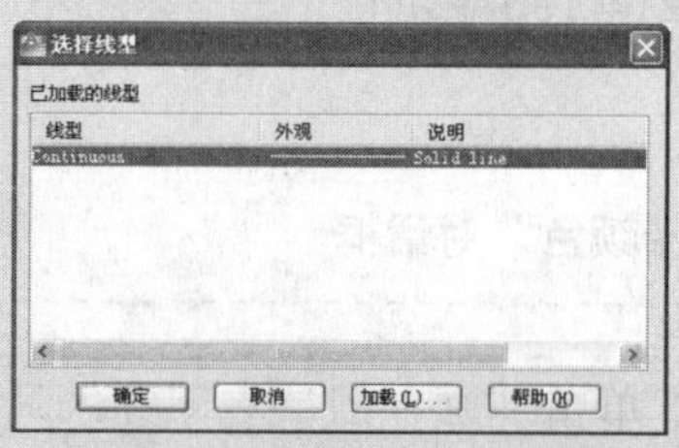

图197-2　"选择线型"对话框

03 单击"加载"按钮，弹出"加载或重载线型"对话框，在"可用线型"列表框中选择HIDDEN2选项，如图197-3所示。

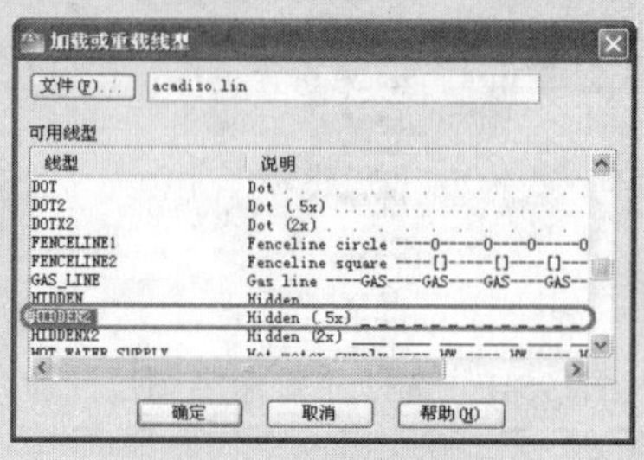

图197-3　选择线型

04 单击"确定"按钮，返回"选择线型"对话框，在"已加载的线型"列表框中选择HIDDEN2选项，单击"确定"按钮，返回"图层特性管理器"面板，将"图层特性管理器"面板关闭，设置线型后的效果如图197-4所示。

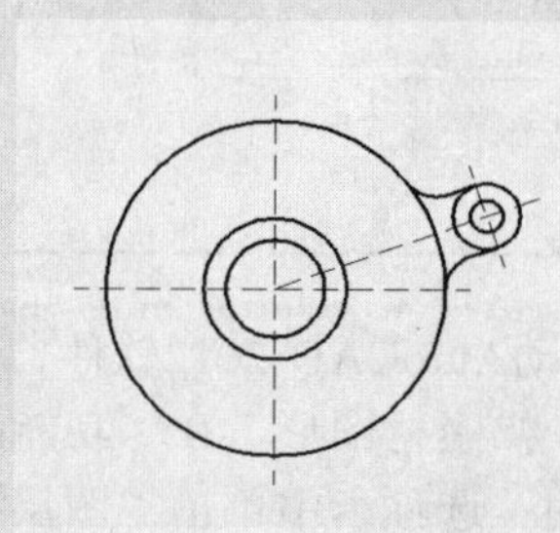

图197-4　设置线型效果

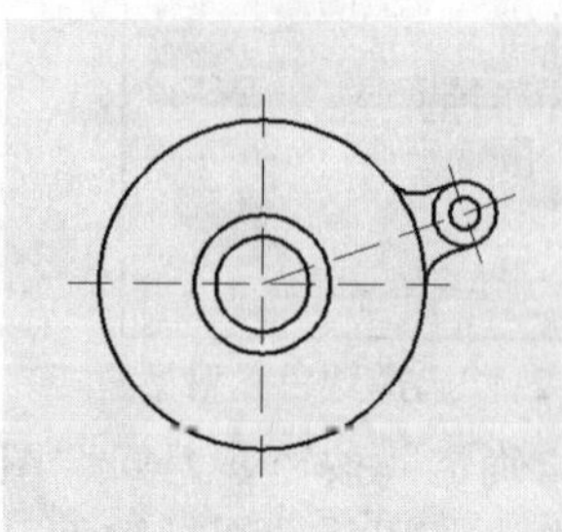

第198集　设置图层线型比例

素材：无
效果：效果\第9章\第198集.dwg
视频：视频\第9章\第198集.avi
时长：40秒
难度：★
关键技术：LINETYPE（线型）命令

01 接第197集的操作，如果对设置的线型不满意，可以通过线型的比例进行调整，在命令行中输入LINETYPE（线型）命令，并按Enter键确认，弹出“线型管理器”对话框，在“线型”列表中选择HIDDEN2线型，单击“显示细节”按钮[显示细节(D)]，在“全局比例因子”右侧文本框中输入2，如图198-1所示。

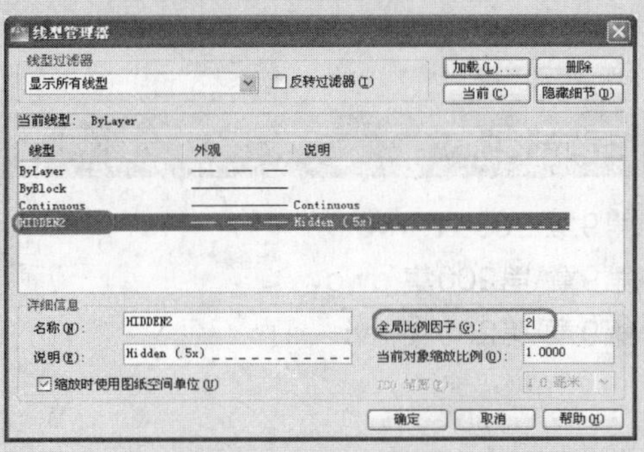

图198-1　“线型管理器”对话框

02 单击“确定”按钮，设置图层线型比例后的效果如图198-2所示。

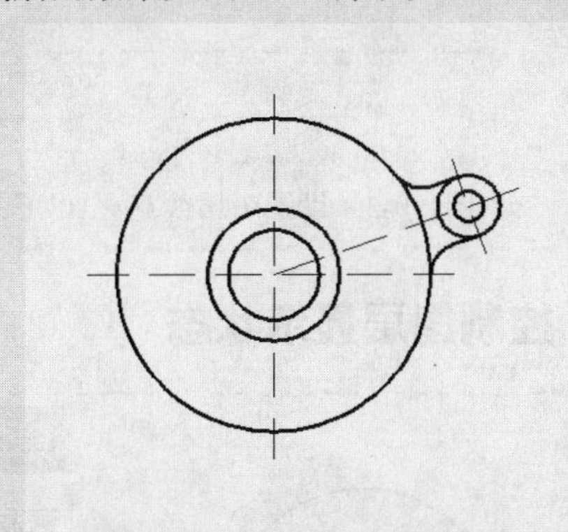

图198-2　设置图层线型比例

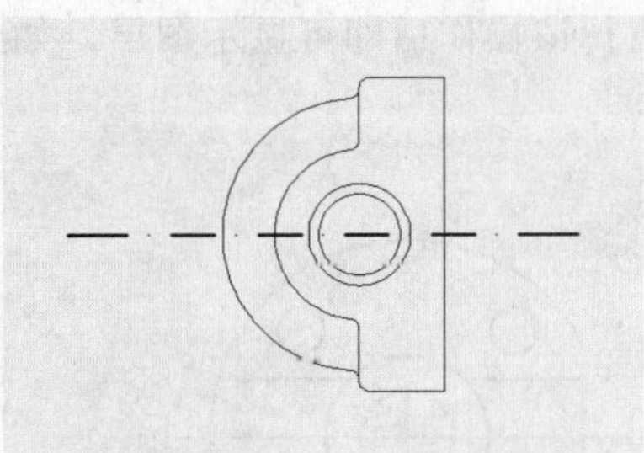

第199集　设置图层线宽

素材：素材\第9章\199-1.dwg

效果：效果\第9章\第199集.dwg

视频：视频\第9章\第199集.avi

时长：54秒

难度：★

关键技术：“线宽”对话框

01 启动AutoCAD 2012软件，按Ctrl+O键，打开一幅素材图形，在“功能区”选项板的“常用”选项卡中单击“图层”面板中的“图层特性”按钮，弹出“图层特性管理器”面板，如图199-1所示。

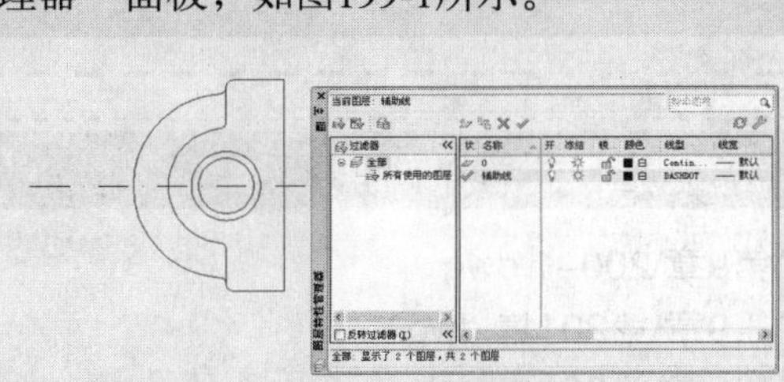

图199-1　“图层特性管理器”面板

02 在“辅助线”图层上单击“线宽”列，弹出“线宽”对话框，在“线宽”列表中选择0.30mm选项，如图199-2所示。

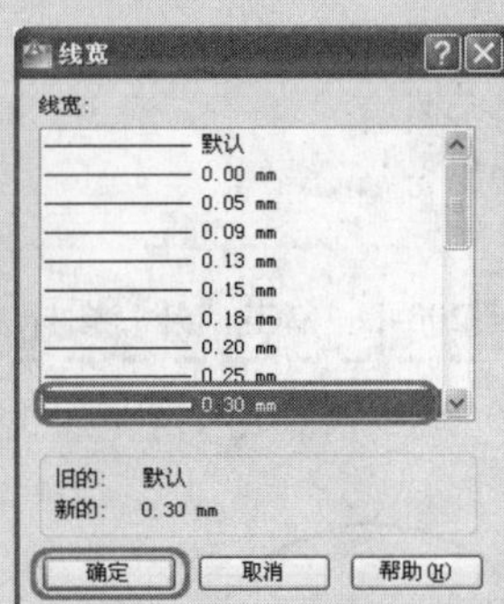

图199-2　“线宽”对话框

03 单击“确定”按钮，返回“图层特性管理器”面板，单击“关闭”按钮，在状态栏上单击“显示/隐藏”线宽按钮，如图199-3所示。

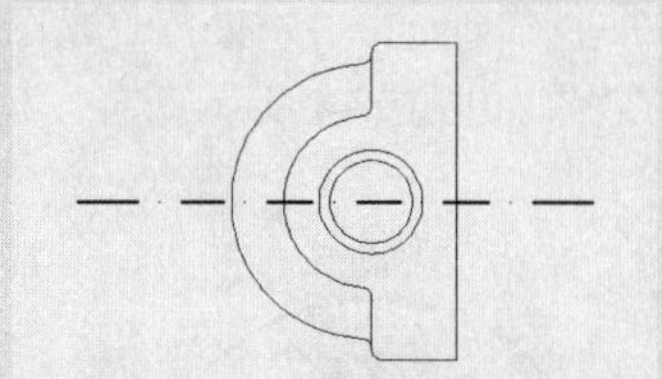

图199-3 设置图层线宽

专家提醒

如果不显示设置的线宽效果，可以在命令行中输入REGEN（重生成）命令，并按Enter键确认。

9.3 控制图层显示状态

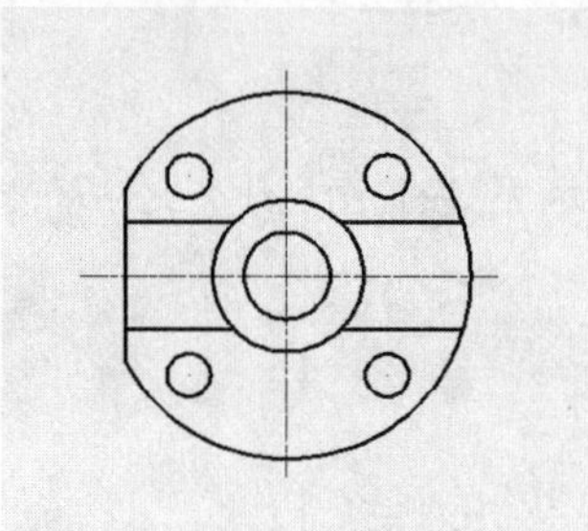

第200集 显示图层

素材：素材\第9章\200-1.dwg
效果：效果\第9章\第200集.dwg
视频：视频\第9章\第200集.avi
时长：35秒
难度：★
关键技术："开"图标

01 启动AutoCAD 2012软件，按Ctrl+O键，打开一幅素材图形，在"功能区"选项板的"常用"选项卡中单击"图层"面板中的"图层特性"按钮，弹出"图层特性管理器"面板，单击"点划线"图层上的"开"图标，如图200-1所示。

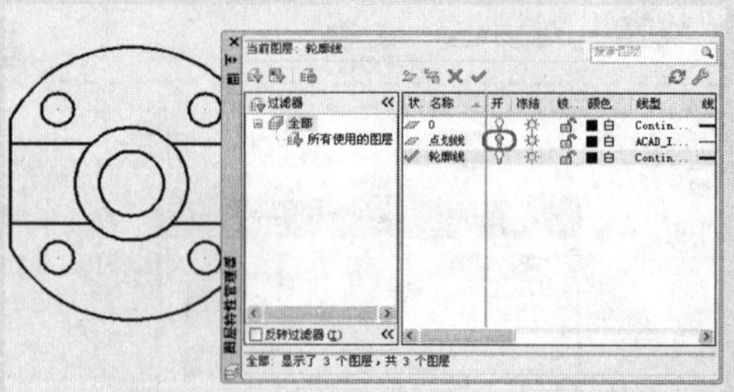

图200-1 单击"开"图标

02 执行该操作后即可显示图层，如图200-2所示。

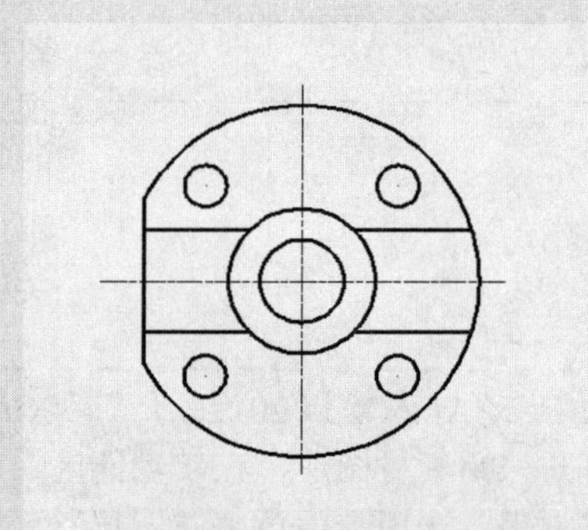

图200-2 显示图层

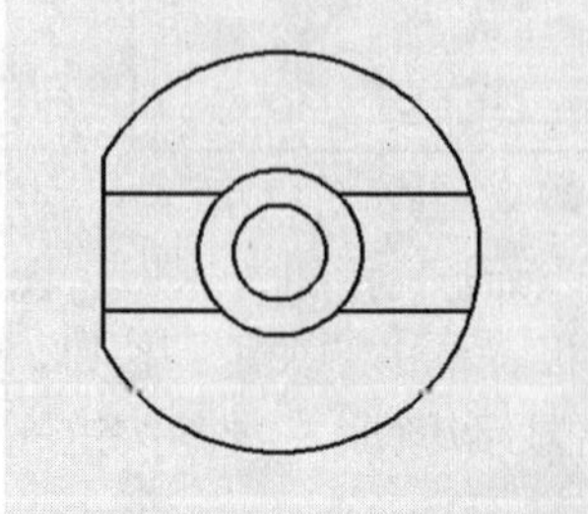

第201集 隐藏图层

素材：素材\第9章\200-1.dwg
效果：效果\第9章\第201集.dwg
视频：视频\第9章\第201集.avi
时长：23秒
难度：★
关键技术："开"图标

01 以第200集素材为例，在“功能区”选项板的“常用”选项卡中单击“图层”面板中的“图层特性”按钮，在弹出的“图层特性管理器”面板中单击0图层上的“开”图标，如图201-1所示。

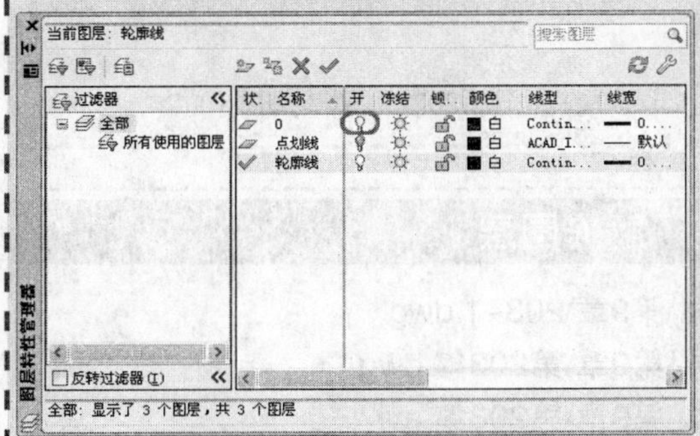

图201-1　单击“开”图标

02 执行该操作后，图层将被隐藏，如图201-2所示。

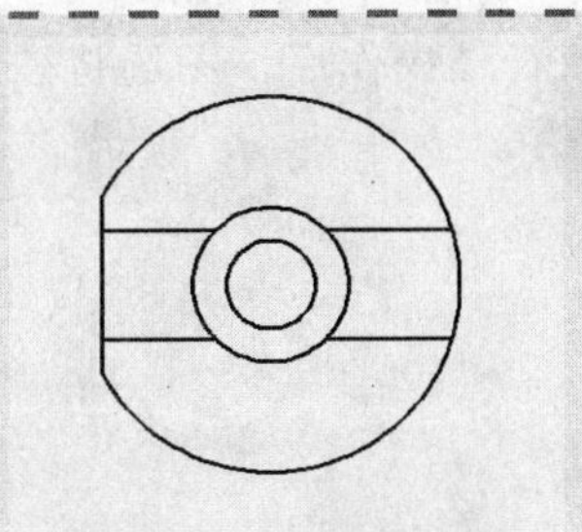

图201-2　隐藏图层

专家提醒

除上述方法可以隐藏图层外，还可以在“功能区”选项板的“常用”选项卡中，单击“图层”面板中的“图层”按钮，在打开的列表中单击所要隐藏图层最左侧的按钮，即可隐藏图层。

9.4　管理图层

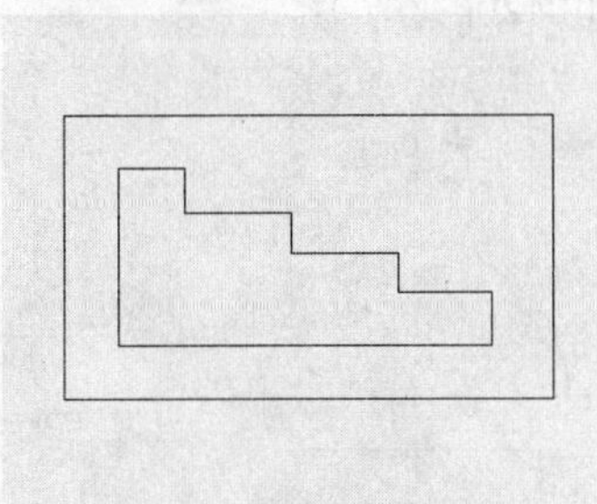

第202集　冻结图层

素材：素材\第9章\202-1.dwg

效果：效果\第9章\第202集.dwg

视频：视频\第9章\第202集.avi

时长：23秒

难度：★

关键技术：“冻结”图标

01 启动AutoCAD 2012软件，按Ctrl+O键，打开一幅素材图形，如图202-1所示。

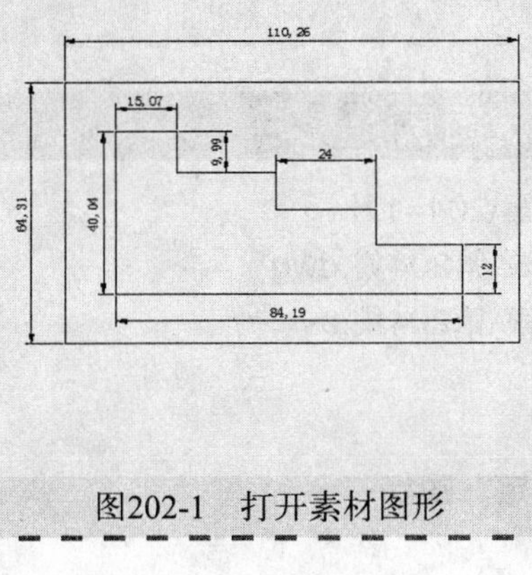

图202-1　打开素材图形

02 在“功能区”选项板的“常用”选项卡中单击“图层”中的“图层特性”按钮，单击“标注”图层上的“冻结”图标，如图202-2所示。

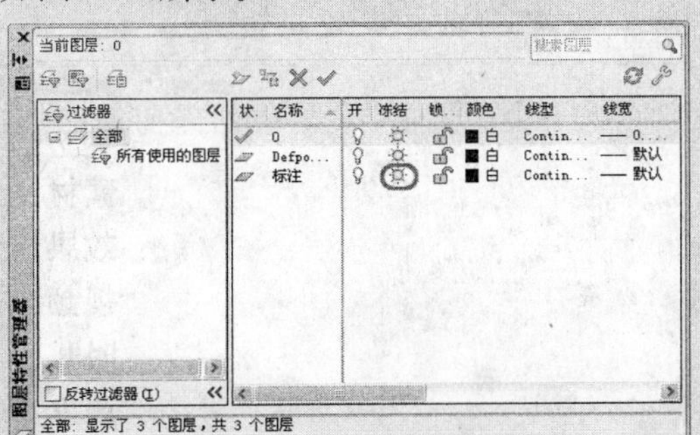

图202-2　单击“冻结”图标

03 执行该操作后，图层将被冻结，如图202-3所示。

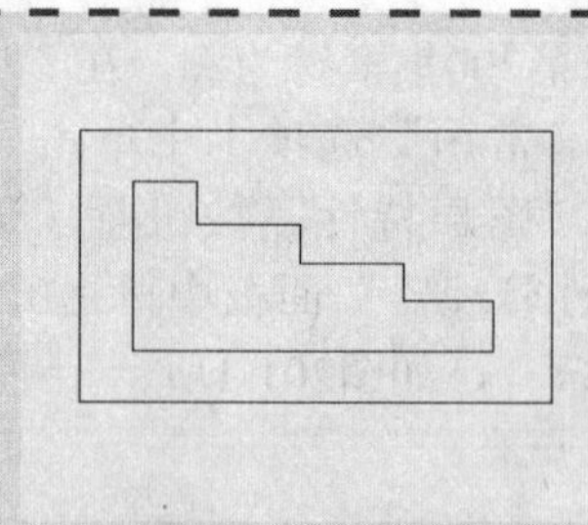

图202-3 冻结图层

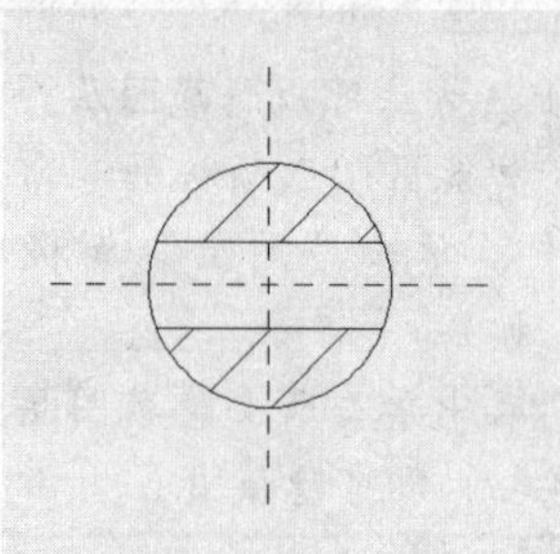

第203集 解冻图层

素材：素材\第9章\203-1.dwg

效果：效果\第9章\第203集.dwg

视频：视频\第9章\第203集.avi

时长：26秒

难度：★

关键技术："冻结"图标

01 启动AutoCAD 2012软件，按Ctrl+O键，打开一幅素材图形，在"功能区"选项板的"常用"选项卡中单击"图层"面板中的"图层特性"按钮，弹出"图层特性管理器"面板，单击"虚线"图层上的"冻结"图标，如图203-1所示。

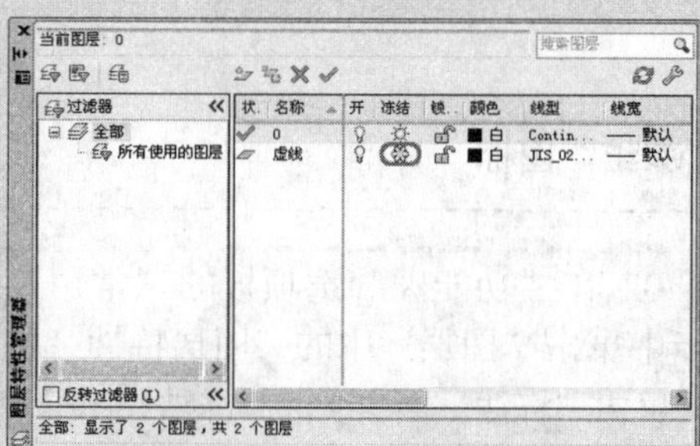

图203-1 单击"冻结"图标

02 关闭"图层特性管理器"面板，解冻图层效果如图203-2所示。

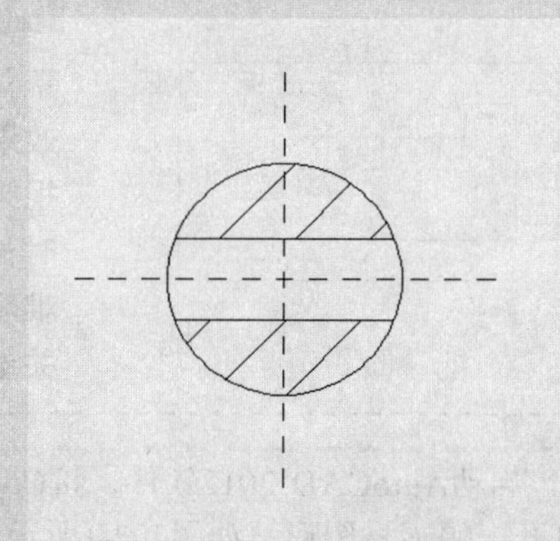

图203-2 解冻图层

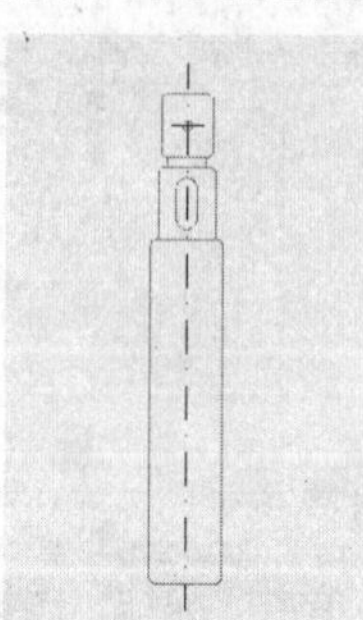

第204集 锁定图层

素材：素材\第9章\204-1.dwg

效果：效果\第9章\第204集.dwg

视频：视频\第9章\第204集.avi

时长：23秒

难度：★

关键技术："锁定"图标

01 启动AutoCAD 2012软件，按Ctrl+O键，打开一幅素材图形，如图204-1所示。

02 在“功能区”选项板的“常用”选项卡中单击“图层”面板中的“图层特性”按钮，弹出“图层特性管理器”面板，单击“轮廓线”图层上的“锁定”按钮，如图204-2所示。锁定图层的效果如图204-3所示。

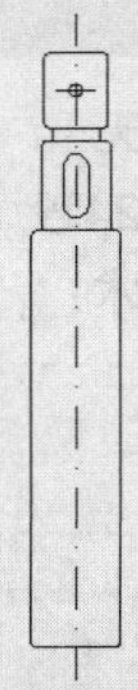

图204-1　打开素材图形

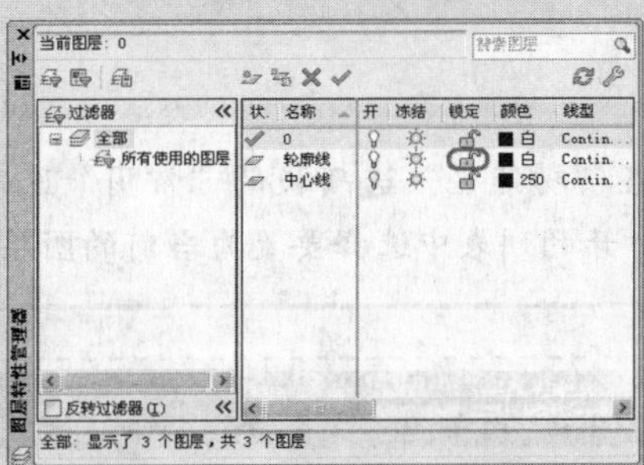

图204-2　单击“锁定”图标

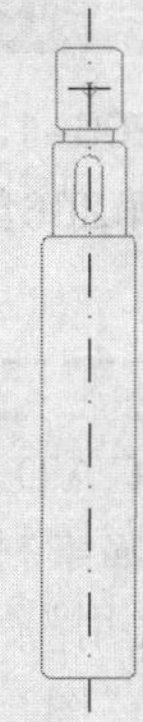

图204-3　锁定图层

专家提醒

除上述方法可以“锁定”图层外，还可以在绘图区中选择要锁定的对象，在“功能区”选项板的“常用”选项卡中，单击“图层”面板按钮 图层▼ ，在打开的面板中选择“锁定”选项。

第205集　解锁图层

素材：无

视频：视频\第9章\第205集.avi

难度：★

效果：无

时长：15秒

关键技术：“锁定”图标

01 接第204集的操作，要解除“轮廓线”图层的锁定，可以在“功能区”选项板的“常用”选项卡中单击“图层”面板中的“图层特性”按钮，在弹出的“图层特性管理器”面板中单击“轮廓线”图层上的“锁定”按钮，如图205-1所示。解除锁定图层效果如图205-2所示。

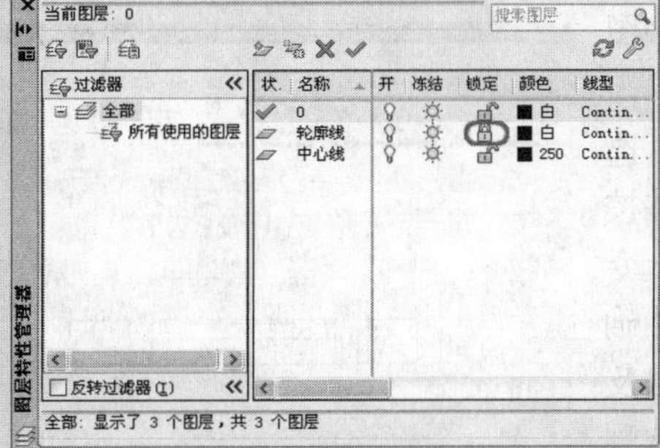

图205-1　单击“锁定”图标

图205-2　解锁图层

第206集　设置当前图层

素材：素材\第9章\206-1.dwg　　效果：无
视频：视频\第9章\第206集.avi　　时长：24秒
难度：★　　关键技术："置为当前"按钮

01 启动AutoCAD 2012软件，按Ctrl+O键，打开一幅素材图形，在"功能区"选项板的"常用"选项卡中，单击"图层"面板中的"图层特性"按钮，弹出"图层特性管理器"面板，选择"轮廓线"图层，单击"置为当前"按钮，如图206-1所示。

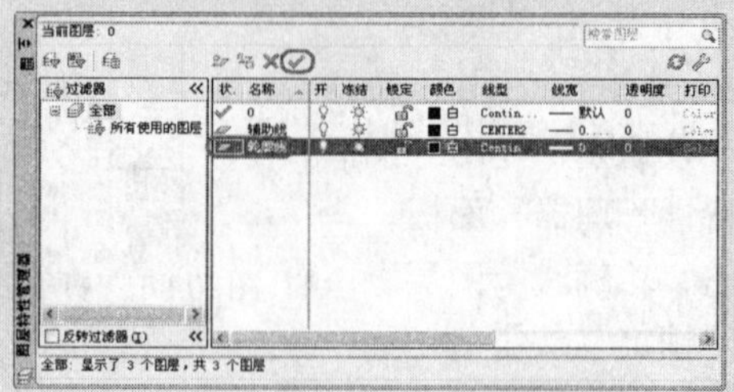

图206-1　选择"置为当前"命令

专家提醒

除上述方法可以设置当前图层外，还可以在"功能区"选项板的"常用"选项卡中，单击"图层"按钮，在打开的列表中选择要置为当前的图层。

第207集　删除图层

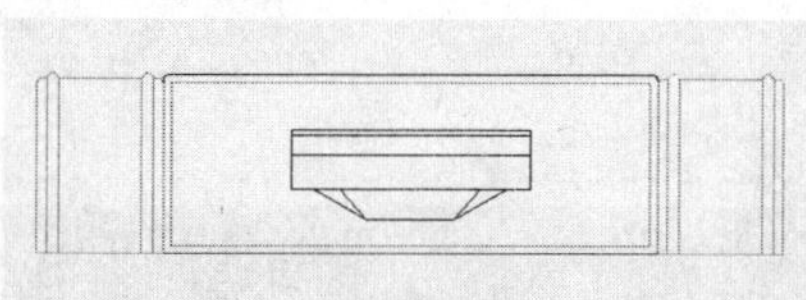

素材：素材\第9章\207-1.dwg
效果：效果\第9章\第207集.dwg
视频：视频\第9章\第207集.avi
时长：29秒
难度：★
关键技术："删除"按钮

01 启动AutoCAD 2012软件，按Ctrl+O键，打开一幅素材图形，在"功能区"选项板的"常用"选项卡中单击"图层"面板按钮 图层 ▾ ，在打开的面板中选择"删除"按钮，如图207-1所示。

02 在绘图区中选择电视右侧矩形，并按Enter键确认，在命令行中输入Y（是）并确认。该对象所在图层及图层中的内容全部被删除，如图207-2所示。

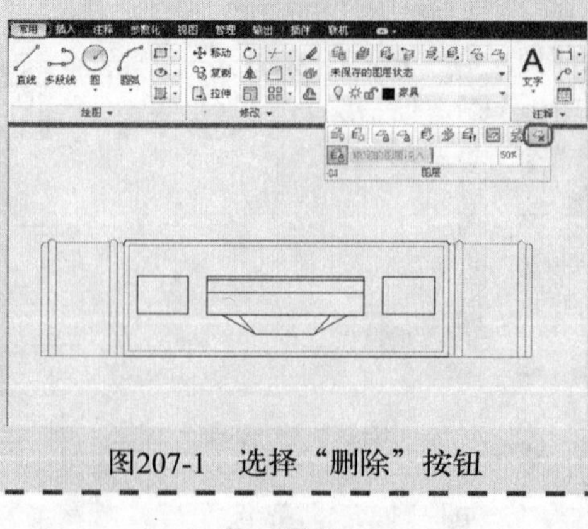

图207-1　选择"删除"按钮

图207-2　删除图层效果

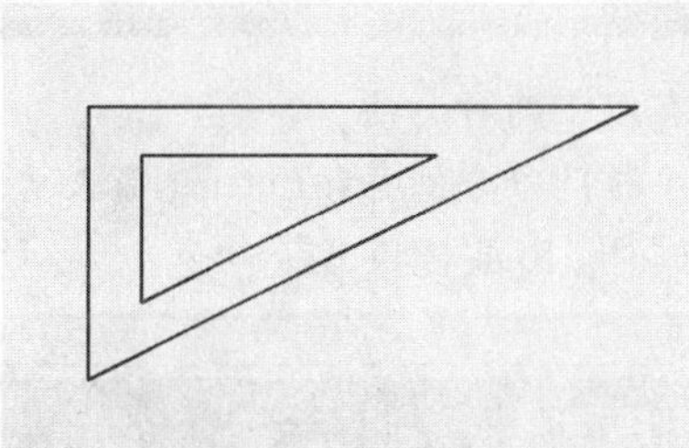

第208集　转换图层

素材：素材\第9章\208-1.dwg

效果：效果\第9章\第208集.dwg

视频：视频\第9章\第208集.avi

时长：1分46秒

难度：★★

关键技术：“图层转换器”按钮

01 启动AutoCAD 2012软件，按Ctrl+O键，打开一幅素材图形，在“功能区”选项板的“管理”选项卡中单击“CAD标准”面板中的“图层转换器”按钮图层转换器，如图208-1所示。

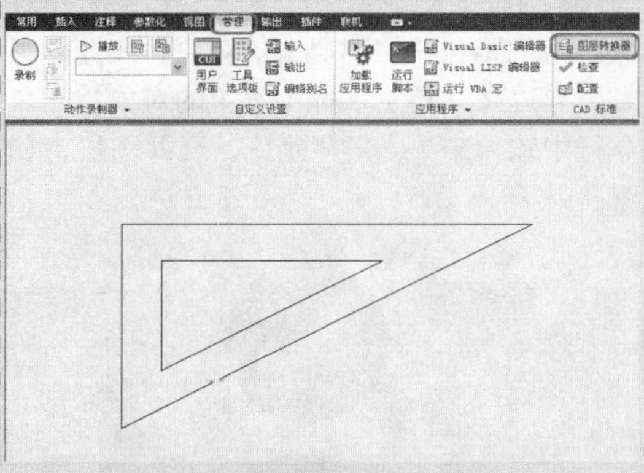

图208-1　选择“图层转换器”按钮

02 在弹出的“图层转换器”对话框中单击“新建”按钮，弹出“新图层”对话框，在“名称”文本框中输入“三角板”，在“线宽”列表框中选择0.30mm，在“颜色”列表框中选择“蓝”，如图208-2所示。单击“确定”按钮，返回“图层转换器”对话框，在“转换为”列表框中显示出新建的“三角板”图层。

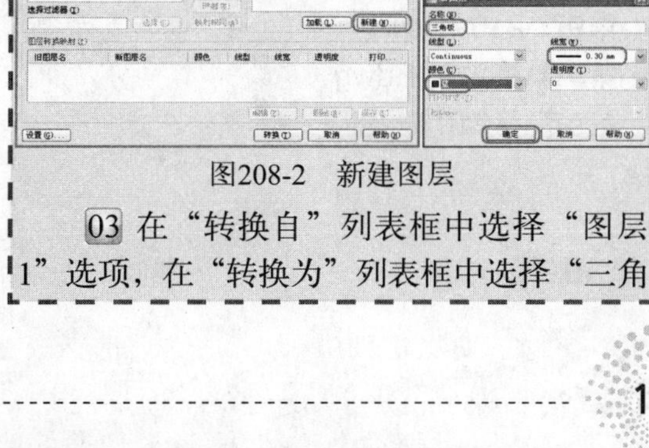

图208-2　新建图层

03 在“转换自”列表框中选择“图层1”选项，在“转换为”列表框中选择“三角板”选项，单击“映射”按钮，“图层1”将映射到“三角板”图层中，如图208-3所示。

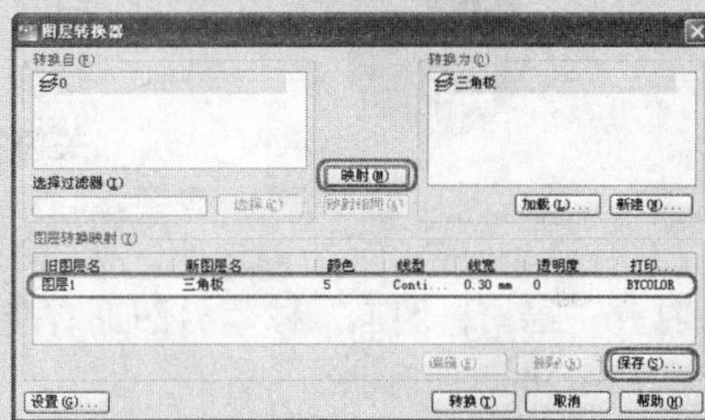

图208-3　映射图层

04 单击“保存”按钮，弹出“保存图层映射”对话框，在“文件名”文本框中输入“图层映射”，并设置保存路径，如图208-4所示。

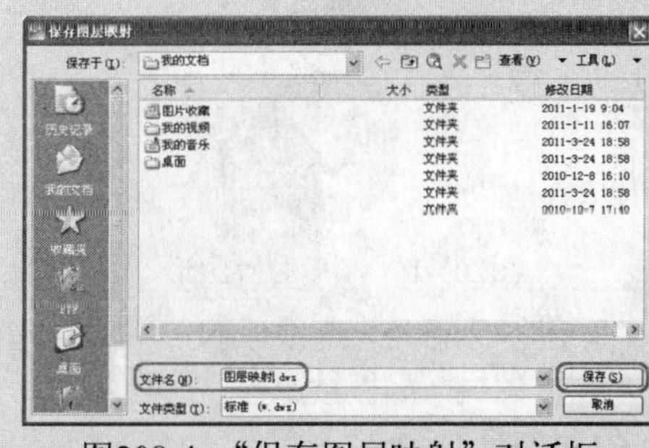

图208-4　“保存图层映射”对话框

05 单击“保存”按钮，返回“图层转换器”对话框，单击“转换”按钮，转换图层，转换后的效果如图208-5所示。

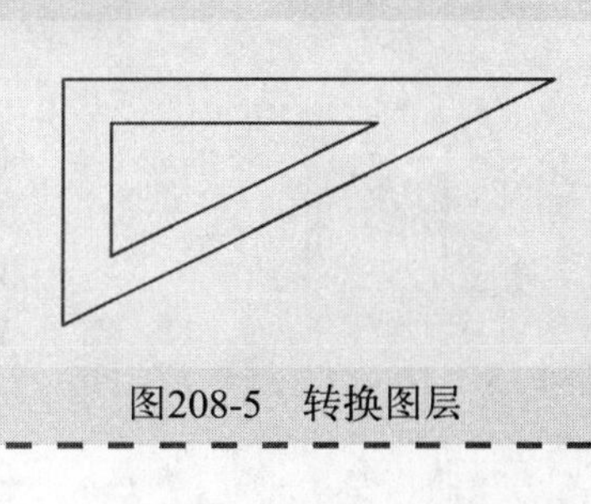

图208-5　转换图层

专家提醒

除上述方法可以使用“图层转换器”命令外，还有以下两种方法。

- 方法1：在命令行中输入LAYTRANS（图层转换器）命令，并按Enter键确认。
- 方法2：在菜单栏中选择“工具”|“CAD标准”|“图层转换器”命令。

第209集　合并图层

素材：素材\第9章\209-1.dwg
效果：效果\第9章\第209集.dwg
视频：视频\第9章\第209集.avi
时长：52秒
难度：★
关键技术：“合并”按钮

01 启动AutoCAD 2012软件，按Ctrl+O键，打开一幅素材图形，该素材图形有两个图层，如图209-1所示。

图209-1　打开素材图形

02 在“功能区”选项板的“常用”选项卡中单击“图层”面板按钮，在打开的面板中选择“合并”按钮，在绘图区中选择上方图形边缘，并按Enter键确认，指定要合并的图层上的对象，在选择下方图形边缘，指定目标图层上的对象，在命令行中输入Y（是）并确认，合并图层，如图209-2所示。

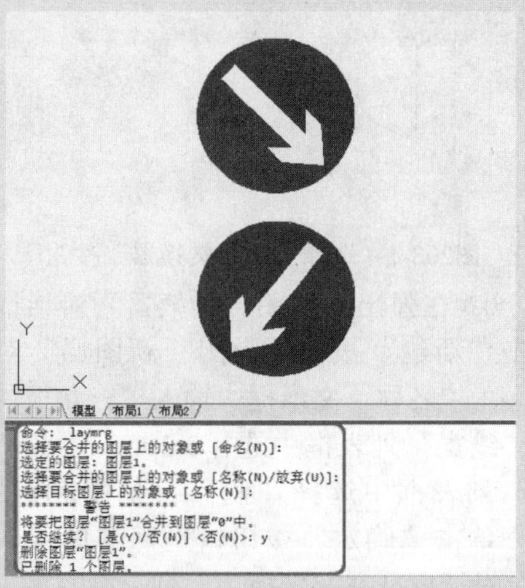

图209-2　合并图层

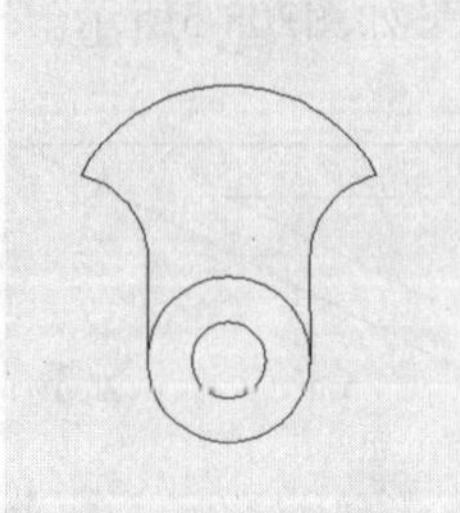

第210集　改变对象所在图层

素材：素材\第9章\210-1.dwg
效果：效果\第9章\第210集.dwg
视频：视频\第9章\第210集.avi
时长：31秒
难度：★
关键技术：“图层”列表

01 启动AutoCAD 2012软件，按Ctrl+O键，打开一幅素材图形，在绘图区中选择两个圆形，在“功能区”选项板的“常用”选项卡中，单击“图层”按钮，在打开的列表中选择“轮廓线”选项，如图210-1所示改变对象所在图层。

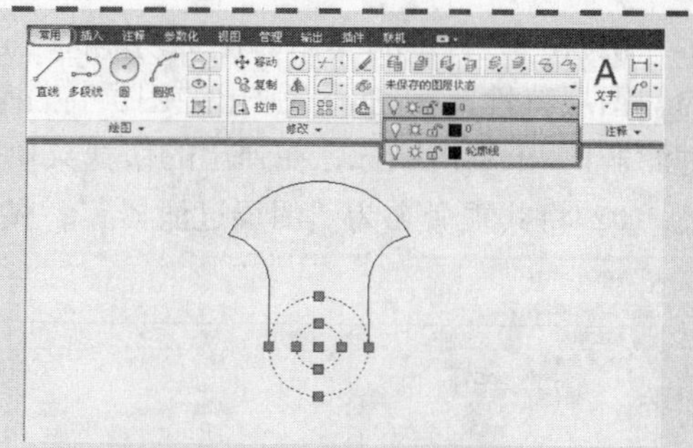

图210-1　改变对象所在图层

9.5　设置图层过滤器

第211集　设置过滤条件

素材：素材\第9章\211–1.dwg　　效果：效果\第9章\第211集.dwg

视频：视频\第9章\第211集.avi　　时长：58秒

难度：★　　关键技术：“图层过滤器特性”对话框

01 启动AutoCAD 2012软件，按Ctrl+O键，打开一幅素材图形，如图211-1所示。

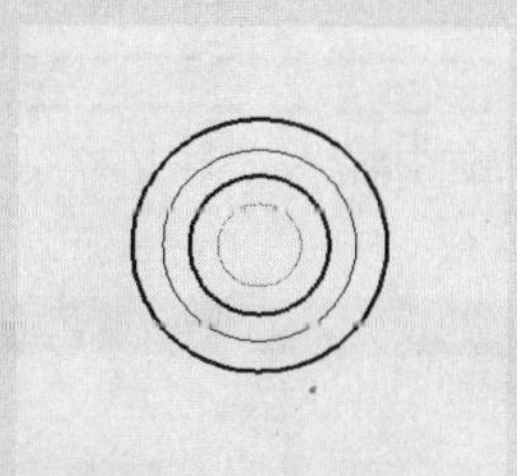

图211-1　打开素材图形

02 在“功能区”选项板的“常用”选项卡中，单击“图层”面板中的“图层特性”按钮，弹出“图层特性管理器”面板，单击“新建特性过滤器”按钮，弹出“图层过滤器特性”对话框，如图211-2所示。

03 在“过滤器定义”组中将“状态”设置为第二个选项，“锁定”设置为第三个选项，“线宽”设置为0.25mm，如图211-3所示。单击“确定”按钮，设置过滤条件。

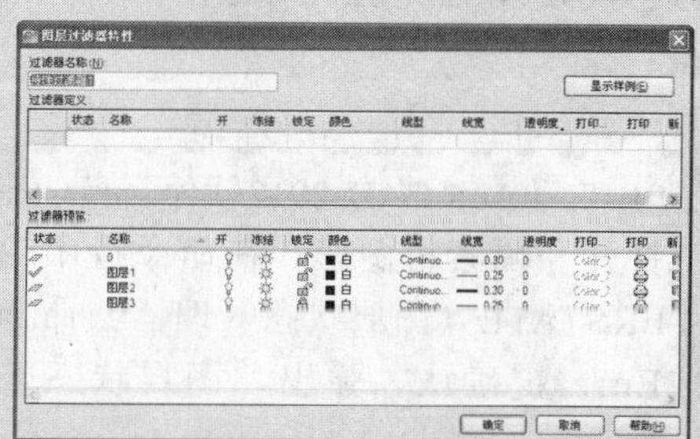

图211-2　“图层过滤器特性”对话框

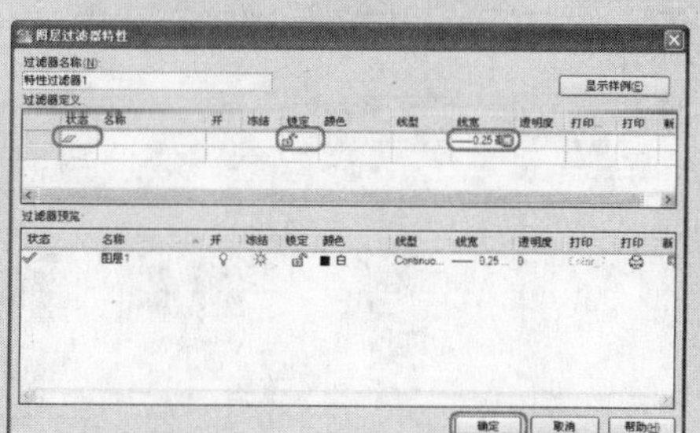

图211-3　设置过滤器参数

第212集　重命名图层过滤器

素材：无　　效果：无

视频：视频\第9章\第212集.avi　　时长：29秒

难度：★　　关键技术：“重命名”选项

01 接第211集的操作，在“功能区”选项板的“常用”选项卡中单击“图层”面板中的“图层特性”按钮，弹出“图层特性管理器”面板，在“过滤器”列表框中的“特性过滤器1”上右击鼠标，在弹出的快捷菜单中选择“重命名”选项，如图212-1所示。

02 将其重命名为“图层过滤器”，按Enter键确认，如图212-2所示。

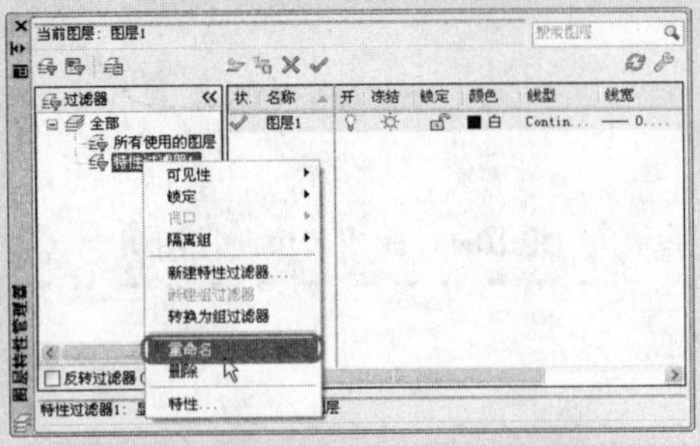

图212-1 选择“重命名”选项

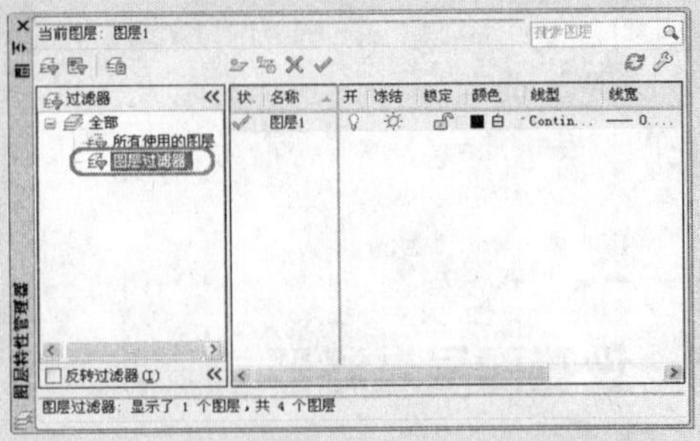

图212-2 重命名图层过滤器

9.6 保存、恢复和输出图层状态

第213集 保存图层状态

素材：素材\第9章\213.dwg　　效果：无

视频：视频\第9章\第213集.avi　　时长：52秒

难度：★　　关键技术：“保存”按钮

01 启动AutoCAD 2012软件，按Ctrl+O键，打开一幅素材图形，在命令行中输入LAYERSTATE（图层状态管理器）命令，并按Enter键确认，弹出“图层状态管理器”对话框，如图213-1所示。

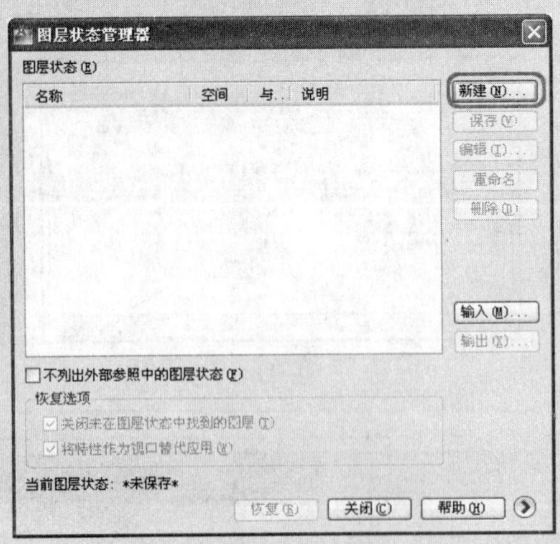

图213-1 “图层状态管理器”对话框

02 单击“新建”按钮，弹出“要保存的新图层状态”对话框，在“新图层状态名”文本框中输入“轮廓”，如图213-2所示。

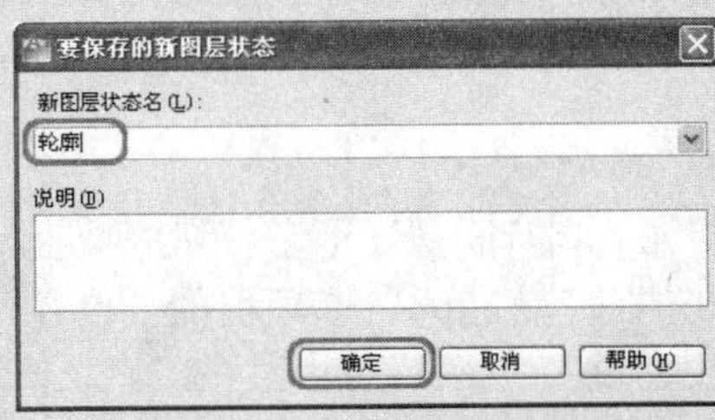

图213-2 输入新图层状态名

03 单击“确定”按钮，返回“图层状态管理器”对话框，单击“保存”按钮，弹出“图层-覆盖图层状态”对话框，如图213-3所示。

图213-3 “图层-覆盖图层状态”对话框

04 单击“是”按钮，关闭提示对话框，单击“关闭”按钮，关闭“图层状态管理器”对话框。

第214集　恢复图层状态

素材：无　　　　效果：无

视频：视频\第9章\第214集.avi　　　　时长：59秒

难度：★　　　　关键技术："恢复"按钮

01 接第213集，在"图层特性管理器"面板中将0图层的"颜色"设置为红，"线宽"设置为0.15mm，如图214-1所示。

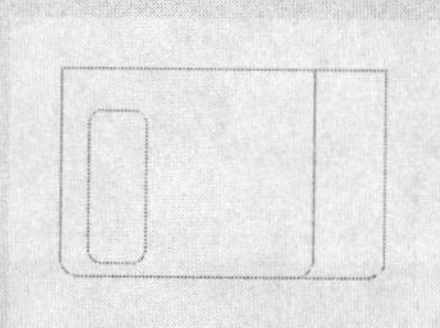

图214-1　修改图层状态

02 在命令行中输入LAYERSTATE（图层状态管理器）命令，并按Enter键确认，弹出"图层状态管理器"对话框，在"图层状态"列表框中选择"轮廓"选项，如图214-2所示。单击"恢复"按钮，即可将选中的图层状态恢复到当前图层中，效果如图214-3所示。

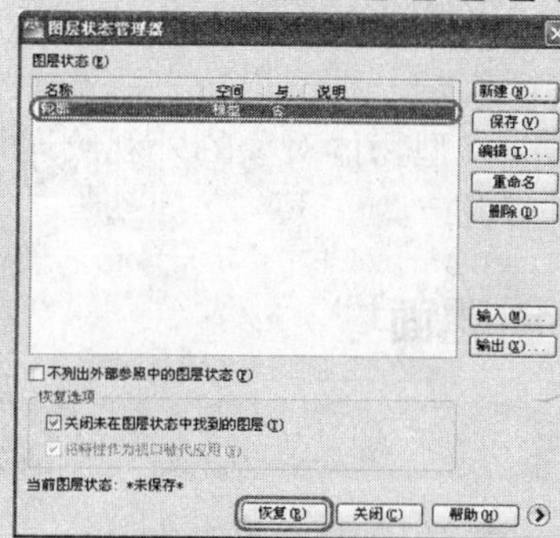

图214-2　单击"恢复"按钮

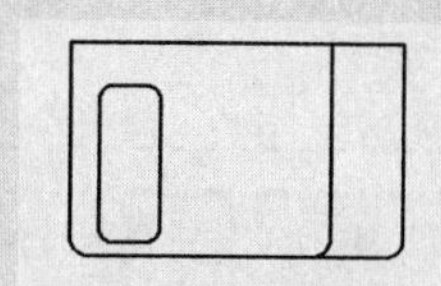

图214-3　恢复图层状态

第215集　输出图层状态

素材：无　　　　效果：无

视频：视频\第9章\第215集.avi　　　　时长：39秒

难度：★　　　　关键技术："输出"按钮

01 接第214集的操作，在命令行中输入LAYERSTATE（图层状态管理器）命令，并按Enter键确认，弹出"图层状态管理器"对话框，在"图层状态"列表框中选择"轮廓"选项，单击"输出"按钮，如图215-1所示。

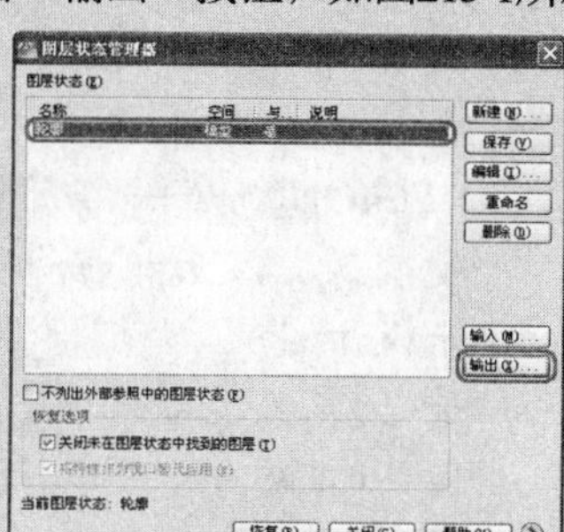

图215-1　单击"输出"按钮

02 弹出"输出图层状态"对话框，在"文件名"文本框中输入"第215集.las"，如图215-2所示。设置保存路径，单击"保存"按钮，关闭"图层状态管理器"面板，输出图层状态。

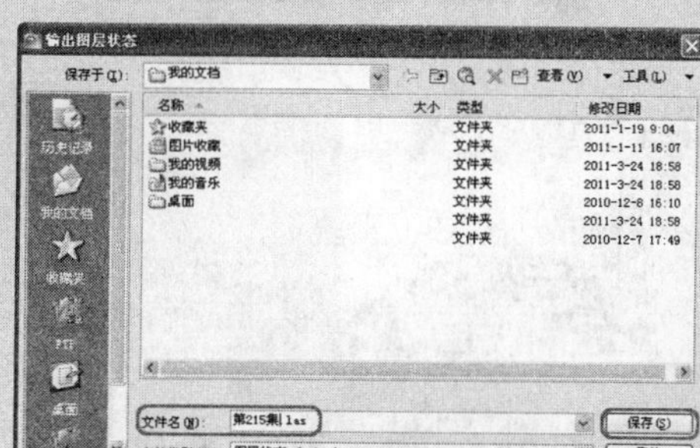

图215-2　"输出图层状态"对话框

第10章 应用面域和填充图案

面域指的是具有边界的平面区域，它是一个面对象，内部可以包含孔。从外观来看，面域和一般的封闭线框没有区别，但实际上面域就像是一张没有厚度的纸，除了包括边界外，还包括边界内的平面。

图案填充是一种使用指定线条图案、颜色来充满指定区域的操作，常常用于表达剖切面域和不同类型物体对象的外观纹理等，被广泛应用在绘制机械图、建筑图及地质构造图等各类图形中。

10.1 创建面域

第216集 运用“面域”命令创建面域

素材：素材\第10章\216-1.dwg
视频：视频\第10章\第216集.avi
难度：★
效果：无
时长：40秒
关键技术：“面域”按钮

01 单击快速访问工具栏中的“打开”按钮，在弹出的对话框中打开一幅素材图形，如图216-1所示。

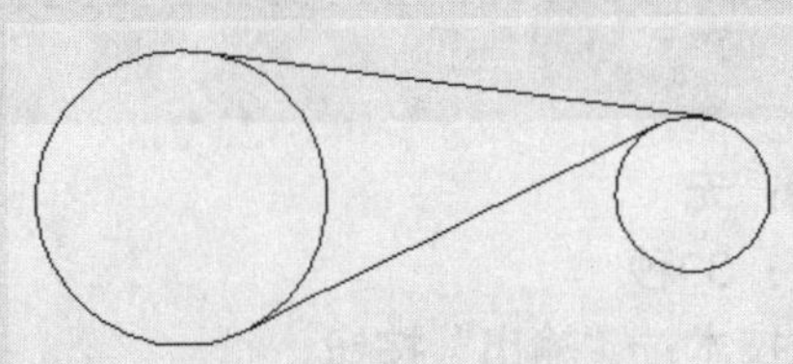

图216-1 打开的素材图形

02 选择“功能区”选项板的“常用”选项卡，单击“绘图”按钮，在弹出的面板中单击“面域”按钮，如图216-2所示。

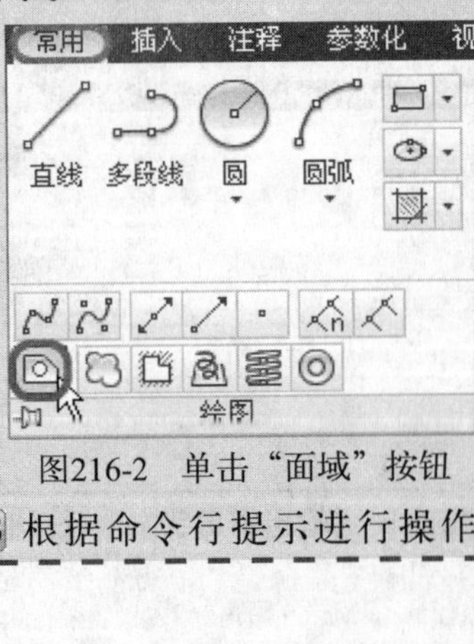

图216-2 单击“面域”按钮

03 根据命令行提示进行操作，在绘图区中依次选择两个圆形，并按Enter键确认，即可创建面域，如图216-3所示。

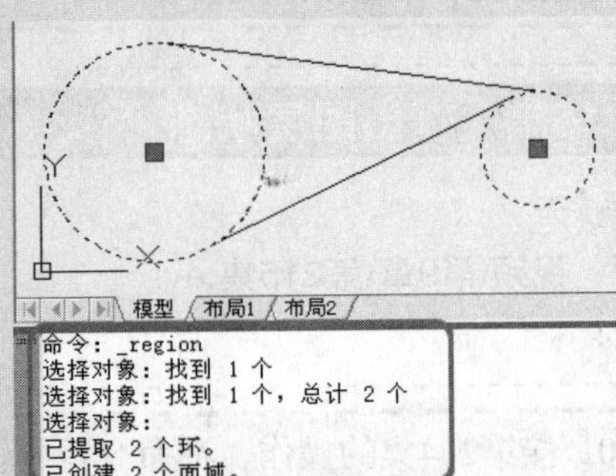

图216-3 创建面域后的效果

专家提醒

除了用上述方法可以调用“面域”命令外，还有以下两种常用的方法。

- 方法1：在命令行中输入REGION(面域)命令并按Enter键确认，然后根据命令行提示操作。
- 方法2：在菜单栏中选择“绘图”|“面域”命令，然后根据命令行提示进行操作。

第217集　运用"边界"命令创建面域

素材：素材\第10章\217-1.dwg　　效果：无

视频：视频\第10章\第217集.avi　　时长：34秒

难度：★　　关键技术：BOUNDARY（边界）命令

01 单击快速访问工具栏中的"打开"按钮，在弹出的对话框中打开一幅素材图形，如图217-1所示。

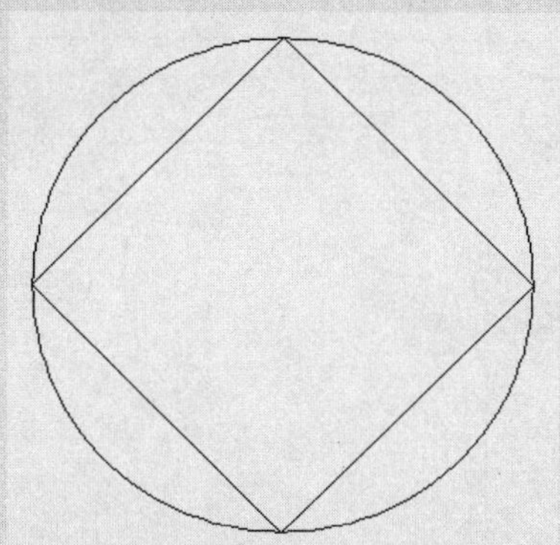

图217-1　打开的素材图形

02 在命令行中输入BOUNDARY（边界）命令并按Enter键确认，弹出"边界创建"对话框，如图217-2所示。

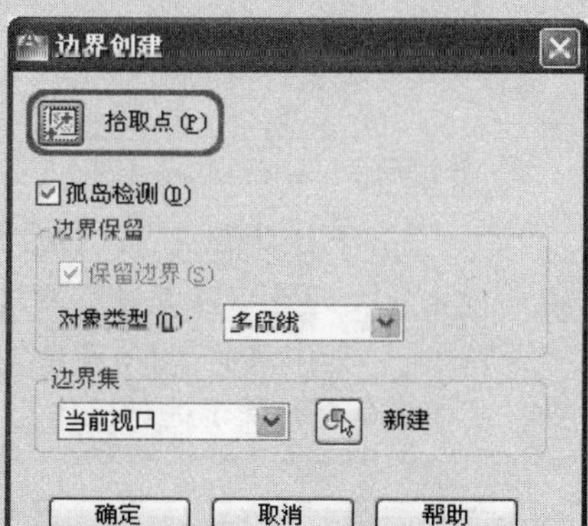

图217-2　"边界创建"对话框

03 单击"拾取点"按钮，在绘图区中拾取如图217-3所示的区域。

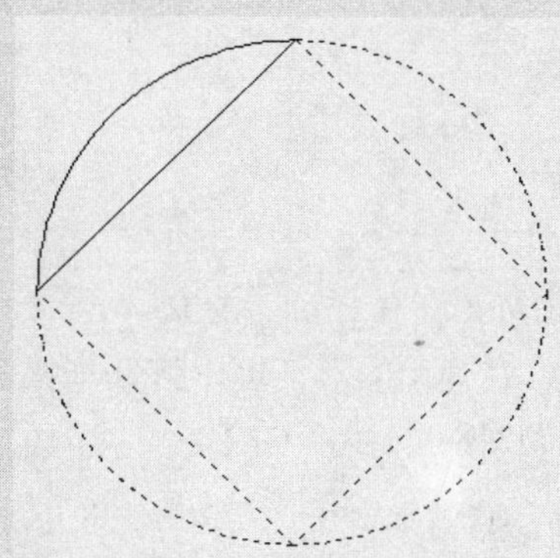

图217-3　拾取区域

04 按Enter键确认，即可运用"边界"命令创建面域，如图217-4所示。

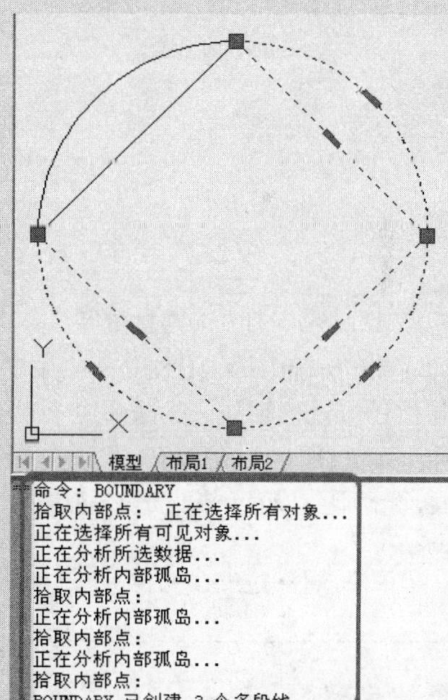

图217-4　创建面域后的效果

专家提醒

除了用上述方法可以调用"边界"命令外，还可以在菜单栏中选择"绘图"|"边界"命令，并根据命令行提示进行操作。

10.2 编辑面域

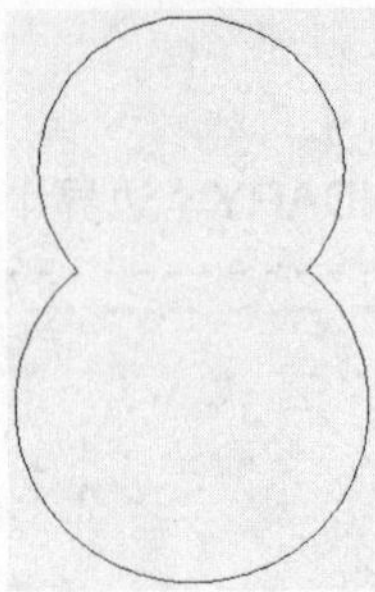

第218集 并集运算面域

素材：素材\第10章\218-1.dwg
效果：效果\第10章\第218集.dwg
视频：视频\第10章\第218集.avi
时长：23秒
难度：★
关键技术：UNION（并集）命令

01 单击快速访问工具栏中的“打开”按钮，在弹出的对话框中打开一幅素材图形，如图218-1所示。

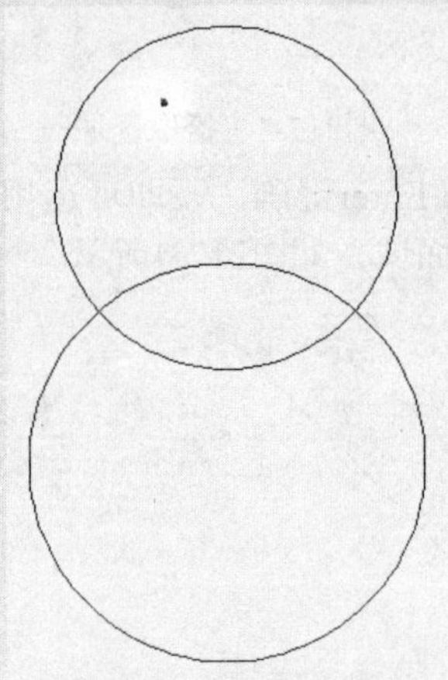

图218-1 打开的素材图形

02 在命令行中输入UNION（并集）命令，并按Enter键确认，根据命令行提示进行操作，在绘图区中依次选择两个圆形，按Enter键确认，即可并集运算面域，如图218-2所示。

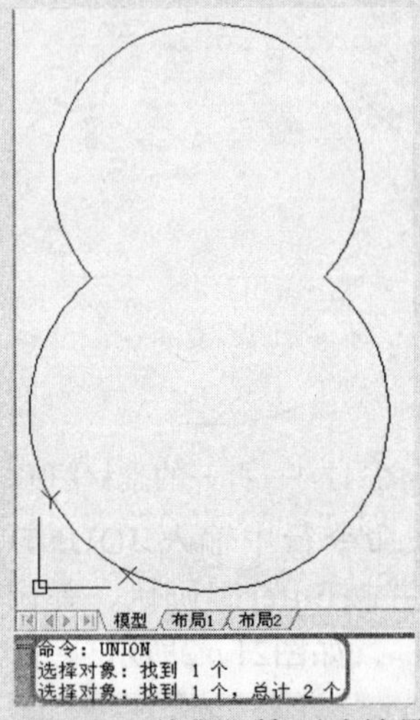

图218-2 并集运算面域效果

专家提醒

除了用上述方法可以调用“并集”命令外，还可以在菜单栏中选择“修改”|“实体编辑”|“并集”命令，并根据命令行提示进行操作。

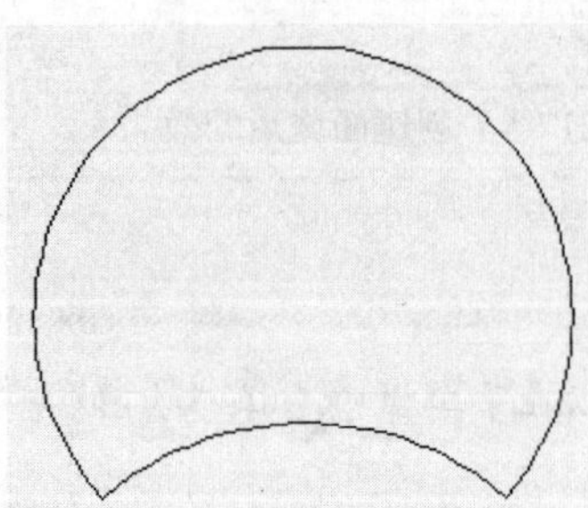

第219集 差集运算面域

素材：素材\第10章\218-1.dwg
效果：效果\第10章\第219集.dwg
视频：视频\第10章\第219集.avi
时长：30秒
难度：★
关键技术：SUBTRACT（差集）命令

01 继续使用第218集中的素材，在命令行中输入SUBTRACT（差集）命令，并按Enter键确认。

02 根据命令行提示进行操作，在绘图区中选择上面的圆形，并按Enter键确认，然后选择下面的圆形，按Enter键确认，即可差集运算面域，如图219-1所示。

专家提醒

除了用上述方法可以调用“差集”命令外，还可以在菜单栏中选择“修改”|“实体编辑”|“差集”命令，并根据命令行提示进行操作。

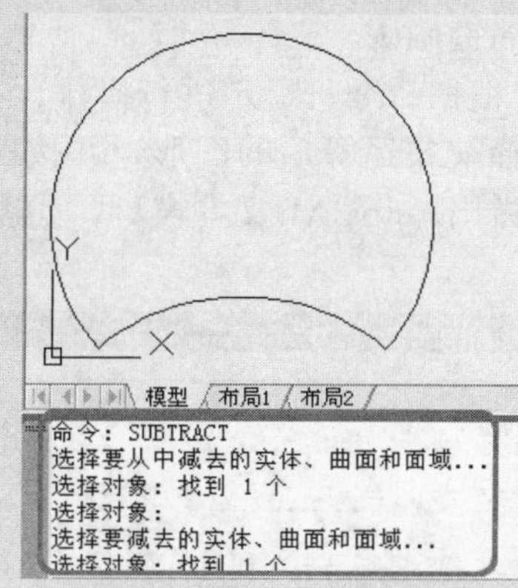

图219-1　差集运算面域效果

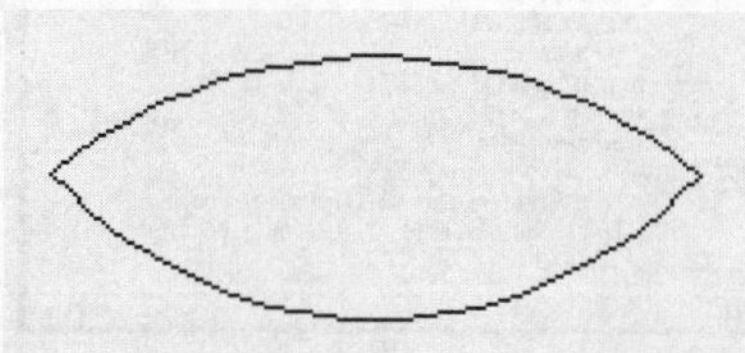

第220集　交集运算面域

素材：素材\第10章\218-1.dwg

效果：效果\第10章\第220集.dwg

视频：视频\第10章\第220集.avi

时长：22秒

难度：★

关键技术：INTERSECT（交集）命令

01 继续使用第218集中的素材，在命令行中输入INTERSECT（交集）命令，并按Enter键确认。

02 根据命令行提示进行操作，在绘图区中依次选择两个圆形，按Enter键确认，即可交集运算面域，如图220-1所示。

专家提醒

除了用上述方法可以调用“交集”命令外，还可以在菜单栏中选择“修改”|“实体编辑”|“交集”命令，并根据命令行提示进行操作。

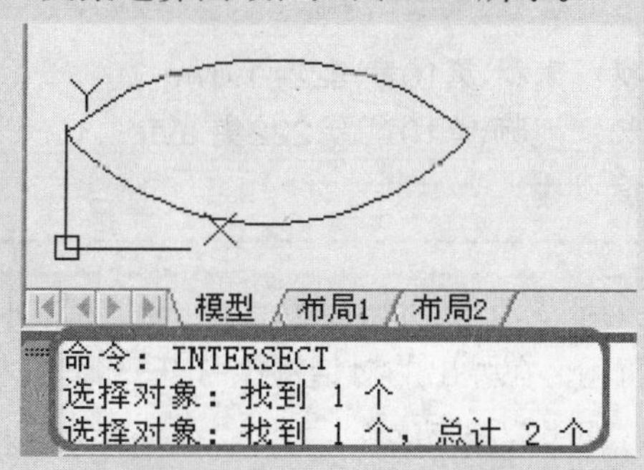

图220-1　交集运算面域效果

第221集　提取面域数据

素材：无

效果：无

视频：视频\第10章\第221集.avi

时长：44秒

难度：★

关键技术：MASSPROP（面域/质量特性）命令

01 继续第220集中的操作，在命令行中输入MASSPROP（面域/质量特性）命令，并按Enter键确认。

02 根据命令行提示进行操作，在绘图区中选择交集运算后的图形，并按Enter键确认，弹出AutoCAD文本窗口，如图221-1所示。

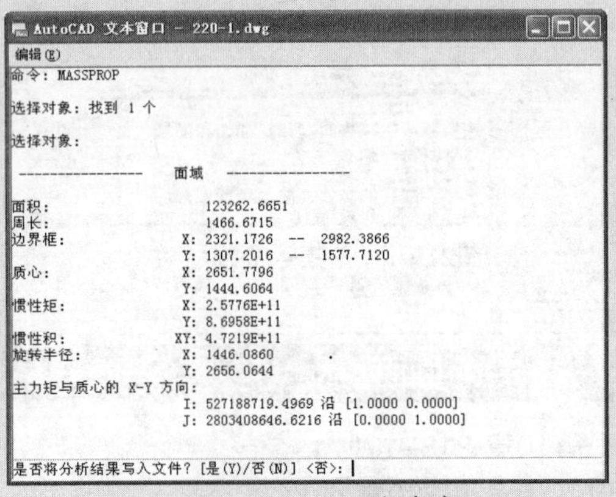

图221-1 AutoCAD文本窗口

03 在窗口中输入Y，并按Enter键确认，弹出“创建质量与面积特性文件”对话框，如图221-2所示。

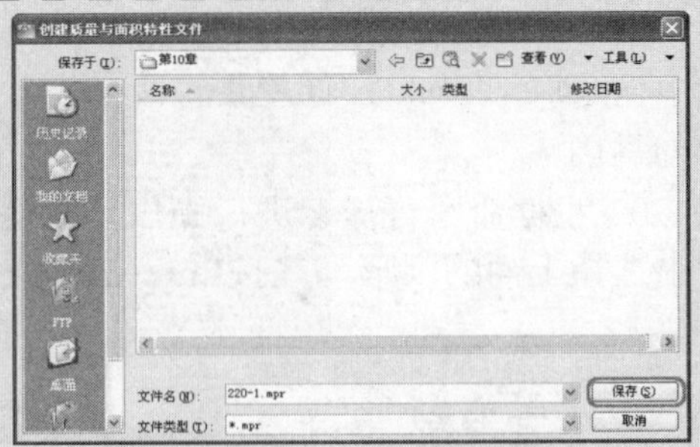

图221-2 “创建质量与面积特性文件”对话框

04 单击“保存”按钮，即可查看提取的面域数据，如图221-3所示。

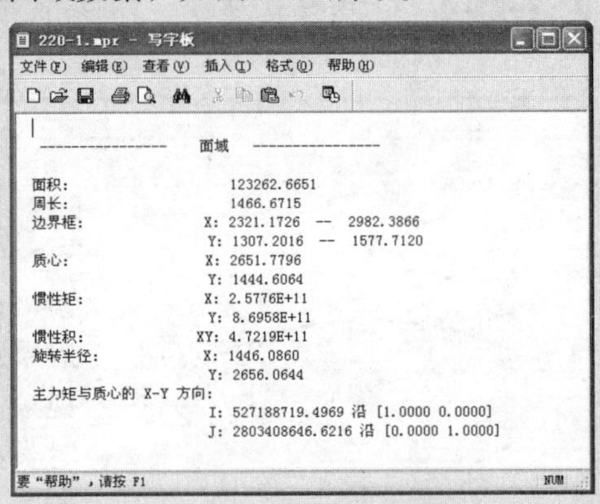

图221-3 查看提取的面域数据

10.3 创建图案填充

第222集 选择图案类型

素材：素材\第10章\222-1.dwg　　效果：无

视频：视频\第10章\第222集.avi　　时长：54秒

难度：★　　关键技术：“图案填充和渐变色”对话框

01 单击快速访问工具栏中的“打开”按钮，在弹出的对话框中打开一幅素材图形，如图222-1所示。

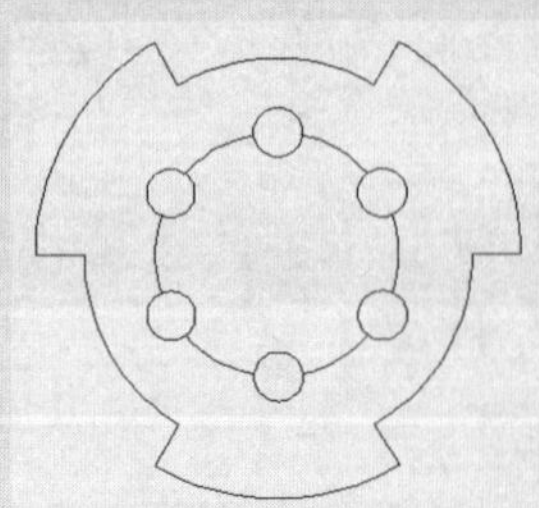

图222-1 打开的素材图形

02 选择“功能区”选项板中的“常用”选项卡，在“绘图”面板上单击“图案填充”按钮，如图222-2所示。

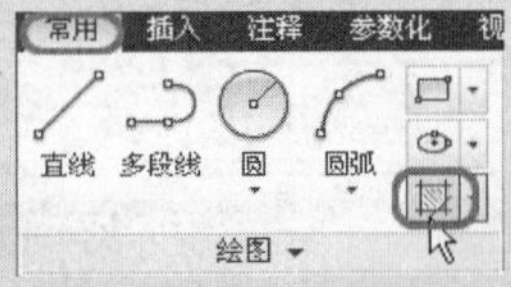

图222-2 单击“图案填充”按钮

03 此时的“功能区”选项板变成如图222-3所示的样式。单击“选项”面板上的“图案填充设置”按钮，弹出“图案填充和渐变色”对话框，如图222-4所示。选择“图案填充”选项卡，单击“类型”下拉按钮，在弹出的下拉列表框中即可选择填充图案的类型。

图222-3　单击“图案填充设置”按钮

专家提醒

除了用上述方法可以调用“图案填充”命令外，还可以在菜单栏中选择“绘图”|“图案填充”命令。

图222-4　“图案填充和渐变色”对话框

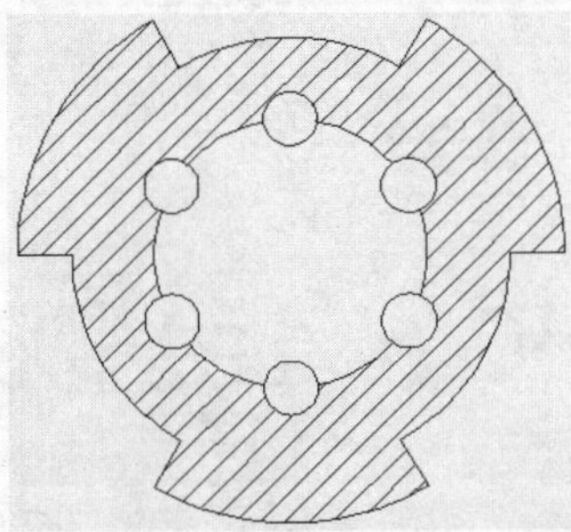

第223集　预定义填充图案

素材：素材\第10章\222-1.dwg

效果：效果\第10章\第223集.dwg

视频：视频\第10章\第223集.avi

时长：48秒

难度：★

关键技术：“图案填充和渐变色”对话框

01 继续使用第222集中的素材。单击“功能区”选项板的“常用”选项卡，在“绘图”面板上单击“图案填充”按钮，如图223-1所示。

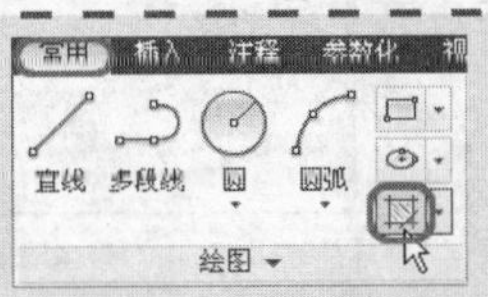

图223-1　单击“图案填充”按钮

02 此时的“功能区”选项板变成如图223-2所示的样式。在“选项”面板中单击“图案填充设置”按钮，弹出“图案填充和渐变色”对话框，选择“图案填充”选项卡，单击“图案”下拉按钮，在弹出的下拉列表中选择ANSI31选项，如图223-3所示。

图223-2　单击“图案填充设置”按钮

03 单击“添加：拾取点”按钮，在绘图区中选择图形最外侧的区域为填充对象，并按Enter键确认，即可填充图案，如图223-4所示。

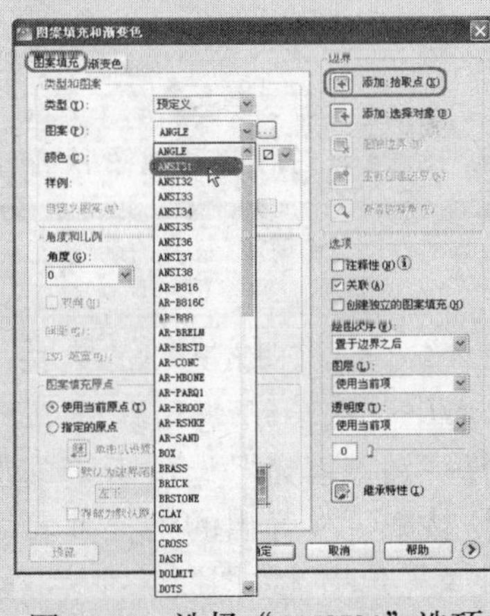

图223-3　选择“ANSI31”选项

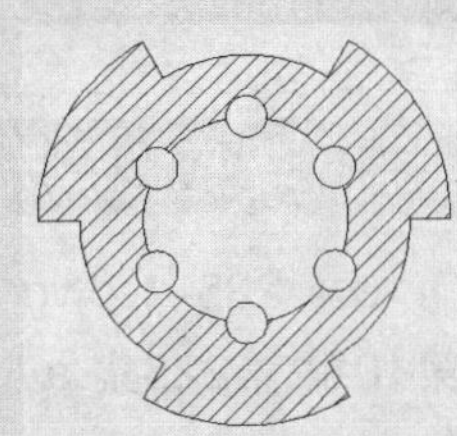

图223-4　填充图案

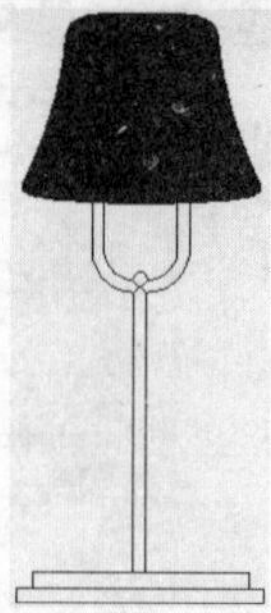

第224集　用户定义的填充图案

素材：素材\第10章\224-1.dwg

效果：效果\第10章\第224集.dwg

视频：视频\第10章\第224集.avi

时长：47秒

难度：★

关键技术：“图案填充和渐变色”对话框

01 单击快速访问工具栏中的“打开”按钮，在弹出的对话框中打开一幅素材图形，如图224-1所示。

02 单击“功能区”选项板的“常用”选项卡，在“绘图”面板上单击“图案填充”按钮，此时的“功能区”选项板变成如图224-2所示的样式，并在“选项”面板中单击“图案填充设置”按钮。

图224-1　打开的素材图形

图224-2　单击“图案填充设置”按钮

03 弹出“图案填充和渐变色”对话框，选择“图案填充”选项卡，单击“类型”下拉按钮，在弹出的下拉列表中选择“用户定义”选项，如图224-3所示。

04 单击“添加：拾取点”按钮，在绘图区中选择灯罩为填充对象，并按Enter键确认，即可填充图案，如图224-4所示。

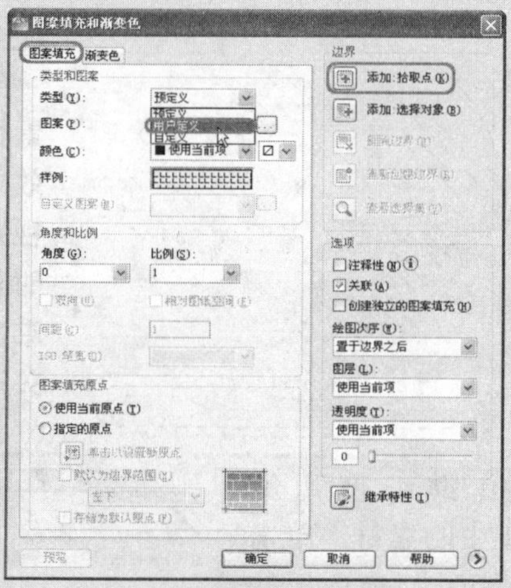

图224-3　“图案填充和渐变色”对话框

图224-4　填充图案

第225集　运用渐变色填充

素材：素材\第10章\225-1.dwg

效果：效果\第10章\第225集.dwg

视频：视频\第10章\第225集.avi

时长：1分44秒

难度：★★★

关键技术：“渐变色”按钮

01 单击快速访问工具栏中的“打开”按钮，在弹出的对话框中打开一幅素材图形，如图225-1所示。

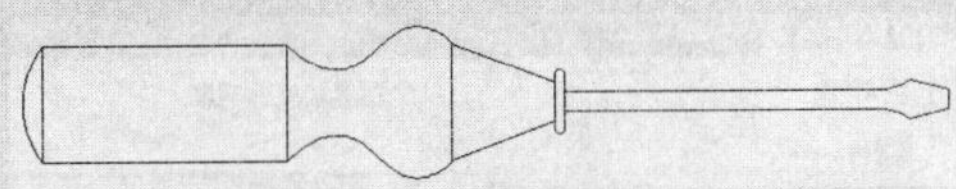

图225-1　打开的素材图形

02 单击“功能区”选项板中的“常用”选项卡，在“绘图”面板上单击如图225-2所示的按钮，在弹出的下拉菜单中单击“渐变色”按钮。

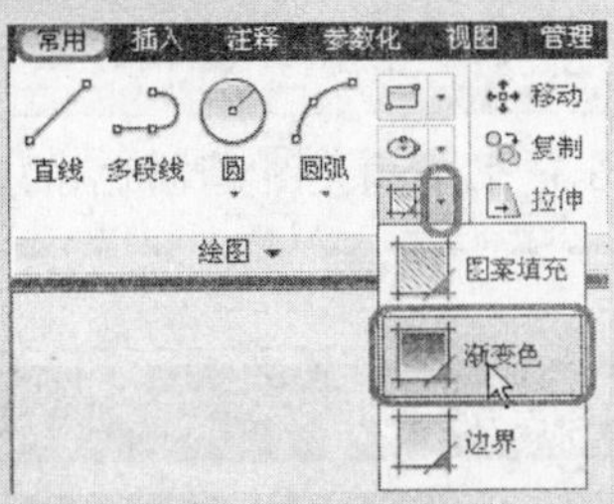

图225-2　单击“渐变色”按钮

03 在“图案填充创建”选项卡的“图案”面板上单击GR_LINEAR按钮，如图225-3所示。

图225-3　单击GR_LINEAR按钮

04 根据命令行提示进行操作，在绘图区中选择要填充的对象，如图225-4所示。

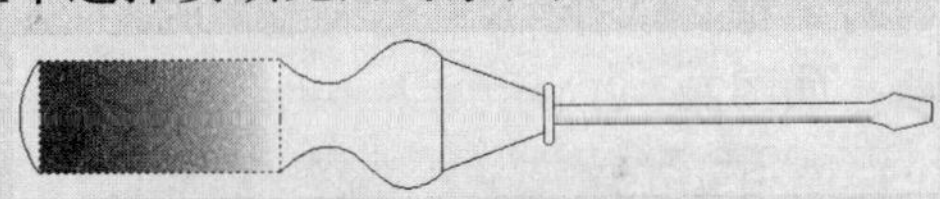

图225-4　填充渐变颜色

05 在“特性”面板中单击“渐变色1”的下拉按钮，在弹出的下拉列表框中选择“选择颜色”选项，如图225-5所示。弹出“选择颜色”对话框，在“索引颜色”选项卡中选择颜色250，如图225-6所示。

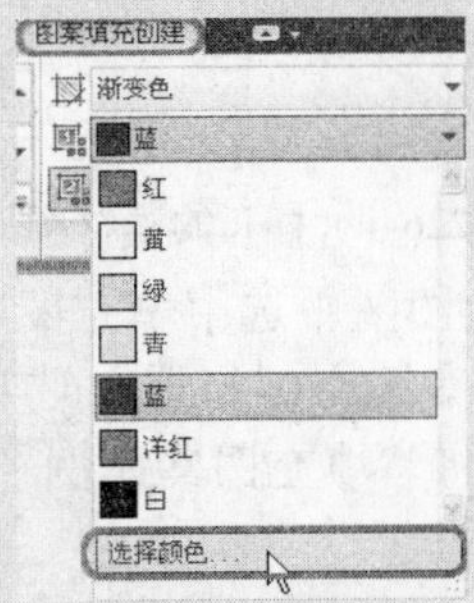

图225-5　选择“选择颜色”选项

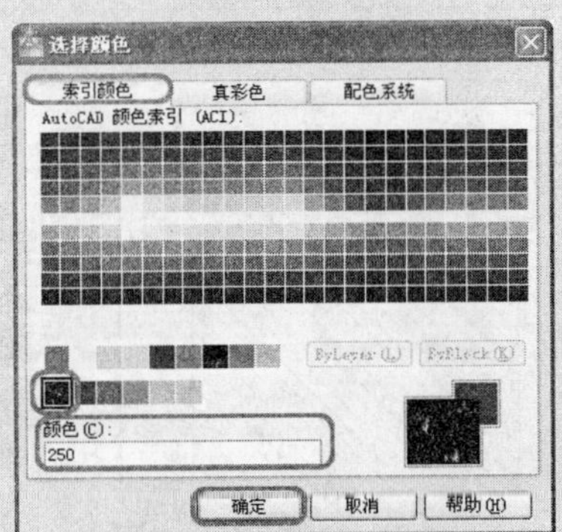

图225-6　“选择颜色”对话框

06 单击“确定”按钮。同理，将“渐变色2”设置为颜色255，然后按Enter键确认，完成后的效果如图225-7所示。

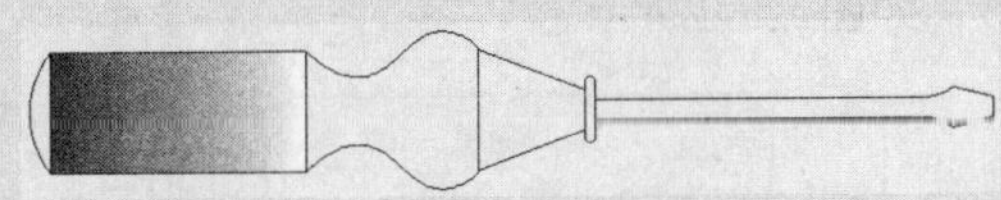

图225-7　设置完渐变颜色后的效果

10.4　编辑图案特性

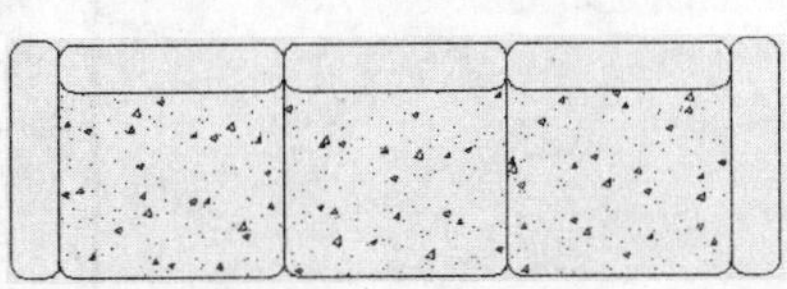

第226集　设置图案比例

素材：素材\第10章\226-1.dwg

效果：效果\第10章\第226集.dwg

视频：视频\第10章\第226集.avi

时长：46秒

难度：★

关键技术：设置“填充图案比例”

01 单击快速访问工具栏中的“打开”按钮，在弹出的对话框中打开一幅素材图形，如图226-1所示。

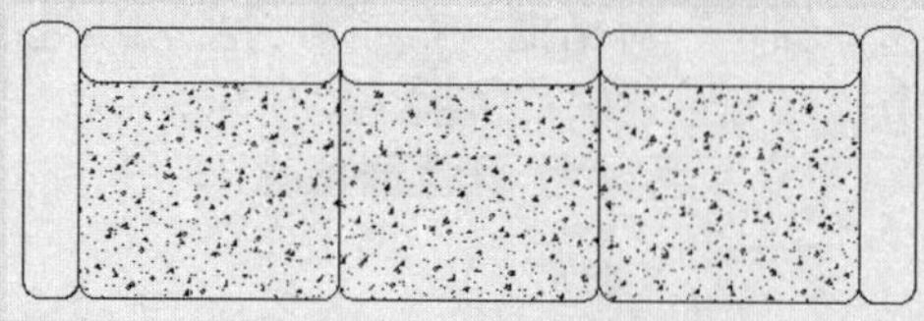

图226-1 打开的素材图形

02 在绘图区中选中填充图案的区域，然后在“图案填充编辑器”选项卡的“特性”面板上将“填充图案比例”设置为1，如图226-2所示。

03 按Enter键确认，然后在“图案填充编辑器”选项卡的“关闭”面板中单击“关闭图案填充编辑器”按钮，完成后的效果如图226-3所示。

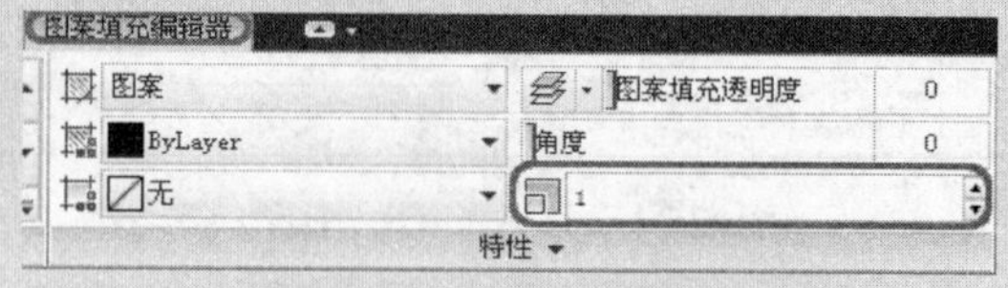

图226-2 设置填充图案比例

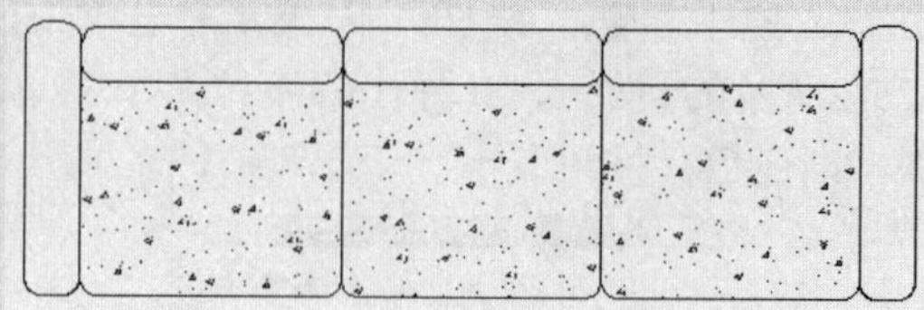

图226-3 设置填充图案比例后的效果

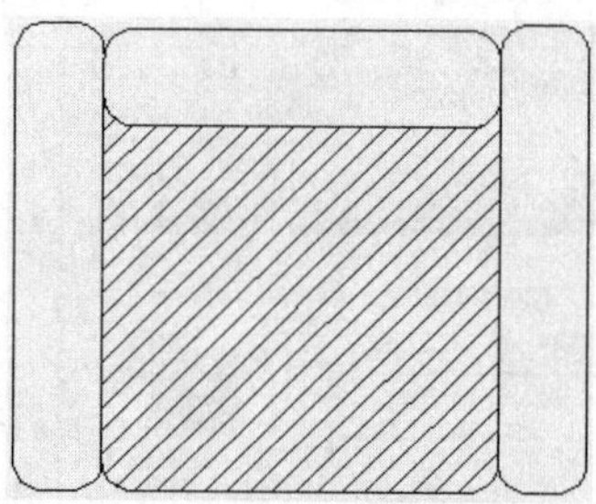

第227集 设置图案样例

素材：素材\第10章\227-1.dwg

效果：效果\第10章\第227集.dwg

视频：视频\第10章\第227集.avi

时长：1分07秒

难度：★★

关键技术：“填充图案选项板”对话框

01 单击快速访问工具栏中的“打开”按钮，在弹出的对话框中打开一幅素材图形，如图227-1所示。

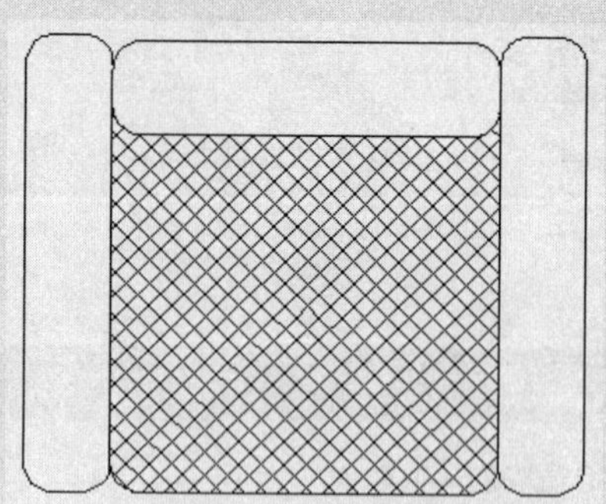

图227-1 打开的素材图形

02 在绘图区中选中填充图案的区域，然后在“图案填充编辑器”选项卡的“选项”面板上单击按钮，弹出“图案填充编辑”对话框，选择“图案填充”选项卡，在“类型和图案”选项组中单击“样例”右侧的按钮，弹出“填充图案选项板”对话框，选择ANSI选项卡下的ANSI31选项，如图227-2所示。

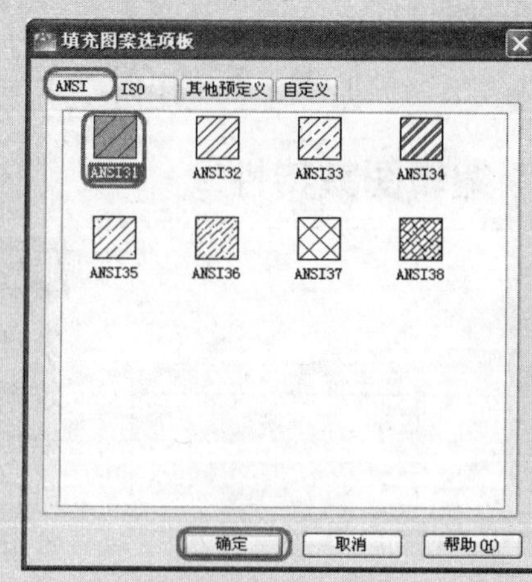

图227-2 “填充图案选项板”对话框

03 单击“确定”按钮，返回到“图案填充编辑”对话框，单击“确定”按钮，然后在“图案填充编辑器”选项卡的“关闭”面板中单击“关闭图案填充编辑器”按钮，完成后的效果如图227-3所示。

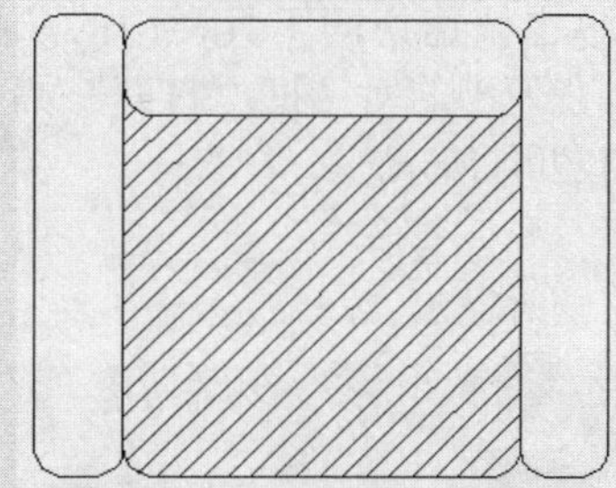

图227-3　完成后的效果

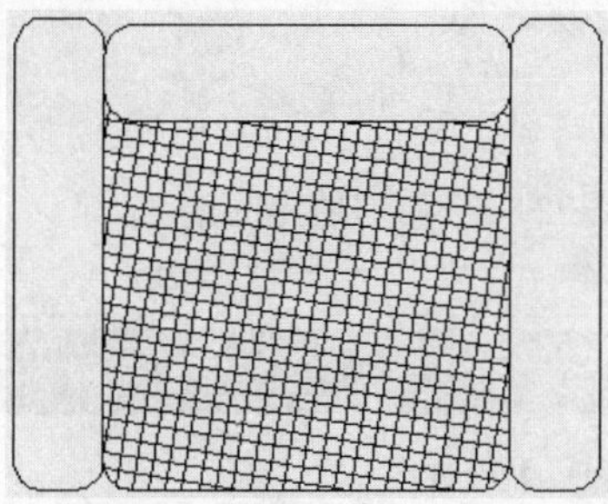

第228集　设置图案角度

素材：素材\第10章\227-1.dwg

效果：效果\第10章\第228集.dwg

视频：视频\第10章\第228集.avi

时长：36秒

难度：★

关键技术：通过向右拖动鼠标来设置角度

01 继续使用第227集中的素材。在绘图区中选中填充图案的区域，然后将鼠标移至如图228-1所示的位置处，此时鼠标变成↔形状。

图228-1　移动鼠标位置

02 向右拖动鼠标，设置角度为36，如图228-2所示。

03 在“图案填充编辑器”选项卡的“关闭”面板中单击“关闭图案填充编辑器”按钮，完成后的效果如图228-3所示。

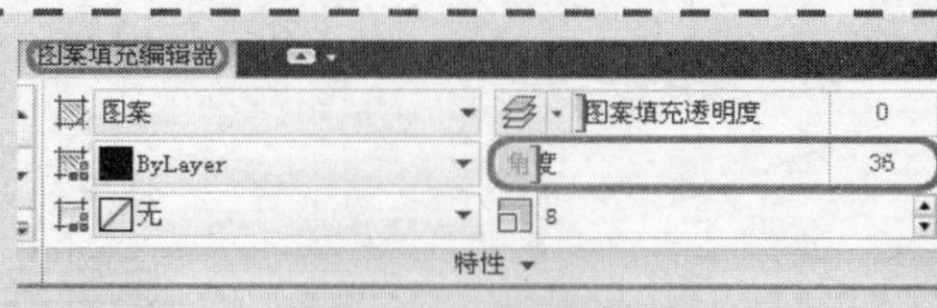

图228-2　设置角度

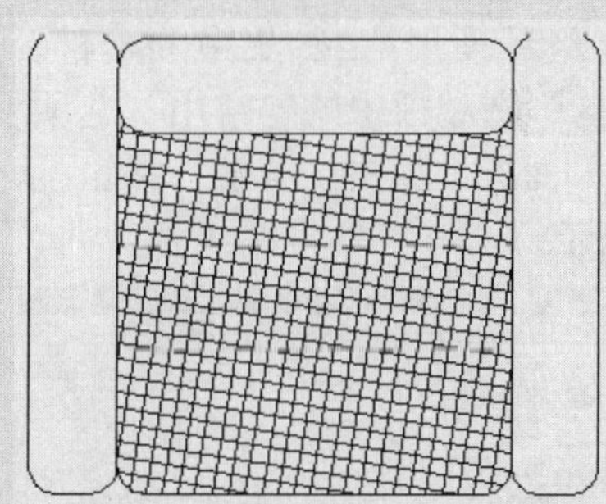

图228-3　设置角度后的效果

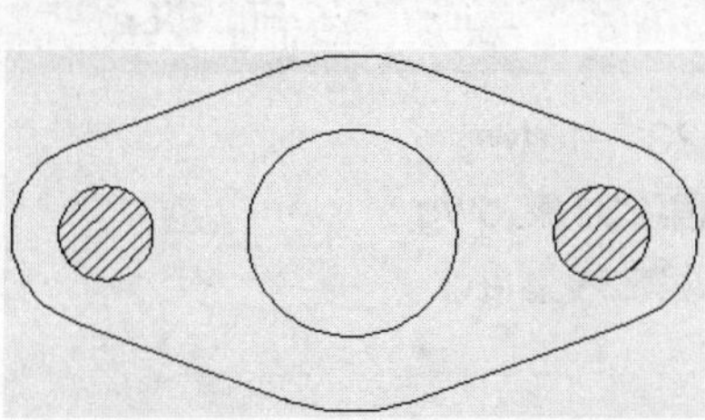

第229集　修剪填充图案

素材：素材\第10章\229-1.dwg

效果：效果\第10章\第229集.dwg

视频：视频\第10章\第229集.avi

时长：32秒

难度：★

关键技术：“修剪”按钮

01 单击快速访问工具栏中的“打开”按钮，在弹出的对话框中打开一幅素材图形，如图229-1所示。

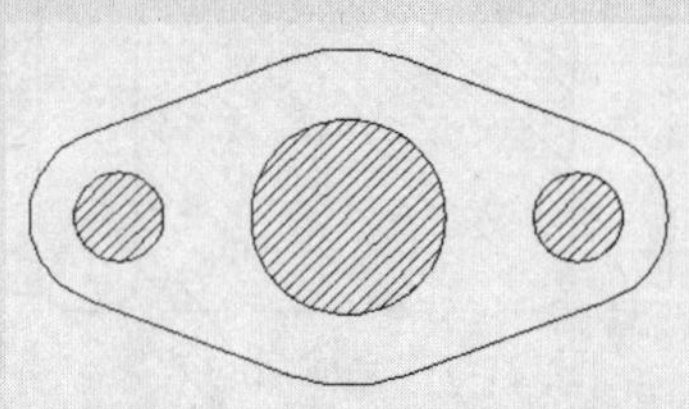

图229-1　打开的素材图形

02 单击“功能区”选项板中的“常用”选项卡，在“修改”面板上单击“修剪”按钮，如图229-2所示。

03 根据命令行提示进行操作，在绘图区中选择所有的对象，并按Enter键确认，单击大圆形内的填充图案，按Enter键确认，即可修剪填充的图案，如图229-3所示。

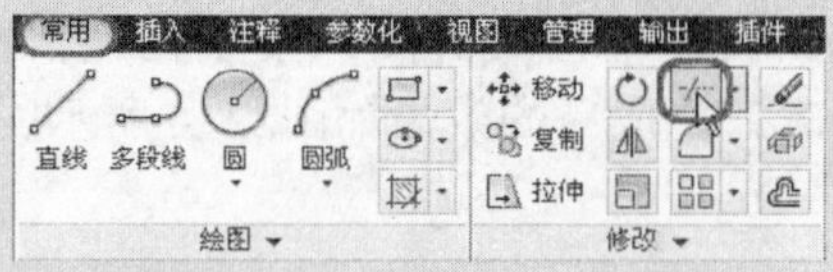

图229-2　单击“修剪”按钮

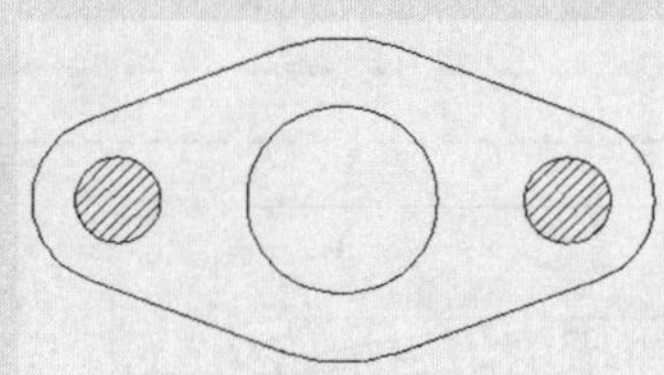

图229-3　修剪填充图案

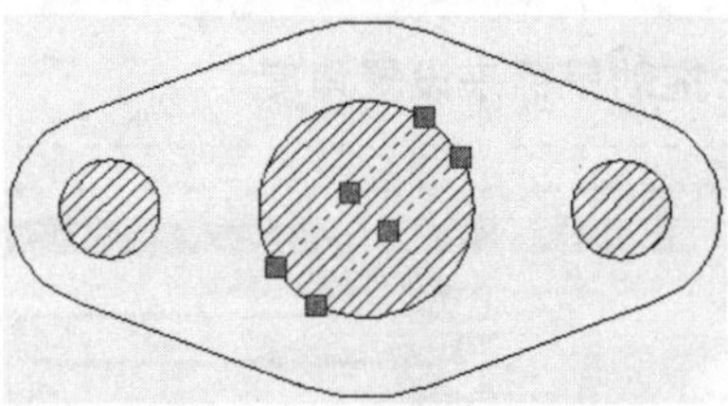

第230集　分解图案

素材：素材\第10章\229-1.dwg

效果：效果\第10章\第230集.dwg

视频：视频\第10章\第230集.avi

时长：26秒

难度：★

关键技术：“分解”按钮

01 继续使用第229集中的素材。单击“功能区”选项板中的“常用”选项卡，在“修改”面板上单击“分解”按钮，如图230-1所示。

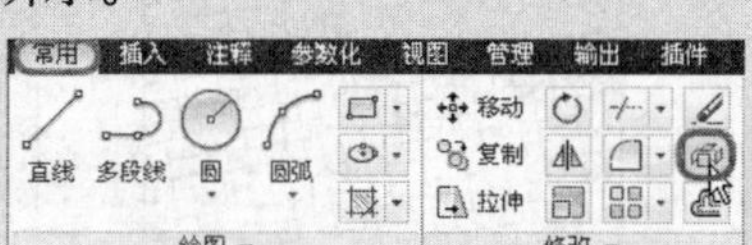

图230-1　单击“分解”按钮

02 根据命令行提示进行操作，在绘图区中选择填充图案为分解对象，按Enter键确认，即可分解图案，如图230-2所示。

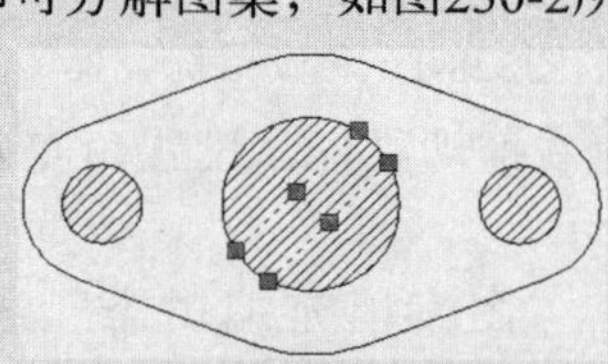

图230-2　分解图案

10.5　设置填充对象可见性

第231集　运用FILL命令变量控制填充

素材：素材\第10章\231-1.dwg

效果：效果\第10章\第231集.dwg

视频：视频\第10章\第231集.avi

时长：31秒

难度：★

关键技术：FILL（填充模式）命令

01 单击快速访问工具栏中的“打开”按钮，在弹出的对话框中打开一幅素材图形，如图231-1所示。

图231-1　打开的素材图形

02 在命令行中输入FILL（填充模式）命令，并按Enter键确认，根据命令行提示进行操作，输入OFF（关闭），按Enter键确认。在命令行中输入REGEN（重生成）命令，按Enter键确认，即可变量控制填充，如图231-2所示。

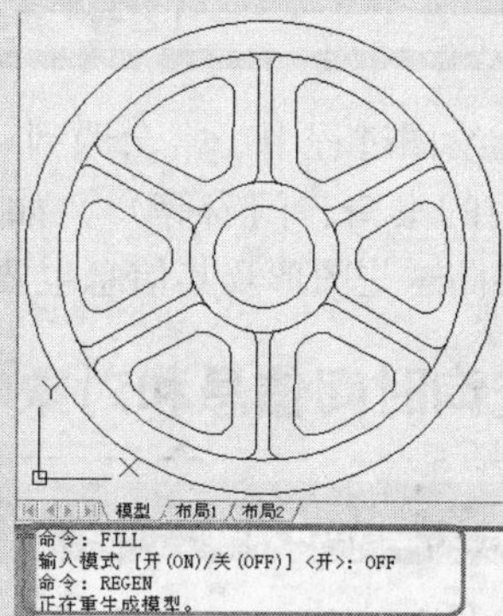

图231-2　变量控制填充

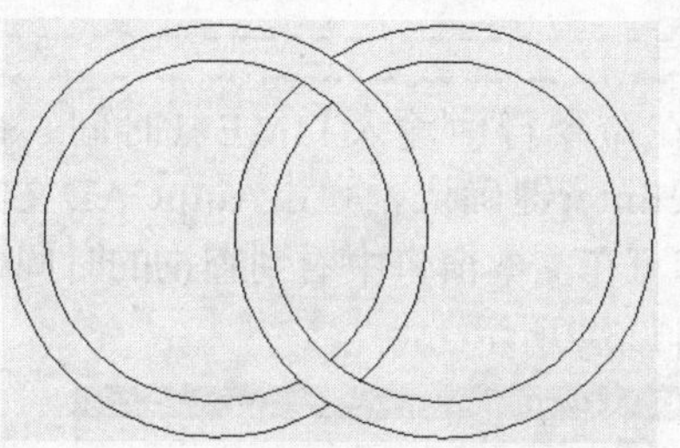

第232集　运用图层控制填充

素材：素材\第10章\232-1.dwg

效果：效果\第10章\第232集.dwg

视频：视频\第10章\第232集.avi

时长：47秒

难度：★

关键技术：“图层特性”按钮

01 单击快速访问工具栏中的“打开”按钮，在弹出的对话框中打开一幅素材图形，如图232-1所示。

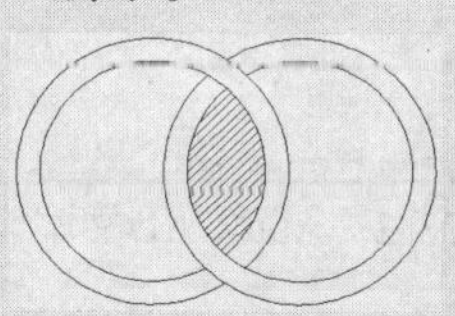

图232-1　打开的素材图形

02 单击“功能区”选项板中的“常用”选项卡，在“图层”面板上单击“图层特性”按钮，弹出“图层特性管理器”面板，如图232-2所示。

03 在“图案”图层上单击按钮，在弹出的“图层-关闭当前图层”对话框中选择“关闭当前图层”选项，如图232-3所示。

04 关闭此对话框，然后关闭“图层特性管理器”面板，即可运用图层控制填充，如图232-4所示。

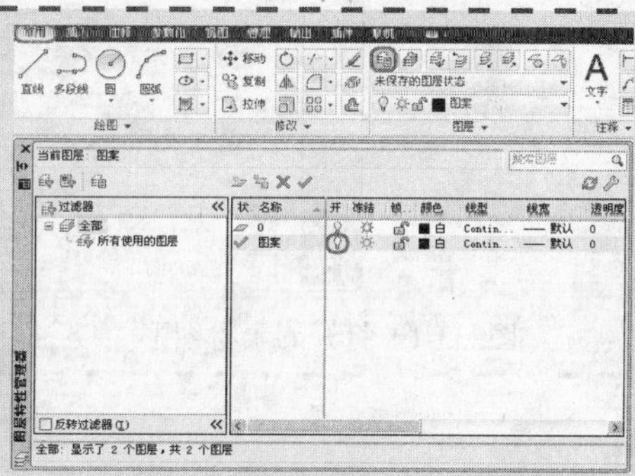

图232-2　“图层特性管理器”面板

图232-3　选择“关闭当前图层”选项

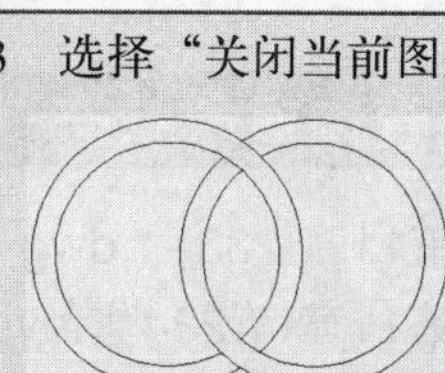

图232-4　运用图层控制填充

第 11 章 使用查询、计算与外部参照

在设计绘图过程中经常会遇到一些重复出现的图形（例如机械设计中的螺钉、螺帽，建筑设计中的桌椅、门窗等），如果每次都重新绘制这些图形，不仅造成大量的重复工作，而且存储这些图形及其信息也要占据相当大的磁盘空间。

11.1 查询时间信息和对象状态

第233集 查询时间

素材：素材\第11章\233-1.dwg　　效果：无

视频：视频\第11章\第233集.avi　　时长：22秒

难度：★　　关键技术：TIME（时间）命令

01 单击快速访问工具栏中的“打开”按钮，在弹出的对话框中打开一幅素材图形，如图233-1所示。

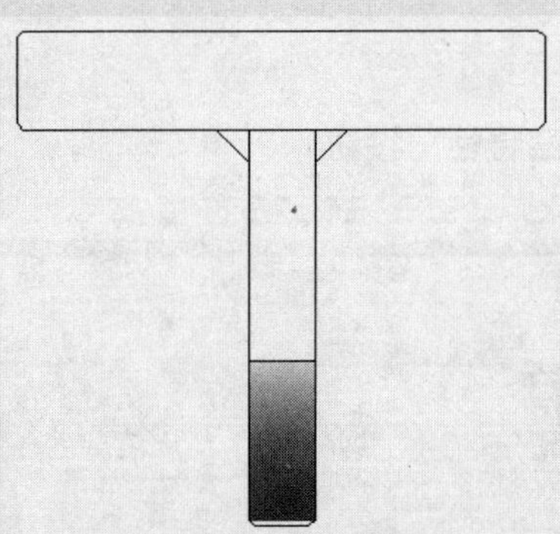

图233-1 打开的素材图形

02 在命令行中输入TIME（时间）命令，并按Enter键确认，弹出AutoCAD文本窗口，即可在文本窗口中看到查询的时间信息，如图233-2所示。

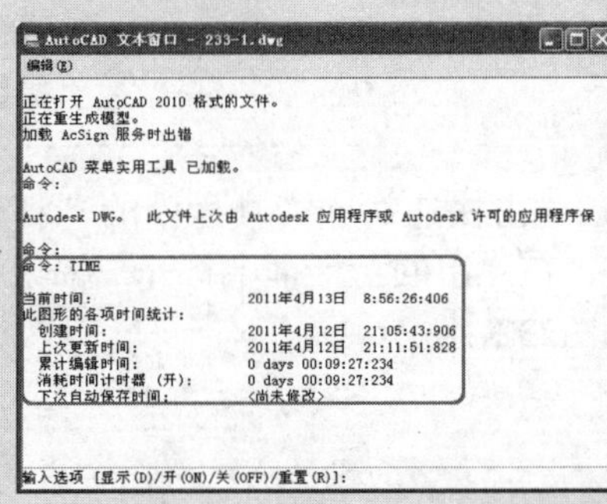

图233-2 AutoCAD文本窗口

专家提醒

除了用上述方法可以查询时间外，还可以在菜单栏中选择“工具”|“查询”|“时间”命令。

第234集 查询对象状态

素材：素材\第11章\233-1.dwg　　效果：无

视频：视频\第11章\第234集.avi　　时长：23秒

难度：★　　关键技术：STATUS（状态）命令

01 继续使用第233集中的素材。在命令行中输入STATUS（状态）命令，按Enter键确认，弹出AutoCAD文本窗口，再次按Enter键确认，即可在文本窗口中查看到查询的对象状态信息，如图234-1所示。

专家提醒

除了用上述方法可以查询对象状态外，还可以在菜单栏中选择“工具”|“查询”|“状态”命令。

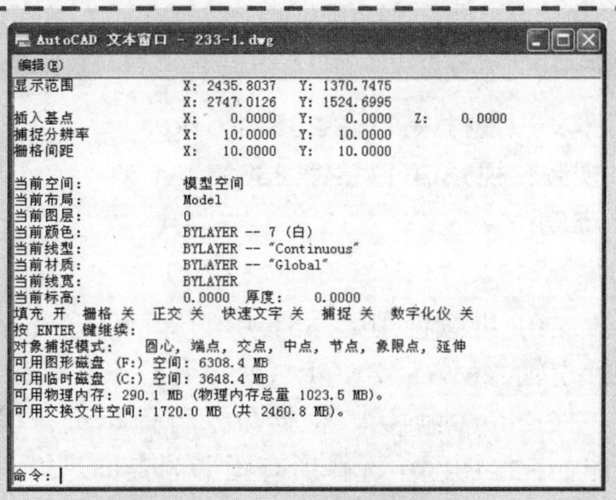

图234-1　AutoCAD文本窗口

11.2　查询点坐标和质量特性

第235集　查询点坐标

素材：素材\第11章\235-1.dwg　　效果：无
视频：视频\第11章\第235集.avi　　时长：32秒
难度：★　　关键技术：ID（点坐标）命令

01 单击快速访问工具栏中的“打开”按钮，在弹出的对话框中打开一幅素材图形，如图235-1所示。

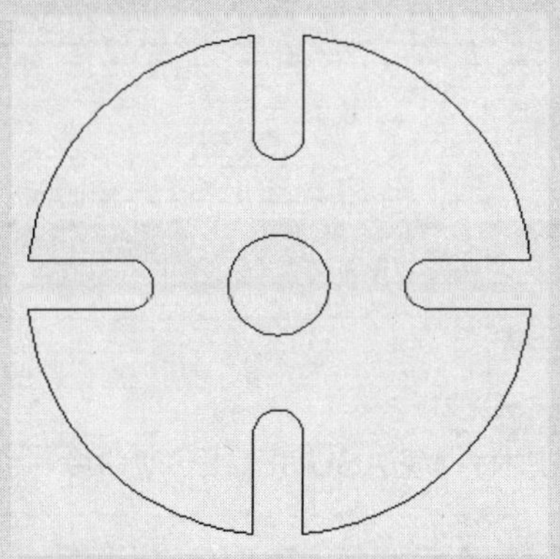
图235-1　打开的素材图形

02 在命令行中输入ID（点坐标）命令，并按Enter键确认，然后根据命令行提示进行操作，在绘图区的圆心上单击鼠标，如图235-2所示。

03 此时，即可在命令行上方的文本窗口中查看到查询的点坐标信息，如图235-3所示。

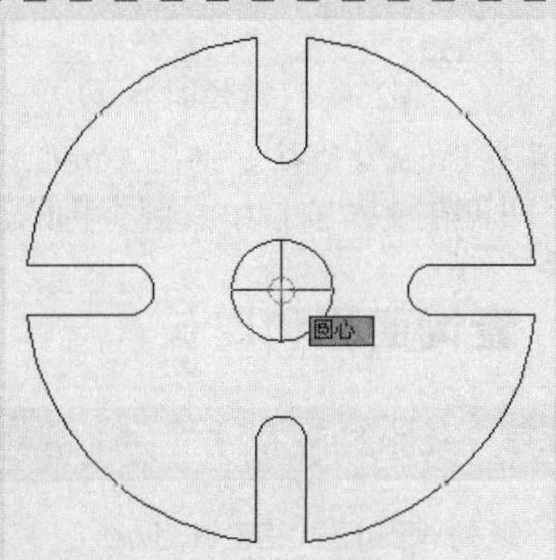

图235-2　指定点

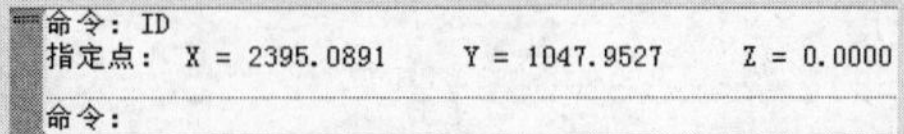

图235-3　查询的点坐标信息

专家提醒

除了用上述方法可以查询点坐标外，还可以在菜单栏中选择“工具”|“查询”|“点坐标”命令。

第236集　查询质量特性

素材：素材\第11章\235-1.dwg　　效果：无
视频：视频\第11章\第236集.avi　　时长：34秒
难度：★　　关键技术：MASSPROP（质量特性）命令

01 继续使用第235集中的素材。在命令行中输入MASSPROP（质量特性）命令，并按Enter键确认，根据命令行提示进行操作，在绘图区中选择所有图形为查询对象，如图236-1所示。

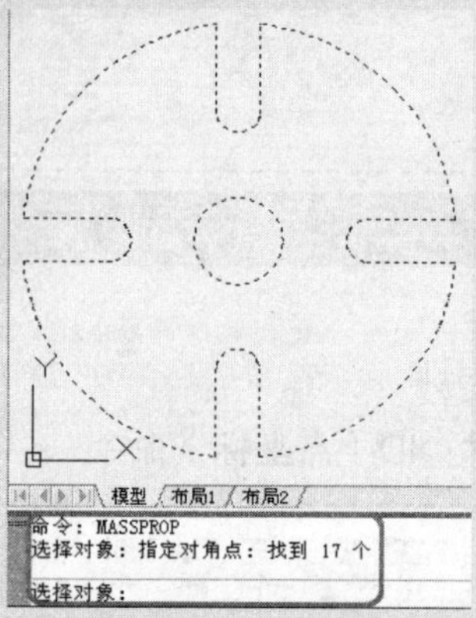

图236-1　选择图形

02 按Enter键确认，弹出AutoCAD文本窗口，即可在文本窗口中看到查询的质量特性信息，如图236-2所示。

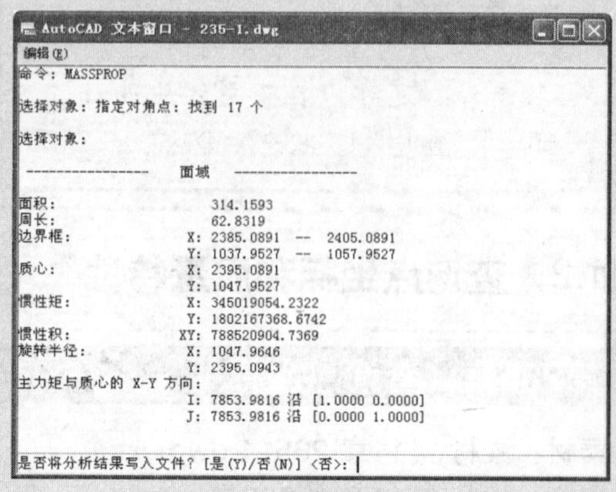

图236-2　查询的质量特性

专家提醒

除了用上述方法可以查询质量特性外，还可以在菜单栏中选择“工具”|“查询”|“面域/质量特性”命令。

11.3　查询面积和周长

第237集　查询区域面积

素材：素材\第11章\237-1.dwg　　效果：无
视频：视频\第11章\第237集.avi　　时长：50秒
难度：★　　关键技术：MEASUREGEOM命令

01 单击快速访问工具栏中的“打开”按钮，在弹出的对话框中打开一幅素材图形，如图237-1所示。

02 在命令行中输入MEASUREGEOM命令，并按Enter键确认，根据命令行提示进行操作，在命令行中输入AR（面积），按Enter键确认，再输入O（对象），按Enter键确认，在绘图区中选择如图237-2所示的多边形。

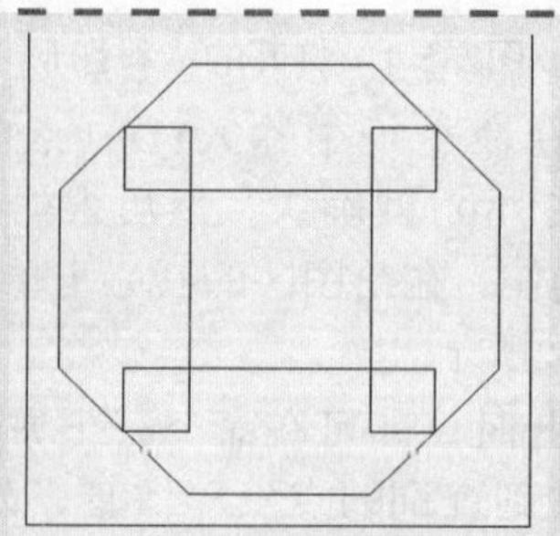
图237-1　打开的素材图形

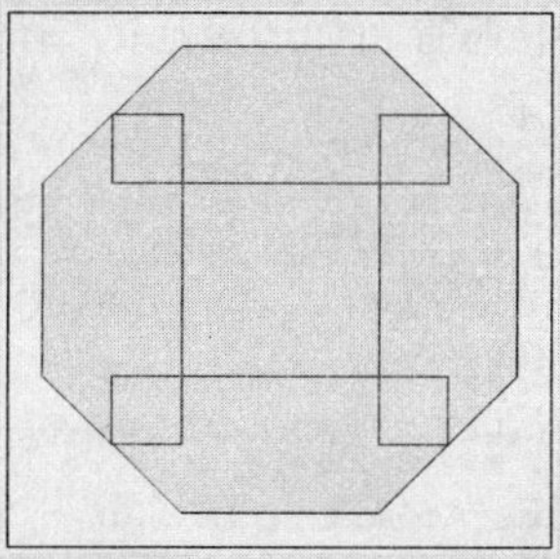

图237-2　选择图形

03 输入X（退出），按Enter键确认，此时，即可在命令行上方的文本窗口中查看到查询的图形面积信息，如图237-3所示。

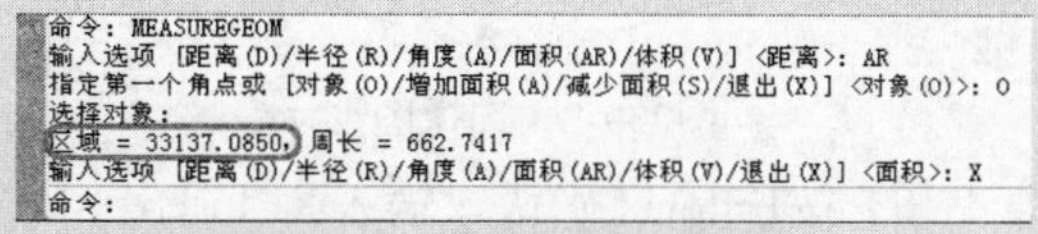

```
命令: MEASUREGEOM
输入选项 [距离(D)/半径(R)/角度(A)/面积(AR)/体积(V)] <距离>: AR
指定第一个角点或 [对象(O)/增加面积(A)/减少面积(S)/退出(X)] <对象(O)>: O
选择对象:
区域 = 33137.0850, 周长 = 662.7417
输入选项 [距离(D)/半径(R)/角度(A)/面积(AR)/体积(V)/退出(X)] <面积>: X
命令:
```

图237-3　查询图形区域面积

第238集　查询周长

素材：素材\第11章\237-1.dwg　　效果：无

视频：视频\第11章\第238集.avi　　时长：38秒

难度：★　　关键技术：MEASUREGEOM命令

01 继续使用第237集中的素材。在命令行中输入MEASUREGEOM命令，并按Enter键确认，根据命令行提示进行操作，在命令行中输入AR（面积），按Enter键确认，再输入O（对象），按Enter键确认，在绘图区中选择如图238-1所示的矩形。

02 输入X（退出），按Enter键确认，此时，即可在命令行上方的文本窗口中查看到查询的图形周长信息，如图238-2所示。

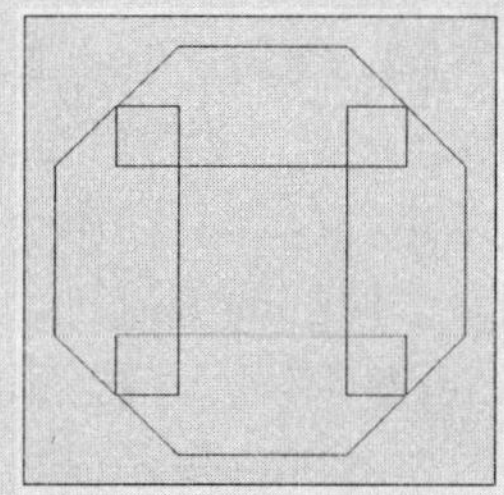

图238-1　选择矩形

```
命令: MEASUREGEOM
输入选项 [距离(D)/半径(R)/角度(A)/面积(AR)/体积(V)] <距离>: AR
指定第一个角点或 [对象(O)/增加面积(A)/减少面积(S)/退出(X)] <对象(O)>: O
选择对象:
区域 = 52444.7625, 周长 = 916.0329
输入选项 [距离(D)/半径(R)/角度(A)/面积(AR)/体积(V)/退出(X)] <面积>: X
```

图238-2　查询图形周长

第239集　加运算图形面积

素材：素材\第11章\239-1.dwg　　效果：无

视频：视频\第11章\第239集.avi　　时长：1分钟

难度：★　　关键技术：A（增加面积）

01 单击快速访问工具栏中的“打开”按钮，在弹出的对话框中打开一幅素材图形，如图239-1所示。

02 在命令行中输入MEASUREGEOM命令，并按Enter键确认，根据命令行提示进行操作，在命令行中输入AR（面积），按Enter键确认，再输入A（增加面积），按Enter键确认，输入O（对象），按Enter键确认，在绘图区中先选择最外侧的图形，然后再选择中间的圆形，如图239-2所示。

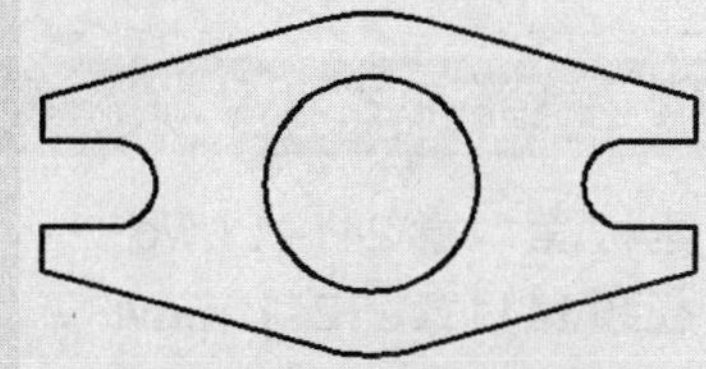

图239-1　打开的素材图形

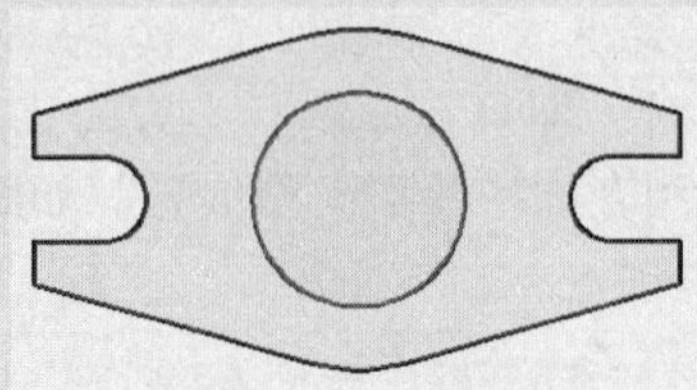

图239-2　选择图形

03 按Enter键确认，输入X（退出），按Enter键确认，再次输入X（退出），按Enter键确认，此时，即可在命令行上方的文本窗口中查看到加运算后的图形面积，如图239-3所示。

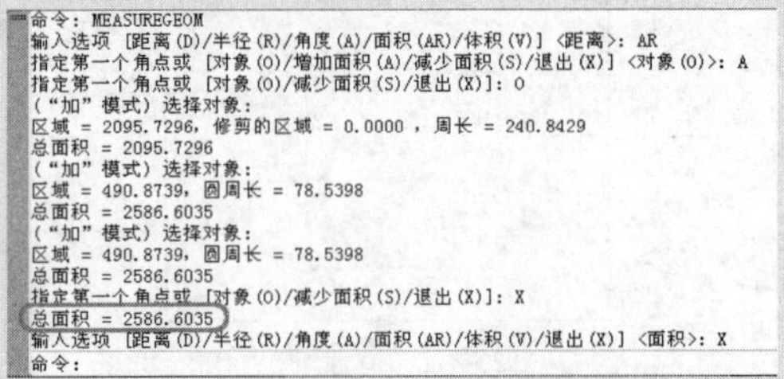

```
命令: MEASUREGEOM
输入选项 [距离(D)/半径(R)/角度(A)/面积(AR)/体积(V)] <距离>: AR
指定第一个角点或 [对象(O)/增加面积(A)/减少面积(S)/退出(X)] <对象(O)>: A
指定第一个角点或 [对象(O)/减少面积(S)/退出(X)]: O
(“加”模式) 选择对象:
区域 = 2095.7296, 修剪的区域 = 0.0000 , 周长 = 240.8429
总面积 = 2095.7296
(“加”模式) 选择对象:
区域 = 490.8739, 圆周长 = 78.5398
总面积 = 2586.6035
(“加”模式) 选择对象:
区域 = 490.8739, 圆周长 = 78.5398
总面积 = 2586.6035
指定第一个角点或 [对象(O)/减少面积(S)/退出(X)]: X
总面积 = 2586.6035
输入选项 [距离(D)/半径(R)/角度(A)/面积(AR)/体积(V)/退出(X)] <面积>: X
命令:
```

图239-3　加运算后的图形面积

第240集　减运算图形面积

素材：素材\第11章\239-1.dwg　　效果：无
视频：视频\第11章\第240集.avi　　时长：55秒
难度：☆　　关键技术：AREA命令

01 继续使用第239集中的素材。在命令行中输入AREA命令，并按Enter键确认，根据命令行提示进行操作，在命令行中输入A（增加面积），按Enter键确认，输入O（对象），按Enter键确认，在绘图区中选择最外侧的图形，如图240-1所示。

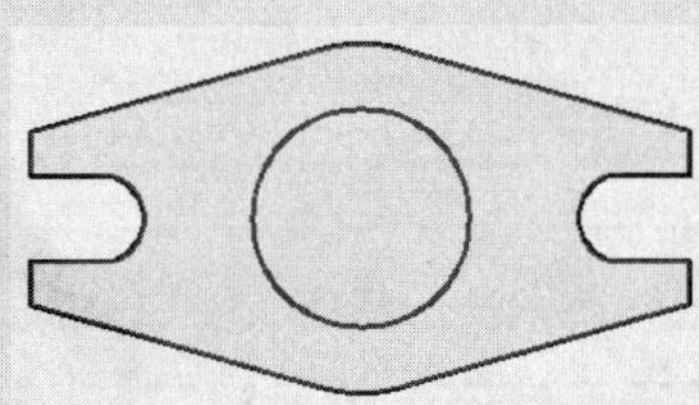

图240-1　选择图形

02 按Enter键确认，输入S（减少面积），按Enter键确认，输入O（对象），按Enter键确认，在绘图区中选择中间的圆形，如图240-2所示。

03 按两次Enter键确认，即可在命令行上方的文本窗口中查看到减运算后的图形面积，如图240-3所示。

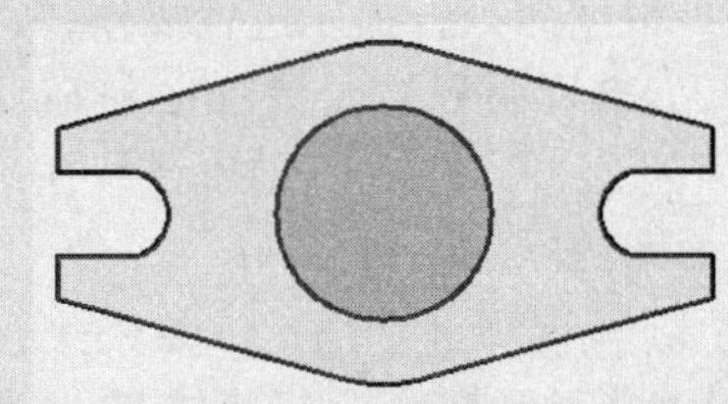

图240-2　选择圆形

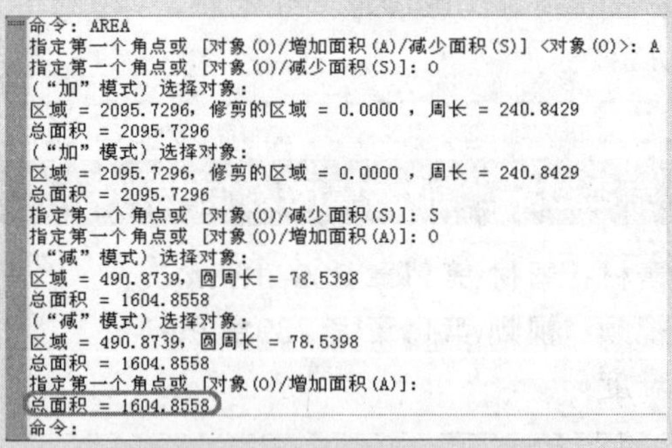

```
命令: AREA
指定第一个角点或 [对象(O)/增加面积(A)/减少面积(S)] <对象(O)>: A
指定第一个角点或 [对象(O)/减少面积(S)]: O
(“加”模式) 选择对象:
区域 = 2095.7296, 修剪的区域 = 0.0000 , 周长 = 240.8429
总面积 = 2095.7296
(“加”模式) 选择对象:
区域 = 2095.7296, 修剪的区域 = 0.0000 , 周长 = 240.8429
总面积 = 2095.7296
指定第一个角点或 [对象(O)/减少面积(S)]: S
指定第一个角点或 [对象(O)/增加面积(A)]: O
(“减”模式) 选择对象:
区域 = 490.8739, 圆周长 = 78.5398
总面积 = 1604.8558
(“减”模式) 选择对象:
区域 = 490.8739, 圆周长 = 78.5398
总面积 = 1604.8558
指定第一个角点或 [对象(O)/增加面积(A)]:
总面积 = 1604.8558
命令:
```

图240-3　减运算后的图形面积

11.4　查询与设置系统变量

第241集　查询系统变量

素材：素材\第11章\241-1.dwg　　效果：无
视频：视频\第11章\第241集.avi　　时长：40秒
难度：☆　　关键技术：SETVAR（设置变量）命令

01 单击快速访问工具栏中的“打开”按钮，在弹出的对话框中打开一幅素材图形，如图241-1所示。

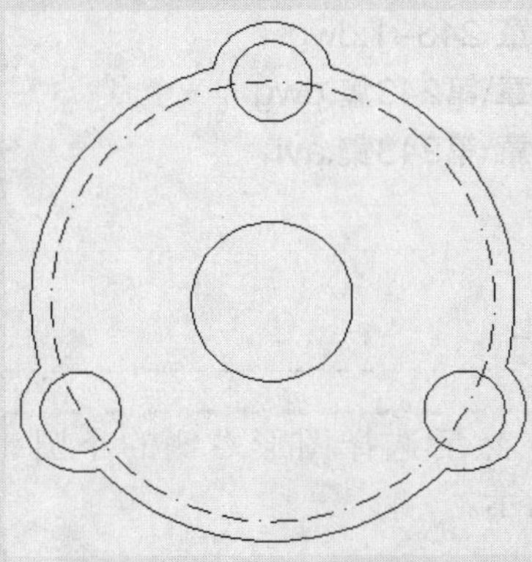

图241-1　打开的素材图形

02 在命令行中输入SETVAR（设置变量）命令，并按Enter键确认，根据命令行提示进行操作，输入?，按Enter键确认，输入*，按Enter键确认，弹出AutoCAD文本窗口，如图241-2所示。

03 每按一次Enter键确认，即可查询不同的系统变量，如图241-3所示。

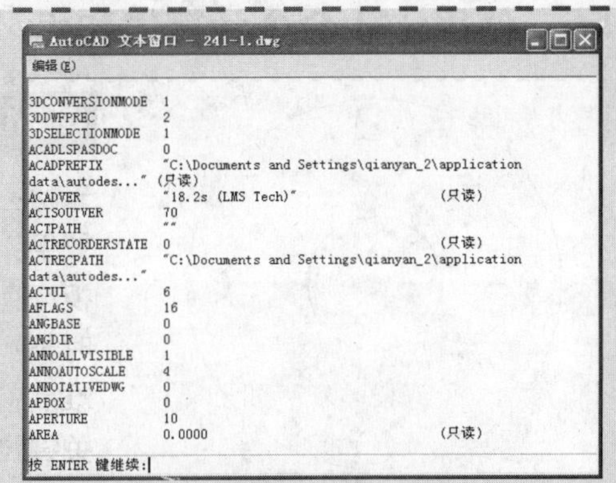

图241-2　AutoCAD文本窗口

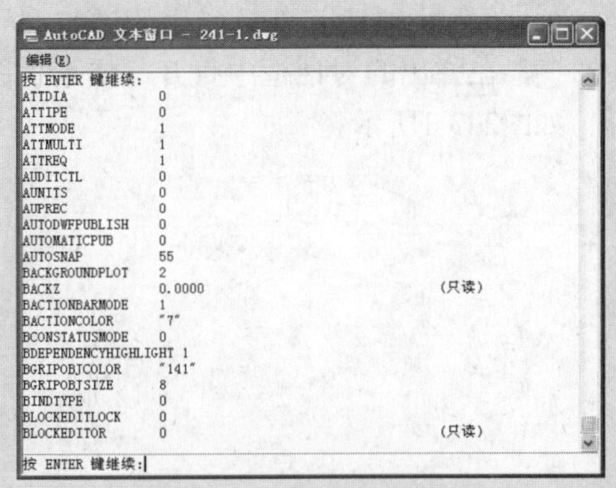

图241-3　查询系统变量

第242集　设置系统变量

素材：素材\第11章\241-1.dwg　　效果：无

视频：视频\第11章\第242集.avi　　时长：33秒

难度：★　　关键技术：ZOOMFACTOR（整数）

01 继续使用第241集中的素材。在命令行中输入SETVAR（设置变量）命令，并按Enter键确认，根据命令行提示进行操作，输入ZOOMFACTOR（整数），按Enter键确认，输入5，按Enter键确认，向上滑动鼠标滚轮，绘图区中的图形比例将变大，如图242-1所示。

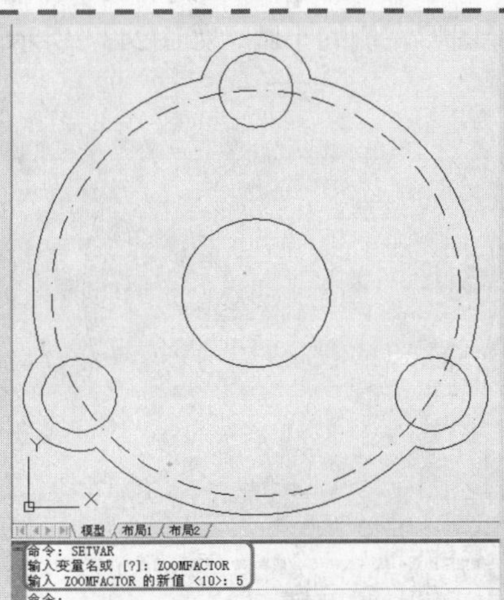

图242-1　设置整数变量

11.5 使用CAL命令计算值和点

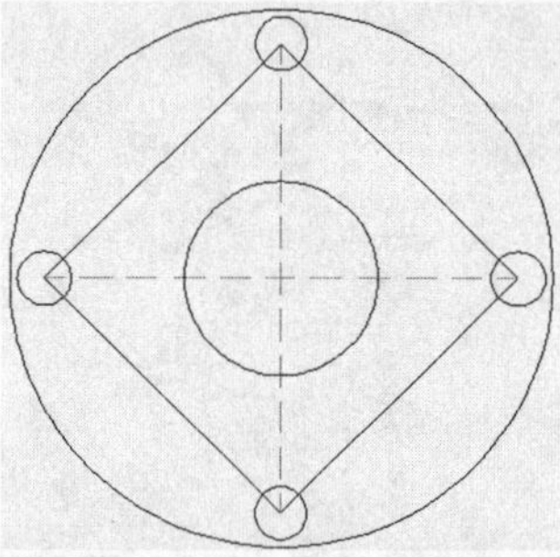

第243集 运用CAL作为桌面计算器

素材：素材\第11章\243-1.dwg
效果：效果\第11章\第243集.dwg
视频：视频\第11章\第243集.avi
时长：49秒
难度：★
关键技术：’CAL

01 单击快速访问工具栏中的“打开”按钮，在弹出的对话框中打开一幅素材图形，如图243-1所示。

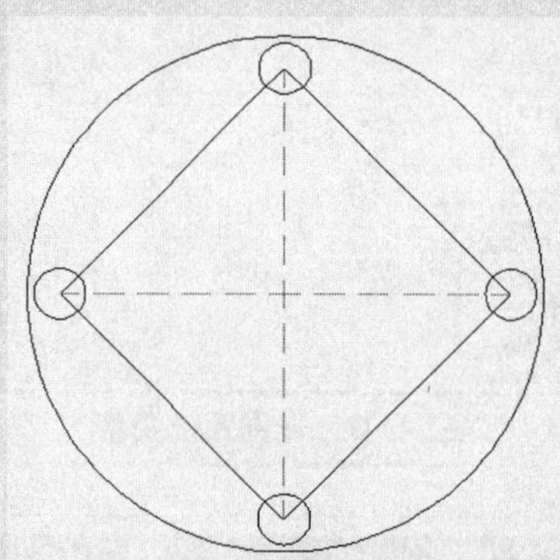

图243-1 打开的素材图形

02 在命令行中输入CIRCLE（圆）命令，并按Enter键确认，根据命令行提示进行操作，输入’CAL，按Enter键确认，输入（CEN+CEN）/2，按Enter键确认，在绘图区中选择图形左侧的小圆，如图243-2所示。

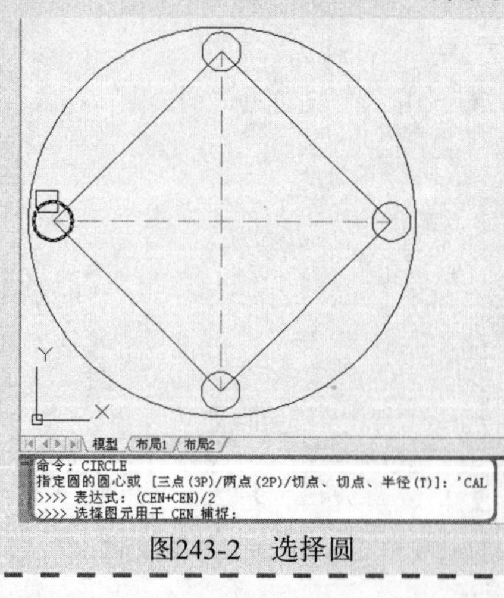

图243-2 选择圆

03 然后选择图形右侧的小圆，如图243-3所示。

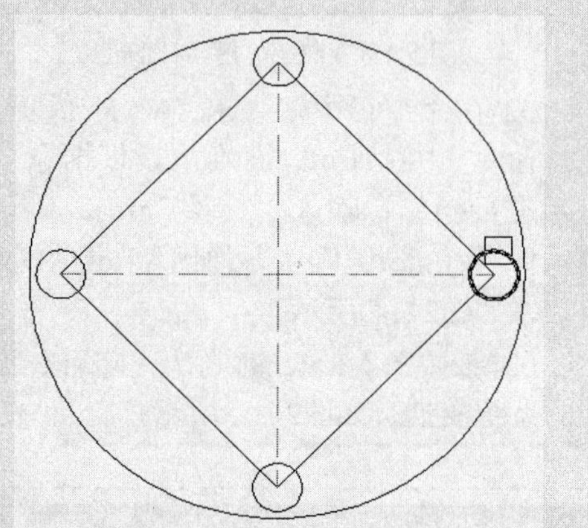

图243-3 选择圆

04 输入20，即可绘制一个半径为20的圆形，如图243-4所示。

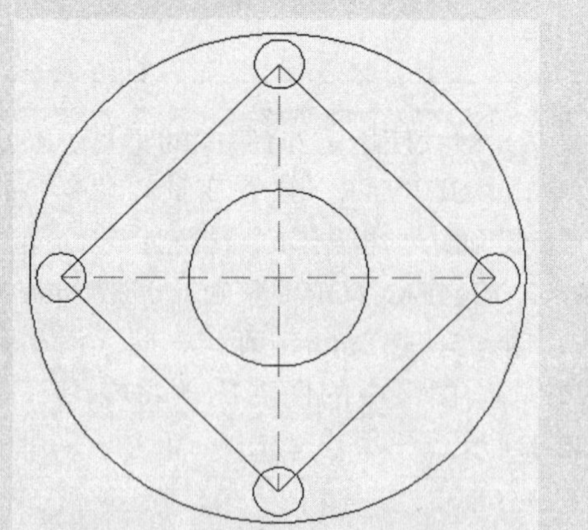

图243-4 运用CAL命令绘制的圆

第244集　使用CAL作为点计算器

素材：素材\第11章\244-1.dwg　　效果：无
视频：视频\第11章\第244集.avi　　时长：55秒
难度：★　　关键技术：ID（点坐标）命令

01 单击快速访问工具栏中的“打开”按钮，在弹出的对话框中打开一幅素材图形，如图244-1所示。

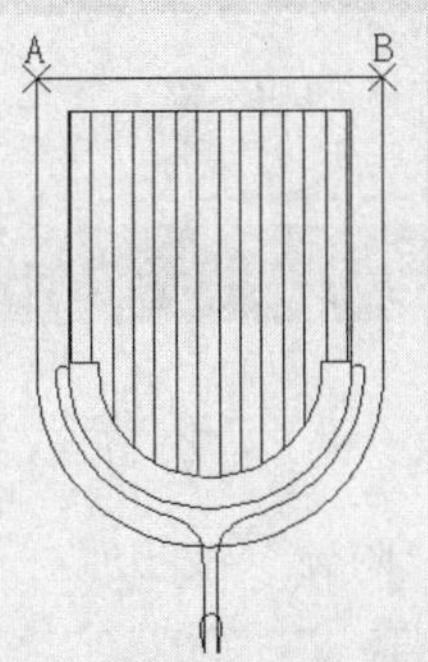

图244-1　打开的素材图形

02 在命令行中输入ID（点坐标）命令，并按Enter键确认，根据命令行提示进行操作，在绘图区中的A点上单击鼠标，查询到该点的坐标值为（X:2449.2146，Y:2132.3718，Z:0.0000），如图244-2所示。按Enter键，在绘图区中的B点上单击鼠标，查询到该点的坐标值为（X:3222.2550，Y:2132.3718，Z:0.0000），如图244-3所示。

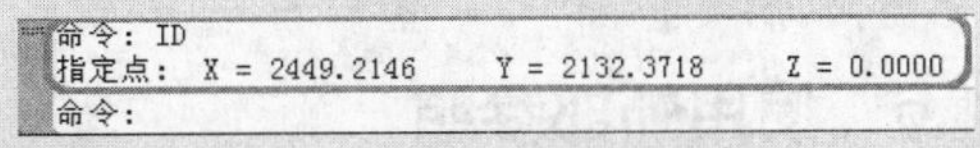

图244-2　A点坐标值

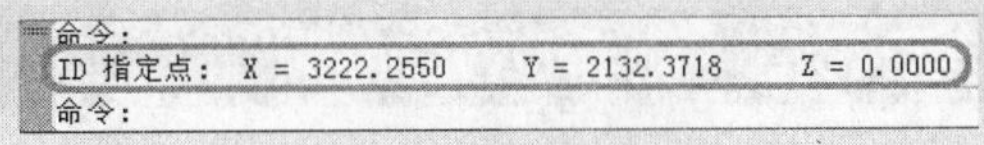

图244-3　B点坐标值

03 在命令行中输入CAL（计算器）命令，并按Enter键确认，根据命令行提示进行操作，输入（[2449.2146，2132.3718]+[3222.2550，2132.3718]）/2，按Enter键确认，即可完成使用CAL作为点计算器的操作，如图244-4所示。

图244-4　使用CAL作为点计算器

第245集　在CAL命令中使用捕捉模式

素材：素材\第11章\245-1.dwg　　效果：无
视频：视频\第11章\第245集.avi　　时长：40秒
难度：★　　关键技术：CAL（计算器）命令

01 单击快速访问工具栏中的“打开”按钮，在弹出的对话框中打开一幅素材图形，如图245-1所示。

02 在命令行中输入CAL（计算器）命令，按Enter键确认，根据命令行提示进行操作，在命令行中输入（CUR+CUR）/2，按Enter键确认，依次单击绘图区中图形上面两个圆的圆心，如图245-2所示。即可在CAL命令中使用捕捉模式，如图245-3所示。

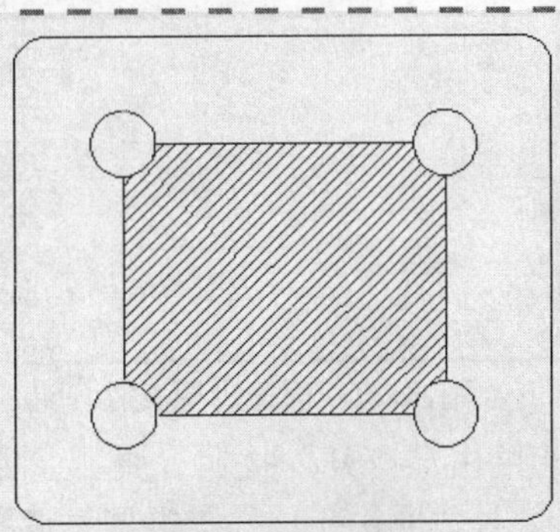

图245-1　打开的素材图形

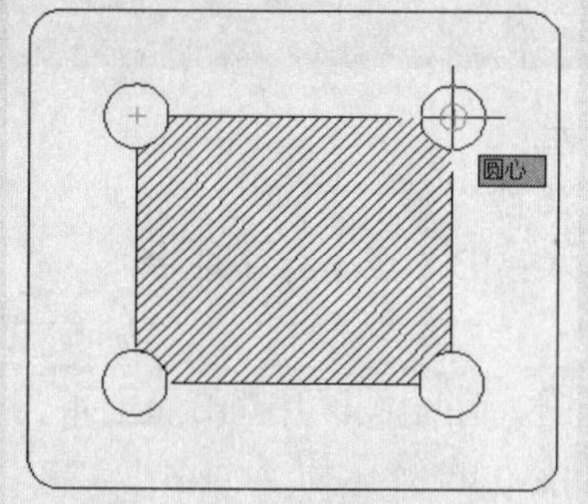

图245-2　选择圆心

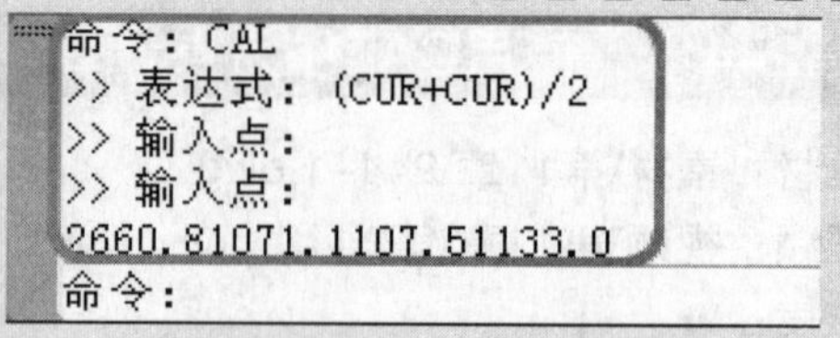

图245-3　使用捕捉模式

11.6　使用外部参照

第246集　附着DWG参照

素材：素材\第11章\246-1.dwg　　效果：无

视频：视频\第11章\第246集.avi　　时长：54秒

难度：★　　关键技术："附着"按钮

01 单击快速访问工具栏中的"新建"按钮，在弹出的对话框中新建一幅空白图形文件。单击"功能区"选项板中的"插入"选项卡，在"参照"面板上单击"附着"按钮，如图246-1所示。

图246-1　单击"附着"按钮

02 弹出"选择参照文件"对话框，选择素材中的246-1.dwg文件，如图246-2所示。

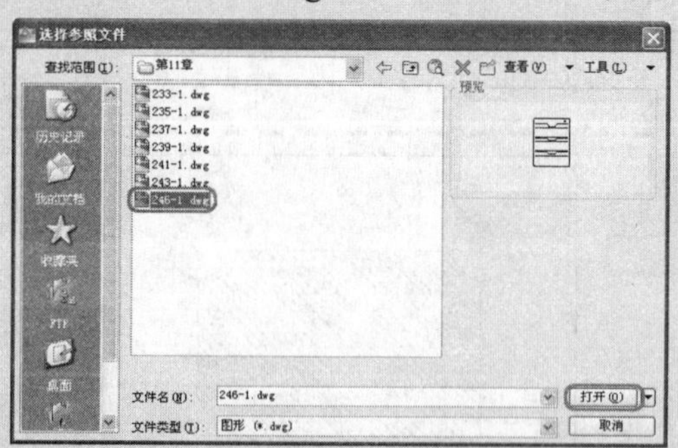

图246-2　选择参照文件

03 单击"打开"按钮，弹出"附着外部参照"对话框，在"参照类型"选项组中选中"附着型"单选按钮，在"比例"选项组中取消勾选"在屏幕上指定"复选框，如图246-3所示。

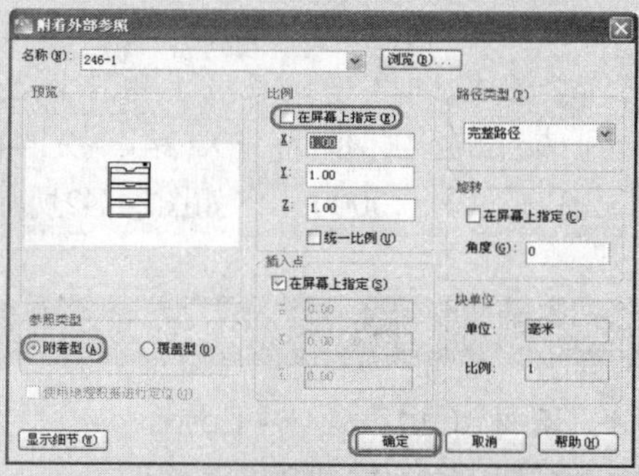

图246-3　"附着外部参照"对话框

04 单击"确定"按钮，在命令行中输入（0,0），并按Enter键确认，将图形插入到新建的图形文件中，即可附着DWG参照图形，如图246-4所示。

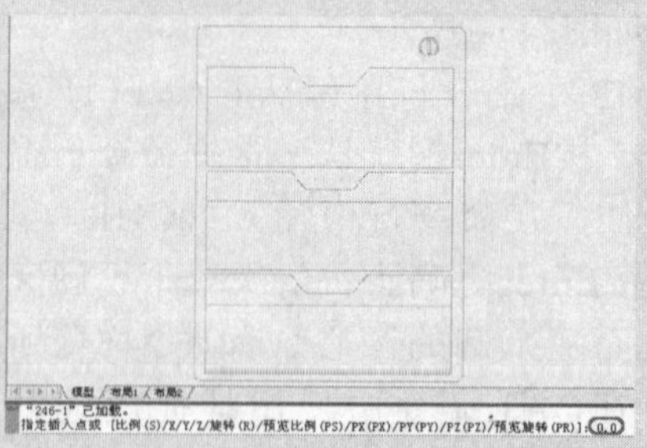

图246-4　附着DWG参照图形

专家提醒

除了用上述方法外，还可以在菜单栏中选择“插入”|“DWG参照”命令。

第247集 附着图像参照

素材：素材\第11章\247-1.bmp　　效果：无
视频：视频\第11章\第247集.avi　　时长：50秒
难度：★　　关键技术：IMAGEATTACH命令

01 单击快速访问工具栏中的“新建”按钮，在弹出的对话框中新建一幅空白图形文件。在命令行中输入IMAGEATTACH（光栅图像参照）命令，并按Enter键确认，弹出“选择参照文件”对话框，选择素材中的247-1.bmp文件，如图247-1所示。

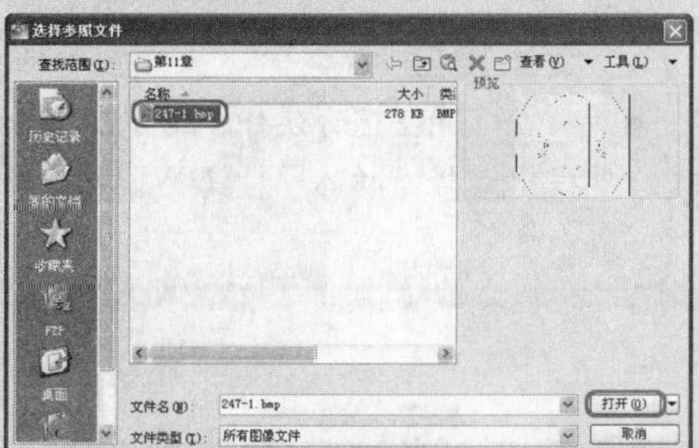

图247-1 “选择参照文件”对话框

02 单击“打开”按钮，弹出“附着图像”对话框，使用默认设置，如图247-2所示。

03 单击“确定”按钮，根据命令行提示进行操作，输入（1800,800），按Enter键确认，再输入20并按Enter键确认，即可附着图像参照图像，如图247-3所示。

图247-2 “附着图像”对话框

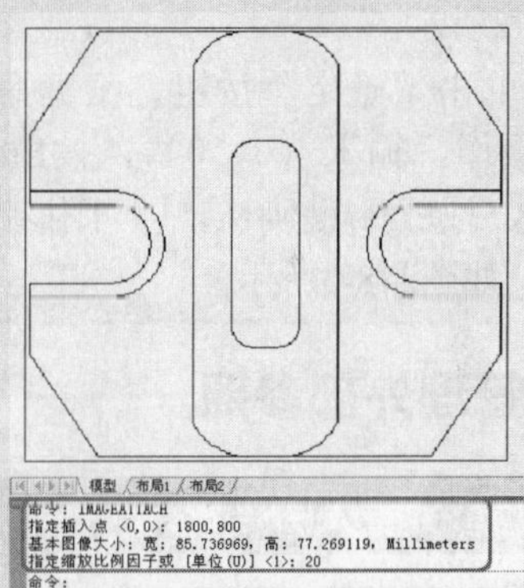

图247-3 附着图像参照图像

专家提醒

除了用上述方法外，还可以在菜单栏中选择“插入”|“光栅图像参照”命令。

第248集 附着DWF参考底图

素材：素材\第11章\248-1.dwf　　效果：无
视频：视频\第11章\第248集.avi　　时长：41秒
难度：★　　关键技术：DWFATTACH命令

01 单击快速访问工具栏中的“新建”按钮，在弹出的对话框中新建一幅空白图形文件。在命令行中输入DWFATTACH（DWF参考底图）命令，并按Enter键确认，弹出“选择参照文件”对话框，选择素材中的248-1.dwf文件，如图248-1所示。

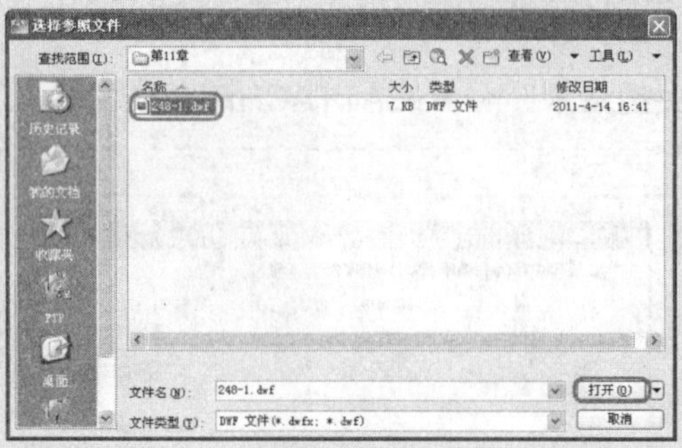

图248-1 “选择参照文件”对话框

02 单击“打开”按钮，弹出“附着DWF参考底图”对话框，使用默认设置，如图248-2所示。

03 单击“确定”按钮，根据命令行提示进行操作，输入（0，0），按Enter键确认，输入5按Enter键确认，即可附着DWF参考底图，如图248-3所示。

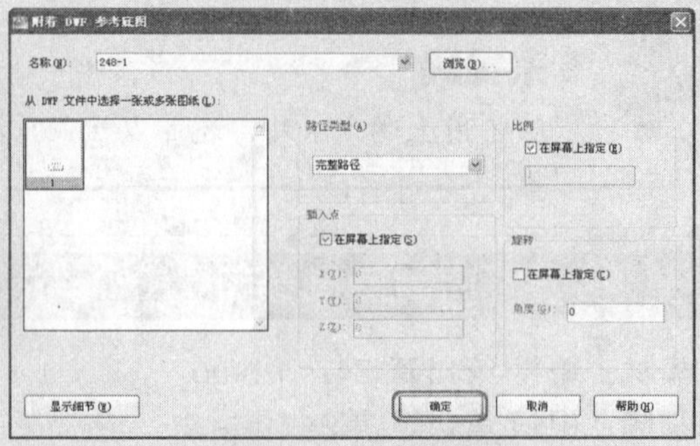

图248-2 “附着DWF参考底图”对话框

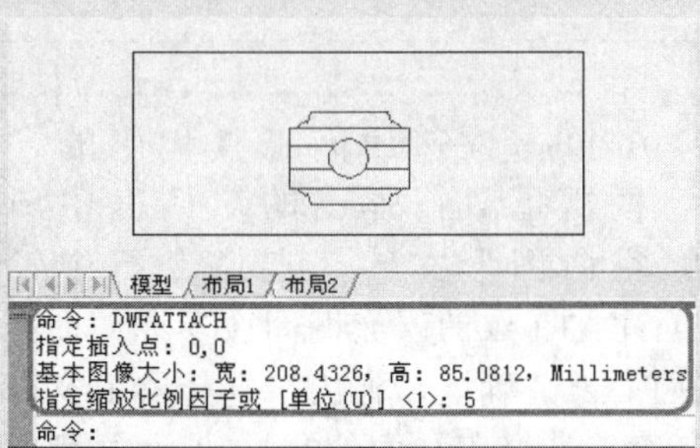

图248-3 附着DWF参考底图

专家提醒

除了用上述方法外，还可以在菜单栏中选择“插入”|“DWF参考底图”命令。

11.7 管理外部参照

第249集 插入外部参照

素材：素材\第11章\249-1.dwg　　效果：无

视频：视频\第11章\第249集.avi　　时长：54秒

难度：★　　关键技术：“外部参照”按钮

01 单击快速访问工具栏中的“新建”按钮，在弹出的对话框中新建一幅空白图形文件。单击“功能区”选项板中的“插入”选项卡，在“参照”面板上单击“外部参照”按钮，弹出“外部参照”面板，如图249-1所示。

02 单击“附着DWG”按钮，弹出“选择参照文件”对话框，选择素材中的249-1.dwg文件，单击“打开”按钮，弹出“附着外部参照”对话框，使用默认的设置，如图249-2所示。

03 单击“确定”按钮，根据命令行提示进行操作，在命令行中输入（0,0），并按Enter键确认，即可插入外部参照图形，因为插入的外部参照图形比较小，所以可以向上滑动鼠标滚轮，将其放大显示，如图249-3所示。

图249-1　“外部参照”面板

图249-2　“附着外部参照”对话框

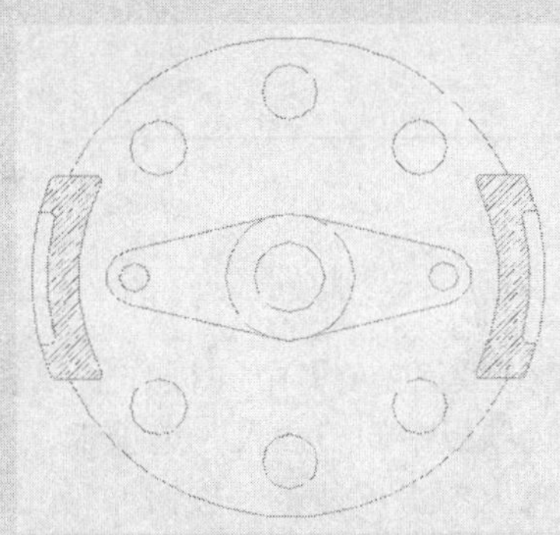

图249-3　插入外部参照图形

第250集　编辑外部参照

素材：无　　效果：无

视频：视频\第11章\第250集.avi　　时长：59秒

难度：★　　关键技术：REFEDIT命令

01 继续第249集中的操作。在命令行中输入REFEDIT（在位编辑参照）命令，并按Enter键确认，根据命令行提示进行操作，在绘图区的外部参照图形上单击鼠标，弹出“参照编辑”对话框，选中“提示选择嵌套的对象”单选按钮，如图250-1所示。

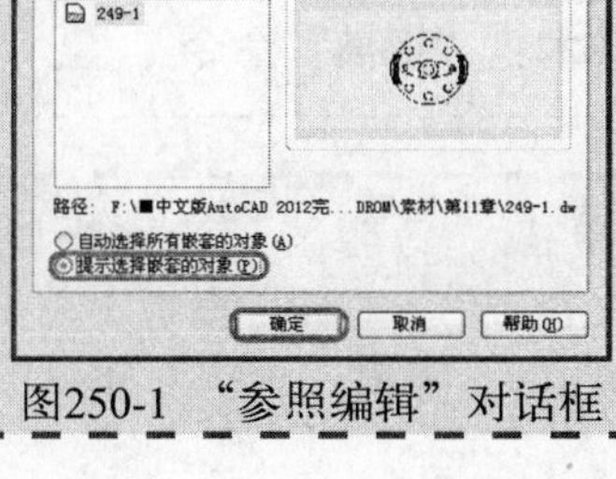

图250-1　“参照编辑”对话框

02 单击“确定”按钮，在绘图区中选择最上面的圆弧为嵌套对象，按Enter键确认，如图250-2所示。

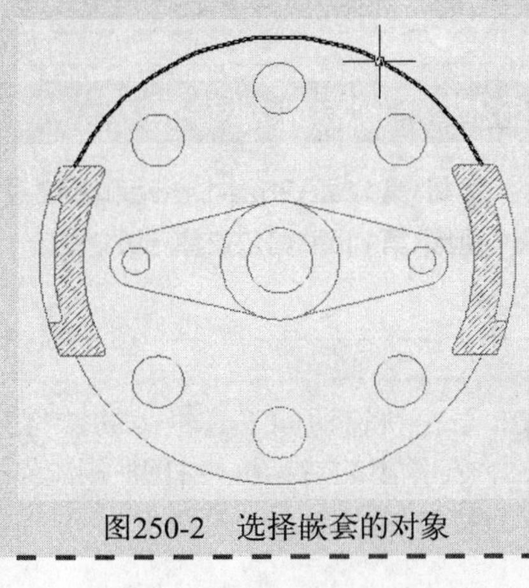

图250-2　选择嵌套的对象

03 在“编辑参照”面板上单击“保存修改”按钮，弹出AutoCAD对话框，如图250-3所示。

04 单击“确定”按钮，即可保存编辑的外部参照。

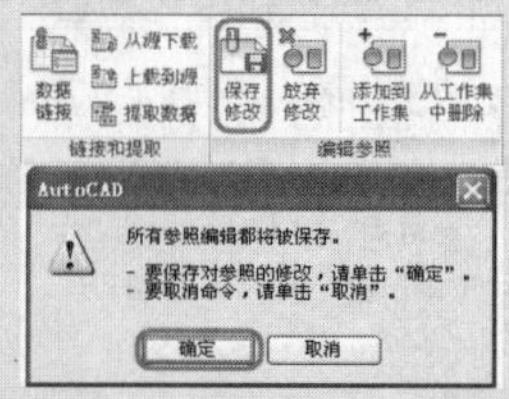

图250-3 AutoCAD对话框

第251集 剪裁外部参照

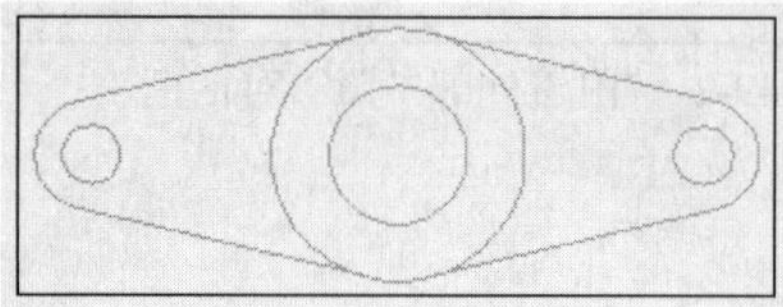

素材：无

效果：效果\第11章\第251集.dwg

视频：视频\第11章\第251集.avi

时长：42秒

难度：★

关键技术：“剪裁”按钮

01 继续第250集中的操作。单击“功能区”选项板中的“插入”选项卡，在“参照”面板上单击“剪裁”按钮，如图251-1所示。

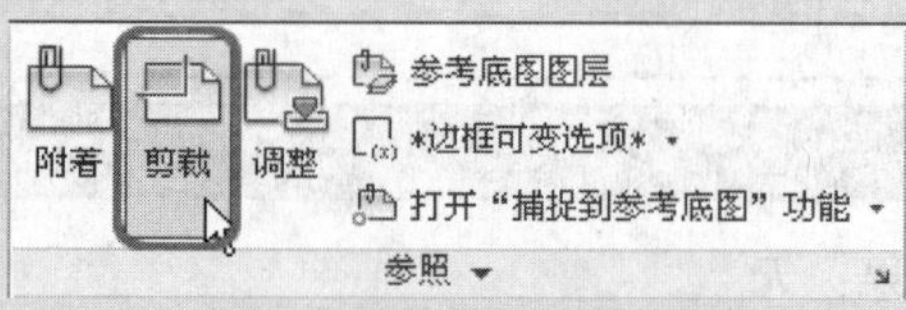

图251-1 单击“剪裁”按钮

02 根据命令行提示进行操作，在绘图区的外部参照图形上单击鼠标，按两次Enter键确认，在绘图区中框选如图251-2所示的外部参照图形。

03 单击鼠标，即可剪裁掉未框选的外部参照图形，如图251-3所示。

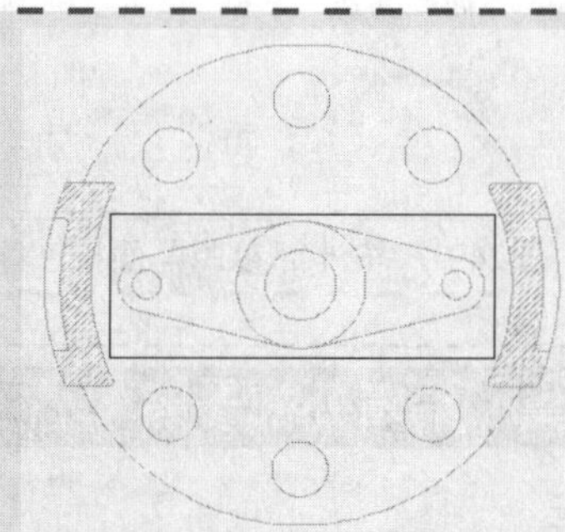
图251-2 选择外部参照图形

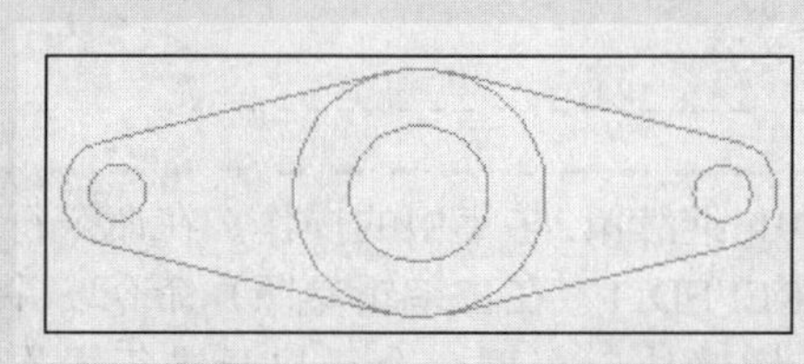
图251-3 剪裁外部参照图形

第252集 拆离外部参照

素材：素材\第11章\252-1.dwg和252-2.dwg

效果：无

视频：视频\第11章\第252集.avi

时长：37秒

难度：★

关键技术：“拆离”命令

01 单击快速访问工具栏中的“打开”按钮，在弹出的对话框中打开一幅素材图形，如图252-1所示。

02 单击“功能区”选项板中的“插入”选项卡，在“参照”面板上单击“外部参照”按钮，弹出“外部参照”面板，在

“参照名”列表框中选择252-2文件，右击鼠标，在弹出的快捷菜单中选择“拆离”命令，如图252-2所示。

图252-1　打开的素材图形

03 此时，在“参照名”列表框中将不再显示252-2文件，如图252-3所示。

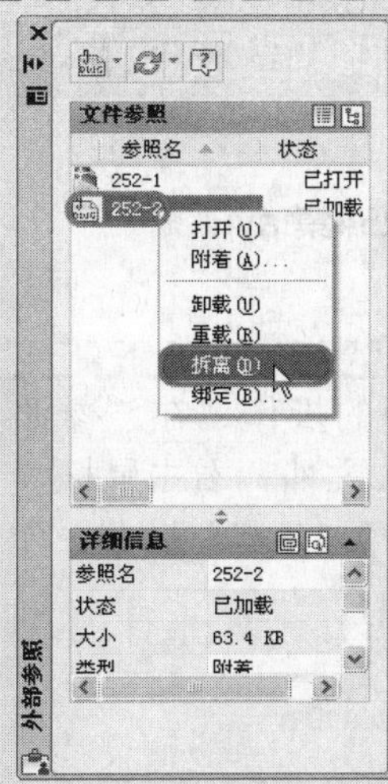

图252-2　选择“拆离”选项

图252-3　拆离了外部参照

第253集　卸载外部参照

素材：素材\第11章\253-1.dwg和253-2.dwg　　效果：无

视频：视频\第11章\第253集.avi　　时长：27秒

难度：★　　关键技术：“卸载”命令

01 单击快速访问工具栏中的“打开”按钮，在弹出的对话框中打开一幅素材图形，如图253-1所示。

图253-1　打开的素材图形

02 单击“功能区”选项板中的“插入”选项卡，在“参照”面板上单击“外部参照”按钮，弹出“外部参照”面板，在“参照名”列表框中选择253-2文件，右击鼠标，在弹出的快捷菜单中选择“卸载”命令，如图253-2所示。

03 此时，在“参照名”列表框中253-2文件的“状态”显示为“已卸载”，如图253-3所示。

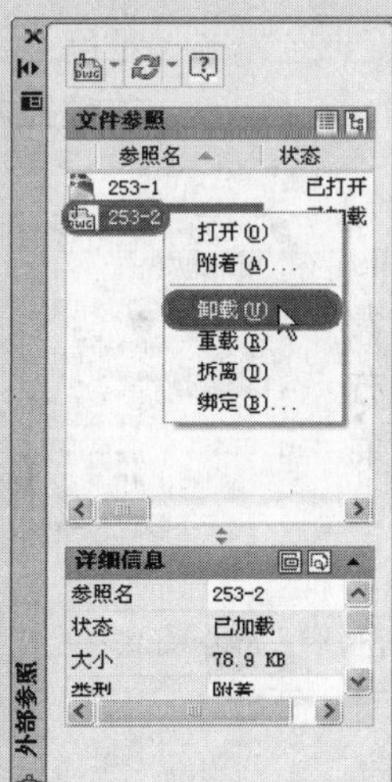

图253-2　选择“卸载”命令

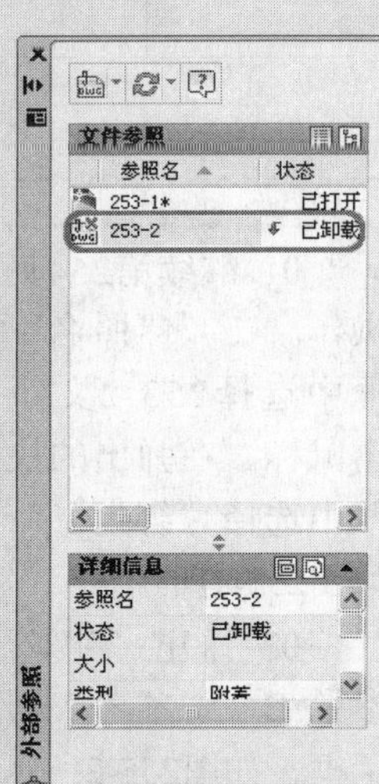

图253-3　卸载外部参照

第254集 重载外部参照

素材：无　　效果：无

视频：视频\第11章\第254集.avi　　时长：20秒

难度：★　　关键技术：“重载”命令

01 继续第253集中的操作。在“参照名”列表框中选择253-2文件，右击鼠标，在弹出的快捷菜单中选择“重载”命令，如图254-1所示。

图254-1 选择“重载“命令

02 此时，在“参照名”列表框中253-2文件的“状态”显示为“已加载”，即重载了外部参照，如图254-2所示。

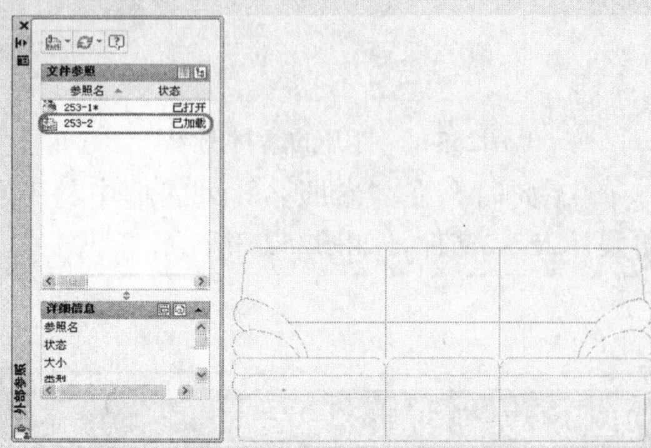

图254-2 重载外部参照

第255集 绑定外部参照

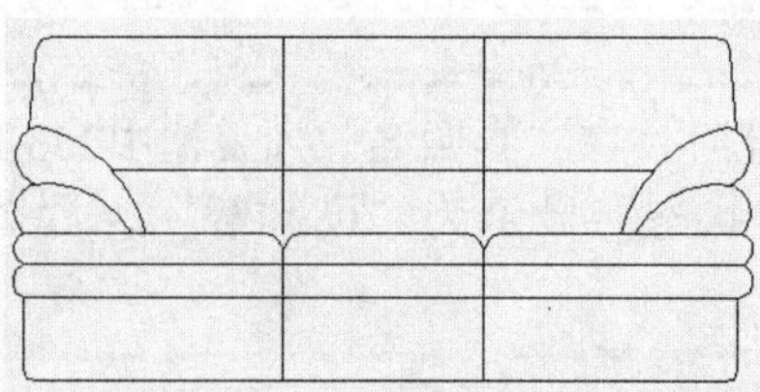

素材：无

效果：效果\第11章\第255集.dwg

视频：视频\第11章\第255集.avi

时长：23秒

难度：★

关键技术：“绑定”命令

01 继续第254集中的操作。在“参照名”列表框中选择253-2文件，右击鼠标，在弹出的快捷菜单中选择“绑定”命令，如图255-1所示。

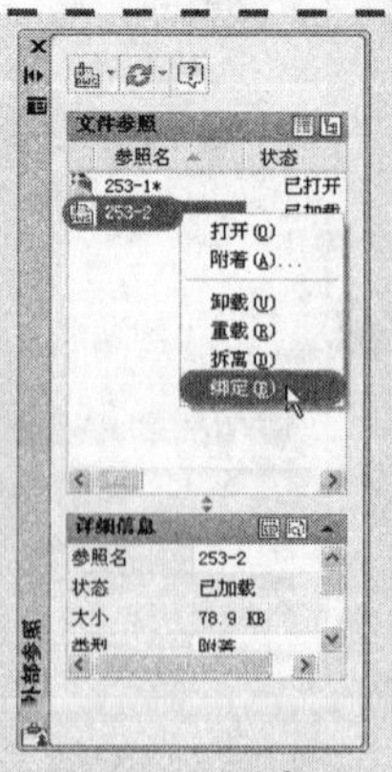

图255-1 选择“绑定”命令

02 弹出“绑定外部参照/DGN 参考底图”对话框，如图255-2所示。

03 单击“确定”按钮，即可绑定外部参照，如图255-3所示。

图255-2 “绑定外部参照/DGN 参考底图”对话框

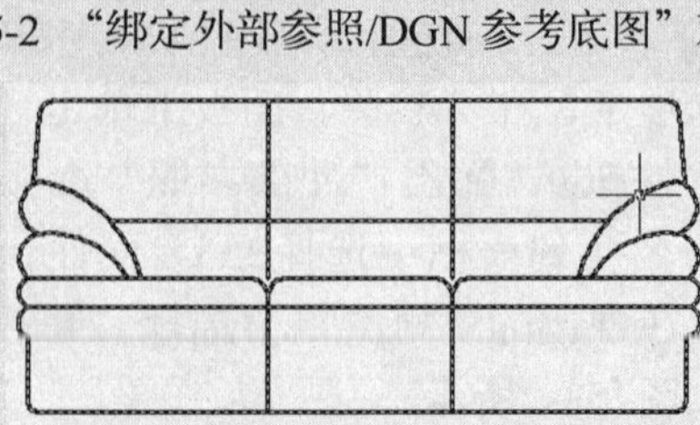

图255-3 绑定外部参照

第12章 图块和AutoCAD设计中心的应用

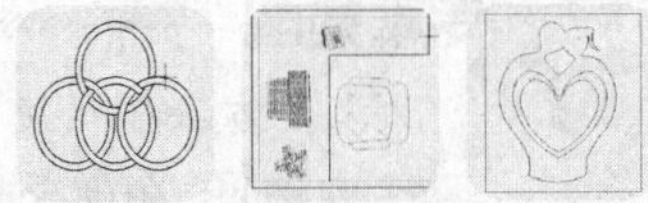

图块是一组图形的总称，是一个独立的整体，用户可以根据作图需要将经常用到的图形定义为块，以便随时插入。

当然，用户也可以把已有的图形文件以参照的形式插入到当前图形中（即外部参照），或是通过AutoCAD设计中心浏览、查找、预览、使用和管理AutoCAD图形、块、外部参照等不同的资源文件。

12.1 创建图块

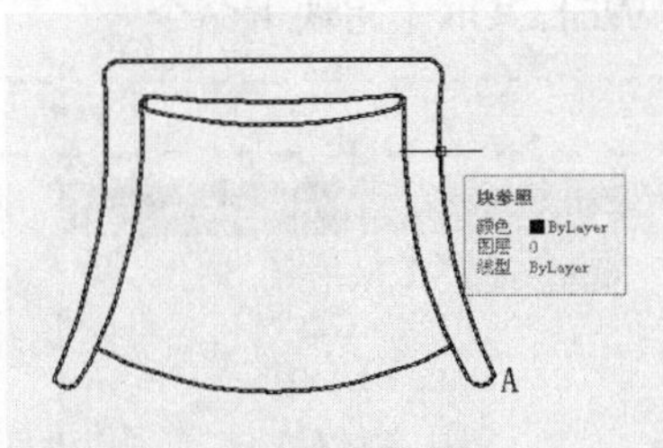

第256集 创建内部图块

素材：素材\第12章\256-1.dwg

效果：效果\第12章\第256集.dwg

视频：视频\第12章\第256集.avi

时长：1分07秒

难度：★★

关键技术：“创建”按钮

01 启动AutoCAD 2012软件，按Ctrl+O键，打开一幅素材图形，在“功能区”选项板的“常用”选项卡中，单击“块”面板中的“创建”按钮，如图256-1所示。

图256-1 选择“创建块”按钮

02 弹出“块定义”对话框，在“名称”文本框中输入“坐椅”，单击“选择对象”按钮，在绘图区中选择所有图形，并按Enter键确认，返回到“块定义”对话框，单击“拾取插入基点”按钮，在绘图区中选择A点作为基点，返回“块定义”对话框，如图256-2所示。

03 单击“确定”按钮，即可创建内部图块，效果如图256-3所示。

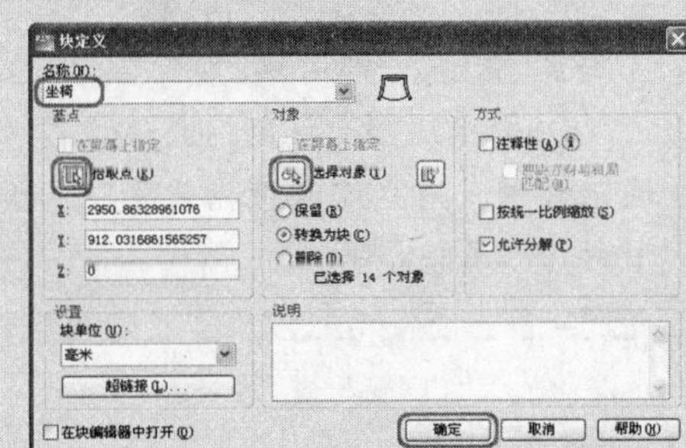

图256-2 “块定义”对话框

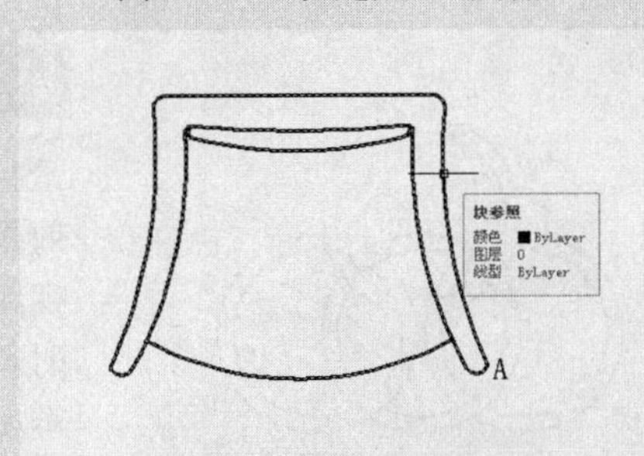

图256-3 创建内部图块

专家提醒

除上述方法可以使用“创建”命令外，还有以下3种方法。

- 方法1：在命令行中输入BLOCK（创建）命令，按Enter键确认。
- 方法2：在菜单栏中选择“绘图”|“块”|“创建”命令。
- 方法3：在“功能区”选项板中的“插入”选项卡中单击“块定义”面板中的“创建”按钮。

第257集　创建外部图块

素材：素材\第12章\256-1.dwg　　效果：无
视频：视频\第12章\第257集.avi　　时长：55秒
难度：★　　关键技术：WBLOCK（写块）命令

01 以第256集素材为例，在命令行中输入WBLOCK（写块）命令，并按Enter键确认，弹出“写块”对话框，单击“选择对象”按钮，在绘图区中选择所有图形为创建对象，并按Enter键确认，返回“写块”对话框，单击“拾取插入基点”按钮，在绘图区中选择A点作为基点，在“目标”选项组中设置“文件名和路径”，如图257-1所示。

专家提醒

外部图块以文件的形式保存在本地磁盘中，用户可以根据需要将其调用到其他图形文件中。

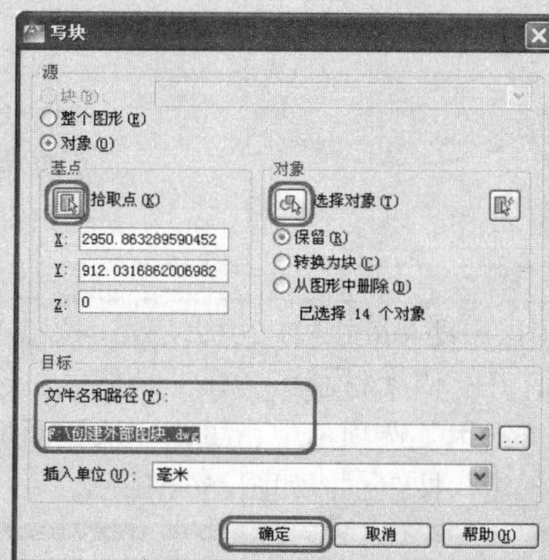

图257-1　“写块”对话框

02 单击“确定”按钮，完成外部图块的创建。

12.2　插入图块

第258集　插入单个图块

素材：素材\第12章\258-1.dwg
效果：效果\第12章\第258集.dwg
视频：视频\第12章\第258集.avi
时长：50秒
难度：★
关键技术：“以数字标记”选项

01 启动AutoCAD 2012软件，新建一个空白图形文件，在“功能区”选项板的“插入”选项卡中，单击“块”面板中的“插入”按钮，弹出“插入”对话框，取消“在屏幕上指定”复选框的勾选，将X、Y分别设置为2600，1200，如图258-1所示。

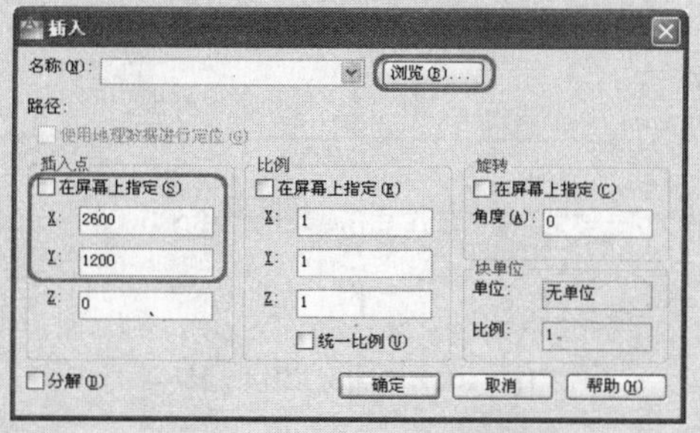

图258-1　“插入”对话框

专家提醒

除上述方法可以使用“插入”命令外，还有以下3种方法。

- 方法1：在命令行中输入INSERT（插入）命令，并按Enter键确认。
- 方法2：在菜单栏中选择“插入”|“块”命令。
- 方法3：在“功能区”选项板的“常用”选项卡中单击“块”面板中的“插入”按钮。

02 单击“浏览”按钮，弹出“选择图形文件”对话框，选择随书附带光盘的“中素材\第12章\258-1.dwg”文件，单击“打开”按钮，如图258-2所示。

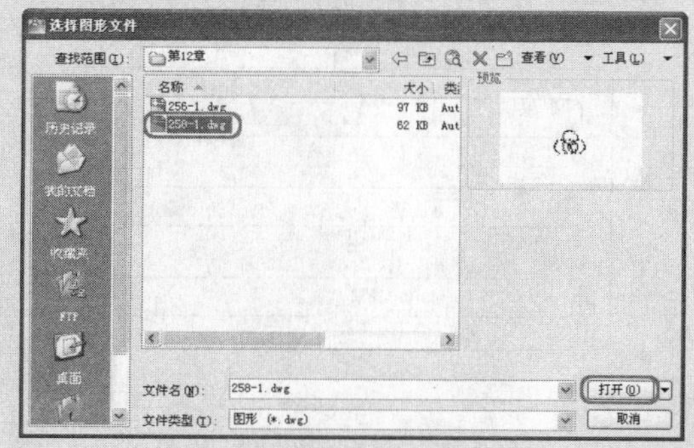

图258-2　“选择图形文件”对话框

03 返回“插入”对话框，单击“确定”按钮，插入单个图块，如图258-3所示。

图258-3　插入单个图块

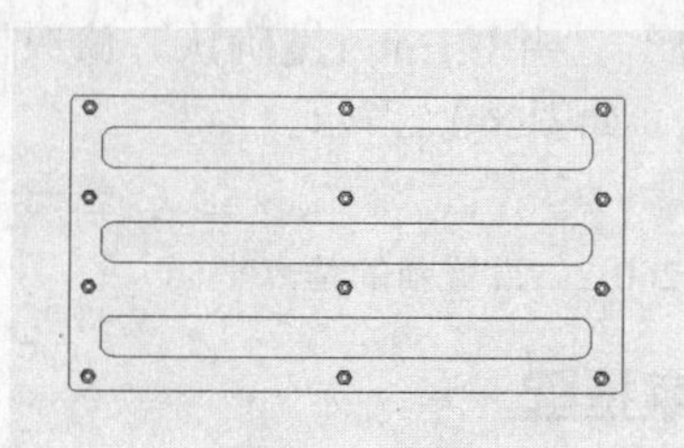

第259集　插入阵列图块

素材：素材\第12章\259-1.dwg

效果：效果\第12章\第259集.dwg

视频：视频\第12章\第259集.avi

时长：1分21秒

难度：★★

关键技术：“以数字标记”选项

01 启动AutoCAD 2012软件，按Ctrl+O键，打开一幅素材图形，如图259-1所示。

02 在命令行中输入MINSERT（阵列插入块）命令，并按Enter键确认，输入块名称“螺丝”并确认，输入“169，194”并确认；指定插入点，输入0.3并确认；指定X比例因子，输入0.3并确认；指定Y比例因子，输入0并确认；指定旋转角度，输入4并确认；指定行数，输入3并确认；指定列数，输入136并确认；指定行间距，再输入384并确认；指定列间距，完成插入阵列图块效果如图259-2所示。

图259-1　打开素材图形

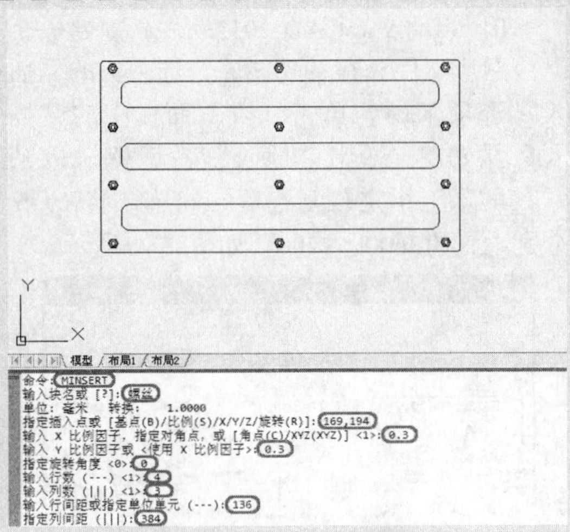

图259-2　插入阵列图块

专家提醒

MINSERT命令是将图块以阵列的分布形式插入到图形中，并且插入到图形中的图块成为一个整体，无法进行分解，只能在“特性”面板中对图块进行修改。

第260集　修改图块插入基点

素材：无　　效果：无

视频：视频\第12章\第260集.avi　　时长：37秒

难度：★　　关键技术：“设置基点”按钮

01 接第259集的操作，在“功能区”选项板的“常用”选项卡中单击“块”按钮 块 ▾ ，在打开的下拉菜单中选择“设置基点”选项，如图260-1所示。

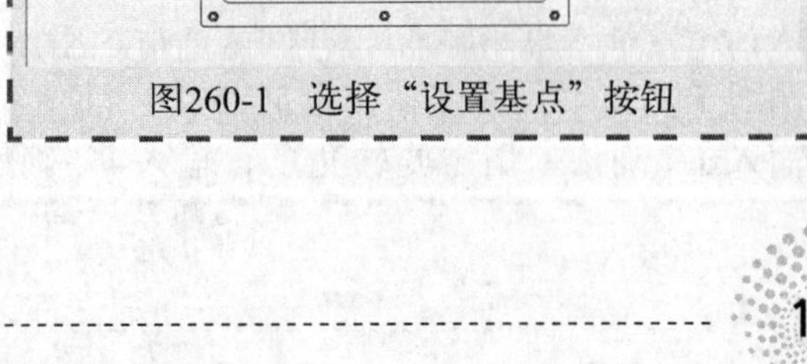
图260-1　选择“设置基点”按钮

02 在命令行中输入新的基点坐标值（555，398），并按Enter键确认，修改图块插入基点，如图260-2所示。

图260-2　设置新的基点坐标

专家提醒

当将一个图形文件作为块插入时，系统默认是将该图形的坐标原点作为插入基点，这样会给绘图带来许多不便，这时就可以使用“设置基点”命令为图形指定新的插入基点。

12.3　分解和定义图块

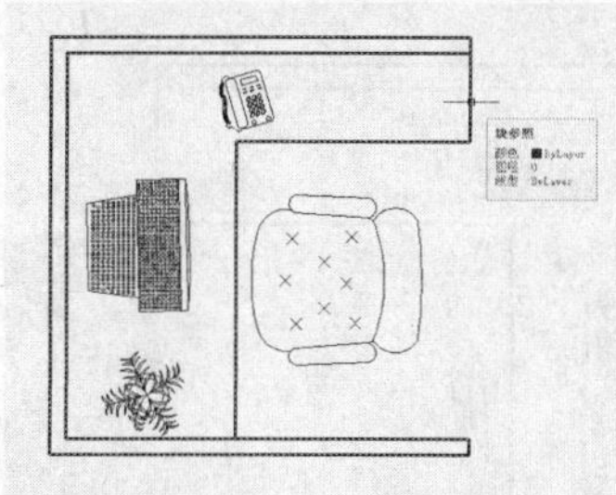

第261集　分解图块

素材：素材\第12章\261-1.dwg

效果：效果\第12章\第261集.dwg

视频：视频\第12章\第261集.avi

时长：23秒

难度：★

关键技术：“分解”按钮

01 启动AutoCAD 2012软件，按Ctrl+O键，打开一幅素材图形，如图261-1所示。

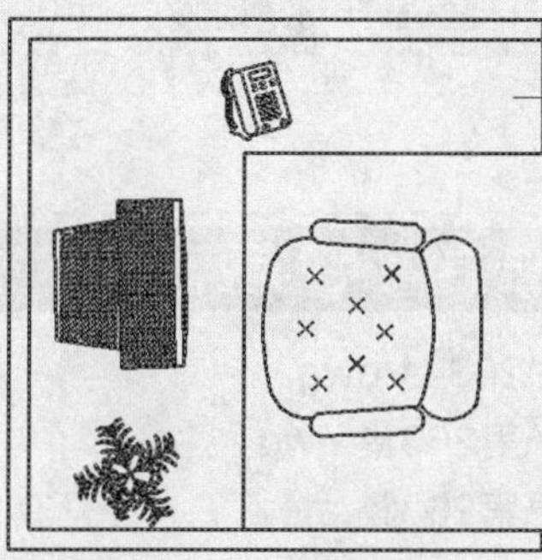

图261-1　打开素材图形

02 在“功能区”选项板中的“常用”选项卡中单击“修改”面板中的“分解”按钮，在绘图区中选择块作为分解对象，并按Enter键确认，如图261-2所示。

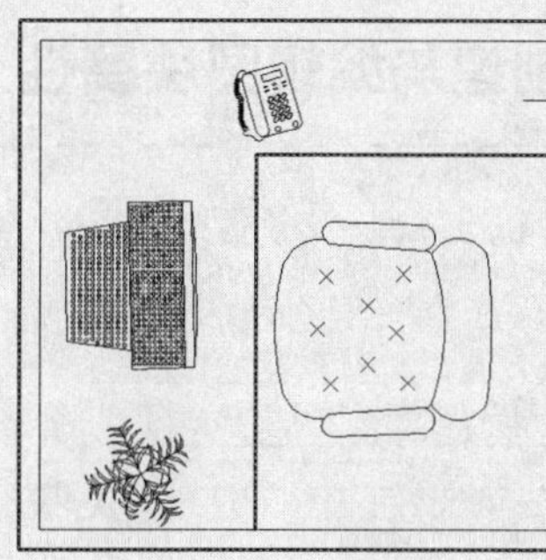

图261 2　分解图块

第262集　重新定义图块

素材：无

效果：效果\第12章\第262集.dwg

视频：视频\第12章\第262集.avi

时长：49秒

难度：★

关键技术：“创建”按钮

01 接第261集的操作，在“功能区”选项板的“常用”选项卡中单击“块”面板中的“创建”按钮，弹出“块定义”对话框，在“名称”文本框中输入“办公桌”，如图262-1所示。

02 单击“选择对象”按钮，在绘图区中选择如图262-2所示图形，按Enter键确认。返回“块定义”对话框，单击“确定”按钮，弹出“块-重定义块”对话框，如图262-3所示。

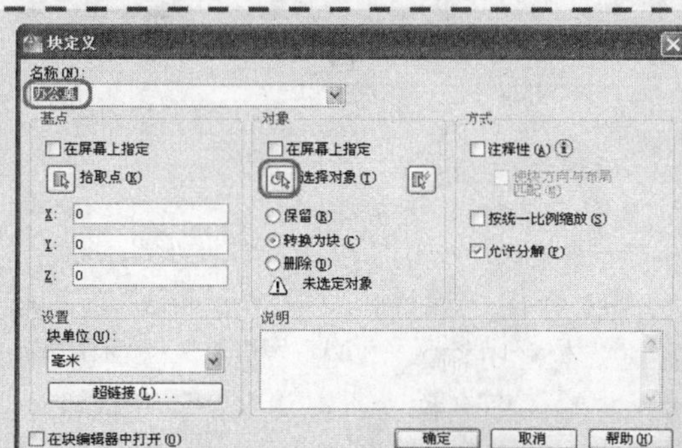

图262-1　“块定义”对话框

图262-2　选择对象

图262-3　“块-重定义”对话框

03 单击“重定义”按钮，即可重新定义图块，如图262-4所示。

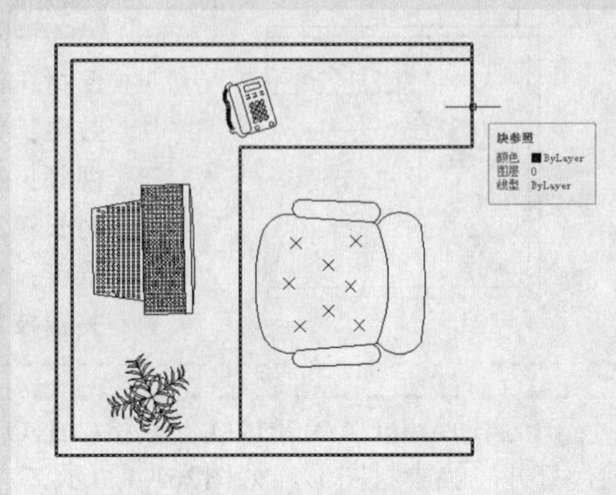

图262-4　重新定义图块

12.4　创建与编辑图块属性

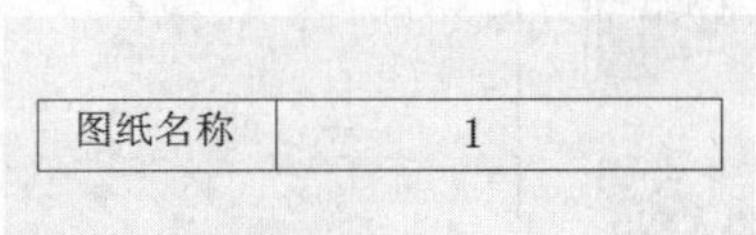

第263集　创建带有属性的块

素材：素材\第12章\263-1.dwg

效果：效果\第12章\第263集.dwg

视频：视频\第12章\第263集.avi

时长：1分09秒

难度：★

关键技术：“定义属性”按钮

01 启动AutoCAD 2012软件，按Ctrl+O键，打开一幅素材图形，在“功能区”选项板的“常用”选项卡中单击“块”按钮 块▾ ，在打开的下拉菜单中选择“定义属性” 按钮，如图263-1所示。

图263-1　选择“定义属性”按钮

02 弹出“属性定义”对话框，在“标记”文本框中输入1，在“提示”文本框中输入“输入图名称”，在“默认”对话框中输入“图”，将“对正”设置为“居中”，将“文字高度”设置为5，单击“确定”按钮，如图263-2所示。

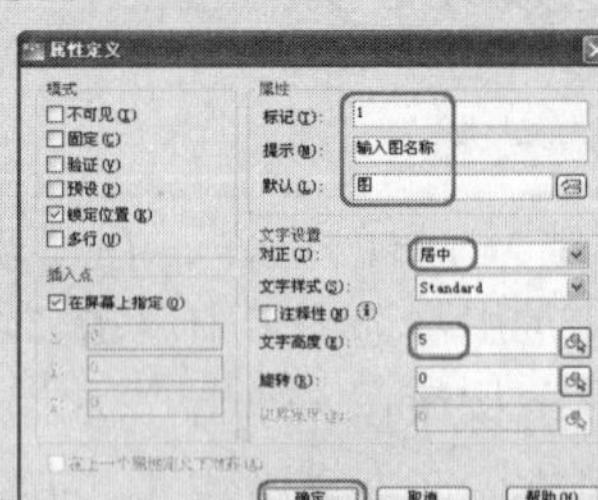

图263-2　“属性定义”对话框

03 在命令行中输入“2545，1750”，按Enter键确认，如图263-3所示。

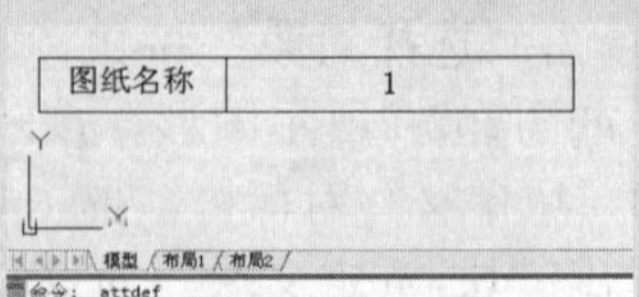

图263-3　指定起点

专家提醒

除了上述方法可以使用“定义属性”命令外，还有以下3种方法。

方法1：在命令行中输入ATTDEF（定义属性）命令，并按Enter键确认。

方法2：在菜单栏中选择“绘图”|“块”|“定义属性”命令。

方法3：在“功能区”选项板的“插入”选项卡中单击“块定义”面板中的“定义属性”按钮。

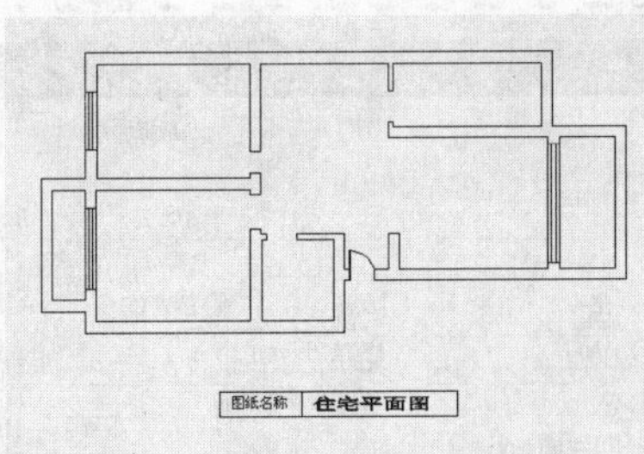

第264集　插入带有属性的块

素材：素材\第12章\264-1.dwg

效果：效果\第12章\第264集.dwg

视频：视频\第12章\第264集.avi

时长：1分钟

难度：★

关键技术：“插入”对话框

01 启动AutoCAD 2012软件，按Ctrl+O键，打开一幅素材图形，如图264-1所示。

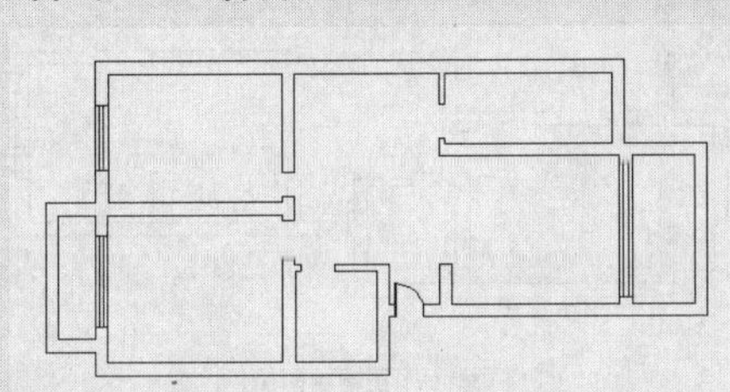

图264-1　打开素材图形

02 在“功能区”选项板的“常用”选择卡中单击“插入”按钮，弹出“插入”对话框，单击“浏览”按钮，在弹出“选择图形文件”对话框中选择随书附带光盘中的“素材\第12章\264-2.dwg”图形文件，单击“打开”按钮，返回到“插入”对话框，取消“插入点”组中的“在屏幕上指定”复选框的勾选，将X、Y分别设置为-2400，-1900，将“比例”组中的X设置为20，如图264-2所示。

03 单击“确定”按钮，弹出“编辑属性”对话框，如图264-3所示。可以对属性进行编辑，这里使用默认设置，单击“确定”按钮，即可插入带有属性的块，效果如图264-4所示。

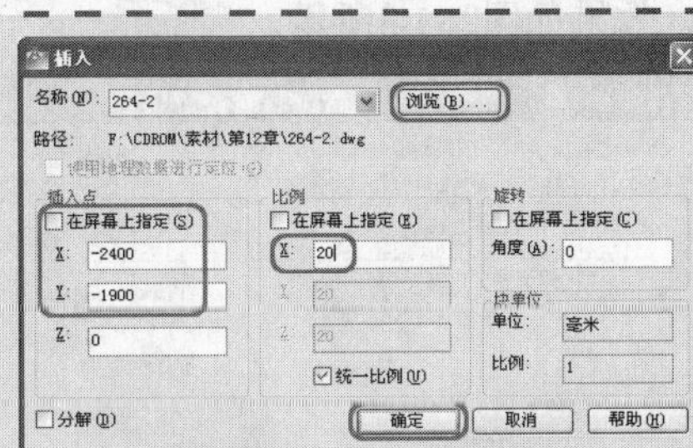

图264-2　“插入”对话框

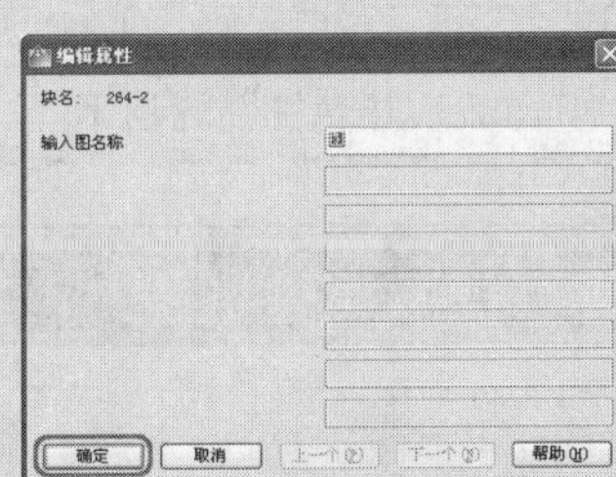

图264-3　“编辑属性”对话框

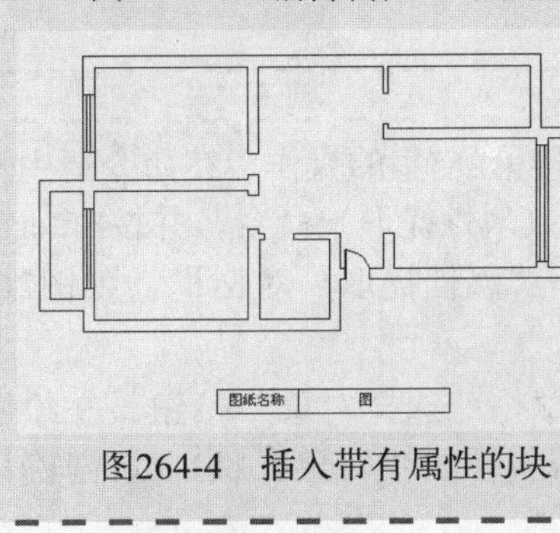

图264-4　插入带有属性的块

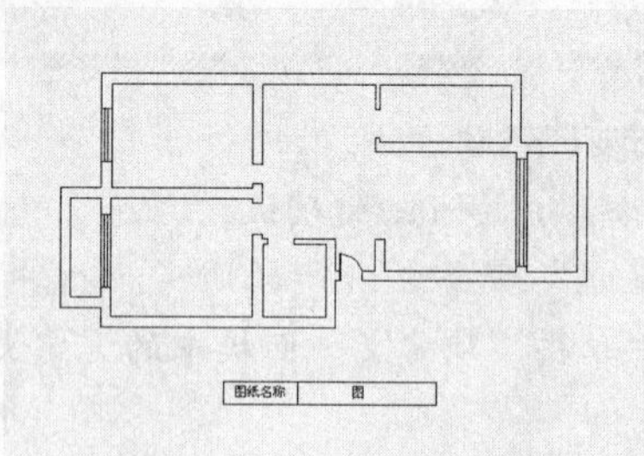

第265集 编辑块的属性

素材：无
效果：效果\第12章\第265集.dwg
视频：视频\第12章\第265集.avi
时长：40秒
难度：★
关键技术："增强属性编辑器"对话框

01 接第264集的操作，在绘图区中双击插入的带属性的块，弹出"增强属性编辑器"对话框，选择"属性"选项卡，在"值"文本框中输入"住宅平面图"，如图265-1所示。切换到"文字选项"选项卡中，将"宽度因子"设置为1.5，如图265-2所示。

02 单击"确定"按钮，完成编辑块的属性，效果如图265-3所示。

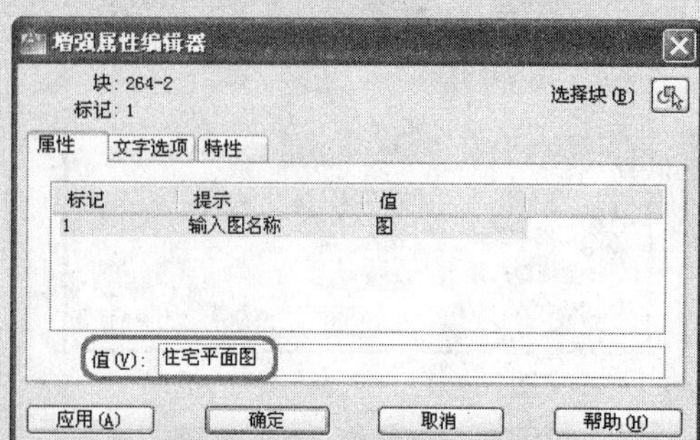

图265-1 "属性"选项卡

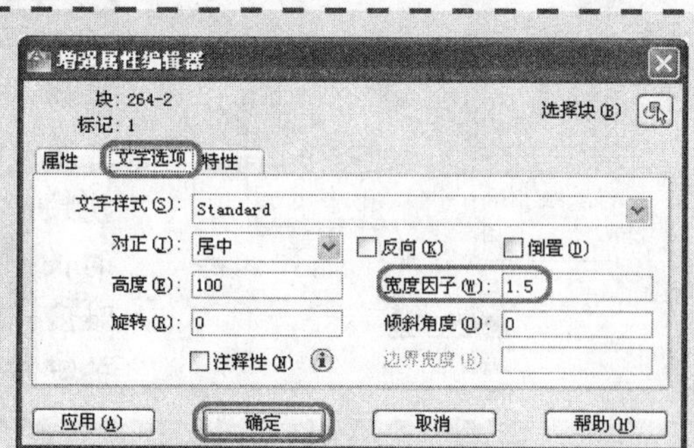

图265-2 "文字选项"选项卡

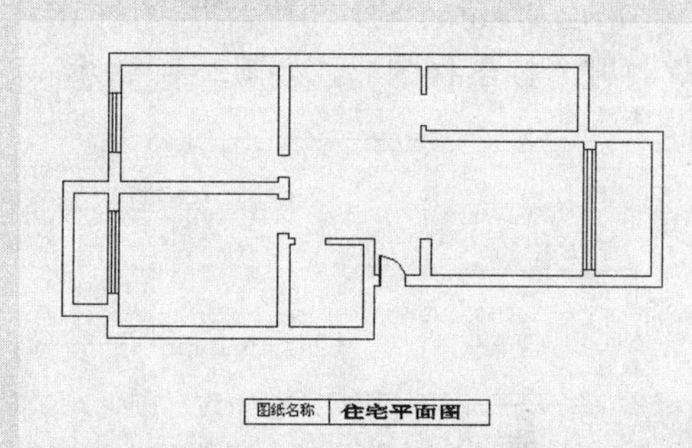

图265-3 编辑块的属性

第266集 提取属性数据

素材：无
效果：无
视频：视频\第12章\第266集.avi
时长：1分20秒
难度：★
关键技术：ATTEXT（属性提取）命令

01 接第265集的操作，在命令行中输入ATTEXT（属性提取）命令，并按Enter键确认，打开"属性提取"对话框，如图266-1所示。

02 单击"选择对象"按钮，在绘图区中选择带属性的块对象，按Enter键确认，返回"属性提取"对话框，单击"样板文件"按钮，打开"样板文件"对话框，在"名称"列表下的空白处右击鼠标，在弹出的快捷菜单中选择"新建"|"文本文档"命令，将文档命令名"样板"，如图266-2所示。

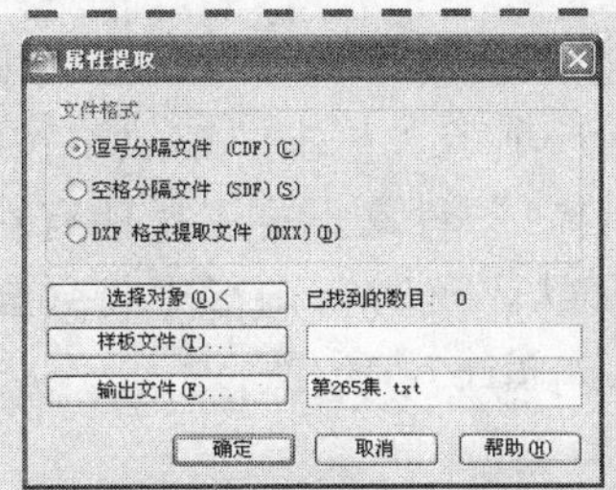

图266-1　“属性提取”对话框

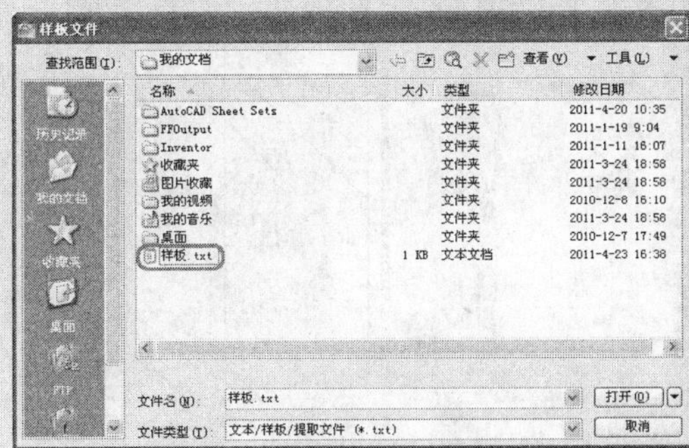

图266-2　新建名为“样板”文档

03 右击“样板”文档，在打开的文档中输入如图266-3所示内容，将文档保存并关闭，单击“打开”按钮，返回“属性提取”对话框，如图266-4所示。“输出文件”按钮可以设置输出文件的文件名和存储路径，单击“确定”按钮，提取属性数据。

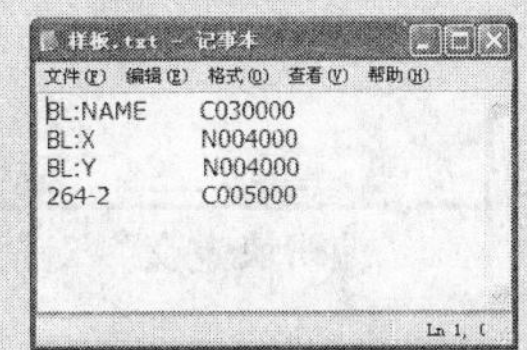

图266-3　输入内容

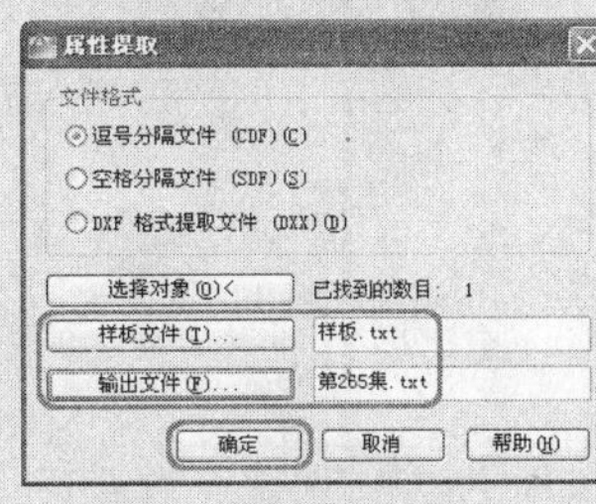

图266-4　“属性提取”对话框

12.5　创建与编辑动态图块

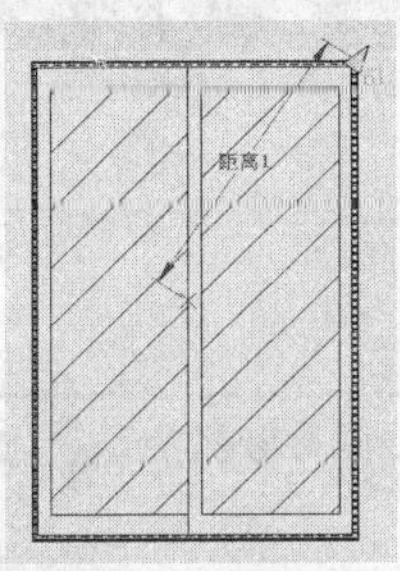

第267集　运用块编辑器创建动态图块

素材：素材\第12章\267-1.dwg

效果：效果\第12章\第267集.dwg

视频：视频\第12章\第267集.avi

时长：1分48秒

难度：★★

关键技术：“块编写选项板”面板

01 启动AutoCAD 2012软件，按Ctrl+O键，打开一幅素材图形，在“功能区”选项板的“常用”选项卡中单击“块”面板中的“块编辑器”按钮，如267-1所示。

02 弹出“编辑块定义”对话框，在“要创建或编辑的块”列表框中选择“门”，如图267-2所示。

03 单击“确定”按钮，进入“块编辑器”，在“块编写选项板”面板中单击“参数”选项卡中的“线性”按钮，依次单击图形的中点和右上角的端点，并指定标签位置，如图267-3所示。

图267-1　选择“块编辑器”按钮

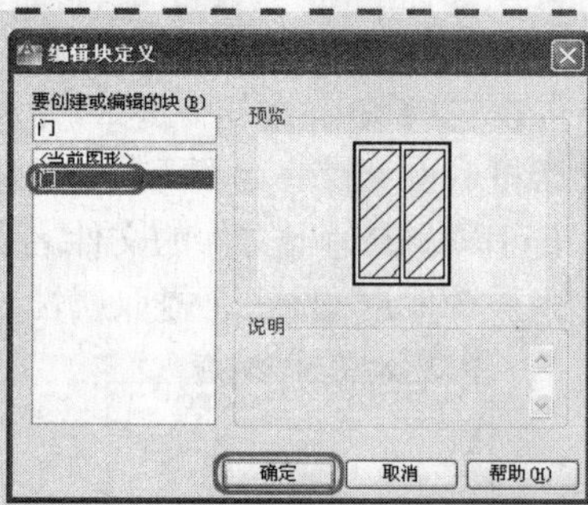

图267-2 “编辑块定义”对话框

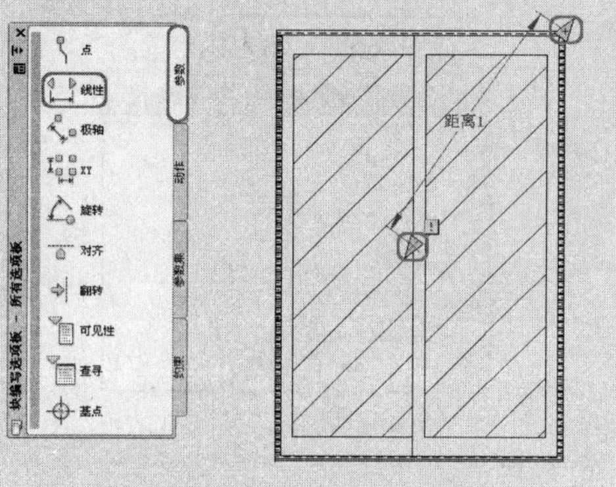

图267-3 创建参数

04 选择“距离1”标签，并在标签上右击鼠标，在弹出的快捷菜单栏中选择“夹点显示”|1命令，如图267-4所示。

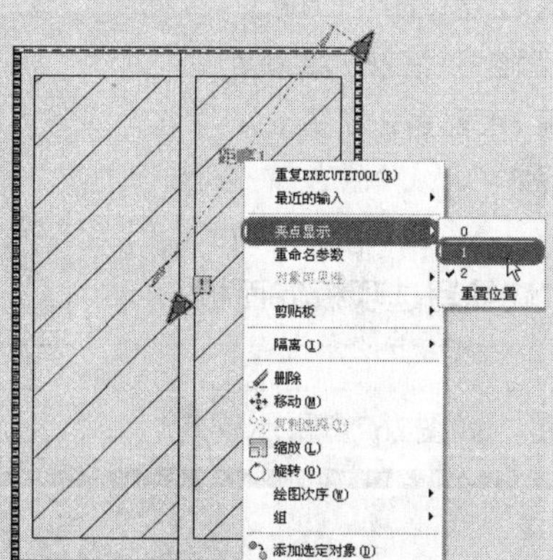

图267-4 设置“夹点显示”

05 在“块编写选项板”面板中切换到“动作”选项卡，单击“缩放”按钮，单击“距离1”对象，再选择所有对象，按Enter键确认，这时在图形中将会显示该动作按钮，如图267-5所示。

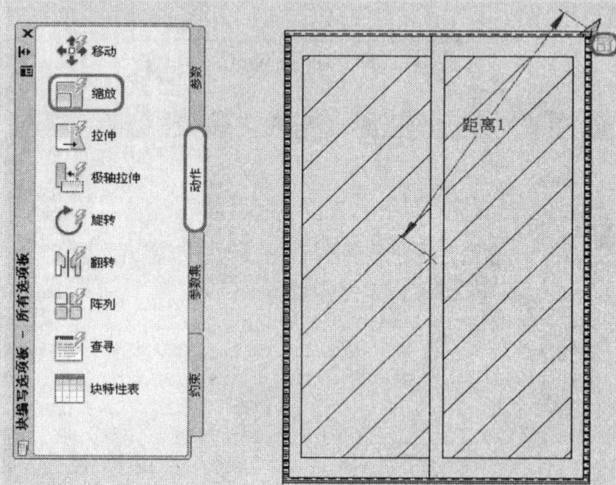

图267-5 设置动作

06 单击“关闭块编辑器”按钮，弹出“块-未保存更改”对话框，如图267-6所示。单击“将更改保存到 门”按钮，完成创建动态图块的操作。

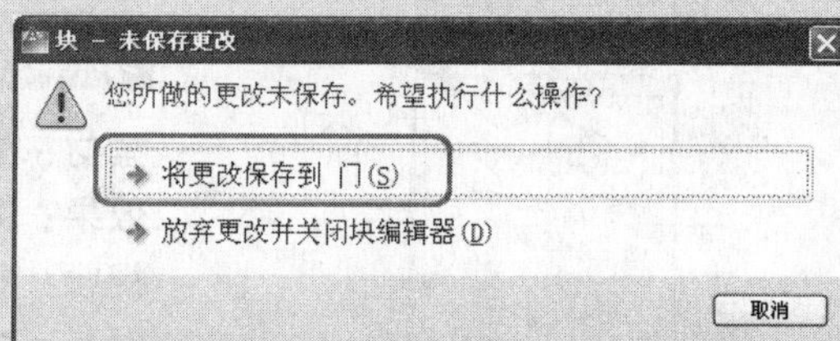

图267-6 “块-是否保存参数更改”对话框

专家提醒

动态图块可以方便地调整块的属性，要使块成为动态块，需要为块添加参数和动作，并将动作和参数相关联。

第268集 使用动态图块

素材：无　　效果：无

视频：视频\第12章\第268集.avi　　时长：22秒

难度：★　　关键技术：移动夹点

01 接第267集的操作，关闭“块编辑器”后，在绘图区中选中块对象，此时块中会出现设置的夹点，如图268-1所示。

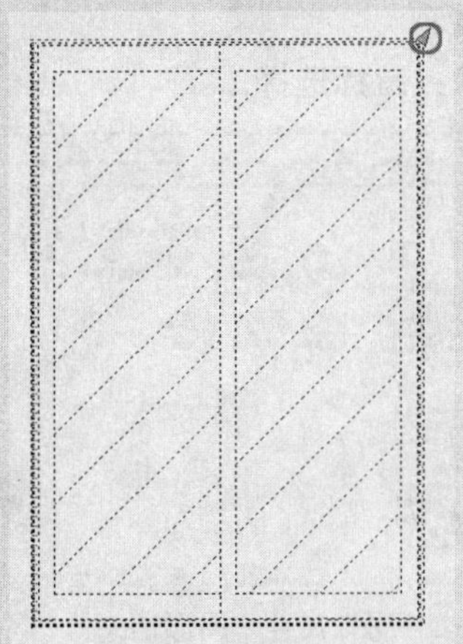

图268-1　选择块

02 在夹点上拖动鼠标，即可执行缩放动作，如图268-2所示。

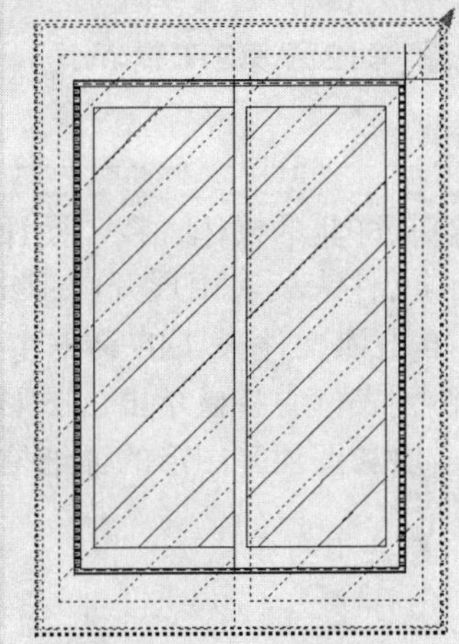

图268-2　移动夹点

12.6　使用AutoCAD设计中心

第269集　打开设计中心

素材：无　　效果：无

视频：视频\第12章\第269集.avi　　时长：22秒

难度：★　　关键技术：“设计中心”按钮

01 启动AutoCAD 2012软件，新建一个空白图形文件，在“功能区”选项板的“视图”选项卡中单击“选项板”中的“设计中心”按钮，如图269-1所示。

图269-1　选择“设计中心”按钮

02 弹出“设计中心”面板，如图269-2所示。AutoCAD设计中心类似于Windows的资源管理。

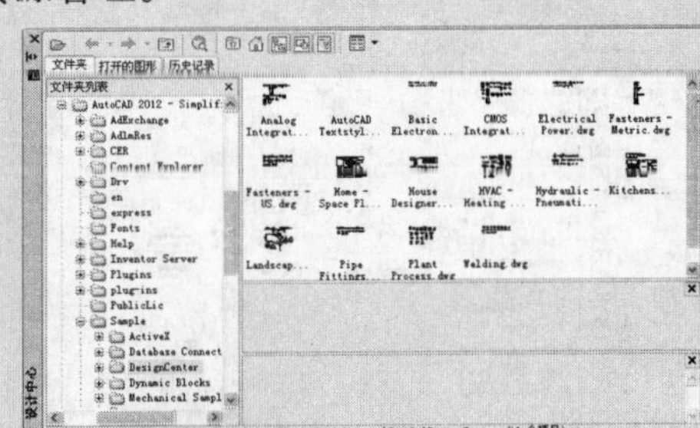

图269-2　“设计中心”面板

专家提醒

除上述方法可以使用“设计中心”命令外，还有以下3种方法。

方法1：在命令行中输入ADCENTER（设计中心）命令，并按Enter键确认。

方法2：在菜单栏中选择“工具”|“选项板”|“设计中心”命令。

方法3：按Ctrl+2键。

第270集　观察图形信息

素材：无　　效果：无

视频：视频\第12章\第270集.avi　　时长：22秒

难度：★　　关键技术：鼠标选择

01 接第269集的操作，在“设计中心”面板中左侧文件夹列表中展开DesignCenter文件夹，单击该文件夹下的第一个图形文件，在右侧列表框中将显示出该图形文件的标注样式、块和图层等图形的详细信息，如图270-1所示。

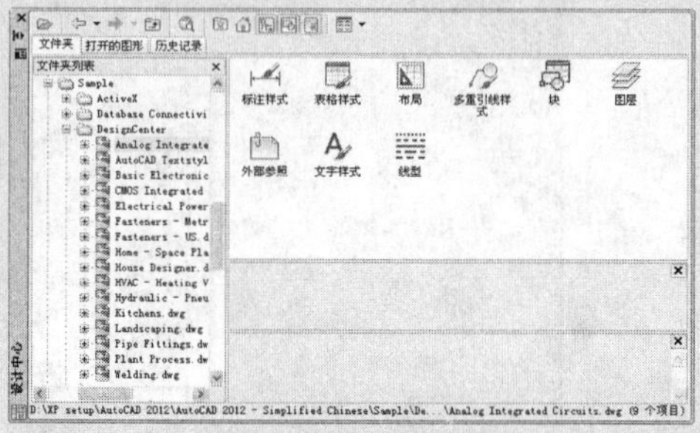

图270-1　图形信息

第271集　关闭树状图窗口

素材：无　　效果：无

视频：视频\第12章\第271集.avi　　时长：15秒

难度：★　　关键技术：“树状图切换”按钮

01 接第270集的操作，在“设计中心”面板中单击“树状图切换”按钮，如图271-1所示。关闭树状图效果如图271-2所示。

图271-1 选择“树状图切换“按钮

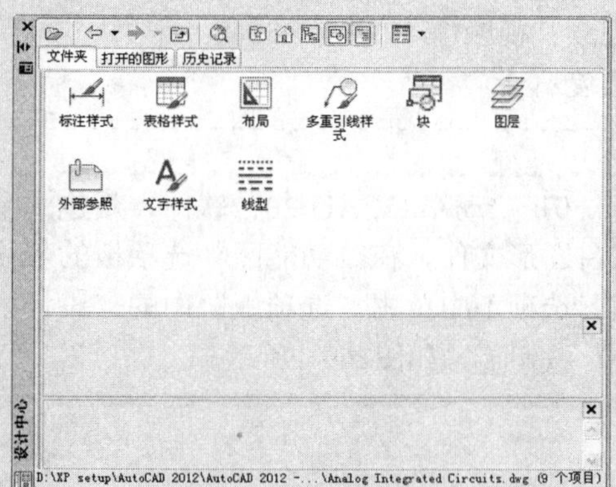

图271-2　关闭树状图

第272集　查找对象

素材：无　　效果：无

视频：视频\第12章\第272集.avi　　时长：43秒

难度：★　　关键技术：“搜索”对话框

01 接第271集的操作，在“设计中心”面板中单击“搜索”按钮，弹出“搜索”对话框，在“搜索文字”文本框中输入267-1.dwg，单击“于”右侧的下三角按钮，在打开的列表中选择Sys（F：）选项，如图272-1所示。

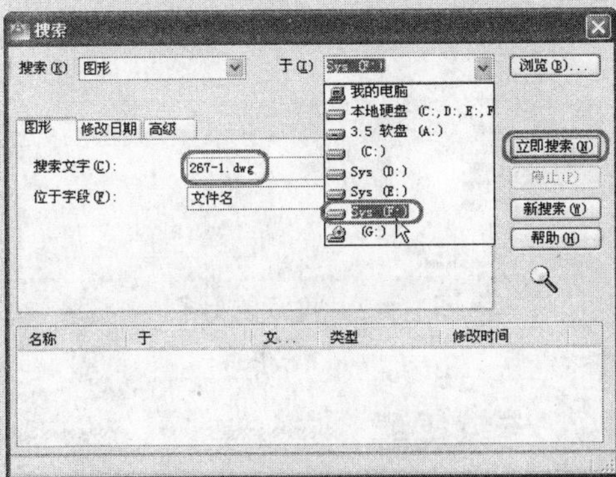

图272-1 设置搜索条件

02 单击“立即搜索”按钮，开始搜索，搜索完成后，在显示搜索结果列表框中将显示出搜索的结果，如图272-2所示。

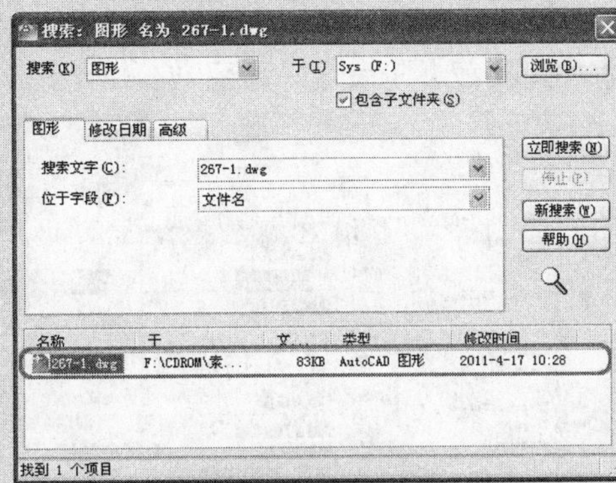

图272-2　搜索结果

第273集　查看历史记录

素材：无

视频：视频\第12章\第273集.avi

难度：★

效果：无

时长：21秒

关键技术：“历史记录”选项卡

01 启动AutoCAD 2012软件，新建一个空白图形文件，按Ctrl+2键，打开“设计中心”面板，单击“历史记录”标签，切换到“历史记录”选项卡，即可查看历史记录，如图273-1所示。

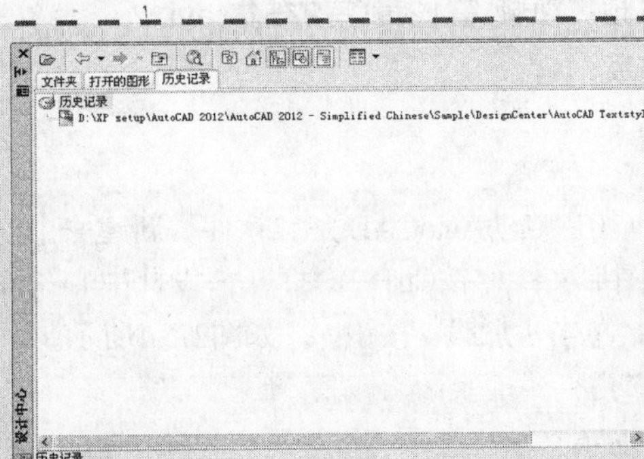

图273-1　查看历史记录

12.7　管理AutoCAD设计中心

第274集　收藏对象

素材：无

视频：视频\第12章\第274集.avi

难度：★

效果：无

时长：34秒

关键技术：“收藏夹”按钮

01 启动AutoCAD 2012软件，新建一个空白图形文件，按Ctrl+2键打开“设计中心”面板，在右侧列表框中第一个图形文件上右击鼠标，在弹出的快捷菜单栏中选择“添加到收藏夹”命令，如图274-1所示。

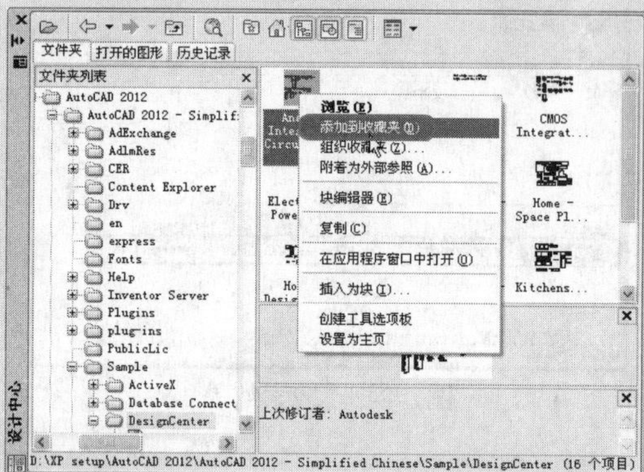

图274-1 选择“添加到收藏夹”命令

02 在“设计中心”面板中单击“收藏夹”按钮，在右侧列表框中将显示出收藏的对象，如图274-2所示。

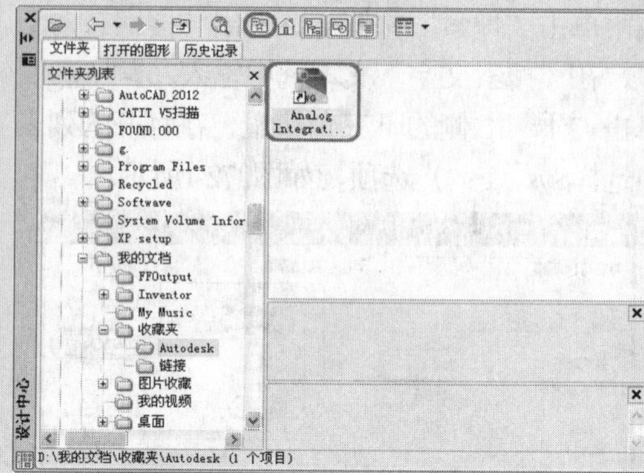

图274-2 收藏的对象

专家提醒

收藏夹用于标记存放在本地磁盘、网络驱动器或Internet网页中常用文件的快捷方式。

第275集 加载对象

素材：素材\第12章\275-1.dwg 效果：无

视频：视频\第12章\第275集.avi 时长：30秒

难度：★ 关键技术：“加载”按钮

01 启动AutoCAD 2012软件，新建一个空白图形文件，按Ctrl+2键打开“设计中心”面板，单击“加载”按钮，如图275-1所示。

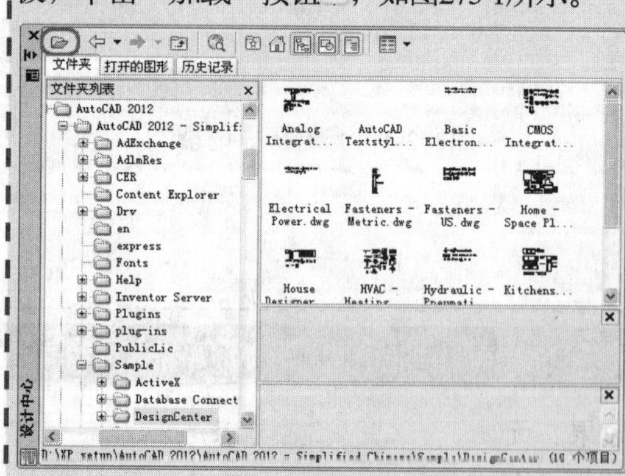

图275-1 选择“加载”按钮

02 弹出“加载”对话框，选择随书附带光盘中的“素材\第12章\275.dwg”文件，如图275-2所示。单击“打开”按钮，即可加载图形对象。

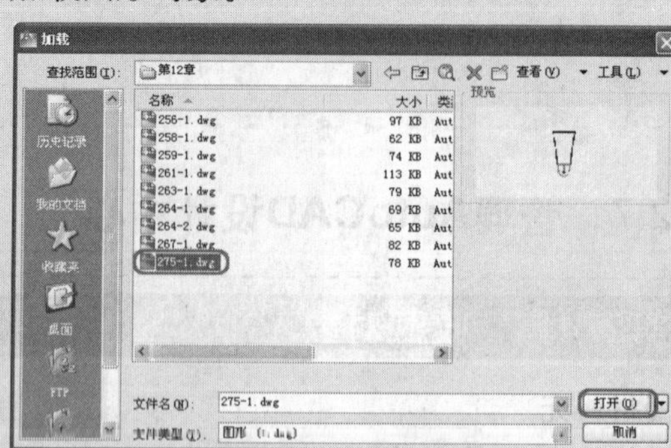

图275-2 选择“加载”图形对象

第276集　预览对象

素材：无　　效果：无

视频：视频\第12章\第276集.avi　　时长：21秒

难度：★　　关键技术："预览"窗口

01 启动AutoCAD 2012软件，新建一个空白图形文件，按Ctrl+2键打开"设计中心"面板，如图276-1所示。

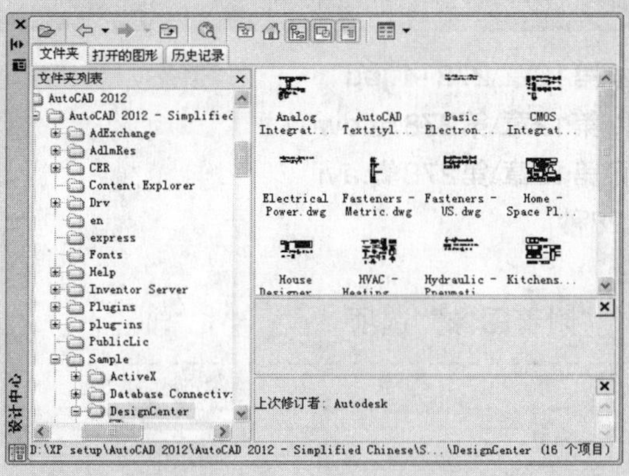

图276-1　"设计中心"面板

02 在右侧列表框中选择一个图形对象，在下方预览窗口中即可预览对象，如图276-2所示。

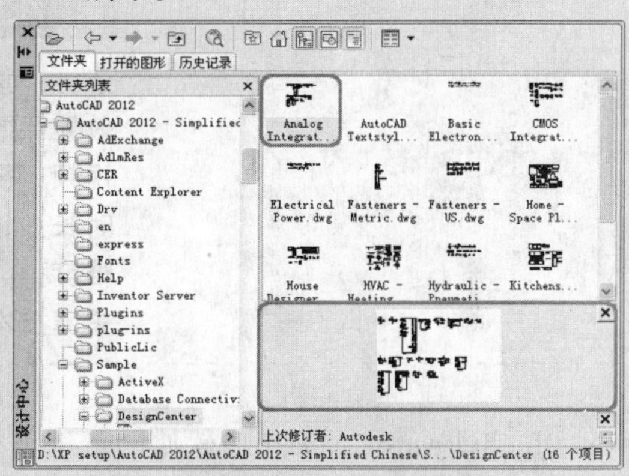

图276-2　预览对象

12.8　通过"设计中心"插入图块

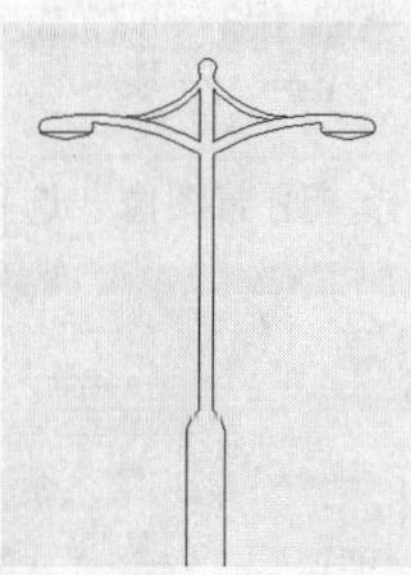

第277集　插入图块

素材：素材\第12章\277-1.dwg

效果：效果\第12章\第277集.dwg

视频：视频\第12章\第277集.avi

时长：58秒

难度：★

关键技术："插入块"选项

01 启动AutoCAD 2012软件，新建一个空白图形文件，按Ctrl+2键打开"设计中心"面板，在左侧的"文件夹列表"中选择随书附带光盘中的"素材\第12章\277-1.dwg"图形文件，单击该文件左侧的⊞图标，在展开的列表中选择"块"选项，在右侧的列表框中选择"路灯"为插入块，右击鼠标，在弹出的快捷菜单栏中选择"插入块"命令，如图277-1所示。

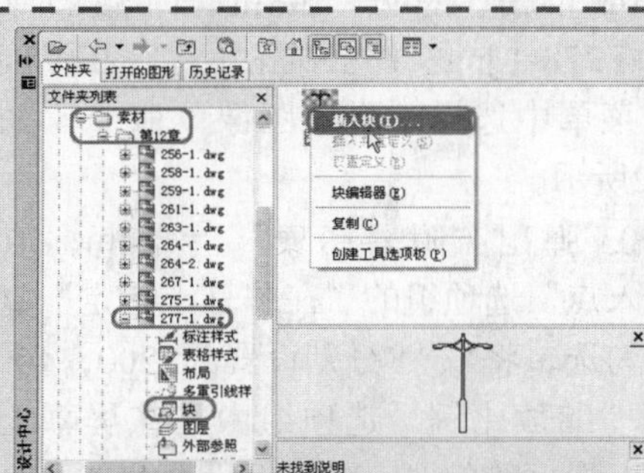

图277-1　选择"插入块"选项

02 在弹出的“插入”对话框中取消“插入点”选项组“在屏幕上指定”复选框的勾选，将X、Y分别设置为200、400，将“比例”组中的X设置为0.5，如图277-2所示。单击“确定”按钮，插入块。

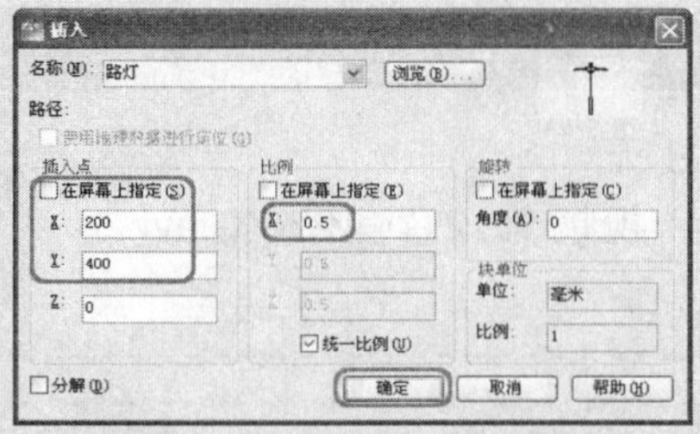

图277-2　设置插入选项

第278集　附着光栅图像

素材：素材\第12章\278-1.jpg
效果：效果\第12章\第278集.dwg
视频：视频\第12章\第278集.avi
时长：1分28秒
难度：★★
关键技术：“附着图像”选项

01 启动AutoCAD 2012软件，新建一个空白图形文件，按Ctrl+2键打开“设计中心”面板，单击“加载”按钮，打开“加载”对话框，选择随书附带光盘中的“素材\第12章\278-1.jpg”文件，如图278-1所示。

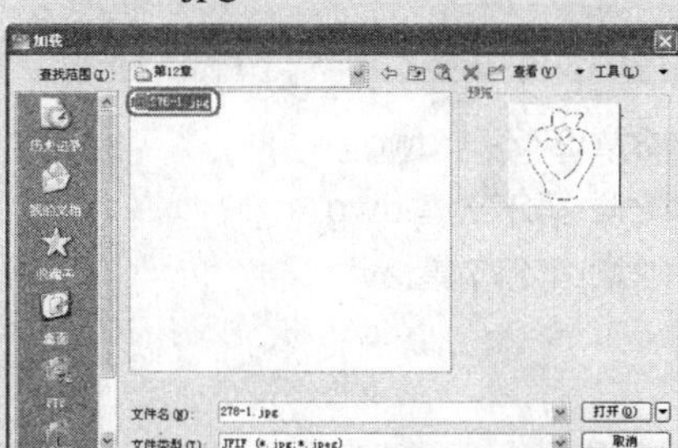

图278-1　选择图像文件

02 单击“打开”按钮，加载图像文件，在278-1.jpg文件上右击鼠标，在弹出的快捷菜单中选择“附着图像”命令，如图278-2所示。

03 弹出“附着图象”对话框，取消“插入点”选项组的“在屏幕上指定”复选框的勾选，将X、Y分别设置为2200，400，取消“缩放比例”选项组中“在屏幕上指定”复选框的勾选，将比例设置为18，如图278-3所示。

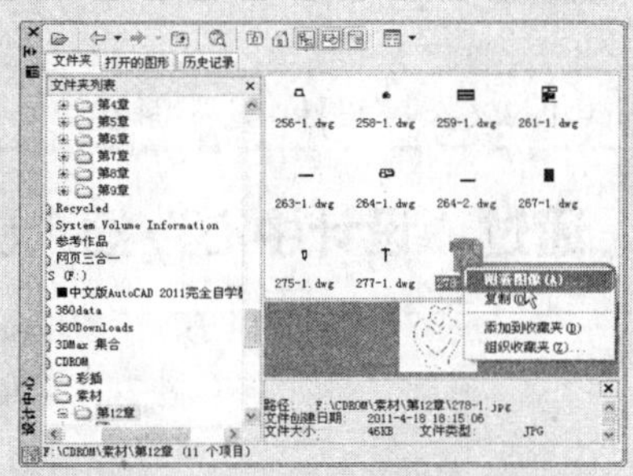

图278-2　选择“附着图像”选项

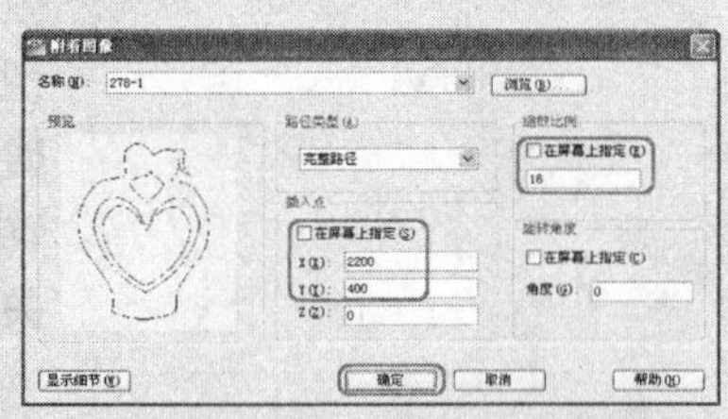

图278-3　“附着图像”对话框

04 单击“确定”按钮，附着光栅图像插入块，效果如图278-4所示。

图278-4　附着光栅图像

第279集　插入外部文件

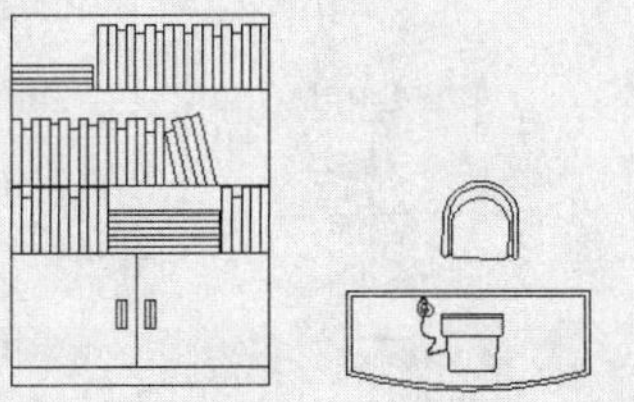

素材：素材\第12章\279–1.dwg
效果：效果\第12章\第279集.dwg
视频：视频\第12章\第279集.avi
时长：59秒
难度：★
关键技术：鼠标拖曳

01 启动AutoCAD 2012软件，新建一个空白图形文件，按Ctrl+2键打开“设计中心”面板，在左侧的“文件夹列表”列表框中选择随书附带光盘中的“素材\第12章279-1.dwg”图形文件，并向绘图区中拖曳，鼠标将变为形状，如图279-1所示。

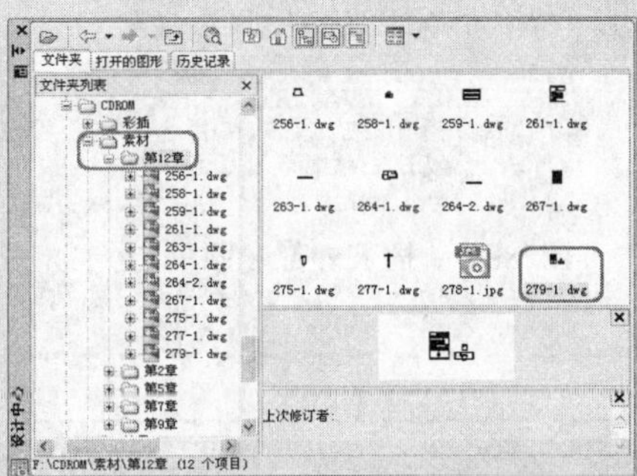

图279-1 选择文件并拖曳

02 松开鼠标，在命令行中输入“600，600”，按Enter确认，指定插入点，输入0.5并确认，指定X比例因子，输入0.5并确认，指定Y比例因子，再输入0并确认，指定旋转角度，如图279-2所示。

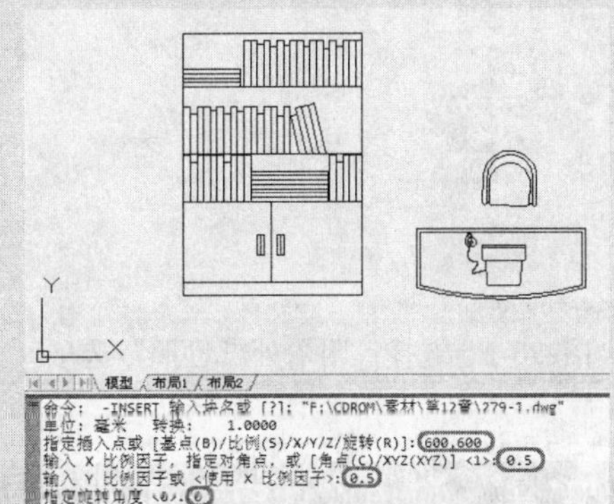

图279-2　设置参数

第280集　插入外部参照

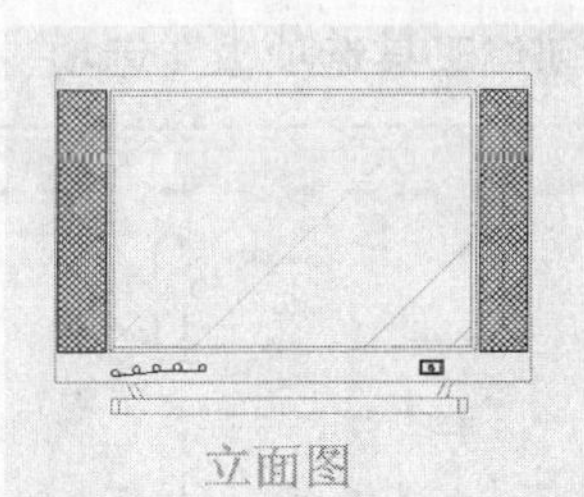

素材：素材\第12章\280–1.dwg ~ 280–3.dwg
效果：效果\第12章\第280集.dwg
视频：视频\第12章\第280集.avi
时长：1分20秒
难度：★★
关键技术：“外部参照”选项

01 启动AutoCAD 2012软件，按Ctrl+O键，打开一幅素材图形，如图280-1所示。

02 按Ctrl+2键打开“设计中心”面板，在“文件夹列表”列表框中选择随书附带光盘中的“素材\第12章\280-3”文件，单击其左侧的⊞图标，在展开的列表中选择“外部参照”选项，在右侧列表框中的280-2文件上右击鼠标，在弹出的快捷菜单中选择“附着外部参照”命令，如图280-2所示。

03 在弹出的“附着外部参照”对话框中取消“插入点”选项组“在屏幕上指定”复选框的勾选，将X、Y分别设置为

2450，720，将“比例”组中的X、Y都设置为0.3，如图280-3所示。单击“确定”按钮，插入外部参照，如图280-4所示。

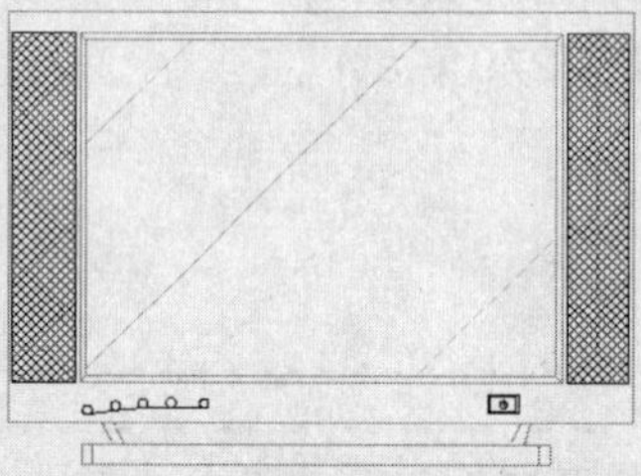

图280-1　打开素材图形

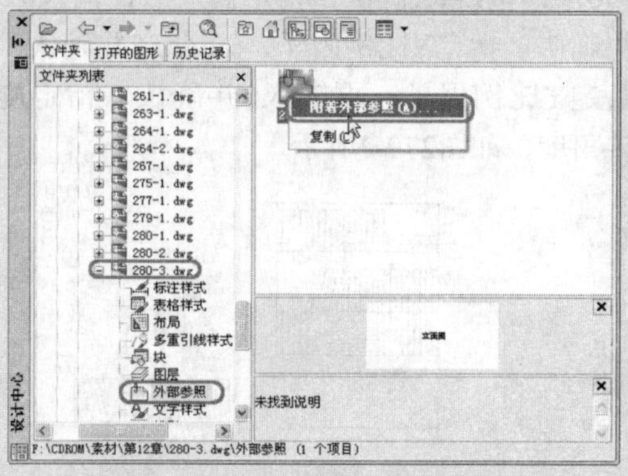

图280-2　选择“附着外部参照”选项

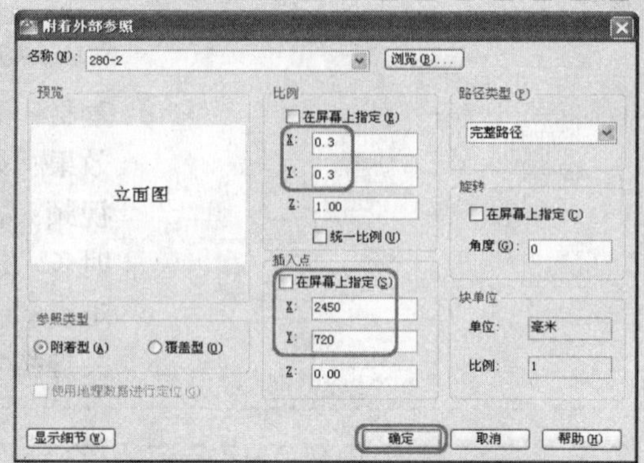

图280-3　“附着外部参照”对话框

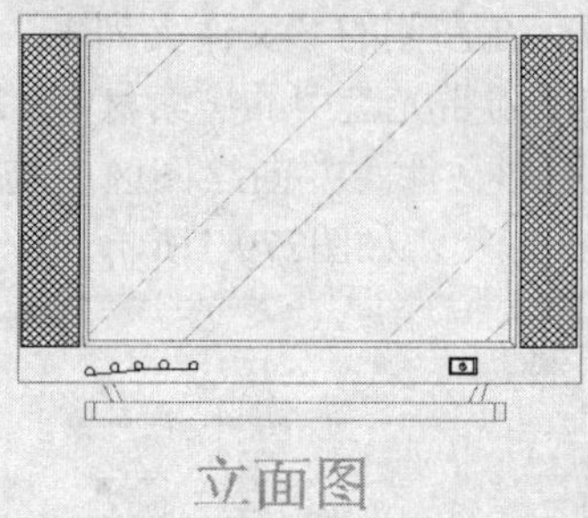

图280-4　插入外部参照

第281集　利用设计中心创建工具选项板

素材：素材\第12章\281-1.dwg　　效果：无

视频：视频\第12章\第281集.avi　　时长：33秒

难度：★　　关键技术：“创建工具选项板”选项

01 启动AutoCAD 2012软件，新建一个空白图形文件，按Ctrl+2键打开“设计中心”面板，在左侧“文件夹列表”列表框中选择随书附带光盘中的“素材\第12章\281-1.dwg”图形文件，并右击该图形文件，在弹出的快捷菜单中选择“创建工具选项板”命令，如图281-1所示。

02 选择该选项后，即可创建一个与文件名相同的工具选项板，该文件中的所有图形均被添加到工具选项板中，如图281-2所示。

图281-1　选择“创建工具选项板”选项

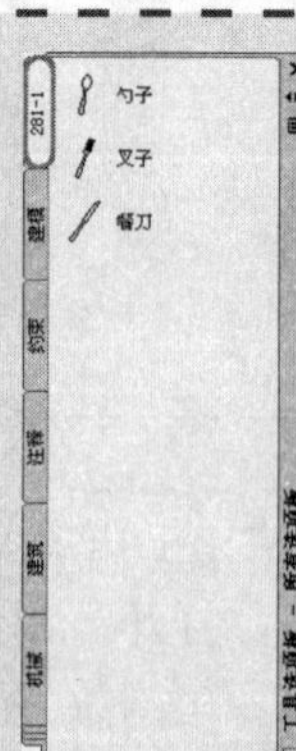

图281-2　创建的工具选项板

12.9　使用工具选项板和CAD标准

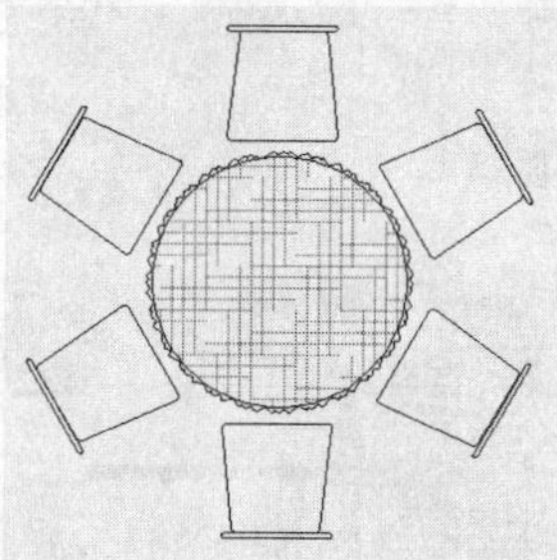

第282集　使用“工具”选项板填充图案

素材：素材\第12章\282-1.dwg

效果：效果\第12章\第282集.dwg

视频：视频\第12章\第282集.avi

时长：1分17秒

难度：★

关键技术：“工具选项板”面板

01 启动AutoCAD 2012软件，按Ctrl+O键，打开一幅素材图形，如图282-1所示。

02 在“功能区”选项板的“视图”选项卡中单击“选项板”面板中的“工具选项板”按钮，弹出“工具选项板”面板，切换到“图案填充”选项卡中，选择“ISO 图案填充”选项组中的“斜线”样式，如图282-2所示。

图282-1　打开素材图形

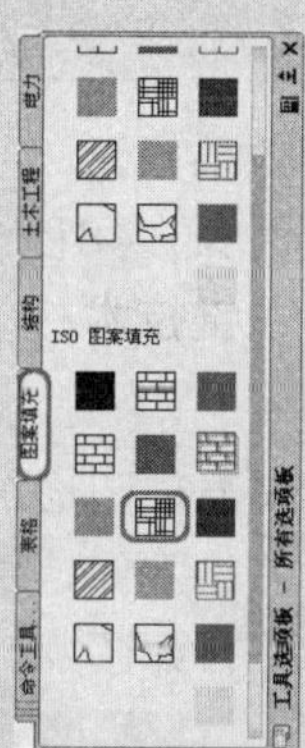

图282-2　“工具选项板”面板

03 在绘图区中的图形中单击鼠标，选择该图案，在“图案填充编辑器”面板中将“填充图案比例”设置为30，将“填充图案透明度”设置为60，如图282-3所示。

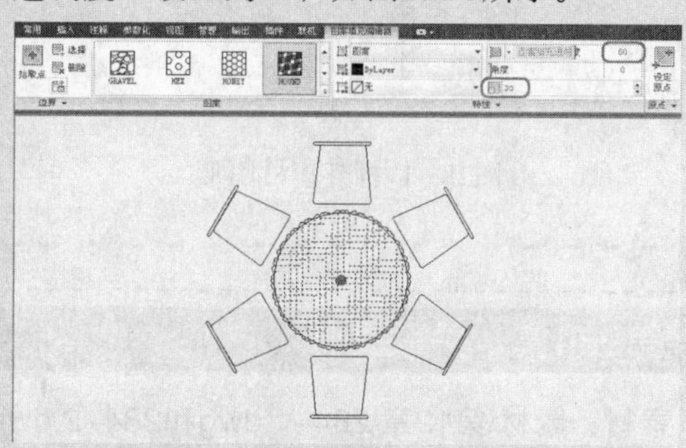

图282-3　设置图案填充参数

专家提醒

“工具选项板”是一个常用图块、图案填充或工具的集合，可以将常用的图块或图案添加到“工具选项板”中，当需要在图形中插入图块或图案时，只需在“工具选项板”中选择相应的图块或图案，然后在图形中相应位置单击鼠标即可。

第283集　创建CAD标准

素材：素材\第12章\283-1.dwg

效果：无

视频：视频\第12章\第283集.avi

时长：37秒

难度：★

关键技术：“文件类型”下拉列表

01 启动AutoCAD 2012软件，按Ctrl+O键，打开一幅素材图形，如图283-1所示。

02 在菜单栏中选择“文件”|“另存为”命令，弹出“图形另存为”对话框，设

置保存路径，在“文件名”文本框中输入“第283集”，单击“文件类型”右侧下三角按钮，在弹出的列表中选择“AutoCAD图形标准（*.dws）”选项，如图283-2所示。单击“保存”按钮，创建扩展名为.dws的CAD标准文件。

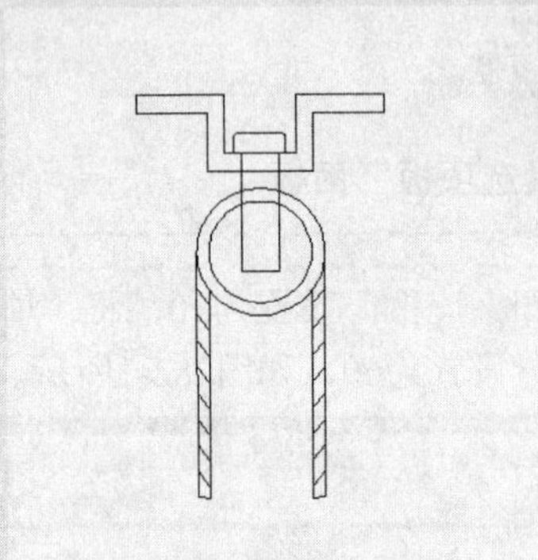

图283-1 打开素材图形

图283-2　选择“文件类型”

专家提醒

CAD标准图形文件可维护图形文件的一致性，可以创建标准文件来定义常用属性，也可为命令对象定义一组常用特性，如图层、线型、标注样式等。

第284集　关联文件

素材：素材\第12章\284-1.dwg和284-2.dws　效果：无
视频：视频\第12章\第284集.avi　时长：46秒
难度：★　关键技术：“配置”按钮

01 启动AutoCAD 2012软件，按Ctrl+O键，打开一幅素材图形，在“功能区”选项板的“管理”选项卡中单击“CAD标准”面板中的“配置”按钮，弹出“配置标准”对话框，如图284-1所示。

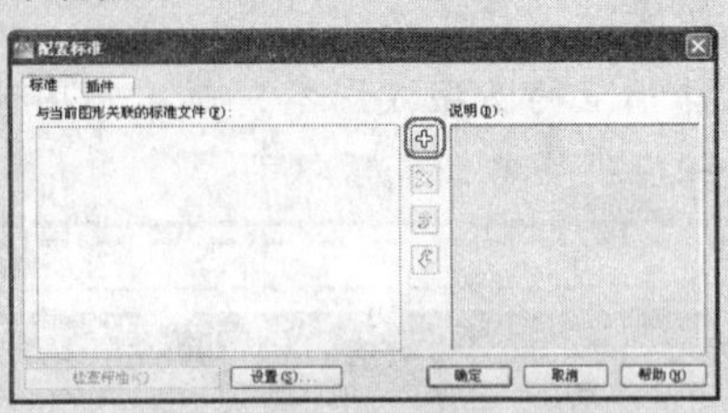

图284-1　“配置标准”对话框

02 单击“添加标准文件”按钮，弹出“选择标准文件”对话框，选择随书附带光盘中的“素材\第12章\284-2.dws”标准文件，单击“打开”按钮，如图284-2所示。

03 返回到“配置标准”对话框，在“与当前图形关联的标准文件”列表框中显示关联文件，单击“确定”按钮，保存关联文件，如图284-3所示。

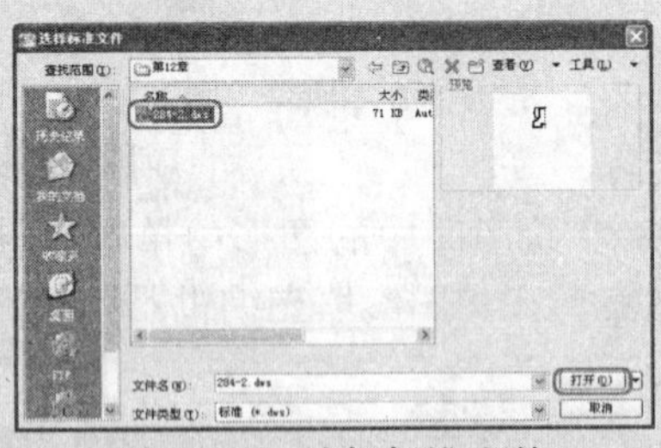

图284-2　选择标准文件

图284-3　关联文件

第285集　检查图形

素材：无	效果：无
视频：视频\第12章\第285集.avi	时长：22秒
难度：★	关键技术："检查标准"对话框

01 接第284集的操作，设置完关联文件后可以对当前图形进行检查，在"功能区"选项板的"管理"选项卡中单击"CAD标准"面板中的"检查"按钮，弹出"检查标准"对话框，如图285-1所示。

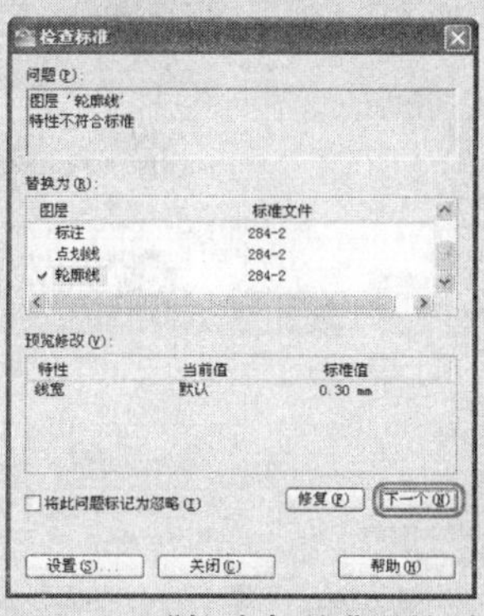

图285-1　"检查标准"对话框

02 单击"下一个"按钮，检查不同的问题，检查完成后，弹出"检查标准-检查完成"对话框，可以查看检查结果，如图285-2所示。

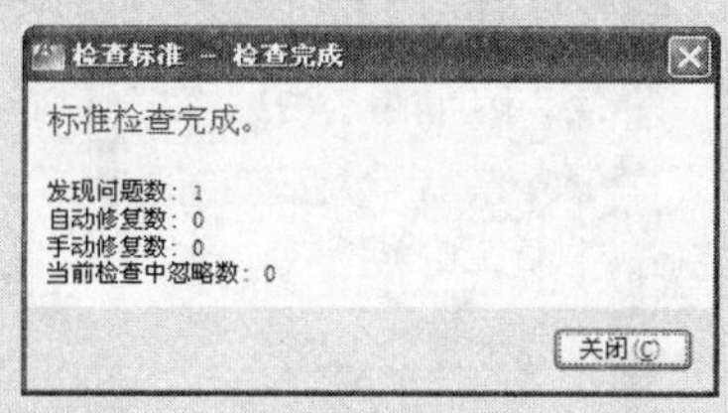

图285-2　"检查标准-检查完成"对话框

12.10　使用"图纸集管理器"面板

第286集　创建图纸集

素材：无	效果：无
视频：视频\第12章\第286集.avi	时长：38秒
难度：★	关键技术："创建图纸集–开始"对话框

01 启动AutoCAD 2012软件，新建一个空白图形文件，单击按钮，在弹出的下拉菜单中选择"新建"|"图纸集"选项，弹出"创建图纸集-开始"对话框，如图286-1所示。

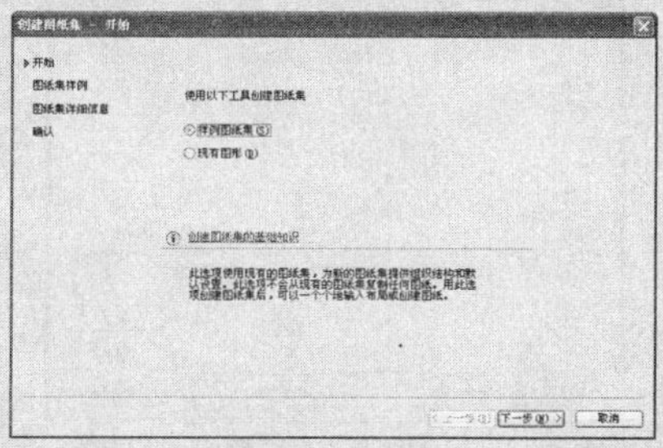

图286-1　"创建图纸集-开始"对话框

02 这里使用默认设置，单击3次"下一步"按钮，进入"图纸集预览"界面，单击"完成"按钮，弹出"图纸集管理器"面板，如图286-2所示，在"图纸"列表框中显示新建的图纸集。

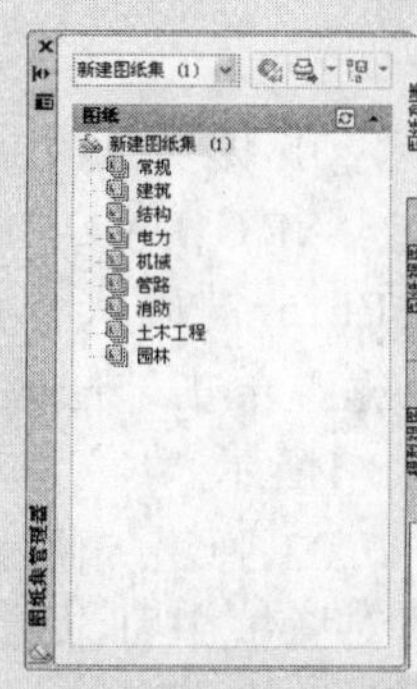

图286-2　"图纸集管理器"面板

第287集　编辑图纸集

素材：无　　效果：无

视频：视频\第12章\第287集.avi　　时长：34秒

难度：★　　关键技术：“特性”选项

01 接第286集的操作，在“图纸集管理器”面板中右击“图纸”列表框中的“新建图纸集（1）”选项，在弹出的快捷菜单栏中选择“特性”命令，如图287-1所示。

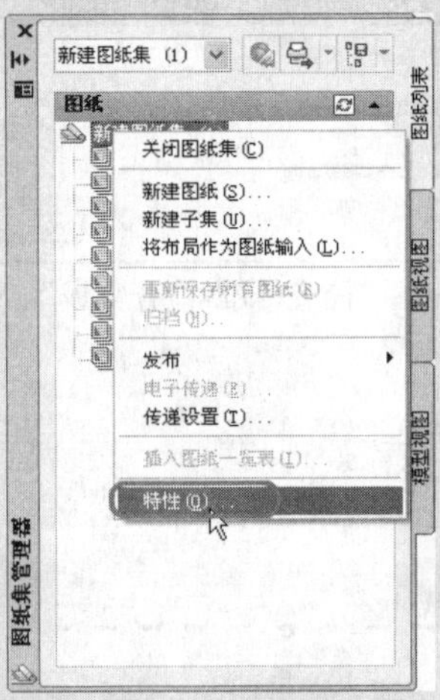

图287-1　选择“特性”选项

02 弹出“图纸集特性-新建图纸集（1）”对话框，在“名称”文本框中输入“结构图纸集”，如图287-2所示。单击“确定”按钮，对图纸集进行编辑。

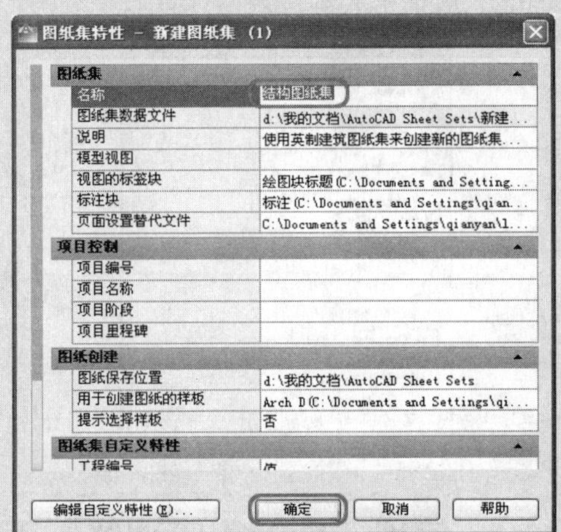

图287-2　“图纸集特性-新建图纸集（1）”对话框

第288集　归档图纸集

素材：无　　效果：无

视频：视频\第12章\第288集.avi　　时长：53秒

难度：★　　关键技术：ARCHIVE（归档图纸集）命令

01 接第287集的操作，在命令行中输入ARCHIVE（归档图纸集）命令，并按Enter键确认，弹出“归档图纸集”对话框，单击“修改归档设置”按钮，如图288-1所示。

02 弹出“修改归档设置”对话框，在该对话框中可以对“归档类型和位置”、“路径选项”、“动作”及“包含选项”进行设置，如图288-2所示。

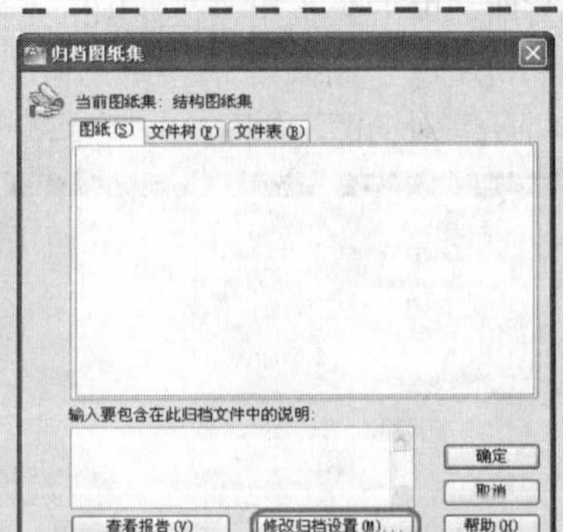

图288-1　“归档图纸集”对话框

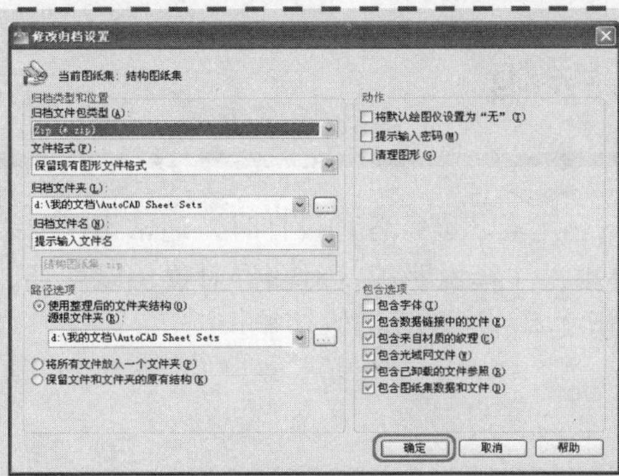

图288-2　“修改归档设置”对话框

03 单击“确定”按钮，返回“归档图纸集”对话框，单击“确定”按钮，弹出“指定Zip文件”对话框，可以设置Zip文件的文件名及存储路径，单击“保存”按钮，即可归档图纸集，如图288-3所示。

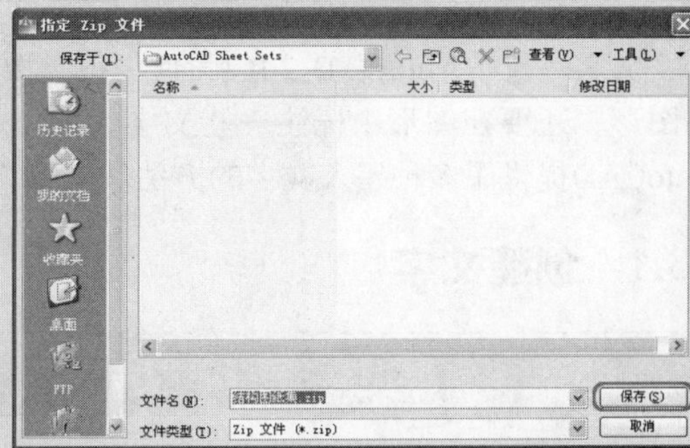

图288-3　“指定Zip文件”对话框

第13章 文字的创建与编辑

文字对象是AutoCAD 2012图形中很重要的图形元素，进行各种设计时，通常不仅要绘出图形，还要在图形中标注一些文字，如技术要求、注释说明等，对图形对象加以解释。AutoCAD提供了多种写入文字的方法，本章将介绍文本的注释和编辑功能。

13.1 创建文字

第289集 创建单行文字

素材：素材\第13章\289-1.dwg	效果：无
视频：视频\第13章\第289集.avi	时长：45秒
难度：★	关键技术："单行文字"命令

01 单击快速访问工具栏上的"打开"按钮，打开一幅素材图形，如图289-1所示。

图289-1 打开的素材图形

02 单击"功能区"选项板中的"常用"选项卡，在"注释"面板中单击"文字"下三角按钮，在弹出的下拉列表中选择"单行文字"选项，根据命令行的提示进行操作，输入起点坐标（84,25），按Enter键确认，输入10并确认，输入0并确认，输入文字"货车"并确认，按Esc键退出，即可创建单行文字，如图289-2所示。

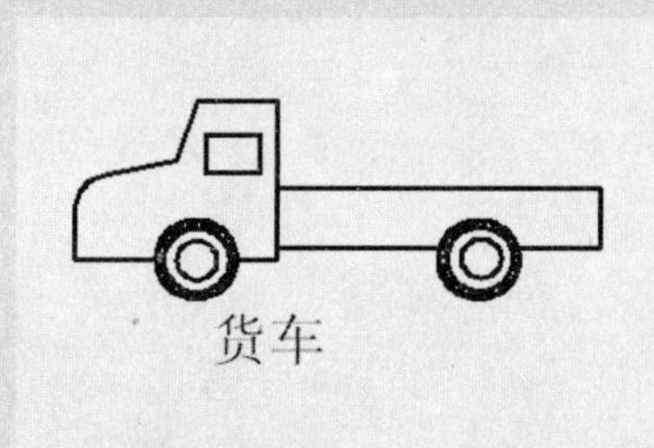

图289-2 完成后的效果

专家提醒

除了运用上述方法可以调用"单行文字"命令外，还有以下两种方法。

- 方法1：在命令行中输入TEXT（单行文字）命令，并按Enter键确认。
- 方法2：选择"绘图"|"文字"|"单行文字"命令。

第290集 查看单行文字样式

素材：无	效果：无
视频：视频\第13章\第290集.avi	时长：40秒
难度：★	关键技术："AutoCAD 文本窗口"

01 继续第289集的操作，单击“功能区”选项板中的“常用”选项卡，在“注释”面板中单击“文字”下三角按钮，在弹出的下拉列表中选择“单行文字”选项，如图290-1所示。

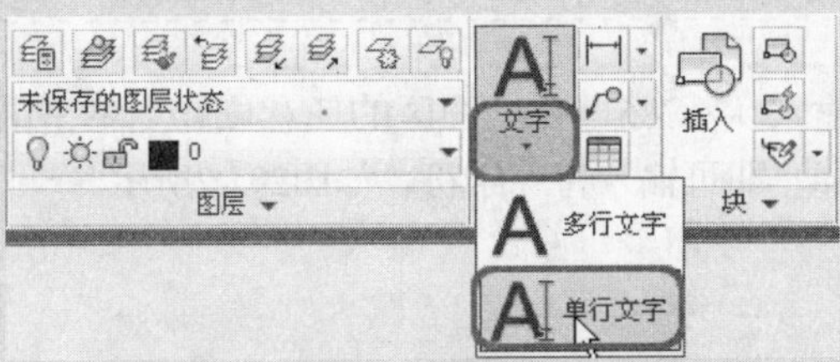

图290-1　选择“单行文字”命令

02 根据命令行的提示进行操作，输入S（样式）按Enter键确认，输入？按两次Enter键确认，弹出AutoCAD文本窗口，即可查看单行文字样式，如图290-2所示。

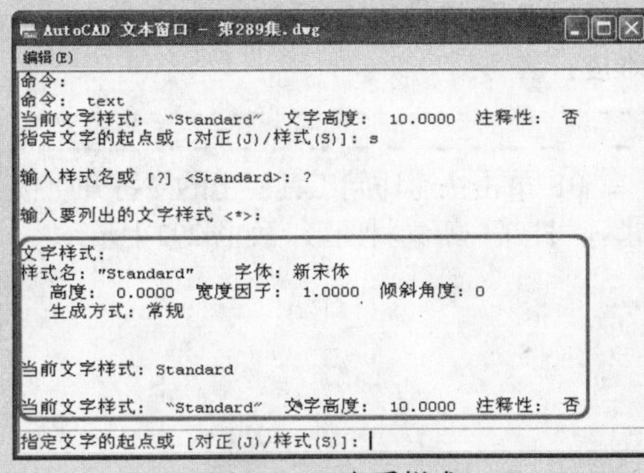

图290-2　查看样式

第291集　创建多行文字

素材：素材\第13章\291-1.dwg　　效果：无

视频：视频\第13章\第291集.avi　　时长：58秒

难度：★　　关键技术：“多行文字”命令

01 单击快速访问工具栏上的“打开”按钮，打开一幅素材图形，如图291-1所示。

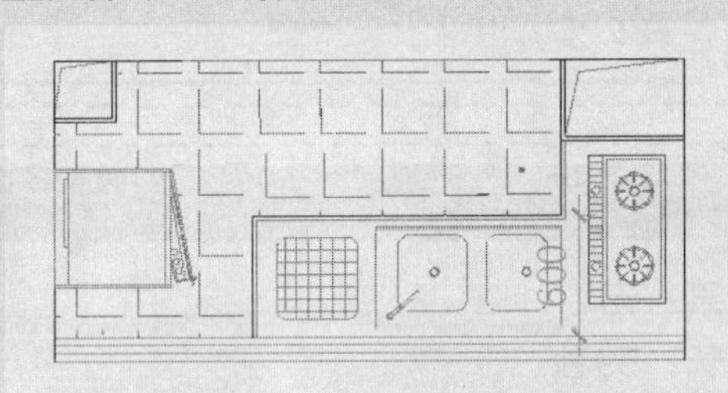

图291-1　打开的素材图形

02 单击“功能区”选项板中的“常用”选项卡，在“注释”面板上单击“文字”下三角按钮，在弹出的下拉列表中选择“多行文字”选项，根据命令行提示进行操作，在绘图区右侧任意位置上拖动合适位置，输入H并确认，输入125并确认，在绘图区任意位置单击鼠标，在弹出的文本框中输入文字，输入完成后在绘图区的空白位置上单击鼠标即可创建多行文字，如图291-2所示。

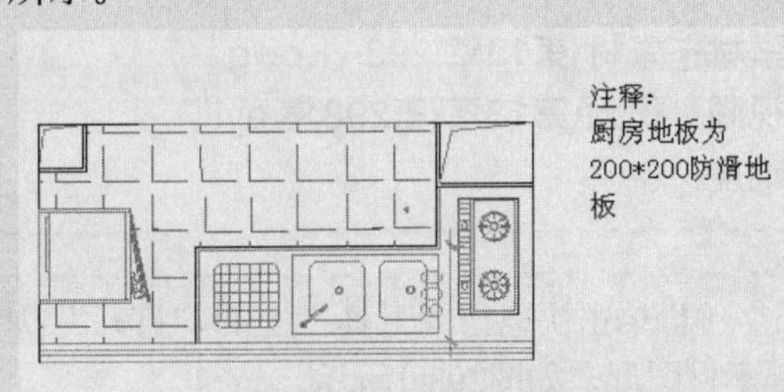

图291-2　完成后的效果

专家提醒

除了运用上述方法可以调用“多行文字”命令外，还有以下两种方法。

- 方法1：在命令行中输入MTEXT（多行文字）命令，并按Enter键确认。
- 方法2：在菜单栏中选择“绘图”|“文字”|“多行文字”命令

第292集　输入特殊字符

素材：素材\第13章\292–1.dwg　　效果：无
视频：视频\第13章\第292集.avi　　时长：38秒
难度：★　　关键技术：%%C字符

01 单击快速访问工具栏上的“打开”按钮，打开一幅素材图形，如图292-1所示。

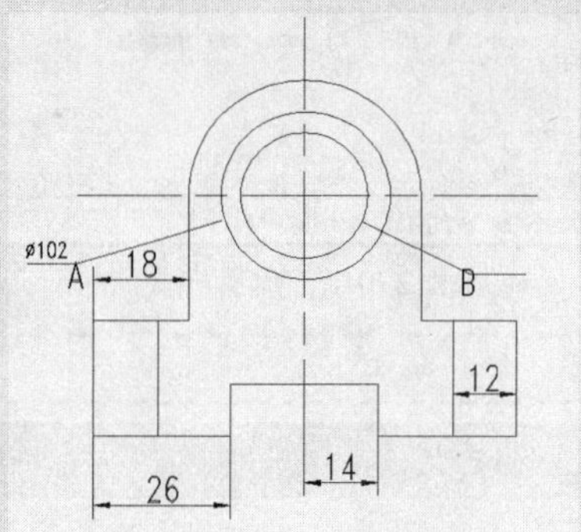

图292-1　打开的素材图形

02 单击“功能区”选项板中的“常用”选项卡，在“注释”面板上单击“文字”下三角按钮，在弹出的下拉菜单中选择“多行文字”选项，根据命令行的提示进行操作，在绘图区的B点上单击鼠标并向上拖动到合适的位置，单击鼠标，在弹出的文本框中输入%%C86，在绘图区的任意位置上单击鼠标，即可输入特殊字符，如图292-2所示。

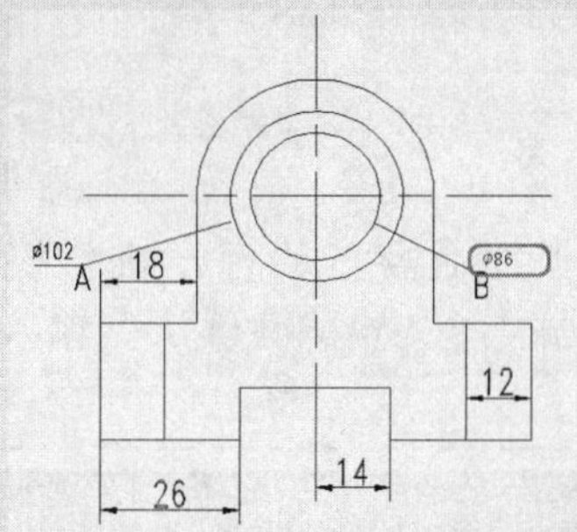

图292-2　完成后的效果

专家提醒

在AutoCAD 2012中，某些符号不能用标准键盘直接输入，可以使某些替代形式输入这些特殊符号，如标注直径符号、标注角度符号、标注正负极公差符号等。

第293集　创建堆叠文字

素材：素材\第13章\293–1.dwg　　效果：无
视频：视频\第13章\第293集.avi　　时长：59秒
难度：★　　关键技术：“堆叠”命令

01 单击快速访问工具栏上的“打开”按钮，打开一幅素材图形，如图293-1所示。

02 单击“功能区”选项板中的“常用”选项卡，在“注释”面板上单击“文字”下三角按钮，在弹出的下拉菜单中选择“多行文字”命令，根据命令行的提示进行操作，在绘图区的A点上单击鼠标并向上拖动到合适的位置，单击鼠标，在弹出的文本框中输入5-%%C7+0.46/0，选择+0.46/0文字为堆叠对象，右击鼠标，在弹出的快捷菜单中选择“堆叠”命令，如图293-2

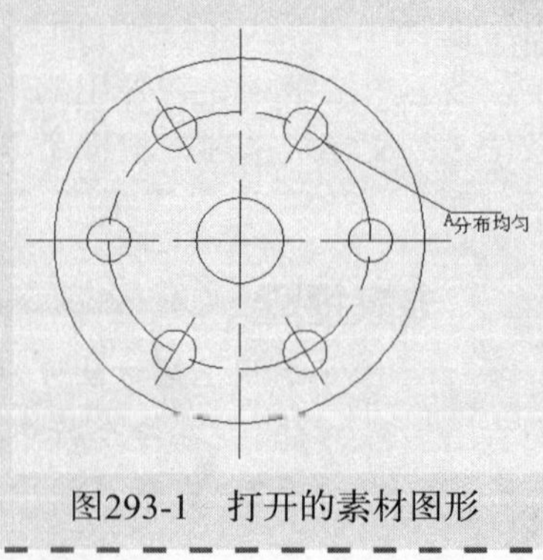

图293-1　打开的素材图形

所示。在绘图区的任意位置上单击鼠标，即可创建堆叠文字，效果如图293-3所示。

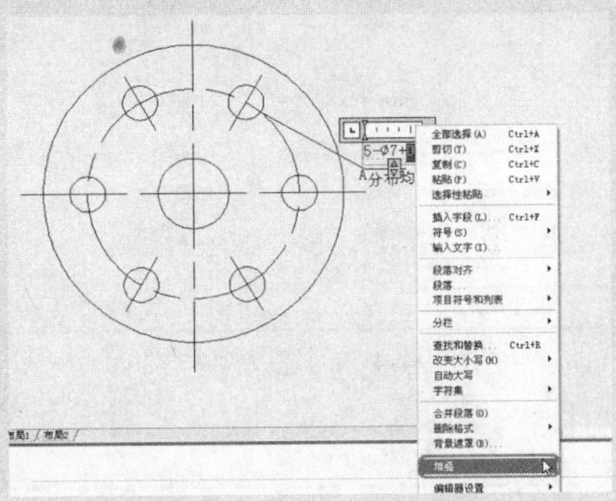

图293-2　选择“堆叠”命令

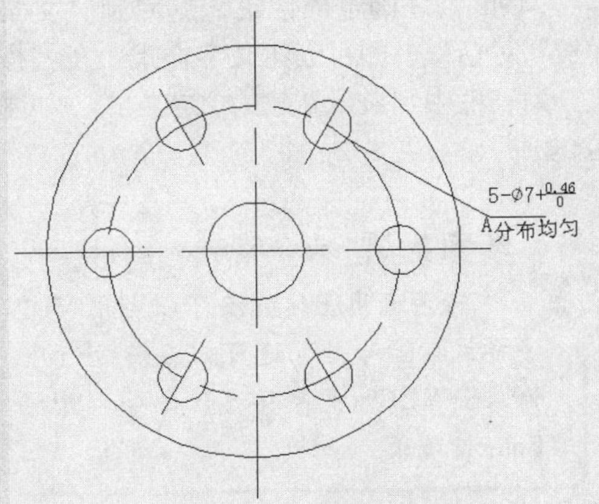

图293-3　完成后的效果

13.2　创建文字样式

第294集　创建文字样式

素材：素材\第13章\294-1.dwg　　效果：无

视频：视频\第13章\第294集.avi　　时长：49秒

难度：★　　关键技术：“文字样式”按钮

01 单击快速访问工具栏上的“打开”按钮，打开一幅素材图形，如图294-1所示。

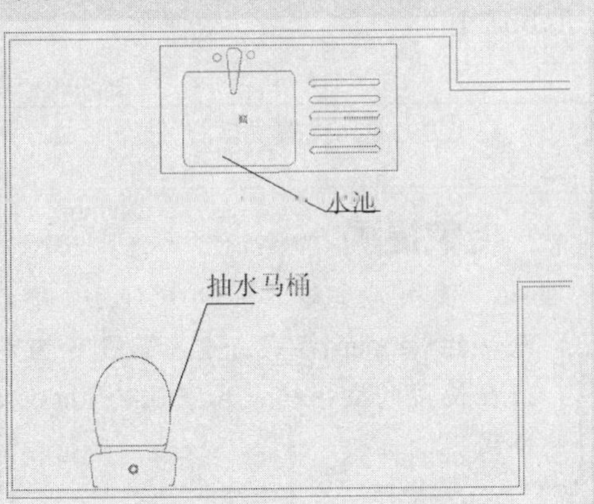

图294-1　打开的素材图形

02 在“功能区”选项板的“常用”选项卡中单击“注释”下三角按钮，在弹出的下拉菜单中单击“文字样式”选项，再在弹出的下拉列表框中选择“管理文字样式”命令，如图294-2所示。

图294-2　选择“管理文字样式”选项

03 在弹出的“文字样式”对话框中单击“新建”按钮，弹出“新建文字样式”对话框，在“样式名”文本框中输入“注解”，如图294-3所示。

图294-3　“新建文字样式”对话框

04 单击“确定”按钮，返回到“文字样式”对话框，即可创建文字样式，在“样式”列表框中则显示新建的文字样式，如图294-4所示。

专家提醒

除了运用上述方法可以调用“文字样式”命令外，还可以在命令行中输入STYLE（文字样式）命令，并按Enter键确认。

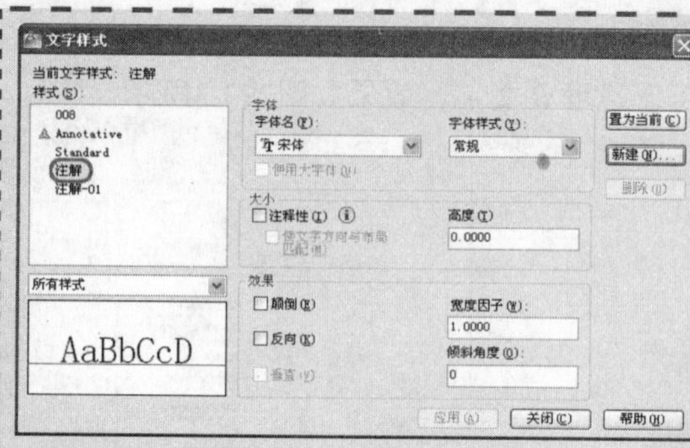

图294-4 创建文字样式

第295集 设置文字样式名

素材：无
视频：视频\第13章\第295集.avi
难度：★
效果：无
时长：18秒
关键技术：“重命名”选项

01 继续第294集的操作，在“样式”列表框中选择“注解”文字样式，右击鼠标，在弹出的快捷菜单中选择“重命名”命令，如图295-1所示。

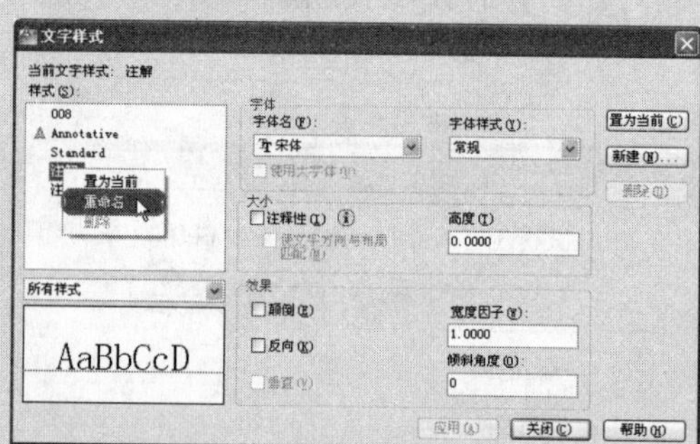

图295-1 选择“重命名”选项

02 将其重命名为“机械样式”，按Enter键确认，即可设置文字样式名，如图295-2所示。

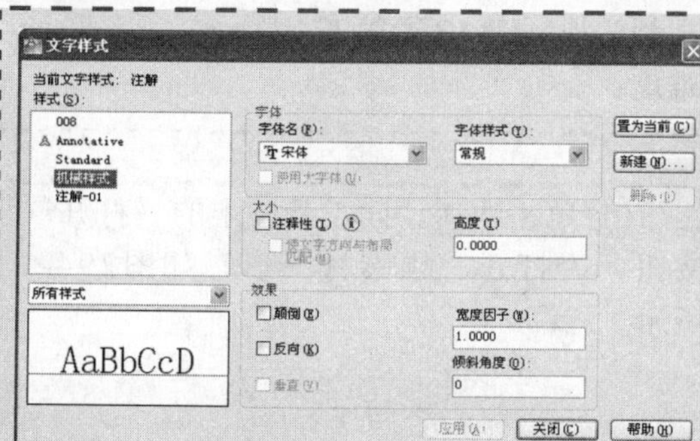

图295-2 设置文字样式名

专家提醒

使用“重命名”命令不能重命名默认的Standard样式，也不能删除当前正在使用的文字样式和默认的Standard样式。

第296集 设置文字字体

素材：素材\第13章\296-1.dwg
视频：视频\第13章\第296集.avi
难度：★★
效果：无
时长：1分33秒
关键技术：“字体名”下拉按钮

01 单击快速访问工具栏上的“打开”按钮，打开一幅素材图形，如图296-1所示。

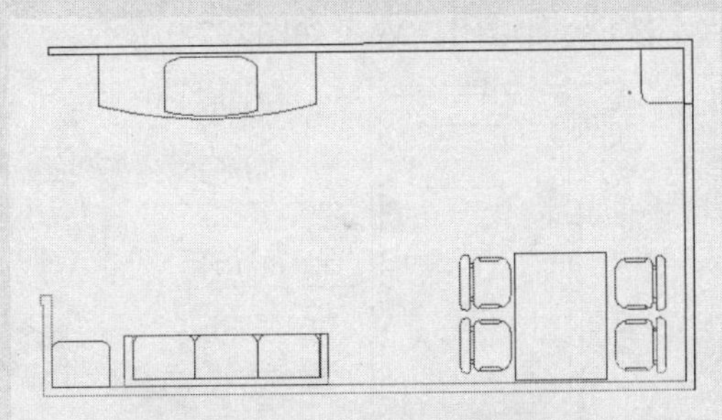

图296-1 打开的素材图形

02 在“功能区”选项板中的“常用”选项卡中单击“注释”下三角按钮，在弹出的下拉菜单中选择“文字样式”选项，再在弹出的下拉列表框中选择“管理文字样式”选项。

03 在弹出的“文字样式”对话框中选择“样式”列表框中的“样式”选项，单击“字体名”右侧的下拉按钮，在弹出的下拉列表框中选择“楷体 GB2312”选项，如图296-2所示。

04 单击“置为当前”按钮，在弹出的AutoCAD对话框中单击“是”按钮，将“楷体 GB2312”文字样式置为当前，单击“关闭”按钮，设置文字字体。

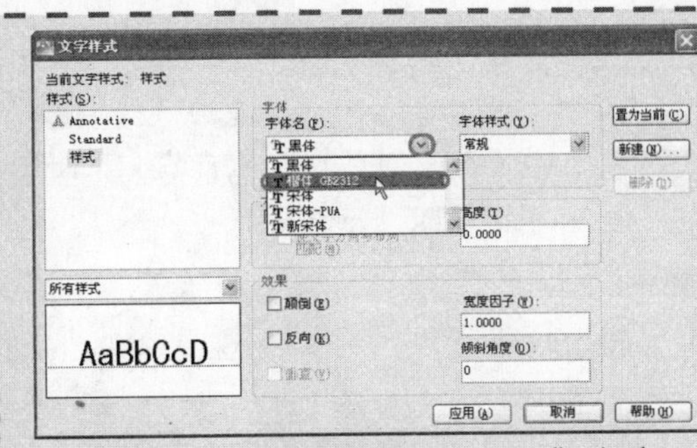

图296-2 选择“楷体 GB2312”选项

05 在命令行中输入TEXT（单行文字）命令，并按Enter键确认，根据命令行提示进行操作，输入（2521,943）并确认，输入15并确认，输入0并确认，在弹出的文本框中输入“客厅构造图”并确认，按Esc键退出，效果如图296-3所示。

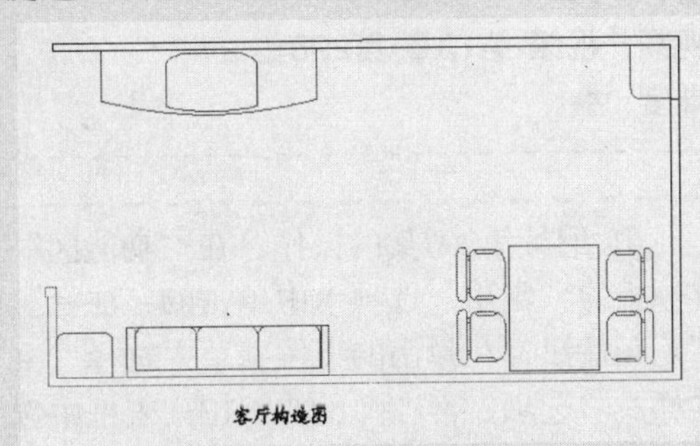

图296-3 完成后的效果

第297集 设置文字高度

素材：素材\第13章\297-1.dwg

视频：视频\第13章\第297集.avi

难度：★

效果：无

时长：55秒

关键技术：“文字样式”对话框

01 单击快速访问工具栏上的“打开”按钮，打开一幅素材图形，如图297-1所示。

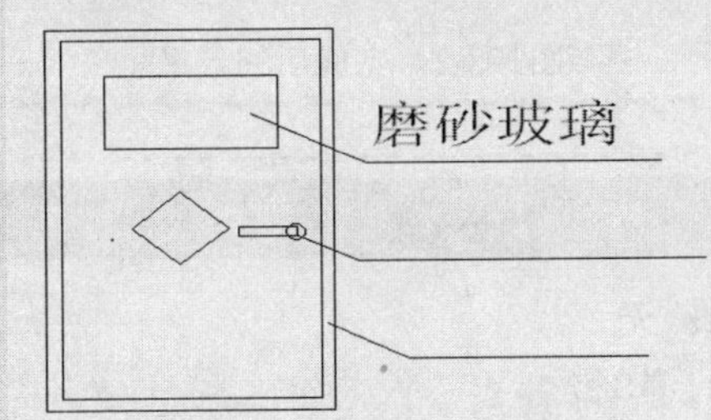

图297-1 打开的素材图形

02 在“功能区”选项板的“常用”选项卡中单击“注释”下三角按钮，在弹出的下拉列表中选择“文字样式”选项，再在弹出的下拉列表框中选择“管理文字样式”选项。

03 在弹出的“文字样式”对话框中的“高度”文本框中输入3，如图297-2所示。

04 在该对话框中依次单击“应用”和“关闭”按钮，设置文字高度。

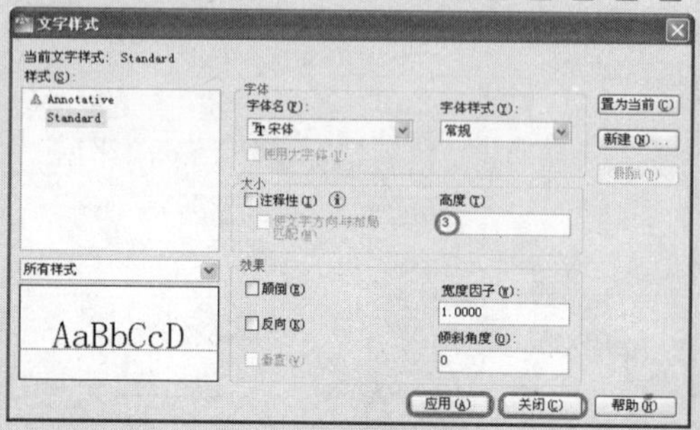

图297-2 设置文字高度

05 在命令行中输入TEXT（单行文字）命令，并按Enter键确认，根据命令行提示进行操作，输入（47,36）并确认，输入0并确认，输入“不锈钢门把手”并确认，按Esc键退出，效果如图297-3所示。

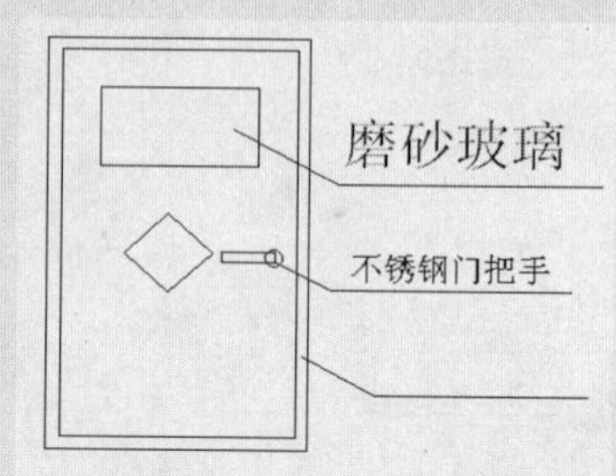

图297-3 完成后的效果

第298集 设置文字效果

素材：无
效果：无
视频：视频\第13章\第298集.avi
时长：46秒
难度：★
关键技术：“倾斜角度”文本框

01 继续第297集的操作，在“功能区”选项板的“常用”选项卡中单击的“注释”下三角按钮，在弹出的下拉菜单中选择“文字样式”选项，再在弹出的下拉列表框中选择“管理文字样式”选项，弹出“文字样式”对话框，在“倾斜角度”文本框中输入36，如图298-1所示。

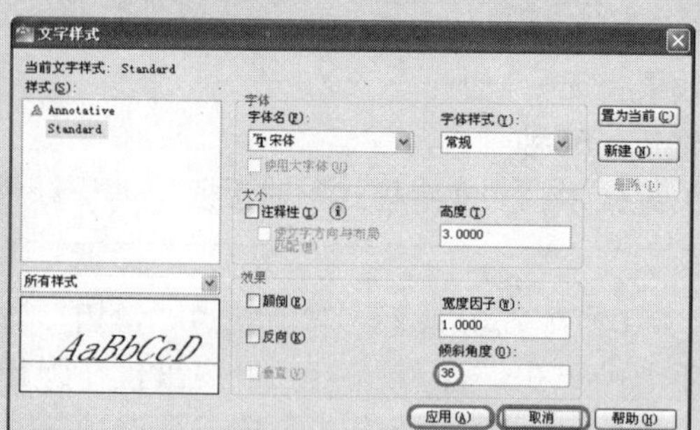

图298-1 设置倾斜角度

02 在该对话框中依次单击“应用”和“关闭”按钮，设置文字效果。

03 在命令行中输入TEXT（单行文字）命令，并按Enter键确认，根据命令行的提示进行操作，输入（50,22）并确认，输入0并确认，在弹出的文本框中输入“木质门框”并确认，按Esc键退出，效果如图298-2所示。

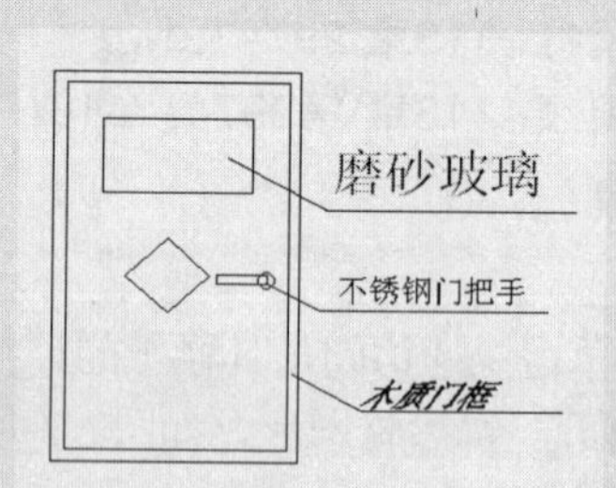

图298-2 完成后的效果

第299集 预览与应用文字样式

素材：无
效果：无
视频：视频\第13章\第299集.avi
时长：19秒
难度：★
关键技术：“反向”复选框

01 继续第298集的操作，在“功能区”选项板的“常用”选项卡中单击“注释”下三角按钮，在弹出的下拉列表中选择“文字样式”选项，再在弹出的下拉列表框中选择“管理文字样式”选项，弹出“文字样式”对话框。

02 在“效果”选项组中勾选“反向”复选框，即可预览和应用该文字样式，如图299-1所示。

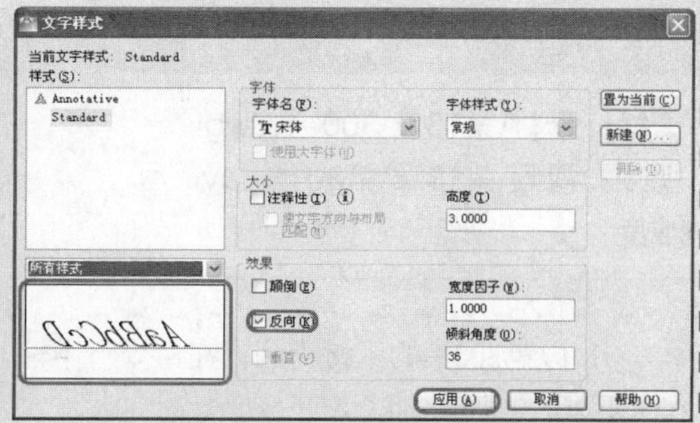

图299-1　预览和应用文字样式

13.3　编辑单行文字

第300集　编辑单行文字的缩放比例

素材：素材\第13章\300-1.dwg　　效果：无
视频：视频\第13章\第300集.avi　　时长：46秒
难度：★　　关键技术：“缩放”选项

01 单击快速访问工具栏上的“打开”按钮，打开一幅素材图形，如图300-1所示。

02 在“功能区”选项板的“注释”选项卡中单击“文字”下三角按钮，在弹出的下拉列表中选择“缩放”选项，如图300-2所示。

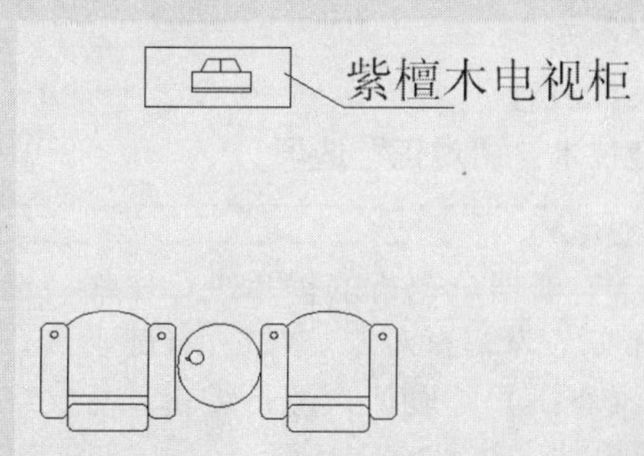

图300-1　打开的素材图形

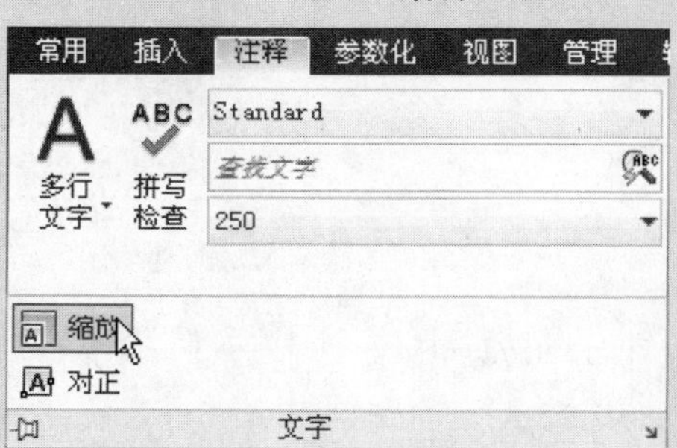

图300-2　选择“缩放”选项

03 根据命令行的提示进行操作，选择单行文字为编辑对象，按Enter键确认，输入L（左对齐）并确认，输入S（比例因子）并确认，输入0.7并确认，即可编辑单行文字的缩放比例，如图300-3所示。

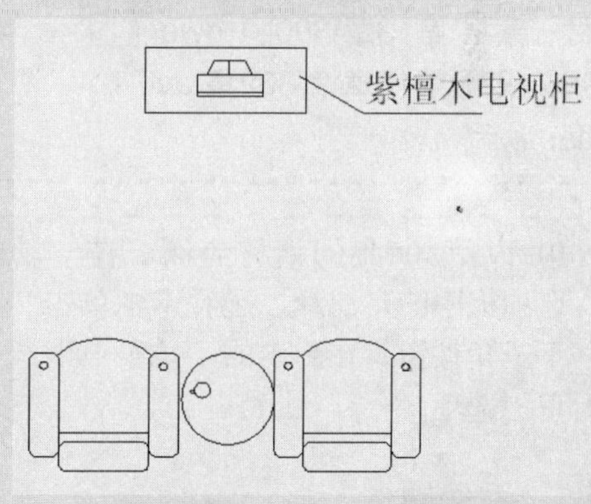

图300-3　完成后的效果

专家提醒

除了运用上述方法可以调用“缩放”命令外，还可以在命令行中输入SCALETEXT（缩放）命令，并按Enter键确认。

第301集　编辑单行文字内容

素材：素材\第13章\300-1.dwg　　效果：无
视频：视频\第13章\第301集.avi　　时长：30秒
难度：★　　关键技术：DDEDIT（编辑）命令

01 以第300集的素材为例，在命令行中输入DDEDIT（编辑）命令，并按Enter键确认。

专家提醒

除了运用上述方法可以调用“编辑”命令外，还有以下两种常用方法。

- 方法1：选择单行文字为编辑对象，右击鼠标，在弹出的快捷菜单中选择“编辑”命令。
- 方法2：在菜单栏中选择“修改”|“对象”|“文字”|“编辑”选项。

02 根据命令行的提示进行操作，选择单行文字为编辑对象，输入“电视柜”，按Enter键确认，即可完成对单行文字的编辑，如图301-1所示。

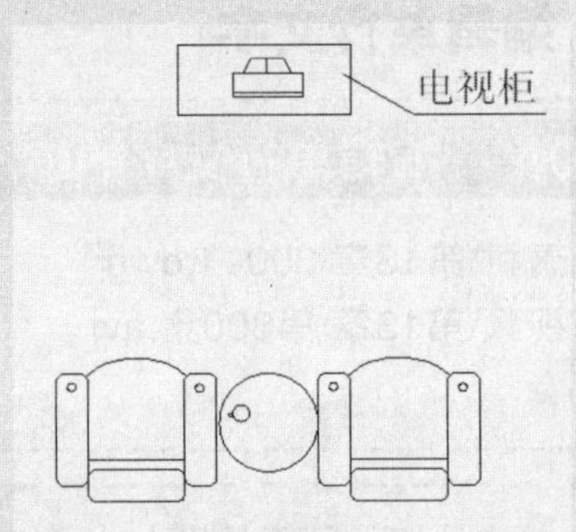

图301-1　编辑单行文字

第302集　编辑单行文字对正方式

素材：素材\第13章\300-1.dwg　　效果：无
视频：视频\第13章\第302集.avi　　时长：27秒
难度：★　　关键技术：“对正”选项

01 以第300集的素材为例，在“功能区”选项板中的“注释”选项卡中单击“文字”下三角按钮，在弹出的下拉菜单中选择“对正”选项。

专家提醒

除了运用上述方法可以调用“对正”命令外，还有以下两种常用方式。

- 方法1：在命令行中输入JUSTIFYTEXT（对正）命令，并按Enter键确认。
- 方法2：在菜单栏中选择“修改”|“对象”|“文字”|“对正”命令。

02 根据命令行的提示进行操作，选择单行文字为编辑对象，按Enter键确认，输入F（布满）并确认，即可编辑单行文字的对正方式，如图302-1所示。

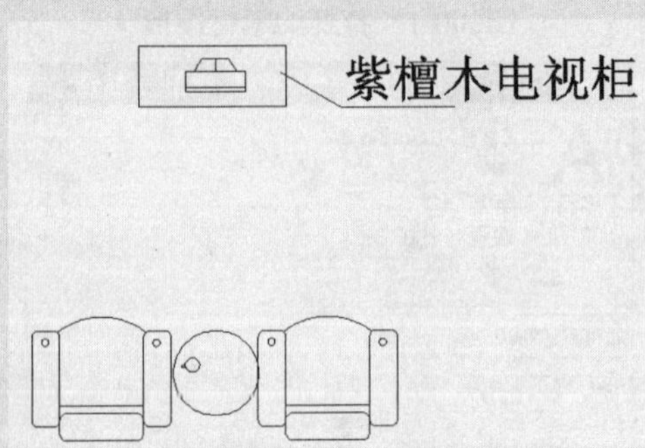

图302-1　编辑单行文字的对正方式

13.4　编辑多行文字

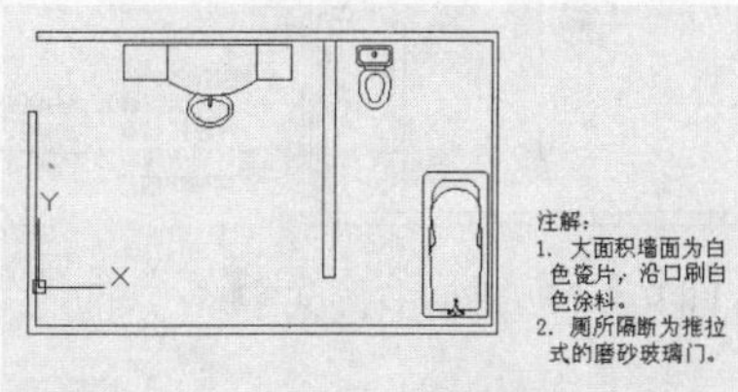

第303集　使用数字标记

素材：素材\第13章\303-1.dwg
效果：效果\第13章\第303集.dwg
视频：视频\第13章\第303集.avi
时长：41秒
难度：★
关键技术："以数字标记"选项

01 单击快速访问工具栏上的"打开"按钮，打开一幅素材图形，如图303-1所示。

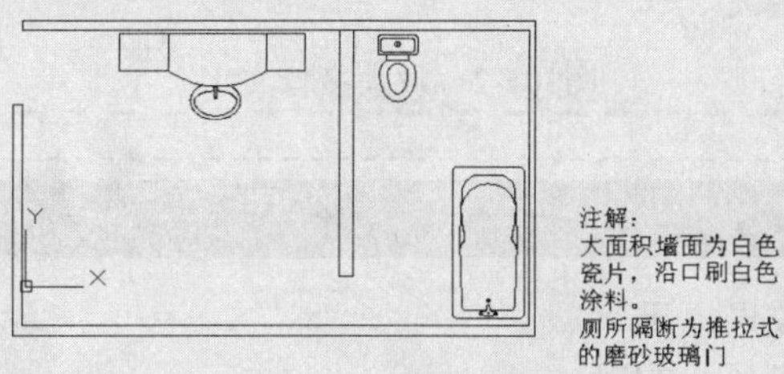

图303-1　打开的素材图形

02 在绘图区的多行文字上双击鼠标，弹出文本框，选择除"注解"字外的所有多行文字为编辑对象，右击鼠标，在弹出的快捷菜单中选择"项目符号和列表"|"以数字标记"命令，即可使用数字标记，如图303-2所示。

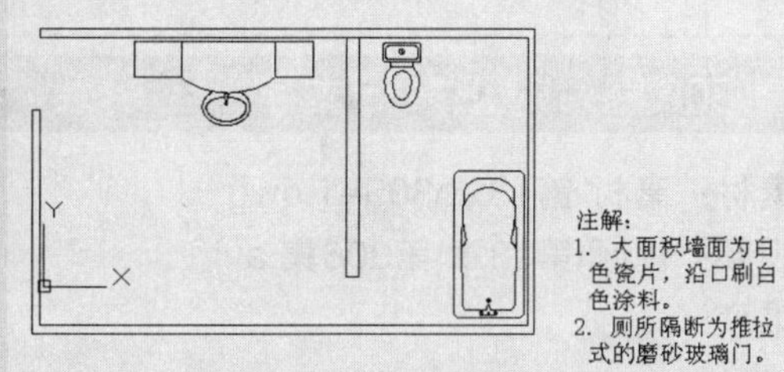

图303-2　使用数字标记

第304集　控制文字显示

素材：无
效果：无
视频：视频\第13章\第304集.avi
时长：30秒
难度：★
关键技术：QTEXT命令

01 继续第303集的操作，在命令行中输入QTEXT命令，按Enter键确认，输入ON（开）并确认。

02 在命令行中输入REGEN（重生成）命令，并按Enter键确认，即可控制文字显示，如图304-1所示。

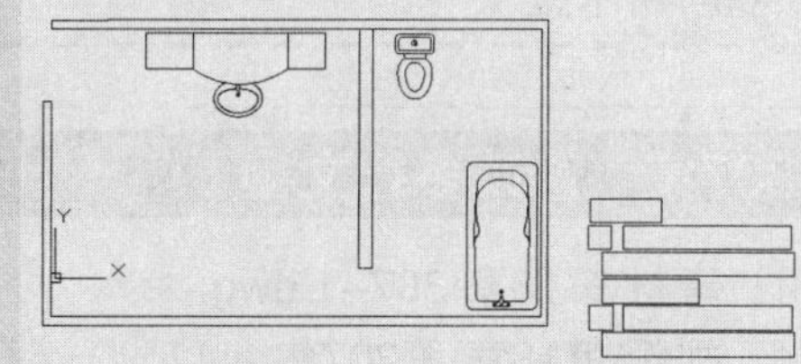

图304-1　控制文字显示

第305集　缩放多行文字

素材：素材\第13章\305-1.dwg
效果：无
视频：视频\第13章\第305集.avi
时长：1分10秒
难度：★★
关键技术："缩放"按钮

01 单击快速访问工具栏上的“打开”按钮，打开一幅素材图形。

02 在“功能区”选项板中的“注释”选项卡中单击“文字”下三角按钮，在弹出的下拉菜单中选择“缩放”选项，根据命令行的提示进行操作，选择多行文字为编辑对象，按Enter键确认，输入E（现有）并确认，输入S（比例因子）并确认，输入0.8并确认，即可缩小多行文字，如图305-1所示。

03 选择多行文字为编辑对象并确认，输入E（现有）并确认，输入S（比例因子）并确认，输入1.5并确认，即可放大多行文字，如图305-2所示。

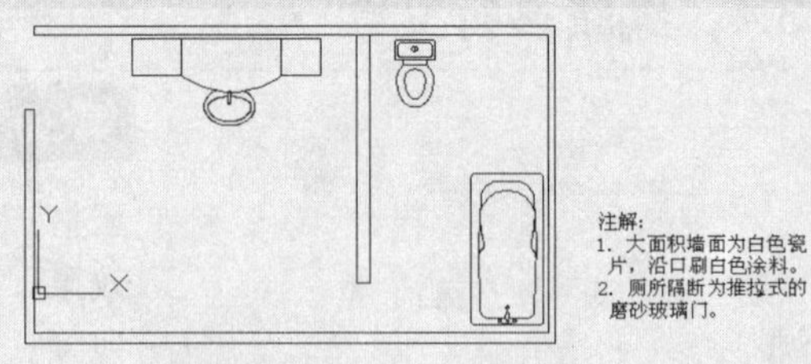

图305-1　缩小多行文字

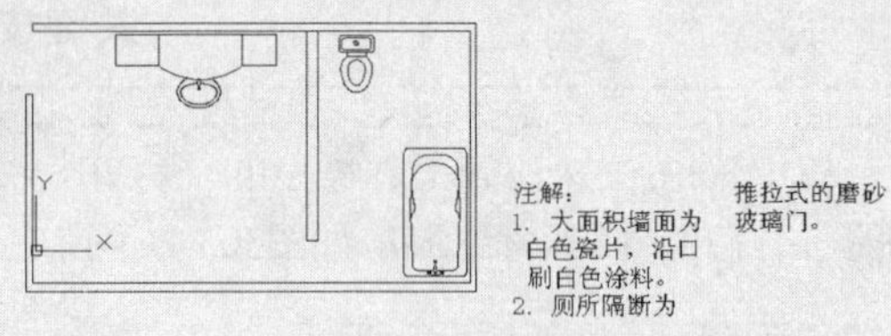

图305-2　放大多行文字

第306集　对正多行文字

素材：素材\第13章\305-1.dwg　　效果：无

视频：视频\第13章\第306集.avi　　时长：24秒

难度：★　　关键技术：“对正”选项

01 以第305集的素材为例，在“功能区”选项板的“注释”选项卡中单击“文字”下三角按钮，再在弹出的下拉菜单中选择“对正”选项。

02 根据命令行的提示进行操作，选择多行文字为编辑对象，按Enter键确认，输入C（居中）并确认，即可对正多行文字，如图306-1所示。

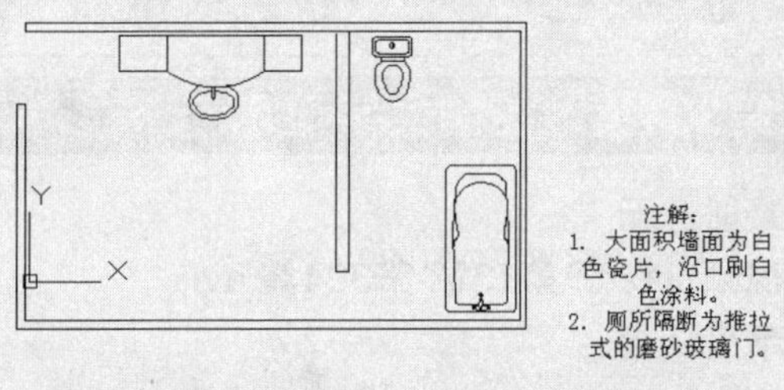

图306-1　对正多行文字

第307集　修改多行文字

素材：素材\第13章\307-1.dwg　　效果：无

视频：视频\第13章\第307集.avi　　时长：30秒

难度：★　　关键技术：DDEDIT（编辑）命令

01 单击快速访问工具栏上的“打开”按钮，打开一幅素材图形，如图307-1所示。

02 在命令行中输入DDEDIT（编辑）命令，并按Enter确认，根据命令行的提示进行操作，选择绘图区中的多行文字为编辑对象，输入“详细做法见G-013。”，在绘图区的任意位置上单击鼠标，即可修改多行文字，如图307-2所示。

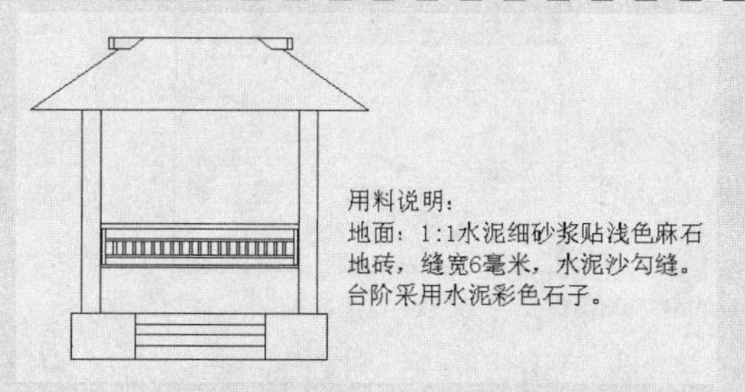

图307-1 打开的素材图形

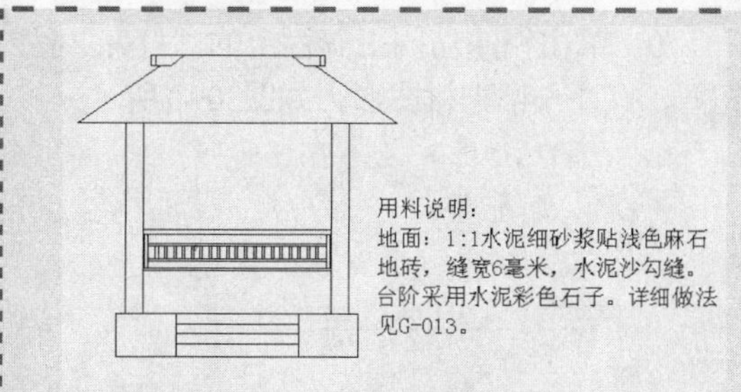

图307-2 修改多行文字

第308集 格式化多行文字

素材：无

效果：无

视频：视频\第13章\第308集.avi

时长：1分01秒

难度：★

关键技术："段落"对话框

01 继续第307集的操作，在绘图区中的多行文字上双击鼠标，弹出文本框，选择除"用料说明"以外的文字为编辑对象，右击鼠标，在弹出的快捷菜单中选择"段落"命令，如图308-1所示。

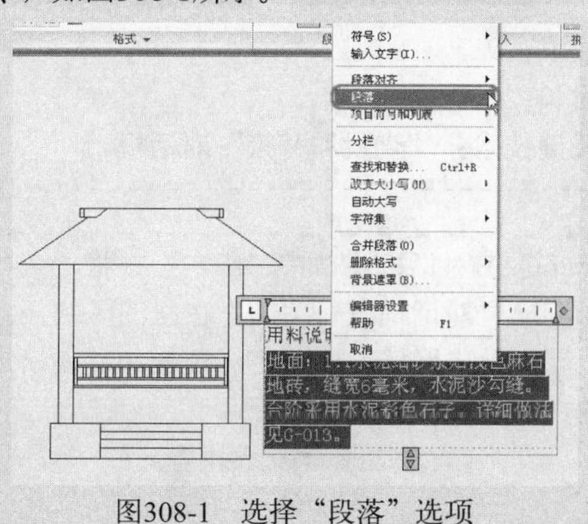

图308-1 选择"段落"选项

02 在"段落"对话框中的"第一行"文本框中输入189，勾选"段落行距"复选框，在"设置值"文本框中输入1，如图308-2所示。

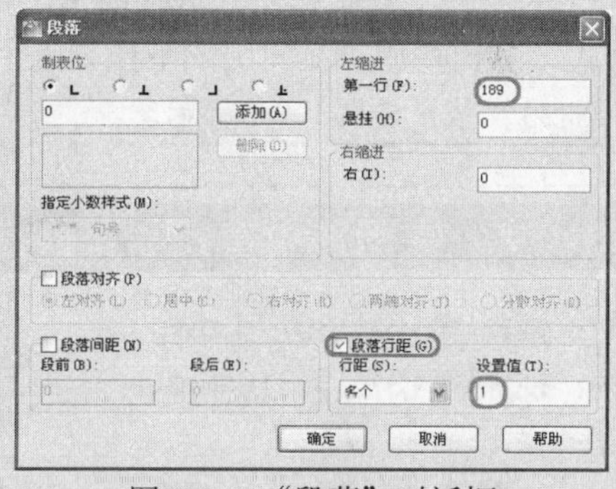

图308-2 "段落"对话框

03 单击"确定"按钮，在绘图区的任意位置上单击鼠标，即可格式化多行文字，如图308-3所示。

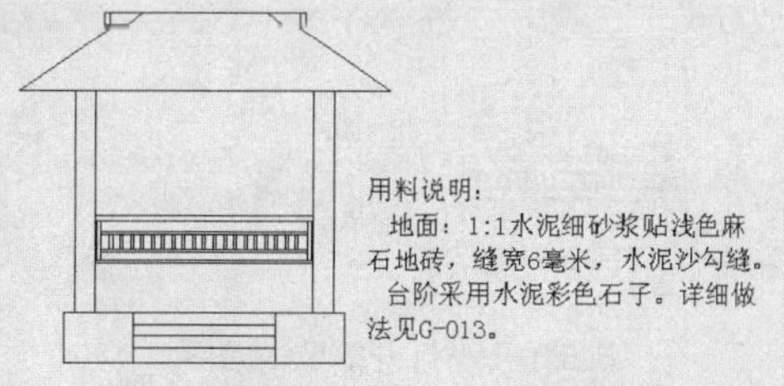

图308-3 格式化多行文字

第309集 修改堆叠特性

素材：素材\第13章\309-1.dwg

效果：无

视频：视频\第13章\第309集.avi

时长：54秒

难度：★

关键技术："堆叠特性"选项

01 单击快速访问工具栏上的“打开”按钮，打开一幅素材图形，如图309-1所示。

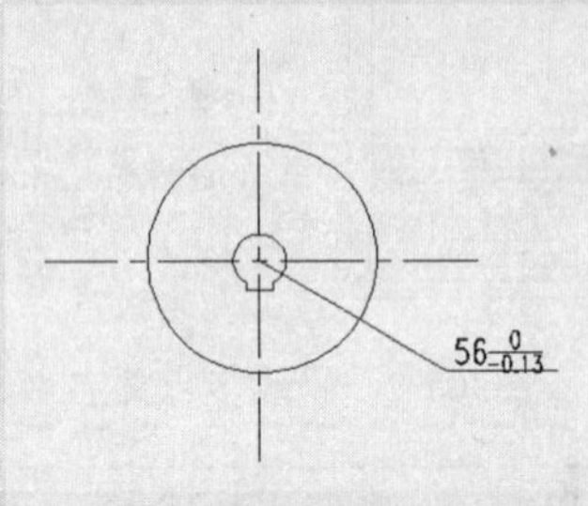

图309-1 打开的素材图形

02 在绘图区中的多行文字上双击鼠标，弹出文本框，选择堆叠文字为编辑对象，右击鼠标，在弹出的快捷菜单中选择“堆叠特性”命令，弹出“堆叠特性”对话框，在“上”文本框中输入+0.13，单击“样式”下拉按钮，在弹出的下拉列表中选择+10/-20公差，如图309-2所示。

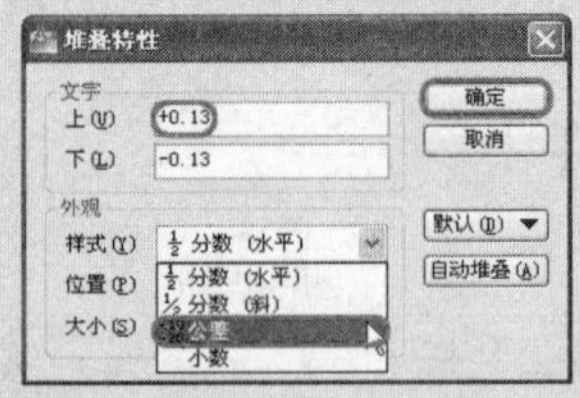

图309-2 设置“堆叠特性”对话框

03 单击“确定”按钮，在绘图区的任意位置上单击鼠标，即可修改堆叠特性，如图309-3所示。

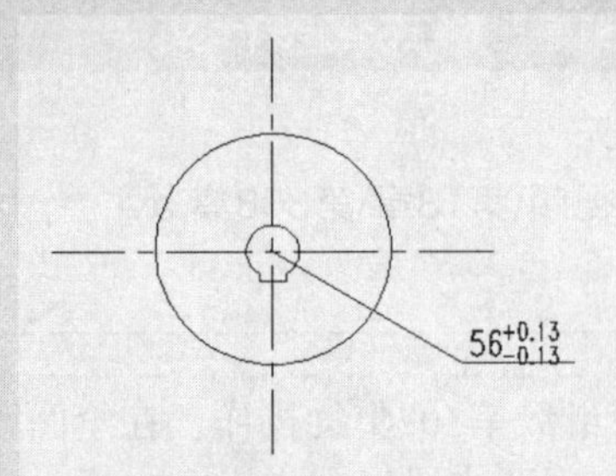

图309-3 完成后的效果

第310集 在图形中查找和替换指定文字

素材：素材\第13章\307-1.dwg
效果：无
视频：视频\第13章\第310集.avi
时长：55秒
难度：★
关键技术：“查找和替换”对话框

01 单击快速访问工具栏上的“打开”按钮，打开一幅素材文件，如图310-1所示。

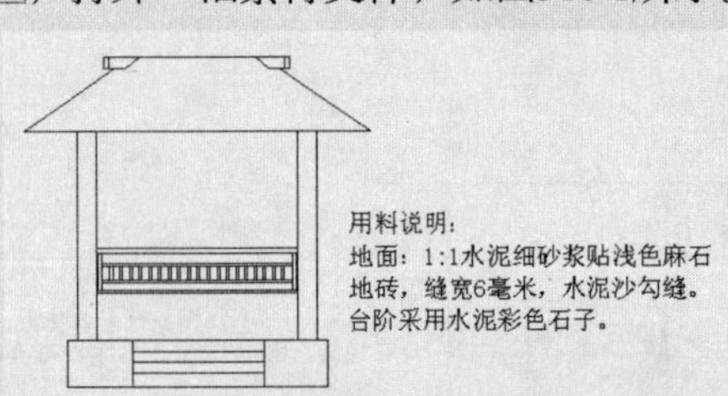

图310-1 打开的素材图形

02 在绘图区中的多行文字上双击鼠标，弹出文本框，选择多行文字为查找对象，右击鼠标，在弹出的快捷菜单中选择“查找和替换”命令，弹出“查找和替换”对话框，设置“查找”为“浅色”、“替换为”为“深色”，如图310-2所示。

03 单击“替换”按钮，在弹出的AutoCAD对话框中单击“确定”，将“查找和替换”对话框进行关闭，在绘图区的任意位置上单击鼠标，即可完成查找和替换指定的文字，如图310-3所示。

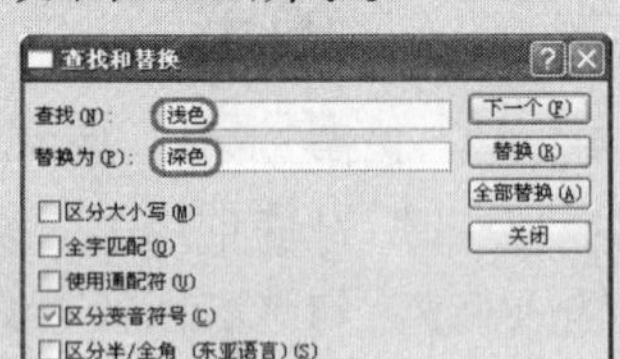

图310-2 设置“查找和替换”对话框

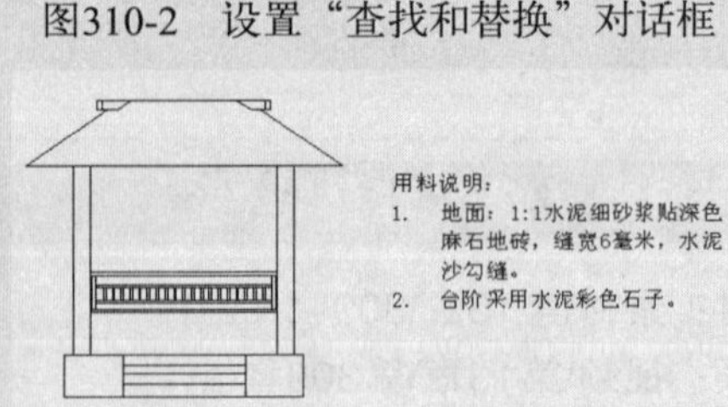

图310-3 替换后的效果

13.5　在文字中使用字段

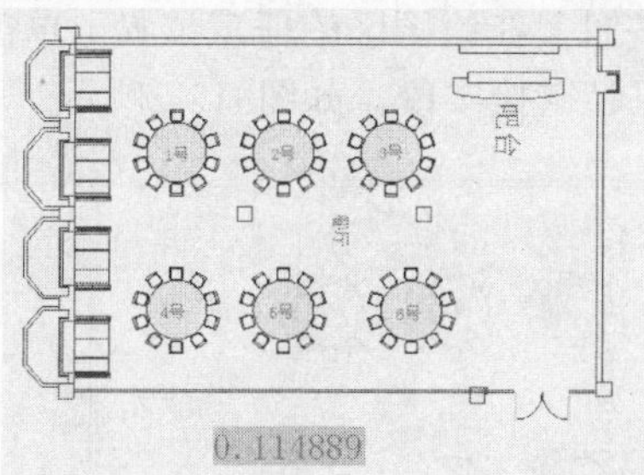

第311集　插入字段

素材：素材\第13章\311–1.dwg

效果：效果\第13章\第311集.dwg

视频：视频\第13章\第311集.avi

时长：46秒

难度：★

关键技术："插入字段"选项

01 单击快速访问工具栏上的"打开"按钮，打开一幅素材图形，如图311-1所示。

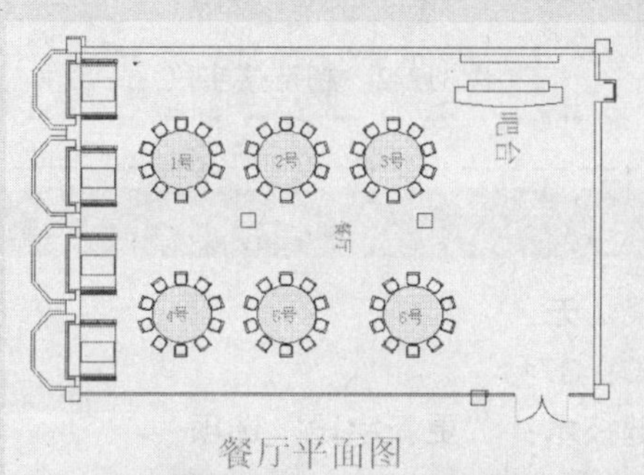

图311-1　打开的素材图形

02 在绘图区中的"餐厅平面图"多行文字上双击鼠标，弹出文本框，选择多行文字为编辑对象，右击鼠标，在弹出的快捷菜单中选择"插入字段"命令，弹出"字段"对话框，在"字段名称"下拉列表中选择"打印比例"选项，再在"格式"下拉列表框中选择"使用比例名称"选项，如图311-2所示。

03 单击"确定"按钮，在绘图区的任意位置上单击鼠标，即可插入字段，如图311-3所示。

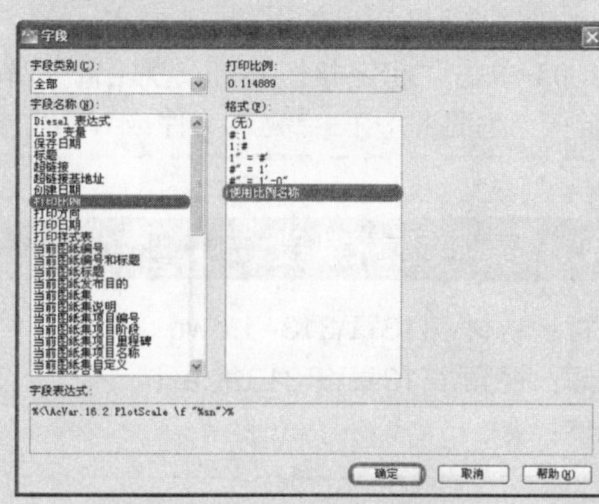

图311-2　"字段"对话框

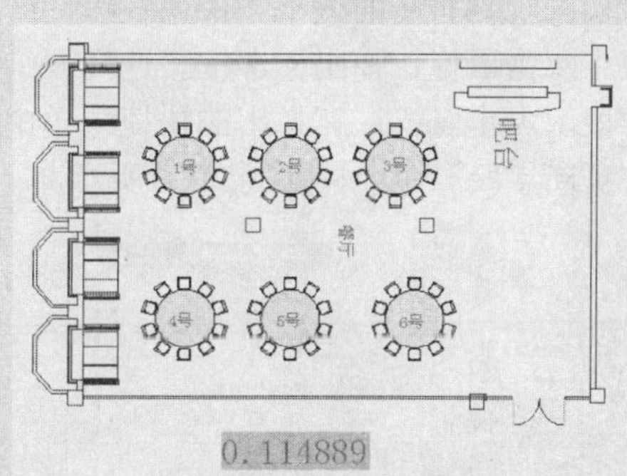

图311-3　插入字段

第312集　超链接字段

素材：无　　效果：无

视频：视频\第13章\第312集.avi　　时长：1分02秒

难度：★　　关键技术："超链接"按钮

01 继续第311集的操作，在绘图区的字段上双击鼠标，弹出文本框，选择要编辑的字段，双击鼠标，弹出"字段"对话框，在"字段类别"列表框中选择"已链接"选项，在“显示”文本框中输入“餐厅详细平面布置图”，如图312-1所示。

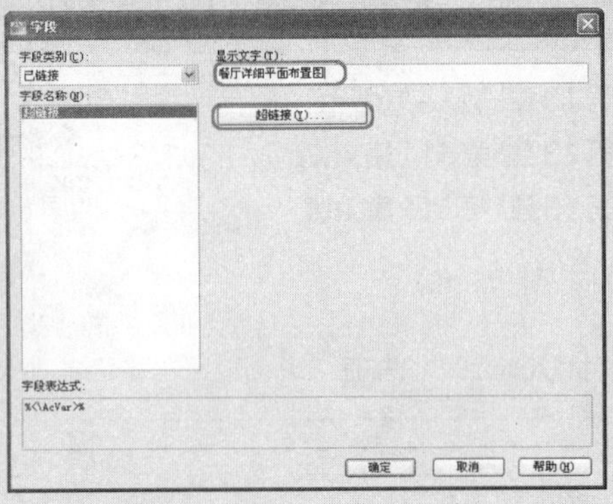

图312-1 “字段”对话框

02 单击“超链接”按钮，弹出“编辑超链接”对话框，在“键入文件或Web页名称”文本框中输入“素材”，单击“确定”按钮，返回到“字段”对话框中，单击“确定”按钮，在绘图区的任意位置上单击鼠标，即可超链接字段，如图312-2所示。

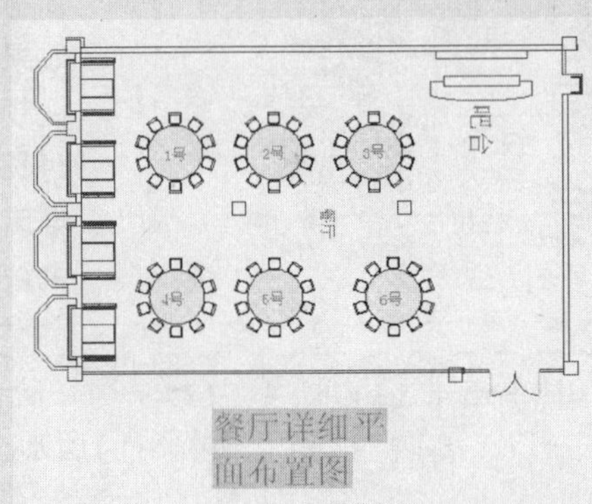

图312-2 超链接字段

第313集 更新字段

素材：素材\第13章\313–1.dwg
视频：视频\第13章\第313集.avi
难度：★

效果：无
时长：37秒
关键技术：“更新字段”选项

01 以第311集的效果为例，在绘图区的字段上双击鼠标，弹出文本框，选择要编辑的字段。右击鼠标，在弹出的快捷菜单中选择“更新字段”命令，如图313-1所示。

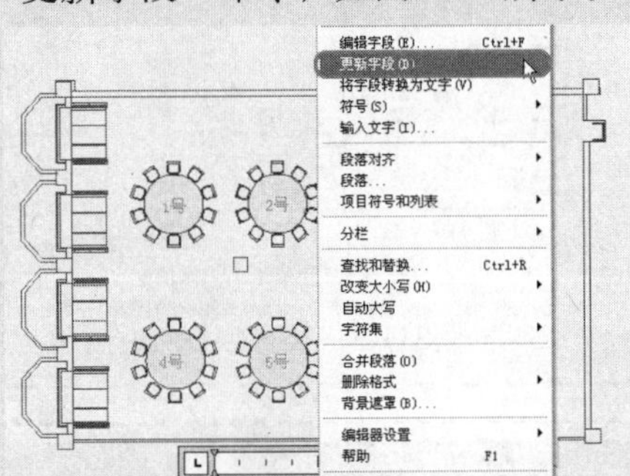

图313-1 选择“更新字段”选项

02 在文本框中输入“餐厅详细平面图”，在绘图区的任意位置上单击鼠标，即可更新字段，如图313-2所示。

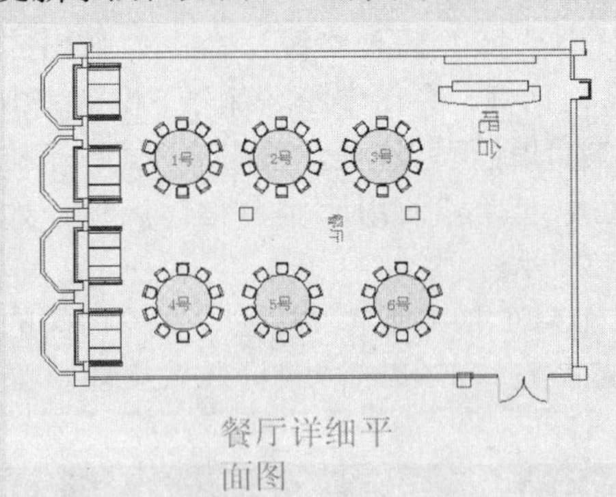

图313-2 更新字段

第14章　编辑表格

一般情况下，在使用AutoCAD进行设计时，不仅要绘制图形，而且还要添加文本注释与表格。它们常用于标注图形中的一些图形信息，是图形的固有组成部分。例如，在建筑制图中，总有一些无法说明的图形内容和信息，如填充材质的性质、设计图纸的设计人员、图纸比例等。在机械制图中，常常要添加标题栏、明细表标注和技术要求等，这就需要在图形中添加必要的文字和表格标注。第13章讲解了文字的创建与编辑方法，本章将介绍表格的编辑方法。

14.1　创建和编辑表格样式

第314集　创建表格样式

素材：素材\第14章\314-1.dwg　　效果：无

视频：视频\第14章\第314集.avi　　时长：1分13秒

难度：★★　　关键技术：“表格样式”对话框

01 单击快速访问工具栏上的“打开”按钮，打开一幅素材图形，如图314-1所示。

02 在“功能区”选项板中的“常用”选项卡中单击“注释”下三角按钮，在弹出的下拉菜单中选择“表格样式”选项，如图314-2所示。

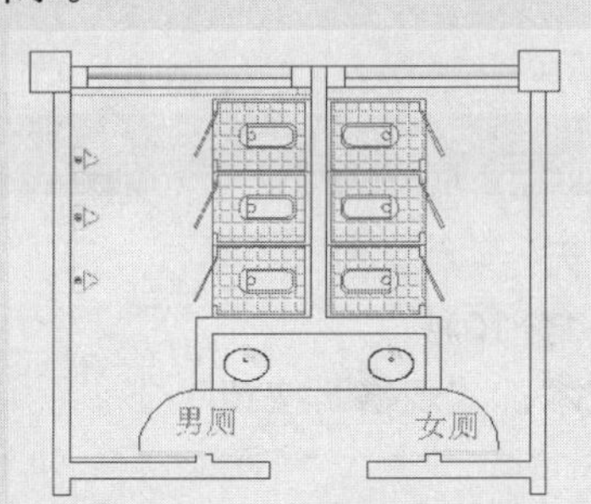

图314-1　打开的素材图形

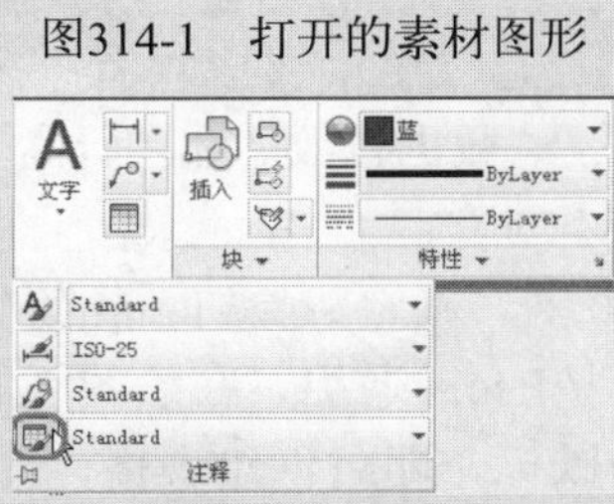

图314-2　单击“表格样式”按钮

03 在弹出的“表格样式”对话框中单击“新建”按钮，弹出“创建新的表格样式”对话框，在“新样式名”文本框中输入“平面样板”，如图314-3所示。

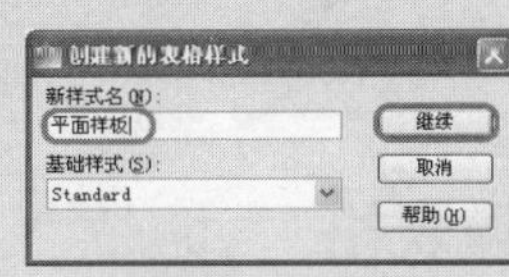

图314-3　“创建新的表格样式”对话框

04 单击“继续”按钮，在弹出的“新建表格样式：平面样板”对话框中单击“确定”按钮，在打开的对话框中的“样式”列表框中将显示新建的表格样式，如图314-4所示。

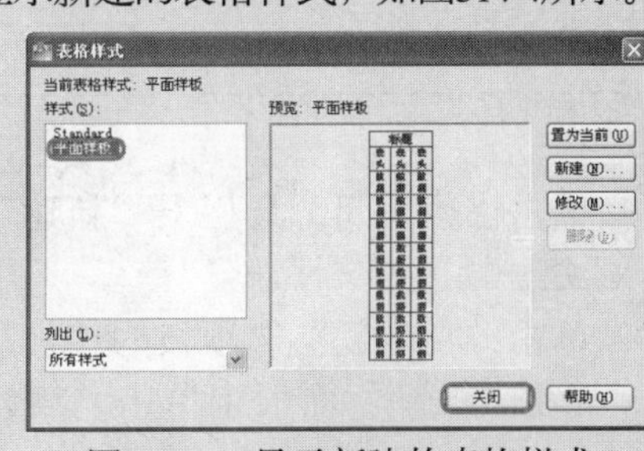

图314-4　显示新建的表格样式

05 单击“关闭”按钮，即可创建表格样式。

专家提醒

除了运用上述方法调用“表格样式”命令外，还可在命令行中输入TABLESTYLE（表格样式）命令，并按Enter键确认。

第315集　编辑表格样式

素材：无　　效果：无
视频：视频\第14章\第315集.avi　　时长：1分16秒
难度：★★　　关键技术：“修改”按钮

01 继续第314集的操作，单击“功能区”选项板中的“注释”选项卡，在“表格”面板上单击“表格样式”按钮，弹出“表格样式”对话框，在“样式”列表框中选择“平面样板”选项，单击“修改”按钮，弹出“修改表格样式：平面样板”对话框。

02 在“特性”选项组中单击“对齐”右侧的下拉按钮，在弹出的下拉列表框中选择“中下”选项，在“页边距”选项组中设置“水平”为2.5，“垂直”为2.5，如图315-1所示。

03 单击“确定”按钮，返回到“表格样式”对话框中单击“关闭”按钮，即可编辑表格样式。

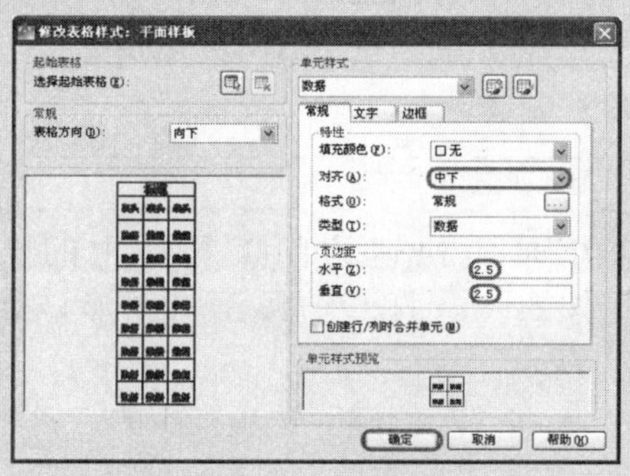

图315-1　修改表格样式

14.2　创建表格

第316集　创建表格

素材：无　　效果：无
视频：视频\第14章\第316集.avi　　时长：1分10秒
难度：★★　　关键技术：“表格”按钮

01 单击快速访问工具栏上“新建”按钮，新建一幅图形文件。

02 单击“功能区”选项板的“常用”选项卡，在“注释”面板中单击“表格”按钮，弹出“插入表格”对话框，如图316-1所示。

03 在“表格样式”对话框中的“列和行设置”选项组中可以设置“列数”、“列宽”、“数据行数”和“行高”，如图316-2所示。

04 单击“确定”按钮，在绘图区中单击鼠标，按Esc键退出，在绘图区的任意位置上单击鼠标，即可创建表格，如图316-3所示。

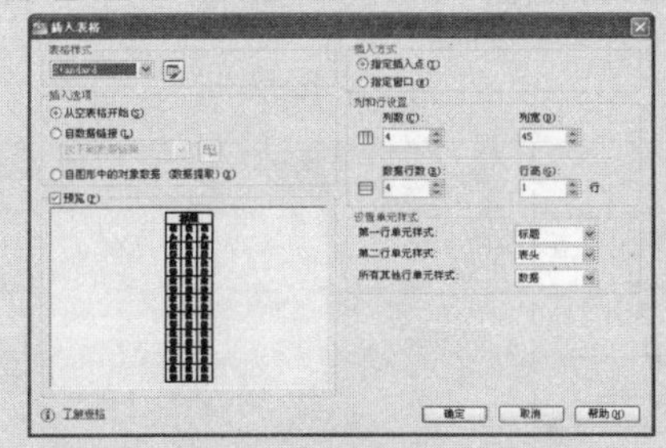

图316-1　“插入表格”对话框

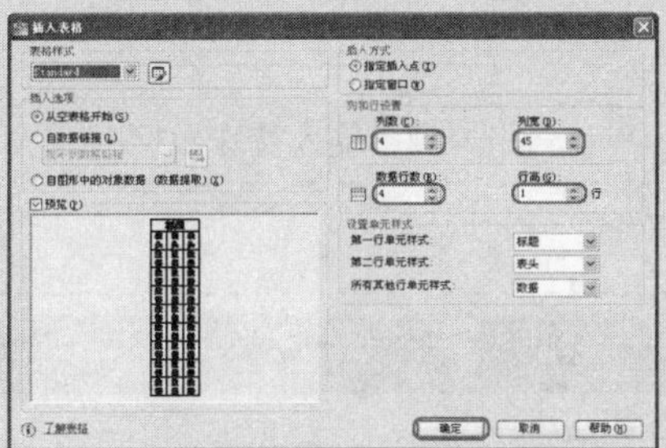

图316-2　设置“列数”、“列宽”、“数据行数”和“行高”

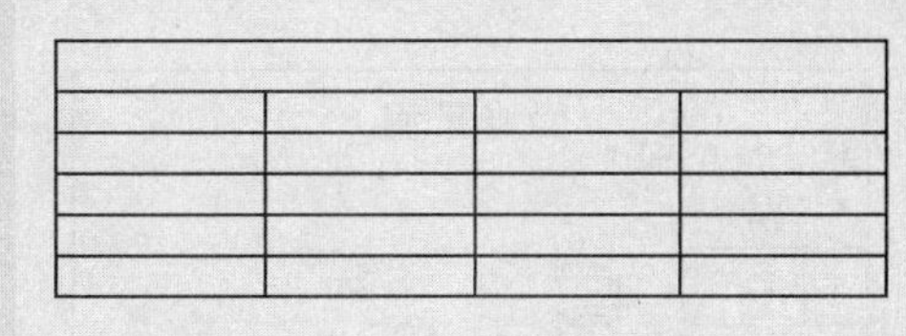

图316-3　创建的表格

专家提醒

除了运用上述方法可以调用“表格”命令外，还有以下两种常用方法。

- 方法1：在菜单栏中选择“绘图”|“表格”命令。
- 方法2: 在命令行中输入TABLE（表格）命令，按Enter键确认。

第317集　输入文本

素材：无　　效果：无

视频：视频\第14章\第317集.avi　　时长：27秒

难度：★　　关键技术：鼠标左键

01 继续第316集的操作，在绘图区中的表格上双击鼠标，在弹出如图317-1所示的文本框中输入文字，在绘图区的任意位置上单击鼠标，即可输入文本。

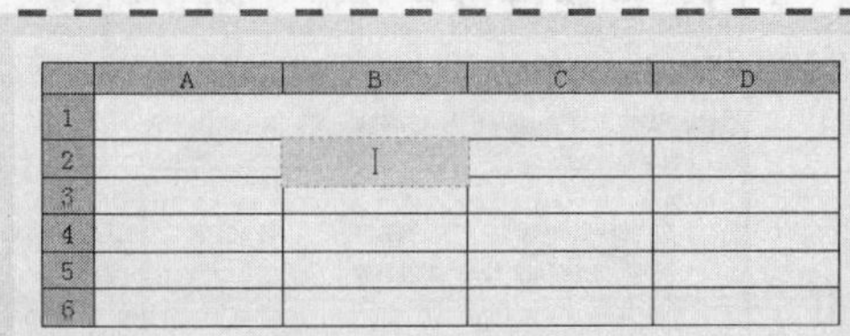

图317-1　弹出的文本框

第318集　输入特殊数据

素材：素材\第14章\318-1.dwg　　效果：无

视频：视频\第14章\第318集.avi　　时长：48秒

难度：★　　关键技术：鼠标左键

01 单击快速访问工具栏上的“打开”按钮，打开一幅素材图形，如图318-1所示。

02 在绘图区最下方的一行表格中双击鼠标，在表格中输入2011-3-3，设置文字高度为8，在绘图区的任意位置上单击鼠标，即可在表格中输入特殊数据，如图318-2所示。

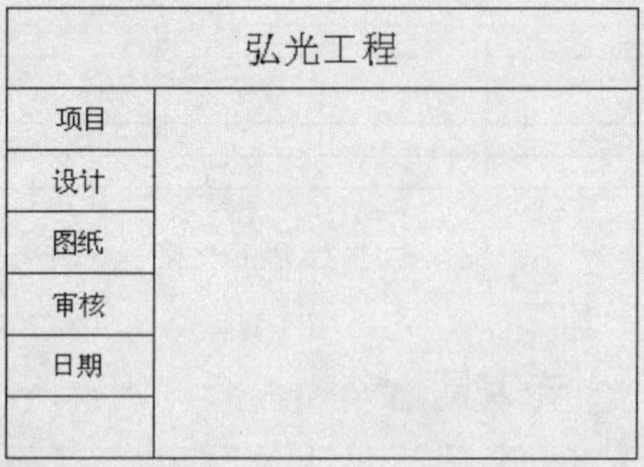

图318-1　打开的素材图形

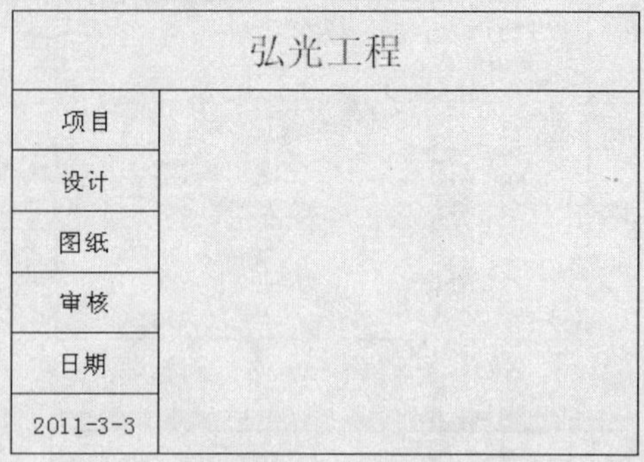

图318-2　输入特殊数据

第319集　调用外部表格

素材：素材\第14章\319-1.xlsx

视频：视频\第14章\第319集.avi

难度：★★

效果：无

时长：1分10秒

关键技术：“数据链接”按钮

01 单击快速访问工具栏上的“新建”按钮，创建一幅空白的图形文件，单击“功能区”选项板中的“注释”选项卡，在”表格”面板中单击“数据链接”按钮，弹出“数据链接管理器”对话框，如图319-1所示。

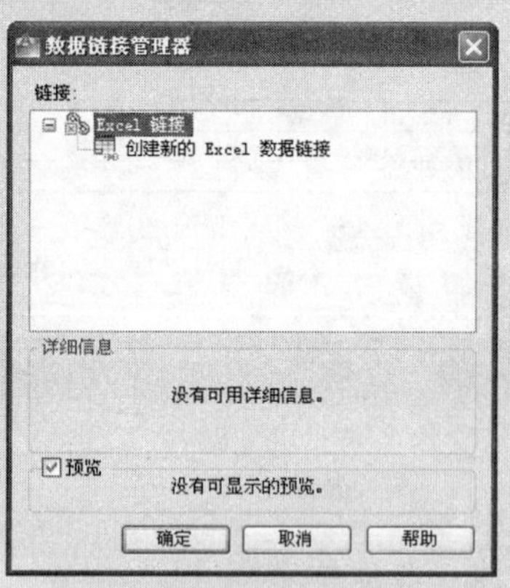

图319-1　“数据链接管理器”对话框

02 在“链接”列表框中选择“创建新的Excel数据链接”选项，弹出“输入数据链接名称”对话框，在“名称”文本框中输入“预算表”，单击“确定”按钮，弹出“新建Excel数据链接：预算表”对话框，在“文件”选项组中单击按钮，弹出“另存为”对话框，选择需要链接的文件，如图319-2所示。

03 单击“打开”按钮，返回到“新建Excel数据链接：预算表”对话框，单击“确定”按钮，返回到“数据链接管理器”对话框，在“链接”选项列表框中选择“预算表”选项，右击鼠标，在弹出的快捷菜单中选择“打开Excel文件”命令，如图319-3所示。

04 执行操作后，即可完成调用外部表格，如图319-4所示。

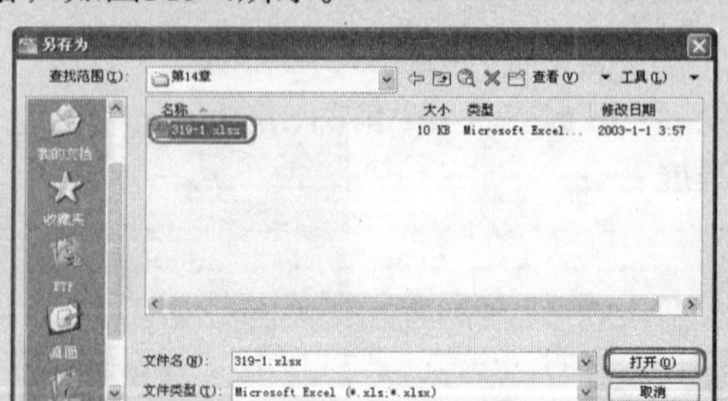

图319-2　选择需要链接的文件

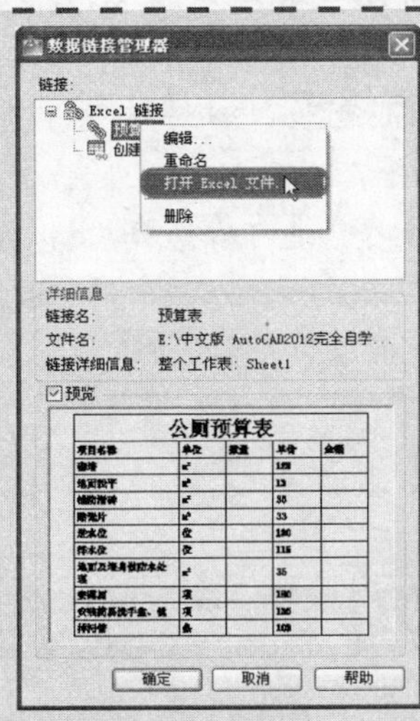

图319-3　选择“打开Excel文件”选项

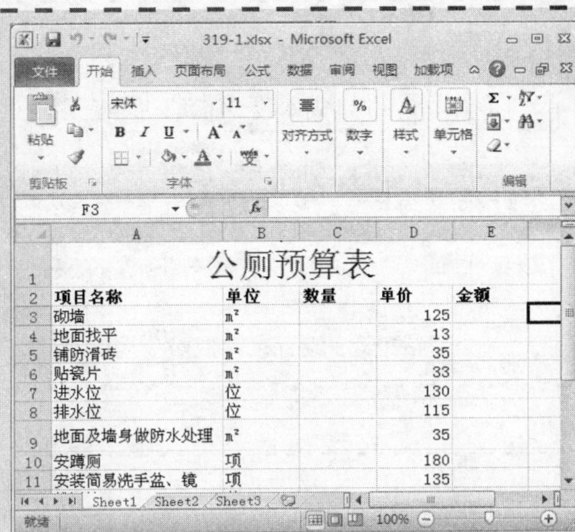

图319-4　调用外部表格

14.3　设置表格

第320集　设置表格底纹

素材：素材\第14章\320-1.dwg　　效果：无

视频：视频\第14章\第320集.avi　　时长：1分01秒

难度：★　　关键技术：“特性”按钮

01 单击快速访问工具栏上的“打开”按钮，打开一幅素材图形，如图320-1所示。

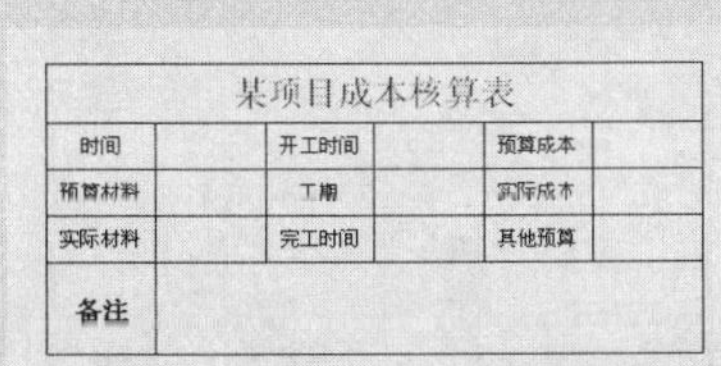

图320-1　打开的素材图形

02 在绘图区中选择所有的表格，在如图320-2所示的位置上单击鼠标，使整个表格呈全选状态。

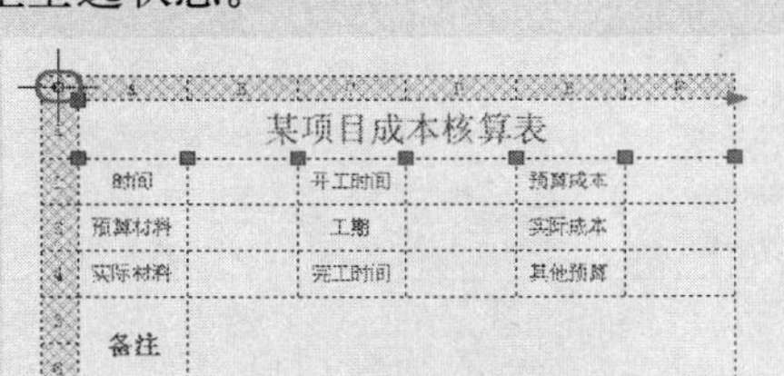

图320-2　在表格左上角单击鼠标

03 单击“功能区”选项板中的“视图”选项卡，在“选项板”面板中单击“特性”按钮，弹出“特性”面板，在“单元”选项区中单击“背景填充”右侧的下拉按钮，在弹出的下拉列表框中选择“黄”选项，如图320-3所示。

图320-3　选择背景颜色

04 执行操作后，在绘图区的任意位置上单击鼠标，即可设置表格的底纹，如图

320-4所示。

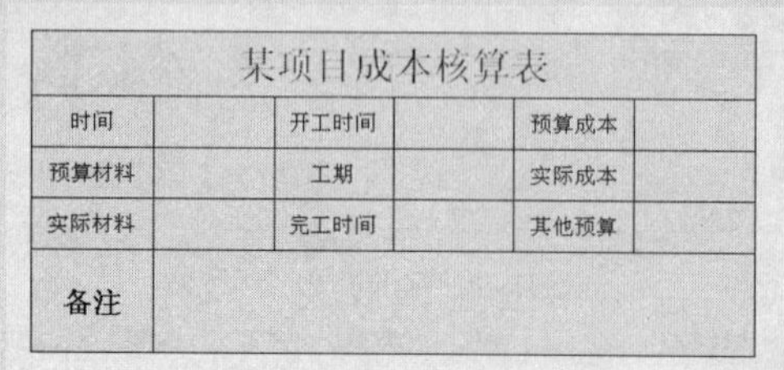

图320-4　设置表格底纹

专家提醒

除了运用上述方法可以设置表格底纹外，还可以选择表格为编辑对象，右击鼠标，在弹出的快捷菜单中选择“背景填充”命令。

第321集　设置表格线型样式

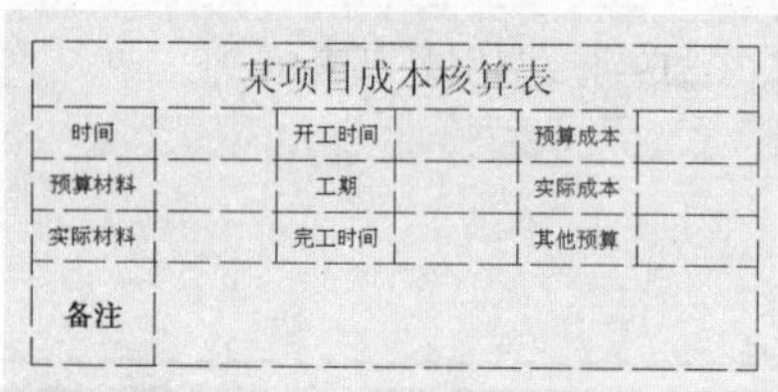

素材：无

效果：效果\第14章\第321集.dwg

视频：视频\第14章\第321集.avi

时长：1分15秒

难度：★★

关键技术：“单元边框特性”对话框

01 以第320集的素材为例，在绘图区中选择所有的表格，在表格的左上角单击鼠标，使整个表格呈全选状态，单击“功能区”选项板中的“视图”选项卡，在“选项板”面板中单击“特性”按钮，弹出“特性”面板。

02 在“单元”选项区中单击“边界线型”右侧的按钮，弹出“单元边框特性”对话框，单击“线型”下拉按钮，在弹出的下拉列表框中选择“其他”选项，在弹出的“选择线型”对话框中单击“加载”按钮，再在“加载或重载线型”对话框中的“可用线型”列表框中选择ACAD_IS002W100选项，单击“确定”按钮，在“选择线型”对话框中选择新加载的线型，单击“确定”按钮，在“单元格特性”对话框中单击“所有边框”按钮，如图321-1所示。

03 单击“确定”按钮，在绘图区的任意位置上单击鼠标，即可设置表格线型样式，如图321-2所示。

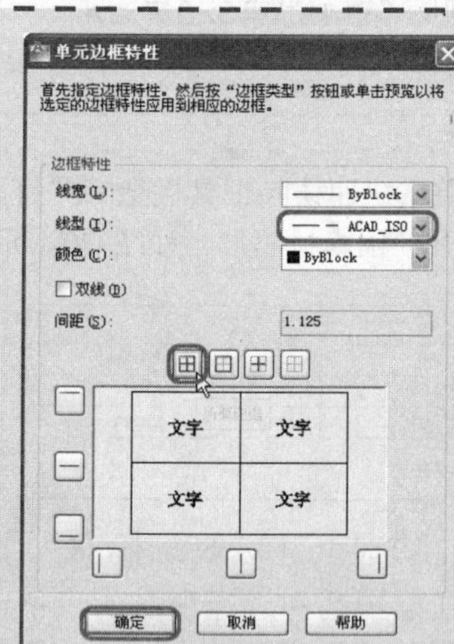

图321-1　“单元边框特性”对话框

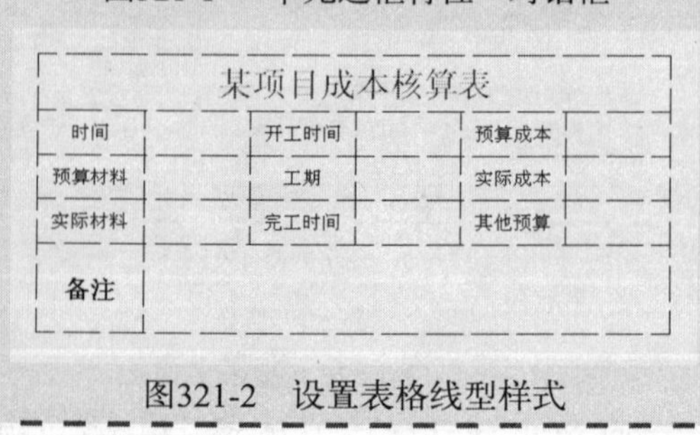

图321-2　设置表格线型样式

专家提醒

除了运用上述方法可以设置表格线型样式外，还可以选择表格为编辑对象，右击鼠标，在弹出的快捷菜单中选择“边框”命令。

第322集　设置表格线型颜色

素材：无　　效果：无

视频：视频\第14章\第322集.avi　　时长：55秒

难度：★　　关键技术：“颜色”下拉按钮

01 以第320集的素材为例，在绘图区中选择所有的表格，在表格的左上角单击鼠标，使整个表格呈全选状态，单击“功能区”选项板中的“视图”选项卡，在“选项板”面板中单击“特性”按钮，弹出“特性”面板。

02 在“单元”选项组中单击“边界颜色”右侧的按钮，在弹出的“单元边框特性”对话框中单击“颜色”右侧的下拉按钮，在弹出的下拉列表框中选择“蓝”选项，单击“所有边框”按钮，如图322-1所示。

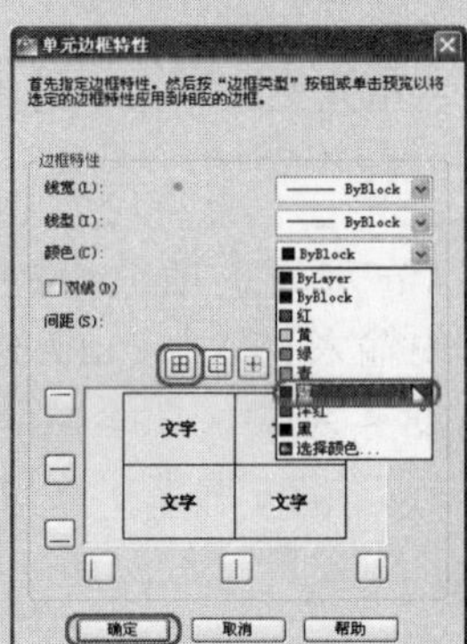

图322-1　选择表格线型颜色

03 单击“确定”按钮，在绘图区的任意位置上单击鼠标，即可设置表格线型颜色，如图322-2所示。

某项目成本核算表					
时间		开工时间		预算成本	
预算材料		工期		实际成本	
实际材料		完工时间		其他预算	
备注					

图322-2　设置表格线型颜色

专家提醒

除了运用上述方法可以设置表格线型颜色外，还可以选择表格为编辑对象，右击鼠标，在弹出的快捷菜单中选择“边框”命令。

第323集　设置表格线宽

素材：无　　效果：无

视频：视频\第14章\第323集.avi　　时长：49秒

难度：★　　关键技术：“线宽”下拉按钮

01 以第320集的素材为例，在绘图区中选择所有的表格，在表格的左上角单击鼠标，使整个表格呈全选状态，单击“功能区”选项板中的“视图”选项卡，在“选项板”面板中单击“特性”按钮，弹出“特性”面板。

02 在“单元”选项区域中单击“边界线宽”右侧的按钮⋯，在弹出的“单元边框特性”对话框中单击“线宽”右侧的下拉按钮，在弹出的下拉列表框中选择0.35mm选项，单击“所有边框”按钮⊞，如图323-1所示。

03 单击“确定”按钮，单击状态栏上的“显示/隐藏线宽”按钮+，在绘图区的任意位置上单击鼠标，即可设置表格线宽，如图323-2所示。

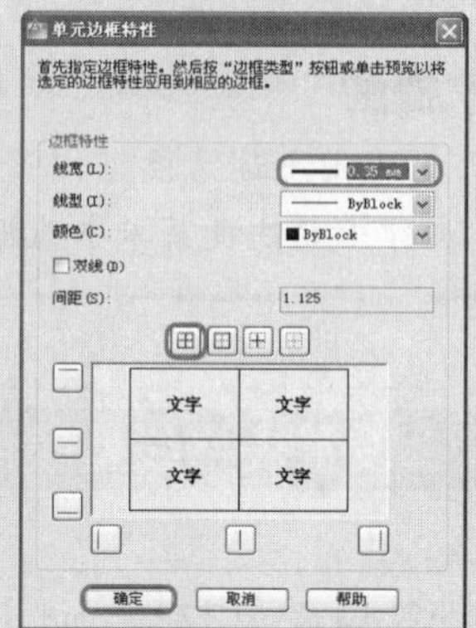

图323-1 选择线宽

某项目成本核算表					
时间		开工时间		预算成本	
预算材料		工期		实际成本	
实际材料		完工时间		其他预算	
备注					

图323-2 设置表格线宽

14.4 管理表格

第324集 调整单元宽度

素材：素材\第14章\324-1.dwg　　效果：无

视频：视频\第14章\第324集.avi　　时长：28秒

难度：★　　关键技术：“单元宽度”文本框

01 单击快速访问工具栏上的“打开”按钮，打开一幅素材图形，如图324-1所示。

工程费用			
人工费（元）	材料费（元）	机械费（元）	其他（元）

图324-1 打开的素材图形

02 在绘图区中选择所有的表格，在表格的左上角单击鼠标，使整个表格呈全选状态，单击“功能区”选项板中的“视图”选项卡，在“选项板”面板中单击“特性”按钮，弹出“特性”面板。

03 在“单元”选项组中的“单元宽度”文本框中输入15，按Enter键确认，设置“单元宽度”为60，在绘图区的任意位置上单击鼠标，即可调整单元宽度，如图324-2所示。

工程费用			
人工费（元）	材料费（元）	机械费（元）	其他（元）

图324-2 调整单元宽度

第325集　设置单元高度

素材：无　　效果：无

视频：视频\第14章\第325集.avi　　时长：25秒

难度：★　　关键技术：“单元高度”文本框

01 继续第324集的操作，在绘图区中选择所有的表格，在表格的左上角单击鼠标，使整个表格呈全选状态。

02 在“特性”面板中的“单元”选项组“单元高度”右侧的文本框中输入20，按Enter键确认，在绘图区的任意位置上单击鼠标，即可设置单元高度，如图325-1所示。

图325-1　设置单元高度

第326集　插入列

素材：素材\第14章\326-1.dwg　　效果：无

视频：视频\第14章\第326集.avi　　时长：25秒

难度：★　　关键技术：“表格单元”选项卡

01 单击快速访问工具栏上的“打开”按钮，打开一幅素材图形，如图326-1所示。

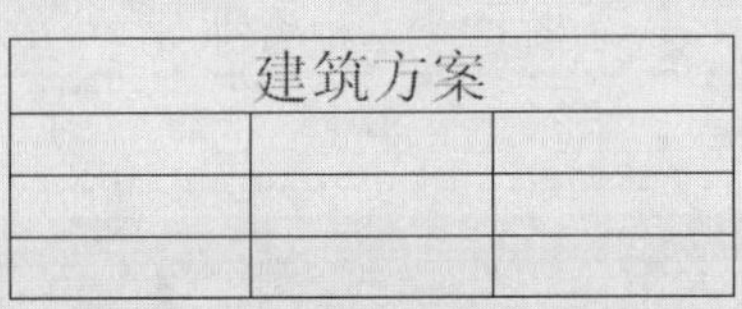

图326-1　打开的素材图形

02 在单元格中的任意位置上单击鼠标，在弹出的“表格单元”选项卡中单击“列”面板中的“从左侧插入”或“从右侧插入”按钮，即可在表格的左侧或右侧插入列，如图326-2所示。

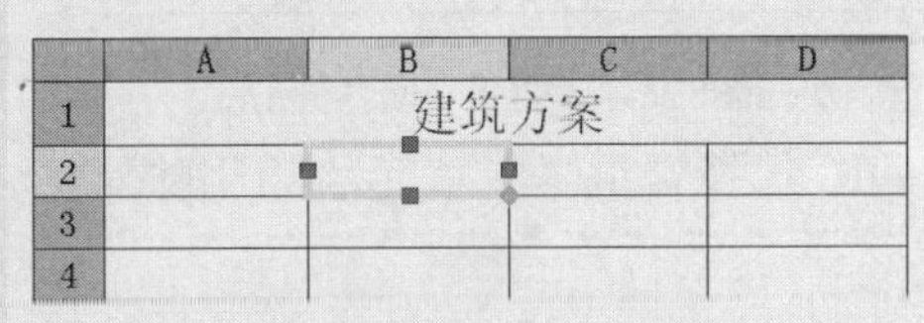

图326-2　插入列

专家提醒

除了运用上述方法插入列外，还可以在选中的单元格上右击鼠标，在弹出的快捷菜单中选择“列”|“在左侧插入”或“在右侧插入”命令。

第327集　插入行

素材：无　　效果：无

视频：视频\第14章\第327集.avi　　时长：23秒

难度：★　　关键技术：“表格单元”选项卡

01 以第326集的素材为例，在单元格中的任意位置上单击鼠标，在弹出的“表格单元”选项卡中单击“行”面板中的“从上方插入”或“从下方插入”按钮，即可在表格的上方或下方插入行，如图327-1所示。

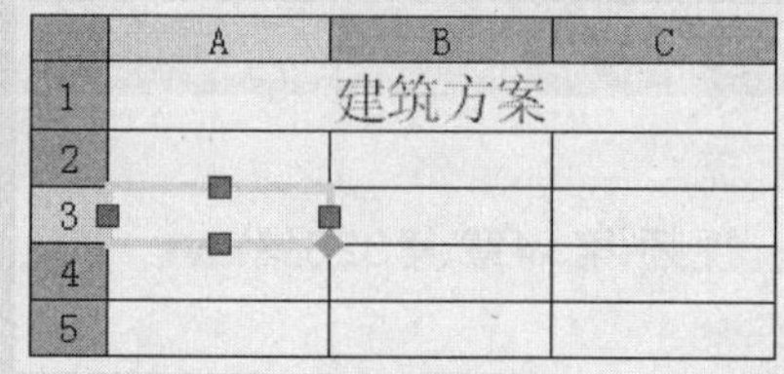

图327-1插入行

第328集　删除列

素材：素材\第14章\328-1.dwg　　效果：无
视频：视频\第14章\第328集.avi　　时长：23秒
难度：★　　关键技术：“删除列”按钮

01 单击快速访问工具栏上的“打开”按钮，打开一幅素材图形，如图328-1所示。

图328-1　打开的素材图形

02 选择“编号”单元格为删除对象，在弹出的“表格单元”选项卡中单击“列”面板中的“删除列”按钮，即可删除列，如图328-2所示。

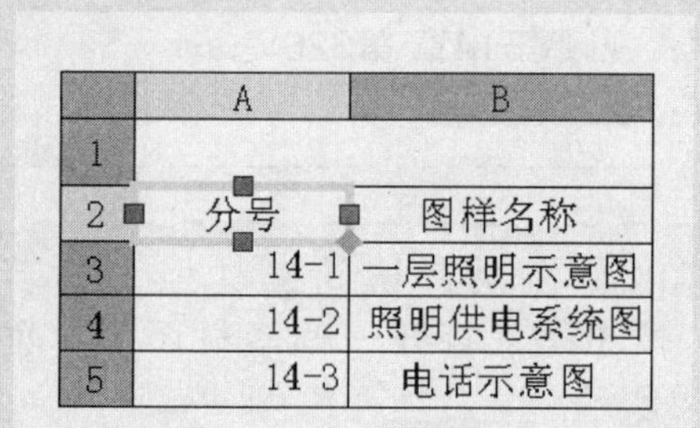

图328-2　删除列

第329集　删除行

素材：无　　效果：无
视频：视频\第14章\第329集.avi　　时长：17秒
难度：★　　关键技术：“删除行”按钮

01 以第328集素材为例，选择14-3单元格，在弹出的“表格单元”选项卡中单击“行”面板中的“删除行”按钮，即可删除行，如图329-1所示。

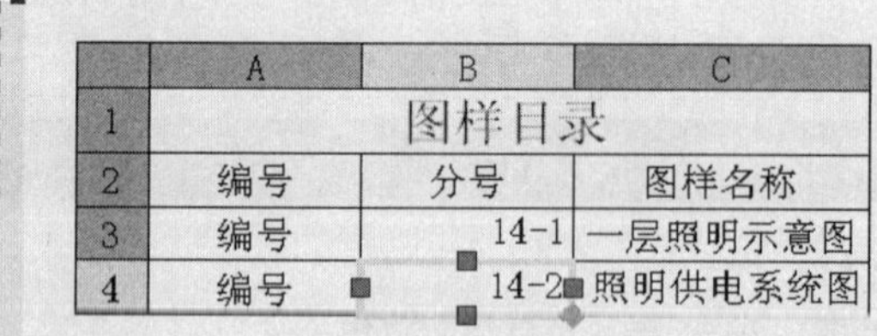

图329-1　删除行

第330集　在表格中使用公式

素材：素材\第14章\330-1.dwg　　效果：无

视频：视频\第14章\第330集.avi　　时长：51秒

难度：★　　关键技术："方程式"选项

01 单击快速访问工具栏上的"打开"按钮，打开一幅素材图形，如图330-1所示。

土石方工程				
项目名称	单位	工程量	单价（元）	合价（元）
人工挖沟槽土方 (深度在m以内)	m3	600	3	
人工土石方 槽、坑夯实填土	m3	300	4	
单(双)轮车运土 运距50m以内	m3	250.0000	4.0000	

图330-1　打开的素材图形

02 选择E3单元格，在弹出的"表格单元"选项卡中单击"插入"面板中的"公式"按钮，在弹出的下拉列表中选择"方程式"选项，如图330-2所示。

图330-2　选择"方程式"选项

03 在E3单元格中输入C3*D3,按Enter键确认，在绘图区的任意位置上单击鼠标，即可在表格中使用公式，如图330-3所示。

土石方工程				
项目名称	单位	工程量	单价（元）	合价（元）
人工挖沟槽土方 (深度在m以内)	m3	600	3	1800
人工土石方 槽、坑夯实填土	m3	300	4	
单(双)轮车运土 运距50m以内	m3	250.0000	4.0000	

图330-3　在表格中使用公式

14.5　选择与编辑单元格

第331集　选择单元格

素材：素材\第14章\331-1.dwg　　效果：无

视频：视频\第14章\第331集.avi　　时长：13秒

难度：★　　关键技术：鼠标左键

01 单击快速访问工具栏上的"打开"按钮，打开一幅素材图形，如图331-1所示。

定额编号	单价	备注
JK2021	128	
JK5651	235	
JK7824	562	

图331-1　打开的素材图形

02 在表格中的任意单元格上单击鼠标即可选中该单元格，如图331-2所示。

	A	B	C
1			
2	定额编号	单价	备注
3	JK2021	128	
4	JK5651	235	
5	JK7824	562	

图331-2　选择单元格

第332集　合并单元格

素材：无　　效果：无
视频：视频\第14章\第332集.avi　　时长：38秒
难度：☆　　关键技术："表格合并"按钮

01 以第331集的素材为例，在表格右下方的单元格上向左上方拖动鼠标，在"备注"下方的单元格上释放鼠标，将其选中，如图332-1所示。

	A	B	C
1			
2	定额编号	单价	备注
3	JK2021	128	
4	JK5651	235	
5	JK7824	562	

图332-1　选择单元格

02 在弹出的"表格单元"选项卡中单击"合并"面板中的"合并单元"按钮，在弹出的下拉列表中选择"合并全部"选项，在绘图的任意位置上单击鼠标，即可合并单元格，如图332-2所示。

定额编号	单价	备注
JK2021	128	
JK5651	235	
JK7824	562	

图332-2　合并单元格

第333集　取消合并单元格

素材：无　　效果：无
视频：视频\第14章\第333集.avi　　时长：24秒
难度：☆　　关键技术："取消合并单元"按钮

01 继续第332集的操作，在绘图区中将合并的单元格选中，在弹出的"表格单元"选项卡中单击"合并"面板中的"取消合并单元"按钮，在绘图区的任意位置上单击鼠标，即可取消合并单元格，如图333-1所示。

定额编号	单价	备注
JK2021	128	
JK5651	235	
JK7824	562	

图333-1　取消合并单元格

第334集　匹配单元格

素材：素材\第14章\334-1.dwg　　效果：无
视频：视频\第14章\第334集.avi　　时长：54秒
难度：☆　　关键技术："匹配单元"按钮

01 单击快速访问工具栏上的"打开"按钮，打开一幅素材图形，如图334-1所示。

02 选择"总平面规划图"右侧的单元格，在弹出的"表格单元"选项卡中的单击“单元样式”面板中的“匹配单元”按钮，根据命令行的提示进行操作，选择“总平面规划图”右侧的单元格为源单元，当鼠标指针呈刷子形状时，选择源单元下方的空白单元格为目标对象，按Enter键确认，在绘图区的任意位置上单击鼠标，即可匹配单元格，如图334-2所示。

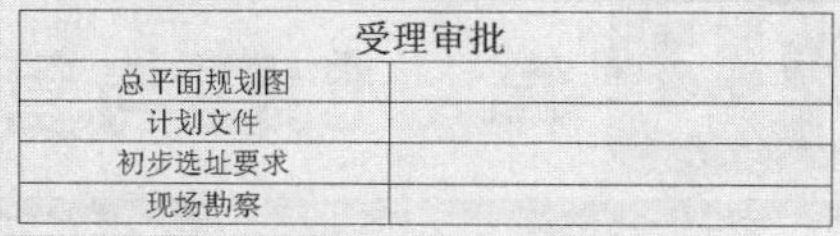

图334-1 打开的素材图形

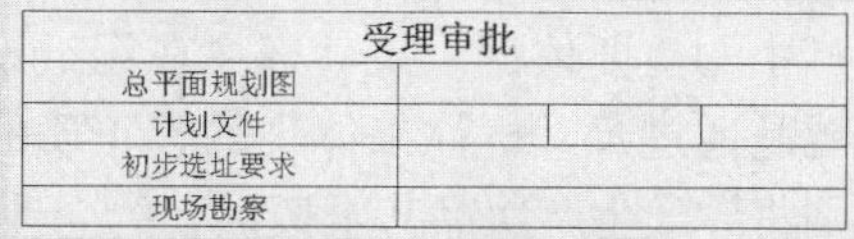

图334-2 匹配单元格

第335集 锁定单元格

素材：无　　效果：无

视频：视频\第14章\第335集.avi　　时长：31秒

难度：★　　关键技术：“单元锁定”按钮

01 以第334集的素材为例，在绘图区中选择所有的表格，在表格左上角单击鼠标，使整个表格呈全选状态。

02 在弹出的“表格单元”选项卡中单击“单元格式”面板中的“单元锁定”按钮，在弹出的下拉列表中选择“内容和格式已锁定”选项，即可锁定单元格，如图335-1所示。

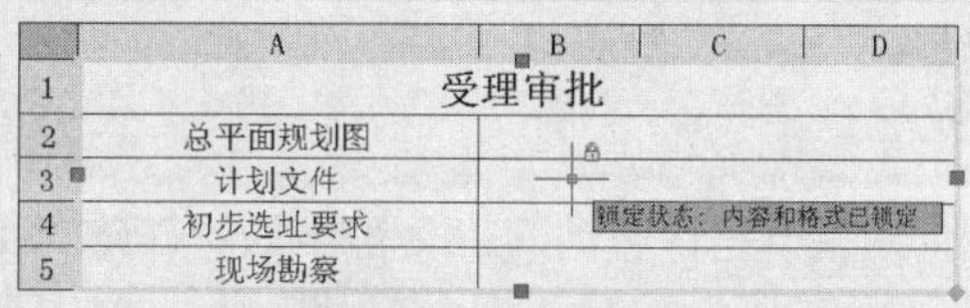

图335-1 锁定单元格

专家提醒

使用步骤01的方法将表格选中，右击鼠标，在弹出的快捷菜单中选择“锁定”命令，在弹出的子菜单中选择“解锁”命令，即可解除锁定的单元格。

第336集 调整单元内容对齐方式

素材：无　　效果：无

视频：视频\第14章\第336集.avi　　时长：21秒

难度：★　　关键技术：“对齐”选项

01 以第334集的素材为例，在绘图区中选择所有的表格，在表格左上角单击鼠标，使整个表格呈全选状态。

02 右击鼠标，在弹出的快捷菜单中选择“对齐”命令，在弹出的子菜单中选择“右下”命令，即可调整单元格内容的对齐方式，如图336-1所示。

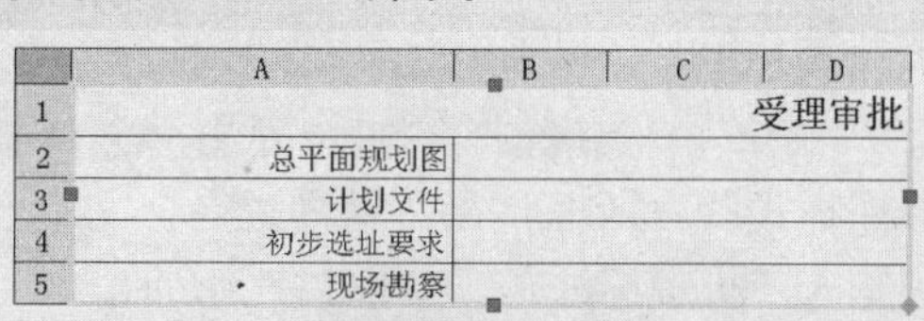

图336-1 调整单元内容的对齐方式

第15章 创建与管理尺寸标注

尺寸是工程图中的一项重要内容，它描述了对象各组成部分的大小及相对位置，是实际生产中的重要依据。尺寸标注在图纸设计中是一个重要环节，图纸中各图形对象的大小和位置是通过尺寸标注来体现的，正确的尺寸标注可以使生产顺利完成，而不正确的尺寸标注则将导致生产次品甚至废品，给企业带来严重的经济损失。

尺寸标注对表达有关设计元素的尺寸、材料等信息有着非常重要的作用。在对图形进行尺寸标注之前，需要对标注的基础（组成、规则、类型及步骤等知识）有一个初步的了解与认识。

15.1 创建与设置标注样式

第337集 创建标注样式

素材：无　　效果：无

视频：视频\第15章\第337集.avi　　时长：55秒

难度：★　　关键技术：“标注，标注样式”按钮

01 单击快速访问工具栏中的“新建”按钮，在弹出的对话框中新建一幅空白图形文件。单击“功能区”选项板中的“注释”标签，在“标注”面板上单击“标注，标注样式”按钮，如图337-1所示。弹出“标注样式管理器”对话框，如图337-2所示。

图337-1 单击“标注，标注样式”按钮

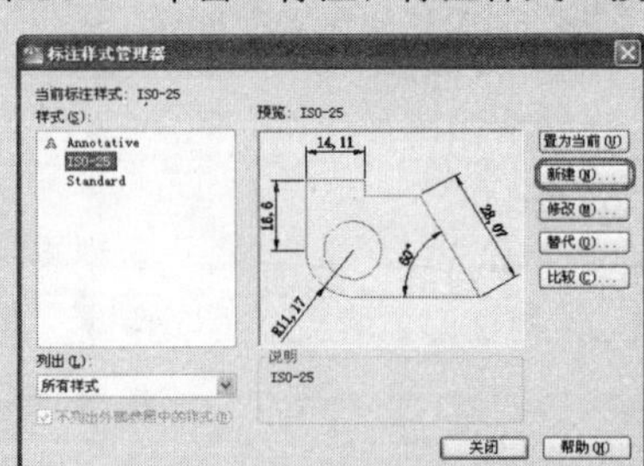

图337-2 “标注样式管理器”对话框

02 单击“新建”按钮，弹出“创建新标注样式”对话框，在“新样式名”文本框中输入“机械标注”，如图337-3所示。

03 单击“继续”按钮，弹出“新建标注样式：机械标注”对话框，使用默认设置，如图337-4所示。

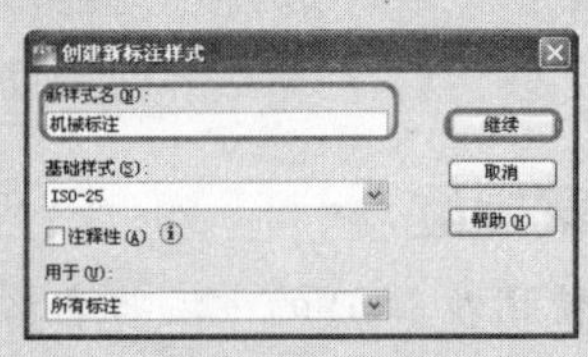

图337-3 “创建新标注样式”对话框

04 单击“确定”按钮，返回到“标注样式管理器”对话框中，单击“置为当前”按钮和“关闭”按钮，即可创建完成标注样式。

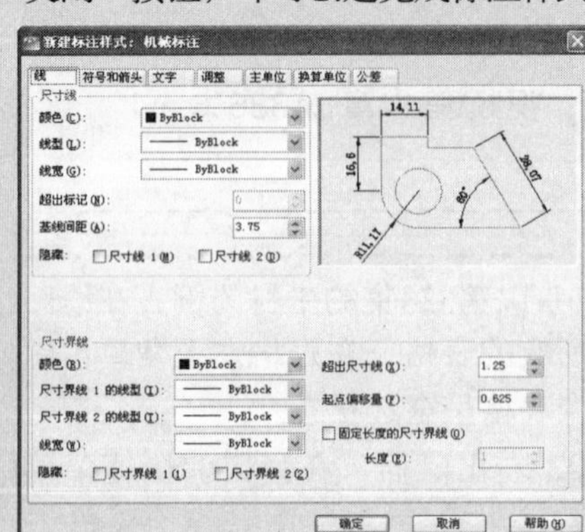

图337-4 “新建标注样式：机械标注”对话框

专家提醒

除了用上述方法可以创建标注样式外，还有以下两种方法。

- 方法1：在命令行中输入DIMSTYLE（标注样式）命令，并按Enter键确认。
- 方法2：在菜单栏中选择“格式”|“标注样式”命令。

第338集　设置标注尺寸线

素材：素材\第15章\338-1.dwg　　效果：无

视频：视频\第15章\第338集.avi　　时长：47秒

难度：★　　关键技术：“线”选项卡

01 单击快速访问工具栏中的“打开”按钮，在弹出的对话框中打开一幅素材图形，如图338-1所示。

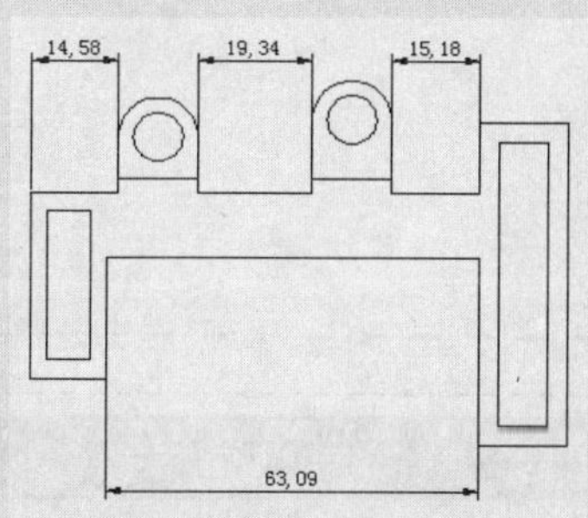

图338-1　打开的素材图形

02 选择“功能区”选项板中的“注释”选项卡，在“标注”面板上单击“标注，标注样式”按钮，弹出“标注样式管理器”对话框，单击“修改”按钮，弹出“修改标注样式：机械标注”对话框，选择“线”选项卡，在“尺寸线”选项组中设置“颜色”为“绿”，设置“线宽”为0.30mm，如图338-2所示。

03 单击“确定”按钮，返回到“标注样式管理器”对话框，单击“关闭”按钮，设置完成后的标注尺寸线如图338-3所示。

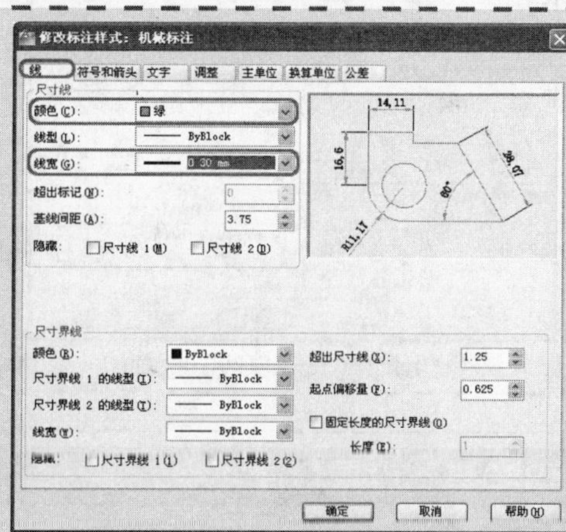

图338-2　“修改标注样式：机械标注”对话框

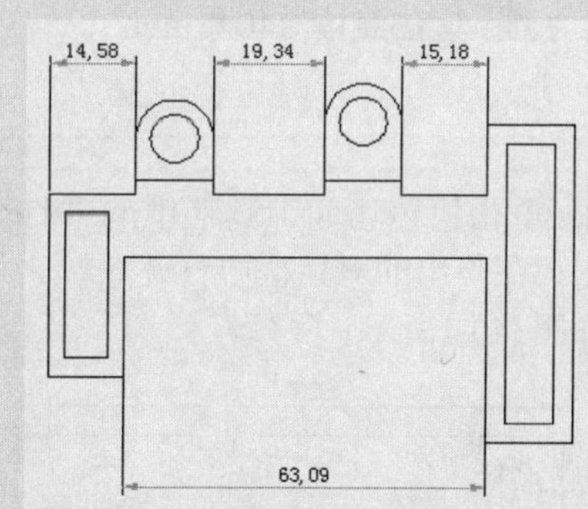

图338-3　设置完成后的标注尺寸线

第339集　设置标注尺寸界线

素材：无　　效果：无

视频：视频\第15章\第339集.avi　　时长：52秒

难度：★　　关键技术：“尺寸界线”选项组

01 继续第338集中的操作。选择“功能区”选项板的“注释”选项卡，在“标注”面板上单击“标注，标注样式”按钮，弹出“标注样式管理器”对话框，单击“修改”按钮，弹出“修改标注样式：机械标注”对话框，选择“线”选项卡，在“尺寸界线”选项组中设置“颜色”为“青”，勾选“固定长度的尺寸界线”复选框，在“长度”文本框中输入5，如图339-1所示。

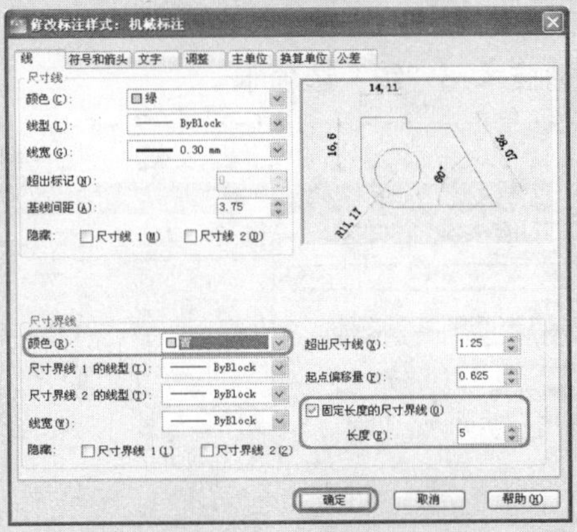

图339-1　“尺寸界线”选项组

02 单击“确定”按钮，返回到“标注样式管理器”对话框，单击“关闭”按钮，设置完成后的标注尺寸界线如图339-2所示。

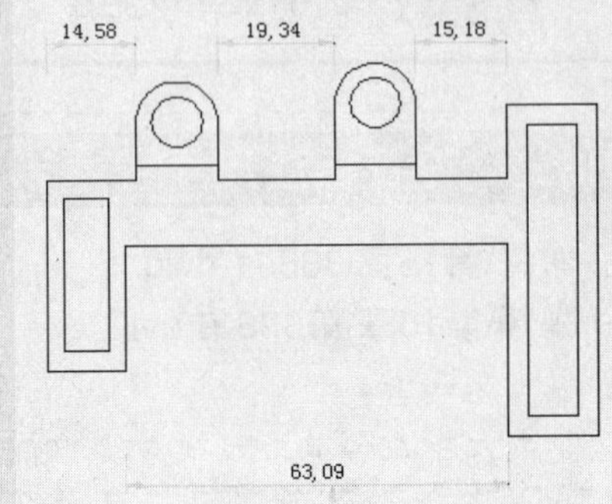

图339-2　设置完成后的标注尺寸界线

第340集　设置标注文字

素材：素材\第15章\340-1.dwg

视频：视频\第15章\第340集.avi

难度：★

效果：无

时长：45秒

关键技术：“文字”选项卡

01 单击快速访问工具栏中的“打开”按钮，在弹出的对话框中打开一幅素材图形，如图340-1所示。

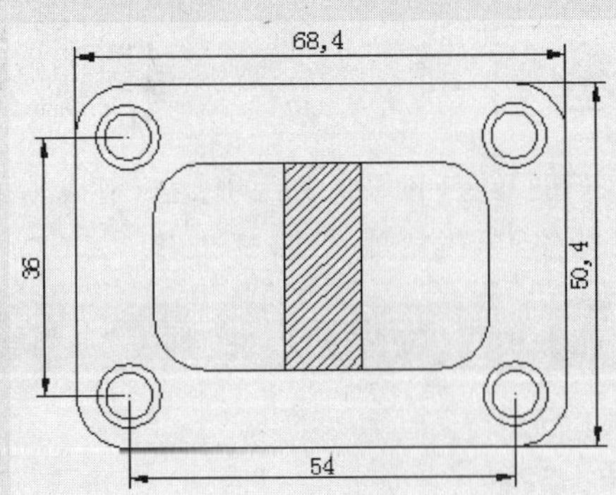

图340-1　打开的素材图形

02 选择“功能区”选项板中的“注释”选项卡，在“标注”面板上单击“标注，标注样式”按钮，弹出“标注样式管理器”对话框，单击“修改”按钮，弹出“修改标注样式：ISO-25”对话框，选择“文字”选项卡，在“文字外观”选项组中将“文字颜色”设置为“蓝”，将“文字高度”设置为4，勾选“绘制文字边框”复选框，如图340-2所示。

03 单击“确定”按钮，返回到“标注样式管理器”对话框，单击“关闭”按钮，设置完成后的标注文字如图340-3所示。

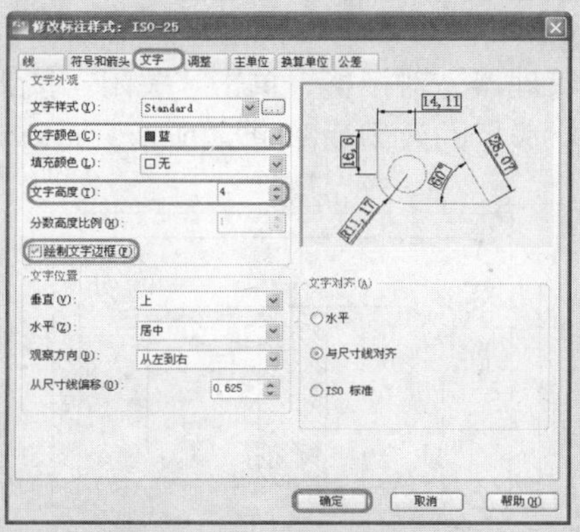
图340-2　设置文字外观

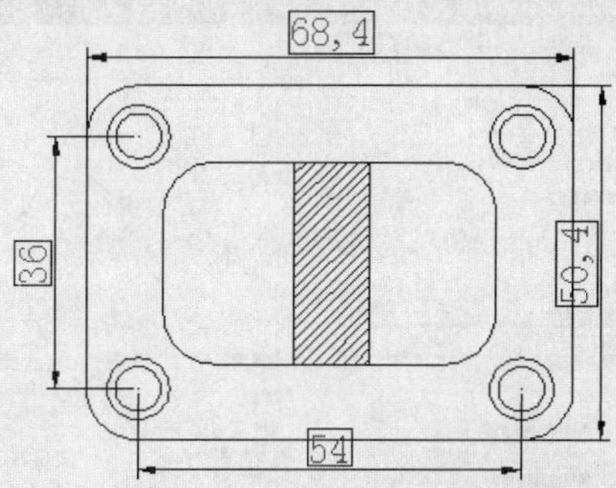

图340-3　设置完成后的标注文字

第341集　设置标注调整比例

素材：无　　效果：无
视频：视频\第15章\第341集.avi　　时长：40秒
难度：☆　　关键技术：“调整”选项卡

01 继续使用第340集中的素材。选择“功能区”选项板的“注释”选项卡，在“标注”面板上单击“标注，标注样式”按钮，弹出“标注样式管理器”对话框，单击“修改”按钮，弹出“修改标注样式：ISO-25”对话框，单击“调整”选项卡，在“标注特征比例”选项组中勾选“使用全局比例”复选框，并设置比例为3，如图341-1所示。

02 单击“确定”按钮，返回到“标注样式管理器”对话框，单击“关闭”按钮，设置完成后的效果如图341-2所示。

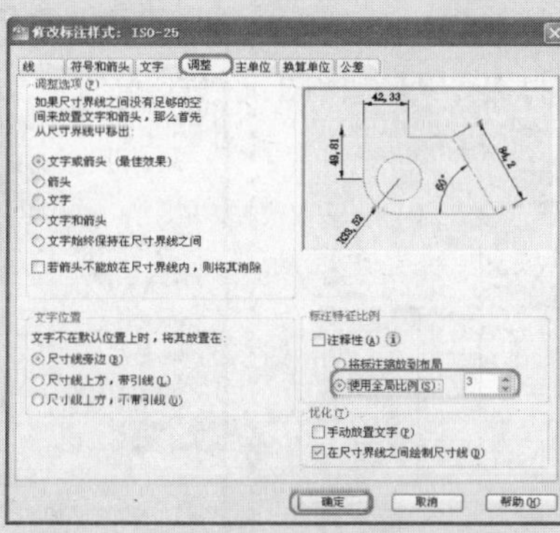
图341-1　设置比例

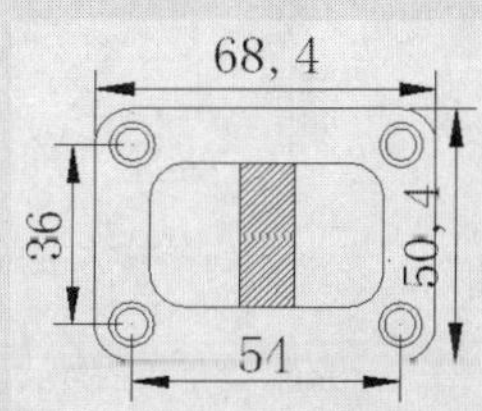

图341-2　设置后的效果

第342集　设置标注主单位

素材：无　　效果：无
视频：视频\第15章\第342集.avi　　时长：37秒
难度：☆　　关键技术：“主单位”选项卡

01 继续使用第340集中的素材。选择“功能区”选项板中的“注释”选项卡，在“标注”面板上单击“标注，标注样式”按钮，弹出“标注样式管理器”对话框，单击“修改”按钮，弹出“修改标注样式：ISO-25”对话框，选择“主单位”选项卡，在“测量单位比例”选项组中将“比例因子”设置为3，如图342-1所示。

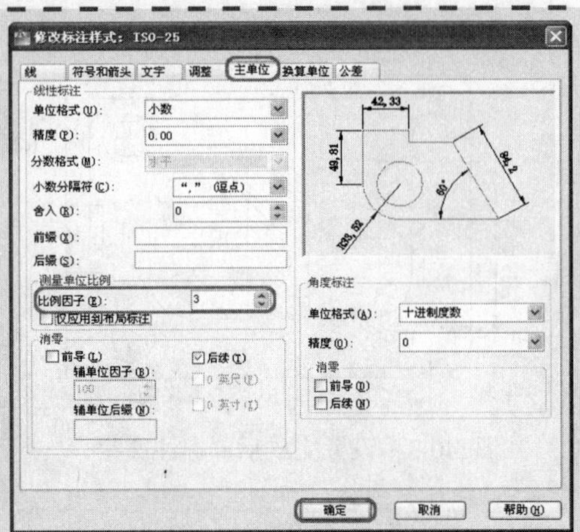

图342-1　设置“比例因子”

02 单击“确定”按钮，返回到“标注样式管理器”对话框，单击“关闭”按钮，设置完成后的效果如图342-2所示。

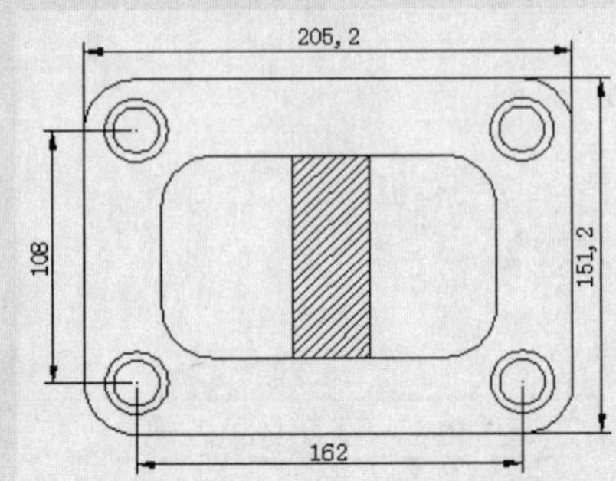

图342-2　设置完成后的效果

第343集　设置标注换算单位

素材：素材\第15章\343-1.dwg　　效果：无

视频：视频\第15章\第343集.avi　　时长：32秒

难度：★　　关键技术：“换算单位”选项卡

01 单击快速访问工具栏中的“打开”按钮，在弹出的对话框中打开一幅素材图形，如图343-1所示。

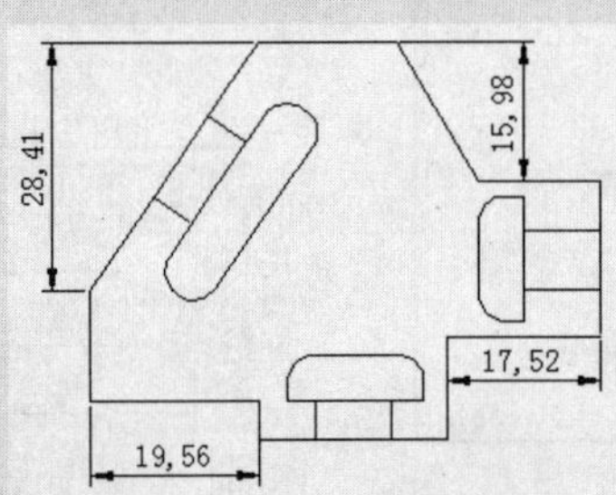

图343-1　打开的素材图形

02 选择“功能区”选项板的“注释”选项卡，在“标注”面板上单击“标注，标注样式”按钮，弹出“标注样式管理器”对话框，单击“修改”按钮，弹出“修改标注样式：ISO-25”对话框，选择“换算单位”选项卡，勾选“显示换算单位”复选框，如图343-2所示。

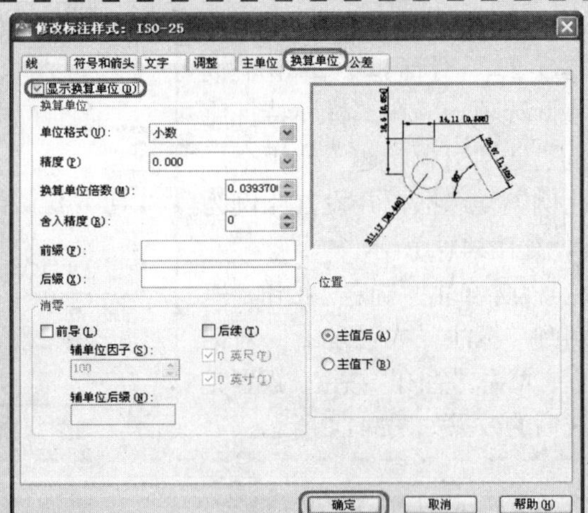

图343-2　勾选“显示换算单位”复选框

03 单击“确定”按钮，返回到“标注样式管理器”对话框，单击“关闭”按钮，设置完成后的效果如图343-3所示。

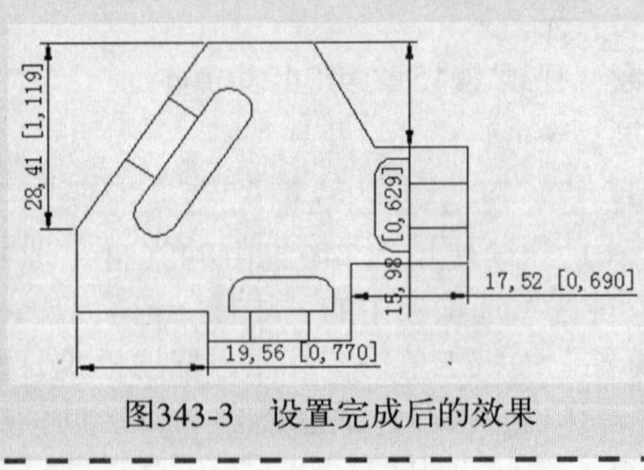

图343-3　设置完成后的效果

第344集　设置标注公差

素材：无　　效果：无

视频：视频\第15章\第344集.avi　　时长：26秒

难度：★　　关键技术："公差"选项卡

01 继续使用第344集中的素材。选择"功能区"选项板的"注释"选项卡，在"标注"面板上单击"标注，标注样式"按钮，弹出"标注样式管理器"对话框，单击"修改"按钮，弹出"修改标注样式：ISO-25"对话框，选择"公差"选项卡，在"公差格式"选项组中单击"方式"右侧的按钮，在弹出的列表框中选择"极限尺寸"选项，如图344-1所示。

02 单击"确定"按钮，返回到"标注样式管理器"对话框，单击"关闭"按钮，设置完成后的效果如图344-2所示。

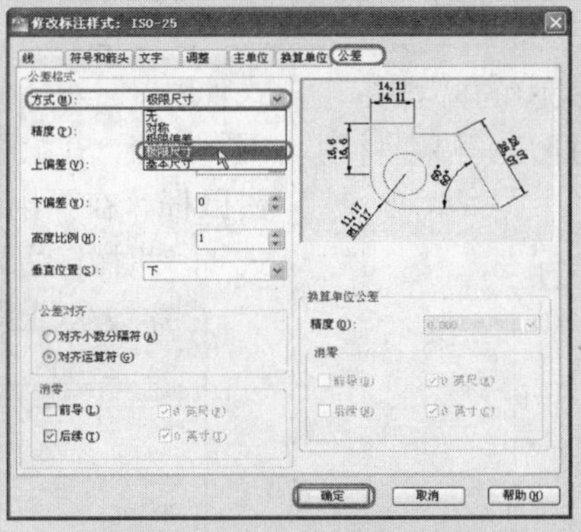

图344-1　设置公差格式

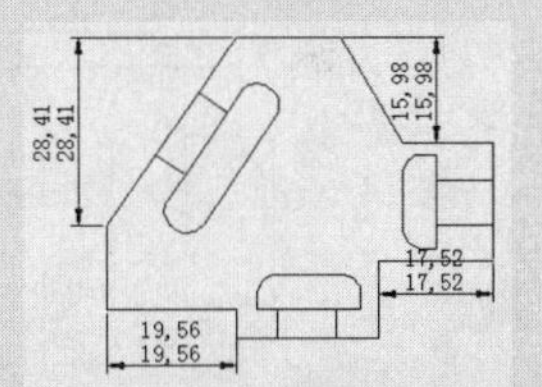

图344-2　设置完成后的效果

第345集　设置标注符号和箭头

素材：无　　效果：无

视频：视频\第15章\第345集.avi　　时长：21秒

难度：★　　关键技术："符号和箭头"选项卡

01 继续使用第343集中的素材。选择"功能区"选项板的"注释"选项卡，在"标注"面板上单击"标注，标注样式"按钮，弹出"标注样式管理器"对话框，单击"修改"按钮，弹出"修改标注样式：ISO-25"对话框，选择"符号和箭头"选项卡，在"箭头"选项组中将"箭头大小"设置为5，如图345-1所示。

02 单击"确定"按钮，返回到"标注样式管理器"对话框，单击"关闭"按钮，设置完成后的效果如图345-2所示。

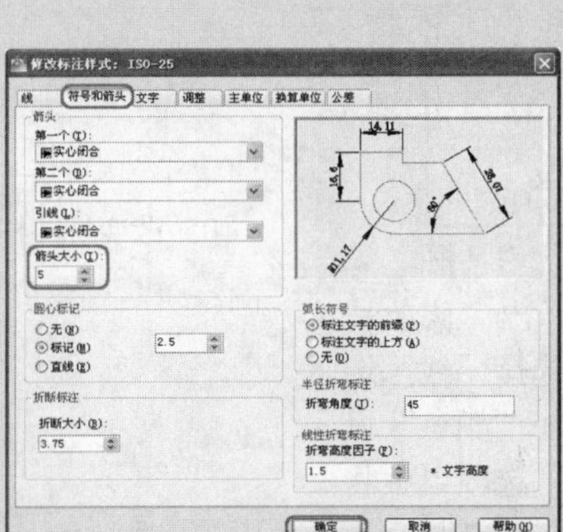

图345-1　设置箭头大小

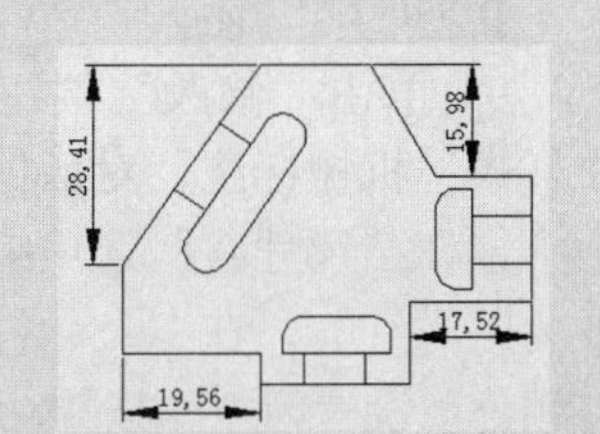

图345-2　设置完成后的效果

15.2 管理标注样式

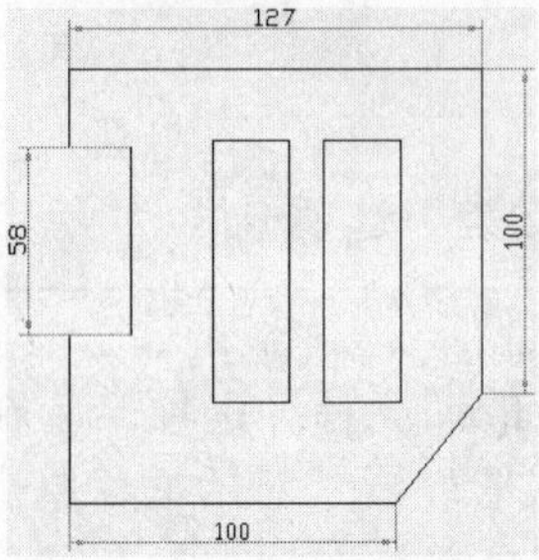

第346集　设置当前尺寸标注样式

素材：素材\第15章\346-1.dwg
效果：效果\第15章\第346集.dwg
视频：视频\第15章\第346集.avi
时长：1分10秒
难度：★★
关键技术："标注样式管理器"对话框

01 单击快速访问工具栏中的"打开"按钮，在弹出的对话框中打开一幅素材图形，如图346-1所示。

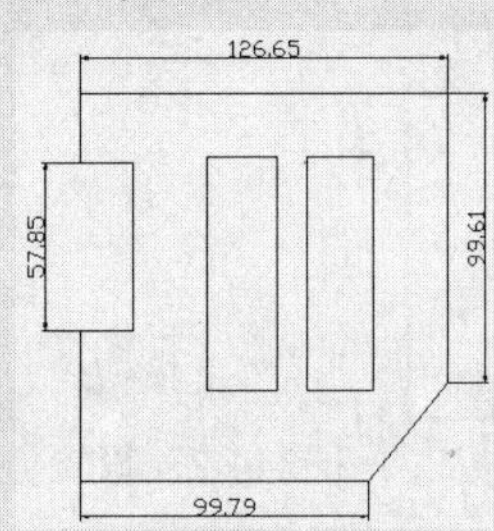

图346-1　打开的素材图形

02 选择"功能区"选项板中的"注释"选项卡，在"标注"面板上单击"标注，标注样式"按钮，弹出"标注样式管理器"对话框，在"样式"列表框中选择"机械标注"选项，如图346-2所示。

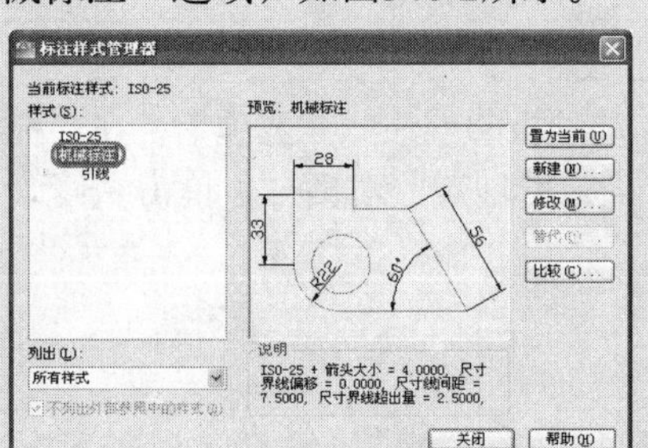

图346-2　"标注样式管理器"对话框

03 单击"修改"按钮，弹出"修改标注样式：机械标注"对话框，选择"线"选项卡，在"尺寸线"选项组中将"颜色"设置为"洋红"，在"尺寸界线"选项组中将"颜色"设置为"洋红"，如图346-3所示。

04 单击"确定"按钮，返回到"标注样式管理器"对话框，单击"置为当前"和"关闭"按钮，在绘图区中选择所有的标注，并右击鼠标，在弹出的快捷菜单中选择"标注样式"|"机械标注"命令，如图346-4所示。

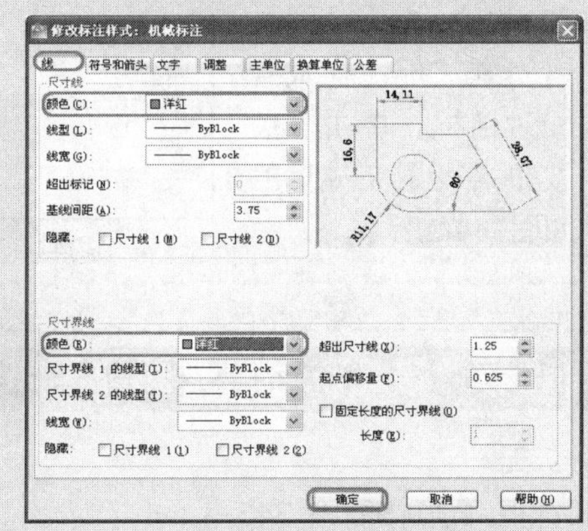

图346-3　修改标注样式

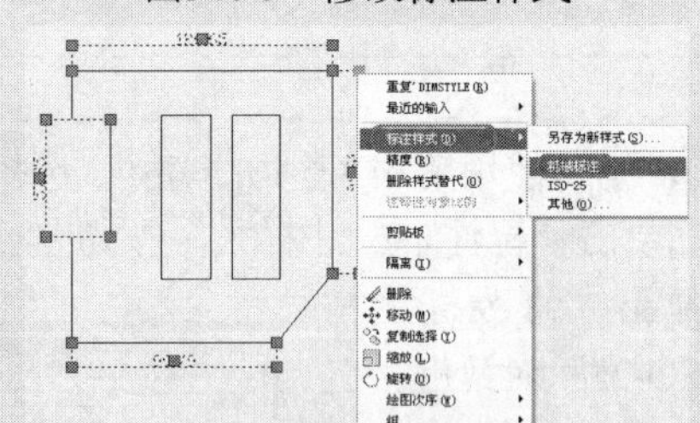

图346-4　选择标注样式

05 改变标注样式后的效果如图346-5所示。

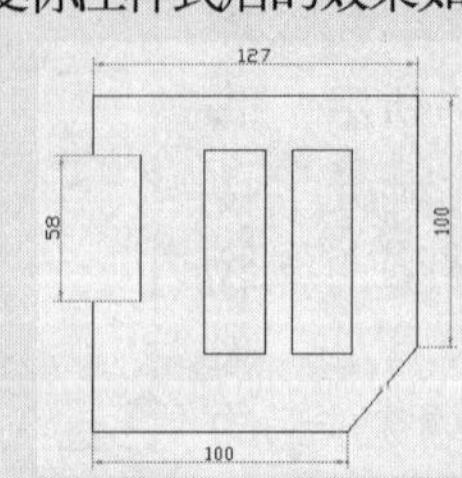

图346-5　改变样式后的效果

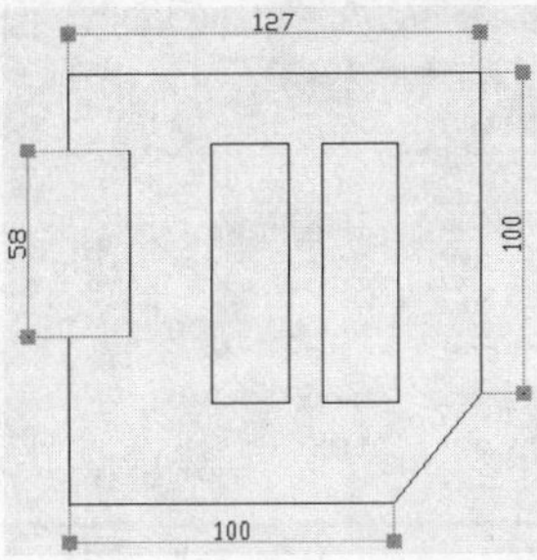

第347集　替代标注样式

素材：无
效果：效果\第15章\第347集.dwg
视频：视频\第15章\第347集.avi
时长：54秒
难度：★
关键技术："替代"按钮

01 继续第346集中的操作。选择"功能区"选项板的"注释"选项卡，在"标注"面板上单击"标注，标注样式"按钮，弹出"标注样式管理器"对话框。单击"替代"按钮，弹出"替代当前样式：机械标注"对话框，单击"符号和箭头"对话框，在"箭头"选项组中单击"第一个"右侧的按钮，在弹出的列表框中选择"实心方框"选项，如图347-1所示。

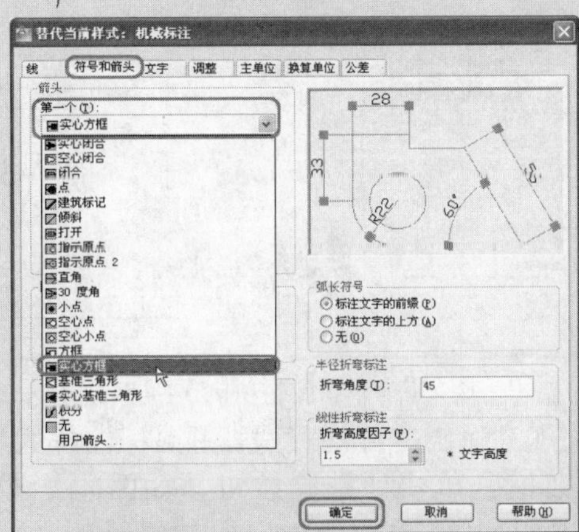

图347-1　选择"实心方框"选项

02 单击"确定"按钮，返回到"标注样式管理器"对话框，在"样式"列表框中选择"样式替代"选项，右击鼠标，在弹出的快捷菜单中选择"保存到当前样式"命令，如图347-2所示。

03 单击"关闭"按钮，即可替代标注样式，如图347-3所示。

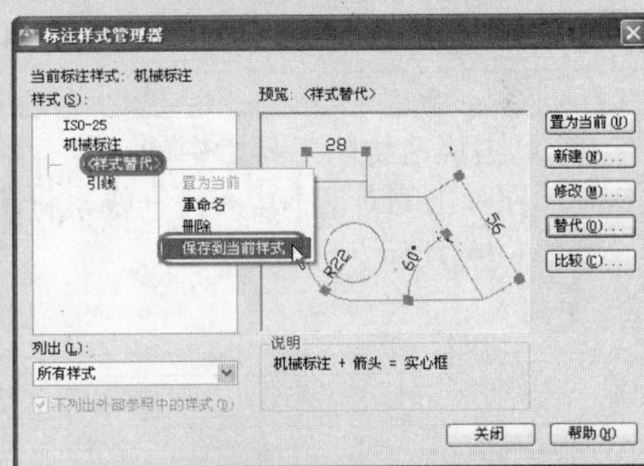

图347-2　"标注样式管理器"对话框

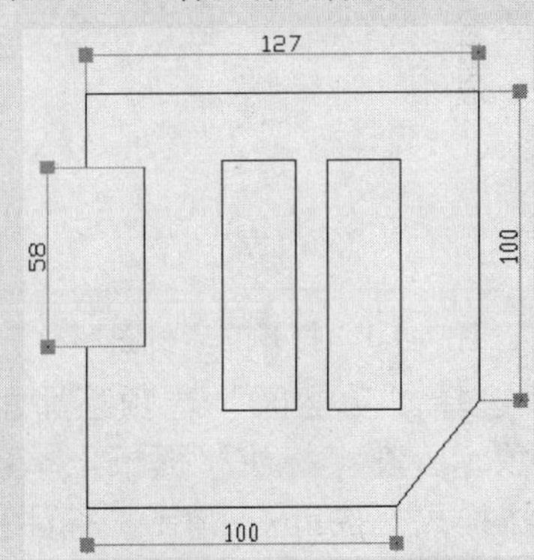

图347-3　替代标注样式

第348集　比较标注样式

素材：无
效果：无
视频：视频\第15章\第348集.avi
时长：25秒
难度：★
关键技术："比较"按钮

01 继续第347集中的操作。选择“功能区”选项板的“注释”选项卡，在“标注”面板上单击“标注，标注样式”按钮，弹出“标注样式管理器”对话框。

02 在“样式”列表框中选择ISO-25选项，单击“比较”按钮，弹出“比较标注样式”对话框，即可在对话框中查看比较标注的样式信息，如图348-1所示。

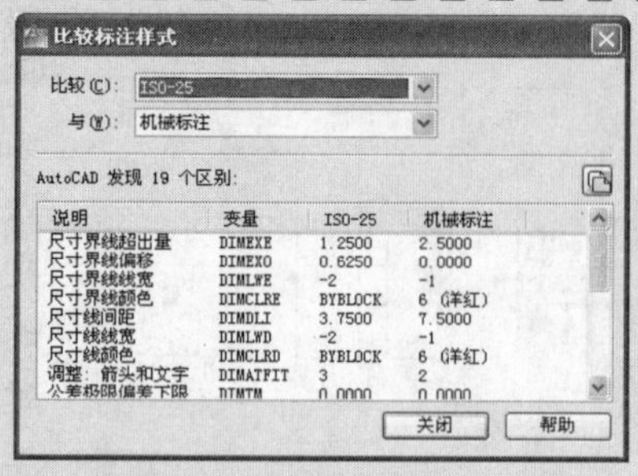

图348-1 “比较标注样式”对话框

第349集 删除标注样式

素材：素材\第15章\349-1.dwg　　效果：无
视频：视频\第15章\第349集.avi　　时长：30秒
难度：★　　关键技术：“删除”命令

01 单击快速访问工具栏中的“打开”按钮，在弹出的对话框中打开一幅素材图形，如图349-1所示。

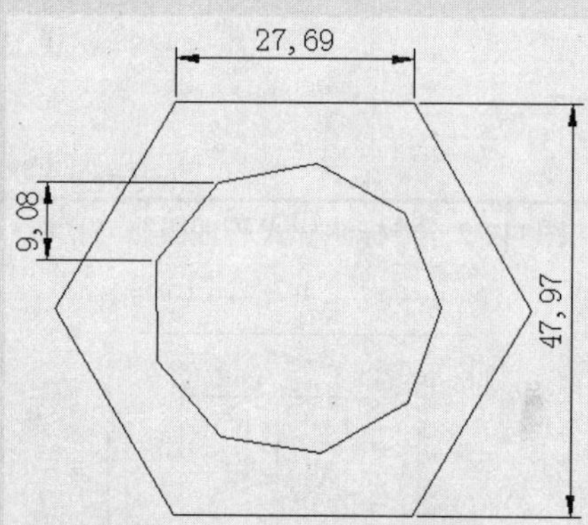

图349-1 打开的素材图形

02 选择“功能区”选项板中的“注释”选项卡，在“标注”面板上单击“标注，标注样式”按钮，弹出“标注样式管理器”对话框，在“样式”列表框中选择001选项，并右击鼠标，在弹出的快捷菜单中选择“删除”命令，如图349-2所示。

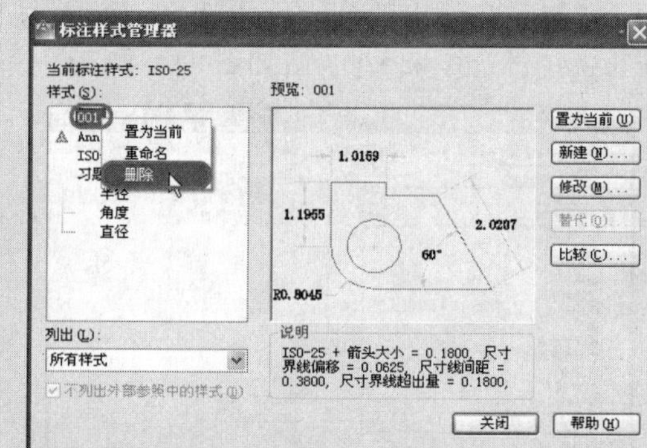

图349-2 选择“删除”命令

03 弹出“标注样式-删除 标注样式”对话框，单击“是”按钮，如图349-3所示。即可将标注样式删除。

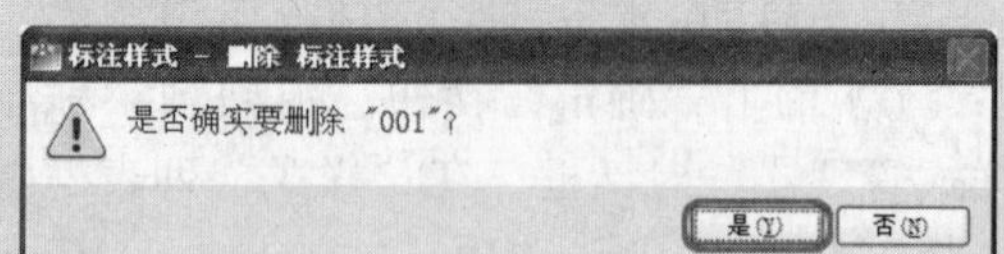

图349-3 单击“是”按钮

第350集 重命名标注样式

素材：无　　效果：无
视频：视频\第15章\第350集.avi　　时长：24秒
难度：★　　关键技术：“重命名”命令

01 继续使用第349集中的素材。选择“功能区”选项板的“注释”选项卡，在“标注”面板上单击“标注，标注样式”按钮，弹出“标注样式管理器”对话框，在“样式”列表框中选择001选项，并右击鼠标，在弹出的快捷菜单中选择“重命名”命令，如图350-1所示。

02 在文本框中输入002，按Enter键确认，即可重命名标注样式，如图350-2所示。

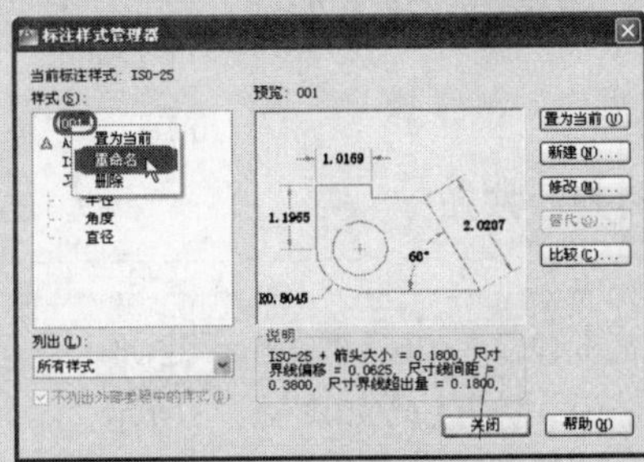

图350-1　选择“重命名”命令

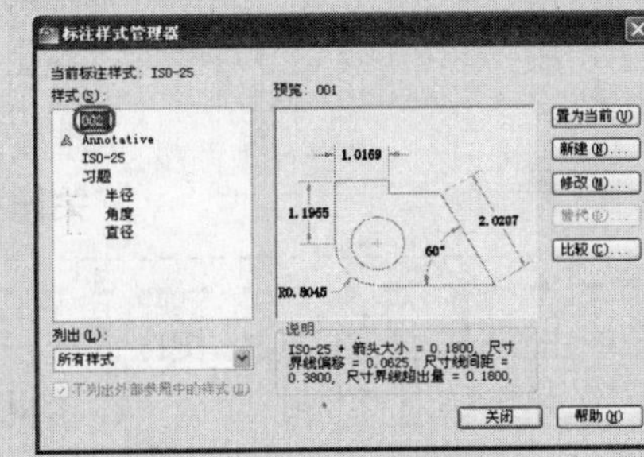

图350-2　重命名标注样式

15.3　创建长度型尺寸标注

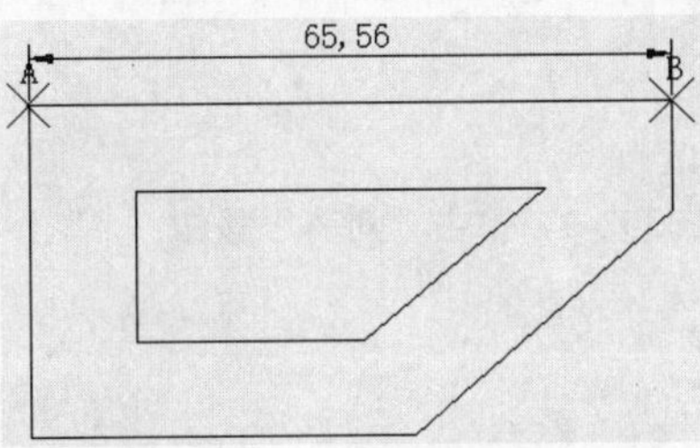

第351集　创建线性尺寸标注

素材：素材\第15章\351-1.dwg

效果：效果\第15章\第351集.dwg

视频：视频\第15章\第351集.avi

时长：43秒

难度：★

关键技术：“线性”按钮

01 单击快速访问工具栏中的“打开”按钮，在弹出的对话框中打开一幅素材图形，如图351-1所示。

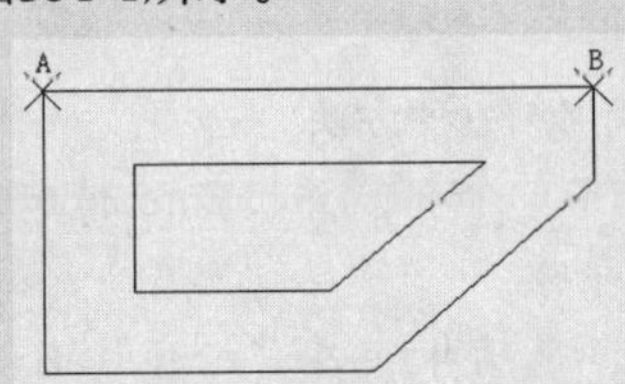

图351-1　打开的素材图形

02 选择“功能区”选项板中的“常用”选项卡，在“注释”面板上单击“线性”按钮，根据命令行提示进行操作，在绘图区中的A点上单击鼠标，单击B点，并向上引导光标，输入6，按Enter键确认，即可创建线性尺寸标注，如图351-2所示。

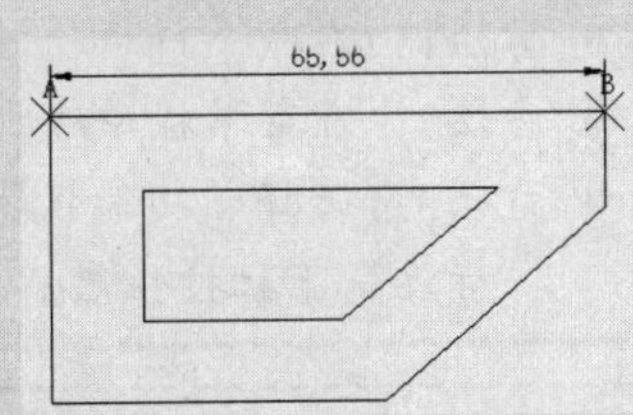

图351-2　创建线性尺寸标注

专家提醒

除了用上述方法可以创建线性尺寸标注外，还有以下3种方法。

- 方法1：在命令行中输入DIMLINEAR（线性）命令，并按Enter键确认。
- 方法2：在菜单栏中选择“标注”|“线性”命令。
- 方法3：选择“功能区”选项板中的“注释”选项卡，在“标注”面板上单击“线性”按钮。

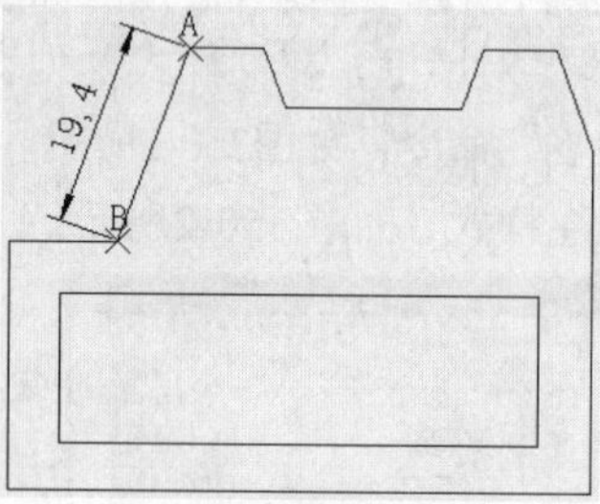

第352集　创建对齐尺寸标注

素材：素材\第15章\352-1.dwg
效果：效果\第15章\第352集.dwg
视频：视频\第15章\第352集.avi
时长：44秒
难度：★
关键技术：“对齐”按钮

01 单击快速访问工具栏中的“打开”按钮，在弹出的对话框中打开一幅素材图形，如图352-1所示。

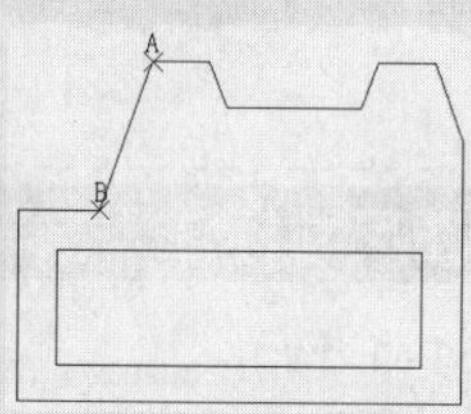

图352-1　打开的素材图形

02 选择“功能区”选项板中的“常用”选项卡，在“注释”面板上单击“线性”按钮右侧的按钮，在弹出的下拉菜单中选择“对齐”选项，如图352-2所示。

03 根据命令行提示进行操作，在绘图区中的A点上单击鼠标，单击B点，并向左引导光标，输入6，按Enter键确认，即可创建对齐尺寸标注，如图352-3所示。

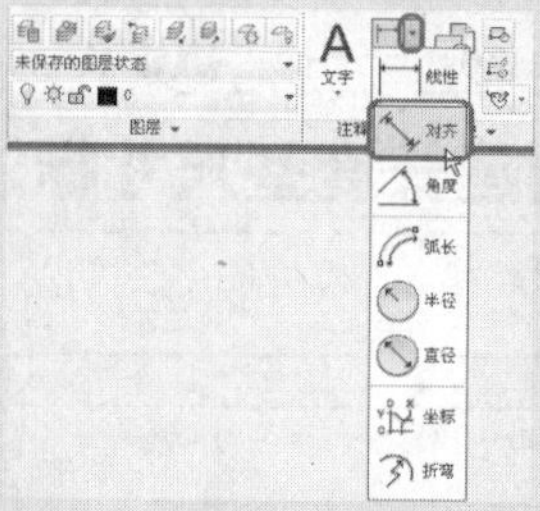

图352-2　单击“对齐”按钮

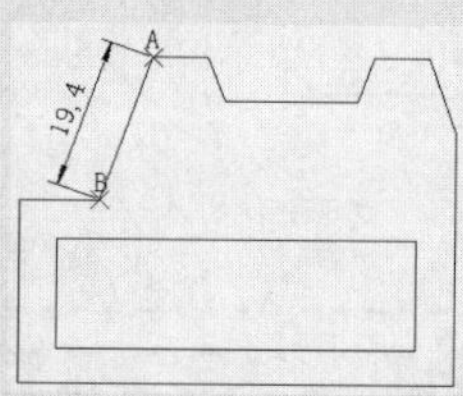

图352-3　创建对齐尺寸标注

专家提醒

除了用上述方法可以创建对齐尺寸标注外，还有以下3种方法。

- 方法1：在命令行中输入DIMALIGNED（对齐）命令，并按Enter键确认。
- 方法2：在菜单栏中选择“标注”|“对齐”命令。
- 方法3：选择“功能区”选项板中的“注释”选项卡，在“标注”面板上单击“标注”下拉按钮，在弹出的列表框中选择“对齐”选项。

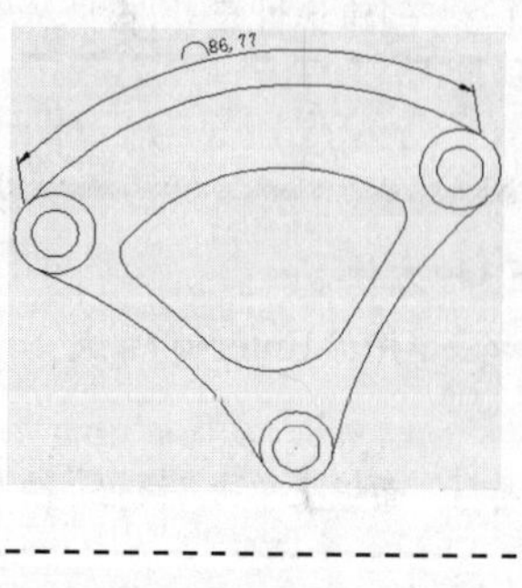

第353集　创建弧长尺寸标注

素材：素材\第15章\353-1.dwg
效果：效果\第15章\第353集.dwg
视频：视频\第15章\第353集.avi
时长：29秒
难度：★
关键技术：“弧长”按钮

01 单击快速访问工具栏中的“打开”按钮，在弹出的对话框中打开一幅素材图形，如图353-1所示。

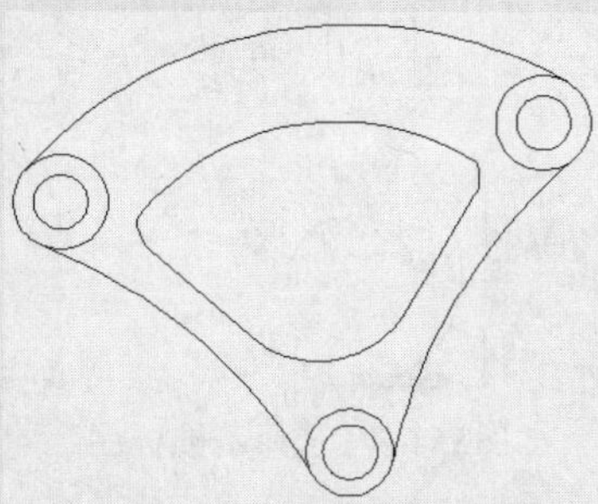

图353-1 打开的素材图形

02 选择“功能区”选项板中的“常用”选项卡，在“注释”面板上单击如图353-2所示的按钮，在弹出的下拉菜单中选择“弧长”选项。

03 根据命令行提示进行操作，在绘图区中最上方的圆弧上单击鼠标，向上引导光标，输入6，按Enter键确认，即可创建弧长尺寸标注，如图353-3所示。

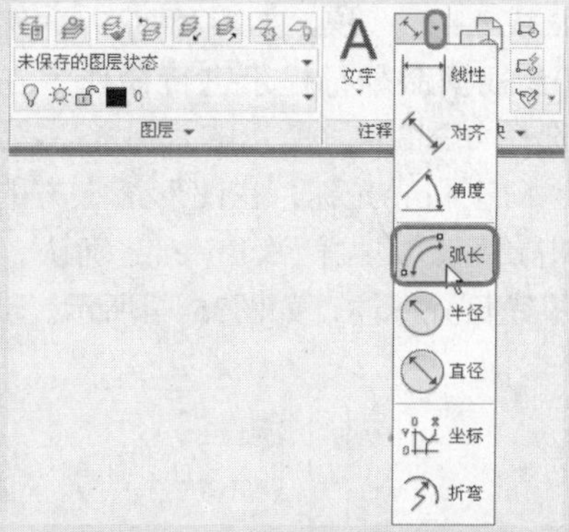

图353-2 单击“弧长”按钮

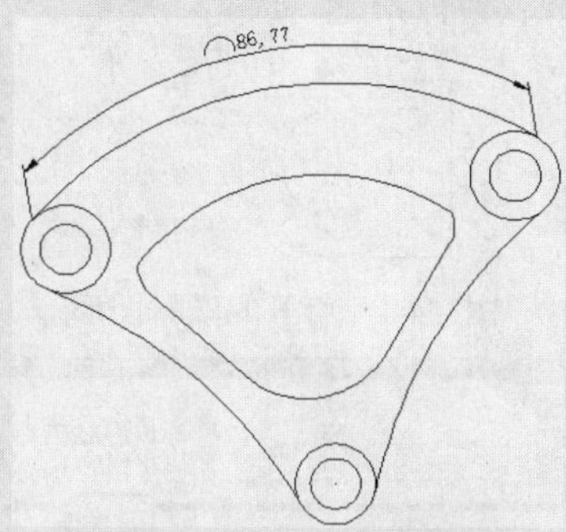

图353-3 创建弧长尺寸标注

专家提醒

除了用上述方法可以创建对齐尺寸标注外，还有以下3种方法。

- 方法1：在命令行中输入DIMARC（弧长）命令，并按Enter键确认。
- 方法2：在菜单栏中选择“标注”|“弧长”命令。
- 方法3：选择“功能区”选项板中的“注释”选项卡，在“标注”面板上单击标注下拉按钮，在弹出的下拉菜单中选择“弧长”选项。

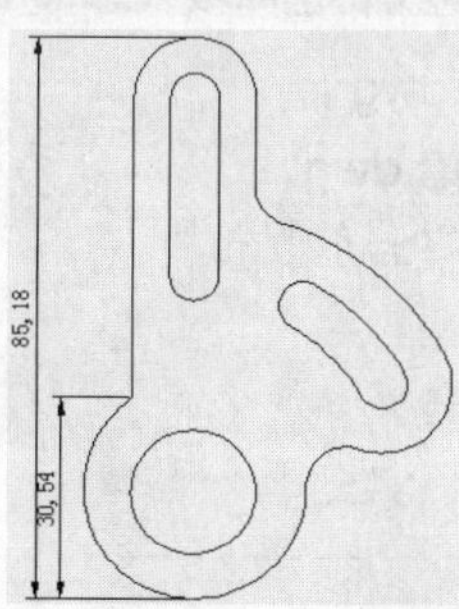

第354集 创建基线尺寸标注

素材：素材\第15章\354-1.dwg

效果：效果\第15章\第354集.dwg

视频：视频\第15章\第354集.avi

时长：40秒

难度：★

关键技术：“基线”按钮

01 单击快速访问工具栏中的“打开”按钮，在弹出的对话框中打开一幅素材图形，如图354-1所示。

02 选择“功能区”选项板的“注释”选项卡，在“标注”面板上单击“连续”按钮右侧的按钮，在弹出的下拉菜单中选择“基线”选项，如图354-2所示。

03 根据命令行提示进行操作，在绘图区中选择如图354-3所示的尺寸标注为基准标注，向上引导光标，在图形最上方的中点上单击鼠标，并按两次Enter键确认，即可创建基线尺寸标注，如图354-4所示。

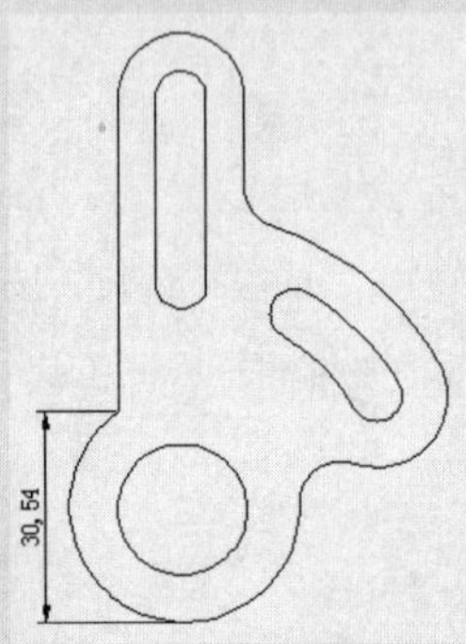

图354-1 打开的素材图形

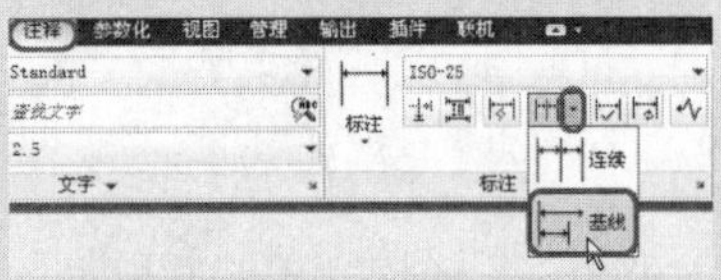

图354-2 单击“基线”按钮

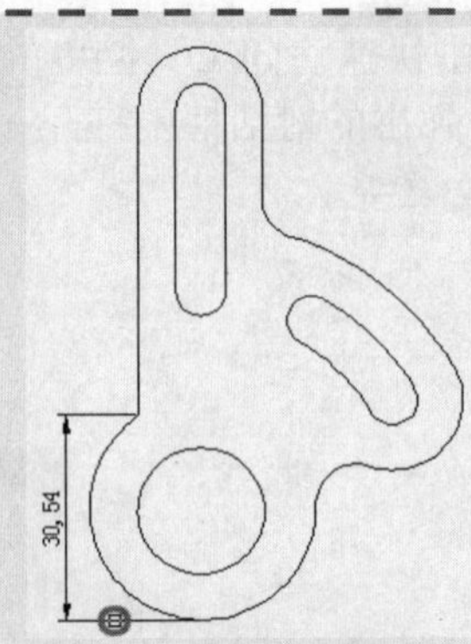

图354-3 选择基准标注

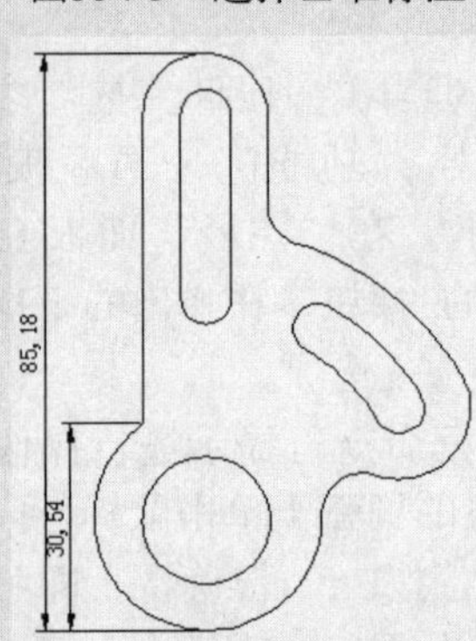

图354-4 创建基线尺寸标注

专家提醒

除了用上述方法可以创建基线尺寸标注外，还有以下两种方法。

- 方法1：在命令行中输入DIMBASELINE（基线）命令，并按Enter键确认。
- 方法2：在菜单栏中选择“标注”|“基线”命令。

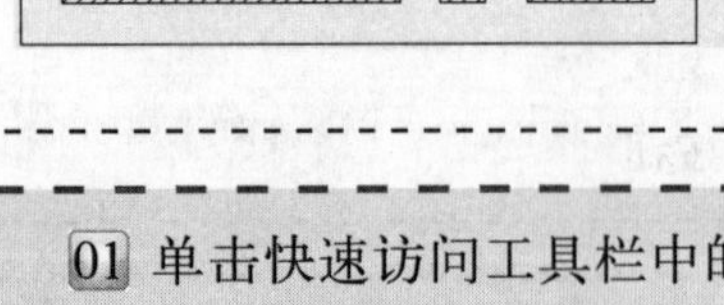

第355集 创建连续尺寸标注

素材：素材\第15章\355-1.dwg
效果：效果\第15章\第355集.dwg
视频：视频\第15章\第355集.avi
时长：32秒
难度：★
关键技术：“连续”按钮

01 单击快速访问工具栏中的“打开”按钮，在弹出的对话框中打开一幅素材图形，如图355-1所示。

02 选项“功能区”选项板中的“注释”选项卡，在“标注”面板上单击“连续”按钮，根据命令行提示进行操作，在绘图区中选择尺寸标注为连续标注，并依次单击B点和C点，按两次Enter键确认，即可创建连续尺寸标注，如图355-2所示。

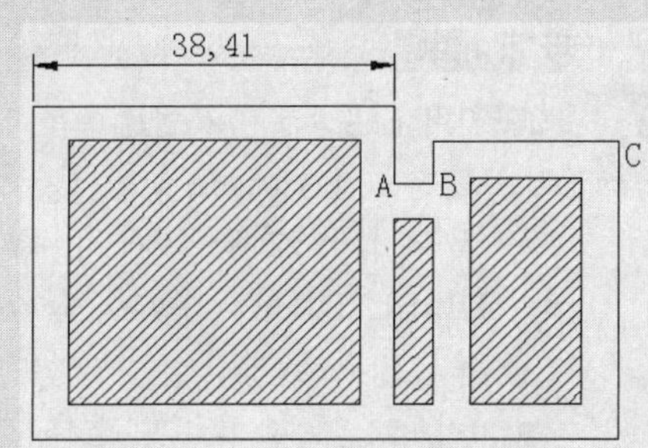

图355-1　打开的素材图形

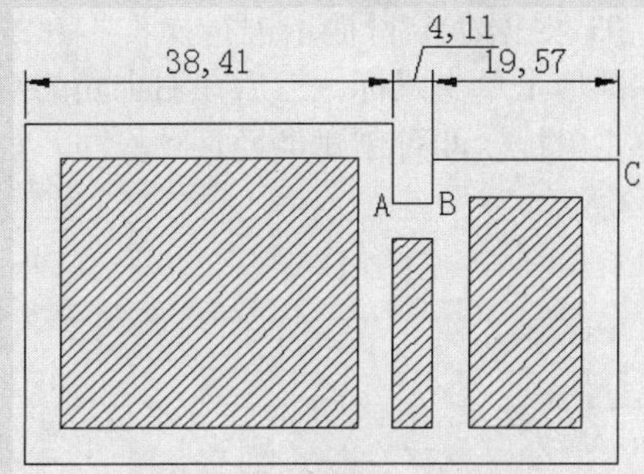

图355-2　创建连续尺寸标注

专家提醒

除了用上述方法可以创建连续尺寸标注外，还有以下两种方法。

- 方法1：在命令行中输入DIMCONTINUE（连续）命令，并按Enter键确认。
- 方法2：在菜单栏中选择“标注”|“连续”命令。

15.4　创建圆弧型尺寸标注

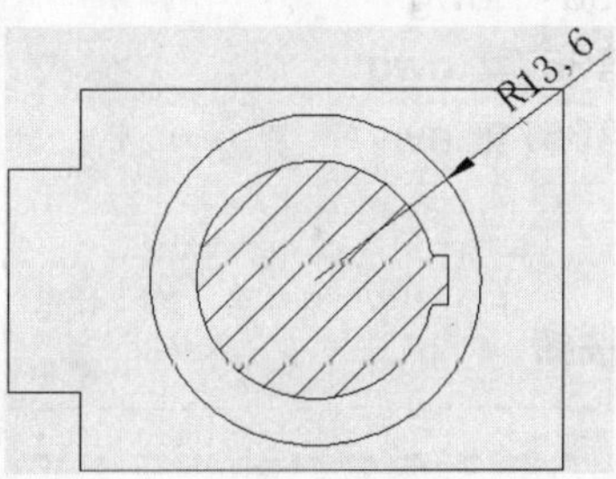

第356集　创建半径尺寸标注

素材：素材\第15章\356-1.dwg

效果：效果\第15章\第356集.dwg

视频：视频\第15章\第356集.avi

时长：31秒

难度：★

关键技术：“半径”按钮

01 单击快速访问工具栏中的“打开”按钮，在弹出的对话框中打开一幅素材图形，如图356-1所示。

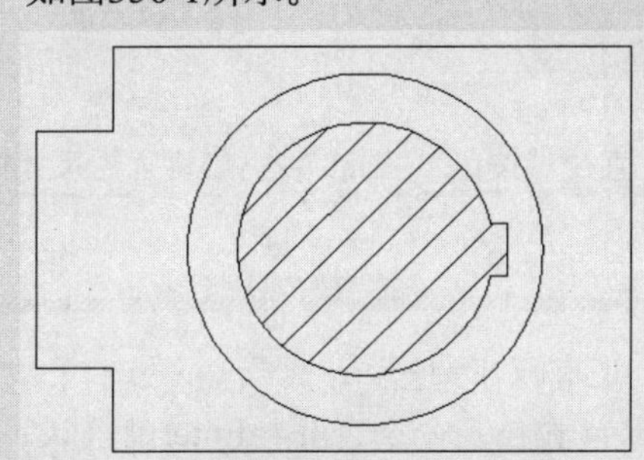

图356-1　打开的素材图形

02 选择“功能区”选项板中的“常用”选项卡，在“注释”面板上单击如图356-2所示的按钮，在弹出的列表框中选择“半径”选项。

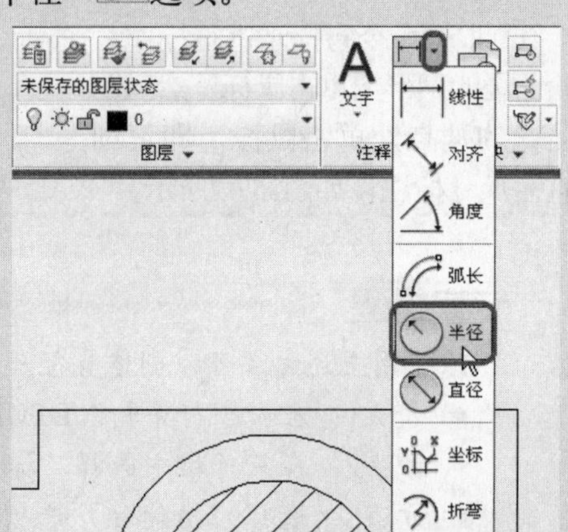

图356-2　单击“半径”按钮

03 根据命令行提示进行操作，在绘图区的圆形上单击鼠标，然后在右上角的端点处单击鼠标，即可创建半径尺寸标注，如图356-3所示。

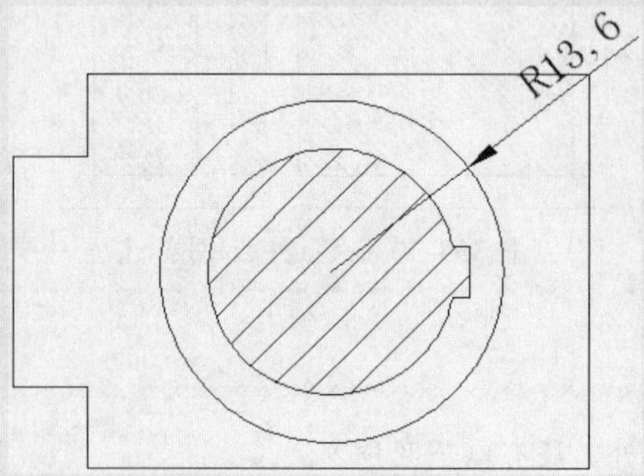

图356-3　创建半径尺寸标注

专家提醒

除了用上述方法可以创建半径尺寸标注外，还有以下3种方法。

- 方法1：在命令行中输入DIMRADIUS（半径）命令，并按Enter键确认。
- 方法2：在菜单栏中选择“标注”|“半径”命令。
- 方法3：选择“功能区”选项板中的“注释”选项卡，在“标注”面板上单击标注下拉按钮，在弹出的下拉菜单中选择“半径”按钮。

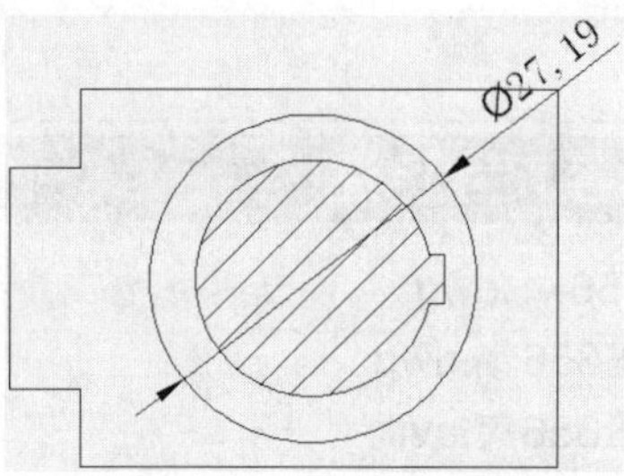

第357集　创建直径尺寸标注

素材：素材\第15章\356-1.dwg
效果：效果\第15章\第357集.dwg
视频：视频\第15章\第357集.avi
时长：30秒
难度：★
关键技术：“直径”按钮

01 继续使用第356集中的素材。选择“功能区”选项板中的“常用”选项卡，在“注释“面板上单击如图357-1所示的按钮，在弹出的下拉菜单中选择“直径”选项。

02 根据命令行提示进行操作，在绘图区的圆形上单击鼠标，然后在右上角的端点处单击鼠标，即可创建直径尺寸标注，如图357-2所示。

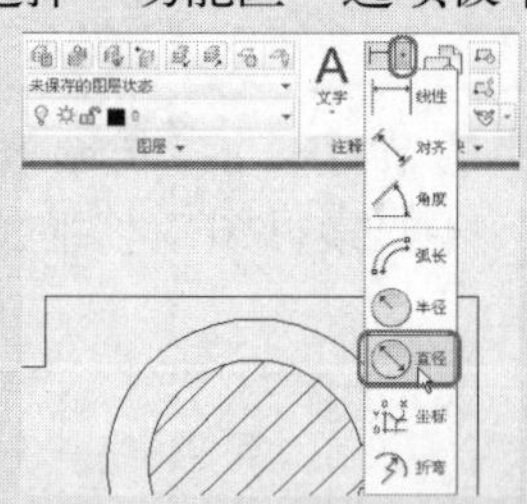

图357-1　单击“直径“按钮

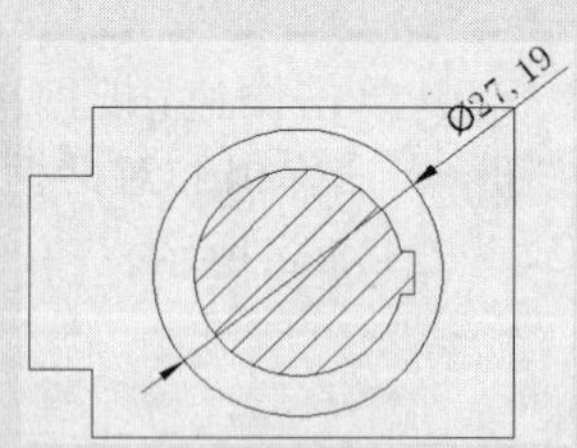

图357-2　创建直径尺寸标注

专家提醒

除了用上述方法可以创建直径尺寸标注外，还有以下3种方法。

- 方法1：在命令行中输入DIMDIAMETER（直径）命令，并按Enter键确认。
- 方法2：在菜单栏中选择“标注”|“直径”命令。
- 方法3：选择“功能区”选项板中的“注释”选项卡，在“标注”面板上单击标注下拉按钮，在弹出的下拉菜单中选择“直径”选项。

第358集　创建折弯尺寸标注

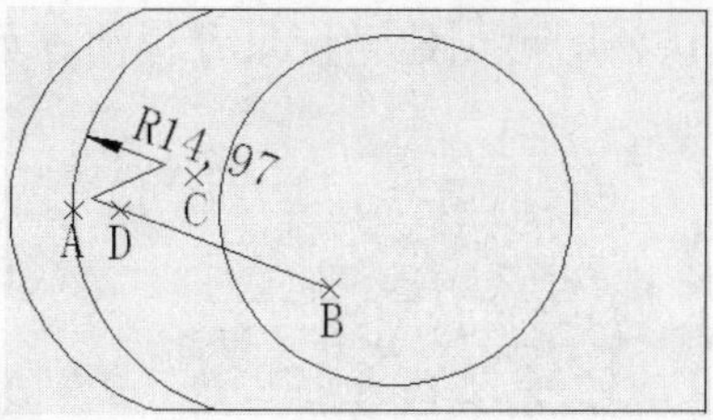

素材：素材\第15章\358-1.dwg
效果：效果\第15章\第358集.dwg
视频：视频\第15章\第358集.avi
时长：37秒
难度：★
关键技术：“折弯”按钮

01 单击快速访问工具栏中的“打开”按钮，在弹出的对话框中打开一幅素材图形，如图358-1所示。

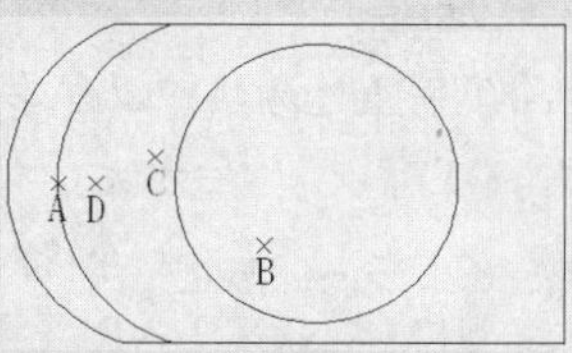

图358-1　打开的素材图形

02 选择“功能区”选项板中的“常用”选项卡，在“注释”面板上单击如图358-2所示的按钮，在弹出的下拉菜单中选择“折弯”选项。

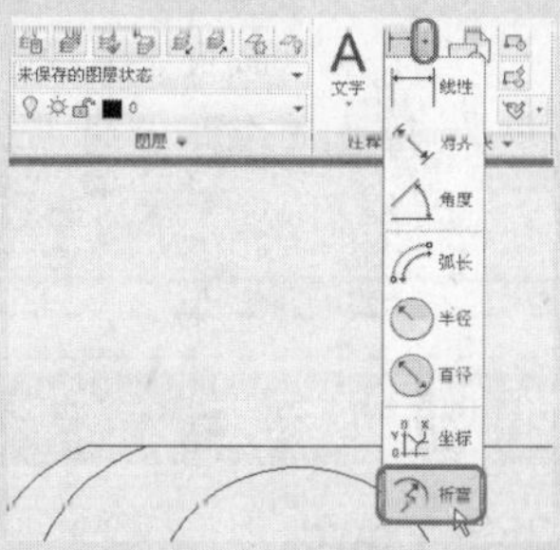

图358-2　单击“折弯”按钮

03 根据命令行提示进行操作，在绘图区上单击A点所在的圆弧，然后依次单击B点、C点、D点，即可创建折弯尺寸标注，如图358-3所示。

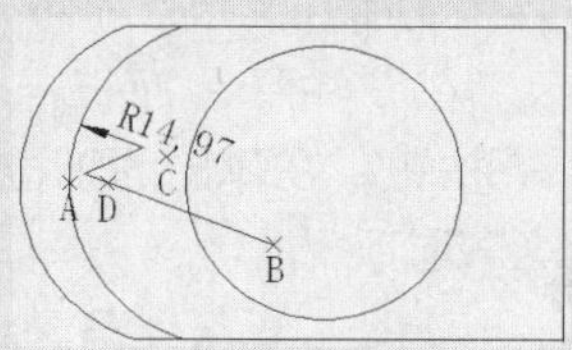

图358-3　创建折弯尺寸标注

专家提醒

除了用上述方法可以创建折弯尺寸标注外，还有以下3种方法。

- 方法1：在命令行中输入DIMJOGGED（折弯）命令，并按Enter键确认。
- 方法2：在菜单栏中选择“标注”|“折弯”命令。
- 方法3：选择“功能区”选项板中的“注释”选项卡，在“标注”面板上单击标注下拉按钮，在弹出的下拉菜单中选择“折弯”选项。

第359集　创建角度尺寸标注

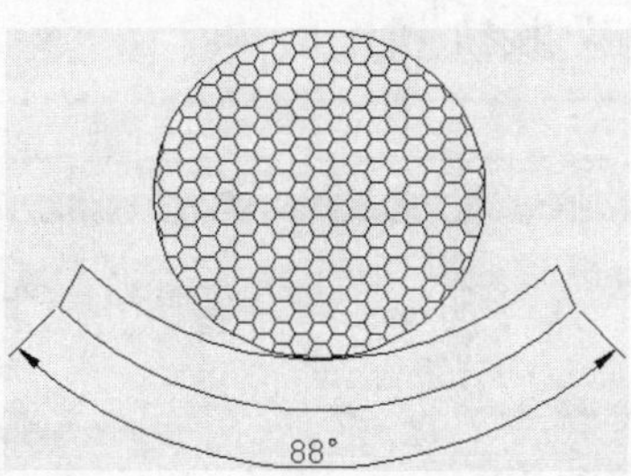

素材：素材\第15章\359-1.dwg
效果：效果\第15章\第359集.dwg
视频：视频\第15章\第359集.avi
时长：25秒
难度：★
关键技术：“角度”按钮

01 单击快速访问工具栏中的“打开”按钮，在弹出的对话框中打开一幅素材图形，如图359-1所示。

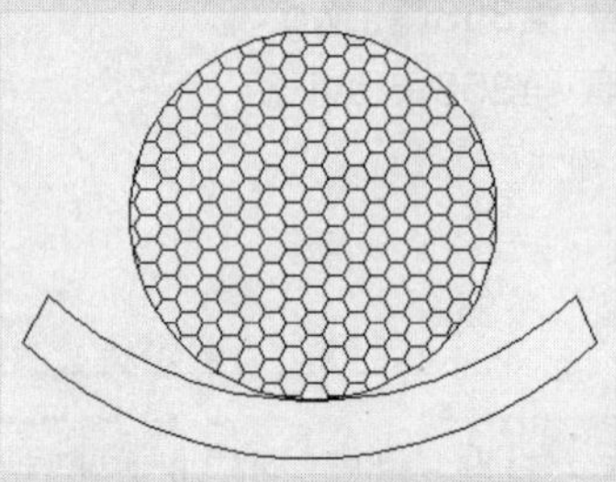

图359-1　打开的素材图形

02 选择“功能区”选项板中的“常用”选项卡，在“注释”面板上单击如图359-2所示的按钮，在弹出的下拉菜单中选择“角度”选项。

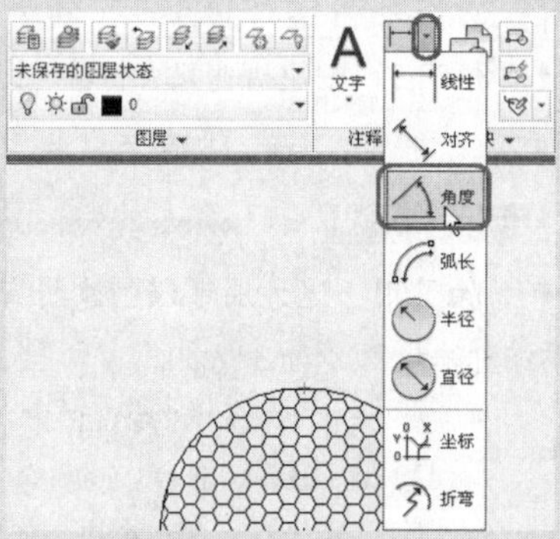

图359-2　单击“角度”按钮

03 根据命令行提示进行操作，在绘图区中单击最下方的圆弧，然后输入6，按Enter键确认，即可创建角度尺寸标注，如图359-3所示。

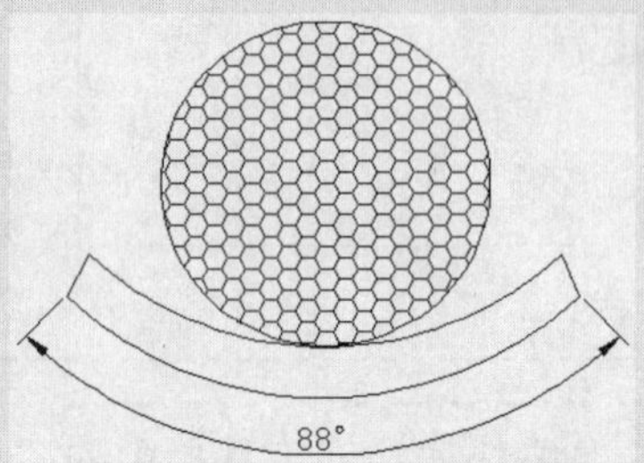

图359-3　创建角度尺寸标注

专家提醒

除了用上述方法可以创建角度尺寸标注外，还有以下3种方法。

- 方法1：在命令行中输入DIMANGULAR（角度）命令，并按Enter键确认。
- 方法2：在菜单栏中选择“标注”|“角度”命令。
- 方法3：选择“功能区”选项板中的“注释”选项卡，在“标注”面板上单击标注下拉按钮，在弹出的下拉菜单中选择“角度”选项。

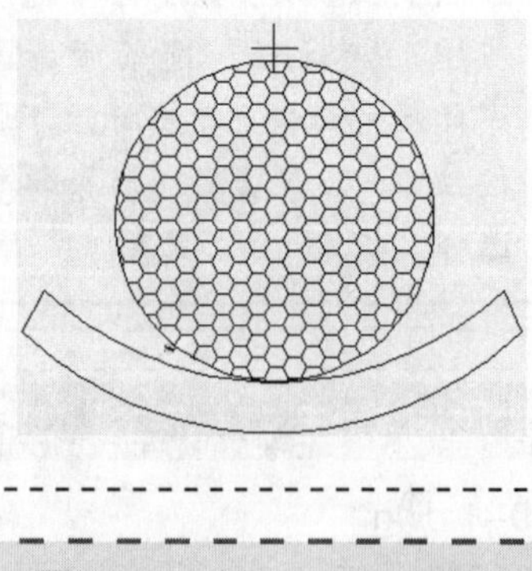

第360集　创建圆心标记标注

素材：素材\第15章\359-1.dwg
效果：效果\第15章\第360集.dwg
视频：视频\第15章\第360集.avi
时长：39秒
难度：★
关键技术：“圆心标记”按钮

01 继续使用第359集中的素材。选择“功能区”选项板中的“注释”选项卡，在“标注”面板上单击 标注 按钮，在弹出的面板中单击“圆心标记”按钮，如图360-1所示。

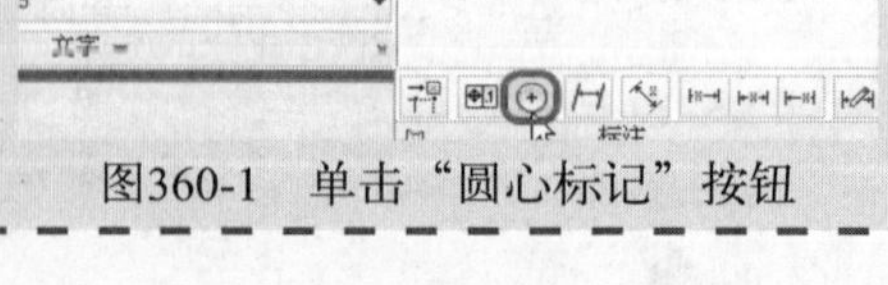

图360-1　单击“圆心标记”按钮

02 根据命令行提示进行操作，在绘图区中单击圆形下面的圆弧，即可创建圆心标记标注，如图360-2所示。

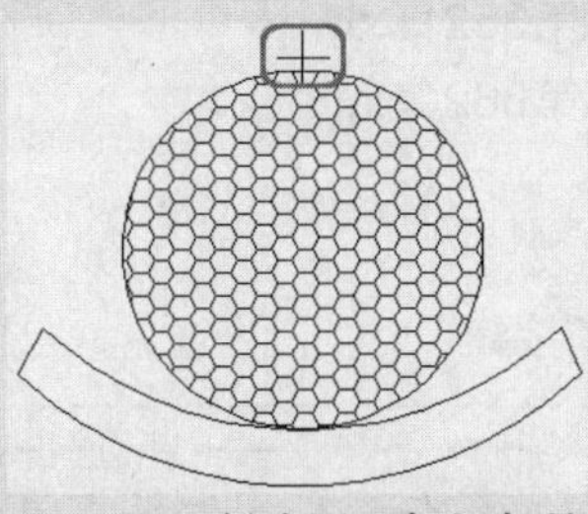

图360-2　创建圆心标记标注

专家提醒

除了用上述方法可以创建圆心标记标注外，还有以下两种方法。

- 方法1：在命令行中输入DIMCENTER（圆心标记）命令，并按Enter键确认。
- 方法2：在菜单栏中选择“标注”|“圆心标记”命令。

15.5　创建特殊类型尺寸标注

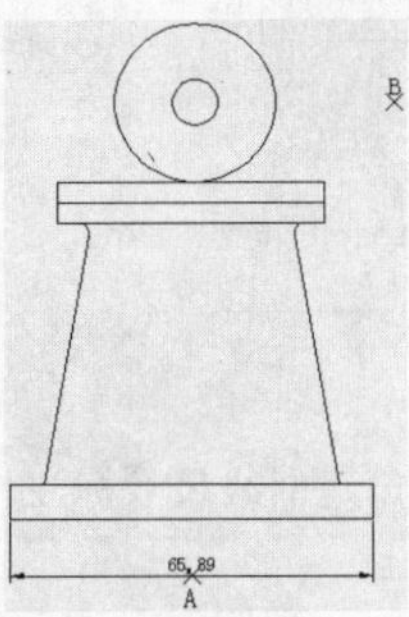

第361集　创建快速尺寸标注

素材：素材\第15章\361–1.dwg
效果：效果\第15章\第361集.dwg
视频：视频\第15章\第361集.avi
时长：38秒
难度：★
关键技术：“快速标注”按钮

01 单击快速访问工具栏中的“打开”按钮，在弹出的对话框中打开一幅素材图形，如图361-1所示。

02 选择“功能区”选项板中的“注释”选项卡，在“标注”面板上单击“快速标注”按钮，根据命令行提示进行操作，在绘图区中选择最下面的直线，按Enter键确认，然后在A点上单击鼠标，即可创建快速尺寸标注，如图361-2所示。

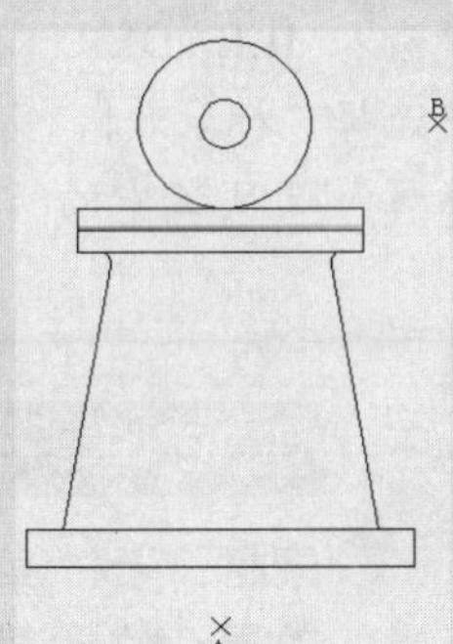

图361-1　打开的素材图形

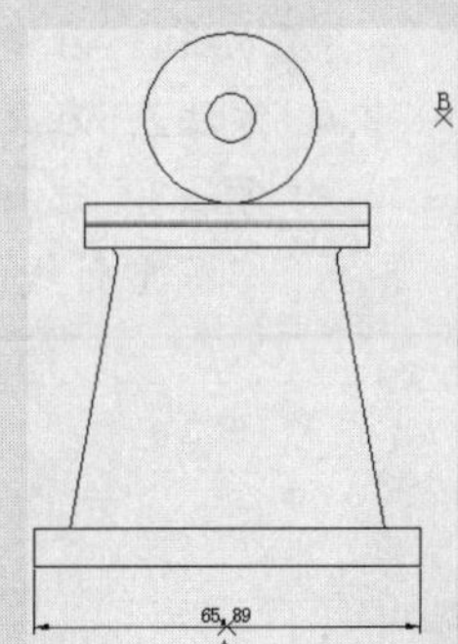

图361-2　创建快速尺寸标注

专家提醒

除了用上述方法可以创建快速尺寸标注外，还有以下两种方法。

- 方法1：在命令行中输入QDIM（快速标注）命令，并按Enter键确认。
- 方法2：在菜单栏中选择“标注”|“快速标注”命令。

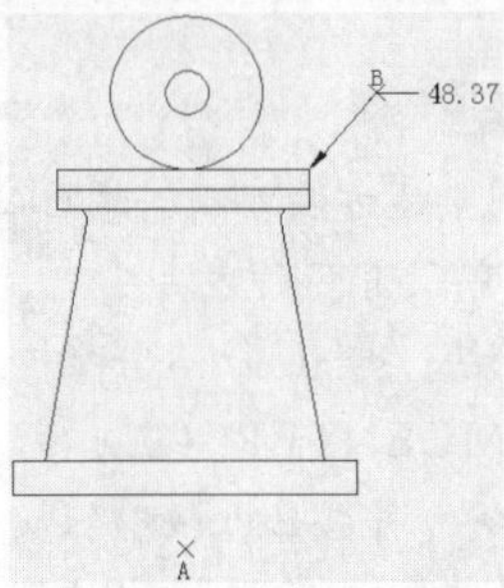

第362集　创建引线尺寸标注

素材：素材\第15章\361–1.dwg
效果：效果\第15章\第362集.dwg
视频：视频\第15章\第362集.avi
时长：40秒
难度：★
关键技术："引线"按钮

01 继续使用第361集中的素材。选择"功能区"选项板中的"常用"选项卡，在"注释"面板上单击"引线"按钮，如图362-1所示。

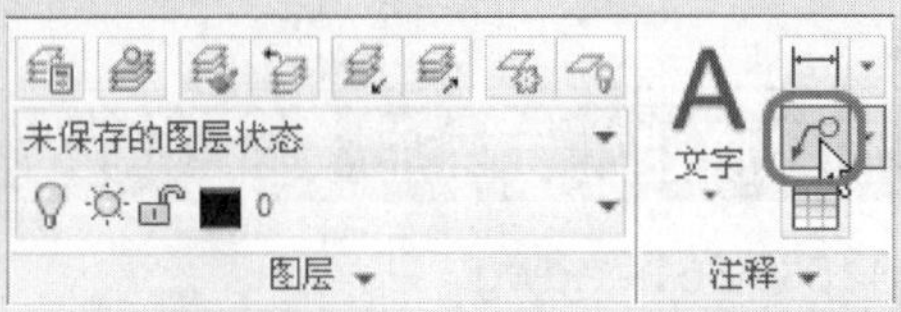

图362-1　单击"引线"按钮

02 根据命令行提示进行操作，在绘图区右上角的端点处单击鼠标，再在B点处单击鼠标，在弹出的文本框中输入48.37，然后在绘图区中的任意位置处单击鼠标，即可创建引线尺寸标注，如图362-2所示。

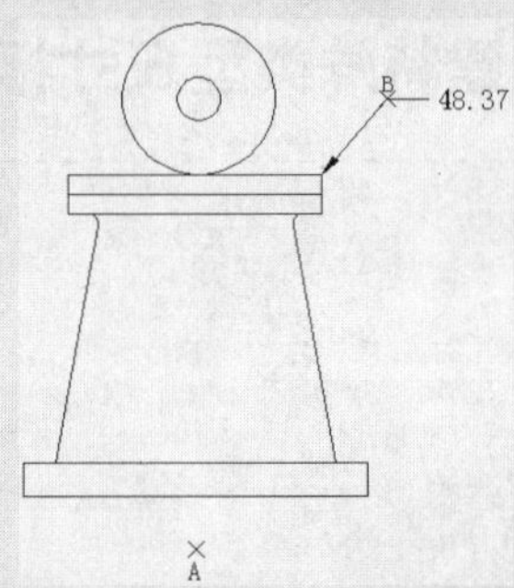

图362-2　创建引线尺寸标注

专家提醒

除了用上述方法可以创建引线尺寸标注外，还有以下3种方法。

- 方法1：在命令行中输入MLEADER（引线）命令，并按Enter键确认。
- 方法2：在菜单栏中选择"标注"|"多重引线"命令。
- 方法3：选择"功能区"选项板中的"注释"选项卡，在"引线"面板上单击"多重引线"按钮。

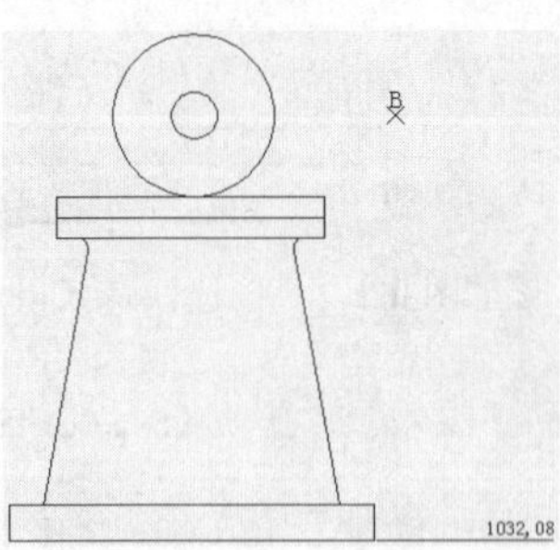

第363集　创建坐标尺寸标注

素材：素材\第15章\361–1.dwg
效果：效果\第15章\第363集.dwg
视频：视频\第15章\第363集.avi
时长：30秒
难度：★
关键技术："坐标"按钮

01 继续使用第361集中的素材。选择"功能区"选项板中的"常用"选项卡，在"注释"面板上单击如图363-1所示的按钮，在弹出的下拉菜单中选择"坐标"选项。

02 根据命令行提示进行操作，在绘图区右下角的端点处单击鼠标，向右引导光标，输入20并按Enter键确认，即可创建坐标尺寸标注，如图363-2所示。

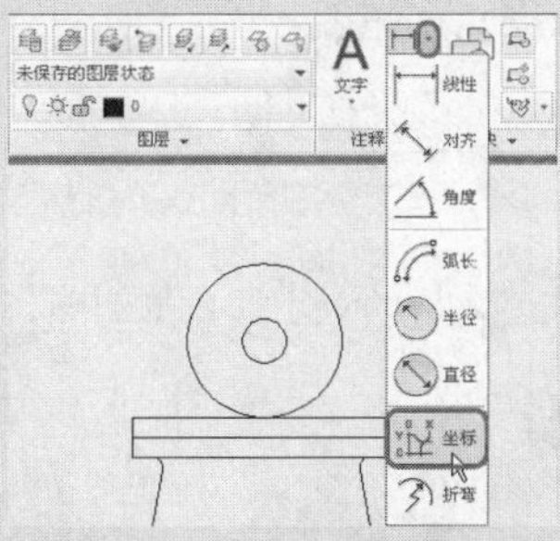

图363-1　单击“坐标”按钮

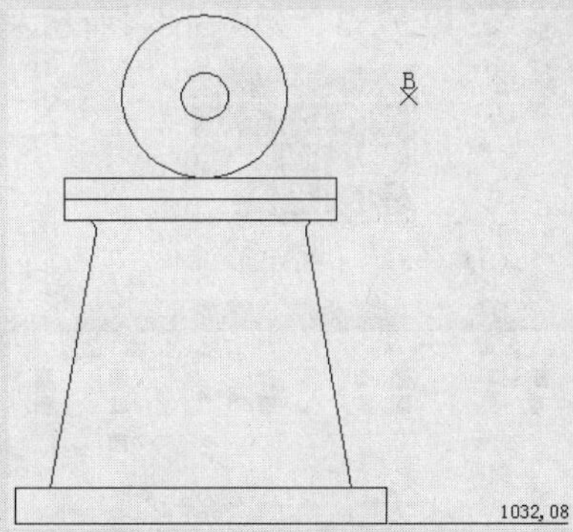

图363-2　创建坐标尺寸标注

专家提醒

除了用上述方法可以创建坐标尺寸标注外，还有以下3种方法。

- 方法1：在命令行中输入DIMORDINATE（坐标）命令，并按Enter键确认。
- 方法2：在菜单栏中选择“标注”|“坐标”命令。
- 方法3：选择“功能区”选项板中的“注释”选项卡，在“标注”面板上单击标注下拉按钮，在弹出的下拉菜单中选择“坐标”选项。

15.6　创建其他类型尺寸标注

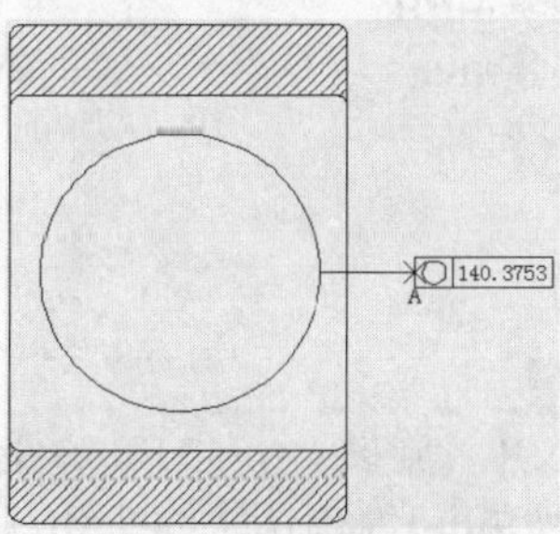

第364集　创建形位公差尺寸标注

素材：素材\第15章\364-1.dwg

效果：效果\第15章\第364集.dwg

视频：视频\第15章\第364集.avi

时长：1分03秒

难度：★★

关键技术：“公差”按钮

01 单击快速访问工具栏中的“打开”按钮，在弹出的对话框中打开一幅素材图形，如图364-1所示。

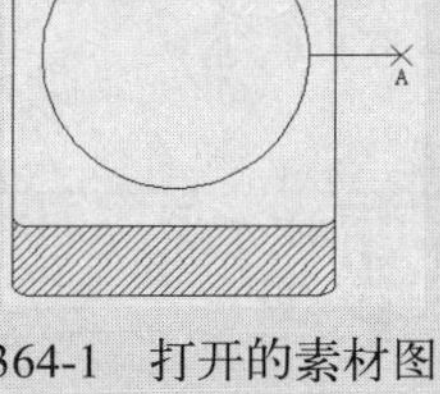

图364-1　打开的素材图形

02 选择“功能区”选项板中的“注释”选项卡，在“标注”面板上单击 标注 按钮，在弹出的面板上单击“公差”按钮，如图364-2所示。

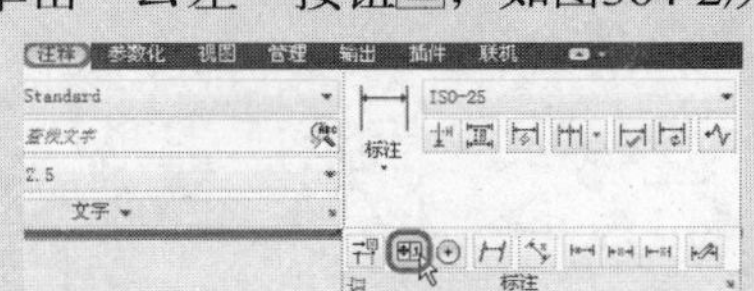

图364-2　单击“公差“按钮

03 弹出“形位公差”对话框，单击“符号”下的第一个黑框，弹出“特征符号”对话框，单击按钮，如图364-3所示。

04 在“公差1”下第一个黑框右侧的文

本框中输入140.3753，如图364-4所示。

图364-3　选择特征符号

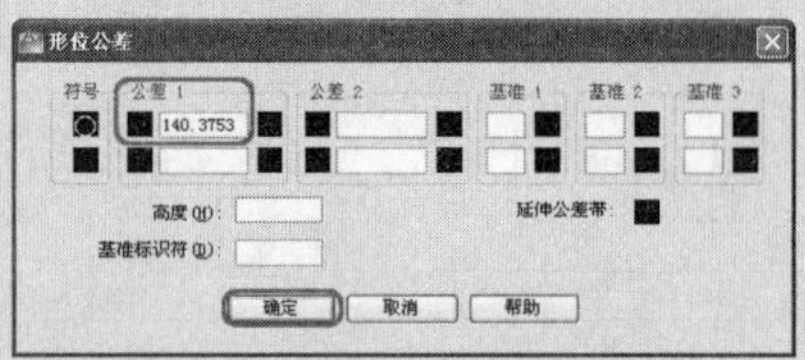

图364-4　输入公差值

05 单击“确定”按钮，在绘图区的A点处单击鼠标，即可创建形位公差尺寸标注，如图364-5所示。

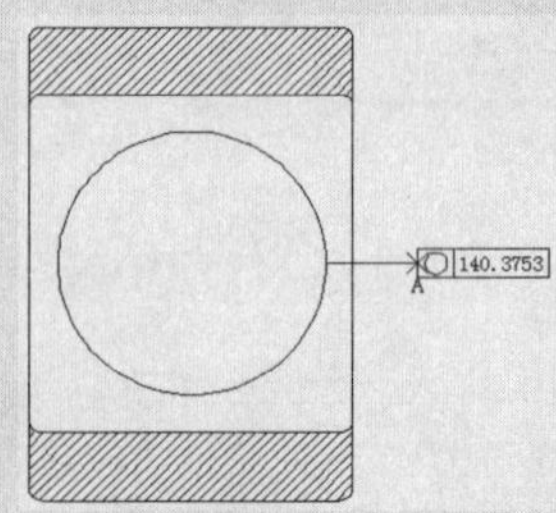

图364-5　创建形位公差尺寸标注

专家提醒

除了用上述方法可以创建形位公差尺寸标注外，还有以下两种方法。

- 方法1：在命令行中输入TOLERANCE（公差）命令，并按Enter键确认。
- 方法2：在菜单栏中选择“标注”|“公差”命令。

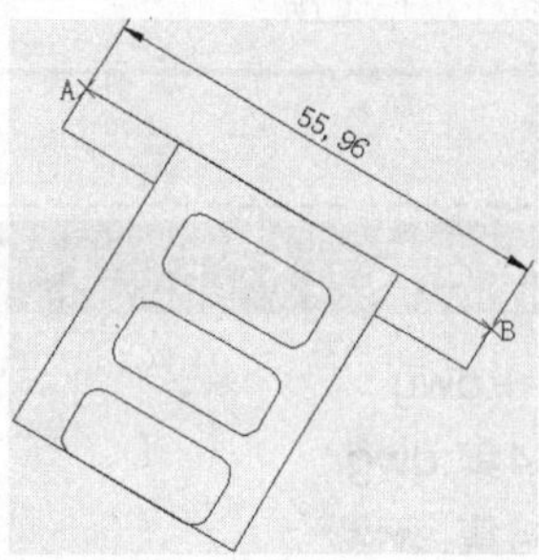

第365集　创建转角尺寸标注

素材：素材\第15章\365–1.dwg
效果：效果\第15章\第365集.dwg
视频：视频\第15章\第365集.avi
时长：54秒
难度：★
关键技术：输入R（旋转）

01 单击快速访问工具栏中的“打开”按钮，在弹出的对话框中打开一幅素材图形，如图365-1所示。

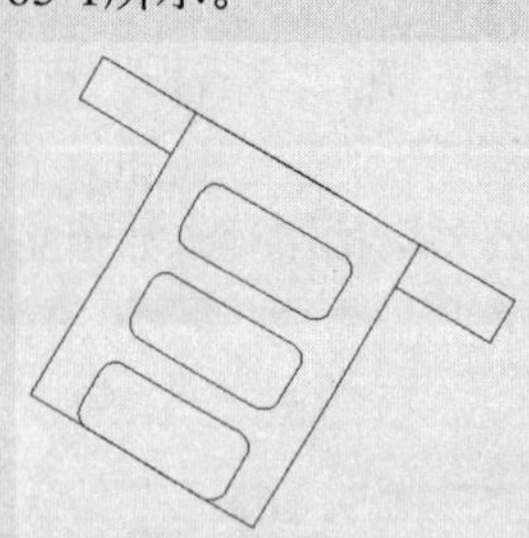

图365-1　打开的素材图形

02 选择“功能区”选项板中的“常用”选项卡，在“注释”面板上单击“线性”按钮，根据命令行提示进行操作，在A点上单击鼠标，将鼠标拖动至B点上并单击鼠标，输入R（旋转），按Enter键确认，输入-31，按Enter键确认，向上引导光标，输入10并按Enter键确认，即可创建转角尺寸标注，如图365-2所示。

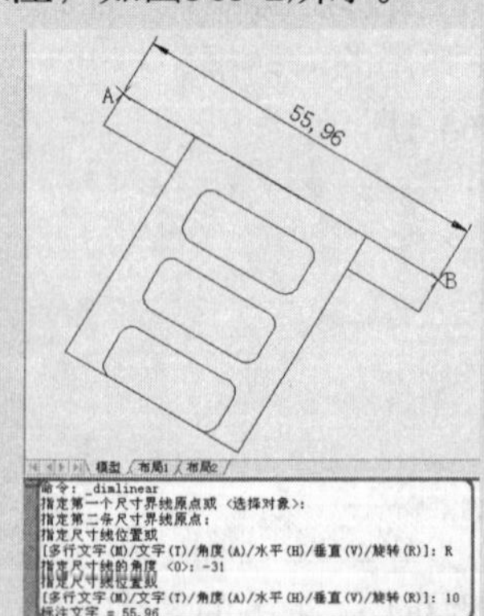

图365-2　创建转角尺寸标注

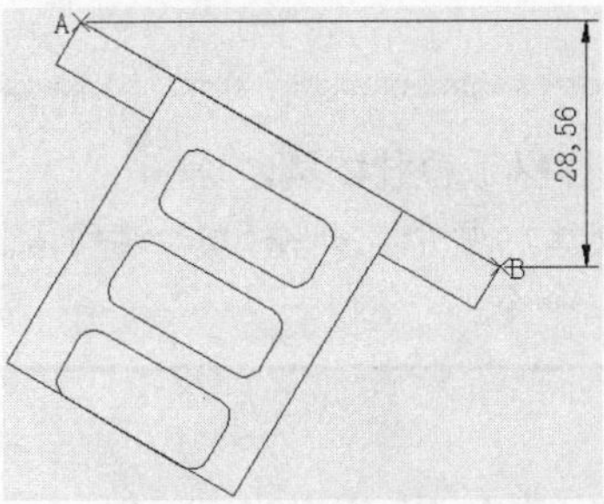

第366集　创建垂直尺寸标注

素材：素材\第15章\365-1.dwg
效果：效果\第15章\第366集.dwg
视频：视频\第15章\第366集.avi
时长：34秒
难度：★
关键技术：输入V（垂直）

01 继续使用第365集中的素材。选择“功能区”选项板中的“常用”选项卡，在“注释”面板上单击“线性”按钮。

02 根据命令行提示进行操作，在A点上单击鼠标，将鼠标拖动至B点上并单击鼠标，输入V（垂直），按Enter键确认，向右引导光标，输入10并按Enter键确认，即可创建垂直尺寸标注，如图366-1所示。

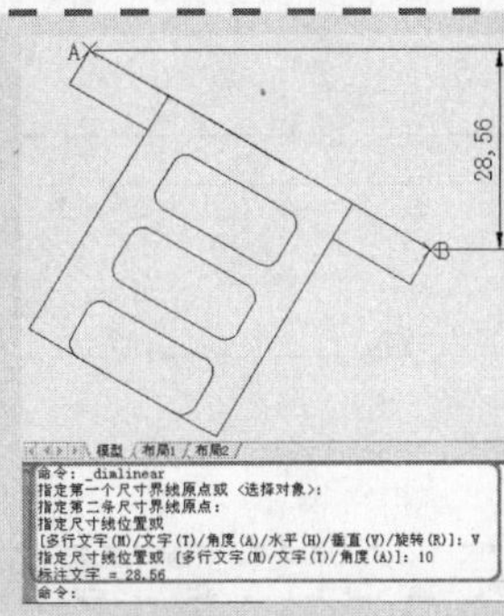

图366-1　创建垂直尺寸标注

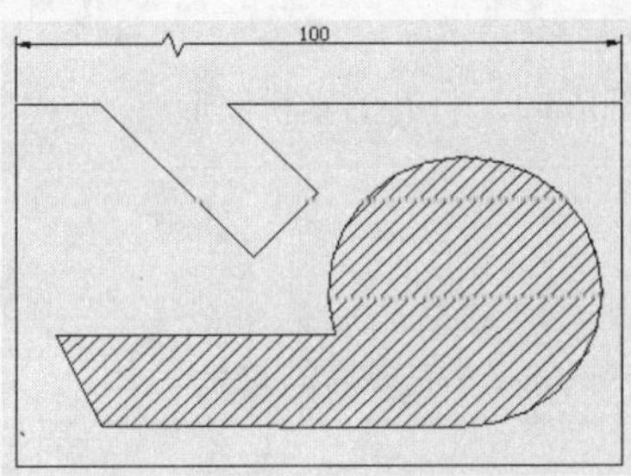

第367集　创建折弯线性尺寸标注

素材：素材\第15章\367-1.dwg
效果：效果\第15章\第367集.dwg
视频：视频\第15章\第367集.avi
时长：28秒
难度：★
关键技术：“标注，折弯标注”按钮

01 单击快速访问工具栏中的“打开”按钮，在弹出的对话框中打开一幅素材图形，如图367-1所示。

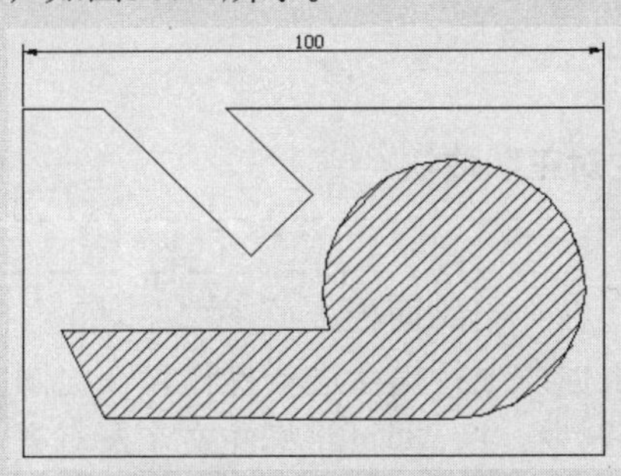

图367-1　打开的素材图形

02 选择“功能区”选项板中的“注释”选项卡，在“标注”面板上单击“标注，折弯标注”按钮，根据命令行提示进行操作，在绘图区的线性标注上单击鼠标，按Enter键确认，即可创建折弯线性尺寸标注，如图367-2所示。

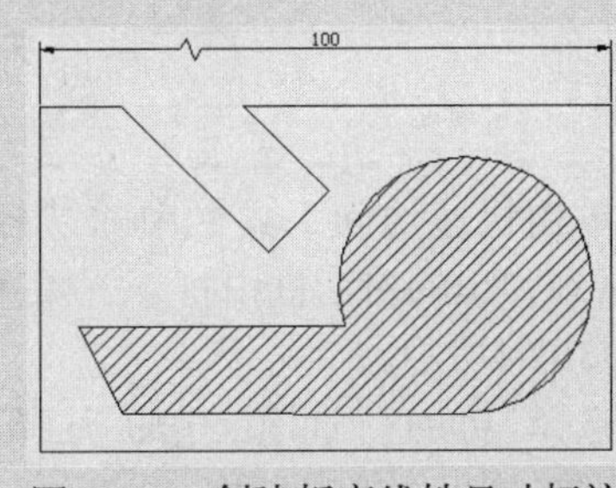

图367-2　创建折弯线性尺寸标注

专家提醒

除了用上述方法可以创建折弯线性尺寸标注外，还有以下两种方法。

- 方法1：在命令行中输入DIMJOGLINE（折弯线性）命令，并按Enter键确认。
- 方法2：在菜单栏中选择“标注”|“折弯线性”命令。

15.7 编辑尺寸标注

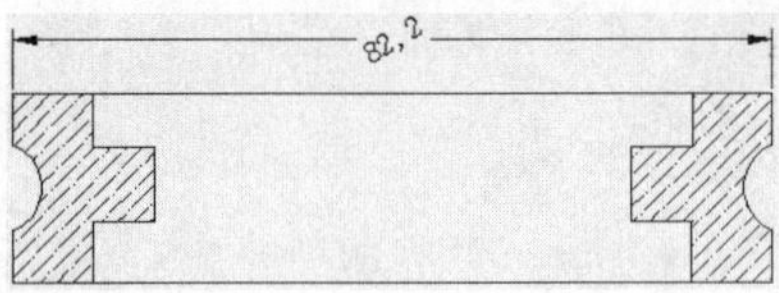

第368集　编辑尺寸标注

素材：素材\第15章\368-1.dwg
效果：效果\第15章\第368集.dwg
视频：视频\第15章\第368集.avi
时长：31秒
难度：★
关键技术：DIMEDIT(编辑尺寸)命令

01 单击快速访问工具栏中的“打开”按钮，在弹出的对话框中打开一幅素材图形，如图368-1所示。

02 在命令行中输入DIMEDIT(编辑尺寸)命令，按Enter键确认，输入R（旋转），按Enter键确认，输入30按Enter键确认，然后在绘图区中选择尺寸标注，按Enter键确认，完成后的效果如图368-2所示。

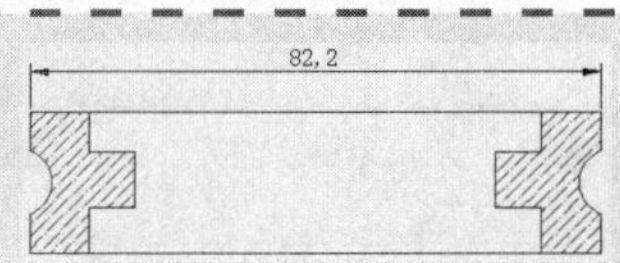

图368-1　打开的素材图形

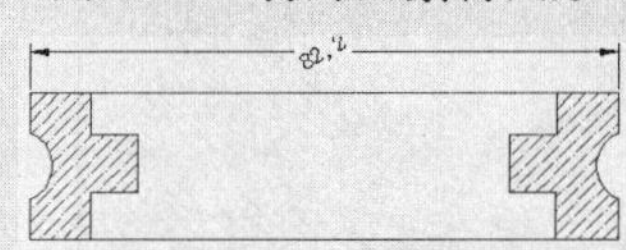

图368-2　完成后的效果

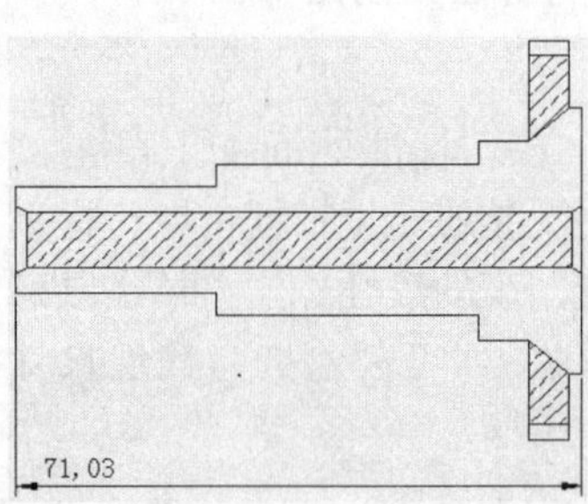

第369集　编辑标注文字位置

素材：素材\第15章\369-1.dwg
效果：效果\第15章\第369集.dwg
视频：视频\第15章\第369集.avi
时长：29秒
难度：★
关键技术：“左对正”按钮

01 单击快速访问工具栏中的“打开”按钮，在弹出的对话框中打开一幅素材图形，如图369-1所示。

02 选择“功能区”选项板中的“注释”选项卡，在“标注”面板上单击 标注 按钮，在弹出的面板上单击“左对正”按钮，根据命令行提示进行操作，在绘图区中单击线性标注，即可将标注文字左对齐，如图369-2所示。

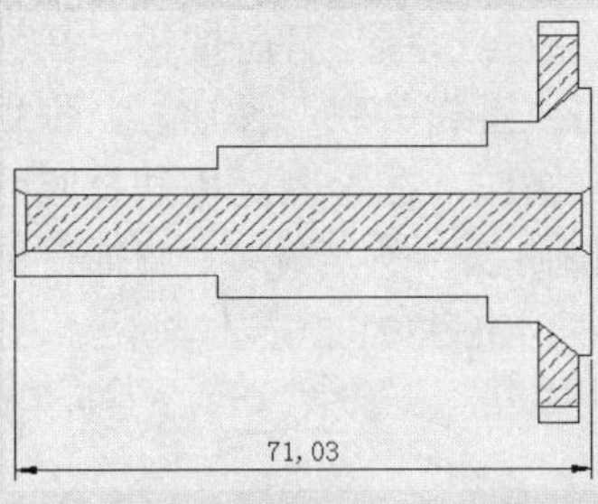

图369-1　打开的素材图形

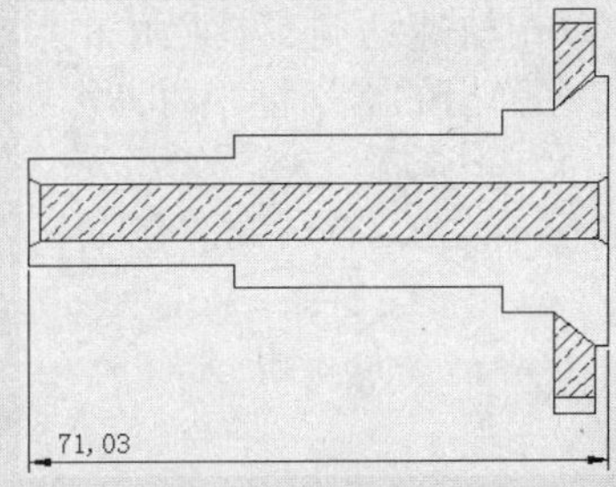

图369-2　标注文字左对齐

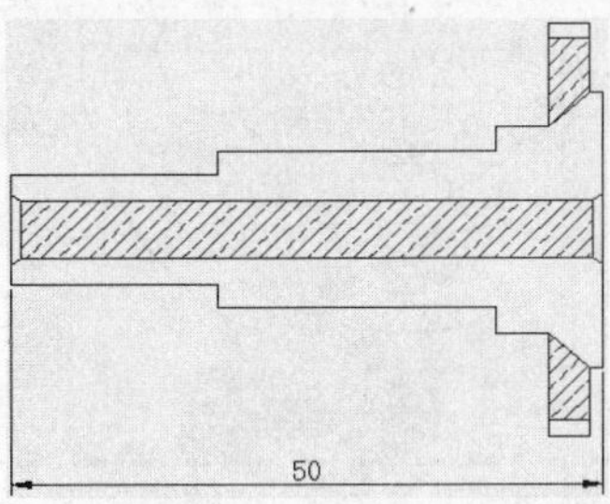

第370集　编辑标注文字内容

素材：素材\第15章\369-1.dwg

效果：效果\第15章\第370集.dwg

视频：视频\第15章\第370集.avi

时长：57秒

难度：★

关键技术：“特性”按钮

01 继续使用第369集中的素材。选中绘图区中的线性标注，选择“功能区”选项板中的“视图”选项卡，在“选项板”面板上单击“特性”按钮，弹出“特性”面板，在“文字”列表框中将“文字替代”设置为50，如图370-1所示。

02 按Enter键确认，按Esc键取消选择，即可替换标注文字内容，如图370-2所示。

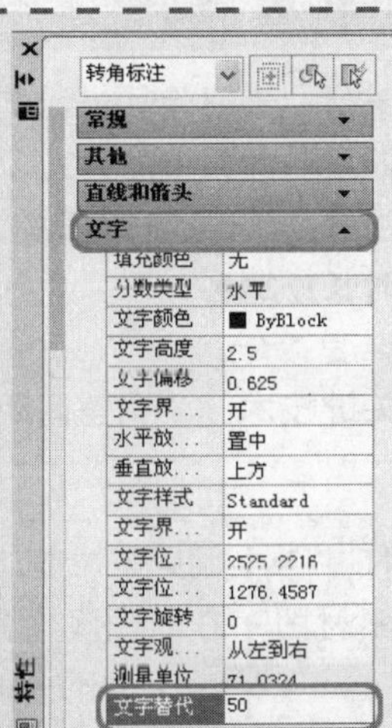

图370-1　设置“文字替代”

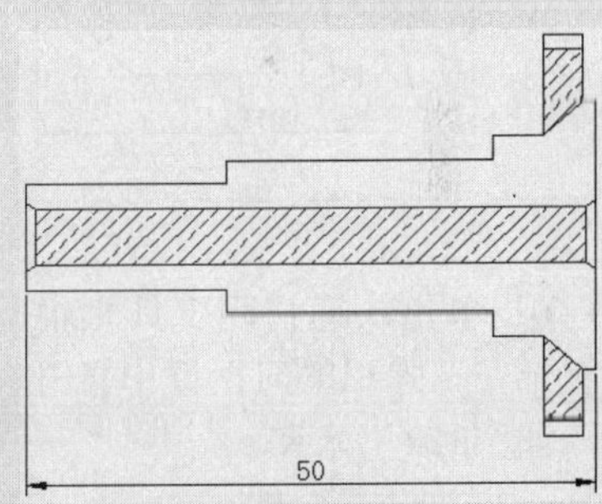

图370-2　替换标注文字内容

15.8　管理尺寸标注

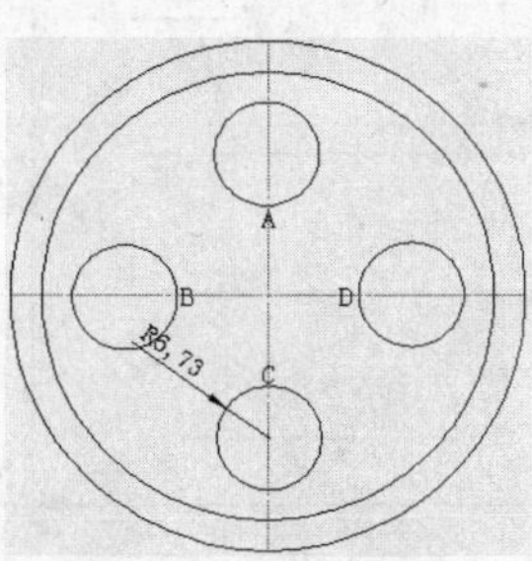

第371集　修改关联标注

素材：素材\第15章\371-1.dwg

效果：效果\第15章\第371集.dwg

视频：视频\第15章\第371集.avi

时长：42秒

难度：★

关键技术：“重新关联”按钮

01 单击快速访问工具栏中的“打开”按钮，在弹出的对话框中打开一幅素材图形，如图371-1所示。

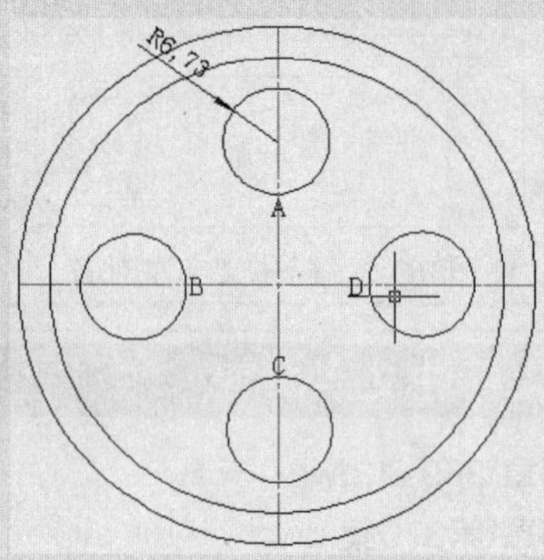

图371-1　打开的素材图形

02 选择“功能区”选项板中的“注释”选项卡，在“标注”面板上的单击 标注 按钮，在弹出的面板上单击“重新关联”按钮，根据命令行提示进行操作，在绘图区中选择尺寸标注，按Enter键确认，然后选择C圆形，即可修改关联标注，如图371-2所示。

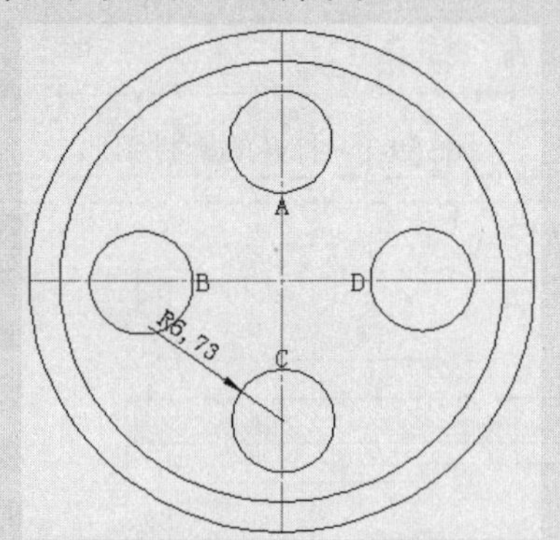

图371-2　修改关联标注

第372集　调整标注间距

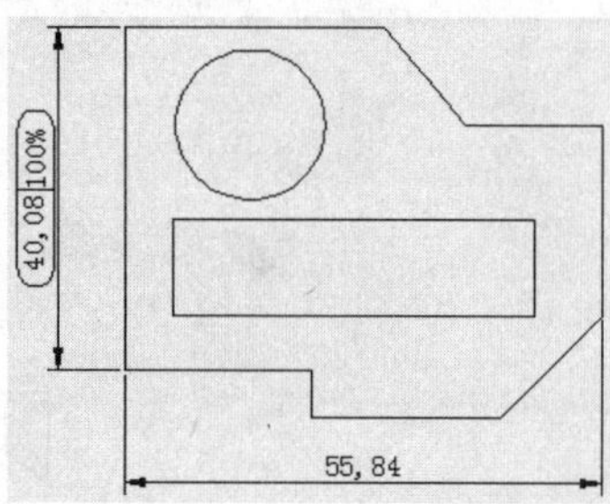

素材：素材\第15章\372-1.dwg

效果：效果\第15章\第372集.dwg

视频：视频\第15章\第372集.avi

时长：31秒

难度：★

关键技术：“调整间距”按钮

01 单击快速访问工具栏中的“打开”按钮，在弹出的对话框中打开一幅素材图形，如图372-1所示。

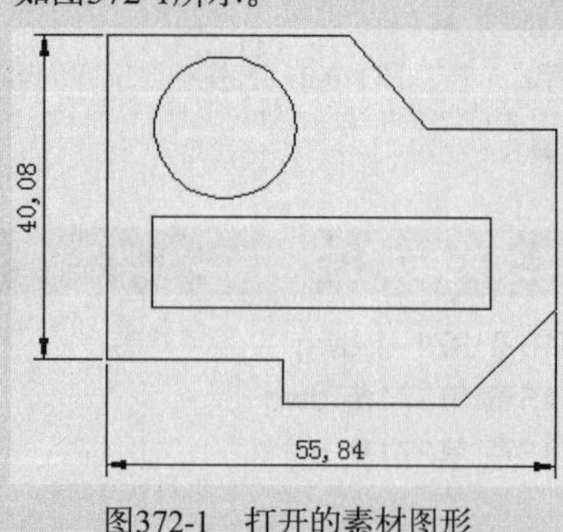

图372-1　打开的素材图形

02 选择“功能区”选项板中的“注释”选项卡，在“标注”面板上单击“调整间距”按钮，根据命令行提示进行操作，在绘图区中先选择左侧的尺寸标注，然后选择下面的尺寸标注，按Enter键确认，输入70按Enter键确认，即可调整标注间距，如图372-2所示。

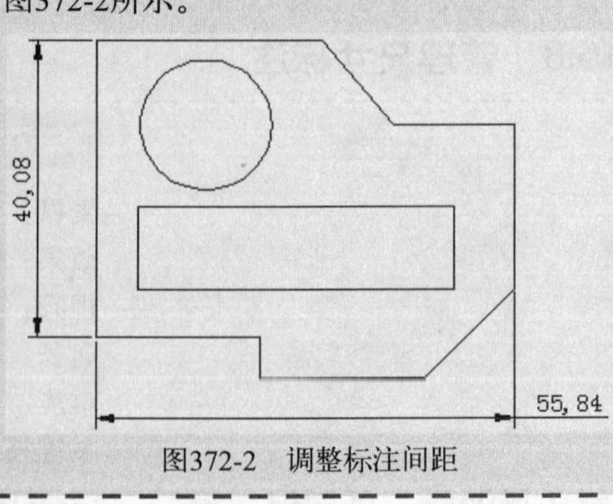

图372-2　调整标注间距

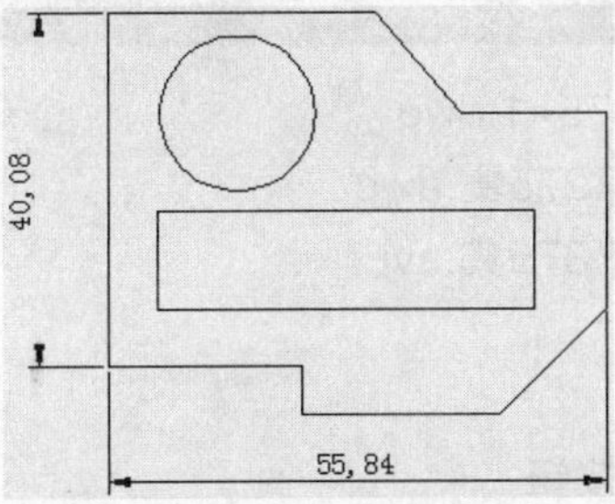

第373集 打断尺寸标注

素材：素材\第15章\372-1.dwg

效果：效果\第15章\第373集.dwg

视频：视频\第15章\第373集.avi

时长：41秒

难度：★

关键技术："打断"按钮

01 继续使用第372集中的素材。选择"功能区"选项板中的"注释"选项卡，在"标注"面板上单击"打断"按钮，如图373-1所示。

02 根据命令行提示进行操作，在绘图区中左侧的尺寸标注上单击鼠标，输入M（手动），按Enter键确认，先单击尺寸标注的上端点，如图373-2所示。然后单击下端点，即可打断尺寸标注，如图373-3所示。

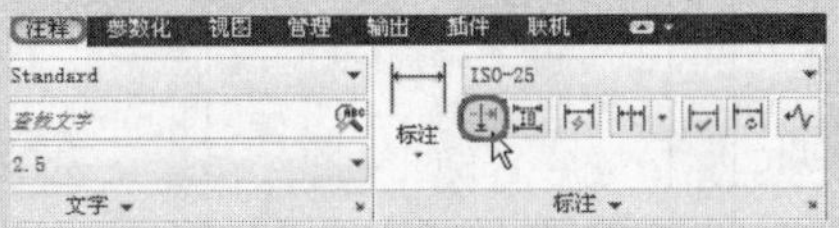

图373-1 单击"打断"按钮

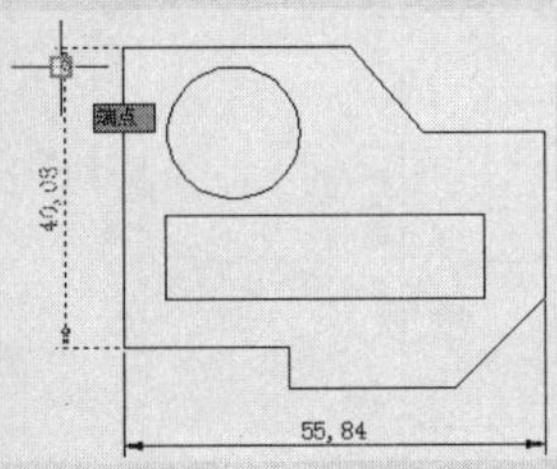

图373-2 单击端点

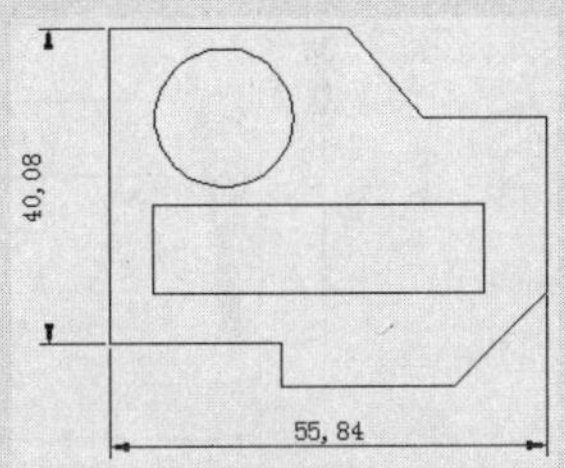

图373-3 打断尺寸标注

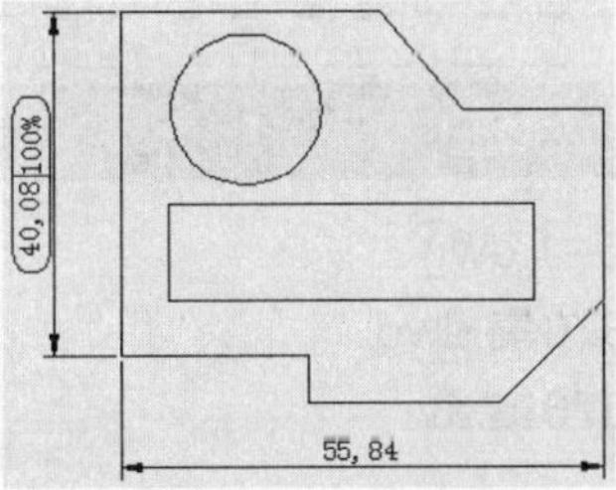

第374集 检验尺寸标注

素材：素材\第15章\372-1.dwg

效果：效果\第15章\第374集.dwg

视频：视频\第15章\第374集.avi

时长：34秒

难度：★

关键技术："检验"按钮

01 继续使用第372集中的素材。选择"功能区"选项板中的"注释"选项卡，在"标注"面板上单击"检验"按钮，弹出"检验标注"对话框，如图374-1所示。

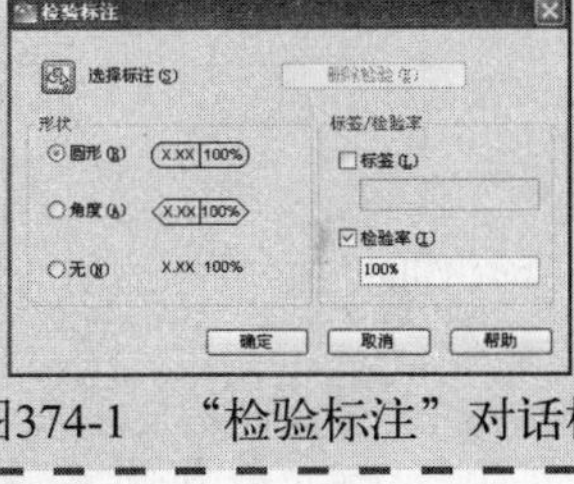

图374-1 "检验标注"对话框

02 单击"选择标注"按钮，在绘图区中选择左侧的尺寸标注，按Enter键确认，弹出"检验标注"对话框，单击"确定"按钮，即可检验尺寸标注，如图374-2所示。

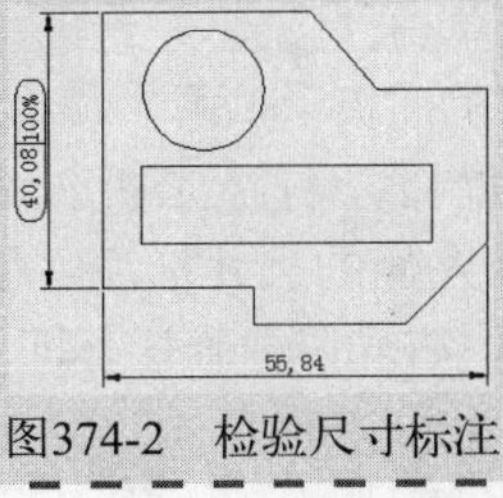

图374-2 检验尺寸标注

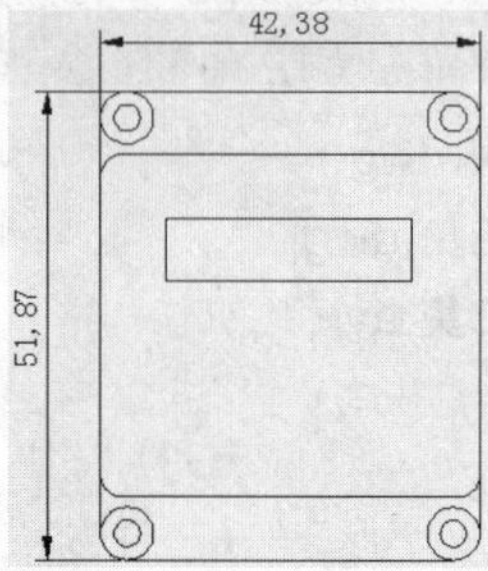

第375集　更新尺寸标注

素材：素材\第15章\375-1.dwg
效果：效果\第15章\第375集.dwg
视频：视频\第15章\第375集.avi
时长：19秒
难度：★
关键技术：“更新”按钮

01 单击快速访问工具栏中的“打开”按钮，在弹出的对话框中打开一幅素材图形，如图375-1所示。

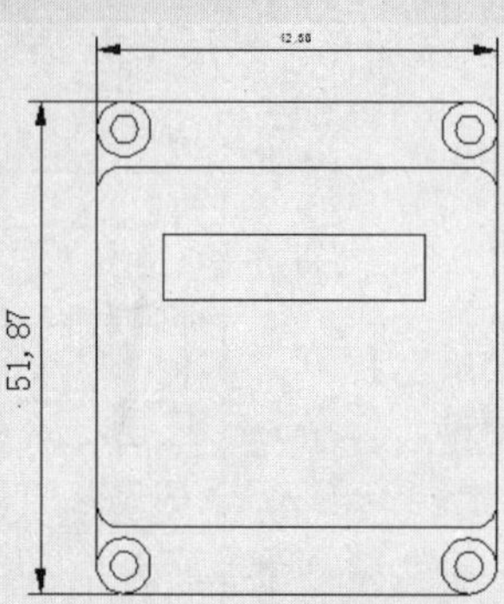

图375-1　打开的素材图形

02 选择“功能区”选项板中的“注释”选项卡，在“标注”面板上单击“更新”按钮，根据命令行提示进行操作，在绘图区中选择上面的尺寸标注为更新对象，按Enter键确认，即可更新尺寸标注，如图375-2所示。

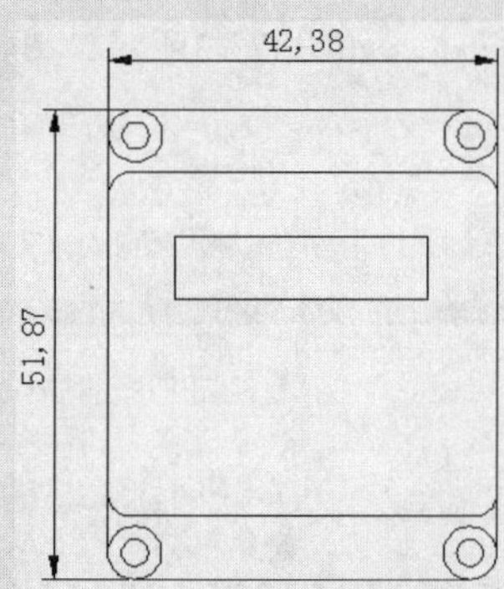

图375-2　更新尺寸标注

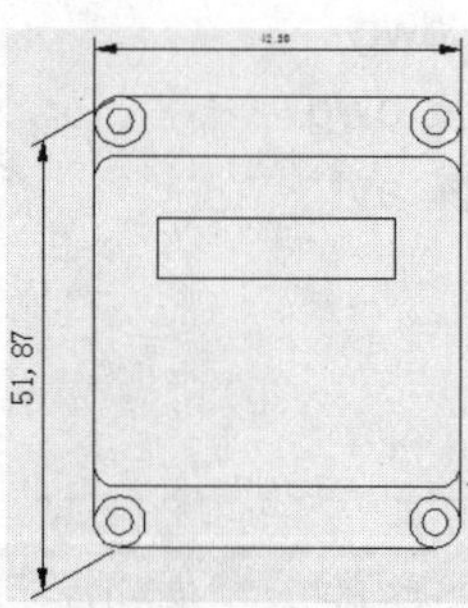

第376集　倾斜尺寸标注

素材：素材\第15章\375-1.dwg
效果：效果\第15章\第376集.dwg
视频：视频\第15章\第376集.avi
时长：25秒
难度：★
关键技术：“倾斜”按钮

01 继续使用第375集中的素材。选择“功能区”选项板中的“注释”选项卡，在“标注”面板上单击 标注 ▾ 按钮，在弹出的面板上单击“倾斜”按钮。

02 根据命令行提示进行操作，在绘图区中选择左侧的尺寸标注，按Enter键确认，输入30按Enter键确认，即可创建倾斜尺寸标注，如图376-1所示。

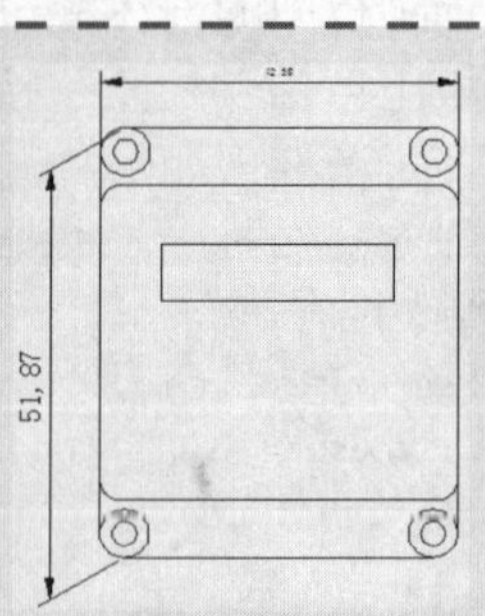

图376-1　创建倾斜尺寸标注

第16章 三维视图及显示控制

AutoCAD 2012除了具有强大的二维绘图功能外，其三维绘图功能也非常强大。在三维空间中，用户可以创建3种三维图形，分别是线框图形、曲面图形和三维实体图形。在绘制三维图形之前，首先要熟悉和了解三维视图及显示控制。强大的三维视图功能，使用户能够更加直观地创建3D实体及表面模型、编辑和查看三维图形对象。

本章将介绍创建三维坐标系、设置三维视点、动态观察三维模型、控制三维显示的系统变量和控制三维投影样式。

16.1 创建三维坐标系

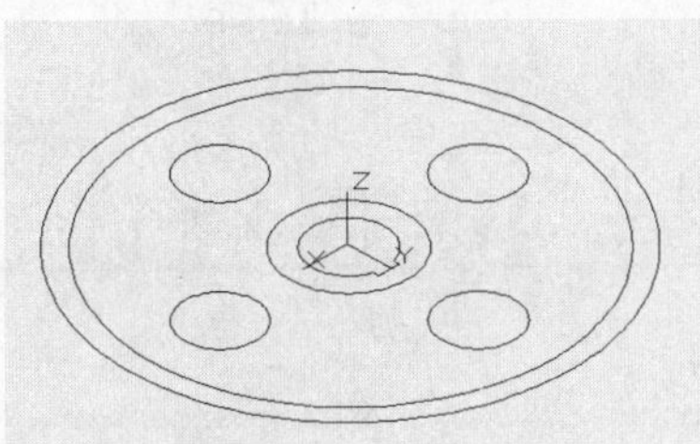

第377集 创建原点坐标系

素材：素材\第16章\377-1.dwg

效果：效果\第16章\第377集.dwg

视频：视频\第16章\第377集.avi

时长：45秒

难度：★

关键技术：UCS(新建坐标)命令

01 启动AutoCAD 2012软件，按Ctrl+O键，打开一幅素材图形。如图377-1所示。

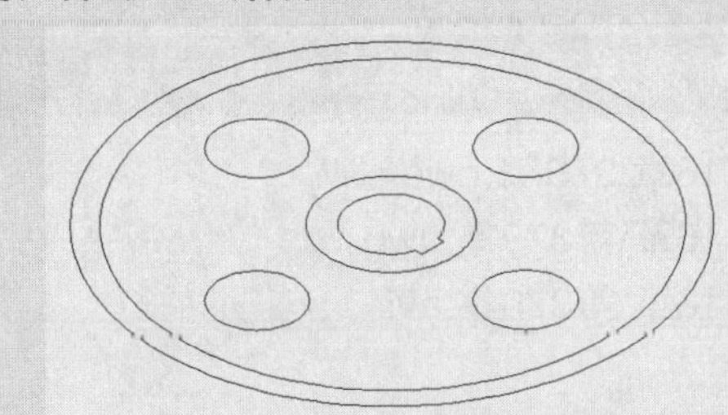

图377-1 打开素材图形

02 单击状态栏上“切换工作空间”按钮，在弹出的下拉菜单中选择“三维建模”选项，切换至“三维建模”工作界面，在命令行中输入UCS（新建坐标系）命令，输入完成后按Enter键确认，然后在素材图形的中心上单击鼠标确认，即可创建原点坐标系，如图377-2所示。

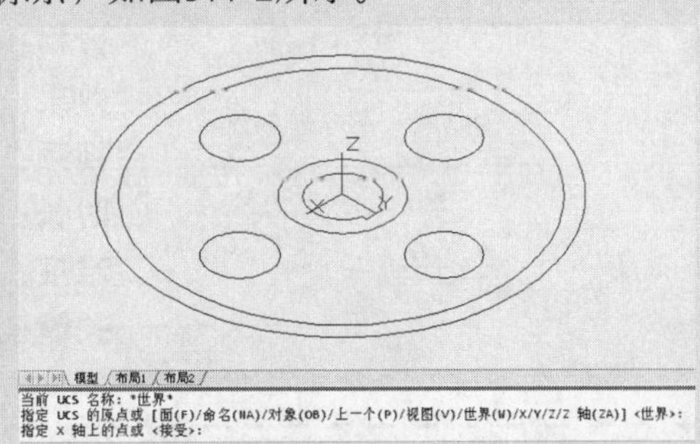

图377-2 创建原点坐标系

专家提醒

除了运用上述方法执行“新建坐标系”命令外，还有以下面两种方法。

- 方法1：在菜单栏中选择“工具”|“新建UCS”|“原点”命令。
- 方法2：在“三维建模”工作空间中单击“功能区”选项板中的“视图”选项卡，在“坐标”面板上单击“原点”按钮。

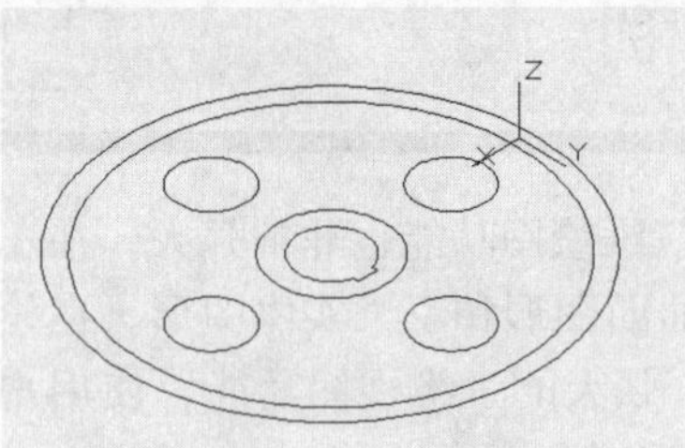

第378集　创建圆柱坐标系

素材：素材\第16章\378-1.dwg

效果：效果\第16章\第378集.dwg

视频：视频\第16章\第378集.avi

时长：32秒

难度：★

关键技术：创建圆柱坐标

01 启动AutoCAD 2012软件，按Ctrl+O键，打开一幅素材图形。

02 在命令行中输入UCS（新建坐标系）命令，输入完成后按Enter键确认。然后输入圆柱坐标值（100<150，50），按两次Enter键确认,即可创建圆柱坐标系，如图378-1所示。

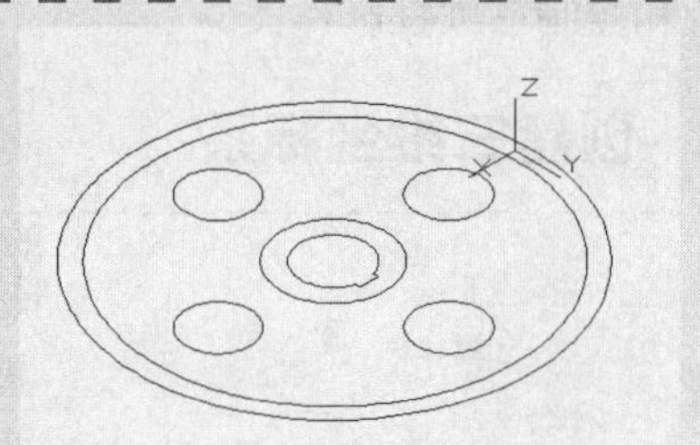

图378-1　创建圆柱坐标系

专家提醒

圆柱坐标与二维极坐标类似，但增加了从所要确定的点到XY平面的距离值。例如，坐标“10<60，20”表示某点与原点的连线在XY平面上的投影长度为10个单位，其投影与X轴的夹角为60°，在Z轴上的投影点的Z值为20。

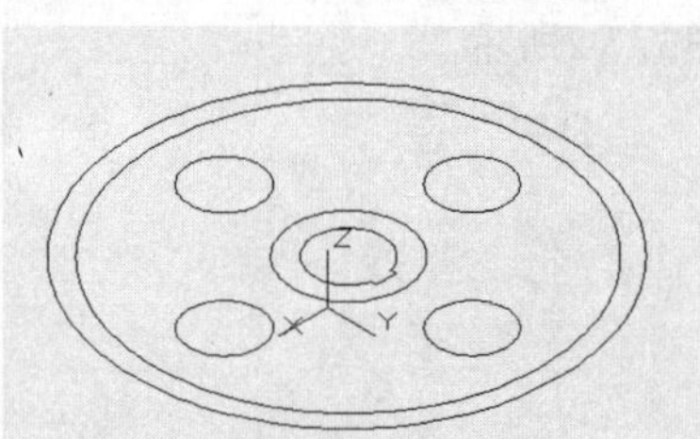

第379集　创建球面坐标系

素材：素材\第16章\379-1.dwg

效果：效果\第16章\第379集.dwg

视频：视频\第16章\第379集.avi

时长：31秒

难度：★

关键技术：创建球面坐标

01 启动AutoCAD 2012软件，按Ctrl+O键，打开一幅素材图形，如图379-1所示。

02 在命令行中输入UCS（新建坐标系）命令，输入完成后按Enter键确认。然后输入球面坐标值（-200<100<50），按两次Enter键确认即可创建球面坐标系，如图379-2所示。

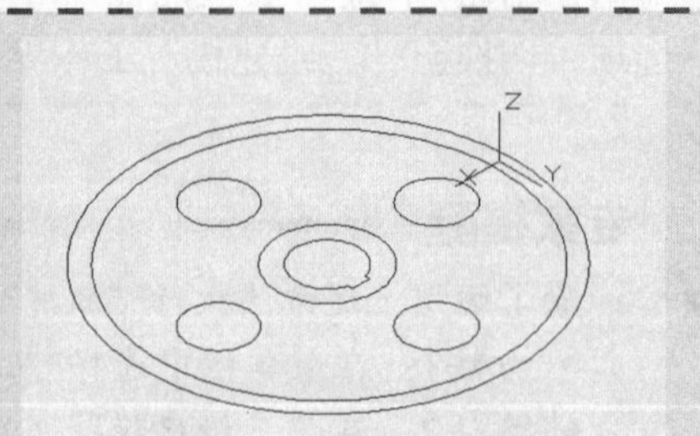

图379-1 打开素材图形

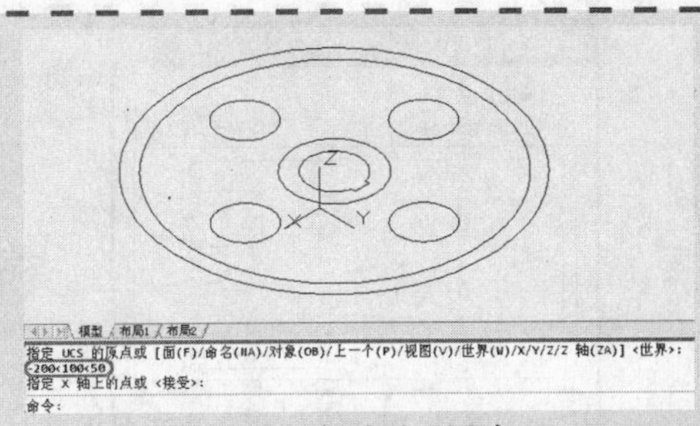

图379-2 创建球面坐标系

专家提醒

球面坐标也类似于二维极坐标。例如，坐标“10<45<60”表示一个点，它与当前UCS原点的距离为10个单位，在XY平面的投影与X轴的夹角为45°，该点与XY平面的夹角为60°。

第380集 创建世界坐标系

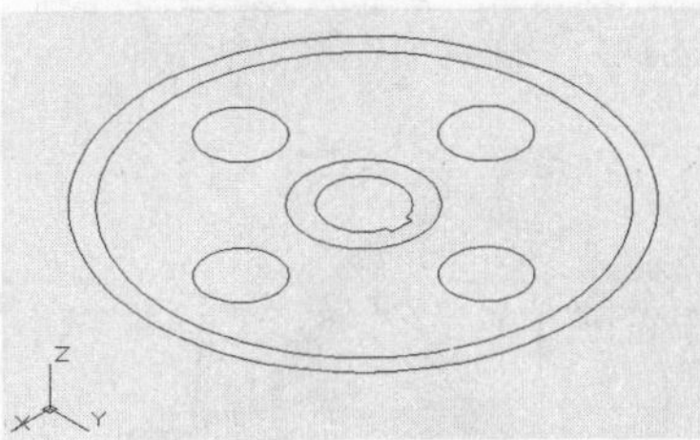

素材：素材\第16章\380-1.dwg

效果：效果\第16章\第380集.dwg

视频：视频\第16章\第380集.avi

时长：24秒

难度：★

关键技术：创建世界坐标

01 启动AutoCAD 2012软件，按Ctrl+O键，打开一幅素材图形，如图380-1所示。

02 在“三维建模”工作空间中选择“功能区”选项板中的“视图”选项卡，在“坐标”面板上单击“世界”按钮，即可创建世界坐标系，如图380-2所示。

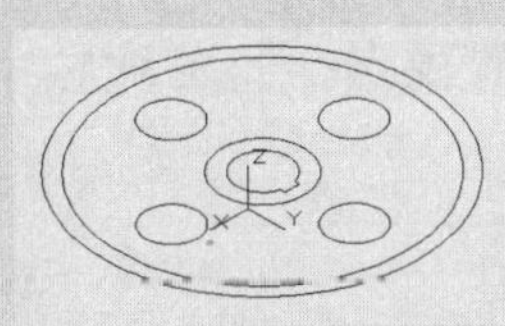
图380-1 打开素材图形

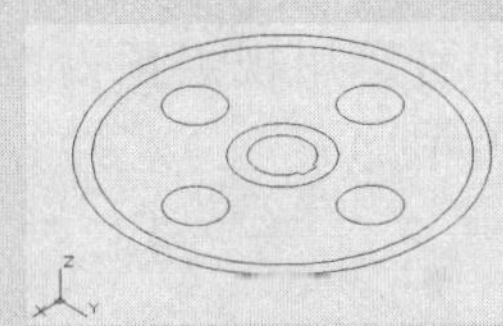
图380-2 创建世界坐标

专家提醒

除了运用上述方法执行“新建坐标系”命令外，还有以下两种方法。

- 方法1：在菜单栏中选择“工具”|“新建UCS”|“世界”命令。
- 方法2：在命令行中输入UCS（新建）命令，连续按两次Enter键确认。

16.2 设置三维视点

第381集 使用视点预设设置视点

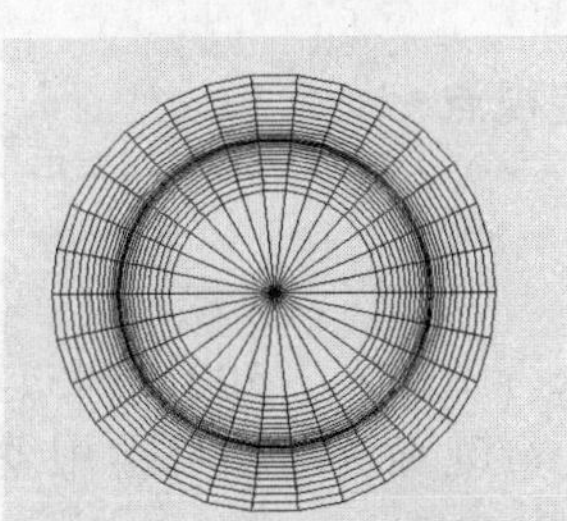

素材：素材\第16章\381-1.dwg

效果：效果\第16章\第381集.dwg

视频：视频\第16章\第381集.avi

时长：27秒

难度：★

关键技术：视点预设命令

01 启动AutoCAD 2012软件，按Ctrl+O键，打开一幅素材图形，如图381-1所示。

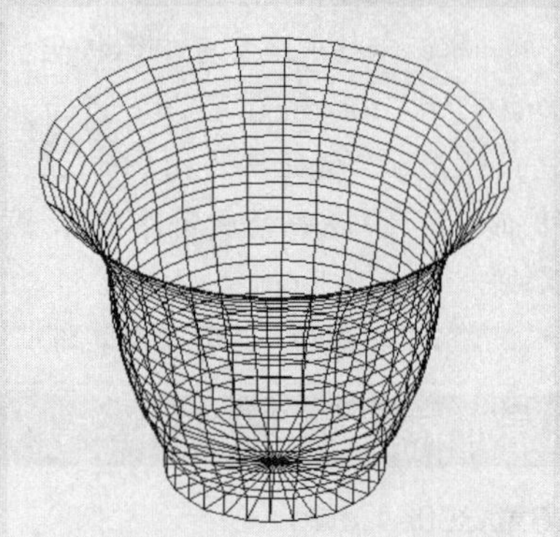

图381-1 打开素材图形

02 在命令行中输入DDVPOINT（视点预设）命令，输入完成后按Enter键确认。在弹出的“视点预设”对话框中单击“设置为平面视图”按钮，此时“X轴”为270.0、“XY平面”为90.0，如图381-2所示。

03 设置完成后单击“确定”按钮，即可运用视点预设设置视点，如图381-3所示。

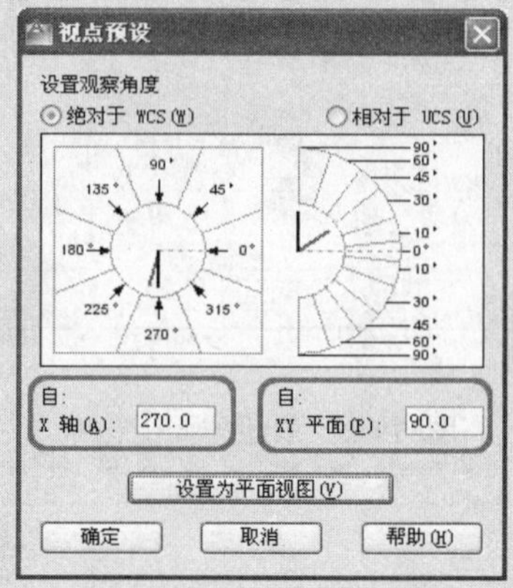

图381-2 “视点预设”对话框

图381-3 运用视点预设设置视点

专家提醒

在菜单栏中选择“视图”|“三维视图”|“视点预设”命令也可以打开“视点预设”对话框。

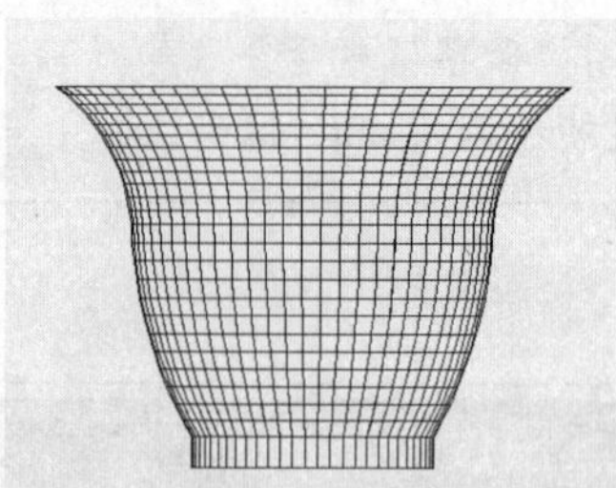

第382集 使用罗盘确定视点

素材：素材\第16章\382-1.dwg
效果：效果\第16章\第382集.dwg
视频：视频\第16章\第382集.avi
时长：24秒
难度：★
关键技术：运用罗盘确定视点

01 启动AutoCAD 2012软件，按Ctrl+O键，打开一幅素材图形。在命令行中输入VPOINT（视点）命令，输入完成后按两次Enter键确认。切换到视点空间，如图382-1所示。

02 在命令行中输入（500，255），输入完成后按Enter键确认，即可运用罗盘来确定视点，如图382-2所示。

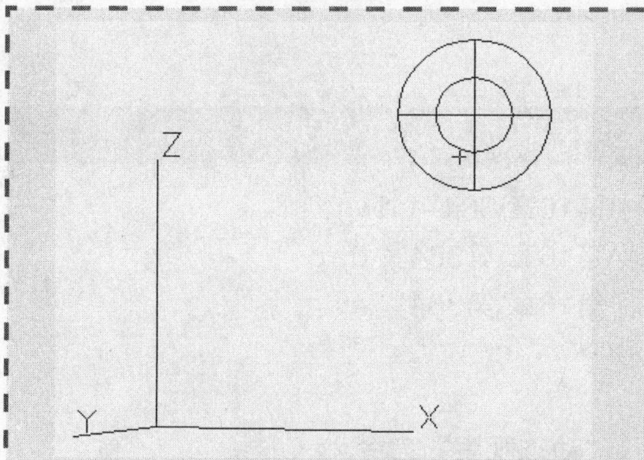

图382-1罗盘视点空间

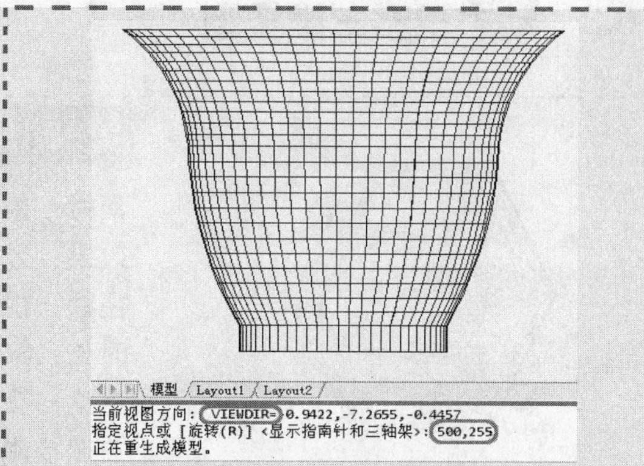

图382-2　输入命令

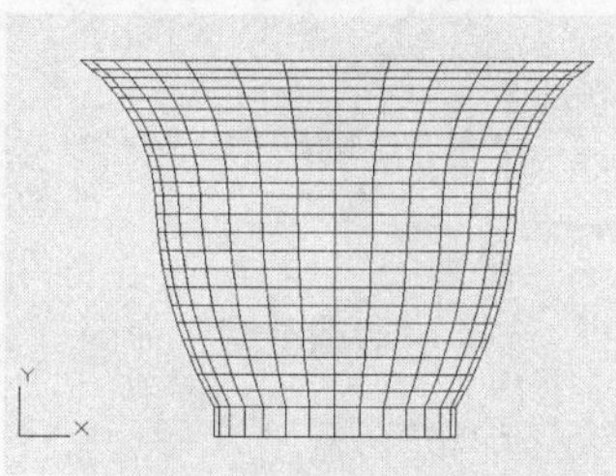

第383集　使用“三维视图”命令设置视点

素材：素材\第16章\383-1.dwg

效果：效果\第16章\第383集.dwg

视频：视频\第16章\第383集.avi

时长：21秒

难度：★

关键技术：三维视图查看

01 启动AutoCAD 2012软件，按Ctrl+O键，打开一幅素材图形，如图383-1所示。

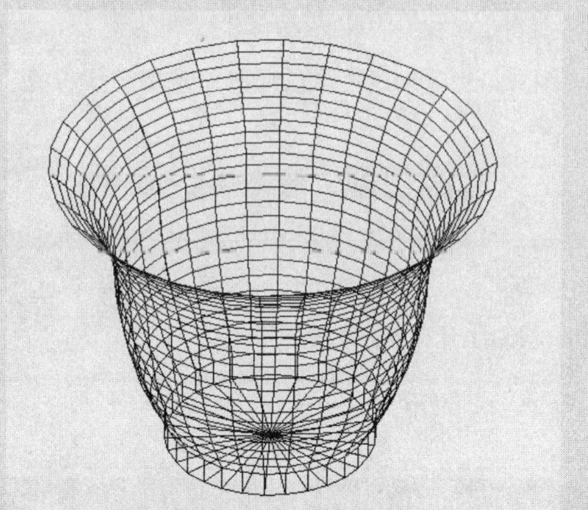
图383-1　打开素材图形

02 选择“功能区”中的“视图”选项卡，在“视图”面板上单击“视图”下三角按钮，在弹出的下拉菜单中选择“右视”选项，即可从视图右侧观察素材图形，如图383-2所示。

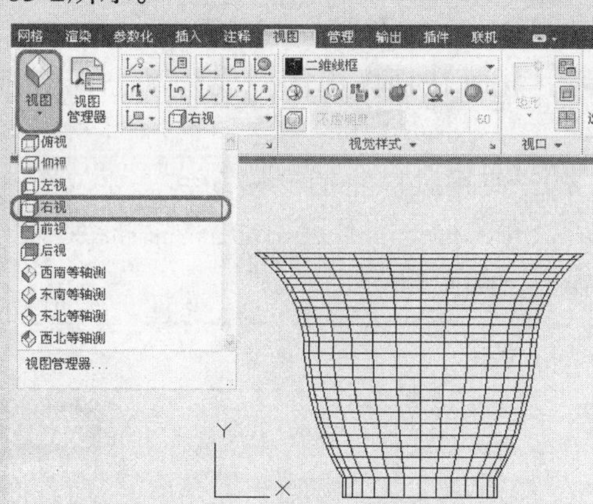

图383-2　设置右视视图

专家提醒

选择菜单栏中“视图”|“三维视图”|“右视”命令也可以调整视图观察角度。

16.3 动态观察三维模型

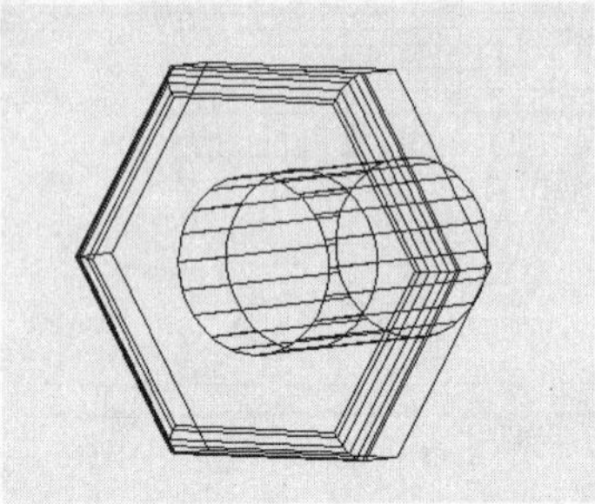

第384集 使用动态观察器观察

素材：素材\第16章\384-1.dwg
效果：效果\第16章\第384集.dwg
视频：视频\第16章\第384集.avi
时长：36秒
难度：★
关键技术：“动态观察”命令

01 启动AutoCAD 2012软件，按Ctrl+O键，打开一幅素材图形，如图384-1所示。

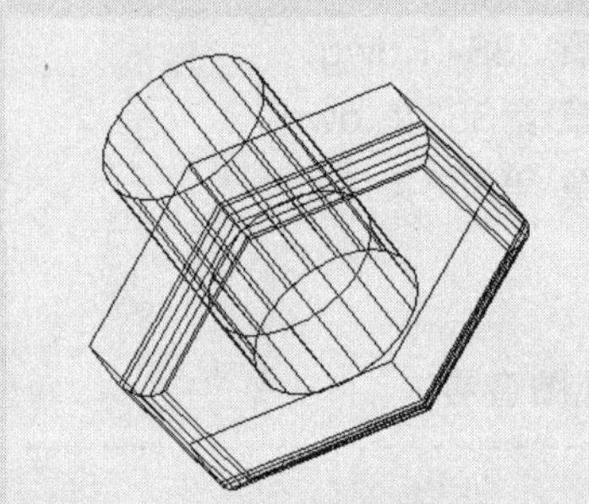

图384-1 打开素材图形

02 选择“功能区”中的“视图”选项卡，在“导航”面板上单击“动态观察”右侧下三角按钮，在弹出的下拉菜单中选择“动态观察”选项，如图384-2所示。此时在视图中鼠标变为动态观察光标。

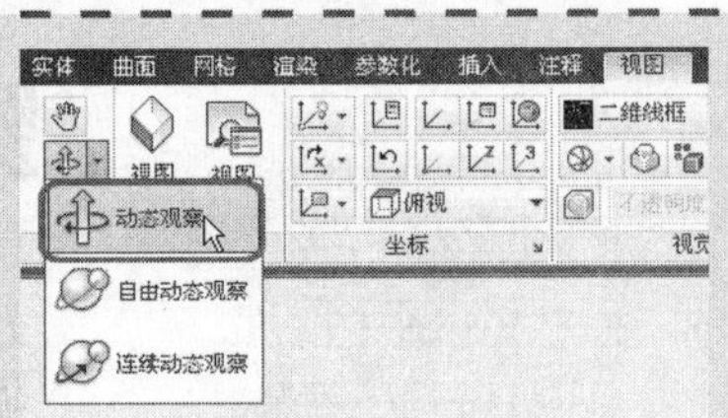

图384-2 选择“动态观察”命令

03 使用鼠标将图形移动到需要位置，然后松开鼠标，即可运用动态观察器观察三维模型，如图384-3所示。

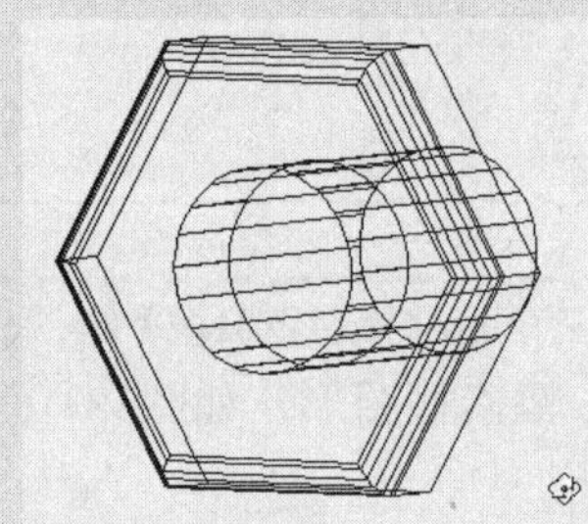

图384-3 使用“动态观察”观察三维模型

专家提醒

选择菜单栏中“视图”|“动态观察”|“受约束的动态观察”命令也可以打开“动态观察”。

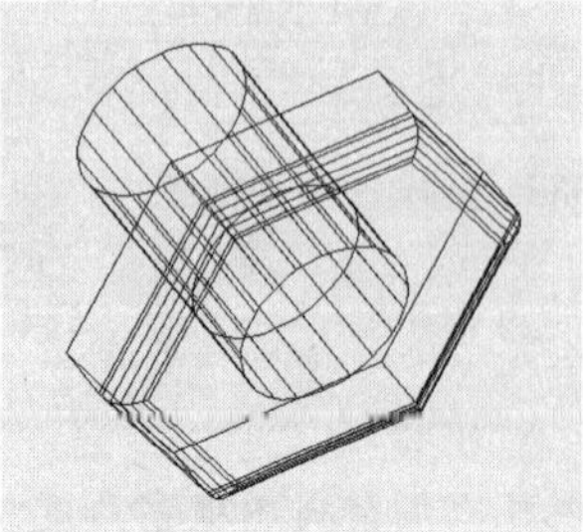

第385集 使用相机观察

素材：素材\第16章\385-1.dwg
效果：效果\第16章\第385集.dwg
视频：视频\第16章\第385集.avi
时长：31秒
难度：★
关键技术：“回旋”命令

01 启动AutoCAD 2012软件，按Ctrl+O键，打开一幅素材图形。

02 在菜单栏中选择“视图”|“相机”|“回旋”命令，此时在视图中鼠标变为回旋光标，如图385-1所示。

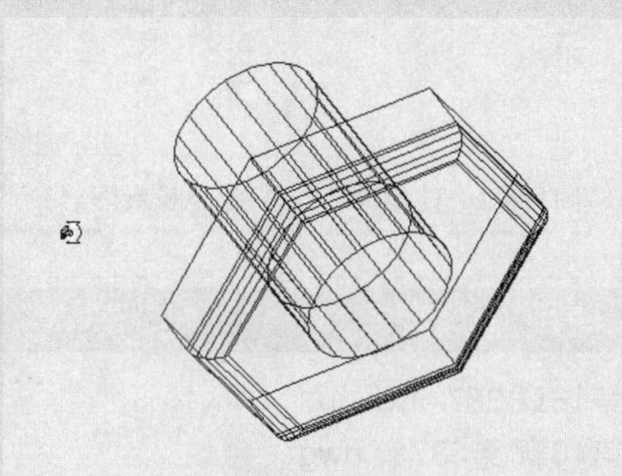

图385-1　选择“回旋”命令

03 使用鼠标将图形移动到需要位置，然后松开鼠标，即可运用相机观察三维模型，如图385-2所示。

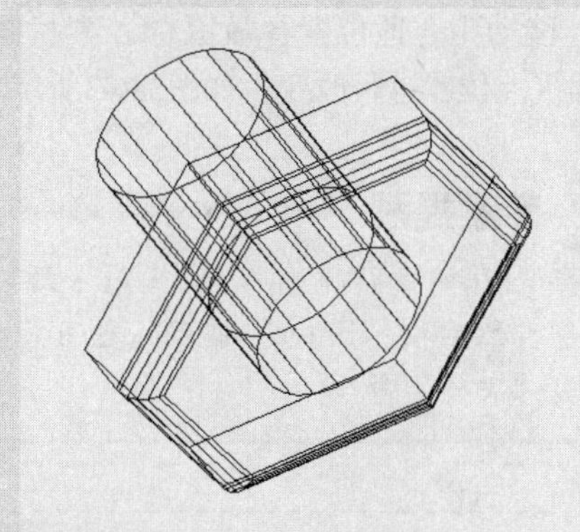

图385-2　运用相机观察三维模型

专家提醒

在命令行中输入3DSWIVEL(回旋)命令，然后按“Enter”键确认也可以调用“回旋”命令。

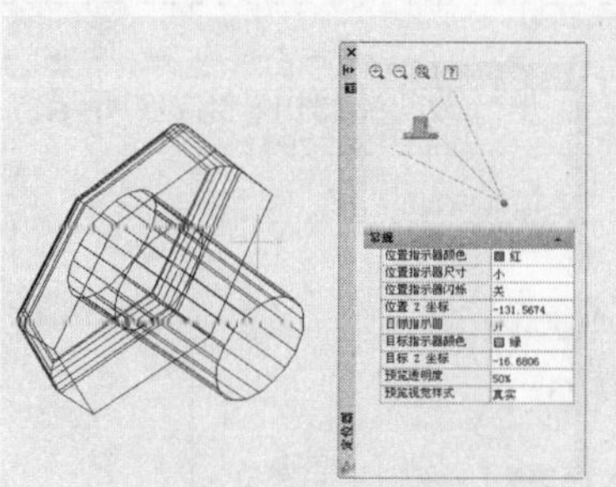

第386集　使用飞行观察

素材：素材\第16章\386-1.dwg

效果：效果\第16章\第386集.dwg

视频：视频\第16章\第386集.avi

时长：42秒

难度：★

关键技术：“飞行”命令

01 启动AutoCAD 2012软件，按Ctrl+O键，打开一幅素材图形。在菜单栏中选择“视图”|“漫游和飞行”|“飞行”命令。弹出“漫游和飞行 — 更改为透视视图”对话框，如图386-1所示。在弹出的对话框中单击“修改”按钮。

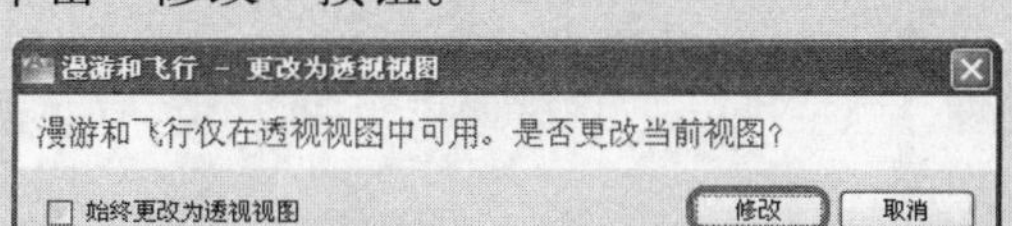

图386-1　“漫游和飞行 — 更改为透视视图”对话框

02 弹出“定位器”面板，在该对话框中显示飞行的路径图形，如图386-2所示。

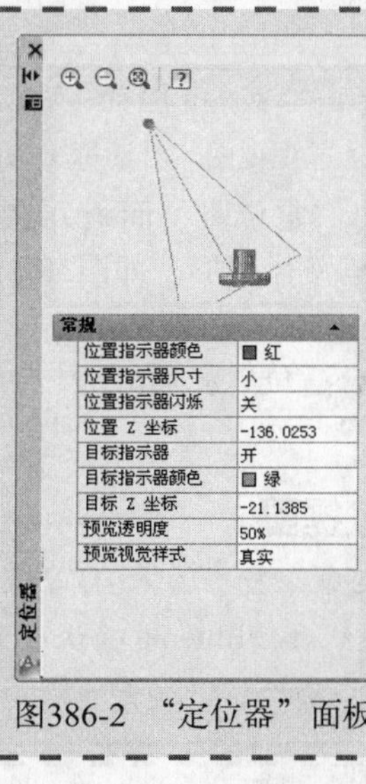

图386-2　“定位器”面板

03 在“定位器”面板中指示器上拖动定位点，移动到合适位置释放鼠标，素材图形会根据视点位置进行改变，如图386-3所示。

专家提醒

在命令行中输入3DFLY(飞行)命令，然后按“Enter”键确认也可以调用“飞行”命令。

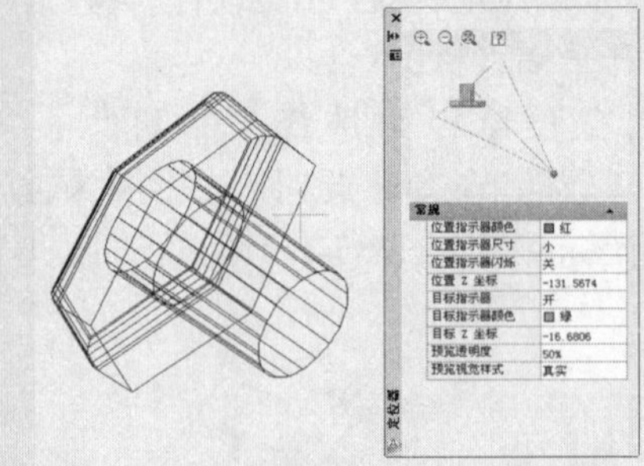

图386-3 使用“飞行”命令观察图形

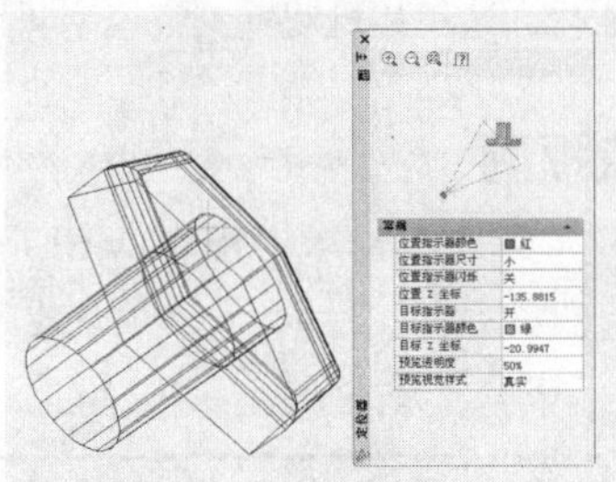

第387集 使用漫游观察

素材：素材\第16章\387-1.dwg

效果：效果\第16章\第387集.dwg

视频：视频\第16章\第387集.avi

时长：29秒

难度：★

关键技术：“漫游”命令

01 启动AutoCAD 2012软件，按Ctrl+O键，打开一幅素材图形。在菜单栏中选择“视图”|“漫游和飞行”|“漫游”命令。弹出“漫游和飞行 — 更改为透视视图”对话框，如图387-1所示。在弹出的对话框中单击“修改”按钮。

图387-1 “漫游和飞行 — 更改为透视视图”对话框

02 弹出“定位器”面板，在该对话框中显示漫游的路径图形，如图387-2所示。

03 在“定位器”面板中指示器上定位点，移动到合适位置释放鼠标，素材图形会根据视点位置进行改变，如图387-3所示。

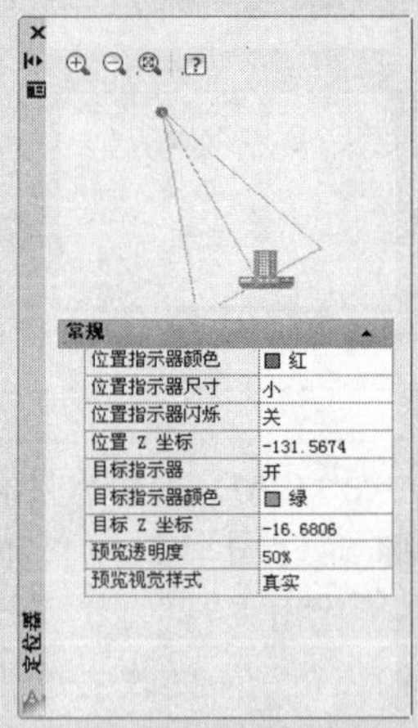

图387-2 “定位器”面板

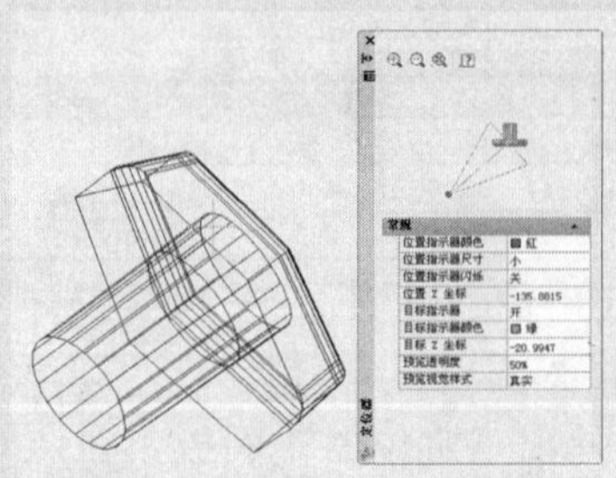

图387-3 使用“漫游”命令观察图形

专家提醒

在命令行中输入3DWALK(漫游)命令，然后按Enter键确认也可以调用“漫游”命令。

第388集　使用运动路径动画观察

素材：素材\第16章\388-1.dwg　　效果：无

视频：视频\第16章\第388集.avi　　时长：1分38秒

难度：★★　　关键技术：ANIPATH（运动路径动画）

01 启动AutoCAD 2012软件，按Ctrl+O键，打开一幅素材图形。在命令行中输入ANIPATH（运动路径动画）命令，然后按Enter键确认，弹出“运动路径动画”对话框。在“相机”选项组中选中“点”单选按钮。然后单击“选择相机所在位置的点或沿相机运动的路径”按钮，如图388-1所示。

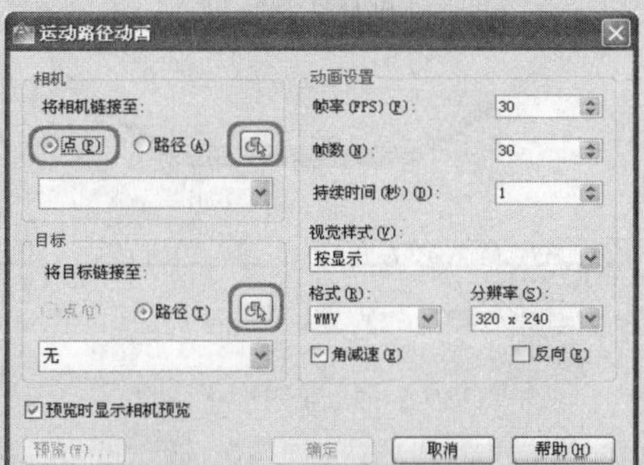

图388-1　“运动路径动画”对话框

02 在命令行中输入（-50，1500），然后按Enter键确认，弹出“点名称”对话框，如图388-2所示。然后单击“确定”按钮，返回到“运动路径动画”对话框。在“目标”选项组中单击“选择目标的点或路径”按钮，在绘图区下方圆上单击鼠标，弹出“路径名称”对话框，如图388-3所示。然后单击“确定”按钮，返回到“运动路径动画”对话框。

图388-2　“点名称”对话框

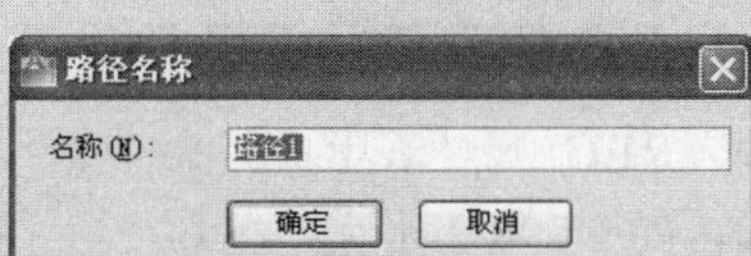

图388-3　“路径名称”对话框

03 单击“预览”按钮，弹出“动画预览”对话框，在窗口中自动播放动画，如图388-4所示。

04 单击“关闭”按钮返回到“运动路径动画”对话框，单击“确定”按钮弹出“另存为”对话框，在弹出的对话框中设置存储路径和名称，设置完成后单击“保存”按钮，即可将运动动画保存。

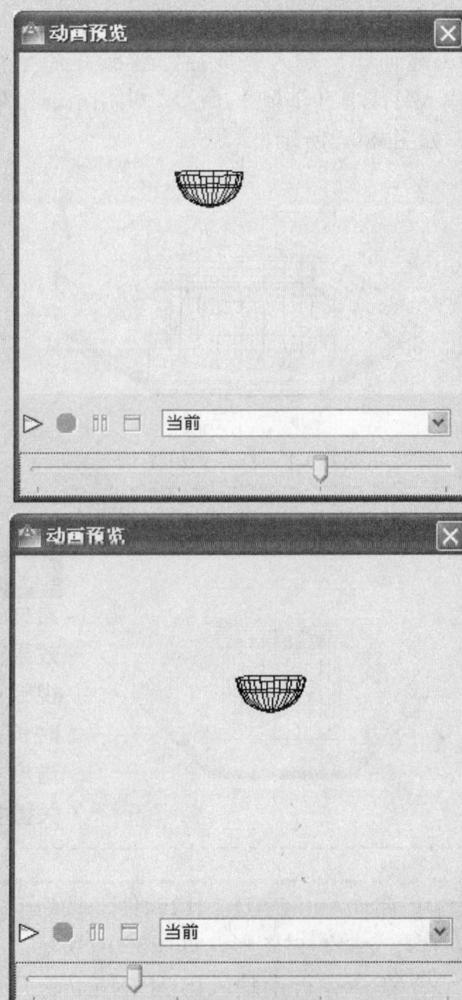

图388-4　预览动画

16.4 控制三维显示的系统变量

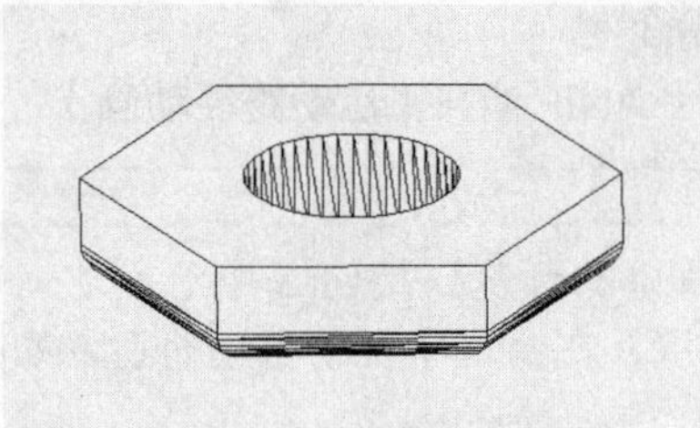

第389集 控制渲染对象的平滑度

素材：素材\第16章\389-1.dwg

效果：效果\第16章\第389集.dwg

视频：视频\第16章\第389集.avi

时长：24秒

难度：★

关键技术：FACETRES（平滑度）

01 启动AutoCAD 2012软件，按Ctrl+O键，打开一幅素材图形，如图389-1所示。

02 在命令行中输入FACETRES(平滑度)命令，然后按Enter键确认，输入5并按Enter键确认，输入完成后，继续在命令行中输入HIDE（消隐）命令，按Enter键确认，如图389-2所示。

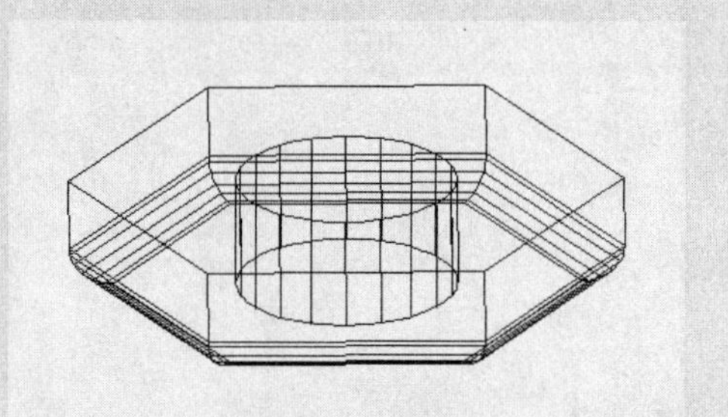

图389-1 打开素材图形

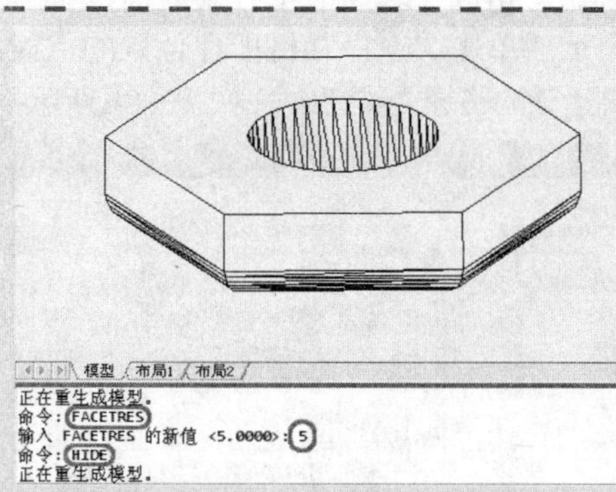

图389-2 设置图形平滑度

专家提醒

使用FACETRES(平滑度)命令可以改变图形表面的平滑度，并且和图形中线的位置有关，取值范围为0.01～10。

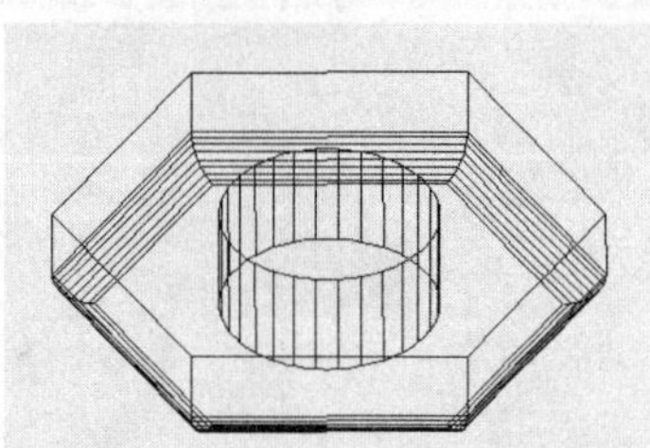

第390集 控制曲面轮廓线

素材：素材\第16章\390-1.dwg

效果：效果\第16章\第390集.dwg

视频：视频\第16章\第390集.avi

时长：25秒

难度：★

关键技术：ISOLINES(曲面轮廓线)

01 启动AutoCAD 2012软件，按Ctrl+O键，打开一幅素材图形，如图390-1所示。

02 在命令行中输入ISOLINES(曲面轮廓线)命令，然后按Enter键确认，输入30并按Enter键确认，输入完成后，继续在命令行中输入REGEN（重生成）命令，按Enter键确认，如图390-2所示。

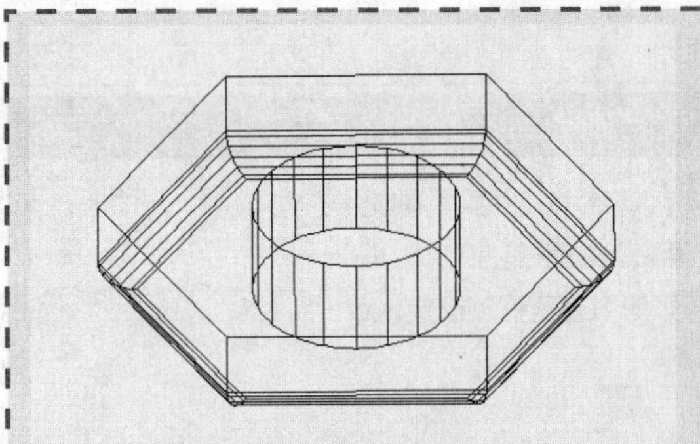

图390-1　打开素材图形

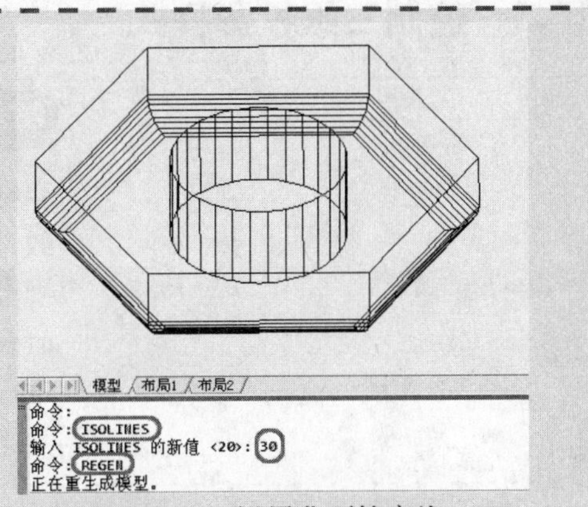

图390-2　设置曲面轮廓线

专家提醒

使用ISOLINES(曲面轮廓线)命令可以改变图形表面的平滑度，并且和图形中线的位置有关，取值范围为0～2047。

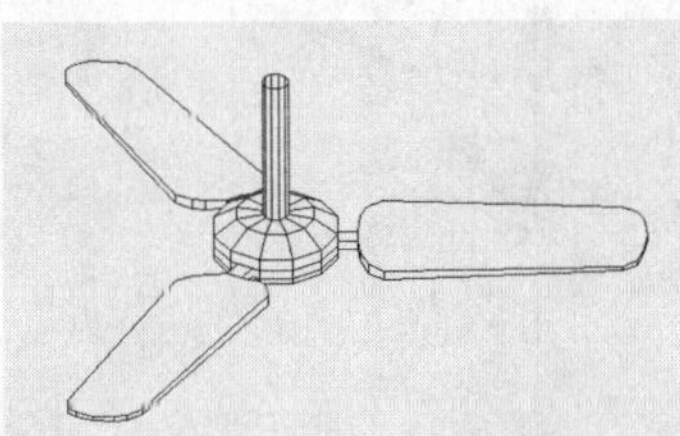

第391集　控制以线框形式显示轮廓

素材：素材\第16章\391–1.dwg

效果：效果\第16章\第391集.dwg

视频：视频\第16章\第391集.avi

时长：26秒

难度：★

关键技术：DISPSILH(线框形式)

01 启动AutoCAD 2012软件，按Ctrl+O键，打开一幅素材图形。如图391-1所示。

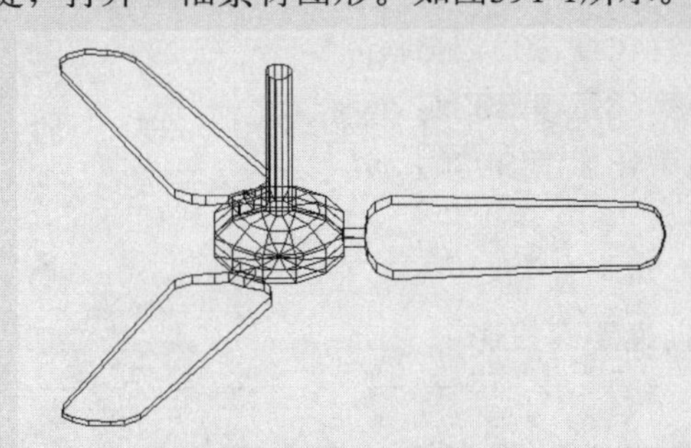

图391-1　打开素材图形

02 在命令行中输入DISPSILH(线框形式)命令，然后按Enter键确认，输入1并按Enter键确认，输入完成后，继续在命令行中输入HIDE（消隐）命令，按Enter键确认，如图391-2所示。

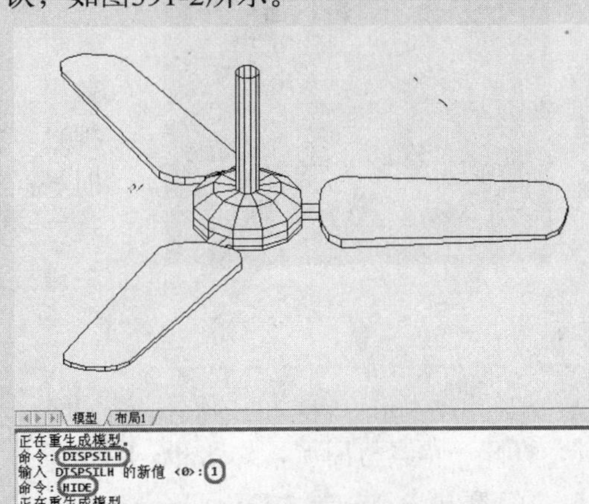

图391-2　设置线框显示

16.5 控制三维投影样式

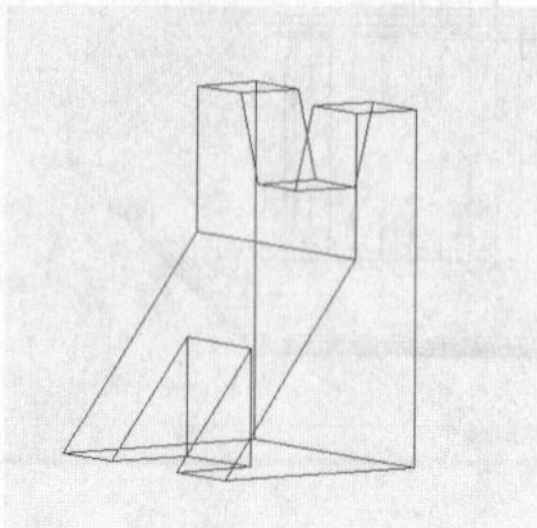

第392集 创建平行投影

素材：素材\第16章\392-1.dwg
效果：效果\第16章\第392集.dwg
视频：视频\第16章\第392集.avi
时长：34秒
难度：★
关键技术：DVIEW（投影）

01 启动AutoCAD 2012软件，按Ctrl+O键，打开一幅素材图形，如图392-1所示。

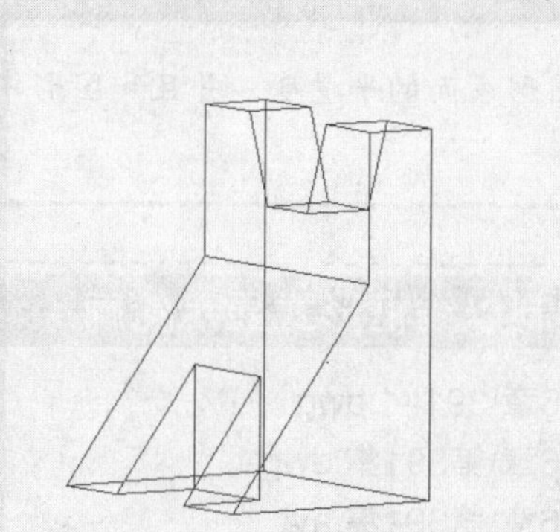

图392-1 打开素材图形

02 在命令行中输入DVIEW（投影）命令，然后按Enter键确认，然后在绘图区选择所有图形并按Enter键确认，在命令行中输入CA（相机）命令，按Enter键确认，输入20 按Enter键确认，输入30按Enter键确认，效果如图392-2所示。

图392-2 创建投影

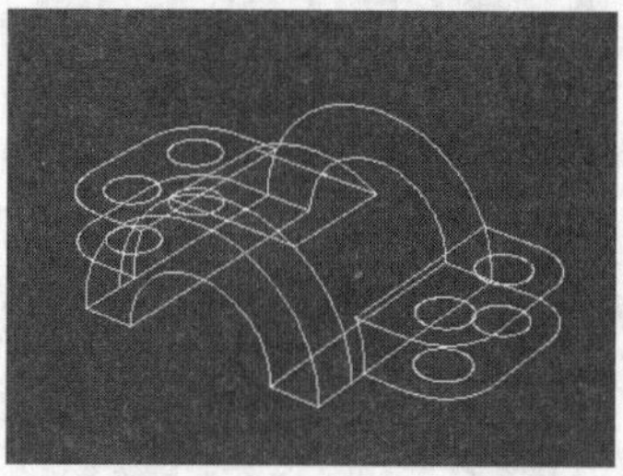

第393集 创建距离投影

素材：素材\第16章\393-1.dwg
效果：效果\第16章\第393集.dwg
视频：视频\第16章\第393集.avi
时长：31秒
难度：★
关键技术：创建距离投影

01 启动AutoCAD 2012软件，按Ctrl+O键，打开一幅素材图形，如图393-1所示。

02 在命令行中输入DVIEW（投影）命令，然后按Enter键确认，然后在绘图区选择所有图形并按Enter键确认，在命令行中输入D（距离）命令，按Enter键确认，输入500按Enter键确认，如图393-2所示。

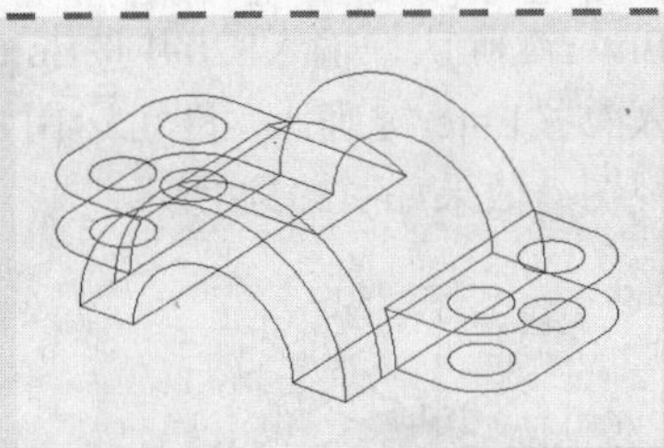

图393-1　打开素材图形

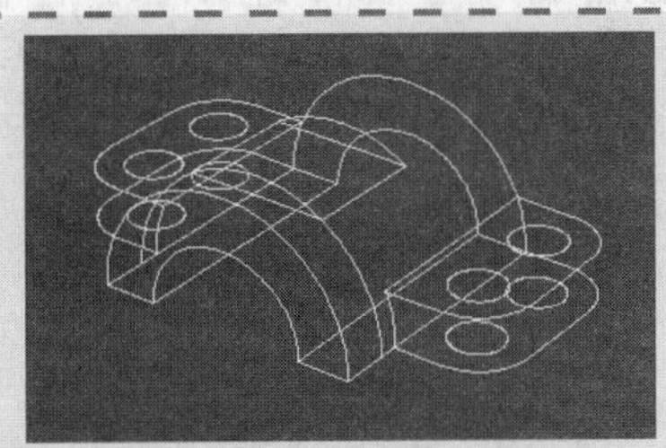

图393-2　创建距离投影

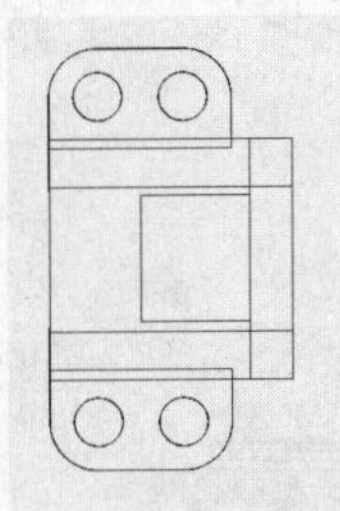

第394集　使用视点定义三维视图

素材：素材\第16章\394-1.dwg

效果：效果\第16章\第394集.dwg

视频：视频\第16章\第394集.avi

时长：32秒

难度：★

关键技术：VPOINT(视点)

01 启动AutoCAD 2012软件，按Ctrl+O键，打开一幅素材图形。在命令行中输入VPOINT（视点）命令，然后按两次Enter键确认，弹出视点空间视图，如图394-1所示。

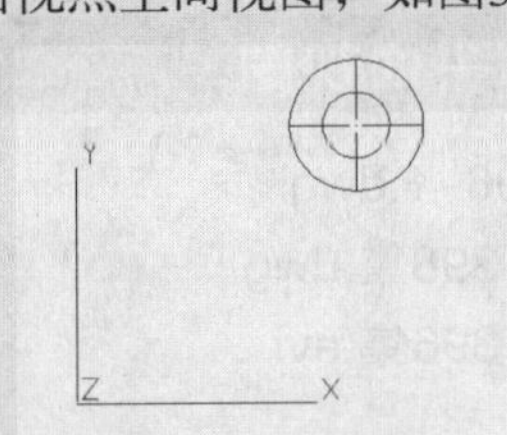

图394-1　打开素材图形

02 单击指南针中心，即可使用视点来定义三维视图，效果如图394-2所示。

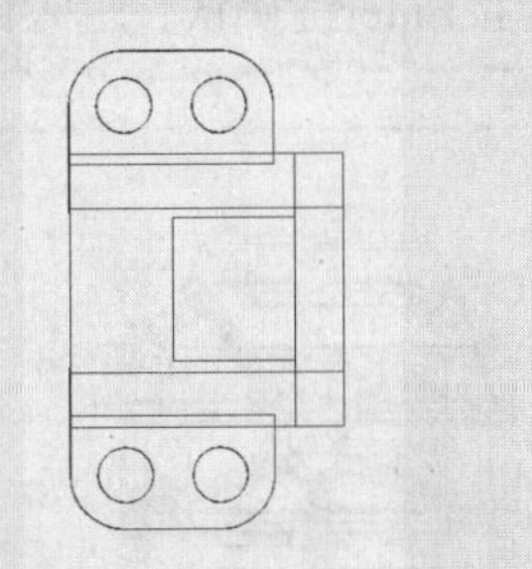

图394-2　运用视点定义三维视图

专家提醒

运用“视点”命令，可以通过输入一个点的坐标值或者测量两个旋转角度定义观察方向。

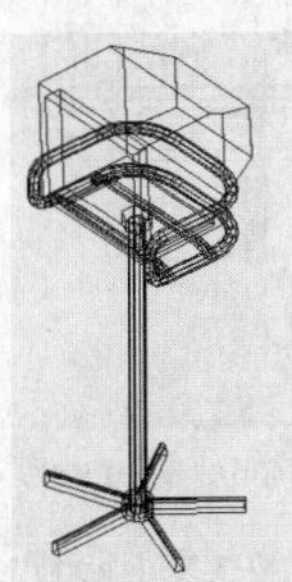

第395集　运用角度定义三维视图

素材：素材\第16章\395-1.dwg

效果：效果\第16章\第395集.dwg

视频：视频\第16章\第395集.avi

时长：28秒

难度：★

关键技术：VPOINT（角度）

01 启动AutoCAD 2012软件，按Ctrl+O键，打开一幅素材图形，如图395-1所示。

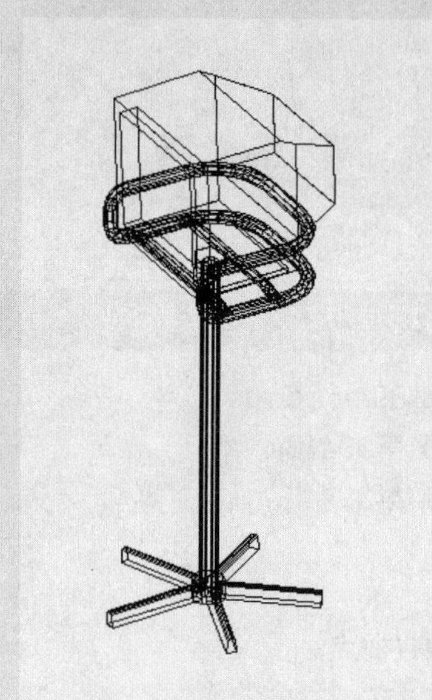

图395-1　打开素材图形

02 在命令行中输入VPOINT（角度）命令，然后按Enter键确认，输入R（旋转），然后按Enter键确认，输入320并按Enter键确认，输入35按Enter键确认，即可运用角度定义三维视图，效果如图395-2所示。

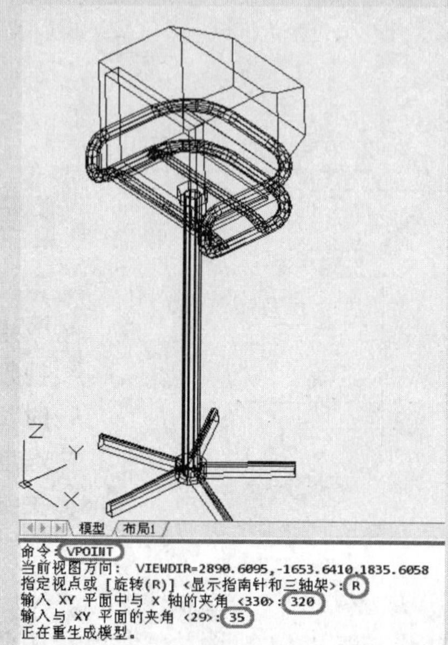

图395-2　设置角度观察三维图形

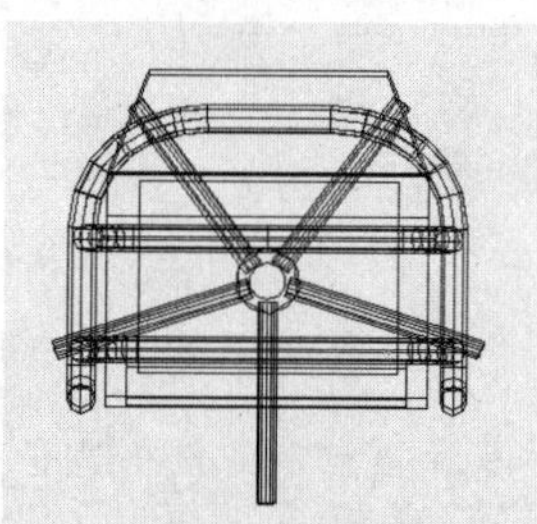

第396集　定义XY平面视图

素材：素材\第16章\396-1.dwg
效果：效果\第16章\第396集.dwg
视频：视频\第16章\第396集.avi
时长：22秒
难度：★
关键技术：PLAN（平面视图）

01 启动AutoCAD 2012软件，按Ctrl+O键，打开一幅素材图形

02 在命令行中输入PLAN（平面视图）命令，然后按Enter键确认，输入C，然后按Enter键确认，即可切换到XY平面视图，如图396-1所示。

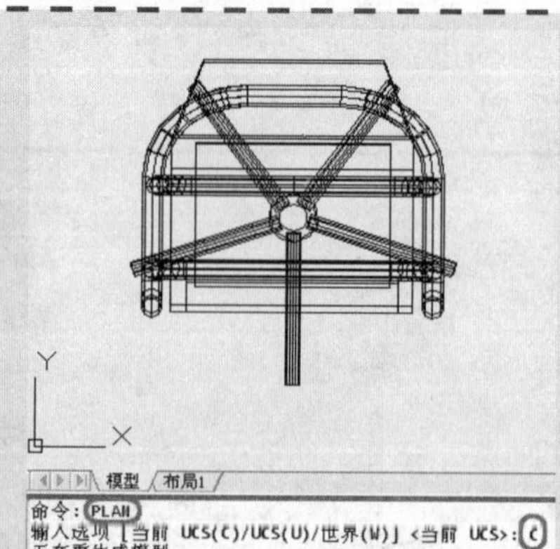

图396-1　定义XY平面视图

第17章　绘制三维图形

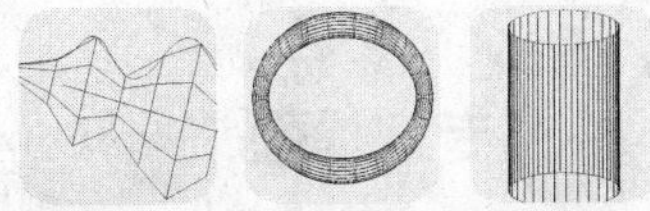

AutoCAD 2012除了具有强大的二维绘图功能外，其三维绘图功能也非常强大。在三维空间中，用户可以创建3种三维图形，分别是线框图形、曲面图形和三维实体图形。在绘制三维图形之前，需要了解三维绘图的基础和创建三维坐标系。

在三维绘图中，曲线和曲面是最基本的三维对象。用户可以通过菜单栏中的命令进行创建。此外，通过设置图形对象的厚度和标高，可以创建三维线框图形，并且还可以绘制旋转、平移、直纹和边界等曲面。

三维实体建模技术比三维线框和三维曲面建模更进一步，它具有实体的特征。在AutoCAD 2012中，除了可以直接使用系统提供的命令创建长方体、球体、圆柱体、圆锥体等基本三维实体外，还可以通过拉伸、旋转三维对象，以及对实体进行布尔运算得到复杂的三维实体等。

17.1　绘制三维线条

第397集　绘制直线

素材：素材\第17章\397-1.dwg　　效果：无
视频：视频\第17章\第397集.avi　　时长：36秒
难度：★　　关键技术："直线"按钮

01 单击快速访问工具栏上的"打开"按钮，打开一幅素材图形，如图397-1所示。

图397-1　打开的素材图形

02 选择"功能区"选项板中的"常用"选项卡，在"绘图"面板中单击"直线"按钮，根据命令行的提示进行操作，在绘图区中的A点上单击鼠标，然后将鼠标移至B点，单击鼠标，按Enter键确认，即可绘制直线，如图397-2所示。

图397-2　绘制直线

专家提醒

除了运用上述方法可以调用“直线”命令外，还可以在命令行中输入LINE命令，按Enter键确认。

第398集　绘制样条曲线

素材：素材\第17章\398-1.dwg　　效果：无
视频：视频\第17章\第398集.avi　　时长：33秒
难度：★　　关键技术：“样条曲线”按钮

01 单击快速访问工具栏上的“打开”按钮，打开一幅素材图形，如图398-1所示。

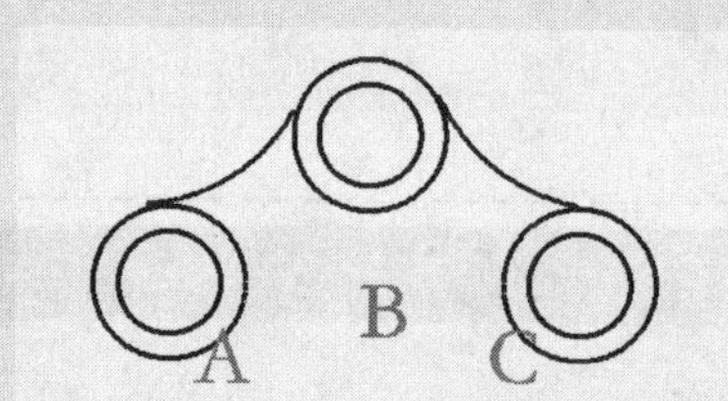

图398-1　打开的素材图形

02 选择“功能区”选项板中的“常用”选项卡，在“绘图”面板中单击“样条曲线”按钮，在绘图区中的A点上单击鼠标，将鼠标移至B点，单击鼠标，再在C点上单击鼠标，按Enter键确认，即可绘制样条曲线，如图398-2所示。

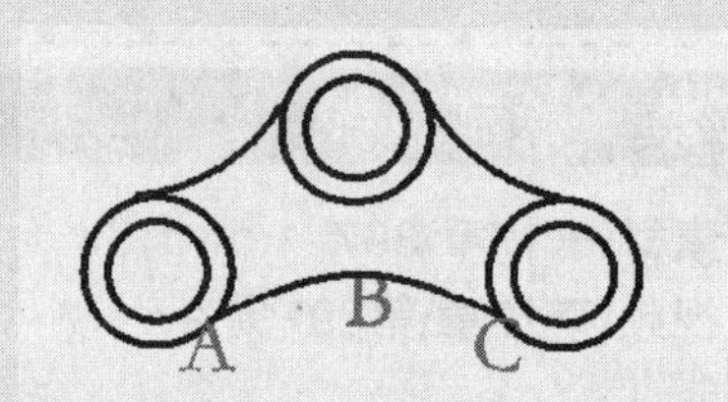

图398-2　绘制样条线

专家提醒

除了运用上述方法可以调用“样条曲线”命令外，还可以在命令行中输入SPLINE命令，按Enter键确认。

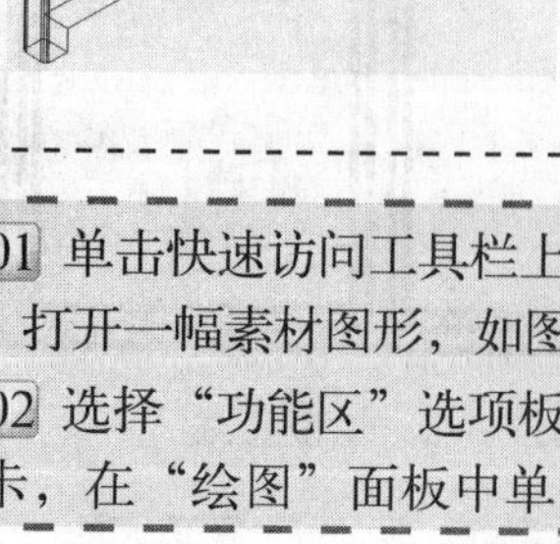

第399集　绘制三维多段线

素材：素材\第17章\399-1.dwg
效果：效果\第17章\第399集.dwg
视频：视频\第17章\第399集.avi
时长：31秒
难度：★
关键技术：“三维多段线”按钮

01 单击快速访问工具栏上的“打开”按钮，打开一幅素材图形，如图399-1所示。

02 选择“功能区”选项板中的“常用”选项卡，在“绘图”面板中单击“三维多段线”按钮，根据命令行的提示进行操作，在A点上单击鼠标，确定多段线的起点，分别在B点和C点上单击鼠标，按Enter键确认，执行操作后，即可绘制三维多段线，如图399-2所示。

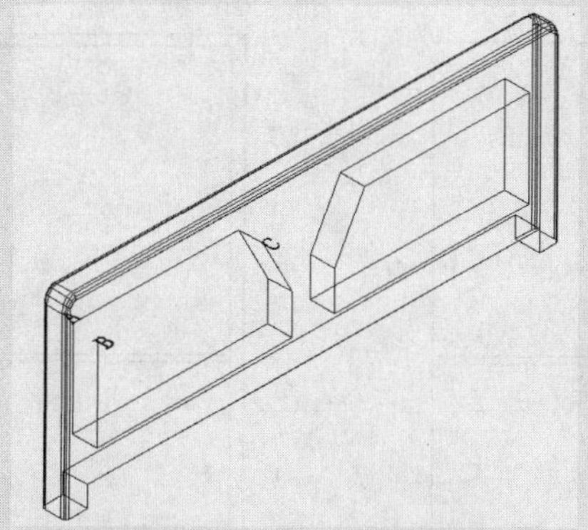

图399-1　打开的素材图形

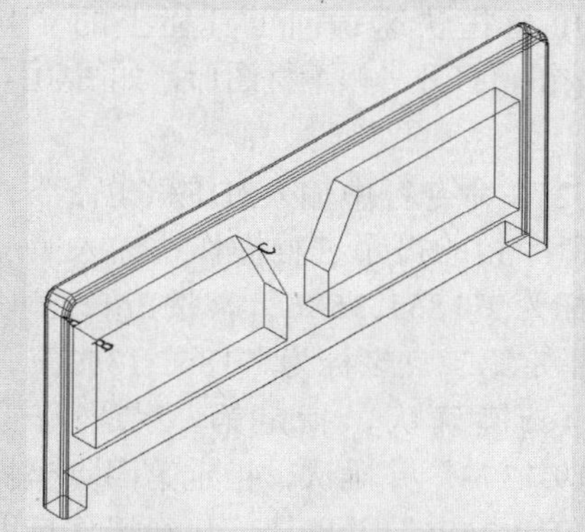

图399-2　绘制三维多段线

17.2　绘制三维网格

第400集　绘制二维填充实体

素材：素材\第17章\400-1.dwg　　效果：无
视频：视频\第17章\第400集.avi　　时长：29秒
难度：★　　关键技术：SOLID命令

01 单击快速访问工具栏上的“打开”按钮，打开一幅素材图形，如图400-1所示。

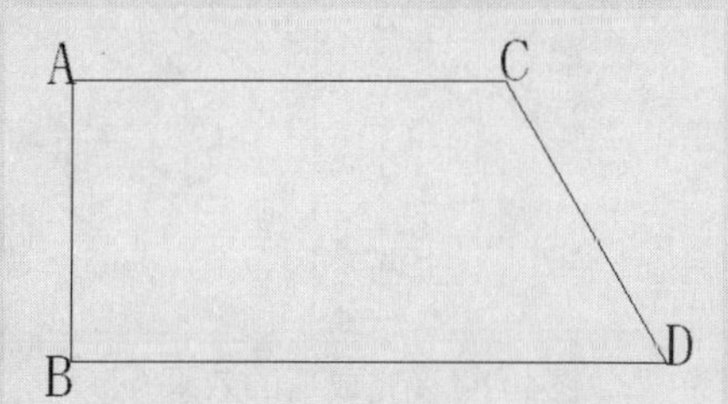

图400-1　打开的素材图形

02 在命令行中输入SOLID（二维填充）命令，按Enter键确认，根据命令行的提示进行操作，分别在A、B、C、D各个点上单击鼠标，即可绘制二维填充实体，如图400-2所示。

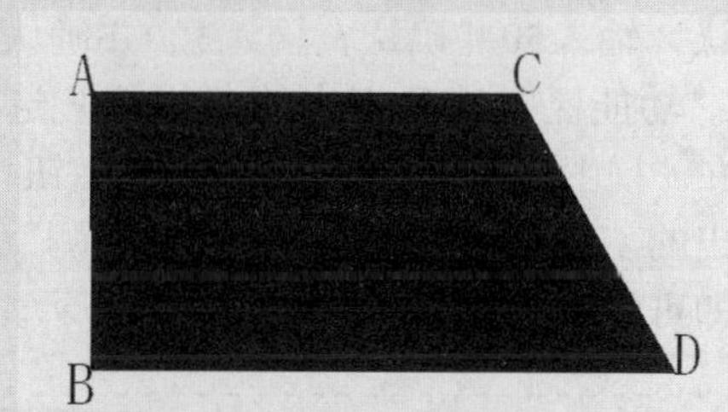

图400-2　绘制二维填充实体

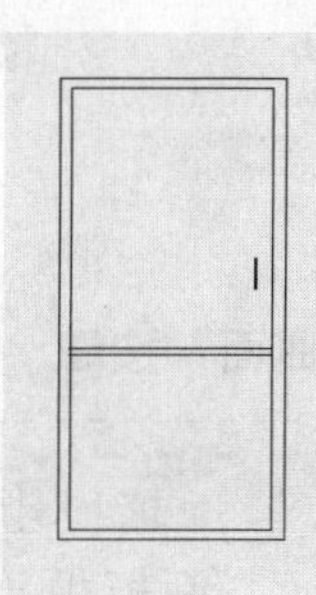

第401集　绘制三维面

素材：素材\第17章\401-1.dwg
效果：效果\第17章\第401集.dwg
视频：视频\第17章\第401集.avi
时长：41秒
难度：★
关键技术：3DFACE命令

01 单击快速访问工具栏上的“打开”按钮，打开一幅素材图形，如图401-1所示。

02 在命令行中输入3DFACE命令，根据命令行的提示进行操作，输入第一点坐标为“1851,3586”，按Enter键确认，指定第二点坐标为“1851,1373”，按Enter键确认，指定第三点坐标为“2919,1373”并确认，指定第四点坐标为“2919,3586”并确认，执行操作后即可绘制三维面，按Enter确认，完成后的效果如图401-2所示。

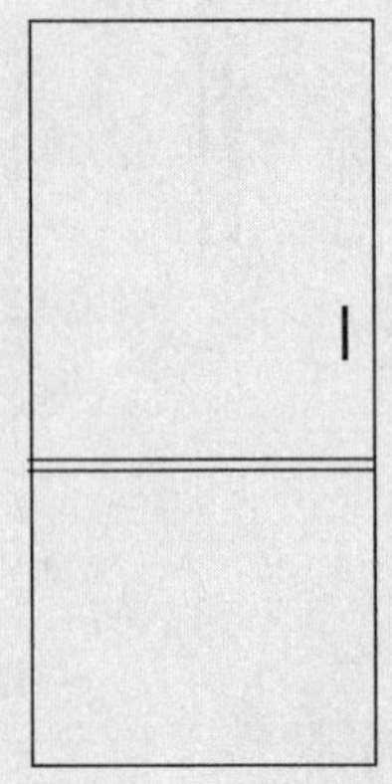
图401-1 打开的素材图形

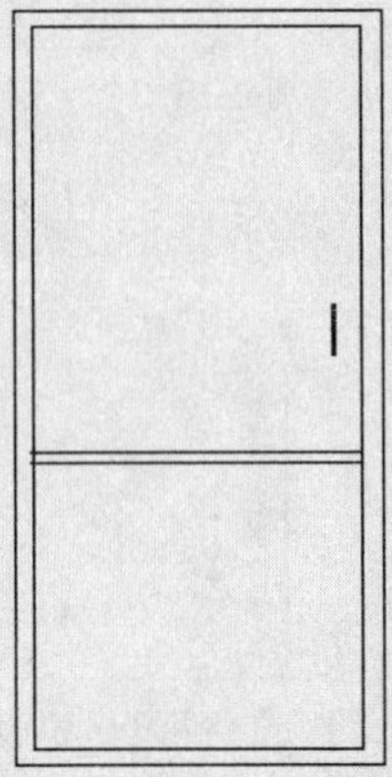
图401-2 完成后的效果

第402集 绘制三维网格

素材：无
效果：无
视频：视频\第17章\第402集.avi
时长：58秒
难度：★
关键技术：MESH命令

01 单击快速访问工具栏上的“新建”按钮，新建一幅图形文件。

02 在命令行中输入MESH命令，按Enter键确认，根据命令行的提示进行操作，输入CY并确认，输入“1270，1295”并确认，输入50并确认，输入300并确认，选择“功能区”选项板中的“视图”选项卡，在“视图”面板中单击“视图”按钮，在弹出的下拉菜单中选择“东南等轴测”选项，即可绘制三维网格，如图402-1所示。

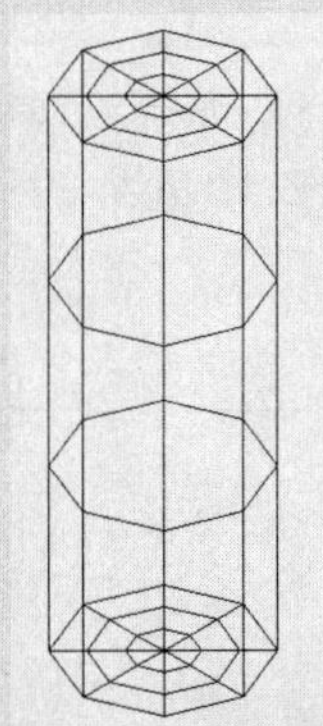
图402-1 完成后的效果

第403集 绘制旋转网格

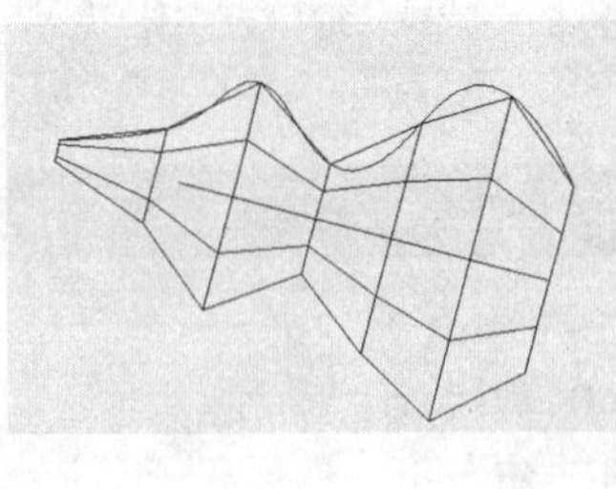

素材：素材\第17章\403-1.dwg
效果：效果\第17章\第403集.dwg
视频：视频\第17章\第403集.avi
时长：41秒
难度：★
关键技术：“建模，网格，旋转曲面”按钮

01 单击快速访问工具栏上的“打开”按钮，打开一幅素材图形，如图403-1所示。

02 选择“功能区”选项板中的“网格”选项卡，在“图元”面板中单击“建模，网格，旋转曲面”按钮，选择样条曲线为旋转对象，选择直线为旋转轴，按Enter键确认，输入360并Enter键确认，即可绘制旋转网格，如图403-2所示。

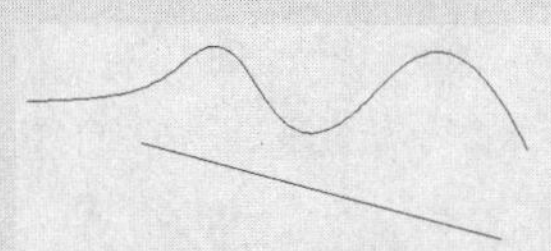

图403-1　打开的素材图形

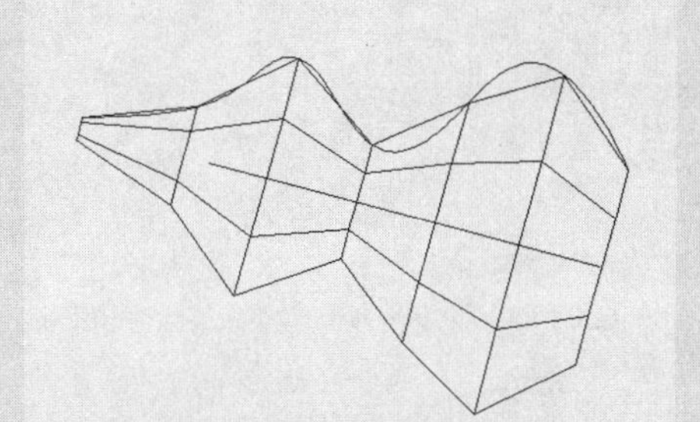

图403-2　绘制旋转网格

第404集　绘制平移网格

素材：素材\第17章\404–1.dwg　　效果：无
视频：视频\第17章\第404集.avi　　时长：24秒
难度：★　　关键技术：“建模，网格，平移曲面”按钮

01 单击快速访问工具栏上的“打开”按钮，打开一幅素材图形，如图404-1所示。

图404-1　打开的素材图形

02 选择“功能区”选项板中的“网格”选项卡，在“图元”面板中单击“建模，网格，平移曲面”按钮，根据命令行的提示进行操作，选择绘图区中的多段线为平移对象，选择直线为矢量对象，执行操作后即可绘制平移网格，如图404-2所示。

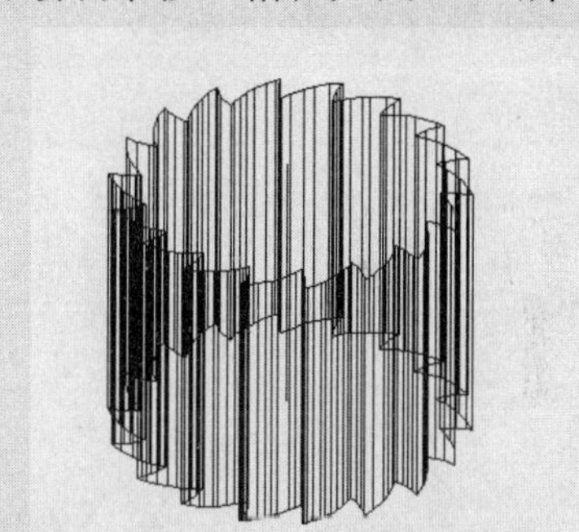

图404-2　平移后的效果

第405集　绘制直纹网格

素材：素材\第17章\405–1.dwg　　效果：无
视频：视频\第17章\第405集.avi　　时长：21秒
难度：★　　关键技术：“建模，网格，直纹曲面”按钮

01 单击快速访问工具栏上的“打开”按钮，打开一幅素材图形，如图405-1所示。

02 选择“功能区”选项板中的“网格”选项卡，在“图元”面板中单击“建模，网格，直纹曲面”按钮，根据命令行的提示进行操作，分别在A点和B点上单击鼠标，即可绘制直线网格，如图405-2所示。

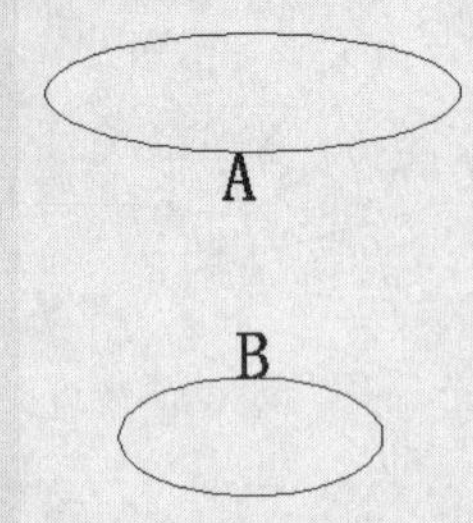

图405-1　打开的素材图形

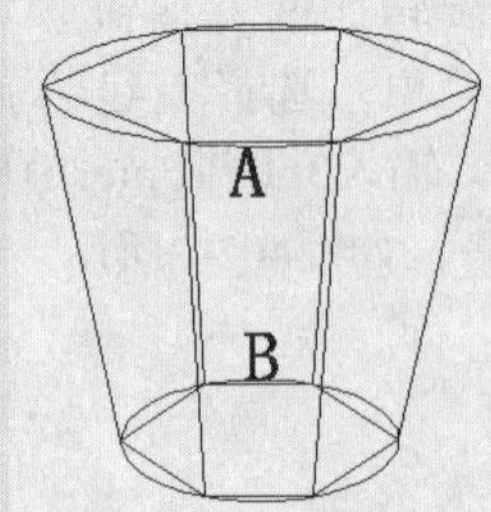

图405-2　完成后的效果

专家提醒

除了运用上述方法可以调用“直纹网格”命令外，还有以下两种常用方法。

- 方法1：在菜单栏中选择“绘图”|“建模”|“网格”|“直纹网格”命令。
- 方法2：在命令行中输入RULESURF（直纹网格）命令，按Enter键确认。

第406集　绘制边界网格

素材：素材\第17章\406-1.dwg　　效果：无

视频：视频\第17章\第406集.avi　　时长：29秒

难度：★　　关键技术：“建模，网格，边界曲面”按钮

01 单击快速访问工具栏上的“打开”按钮，打开一幅素材图形，如图406-1所示。

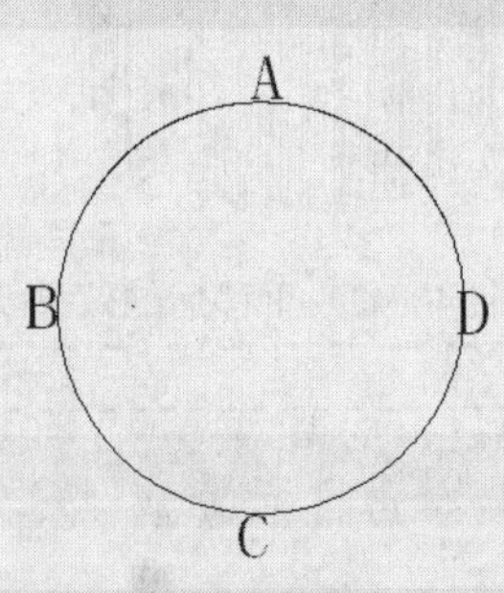

图406-1　打开的素材图形

02 选择“功能区”选项板中的“网格”选项卡，在“图元”面板中单击“建模，网格，边界曲面”按钮，根据命令行的提示进行操作，分别在A、B、C、D点上单击鼠标，即可绘制边界网格，如图406-2所示。

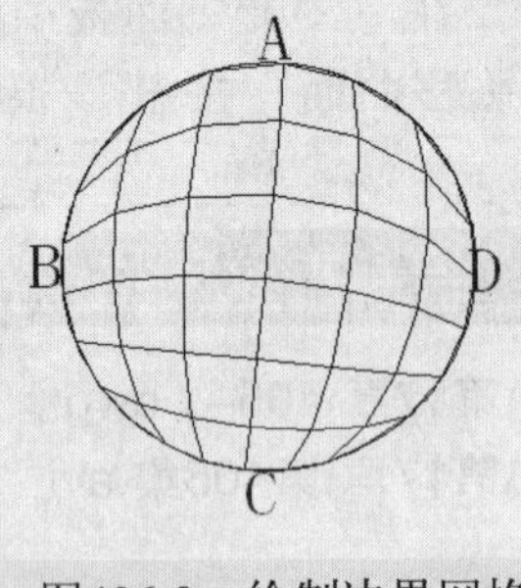

图406-2　绘制边界网格

专家提醒

除了运用上述方法可以调用“边界网格”命令外，还有以下两种常用方法。

- 方法1：在菜单栏中选择“绘图”|“建模”|“网格”|“边界网格”命令。
- 方法2：在命令行中输入EDGESURF（边界网格）命令，按Enter键确认。

17.3　绘制三维实体

第407集　绘制长方体

素材：无　　效果：无
视频：视频\第17章\第407集.avi　　时长：58秒
难度：★　　关键技术："长方体"按钮

01 单击快速访问工具栏上的"新建"按钮，新建一幅素材图形。选择"功能区"选项板中的"视图"选项卡，在"视图"面板中单击"视图"按钮，在弹出的下拉菜单中选择"西南等轴测"选项。

02 选择"功能区"选项板中的"常用"选项卡，在"建模"面板中单击"长方体"按钮，根据命令行的提示进行操作，在命令行中输入"3552,1799"并按Enter键确认，输入L并确认，分别输入长方体的长宽高为801、587、555，按Enter键确认，即可在绘图区中绘制长方体，如图407-1所示。

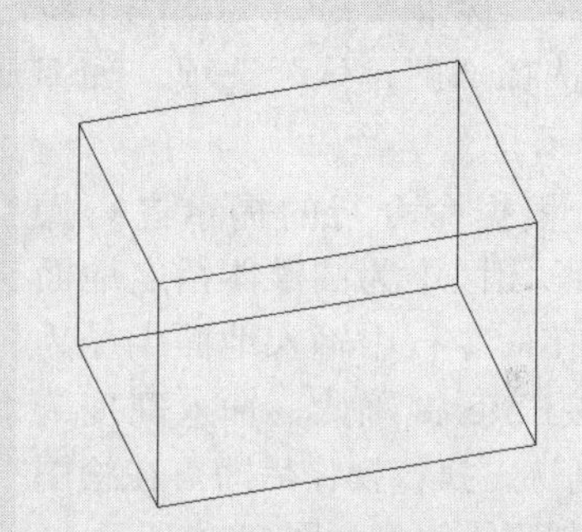

图407-1　绘制完成的长方体

第408集　绘制多段体

素材：素材\第17章\408-1.dwg　　效果：无
视频：视频\第17章\第408集.avi　　时长：1分11秒
难度：★★　　关键技术："多段体"按钮

01 单击快速访问工具栏上的"打开"按钮，打开一幅素材图形，如图408-1所示。

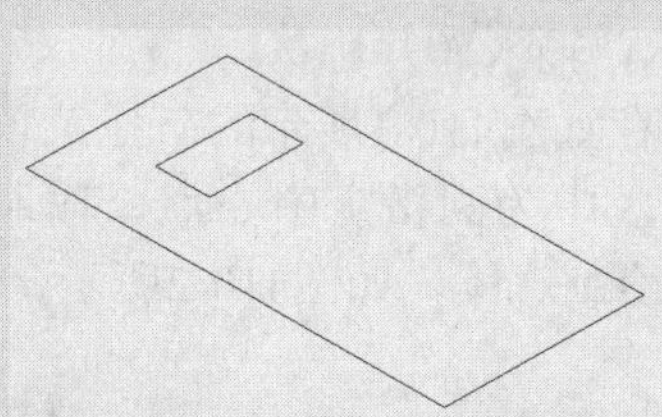

图408-1　打开的素材图形

02 选择"功能区"选项板中的"常用"选项卡，在"建模"面板中单击"多段体"按钮，根据命令行的提示进行操作，在命令行中输入H，按Enter键确认，设置多段体的高度为0.05，按Enter键确认，输入W并确认，将宽度设置为0.03并确认，输入J并确认，输入L并确认，如图408-2所示。

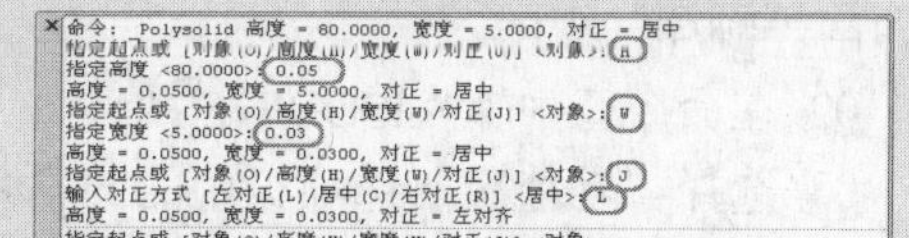

图408-2　在命令行中输入命令

03 在绘图区中捕捉矩形的端点，完成后按C键闭合图形，完成后的效果如图408-3所示。

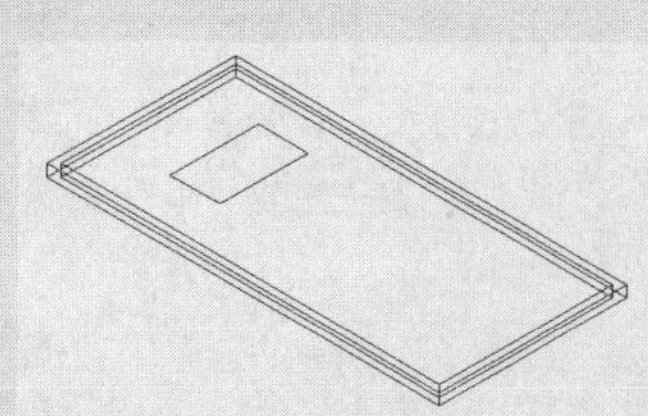

图408-3　绘制多段体

第409集　绘制圆锥体

素材：无　　效果：无
视频：视频\第17章\第409集.avi　　时长：53秒
难度：★　　关键技术：“长方体”下拉按钮

01 单击快速访问工具栏上的“新建”按钮，新建一幅空白的图形文件，并将视图调整为“西南等轴测”视图。

02 选择“功能区”选项板中的“常用”选项卡，在“建模”选项组中单击“长方体”下三角按钮，在弹出的下拉菜单中选择“圆锥体”选项，如图409-1所示。

03 根据命令行的提示进行操作，在绘图区中为圆锥体指定地面中心，在命令行中输入地面半径为245，按Enter键确认，输入高度为450并确认，执行操作后即可在绘图区中绘制圆锥体，如图409-2所示。

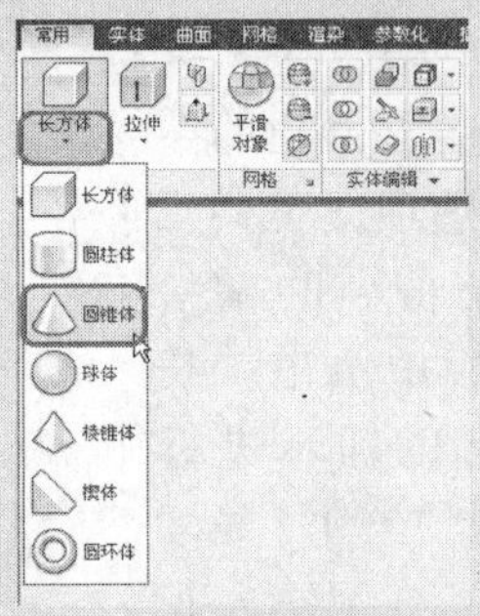

图409-1　选择“圆锥体”选项

图409-2　绘制完成的圆锥体

第410集　绘制球体

素材：无　　效果：无
视频：视频\第17章\第410集.avi　　时长：40秒
难度：★　　关键技术：“球体”选项

01 单击快速访问工具栏上的“新建”按钮，新建一幅素材图形，并将视图调整为“西南等轴测”视图。

02 在命令行中输入ISOLINES命令，按Enter键确认，输入50并确认。

03 选择“功能区”选项板中的“常用”选项卡，在如图410-1所示的下拉菜单中选择“球体”选项，根据命令行的提示进行操作，在绘图区中为圆指定中心点，输入半径为235，按Enter键确认，执行操作后即可在绘图区中完成绘制球体，如图410-2所示。

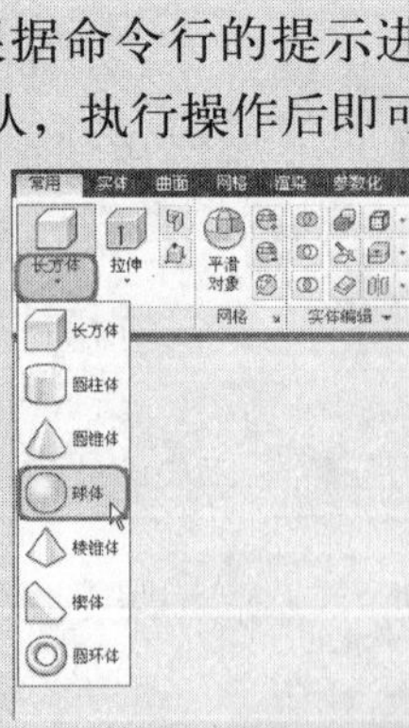

图410-1　选择“球体”选项

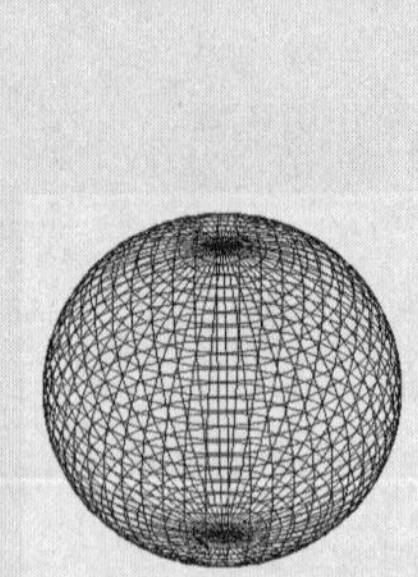
图410-2　绘制完成的球体

第411集　绘制圆柱体

素材：无　　效果：无

视频：视频\第17章\第411集.avi　　时长：45秒

难度：★　　关键技术："圆柱体"选项

01 单击快速访问工具栏上的"新建"按钮，新建一幅素材图形，并将视图调整为"西南等轴测"视图。

02 在命令行中输入ISOLINES命令，按Enter键确认，输入30并确认。

03 选择"功能区"选项板中的"常用"选项卡，在如图411-1所示的下拉菜单中选择"圆柱体"选项，根据命令行的提示进行操作，在绘图区中为圆柱体指定地面中心点，输入半径为45，按Enter键确认，输入300并确认，执行操作后即可在绘图区中完成绘制圆柱体，如图411-2所示。

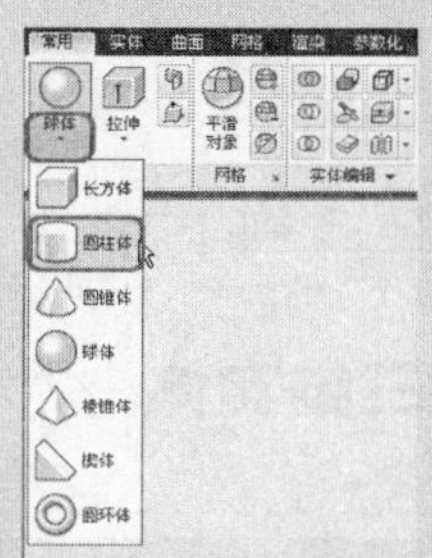

图411-1　选择"圆柱体"选项

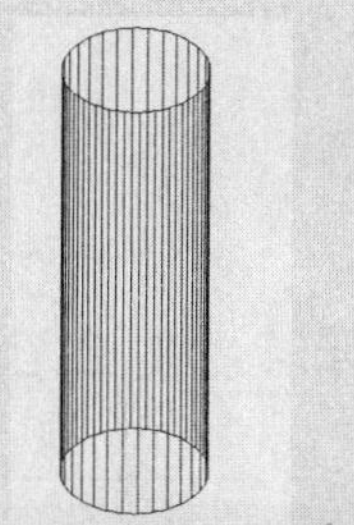

图411-2　完成后的效果

第412集　绘制圆环体

素材：无　　效果：无

视频：视频\第17章\第412集.avi　　时长：40秒

难度：★　　关键技术："圆环体"选项

01 单击快速访问工具栏上的"新建"按钮，新建一幅素材图形，并将视图调整为"西南等轴测"视图。

02 在命令行中输入ISOLINES命令，按Enter键确认，输入20并确认。

03 选择"功能区"选项板中的"常用"选项卡，在如图412-1所示的下拉菜单中选择"圆环体"选项，根据命令行的提示进行操作，在绘图区中为圆环体指定中心点，输入半径为450，按Enter键确认，输入圆管半径为45并确认，执行操作后在绘图区中完成绘制圆环体，如图412-2所示。

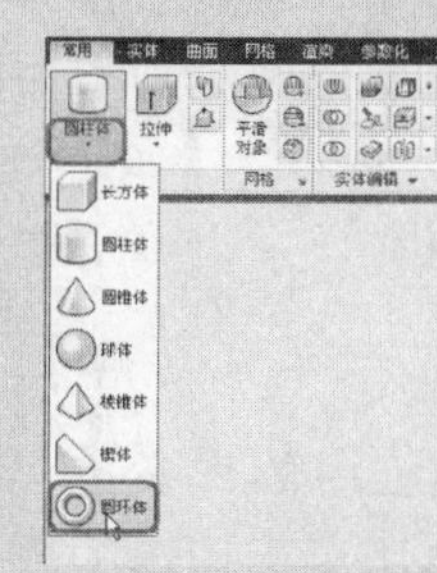

图412-1　选择"圆环体"选项

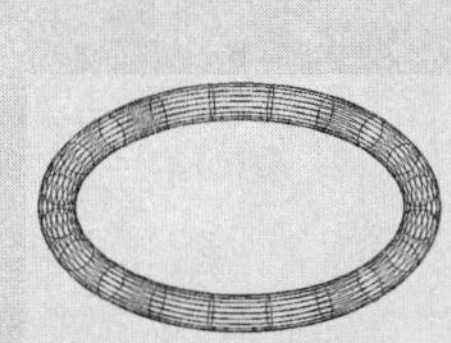

图412-2　完成后的效果

第413集　绘制平面曲面

素材：素材\第17章\413-1.dwg　　效果：无

视频：视频\第17章\第413集.avi　　时长：37秒

难度：★　　关键技术："平面"按钮

01 单击快速访问工具栏上的“打开”按钮，打开一幅素材图形，如图413-1所示。

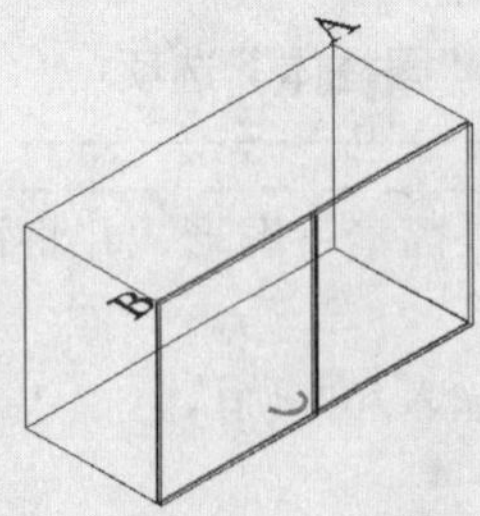

图413-1 打开的素材图形

02 选择“功能区”选项板中的“曲面”选项卡，单击“创建”面板中“平面”按钮平面，根据命令行的提示进行操作，将绘图区的A点拖动到B点上，并在B点上单击鼠标，即可绘制平面曲面，如图413-2所示。

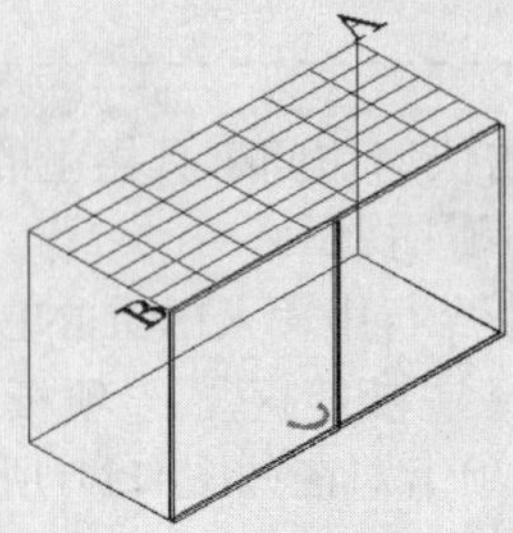

图413-2 绘制平面曲面

17.4 由二维图形创建三维实体

第414集 创建拉伸实体

素材：无
效果：无
视频：视频\第17章\第414集.avi
时长：1分05秒
难度：★★
关键技术：“拉伸”按钮

01 选择“功能区”选项板中的“常用”选项卡，在“绘图”面板中单击“多边形”按钮，输入6，按Enter键确认，在绘图区中为多边形指定中心点，输入I并确认，输入半径为125并确认，如图414-1所示，将视图调整为“西南等轴测”视图。

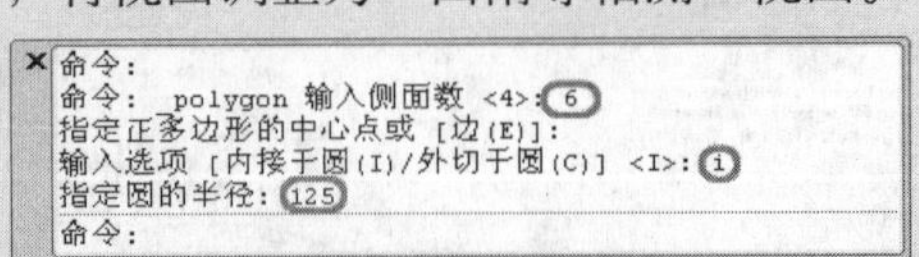

图414-1 在命令行输入命令

02 选择“功能区”选项板中的“常用”选项卡，在“建模”面板中单击“拉伸”按钮，根据命令行的提示进行操作，在绘图区中选择拉伸对象，按Enter键确认，输入35并确认，执行操作后，即可创建拉伸实体，如图414-2所示。

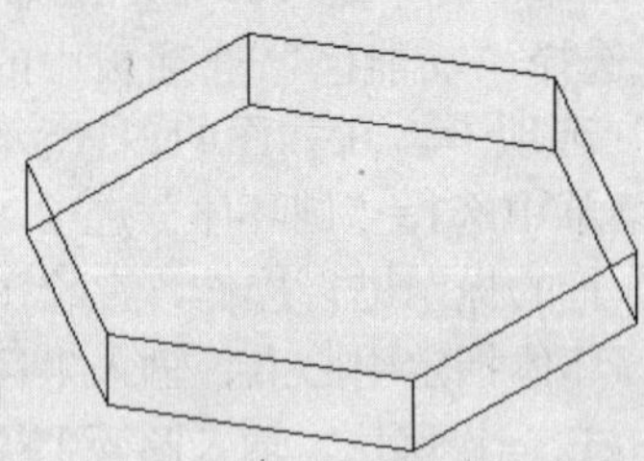
图414-2 创建拉伸实体

专家提醒

除了运用上述方法可以调用“拉伸”命令外，还有以下两种常用方法。

- 方法1：在菜单栏中选择“绘图”|“建模”|“拉伸”命令。
- 方法2：在命令行中输入EXTRUDE（拉伸）命令，按Enter键确认。

第415集　创建旋转实体

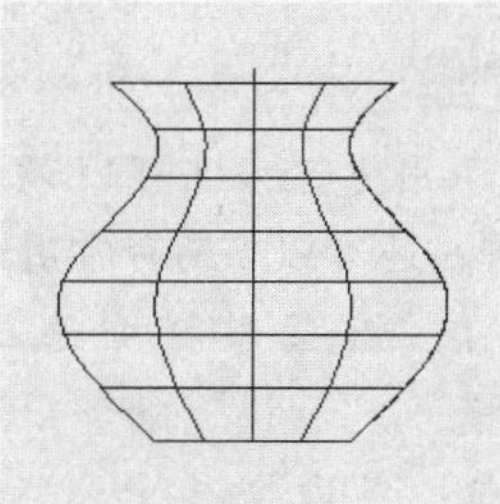

素材：素材\第17章\415-1.dwg

效果：效果\第17章\第415集.dwg

视频：视频\第17章\第415集.avi

时长：44秒

难度：★

关键技术："旋转"选项

01 按Ctrl+O键，打开一幅素材图形，如图415-1所示。

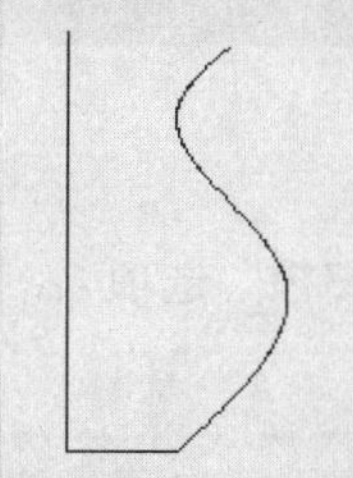

图415-1　打开的素材图形

02 选择"功能区"选项板中的"常用"选项卡，在"建模"面板中单击"拉伸"下拉按钮，在弹出的下拉菜单中选择"旋转"选项，根据命令行的提示进行操作，在绘图区中选择除左侧垂直线外的其他图形为旋转对象，按Enter键确认，分别在左侧直线的两个端点上单击鼠标，在命令行中输入360，按Enter键确认，即可旋转实体，如图415-2所示。

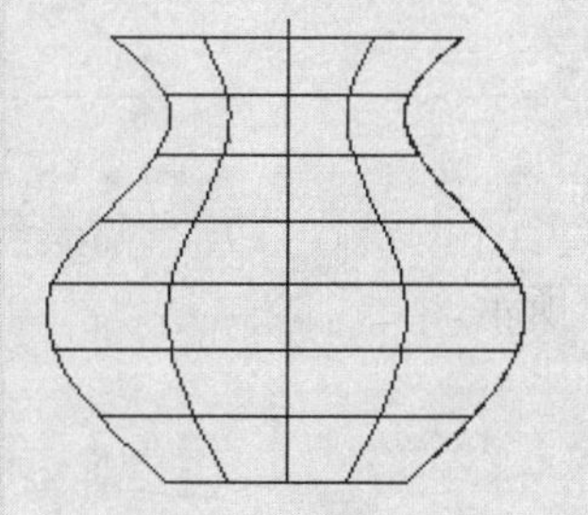

图415-2　旋转实体

专家提醒

除了运用上述方法可以调用"旋转"命令外，还有以下两种常用方法。

- 方法1：在菜单栏中选择"绘图"|"建模"|"旋转"命令。
- 方法2：在命令行中输入REVOLVE（旋转）命令，按Enter键确认。

第416集　创建放样实体

素材：素材\第17章\416-1.dwg

效果：无

视频：视频\第17章\第416集.avi

时长：44秒

难度：★

关键技术："放样"选项

01 按Ctrl+O键，打开一幅素材图形。

02 在命令行中输入ISOLINES命令，按Enter键确认，输入15并确认，选择"功能区"选项板中的"常用"选项卡，在"建模"面板中单击"拉伸"下三角按钮，在弹出的下拉菜单中选择"放样"选项。

03 根据命令行的提示进行操作，在绘图区中按放样顺序依次选择圆和椭圆，按

Enter键确认，输入C并确认，即可创建放样实体，如图416-1所示。

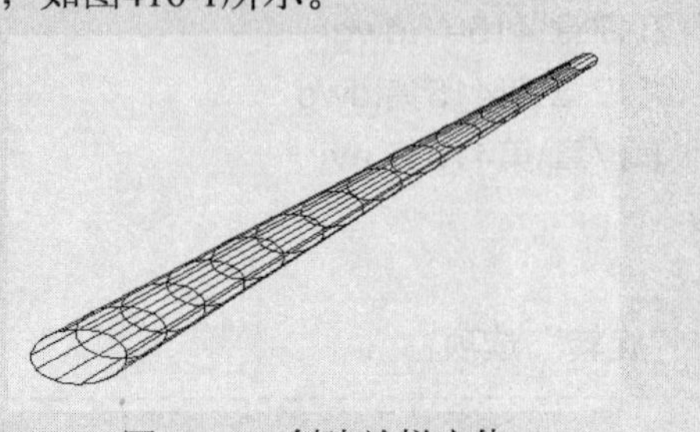

图416-1　创建放样实体

专家提醒

除了运用上述方法可以调用“放样”命令外，还有以下两种常用方法。

方法1：在菜单栏中选择“绘图”|“建模”|“放样”命令。

方法2：在命令行中输入LOFT（放样）命令，按Enter键确认。

第417集　创建扫掠实体

素材：素材\第17章\417-1.dwg　　效果：无

视频：视频\第17章\第417集.avi　　时长：41秒

难度：★　　关键技术：“扫掠”选项

01 按Ctrl+O键，打开一幅素材图形，如图417-1所示。

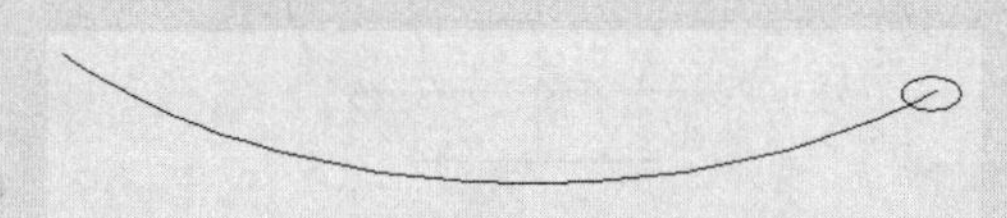

图417-1　打开的素材图形

02 在命令行中输入ISOLINES命令，按Enter键确认，输入18并确认。选择“功能区”选项板中的“常用”选项卡，在“建模”面板中单击“拉伸”下三角按钮，在弹出的下拉菜单中选择“扫掠”选项。

03 根据命令行的提示进行操作，在绘图区中选择圆为扫掠对象，按Enter键确认，选择圆弧为扫掠路径并确认，执行操作后即可创建扫掠实体，如图417-2所示。

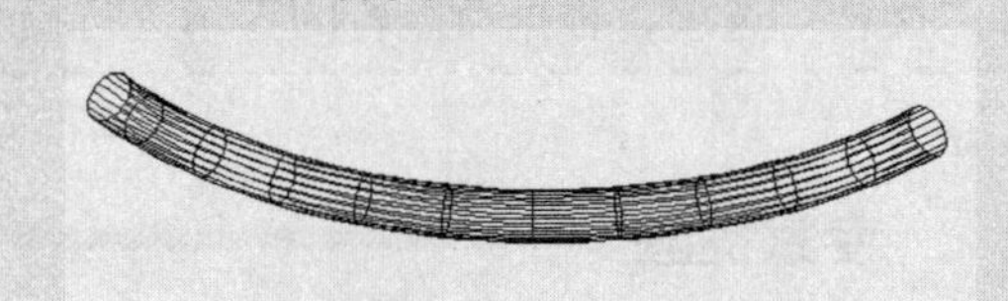

图417-2　创建扫掠实体

专家提醒

除了运用上述方法可以调用“扫掠”命令外，还有以下两种常用方法。

- 方法1：在菜单栏中选择“绘图”|“建模”|“扫掠”命令。
- 方法2：在命令行中输入SWEEP（扫掠）命令，按Enter键确认。

第 18 章　编辑三维图形

在二维图形编辑中，许多修改命令（如移动、复制和删除等）同样适用于三维对象。另外在“三维建模”工作界面中，用户可以使用“功能区”选项板中各选项卡的工具按钮，对三维空间中的对象进行三维阵列、三维镜像、三维旋转以及对齐位置等操作。

18.1　编辑三维实体一般技巧

第418集　移动三维实体

素材：素材\第18章\418–1.dwg	效果：无
视频：视频\第18章\第418集.avi	时长：41秒
难度：★	关键技术：“三维移动”按钮

01 按Ctrl+O键，打开一幅素材图形，如图418-1所示。

02 选择“功能区”选项板的“常用”选项卡，在“修改”面板中单击“三维移动”按钮，在绘图区中选择需要移动的对象，按Enter键确认，在绘图区中单击鼠标，将其拖曳到合适的位置上并单击鼠标确认，即可移动三维实体，如图418-2所示。

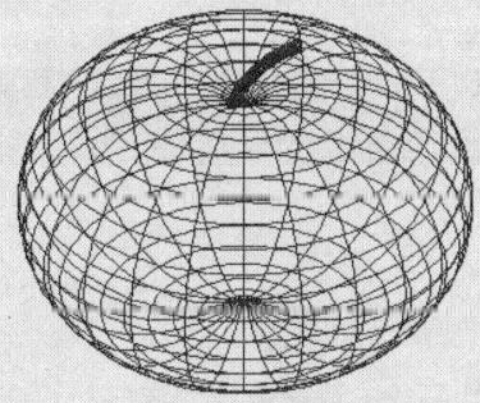

图418-1　打开的素材图形

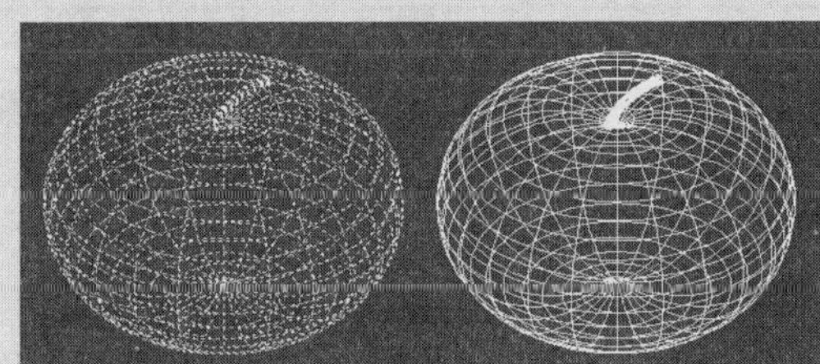

图418-2　移动三维实体

专家提醒

除了运用上述方法可以调用“三维移动”命令外，还有以下两种常用方法。

- 方法1：在菜单栏中选择“修改”|“三维操作”|“三维移动”命令。
- 方法2：在命令行中输入3DMOVE（三维移动）命令，按Enter确认。

第419集　旋转三维实体

素材：无	效果：无
视频：视频\第18章\第419集.avi	时长：1分14秒
难度：★★	关键技术：“三维旋转”按钮

01 以第418集素材为例，选择“功能区”选项板中的“视图”选项卡，在“视觉样式”面板中单击“二维线框”按钮，在弹出的面板中单击“线框”按钮，如图419-1所示。

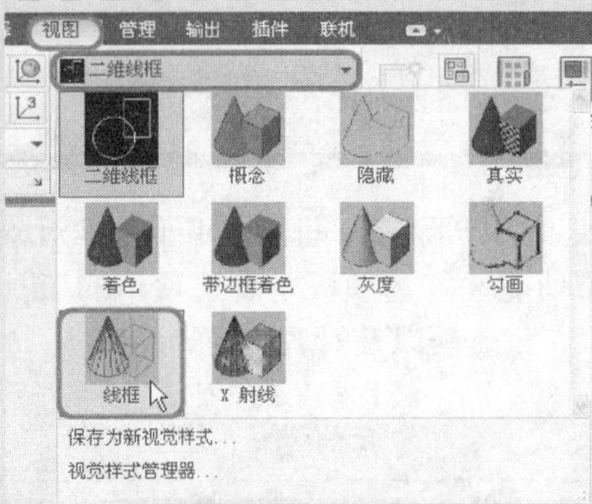

图419-1　单击“线框”按钮

02 选择“功能区”选项板中的“常用”选项卡，在“修改”面板中单击“三维旋转”按钮，在绘图区中选择旋转对象，按Enter键确认，指定X轴为旋转轴，按Enter键确认，输入35并确认，按Esc退出，即可旋转三维实体，如图419-2所示。

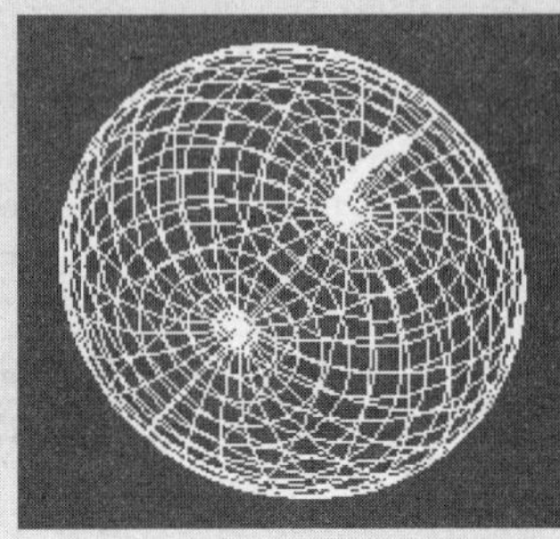

图419-2　旋转三维实体

专家提醒

除了运用上述方法可以调用“三维旋转”命令外，还有以下两种常用方法。

- 方法1：在菜单栏中选择“修改”|“三维操作”|“三维旋转”命令。
- 方法2：在命令行中输入3DROTATE（三维旋转）命令，按Enter确认。

第420集　镜像三维实体

素材：无　　效果：无

视频：视频\第18章\第420集.avi　　时长：36秒

难度：★　　关键技术：“三维镜像”按钮

01 以第418集素材为例，选择“功能区”选项板中的“常用”选项卡，在“修改”面板中单击“三维镜像”按钮。

02 根据命令行的提示进行操作，在绘图区中选择需要镜像的对象，按Enter键确认，输入Z并确认，输入“2,8”并确认，输入“3,7”并确认，输入N并确认，即可完成镜像，如图420-1所示。

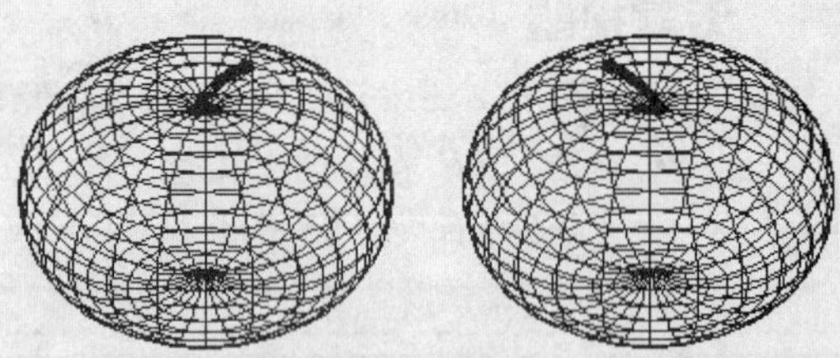

图420-1　镜像三维实体

专家提醒

除了运用上述方法可以调用“三维镜像”命令外，还有以下两种常用方法。

- 方法1：在菜单栏中选择“修改”|“三维操作”|“三维镜像”命令。
- 方法2：在命令行中输入MIRROR3D（三维镜像）命令，按Enter确认。

第421集 阵列三维实体

素材：无　　效果：无

视频：视频\第18章\第421集.avi　　时长：59秒

难度：★　　关键技术："三维阵列"选项

01 以第418集素材为例，在菜单栏中选择"修改"|"三维操作"|"三维阵列"命令，如图421-1所示。

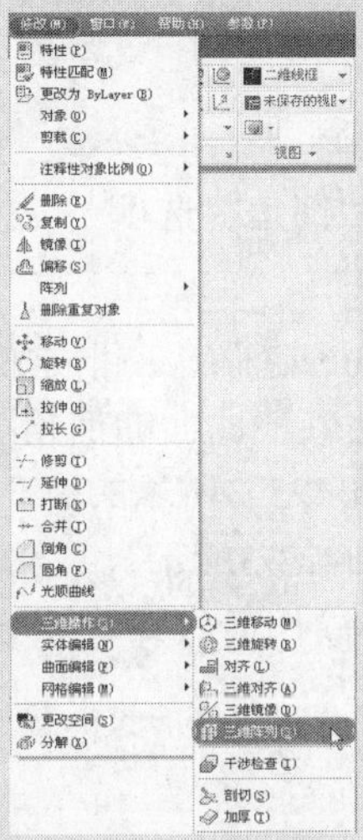

图421-1 选择"三维阵列"选项

02 根据命令行的提示进行操作，在绘图区中选择阵列的对象，按Enter键确认，输入P并确认，输入5并确认，输入360并确认，输入N并确认，指定阵列中心点为2,7并确认，指定旋转轴的第二点为4,9并确认，执行操作后，即可阵列三维实体，如图421-2所示。

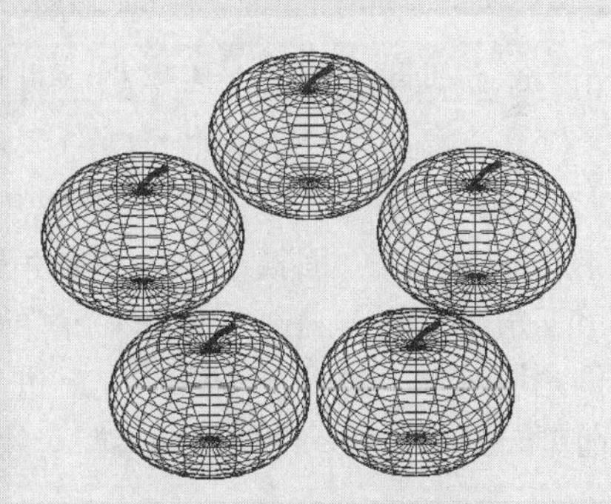

图421-2 阵列三维实体

第422集 对齐三维实体

素材：素材\第18章\422-1.dwg　　效果：无

视频：视频\第18章\第422集.avi　　时长：36秒

难度：★　　关键技术："三维对齐"按钮

01 单击快速访问工具栏上的"打开"按钮，打开一幅素材图形，如图422-1所示。

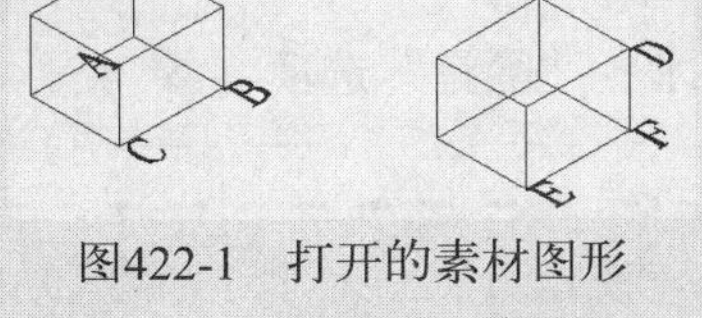

图422-1 打开的素材图形

02 选择"功能区"选项板中的"常用"选项卡，在"修改"面板中单击"三维对齐"按钮，根据命令行的提示进行操作，选择如图422-2所示的对象。

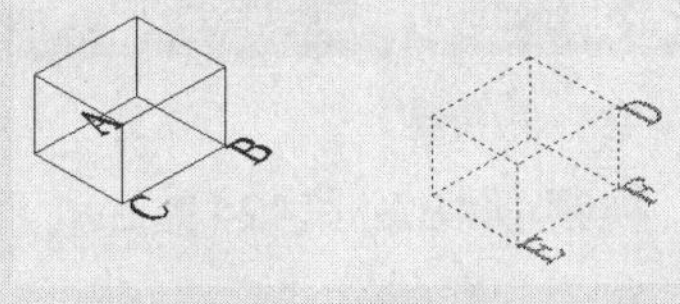

图422-2 选择对象

03 按Enter键确认，分别在D、E、F点上单击鼠标，再在A、B、C点上单击鼠标，执行操作后即可对齐三维实体，如图422-3所示。

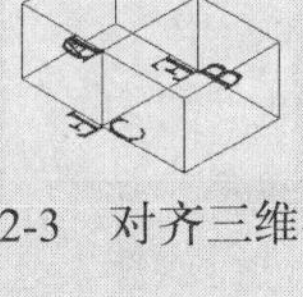

图422-3 对齐三维实体

专家提醒

除了运用上述方法可以调用“三维对齐”命令外，还有以下两种常用方法。

- 方法1：在菜单栏中选择“修改”|“三维操作”|“三维对齐”命令。
- 方法2：在命令行中输入3DALIGN（三维对齐）命令，按Enter确认。

18.2 编辑三维实体特殊技巧

第423集 倒角三维实体

素材：素材\第18章\423-1.dwg　　效果：无
视频：视频\第18章\第423集.avi　　时长：1分05秒
难度：★★　　关键技术：“倒角”选项

01 单击快速访问工具栏上的“打开”按钮，打开一幅素材图形，如图423-1所示。

02 选择“功能区”选项板中的“常用”选项卡，在“修改”面板中单击“圆角”右侧的下三角按钮，在弹出的下拉菜单中选择“倒角”选项，根据命令行的提示进行操作，选择如图423-2所示的曲面为编辑对象。

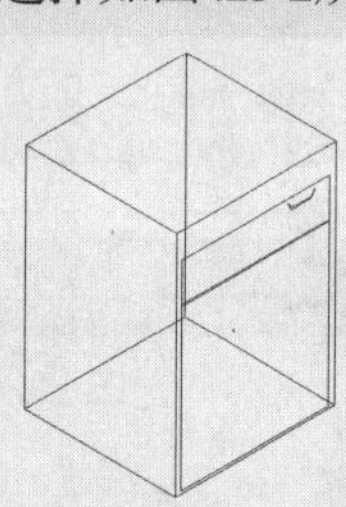

图423-1　打开的素材图形

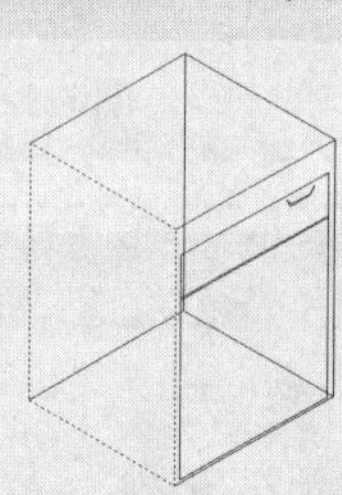

图423-2　选择曲面

03 按Enter键确认，指定倒角距离为35并确认，指定其他曲面的倒角距离为44并确认，选择如图423-3所示的倒角边，按Enter键确认，如图423-3所示。

04 执行操作后，即可完成倒角，如图423-4所示。

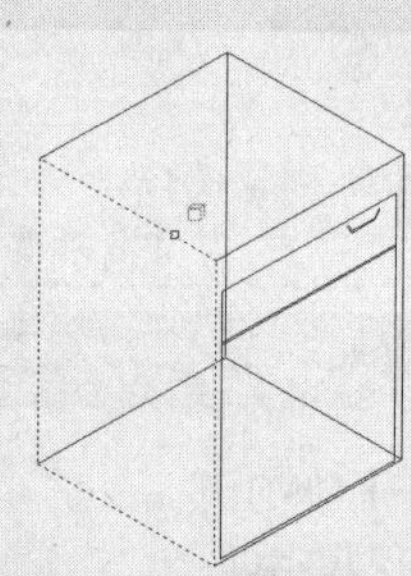

图423-3　选择倒角边

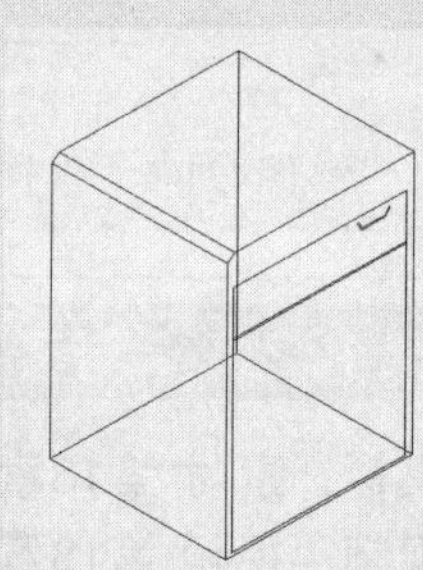

图423-4　完成倒角

第424集 圆角三维实体

素材：无　　效果：无
视频：视频\第18章\第424集.avi　　时长：40秒
难度：★　　关键技术：“圆角”选项

01 继续第423集的操作，选择“功能区”选项板中的“常用”选项卡，在“修改”面板中单击“倒角”右侧的下三角按钮，在弹出的下拉菜单中选择“圆角”选项，根据命令行的提示进行操作，选择如图424-1所示的对象。

02 按Enter键确认，指定圆角半径为45并确认，选择如图424-2所示的边，并按Enter键确认。

03 执行操作后，即可完成圆角三维实体，如图424-3所示。

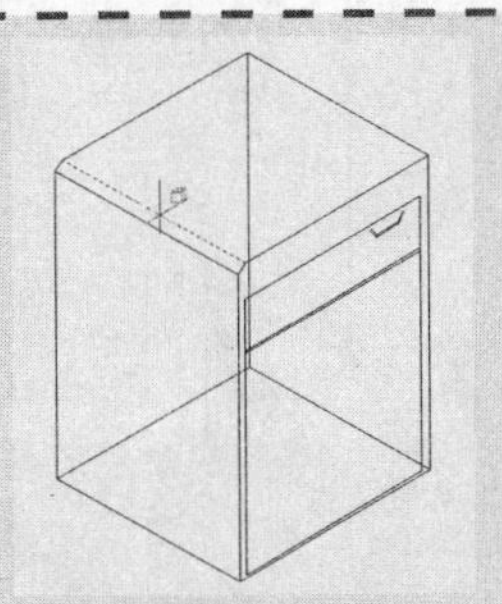

图424-1　选择对象

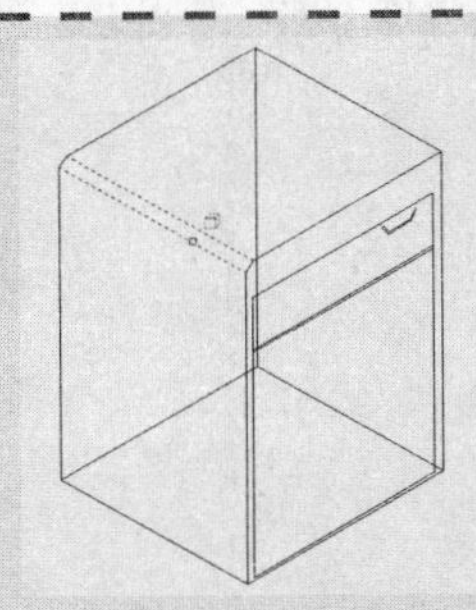

图424-2　选择边

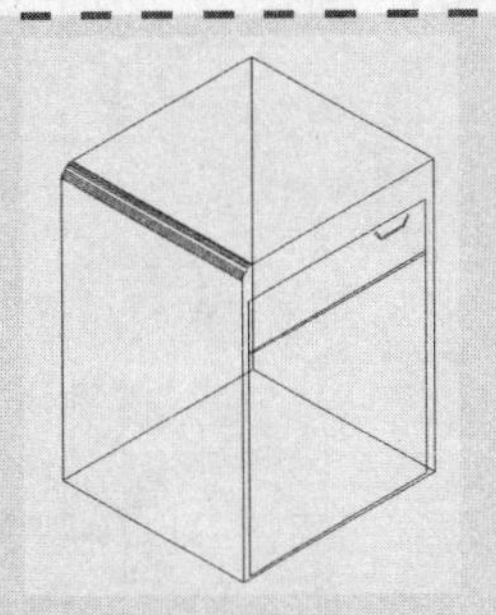

图424-3　完成后的效果

第425集　分解三维实体

素材：无　　效果：无
视频：视频\第18章\第425集.avi　　时长：31秒
难度：★　　关键技术："分解"按钮

01 继续第424集的操作，在"功能区"选项板中单击"常用"选项卡的"修改"下拉按钮 修改▾，在弹出的下拉菜单中选择"分解"按钮，如图425-1所示。

02 根据命令行的提示进行操作，在绘图区中选择长方体为分解对象，按Enter键确认，执行操作后，即可分解三维实体。

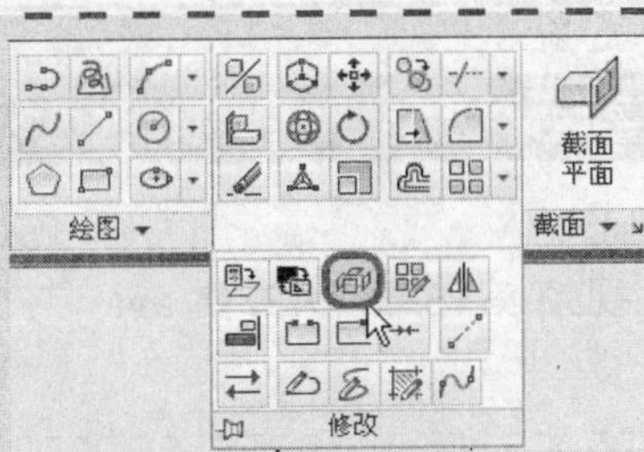

图425-1　单击"分解"按钮

专家提醒

除了运用上述方法可以调用"分解"命令外，还有以下两种常用方法。

- 方法1：在菜单栏中选择"修改"|"分解"命令。
- 方法2：在命令行中输入EXPLODE（分解）命令，按Enter键确认。

第426集　剖切三维实体

素材：素材\第18章\426-1.dwg　　效果：无
视频：视频\第18章\第426集.avi　　时长：33秒
难度：★　　关键技术："剖切"按钮

01 单击快速访问工具栏上的"打开"按钮，打开一幅素材图形，如图426-1所示。

02 选择"功能区"选项板中的"常用"选项卡，在"实体编辑"面板中单击"剖切"按钮，根据命令行的提示进行操作，在绘图区中选择长方体为剖切的对象，按Enter键确认，分别在A点和B点上单击鼠标，再在C点上单击鼠标，即可完成剖切三维实体，如图426-2所示。

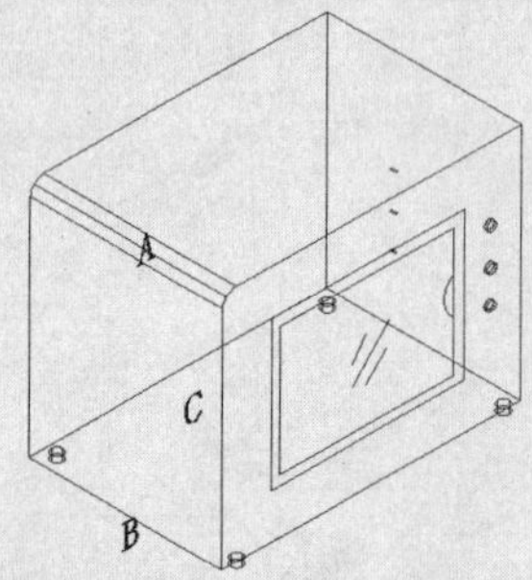

图426-1　打开的素材图形

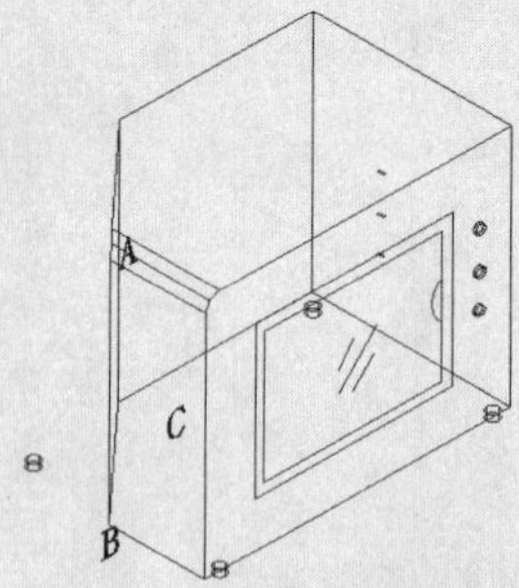

图426-2　完成后的效果

专家提醒

除了运用上述方法可以调用“剖切”命令外，还有以下两种常用方法。

- 方法1：在菜单栏中选择“修改”|“实体编辑”|“剖切”命令。
- 方法2：在命令行中输入SLICE（剖切）命令，按Enter键确认。

第427集　切割三维实体

素材：无	效果：无
视频：视频\第18章\第427集.avi	时长：29秒
难度：★	关键技术：“截面平面”按钮

01 以第426集素材为例，选择“功能区”选项板中的“常用”选项卡，在“截面”面板上单击“截面平面”按钮。

02 根据命令行的提示进行操作，在C点上单击鼠标，将视图调整为左视图，即可完成切割三维实体，如图427-1所示。

图427-1　切割三维实体

专家提醒

除了运用上述方法可以调用“截面平面”命令外，还有以下两种常用方法。

- 方法1：在菜单栏中选择“绘图”|“建模”|“截面平面”命令。
- 方法2：在命令行中输入SECTIONPLANE（截面平面）命令，按Enter键确认。

第428集　加厚三维实体

素材：素材\第18章\428-1.dwg	效果：无
视频：视频\第18章\第428集.avi	时长：31秒
难度：★	关键技术：“加厚”按钮

01 按Ctrl+O键，打开一幅素材图形，如图428-1所示。

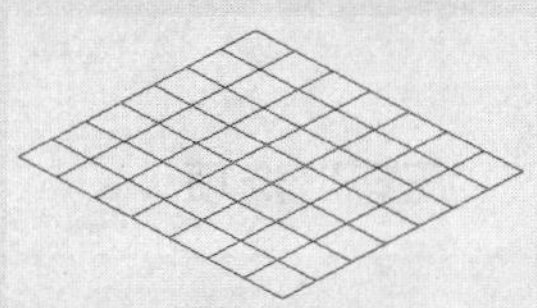

图428-1 打开的素材图形

02 单击“功能区”选项板中的“常用”选项卡，在“实体编辑”面板中单击“加厚”按钮，根据命令行的提示进行操作，在绘图区中选择曲面为加厚对象，按Enter键确认，在命令行中输入85并确认，执行操作后即可加厚三维实体，如图428-2所示。

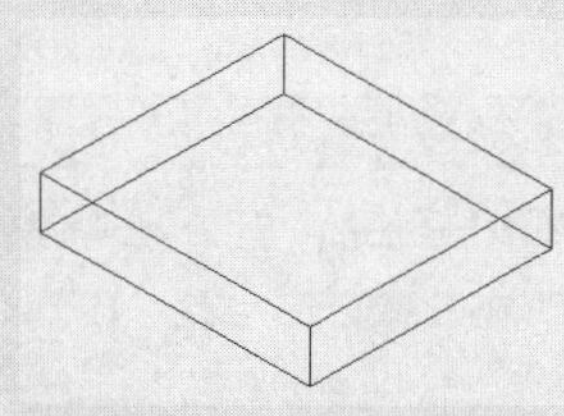

图428-2 完成后的效果

专家提醒

除了运用上述方法可以调用“加厚”命令外，还有以下两种常用方法。

- 方法1：在菜单栏中选择“修改”|“三位操作”|“加厚”命令。
- 方法2：在命令行中输入THICKEN（加厚）命令，按Enter键确认。

18.3 编辑三维实体边

第429集 复制三维边

素材：无　效果：无

视频：视频\第18章\第429集.avi　时长：50秒

难度：★　关键技术：“复制边”选项

01 继续第428集的操作，在菜单栏中选择“修改”|“实体编辑”|“复制边”命令，如图429-1所示。

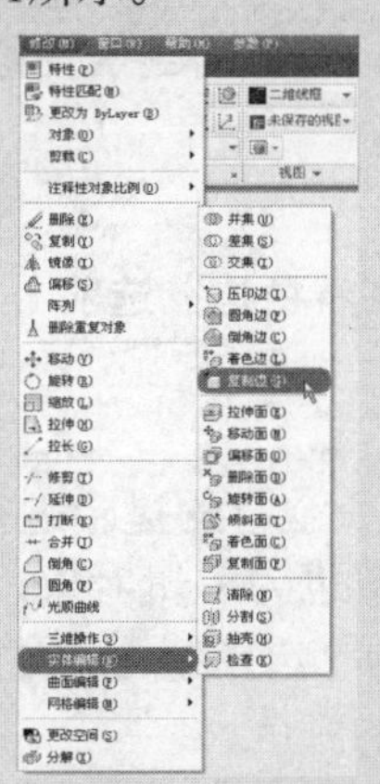

图429-1 选择“复制边”选项

02 根据命令行的提示进行操作，在绘图区中选择需要复制的边，如图429-2所示。

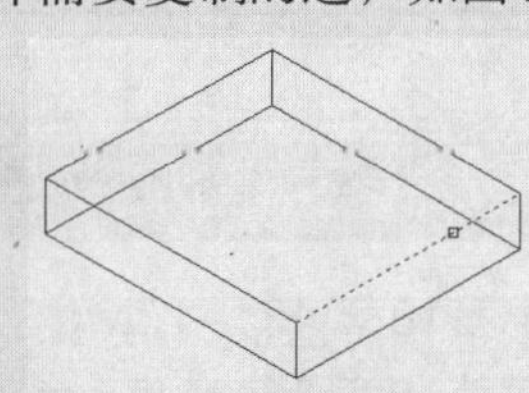

图429-2 选择需要复制的边

03 按Enter键确认，在命令行中分别指定基点和第二点的坐标值为（2523，,1832）、（2482,1571），并按Enter键确认，即可复制三维边，如图429-3所示。

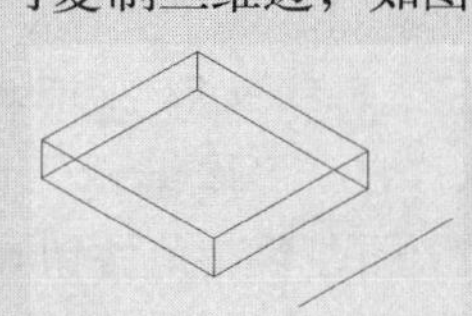

图429-3 复制的三维边

第430集 压印三维边

素材：素材\第18章\430–1.dwg　　效果：无
视频：视频\第18章\第430集.avi　　时长：36秒
难度：★　　关键技术：“压印”选项

01 按Ctrl+O键，打开一幅素材图形，如图430-1所示。

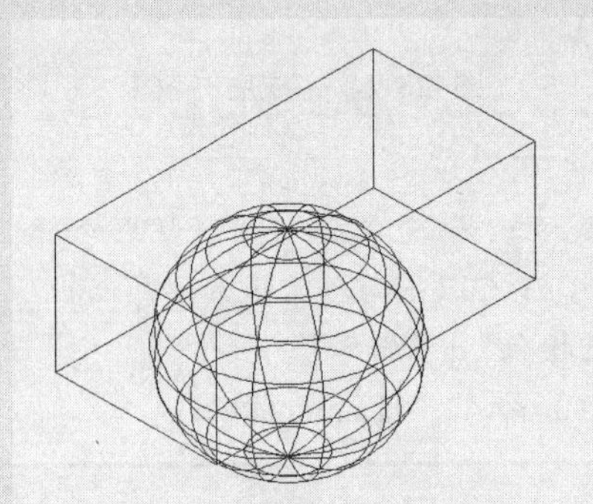

图430-1 打开的素材图形

02 选择“功能区”选项板中的“常用”选项卡，在“实体编辑”面板中单击“提取边”右侧的下三角按钮，在弹出的下拉菜单中选择“压印”选项。

03 根据命令行的提示进行操作，选择长方体为编辑对象，选择圆为压印对象，输入Y，按Enter键确认，按Esc键退出，即可完成压印三维边，如图430-2所示。

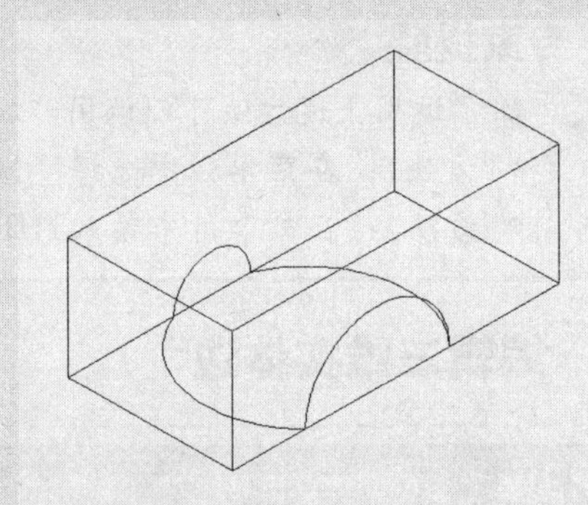

图430-2 压印三维边

专家提醒

除了运用上述方法可以调用“压印边”命令外，还可以在菜单栏中选择“修改”|“实体编辑”|“压印边”命令来调用。

第431集 着色三维边

素材：素材\第18章\431–1.dwg　　效果：无
视频：视频\第18章\第431集.avi　　时长：53秒
难度：★　　关键技术：“着色边”选项

01 按Ctrl+O键，打开一幅素材图形，如图431-1所示。

02 选择“功能区”选项板中的“常用”选项卡，在“实体编辑”面板中单击“提取边”右侧的下三角按钮，在弹出的下拉菜单中选择“着色边”选项。

03 根据命令行的提示进行操作，选择长方体的12条边为编辑对象，按Enter键确认，在弹出的“选择颜色”对话框中选择如图431-2所示的颜色。

04 单击“确定”按钮，即可完成着色三维边的操作，如图431-3所示。

图431-1　打开的素材图形

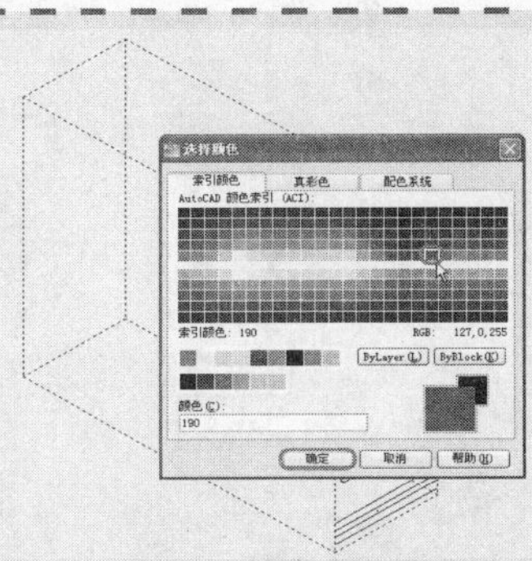

图431-2　选择颜色

图431-3　为三维边着色

第432集　提取三维边

素材：无　　　　效果：无

视频：视频\第18章\第432集.avi　　　　时长：28秒

难度：★　　　　关键技术："提取边"按钮

01 以第431集素材为例，选择"功能区"选项板中的"常用"选项卡，在"实体编辑"面板中单击"提取边"按钮，根据命令行的提示进行操作，选择长方体为编辑对象，如图432-1所示。

02 按Enter键确认，执行操作后即可提取三维边。

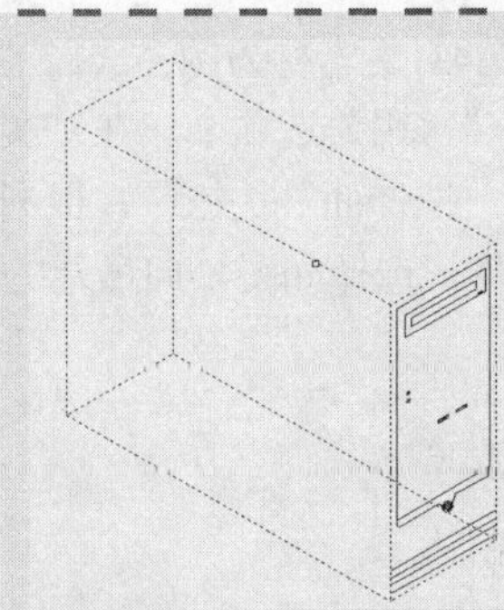

图432-1　选择长方体

18.4　编辑三维实体面

第433集　移动三维面

素材：无　　　　效果：无

视频：视频\第18章\第433集.avi　　　　时长：52秒

难度：★　　　　关键技术："移动面"选项

01 以第431集素材为例，选择"功能区"选项板中的"常用"选项卡，在"实体编辑"面板中单击"拉伸面"右侧的下三角按钮，根据命令行的提示进行操作，在弹出的下拉菜单中的选择"移动面"选项。

02 根据命令行的提示进行操作，选择如图433-1所示三维面面，按Enter键确认，在命令行中输入"32,3,0"并确认，再指定第二点为"29,3"并确认，即可完成移动三维面，如图433-2所示。

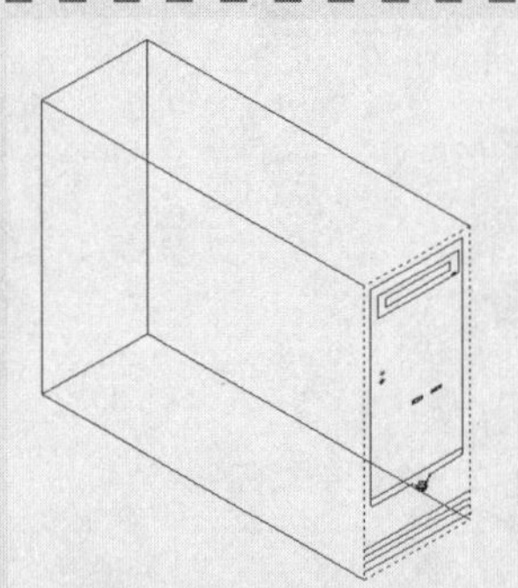

图433-1　选择三维面

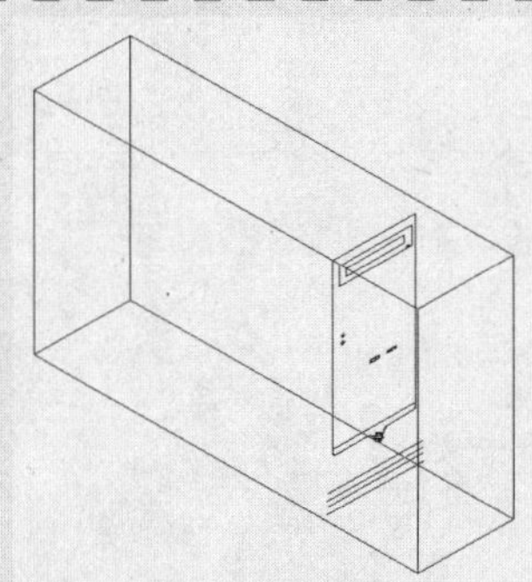

图433-2　移动三维面

第434集　拉伸三维面

素材：无　　效果：无

视频：视频\第18章\第434集.avi　　时长：28秒

难度：★　　关键技术："拉伸面"按钮

01 以第431集素材为例，选择"功能区"选项板中的"常用"选项卡，在"实体编辑"面板中单击"拉伸面"按钮，根据命令行的提示进行操作，选择如图434-1所示的三维面。

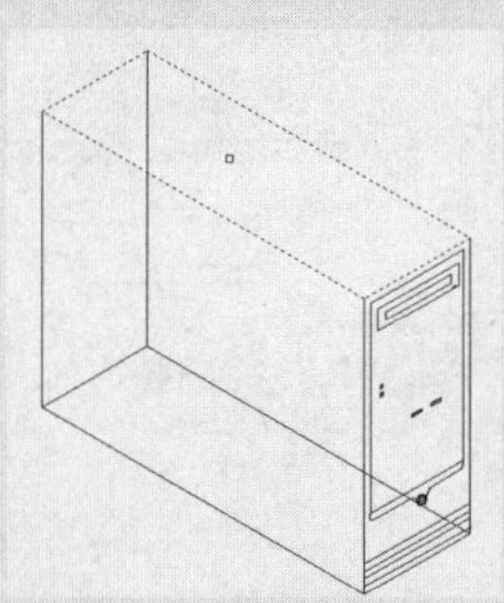

图434-1　选择三维面

02 按Enter键确认，将拉伸高度指定为1并确认，输入0并确认，执行操作后即可拉伸三维面，如图434-2所示。

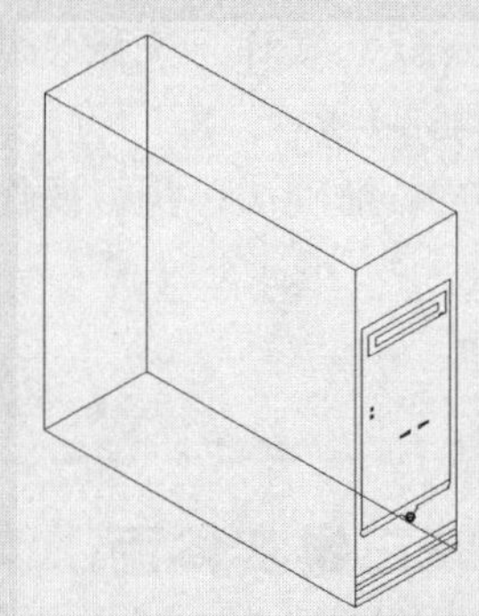

图434-2　拉伸三维面

专家提醒

除了运用上述方法可以调用"拉伸面"命令外，还可以在菜单栏中选择"修改"|"实体编辑"|"拉伸面"命令。

第435集　偏移三维面

素材：素材\第18章\435-1.dwg　　效果：无

视频：视频\第18章\第435集.avi　　时长：36秒

难度：★　　关键技术："偏移面"选项

01 单击快速访问工具栏上的“打开”按钮，打开一幅素材图形，如图435-1所示。

02 选择“功能区”选项板中的“常用”选项卡，在“实体编辑”面板中单击“拉伸面”右侧的下三角按钮，在弹出的下拉菜单中选择“偏移面”选项，根据命令行的提示进行操作，选择如图435-2所示的三维面。

03 按Enter键确认，在命令行中输入45并确认，执行 操作后即可完成偏移三维面，如图435-3所示。

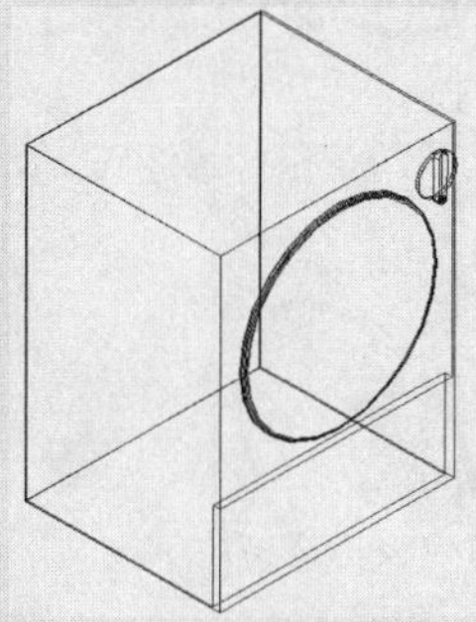
图435-1 打开的素材图形

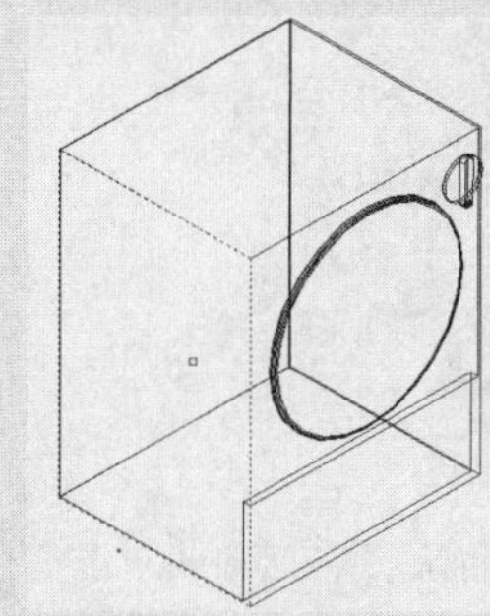
图435-2 选择三维面

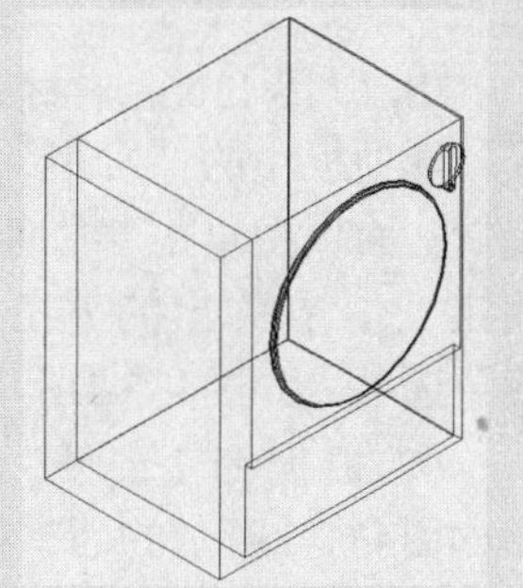
图435-3 完成偏移的三维面

专家提醒

除了运用上述方法可以调用“偏移面”命令外，还可以在菜单栏中选择“修改”|“实体编辑”|“偏移面”命令来调用。

第436集 删除三维面

素材：素材\第18章\436-1.dwg　　效果：无

视频：视频\第18章\第436集.avi　　时长：24秒

难度：★　　关键技术：“删除面”选项

01 单击快速访问工具栏上的“打开”按钮，打开一幅素材图形，如图436-1所示。

02 选择“功能区”选项板中的“常用”选项卡，在“实体编辑”面板中单击“拉伸面”右侧的下三角按钮，在弹出的下拉菜单中选择“删除面”选项，选择需要删除的三维面，如图436-2所示。

03 按Enter键确认，即可完成删除三维面，如图436-3所示。

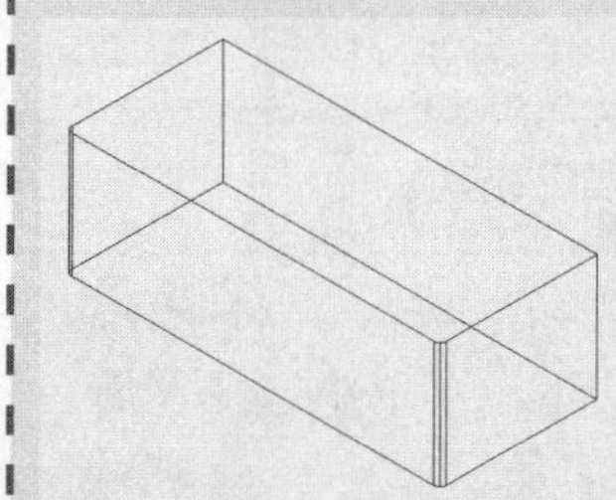
图436-1 打开的素材图形

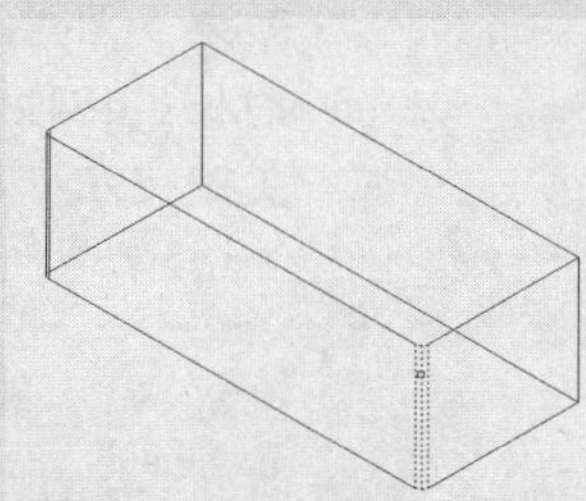
图436-2 选择需要删除的三维面

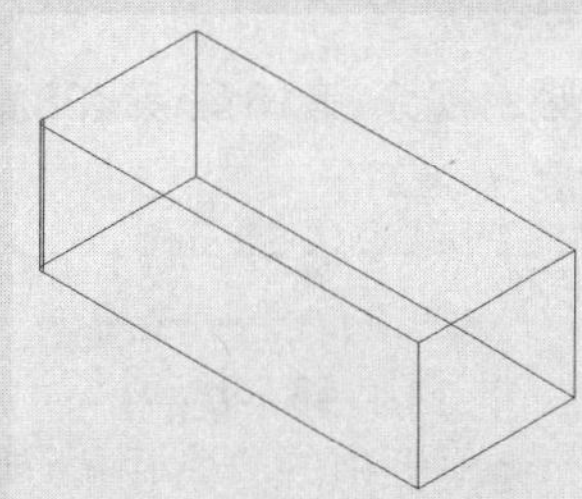
图436-3 删除三维面

第437集　倾斜三维面

素材：无　　效果：无

视频：视频\第18章\第437集.avi　　时长：50秒

难度：★　　关键技术："倾斜面"选项

01 以第435集素材为例，选择"功能区"选项板中的"常用"选项卡，在"实体编辑"面板中单击"拉伸面"右侧的下三角按钮，在弹出的下拉菜单中选择"倾斜面"选项，如图437-1所示。

02 根据命令行的提示进行操作，选择如图437-2所示的面，按Enter键确认，在命令行中输入"2，-92"并确认，再输入"399,276"，输入15并确认。

03 执行操作后即可完成倾斜三维面，如图437-3所示。

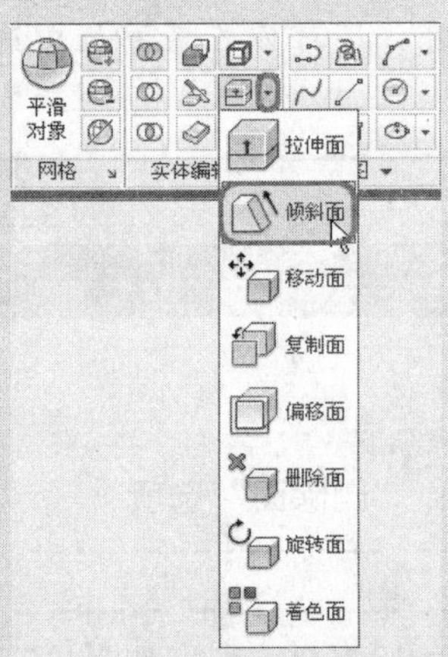

图437-1　选择"倾斜面"选项

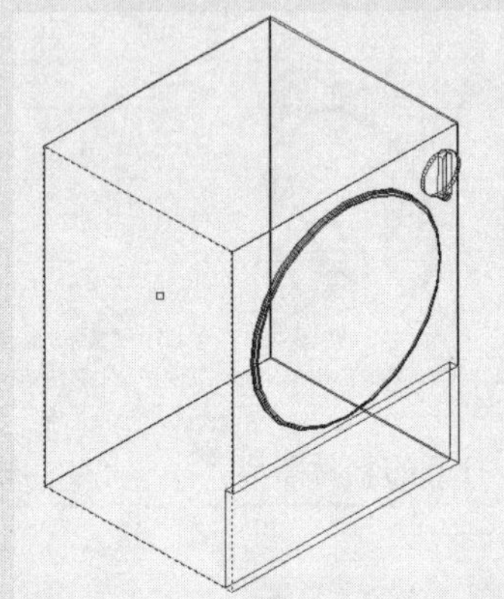
图437-2　选择三维面

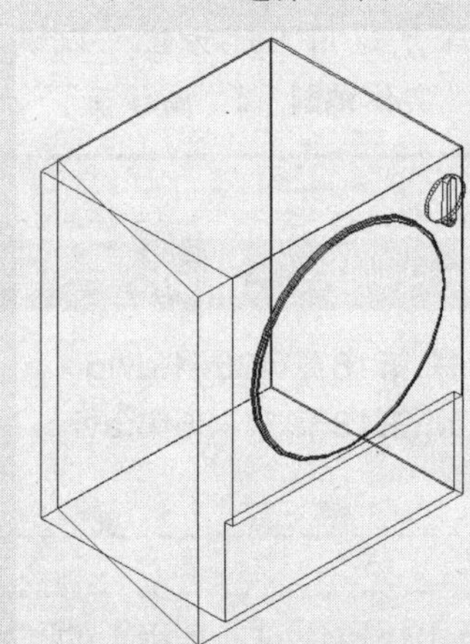
图437-3　倾斜三维面

第438集　着色三维面

素材：无　　效果：无

视频：视频\第18章\第438集.avi　　时长：48秒

难度：★　　关键技术："着色面"选项

01 以第435集素材为例，选择"功能区"选项板中的"常用"选项卡，在"实体编辑"面板中单击"拉伸面"右侧的下三角按钮，在弹出的下拉菜单中选择"着色面"选项，如图438-1所示。

02 根据命令行的提示进行操作，选择

如图438-2所示的三维面，按Enter键确认。

03 在弹出的“选择颜色”对话框选择RGB值为（0,0,255）的颜色，单击“确定”按钮，即可为三维面着色，如图438-3所示。

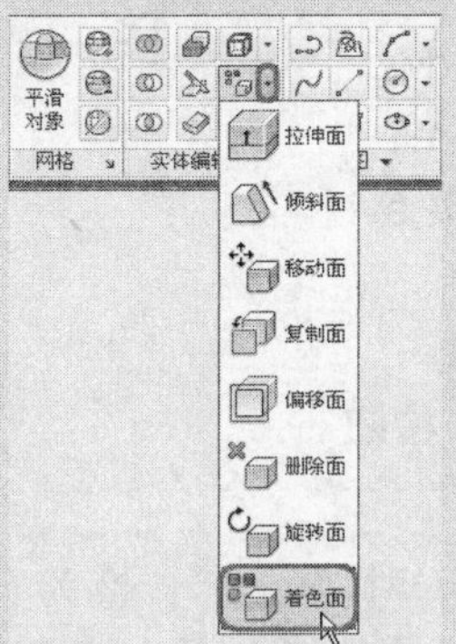

图438-1　选择“着色面”选项

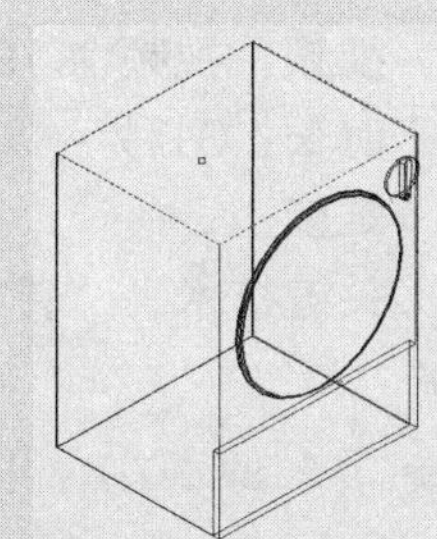
图438-2　选择三维面

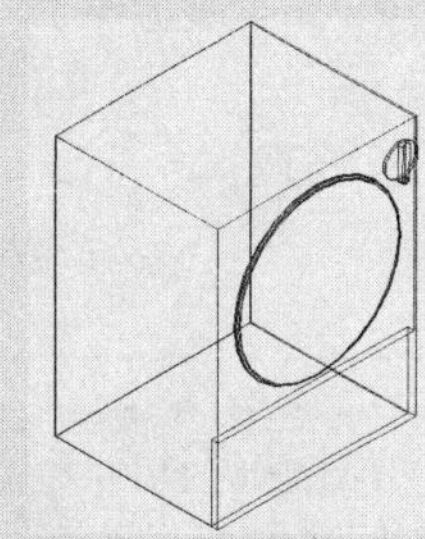
图438-3　为三维面着色

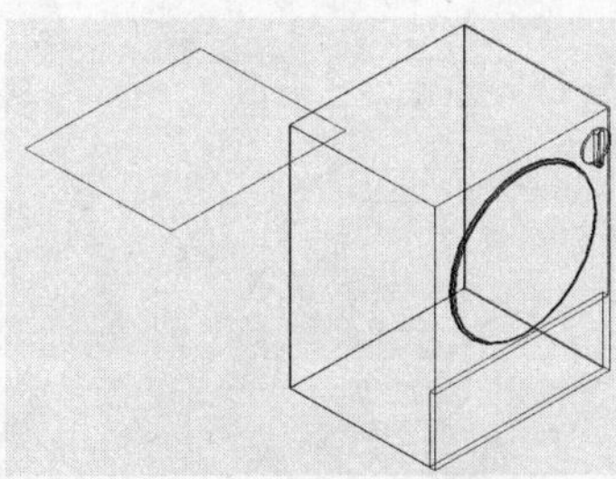

第439集　复制三维面

素材：无

效果：效果\第18章\第439集.dwg

视频：视频\第18章\第439集.avi

时长：42秒

难度：★

关键技术：“复制面”选项

01 以第435集素材为例，选择“功能区”选项版中的“常用”选项卡，在“实体编辑”面板中单击“拉伸面”右侧的下三角按钮，在弹出的下拉菜单中选择“复制面”选项，如图439-1所示。

02 根据命令行的提示进行操作，选择如图439-2所示的三维面，按Enter键确认，指定基点为“556,277”，按Enter键确认，指定位移第二点为“302,470”，并按Enter键确认。

03 执行操作后即可完成复制三维面，如图439-3所示。

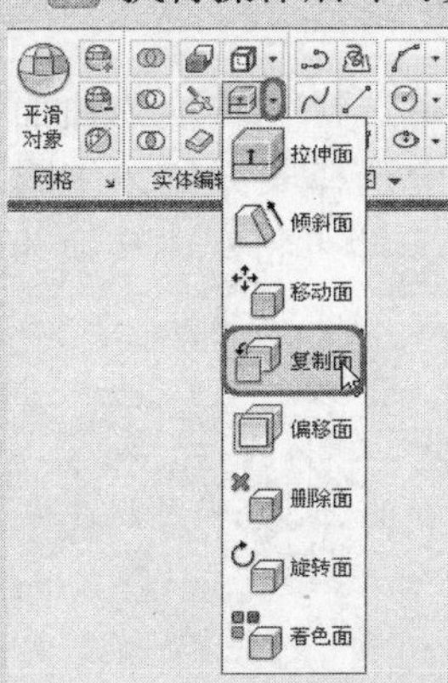

图439-1　选择“复制面”选项

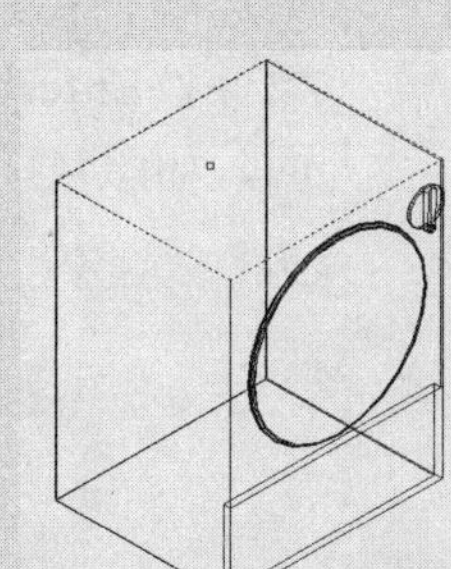
图439-2　选择三维面

图439-3　复制完成的三维面

18.5 互换三维曲面和实体

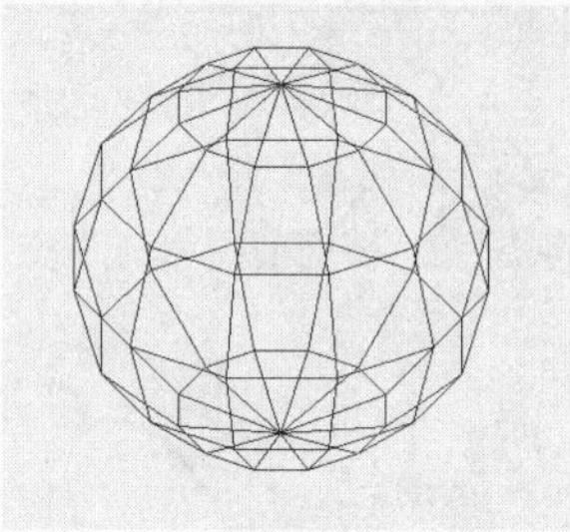

第440集 曲面转换为实体

素材：素材\第18章\440-1.dwg
效果：效果\第18章\440-1.avi
视频：视频\第18章\第440集.avi
时长：31秒
难度：★
关键技术：“转换为实体”按钮

01 单击快速访问工具栏上的“打开”按钮，打开一幅素材图形，如图440-1所示。

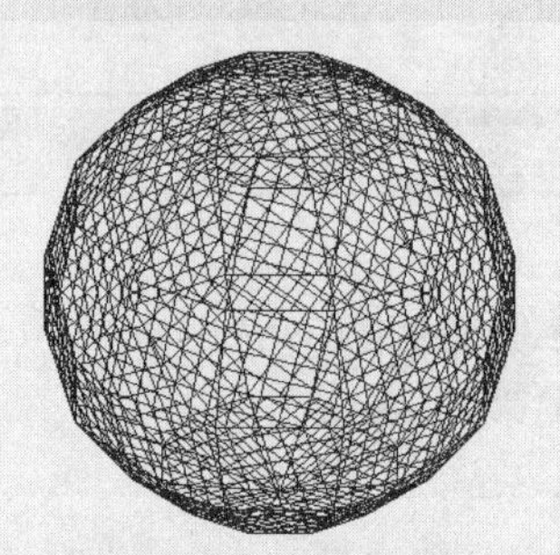

图440-1 打开的素材图形

02 在“功能区”选项板的“常用”选项卡中单击“实体编辑”按钮，在弹出的下拉菜单中选择“转换为实体”选项，在绘图区中选择曲面为编辑对象，按Enter键确认，即可将曲面转换为实体，如图440-2所示。

图440-2 完成后的效果

第441集 实体转换为曲面

素材：无
效果：无
视频：视频\第18章\第441集.avi
时长：26秒
难度：★
关键技术：“转换为曲面”按钮

01 在绘图区中绘制一个长方体，并将视图调整为西南等轴测视图，如图441-1所示。

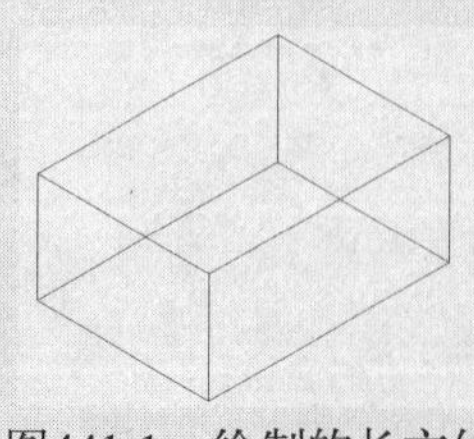

图441-1 绘制的长方体

02 在“功能区”选项板的“常用”选项卡中单击“实体编辑”按钮，在弹出的下拉菜单中选择“转换为曲面”选项，在绘图区中选择长方体为编辑对象，按Enter键确认，即可将实体转换为曲面，如图441-2所示。

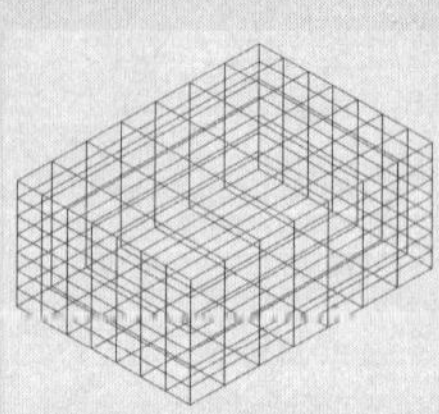

图441-2 完成后的效果

18.6　创建三维复合实体

第442集　并集三维实体

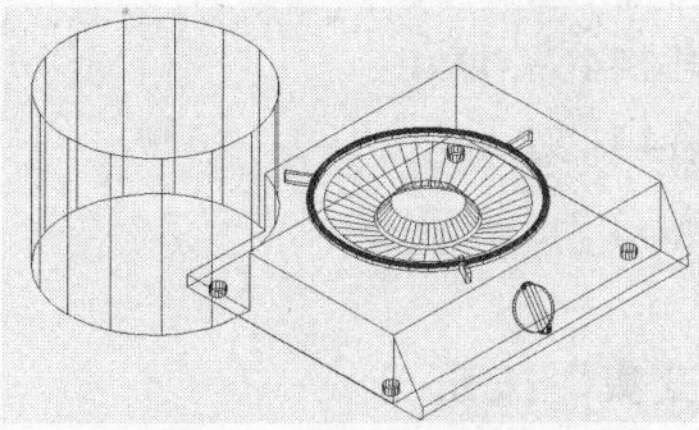

素材：素材\第18章\442-1.dwg
效果：效果\第18章\第442集.dwg
视频：视频\第18章\第442集.avi
时长：30秒
难度：★
关键技术："实体，并集"按钮

01 单击快速访问工具栏上的"打开"按钮，打开一幅素材图形，如图442-1所示。

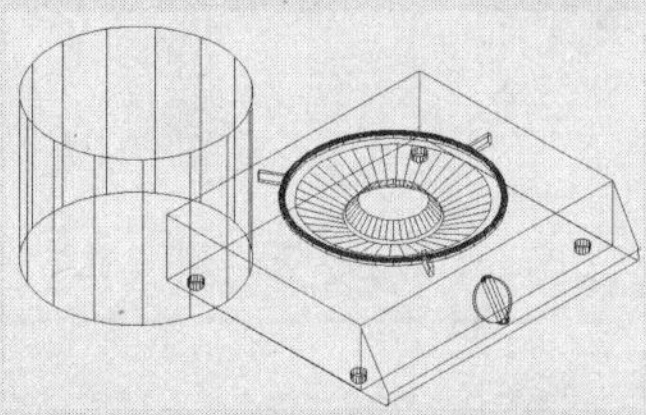

图442-1　打开的素材图形

02 选择"功能区"选项板中的"常用"选项卡，在"实体编辑"面板中单击"实体，并集"按钮，根据命令行的提示进行操作，在绘图区中分别选择长方体和圆柱体，如图442-2所示。

03 按Enter键确认，执行操作后，即可完成并集三维实体，如图442-3所示。

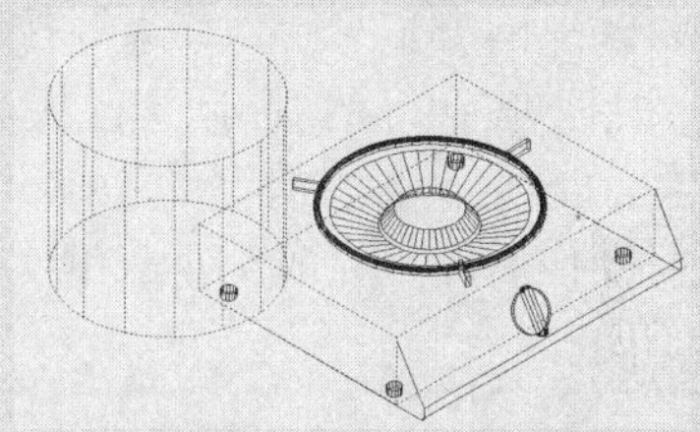

图442-2　选择编辑对象

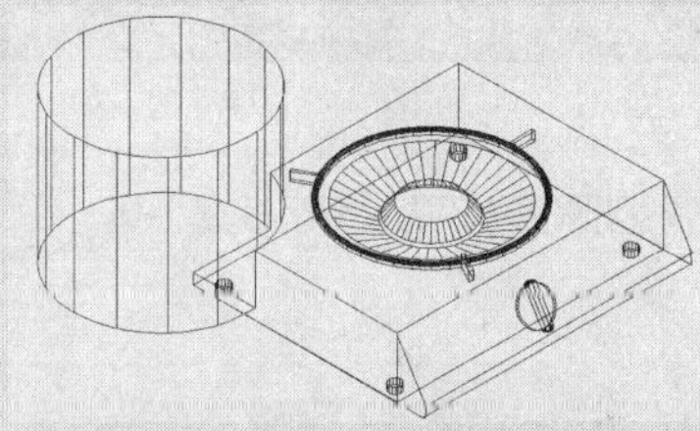

图442-3　并集三维实体

第443集　差集三维实体

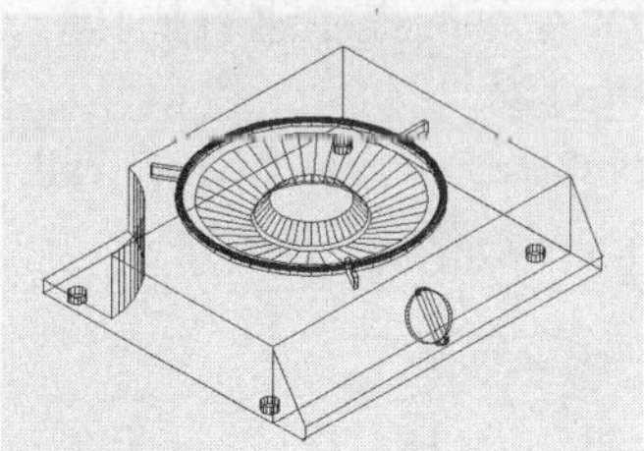

素材：无
效果：效果\第18章\第443集.dwg
视频：视频\第18章\第443集.avi
时长：24秒
难度：★
关键技术："实体，差集"按钮

01 以第442集素材为例，选择"功能区"选项板中的"常用"选项卡，在"实体编辑"面板中单击"实体，差集"按钮。

02 根据命令行的提示进行操作，选择长方体，按Enter键确认，再选择圆柱体，并按Enter键确认，执行操作后即可完成差集三维实体，如图443-1所示。

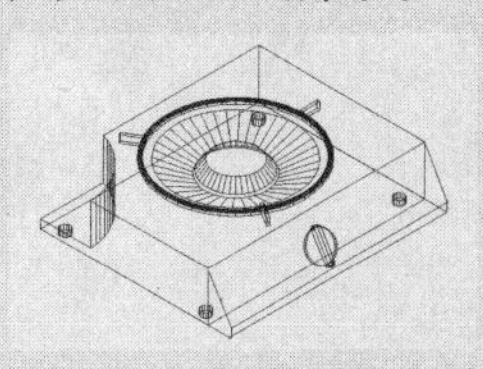

图443-1　差集三维实体

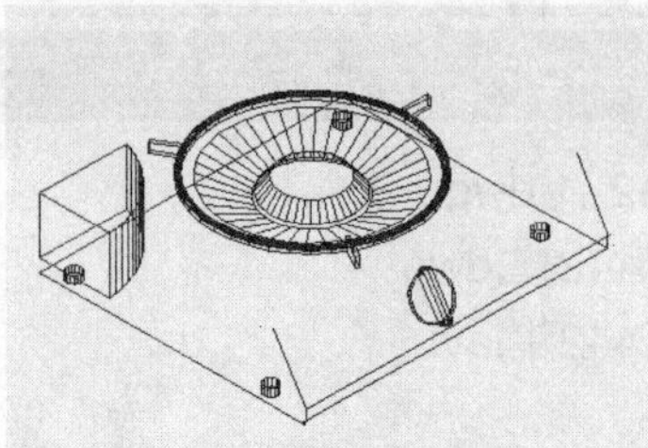

第444集　交集三维实体

素材：无
效果：效果\第18章\第444集.dwg
视频：视频\第18章\第444集.avi
时长：18秒
难度：★
关键技术："实体，交集"按钮

01 以第442集素材为例，选择"功能区"选项板中的"常用"选项卡，在"实体编辑"面板中单击"实体，交集"按钮。

02 根据命令行的提示进行操作，选择长方体，再选择圆柱体，并按Enter键确认，执行操作后即可完成交集三维实体，如图444-1所示。

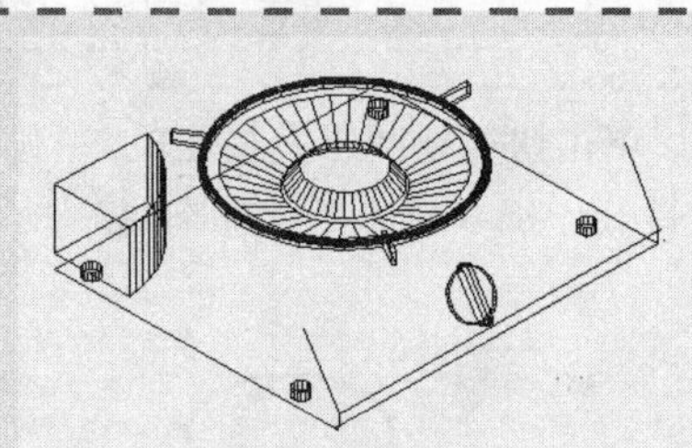

图444-1　交集三维实体

第445集　抽壳三维实体

素材：无
效果：无
视频：视频\第18章\第445集.avi
时长：32秒
难度：★
关键技术："抽壳"选项

01 以第442集的素材为例，选择"功能区"选项板中的"视图"选项卡，在"视图"面板中单击"视图"按钮，在弹出的下拉菜单中选择"俯视"选项，将视图调整为俯视图，如图445-1所示。

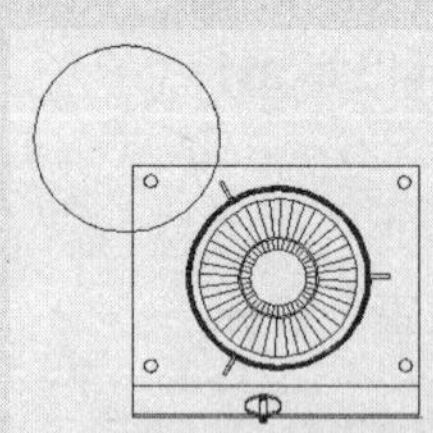

图445-1　调整视图

02 选择"功能区"选项板中的"常用"选项卡，在"实体编辑"面板中单击"分割"右侧的下三角按钮，在弹出的下拉菜单中选择"抽壳"选项。

03 根据命令行的提示进行操作，选择圆柱体为编辑对象，按Enter键确认，在命令行中输入45并确认，执行操作后，即可完成抽壳三维实体，如图445-2所示。

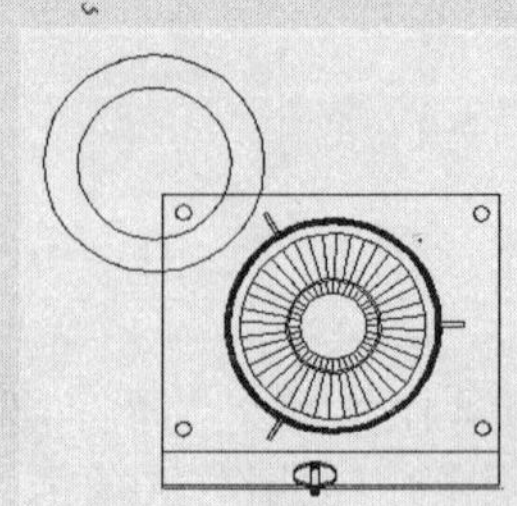

图445-2　抽壳三维实体

第19章 观察与渲染三维图形

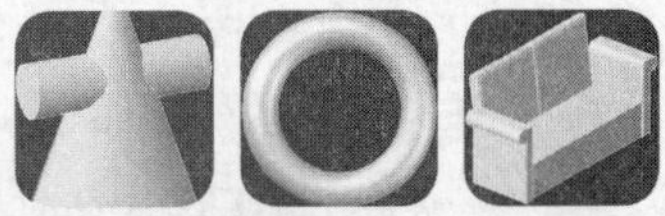

渲染是给三维图形对象加上颜色和材质因素，再辅助以灯光、背景和场景等因素，更加真实地表达图形的外观和纹理。渲染图形对象后，其表面将会显示出明暗色彩和光照效果等。用户还可以围绕三维模型进行动态观察、回旋、漫游和飞行，设置相机，创建预览动画以及录制运动路径动画。

19.1 设置三维模型视觉显示

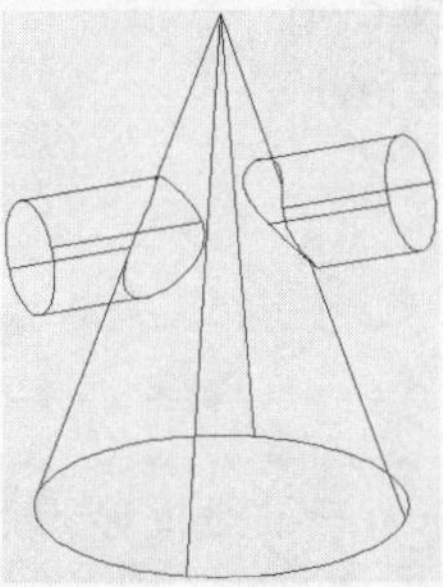

第446集 设置二维线框显示

素材：素材\第19章\446-1.dwg

效果：效果\第19章\第446集.dwg

视频：视频\第19章\第446集.avi

时长：27秒

难度：

关键技术：“二维线框”按钮

01 单击快速访问工具栏中的“打开”按钮，在弹出的对话框中打开一幅素材图形，如图446-1所示。

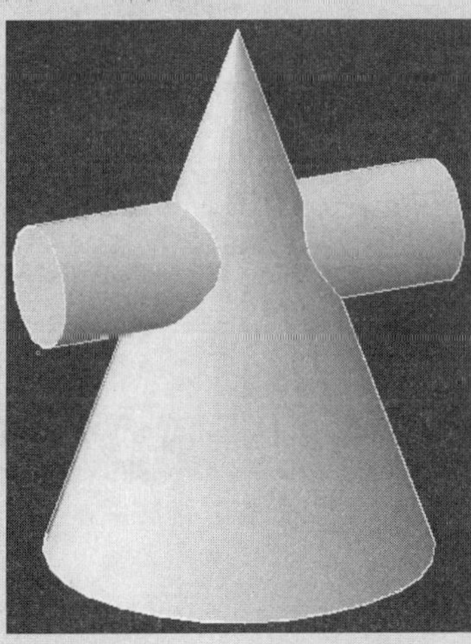

图446-1 打开的素材图形

02 选择“功能区”选项板中的“常用”选项卡，在“视图”面板上单击“概念”按钮，在弹出的面板上单击“二维线框”按钮，如图446-2所示。

03 将其设置为二维线框显示后，如图446-3所示。

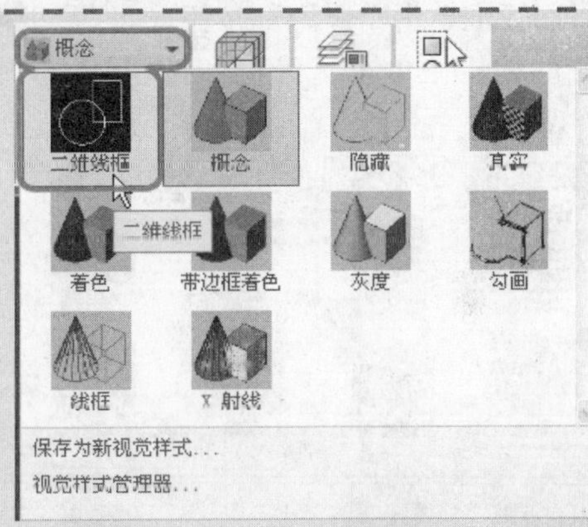

图446-2 单击“二维线框”按钮

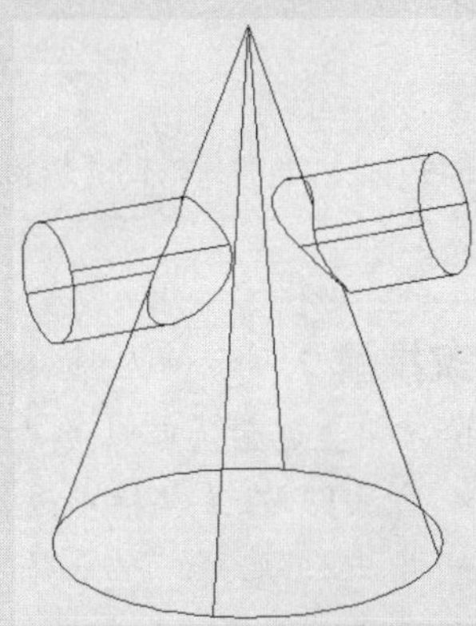

图446-3 二维线框显示

专家提醒

除了用上述方法可以设置二维线框显示外，还有以下两种方法。

- 方法1：在菜单栏中选择“视图”|“视觉样式”|“二维线框”命令。
- 方法2：选择“功能区”选项板中的“视图”选项卡，在“视觉样式”面板上单击“二维线框”按钮。

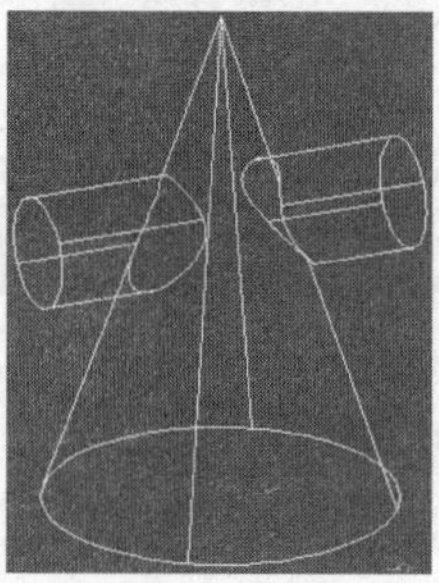

第447集　设置三维线框显示

素材：素材\第19章\446-1.dwg

效果：效果\第19章\第447集.dwg

视频：视频\第19章\第447集.avi

时长：19秒

难度：★

关键技术：“线框”按钮

01 继续使用第446集中的素材。选择“功能区”选项板中的“常用”选项卡，在“视图”面板上单击“概念”按钮，在弹出的面板上单击“线框”按钮，如图447-1所示。

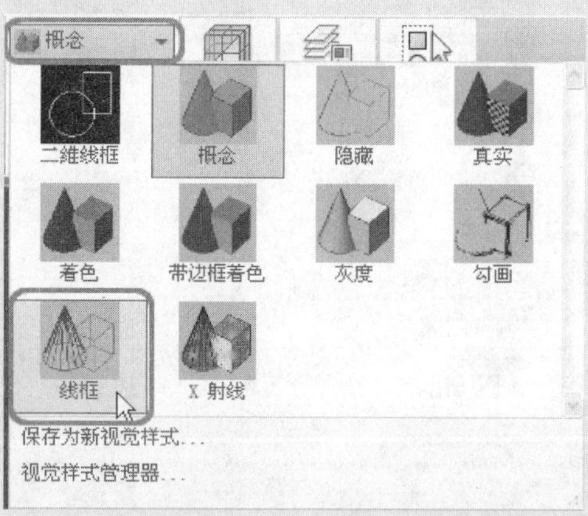

图447-1　单击“线框“按钮

02 将其设置为三维线框显示后，如图447-2所示。

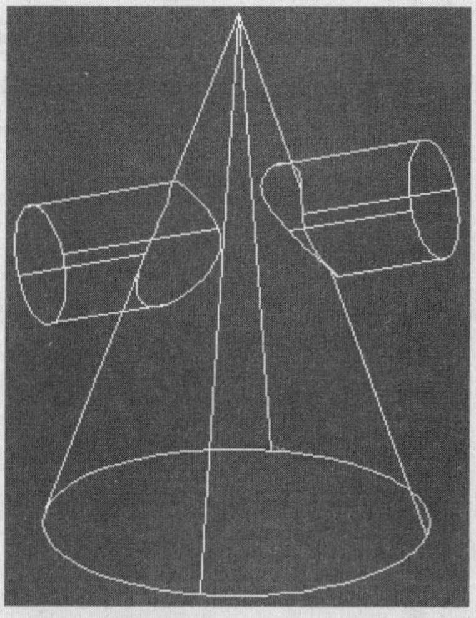

图447-2　设置三维线框显示

专家提醒

除了用上述方法可以设置三维线框显示外，还有以下两种方法。

- 方法1：在菜单栏中选择“视图”|“视觉样式”|“线框”命令。
- 方法2：选择“功能区”选项板中的“视图”选项卡，在“视觉样式”面板上单击“线框”按钮。

第448集 设置三维隐藏显示

素材：素材\第19章\448-1.dwg
效果：效果\第19章\第448集.dwg
视频：视频\第19章\第448集.avi
时长：22秒
难度：★
关键技术："隐藏"按钮

01 单击快速访问工具栏中的"打开"按钮，在弹出的对话框中打开一幅素材图形，如图448-1所示。

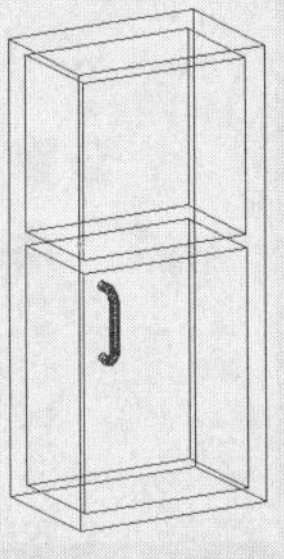

图448-1 打开的素材图形

02 选择"功能区"选项板中的"常用"选项卡，在"视图"面板上单击"隐藏"按钮，如图448-2所示。

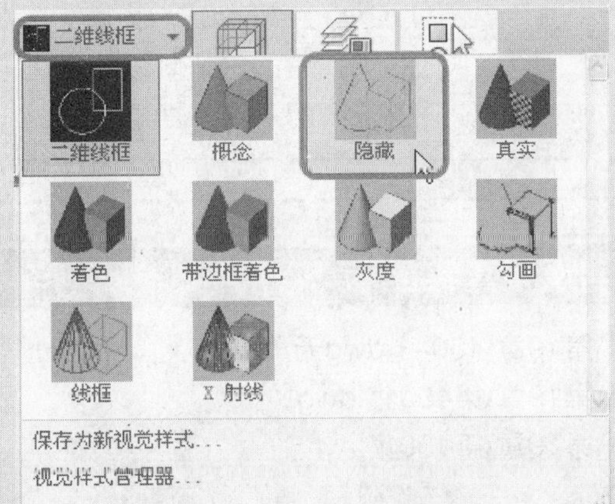

图448-2 单击"隐藏"按钮

03 将其设置为三维隐藏显示后，如图448-3所示。

图448-3 设置三维隐藏显示

专家提醒

除了用上述方法可以设置三维隐藏显示外，还有以下两种方法。

- 方法1：在菜单栏中选择"视图"|"视觉样式"|"消隐"命令。
- 方法2：选择"功能区"选项板中的"视图"选项卡，在"视觉样式"面板上单击"隐藏"按钮。

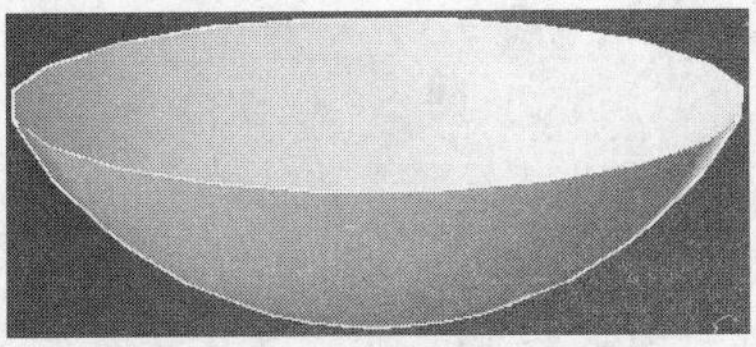

第449集 设置概念显示

素材：素材\第19章\449-1.dwg
效果：效果\第19章\第449集.dwg
视频：视频\第19章\第449集.avi
时长：16秒
难度：★
关键技术："概念"按钮

01 单击快速访问工具栏中的“打开”按钮，在弹出的对话框中打开一幅素材图形，如图449-1所示。

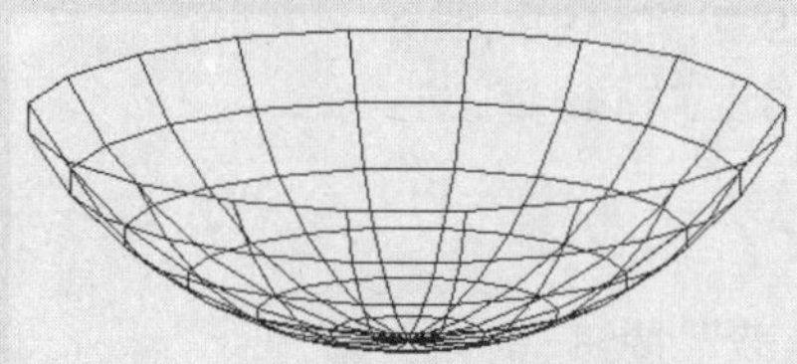

图449-1 打开的素材图形

02 选择“功能区”选项板中的“常用”选项卡，在“视图”面板上单击“概念”按钮，如图449-2所示。

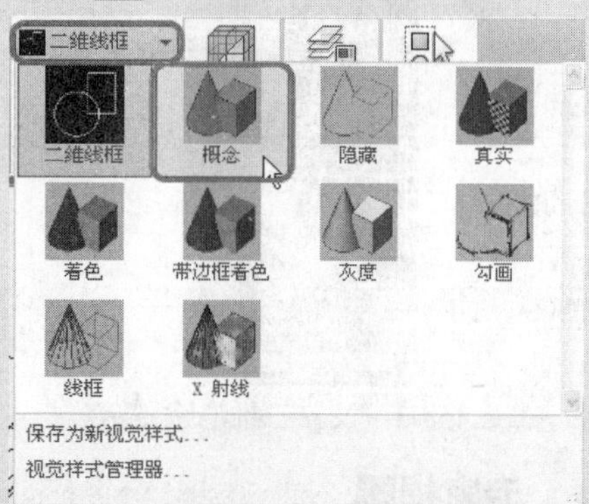

图449-2 单击“概念”按钮

03 将其设置为概念显示后，如图449-3所示。

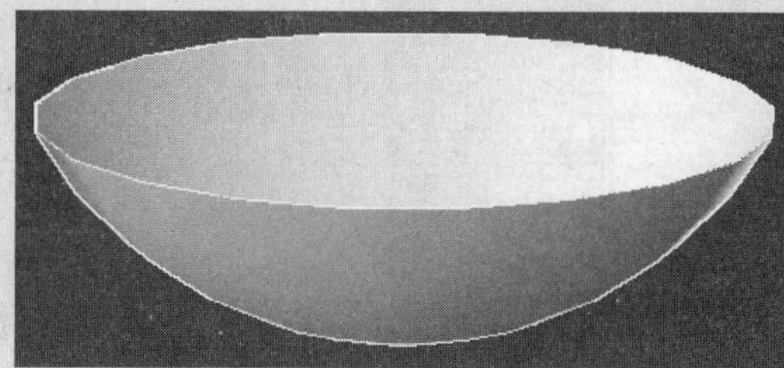

图449-3 设置概念显示

专家提醒

除了用上述方法可以设置概念显示外，还有以下两种方法。

- 方法1：在菜单栏中选择“视图”|“视觉样式”|“概念”命令。
- 方法2：选择“功能区”选项板中的“视图”选项卡，在“视觉样式”面板上单击“概念”按钮。

第450集 设置真实显示

素材：素材\第19章\450-1.dwg无
效果：效果\第19章\第450集.dwg
视频：视频\第19章\第450集.avi
时长：15秒
难度：★
关键技术：“真实”按钮

01 单击快速访问工具栏中的“打开”按钮，在弹出的对话框中打开一幅素材图形，如图450-1所示。

02 选择“功能区”选项板中的“常用”选项卡，在“视图”面板上单击“真实”按钮，如图450-2所示。

03 将其设置为真实显示后，如图450-3所示。

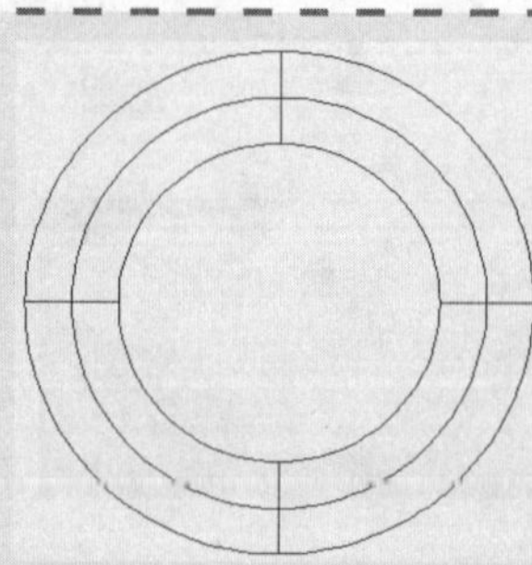

图450-1 打开的素材图形

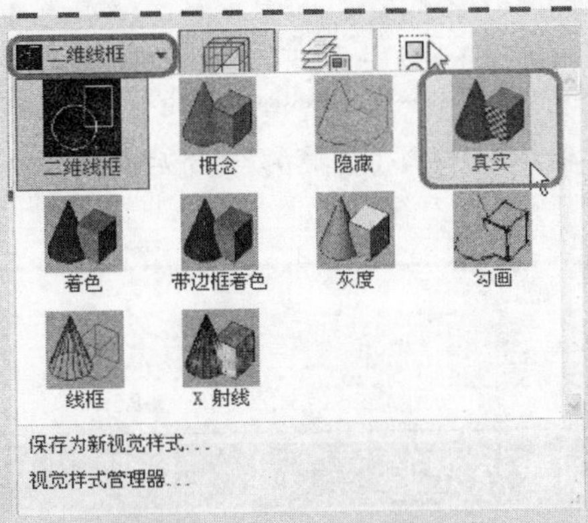

图450-2　单击“真实”按钮

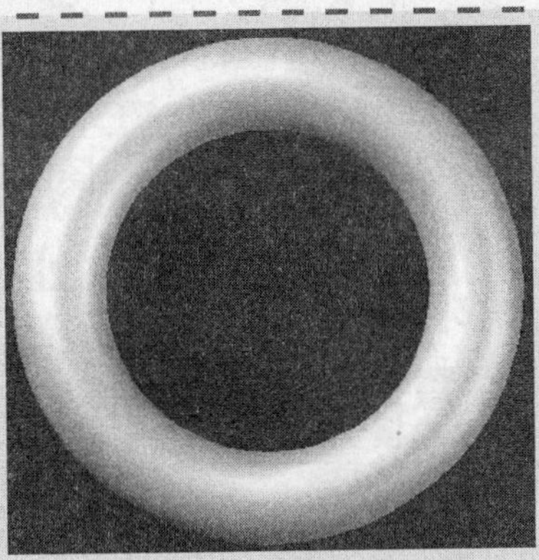

图450-3　设置真实显示

专家提醒

除了用上述方法可以设置真实显示外，还有以下两种方法。

- 方法1：在菜单栏中选择“视图”|“视觉样式”|“真实”命令。
- 方法2：选择“功能区”选项板中的“视图”选项卡，在“视觉样式”面板上单击“真实”按钮。

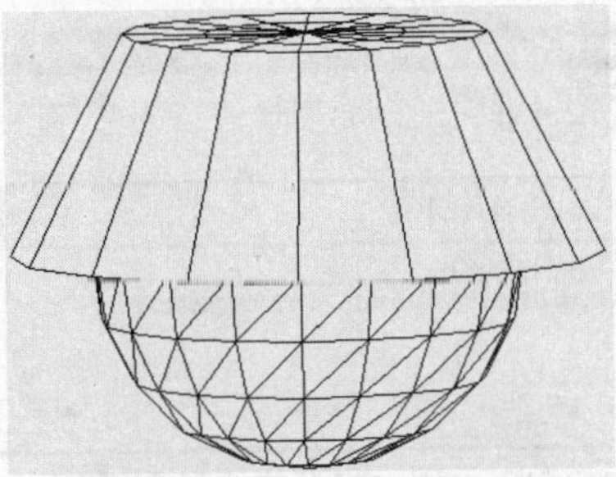

第451集　设置消隐显示

素材：素材\第19章\451-1.dwg

效果：效果\第19章\第451集.dwg

视频：视频\第19章\第451集.avi

时长：16秒

难度：★

关键技术：“消隐”命令

01 单击快速访问工具栏中的“打开”按钮，在弹出的对话框中打开一幅素材图形，如图451-1所示。

图451-1　打开的素材图形

02 在菜单栏中选择“视图”|“消隐”命令，即可设置为消隐显示，如图451-2所示。

图451-2　设置消隐显示

专家提醒

除了用上述方法外，还可以在命令行中输入HIDE（消隐）命令后按Enter键确认。

19.2 设置三维图形光源

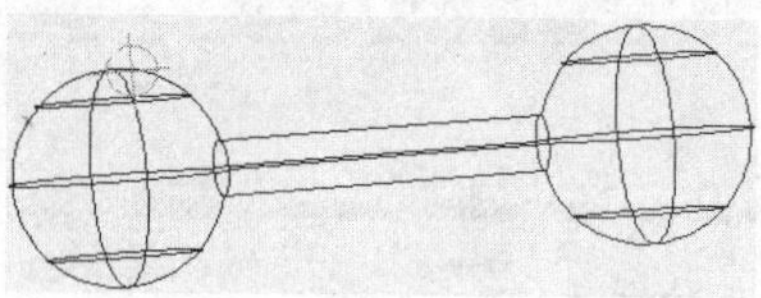

第452集 创建点光源

素材：素材\第19章\452-1.dwg
效果：效果\第19章\第452集.dwg
视频：视频\第19章\第452集.avi
时长：37秒
难度：★
关键技术："点"按钮

01 单击快速访问工具栏中的"打开"按钮，在弹出的对话框中打开一幅素材图形，如图452-1所示。

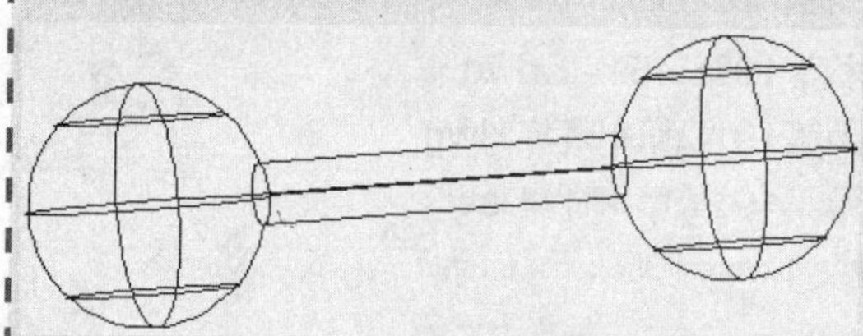

图452-1 打开的素材图形

02 选择"功能区"选项板中的"渲染"选项卡，在"光源"面板上单击"点"按钮，弹出"光源-视口光源模式"对话框，单击"关闭默认光源（建议）"按钮，如图452-2所示。

03 根据命令行提示进行操作，在命令行中输入（1841,1498,299），按Enter键确认，输入X（退出）按Enter键确认。即可创建点光源，如图452-3所示。

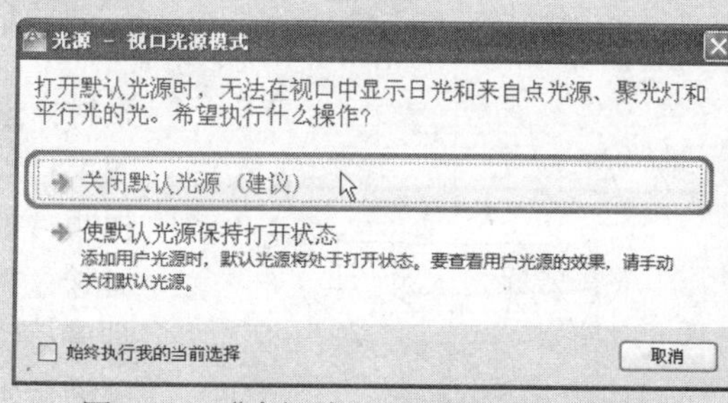

图452-2 "光源-视口光源模式"对话框

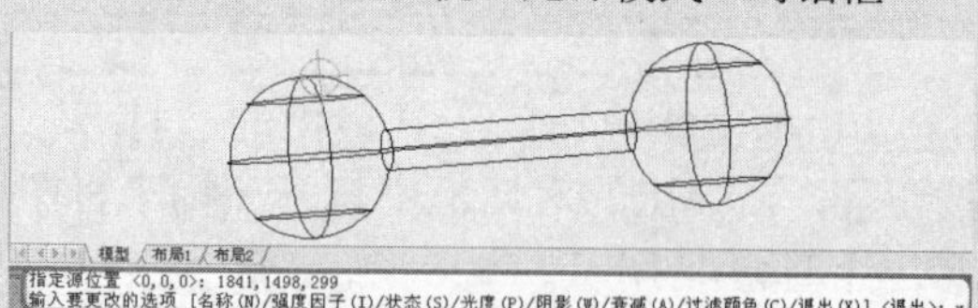

图452-3 创建点光源

专家提醒

除了用上述方法创建点光源外，还有以下两种方法。

- 方法1：在菜单栏中选择"视图"|"渲染"|"光源"|"新建点光源"命令。
- 方法2：在命令行中输入POINTLIGHT（点光源）命令，按Enter键确认。

第453集　查看光源列表

素材：素材\第19章\453-1.dwg　　效果：无
视频：视频\第19章\第453集.avi　　时长：19秒
难度：★　　关键技术：“模型中的光源”按钮

01 单击快速访问工具栏中的“打开”按钮，在弹出的对话框中打开一幅素材图形，如图453-1所示。

图453-1　打开的素材图形

02 选择“功能区”选项板中的“渲染”选项卡，在“光源”面板上单击“模型中的光源”按钮，弹出“模型中的光源”面板，即可在面板上查看光源列表，如图453-2所示。

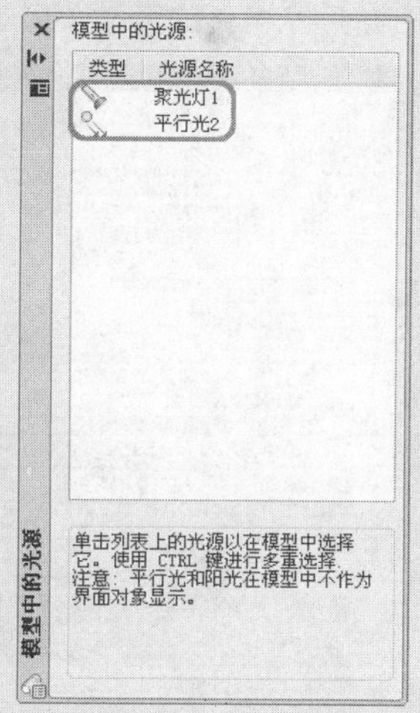

图453-2　查看光源列表

专家提醒

除了用上述方法查看光源列表外，还有以下3种方法。

- 方法1：在菜单栏中选择“视图”|“渲染”|“光源”|“光源列表”命令。
- 方法2：在命令行中输入LIGHTLIST（光源）命令，按Enter键确认。
- 方法3：选择“功能区”选项板中的“视图”选项卡，在“选项板”面板上单击“模型选项板中的光源”按钮。

第454集　控制光源轮廓显示

素材：素材\第19章\454-1.dwg　　效果：无
视频：视频\第19章\第454集.avi　　时长：1分14秒
难度：★★　　关键技术：“编辑轮廓颜色”按钮

01 单击快速访问工具栏中的“打开”按钮，在弹出的对话框中打开一幅素材图形，如图454-1所示。

02 单击按钮，在弹出的下拉菜单中选择“选项”选项，弹出“选项”对话框，选择“绘图”选项卡，然后单击“光线轮廓设置”按钮，如图454-2所示。

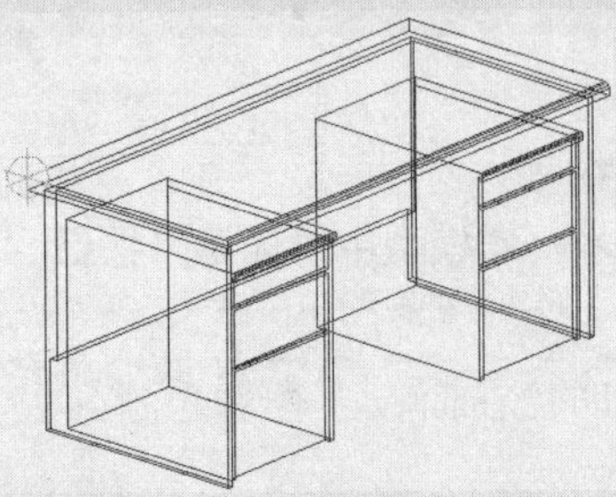

图454-1　打开的素材图形

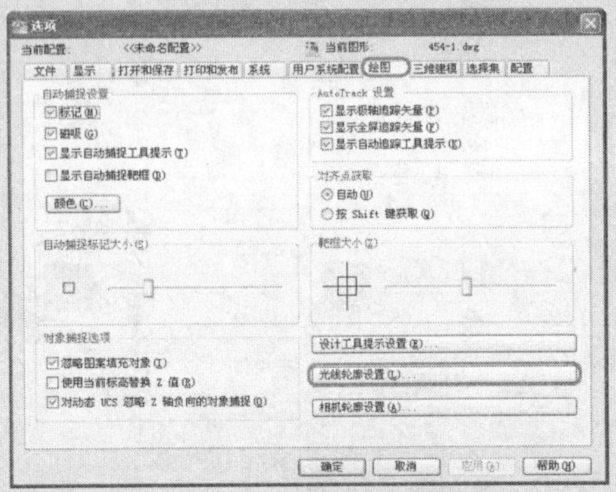

图454-2　单击“光线轮廓设置”按钮

03 弹出“光线轮廓外观”对话框，单击“编辑轮廓颜色”按钮，如图454-3所示。

04 弹出“图形窗口颜色”对话框，单击“颜色”下拉按钮，在弹出的下拉列表中选择“青”选项，如图454-4所示。

05 单击“应用并关闭”按钮，返回到“光线轮廓外观”对话框，单击“确定”按钮，返回到“选项”对话框，单击“确定”按钮，将鼠标指针移至绘图区中的光源上单击鼠标，即可更改光源轮廓颜色显示，然后按Esc键，如图454-5所示。

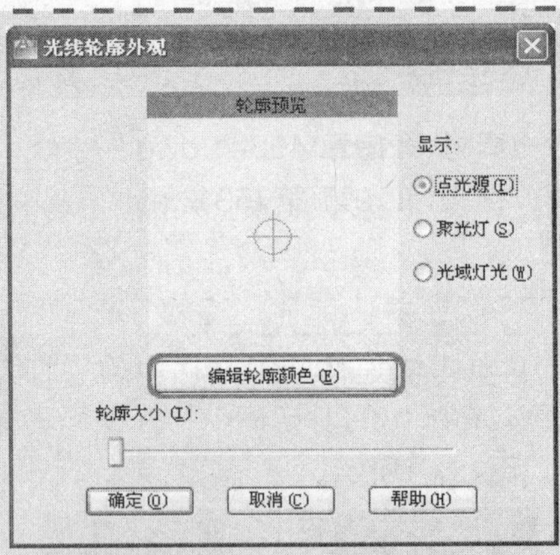

图454-3　“编辑轮廓颜色”按钮

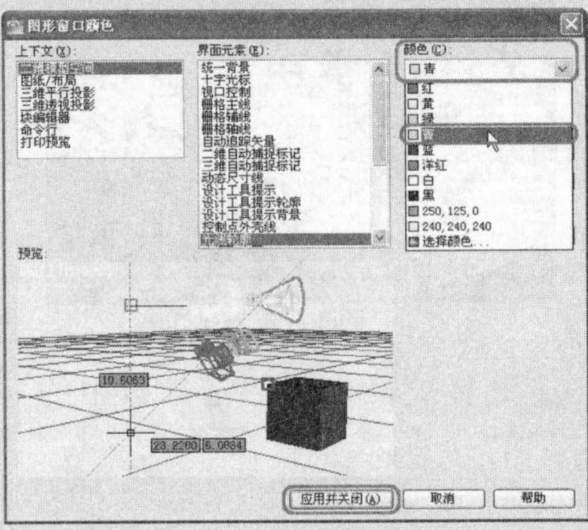

图454-4　设置颜色

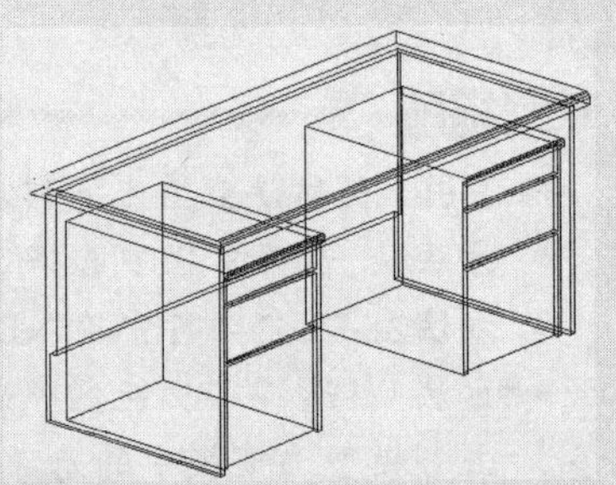

图454-5　更改光源轮廓颜色显示

第455集　设置阳光特性

素材：素材\第19章\455-1.dwg　　效果：无

视频：视频\第19章\第455集.avi　　时长：45秒

难度：★　　关键技术：“阳光特性”按钮

01 单击快速访问工具栏中的“打开”按钮，在弹出的对话框中打开一幅素材图形，如图455-1所示。

02 选择“功能区”选项板中的“渲染”选项卡，在“阳光和位置”面板上单击“阳光特性”按钮，弹出“阳光特性”面板，如图455-2所示。

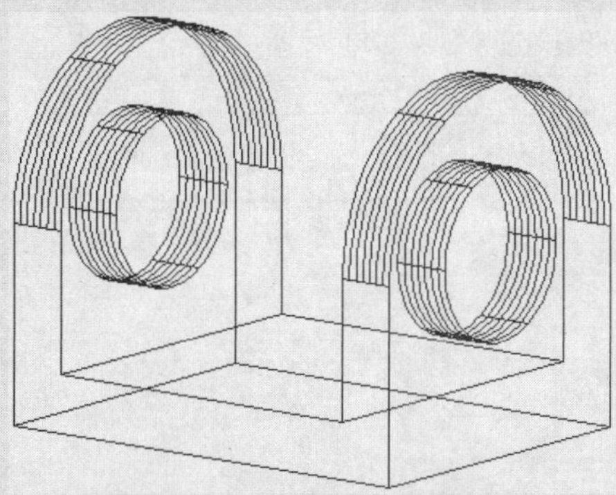

图455-1　打开的素材图形

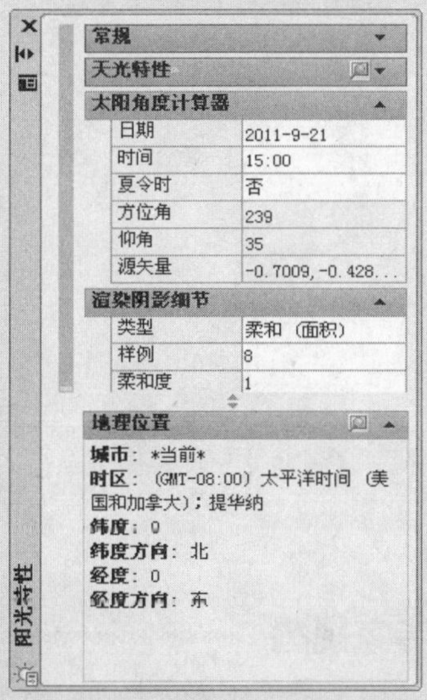

图455-2　“阳光特性”面板

03 在“太阳角度计算器”列表框中将“时间”设置为19:00，此时，面板上的方位角、仰角和源矢量的值都会发生变化，即可用这种方法设置阳光特性，如图455-3所示。

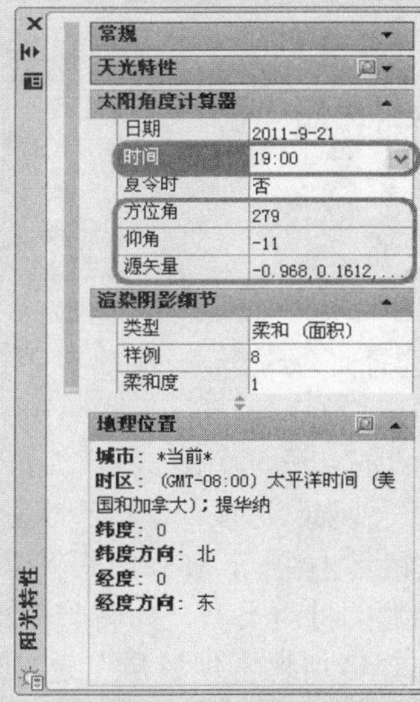

图455-3　设置阳光特性

专家提醒

除了用上述方法设置阳光特性外，还有以下3种方法。

- 方法1：在菜单栏中选择“视图”|“渲染”|“光源”|“阳光特性”命令。
- 方法2：在命令行中输入SUNPROPERTIES（阳光特性）命令，按Enter键确认。
- 方法3：选择“功能区”选项板中的“视图”选项卡，在“选项板”面板上单击“阳光特性选项板”按钮。

19.3　设置三维材质

第456集　创建材质

素材：素材\第19章\456-1.dwg　　效果：无

视频：视频\第19章\第456集.avi　　时长：1分01秒

难度：★　　关键技术：“材质编辑器”按钮

01 单击快速访问工具栏中的“打开”按钮，在弹出的对话框中打开一幅素材图形，如图456-1所示。

图456-1　打开的素材图形

02 选择“功能区”选项板中的“渲染”选项卡，在“材质”面板上单击“材质编辑器”按钮，弹出“材质编辑器”面板，单击“外观”选项卡，然后单击“创建材质”按钮，在弹出的下拉列表中选择要创建的材质类型，如图456-2所示。在这里选择“新建常规材质”选项，单击“信息”选项卡，在“名称”文本框中输入“木桌材质”，如图456-3所示。

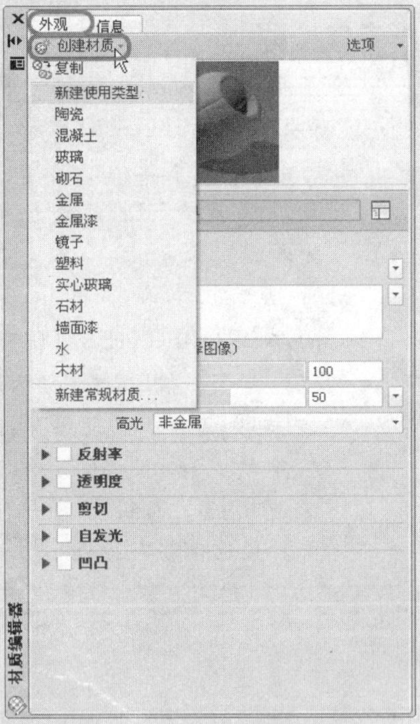

图456-2　“材质编辑器”面板

03 输入完名称后，单击“外观”选项卡，可以对材质进行设置。

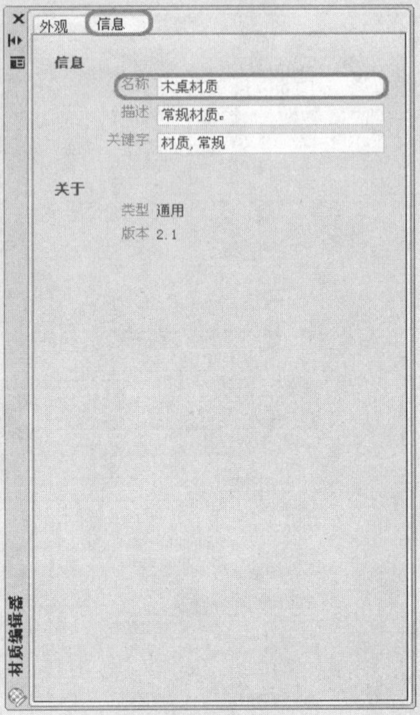

图456-3　输入名称

专家提醒

除了用上述方法打开“材质编辑器“面板外，还有以下两种方法。

- 方法1：在菜单栏中选择“视图”|“渲染”|“材质编辑器”命令。
- 方法2：选择“功能区”选项板中的“视图”选项卡，在“选项板”面板上单击“材质编辑器”按钮。

第457集　设置材质颜色

素材：无　　效果：无

视频：视频\第19章\第457集.avi　　时长：31秒

难度：★　　关键技术：“选择颜色”对话框

01 继续第456集中的操作，在“材质编辑器”面板上的“常规”选项组中单击“颜色”右侧的RGB 80 80 80按钮，弹出“选择颜色”对话框，选择“索引颜色”选项卡，选择“索引颜色：41”色块，如图457-1所示。

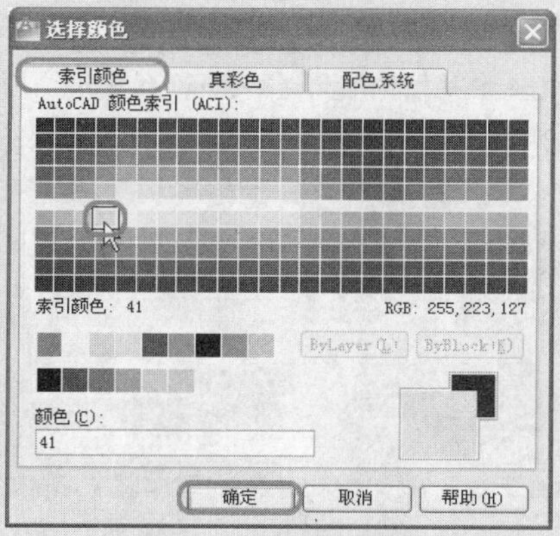

图457-1　选择颜色

02 单击“确定”按钮，即可设置材质颜色，如图457-2所示。

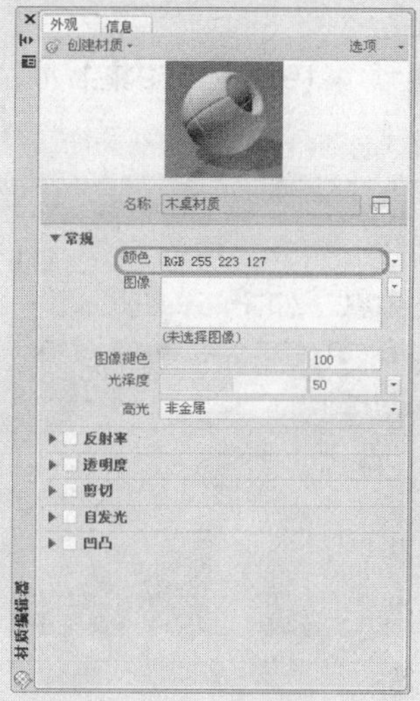

图457-2　设置后的材质颜色

第458集　复制材质

素材：无　　效果：无

视频：视频\第19章\第458集.avi　　时长：26秒

难度：★　　关键技术：“复制”选项

01 继续第457集中的操作，在“材质编辑器”面板上单击“创建材质”按钮 创建材质，在弹出的下拉菜单中选择“复制”选项，如图458-1所示。

02 更新完成后“名称”变为“木桌材质（1）”，如图458-2所示。

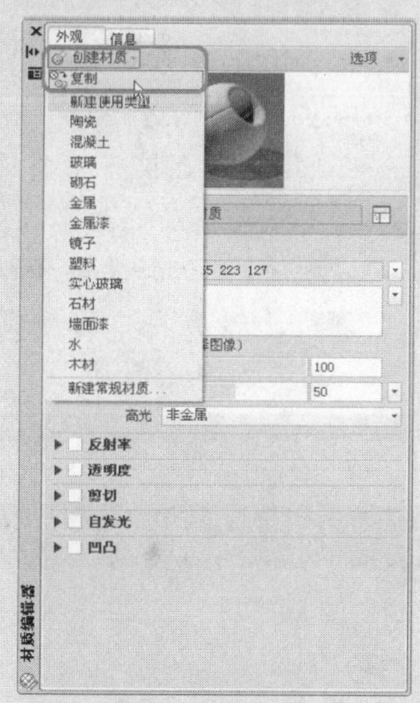

图458-1　选择“复制”选项

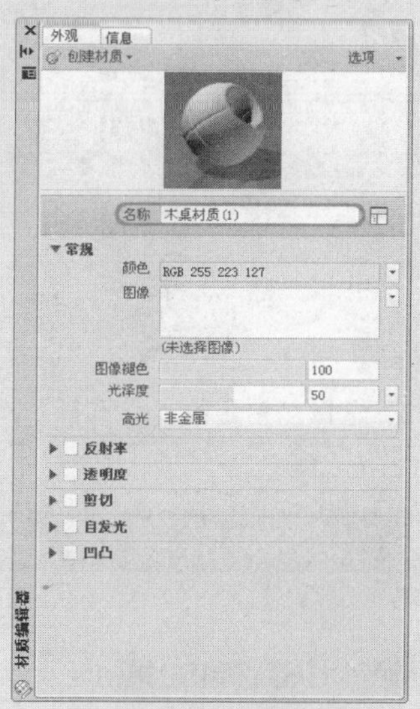

图458-2　复制的材质

第459集 赋予材质

素材：无　　效果：无

视频：视频\第19章\第459集.avi　　时长：27秒

难度：☆　　关键技术："指定给当前选择"选项

01 继续第458集中的操作，在绘图区中选择桌面对象，如图459-1所示。

图459-1　选择对象

02 在"材质编辑器"面板上单击"显示材质浏览器"按钮，弹出"材质浏览器"面板，在"木桌材质"上右击鼠标，在弹出的快捷菜单中选择"指定给当前选择"命令，如图459-2所示。

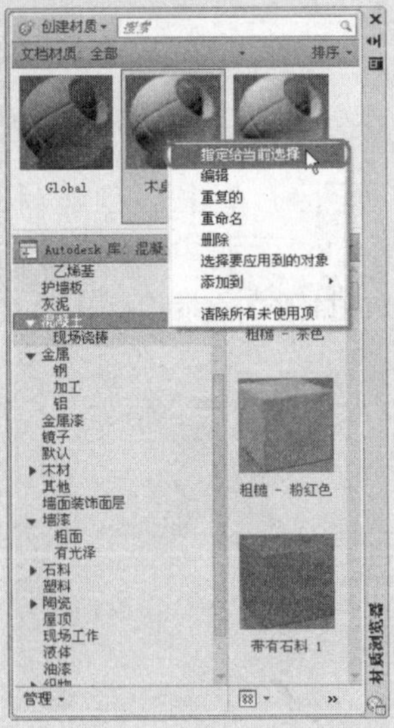

图459-2　选择"指定给当前选择"选项

03 将材质赋予给桌面对象后，如图459-3所示。

图459-3　赋予材质

专家提醒

除了用上述方法给对象赋予材质外，还有以下两方法。

- 方法1：直接将材质拖动到需要赋予材质的对象上。
- 方法2：选择要赋予材质的对象，然后在"材质浏览器"上直接单击材质。

第460集 删除材质

素材：无　　效果：无

视频：视频\第19章\第460集.avi　　时长：23秒

难度：☆　　关键技术："删除"选项

01 继续第459集中的操作，在“材质浏览器”面板上右击“木桌材质”，在弹出的快捷菜单中选择“删除”命令，如图460-1所示。

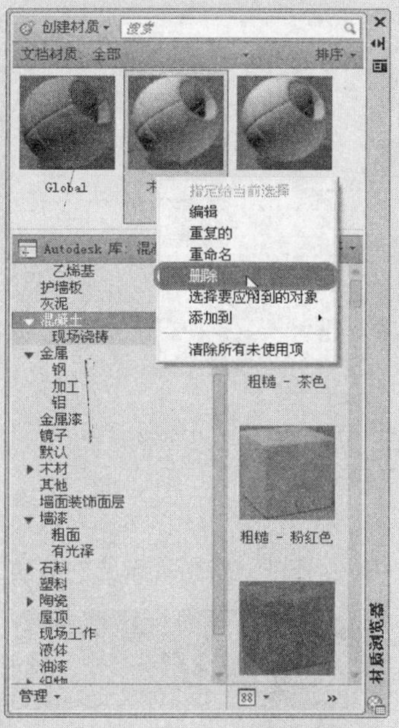

图460-1 选择“删除”选项

02 弹出“材质正在使用中”对话框，单击“是”按钮，如图460-2所示。

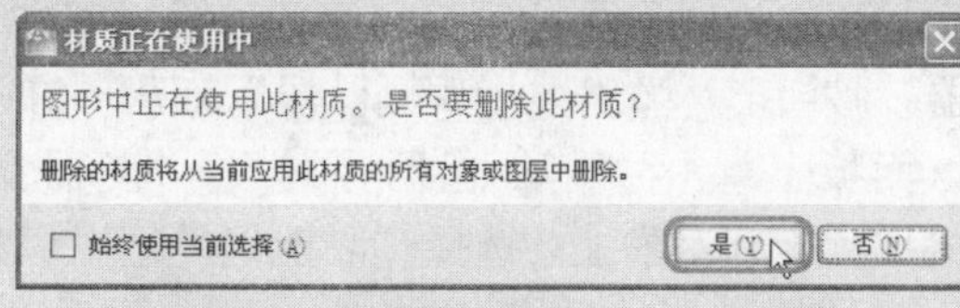

图460-2 “材质正在使用中”对话框

03 删除材质后，如图460-3所示。

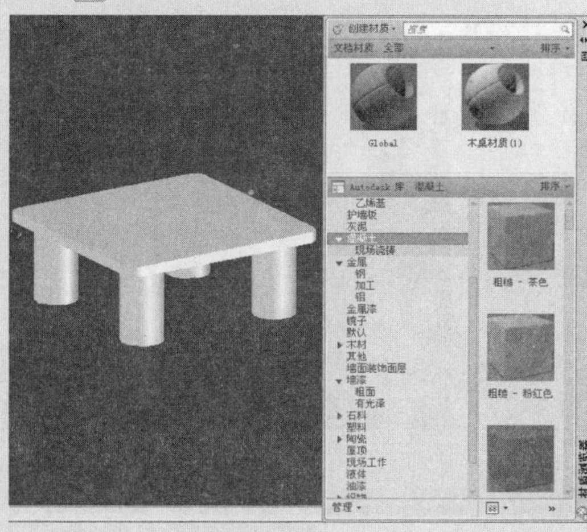

图460-3 删除材质

19.4 设置三维贴图

第461集 设置漫射贴图

素材：素材\第19章\461-1.dwg和461-2.jpg

效果：效果\第19章\第461集.dwg

视频：视频\第19章\第461集.avi

时长：1分56秒

难度：★★

关键技术：“材质编辑器”面板

01 单击快速访问工具栏中的“打开”按钮，在弹出的对话框中打开一幅素材图形，如图461-1所示。

02 选择“功能区”选项板中的“渲染”选项卡，在“材质”面板上单击“材质编辑器”按钮，弹出“材质编辑器”面板。单击“创建材质”按钮，在弹出的下拉菜单中选择“新建常规材质”选项，在“常规”选项组中将“颜色”设置为“索引颜色：31”，然后单击“图像”右侧的空白区域，弹出“材质编辑器打开文件”对话框，在该对话框中选择素材中的461-2.jpg文件，如图461-2所示。

03 单击“打开”按钮，在弹出的“纹理编辑器-Color”面板上使用默认的设置，将其关闭即可，此时的“材质编辑器”面板如图461-3所示。

04 在绘图区中选择所有的对象，在“材质编辑器”面板上单击“显示材质浏览器”按钮，弹出“材质浏览器”面板，在该面板上单击“默认 通用”材质，即可将材质赋予到对象上。选择“功能区”选项板中的“渲染”选项卡，在“渲染”面板上单击“渲染”按钮，渲染后的效果如图461-4所示。

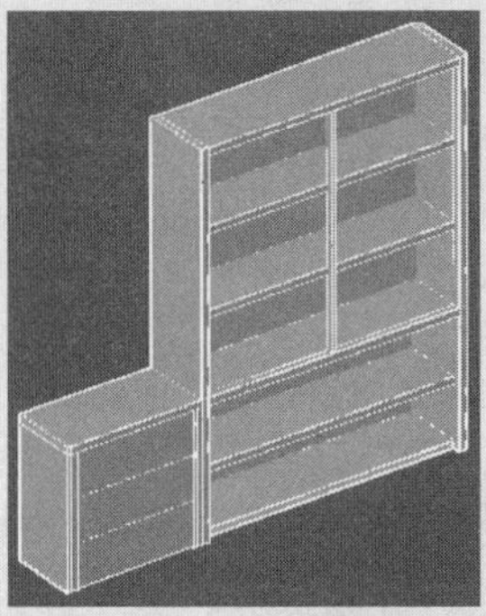

图461-1　打开的素材图形

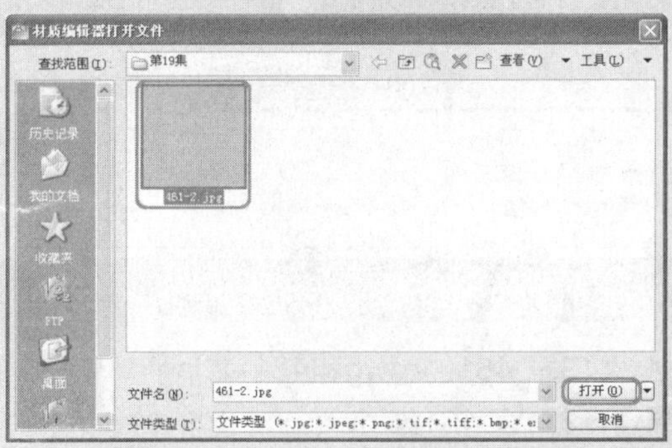

图461-2　选择材质编辑器打开文件

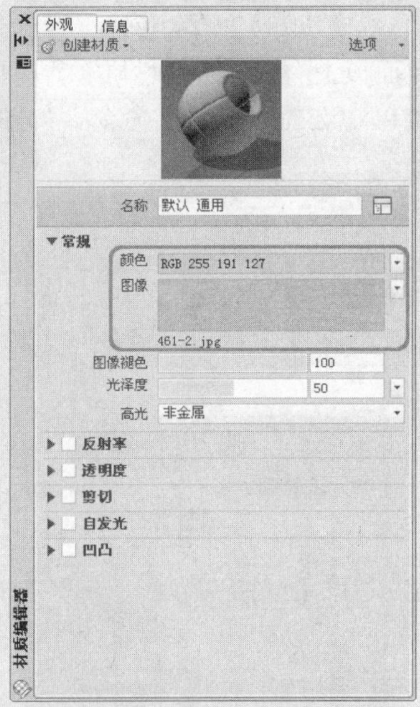

图461-3　“材质编辑器”面板

图461-4　渲染效果

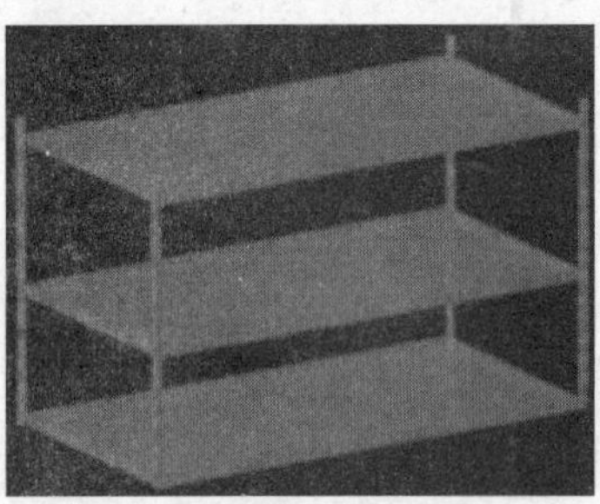

第462集　设置反射贴图

素材：素材\第19章\462-1.dwg和462-2.jpg

效果：效果\第19章\第462集.dwg

视频：视频\第19章\第462集.avi

时长：1分14秒

难度：★★

关键技术：“反射率”复选框

01 单击快速访问工具栏中的“打开”按钮，在弹出的对话框中打开一幅素材图形，如图462-1所示。

图462-1　打开的素材图形

02 选择“功能区”选项板中的“渲染”选项卡，在“材质”面板上单击“材质编辑器”按钮，弹出“材质编辑器”面板。在“常规”选项组中单击“图像”右侧的空白区域，在弹出的对话框中选择素材中的462-2.jpg文件，单击“打开”按钮。在弹出的“纹理编辑器-Color”面板上使用默认的设置，将其关闭即可，勾选“反射率”复选框，并将“直接”设置为0，“倾斜”设置为90，如图462-2所示。

03 在绘图区中选择所有对象，单击“显示材质浏览器”按钮，在“材质浏览器”面板上单击Global材质，即可将材质赋予到对象上，选择“功能区”选项板中的“渲染”选项卡，在“渲染”面板上单击“渲染”按钮，渲染后的效果如图462-3所示。

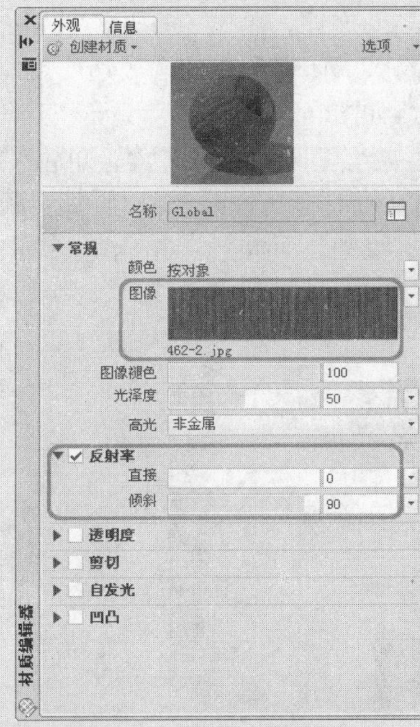

图462-2　“材质编辑器”面板

图462-3　渲染效果

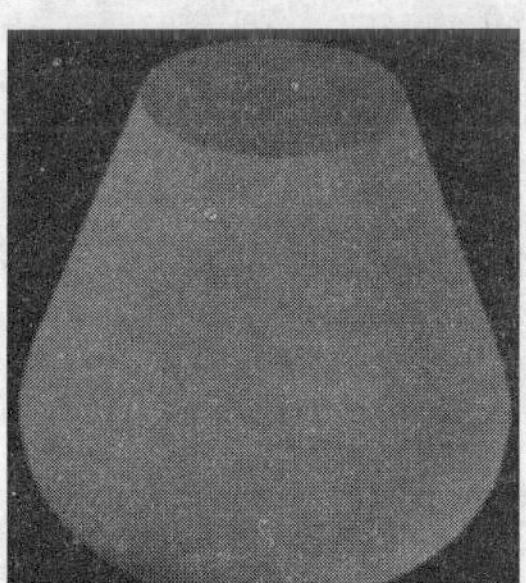

第463集　设置不透明贴图

素材：素材\第19章\463-1.dwg和463-2.jpg

效果：效果\第19章\第463集.dwg

视频：视频\第19章\第463集.avi

时长：1分14秒

难度：★★

关键技术：“透明度”复选框

01 单击快速访问工具栏中的“打开”按钮，在弹出的对话框中打开一幅素材图形，如图463-1所示。

02 选择“功能区”选项板中的“渲染”选项卡，在“材质”面板上单击“材质编辑器”按钮，弹出“材质编辑器”面板，在“常规”选项组中单击“图像”右侧的空白区域，在弹出的对话框中选择素材中的463-2.jpg文件，单击“打开”按钮，在弹出的“纹理编辑器-Color”面板上使用默认的设置，将其关闭即可，勾选“透明度”复选框，并将“数量”设置为60，“半透明度”设置为40，如图463-2所示。

03 在绘图区中选择对象，单击“显示材质浏览器”按钮，在“材质浏览器”面板上单击Global材质，即可将材质赋予到对象上。选择“功能区”选项板中的“渲染”选项卡，在“渲染”面板上单击“渲染”按钮，渲染后的效果如图463-3所示。

图463-1 打开的素材图形

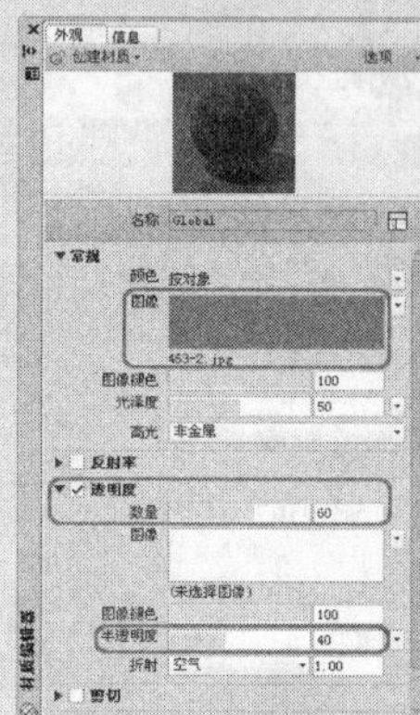
图463-2 “材质编辑器”面板

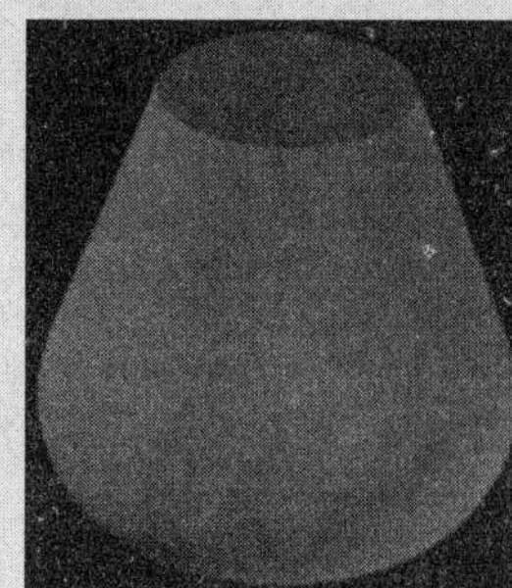
图463-3 渲染效果

第464集 设置凹凸贴图

素材：素材\第19章\464-1.dwg和464-2.jpg
效果：效果\第19章\第464集.dwg
视频：视频\第19章\第464集.avi
时长：1分35秒
难度：★★
关键技术：“饰面凹凸”复选框

01 单击快速访问工具栏中的“打开”按钮，在弹出的对话框中打开一幅素材图形，如图464-1所示。

图464-1 打开的素材图形

02 选择“功能区”选项板中的“渲染”选项卡，在“材质”面板上单击“材质编辑器”按钮，弹出“材质编辑器”面板，在该面板上单击“创建材质”按钮 创建材质，在弹出的下拉菜单中选择“石材”选项，在“石料”选项组中“图像”下的文件名上单击鼠标，如图464-2所示。

03 弹出“材质编辑器打开文件”对话框，在对话框中选择素材中的464-2.jpg文件，单击“打开”按钮，在弹出的“纹理编辑器-Image”面板上使用默认的设置，将其关闭即可；在“材质编辑器”面板上勾选“饰面凹凸”复选框，并将“类型”设置为“墙石料”，“数量”设置为0.90，取消“浮雕图案”复选框的勾选，如图464-3所示。

04 在绘图区中选择所有的对象，单击“显示材质浏览器”按钮，弹出“材质浏览器”面板，在该面板上单击“默认 石材”材质，即可将材质赋予到对象上，选择“功能区”选项板中的“渲染”选项卡，在“渲染”面板上单击“渲染”按钮，渲染后的效果如图464-4所示。

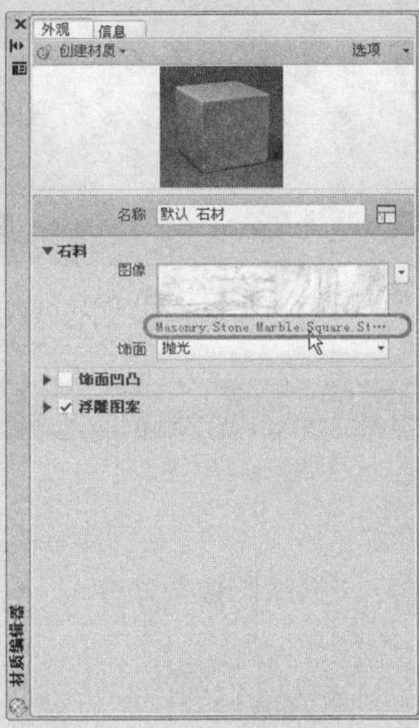

图464-2　“材质编辑器”面板

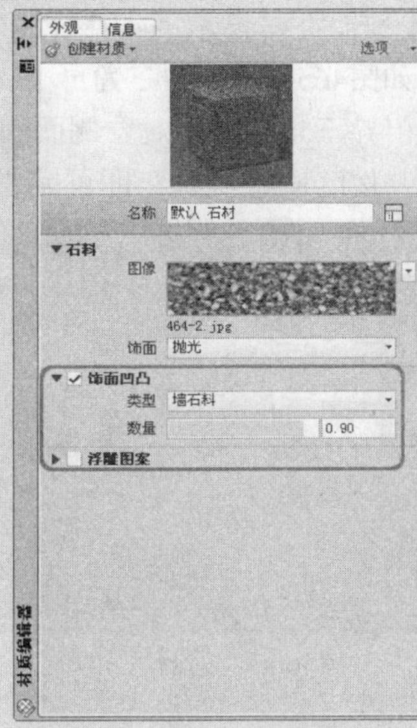

图464-3　设置“饰面凹凸”

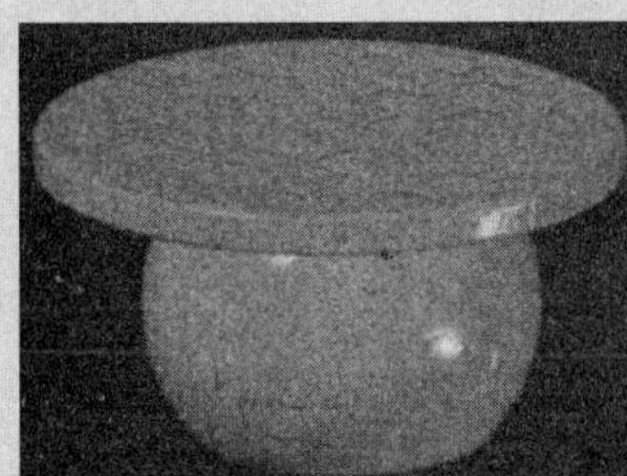
图464-4　渲染效果

第465集　调整对象上的贴图

素材：素材\第19章\465–1.dwg　　效果：无

视频：视频\第19章\第465集.avi　　时长：47秒

难度：★　　关键技术：“长方体”按钮

01 单击快速访问工具栏中的“打开”按钮，在弹出的对话框中打开一幅素材图形，如图465-1所示。

图465-1　打开的素材图形

02 选择“功能区”选项板中的“渲染”选项卡，在“材质”面板上单击如图465-2所示的按钮，在弹出的下拉菜单中选择“长方体”选项。

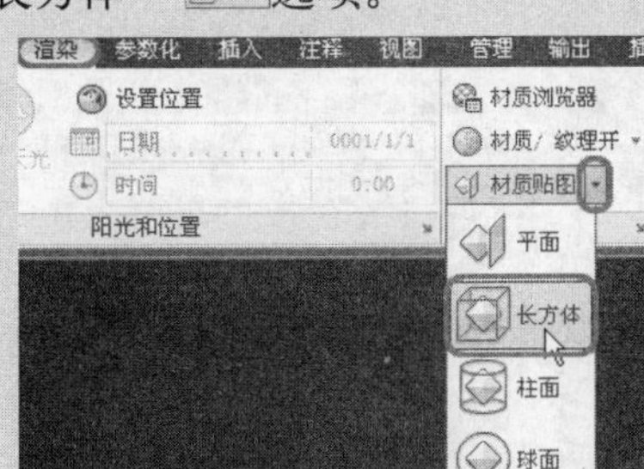

图465-2　单击“长方体”按钮

03 根据命令行提示进行操作，在绘图区中选择所有的对象，按Enter键确认，然后将鼠标移至如图465-3所示的三角形上，三角形变成绿色，单击鼠标，此时三角形变成红色，向右上方引导三角形，将对象侧面的贴图调整至如图465-4所示的样子时在红色三角形上单击鼠标，并按Enter键确认，即可完成调整对象上贴图的操作。

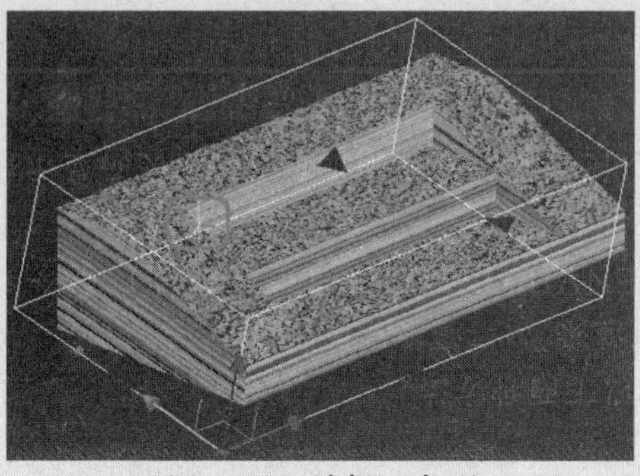
图365-3　选择三角形

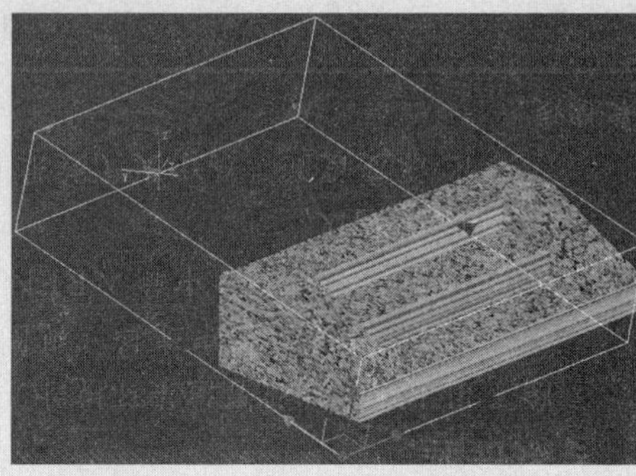
图365-4　调整对象贴图

第466集　删除材质上的贴图

素材：无　　效果：无

视频：视频\第19章\第466集.avi　　时长：20秒

难度：★　　关键技术："删除图像"命令

01 继续第465集中的操作，选择"功能区"选项板中的"渲染"选项卡，在"材质"面板上单击"材质编辑器"按钮，弹出"材质编辑器"面板，在该面板上右击"常规"选项组中的"图像"右侧的贴图文件，在弹出的快捷菜单中选择"删除图像"命令，如图466-1所示。

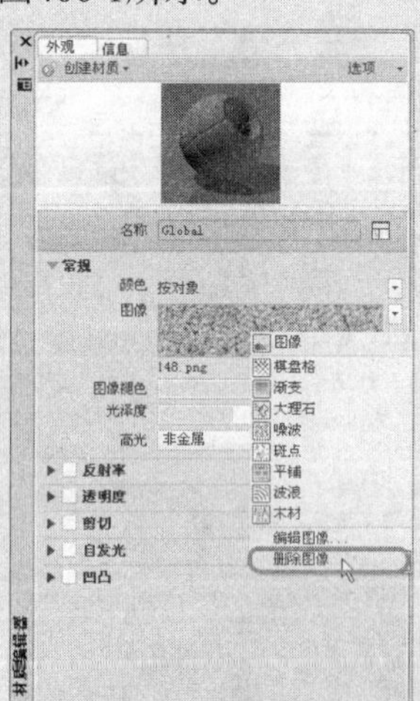

图466-1　选择"删除图像"命令

02 将材质上的贴图删除后，如图466-2所示。

图466-2　删除材质上的贴图

19.5 渲染三维图形

第467集　设置渲染环境

素材：素材\第19章\467-1.dwg　　效果：无

视频：视频\第19章\第467集.avi　　时长：43秒

难度：☆　　关键技术："环境"按钮

01 单击快速访问工具栏中的"打开"按钮，在弹出的对话框中打开一幅素材图形，如图467-1所示。

图467-1　打开的素材图形

02 选择"功能区"选项板中的"渲染"选项卡，在"渲染"面板上单击 渲染 按钮，在弹出的面板上单击"环境"按钮 环境，弹出"渲染环境"对话框，在该对话框中可以设置渲染环境，在这里将"启用雾化"设置为"开"，"颜色"设置为"白"，"雾化背景"设置为"开"，如图467-2所示。设置完成后单击"确定"按钮即可。

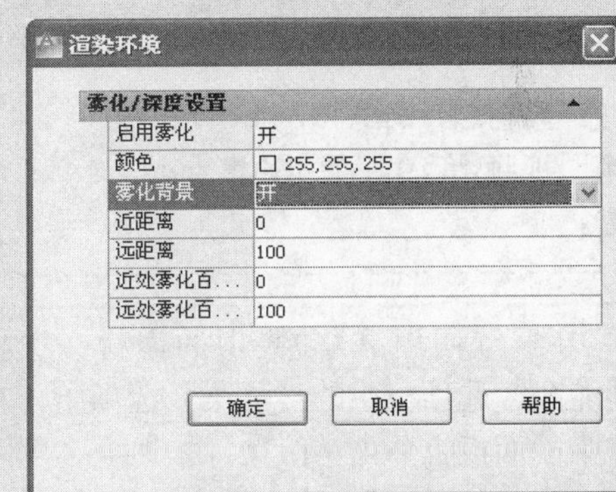

图467-2　设置渲染环境

专家提醒

除了用上述方法设置渲染环境外，还有以下两种方法。

- 方法1：在菜单栏中选择"视图"|"渲染"|"渲染环境"命令。
- 方法2：在命令行中输入RENDERENVIRONMENT（渲染环境）命令并按Enter键确认。

"雾化/深度设置"属于大气效果，可以使对象随着距相机距离的增大而显示得越来越浅。

第468集　设置高级渲染

素材：素材\第19章\467-1.dwg　　效果：无

视频：视频\第19章\第468集.avi　　时长：20秒

难度：☆　　关键技术："高级渲染设置"按钮

01 继续使用第467集中的素材。选择“功能区”选项板中的“渲染”选项卡，在“渲染”面板上单击“高级渲染设置”按钮，弹出“高级渲染设置”面板，如图468-1所示，使用该面板可以进行渲染设置。

专家提醒

除了用上述方法设置高级渲染外，还可以在菜单栏中选择“视图”|“渲染”|“高级渲染设置”命令。

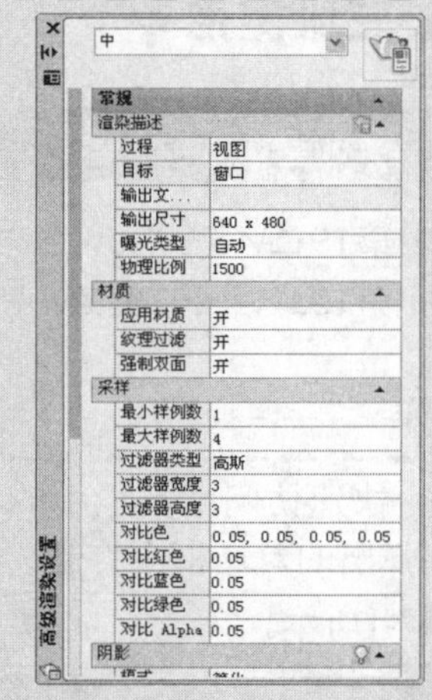

图468-1 “高级渲染设置”面板

第469集 渲染并保存图形

素材：素材\第19章\467-1.dwg　　效果：无

视频：视频\第19章\第469集.avi　　时长：40秒

难度：★　　关键技术：“渲染”按钮

01 继续使用第467集中的素材，选择“功能区”选项板中的“渲染”选项卡，在“渲染”面板上单击“渲染”按钮，即可渲染图形，如图469-1所示。

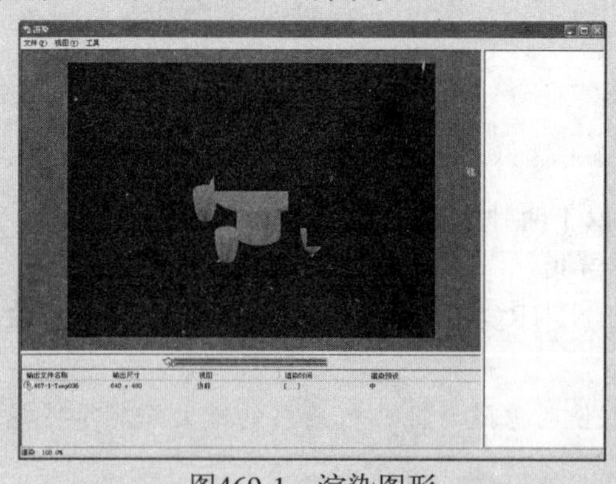

图469-1 渲染图形

02 在渲染图形的窗口中选择“文件”|“保存”命令，弹出“渲染输出文件”对话框，设置文件保存路径及文件名，如图469-2所示。

03 单击“保存”按钮，弹出“TIFF图像选项”对话框，单击“确定”按钮，渲染完成后的效果如图469-3所示。

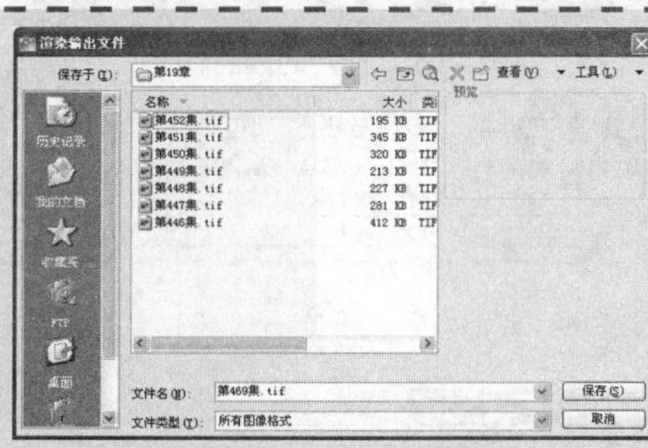

图469-2 “渲染输出文件”对话框

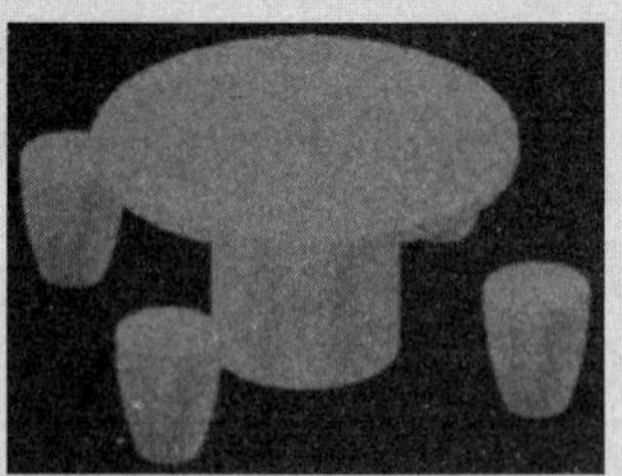

图469-3 渲染后的效果

专家提醒

除了用上述方法渲染图形外，还可以在菜单栏中选择“视图”|“渲染”|“渲染”命令。

第 20 章 图形的打印和发布

完成图形设计之后，就要通过打印机或绘图仪将图形输出到图纸上。AutoCAD 2012提供了图形输入与输出接口。不仅可以将其他应用程序中处理好的数据传送给AutoCAD，以显示其图形，还可以将在AutoCAD中绘制好的图形打印出来，或者把信息传送给其他应用程序。

此外，为了适应互联网的快速发展，使用户能够快速有效地共享设计信息，AutoCAD 2012强化了Internet功能，使其与互联网相关的操作更加方便、高效，可以创建Web格式的文件（DWF），以及发布AutoCAD图形文件到Web页上。

20.1 安装、添加与设置打印机

第470集 安装打印机

素材：无　　效果：无

视频：视频\第20章\第470集.avi　　时长：30秒

难度：★★　　关键技术：安装文件

01 将打印机链接到电脑上，找到我们的驱动程序安装包，双击Setup.exe图标，开始安装却动程序，弹出“安装向导”对话框。如图470-1所示。

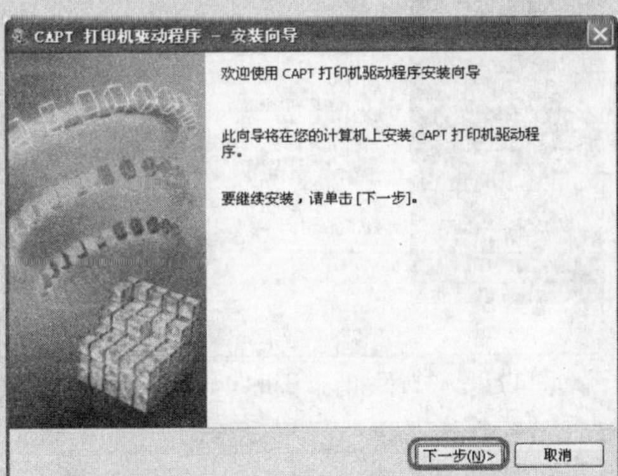

图470-1 “安装向导”对话框

02 单击“下一步”按钮，进入“许可协议”界面，如图470-2所示。

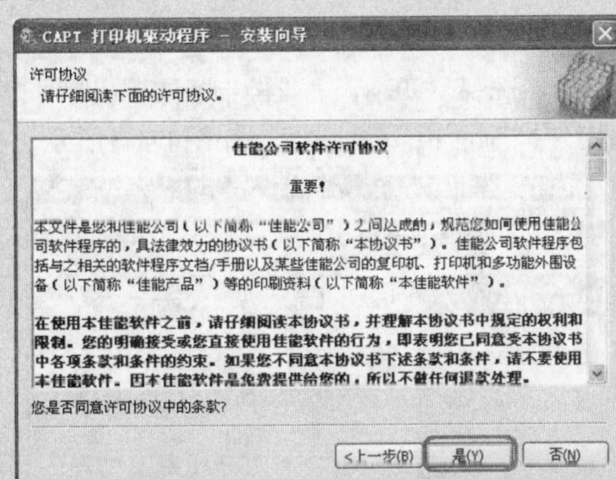

图470-2 “许可协议”对话框

03 单击“是”按钮，进入“打印机安装程序”界面。勾选 “使用USB连接安装”复选框，如图470-3所示。

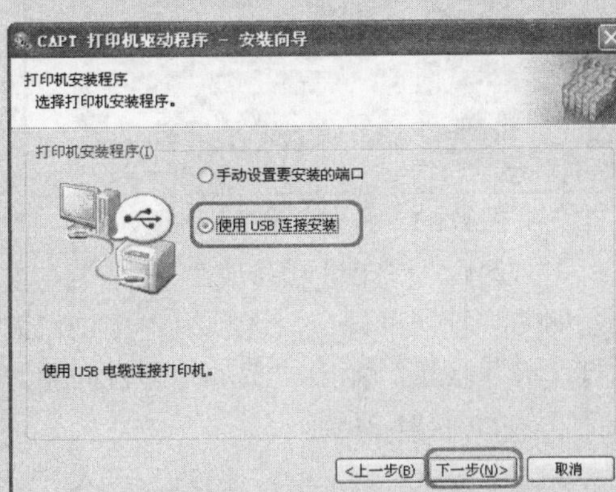

图470-3 “打印机安装程序”对话框

04 单击“下一步”按钮，进入安装进度界面并进行安装，如图470-4所示。

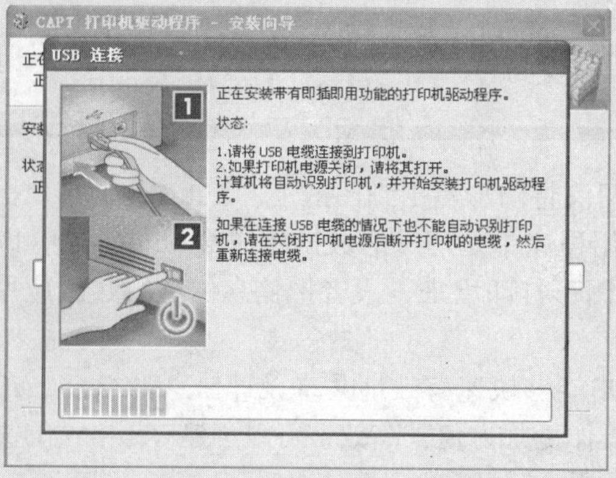

图470-4　安装进度界面

05 安装完成后，进入“安装完成”界面，勾选“现在重新启动计算机”复选框，然后单击“重新启动”按钮，如图470-5所示，即可完成打印机的安装。

图470-5　“安装完成”对话框

第471集　添加打印机

素材：无　　效果：无

视频：视频\第20章\第471集.avi　　时长：56秒

难度：★★　　关键技术：添加打印机向导

01 选择“开始”|“控制面板”选项，弹出“控制面板”对话框，如图471-1所示。

图471-1　打开“控制面板”

02 双击“打印机和传真”图标，在窗口左侧的“打印机任务”选项组中单击“添加打印机”按钮。弹出“添加打印机向导”对话框，如图471-2所示。

03 单击3次“下一步”按钮，进入“选择打印机端口”界面，选择USB端口，选择完成后单击“下一步”按钮，如图471-3所示。

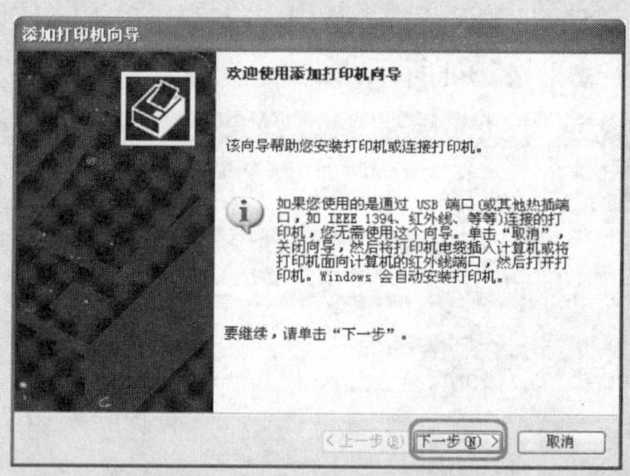

图471-2　“添加打印机向导”对话框

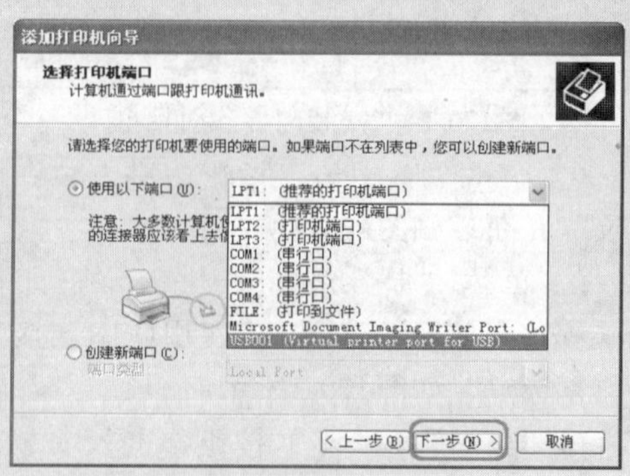

图471-3　“选择打印机端口”对话框

04 弹出“安装打印机软件”对话框，选择打印机的厂商和型号，如图471-4所示。

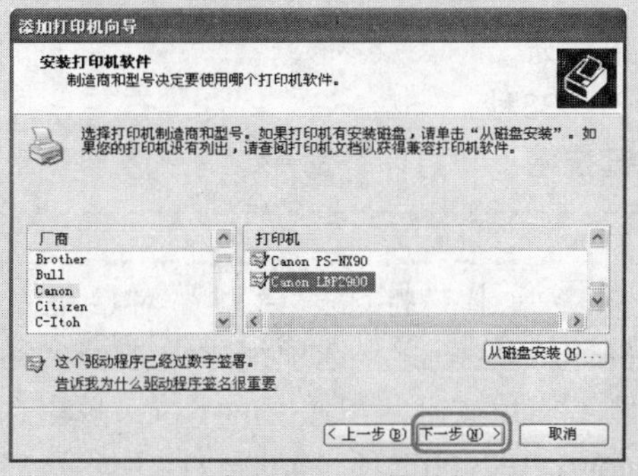

图471-4 “安装打印机软件”对话框

05 单击5次“下一步”按钮，进入“正在完成添加打印机向导”界面，如图471-5所示。单击“完成”按钮，完成打印机的添加。

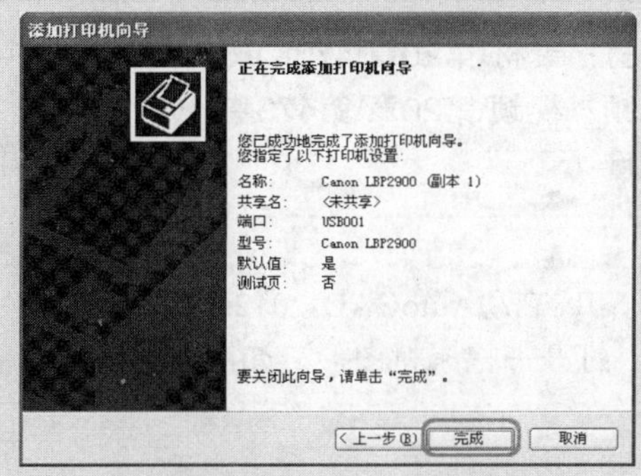

图471-5 “正在完成添加打印机向导”对话框

第472集　设置打印机参数

素材：无　　效果：无

视频：视频\第20章\第472集.avi　　时长：35秒

难度：★★　　关键技术：“属性”选项

01 选择“开始”|“控制面板”选项，弹出“控制面板”对话框。双击“打印机和传真”图标，打开“打印机和传真”对话框。在“Canon LBP2900(副本1)”图标上右击鼠标，在弹出的下拉菜单中选择“属性”命令，如图472-1所示。

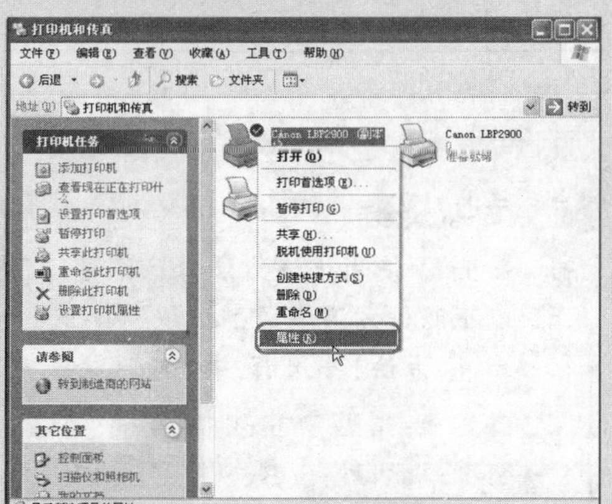

图472-1 “打印机和传真”对话框

02 弹出“Canon LBP2900(副本1)属性”对话框，选择“高级”选项卡，单击“打印默认值”按钮，如图472-2所示。

03 弹出“Canon LBP2900(副本1)打印默认值”对话框，将“页面尺寸”设为A4，方向设为“纵向”，如图472-3所示。设置完成后单击“确定”按钮，完成打印机设置。

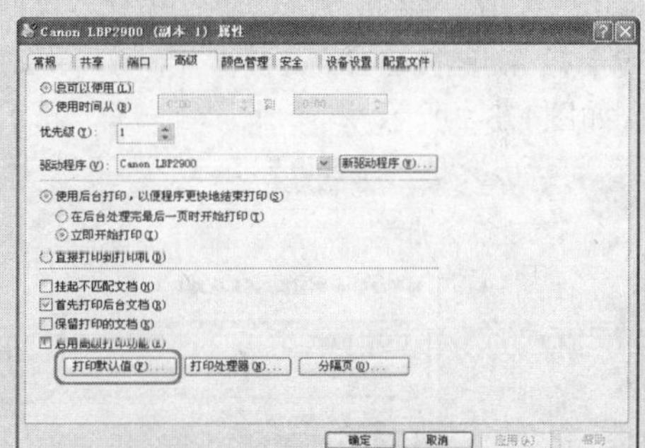

图472-2 “Canon LBP2900(副本1)属性”对话框

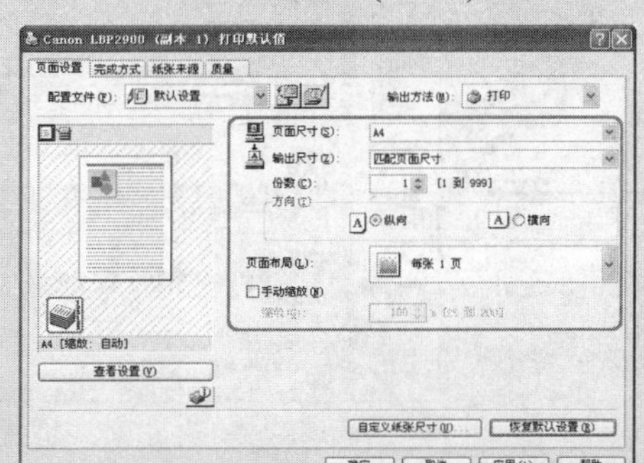

图472-3 “Canon LBP2900(副本1)打印默认值”对话框

20.2 设置打印参数

第473集 指定打印机

素材：素材\第20章\473-1.dwg　　效果：无

视频：视频\第20章\第473集.avi　　时长：33秒

难度：★　　关键技术：“打印”命令

01 启动AutoCAD 2012软件，按Ctrl+O键，打开一幅素材图形，如图473-1所示。

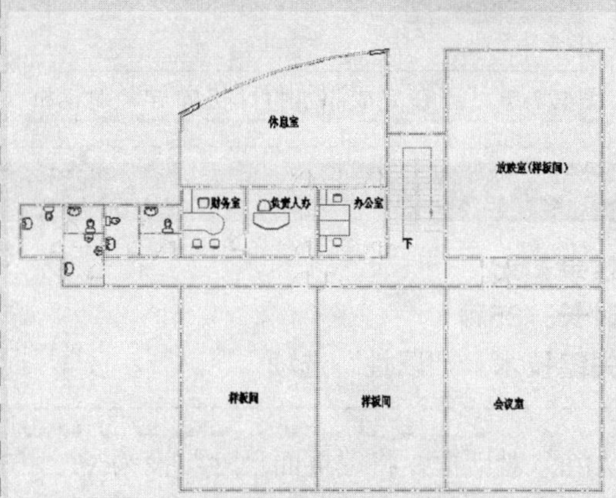

图473-1　打开素材图形

02 单击“菜单浏览器”按钮，在弹出的下拉菜单中选择“打印”|“打印”命令，如图473-2所示。

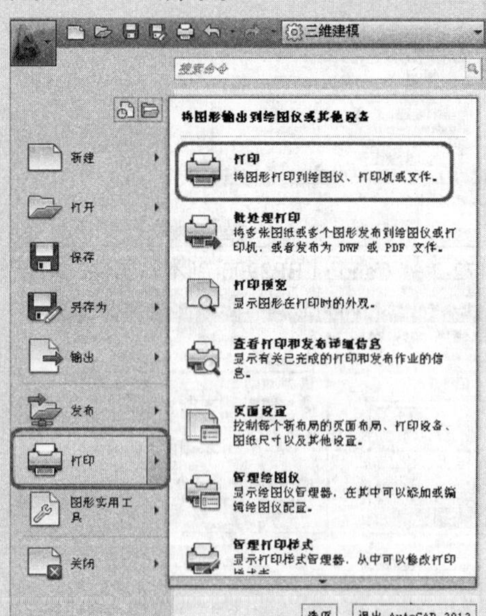

图473-2　选择“打印”命令

03 弹出“打印—模型”对话框，在“打印机/绘图仪”选项组中单击“名称”右侧下三角按钮，在弹出的下拉菜单中选择Canon LBP2900选项，如图473-3所示。然后单击“确定”按钮。

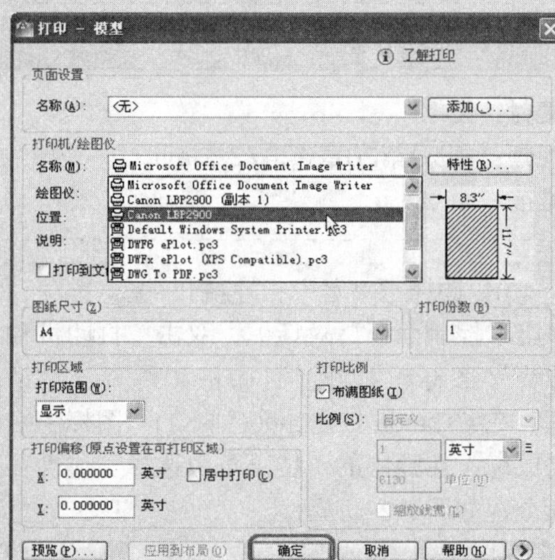

图473-3　指定打印机

专家提醒

除了使用上述方法外，还可以使用以下两种方法调用“打印”命令。

- 方法1：选择“功能区”选项板中的“输出”选项卡，在“打印”选项组中单击“打印”图标。
- 方法2：在命令行中输入PLOT命令，输入完成后按Enter确认。

第474集 设置图纸尺寸

素材：素材\第20章\474–1.dwg　　效果：无
视频：视频\第20章\第474集.avi　　时长：49秒
难度：☆　　关键技术："图纸尺寸"选项

01 启动AutoCAD 2012软件，按Ctrl+O键，打开一幅素材图形，选择"功能区"选项板中"输出"选项卡，在"打印"选项组中单击"页面设置管理器"按钮，如图474-1所示。

图474-1 选择"页面设置管理器"按钮

02 弹出"页面设置管理器"对话框，单击"修改"按钮，如图474-2所示。

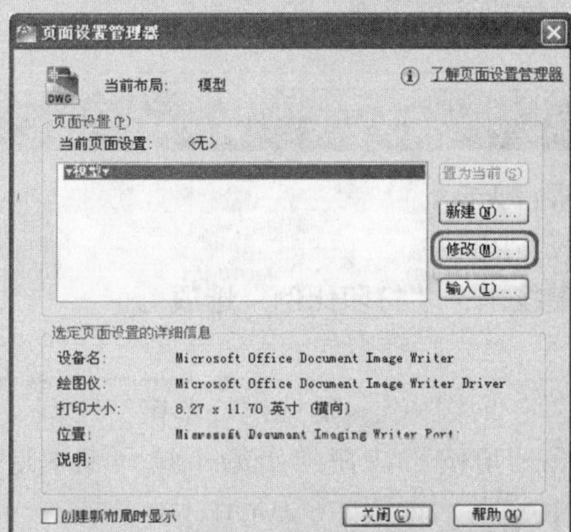

图474-2 "页面设置管理器"对话框

03 弹出"页面设置—模型"对话框。在"打印机/绘图仪"选项组中单击"名称"右侧下三角按钮，在弹出的下拉列表中选择Canon LBP2900选项，在"图纸尺寸"下拉列表中选择A4选项，如图474-3所示。

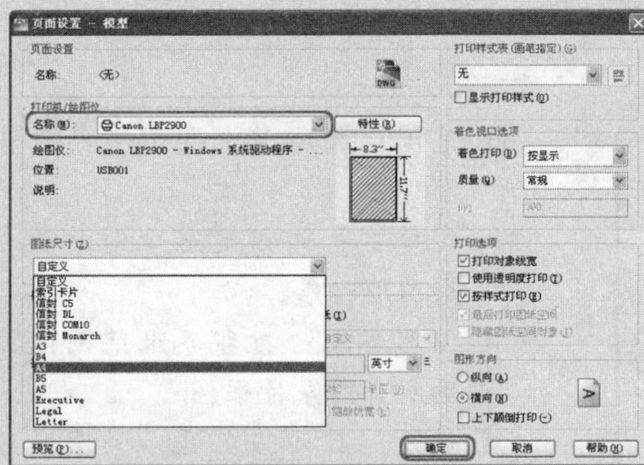

图474-3 "页面设置—模型"对话框

04 单击"确定"按钮，返回到"页面设置管理器"对话框，单击"关闭"按钮完成设置。

专家提醒

除了使用上述方法外，还可以使用以下两种方法调用"页面设置管理器"命令。

- 方法1：单击"菜单浏览器"按钮，在弹出的下拉菜单中选择"打印"|"页面设置"选项。
- 方法2：在菜单栏中选择"文件"|"页面设置管理器"命令。

第475集 设置打印区域

素材：素材\第20章\475–1.dwg　　效果：无
视频：视频\第20\第475集.avi　　时长：24秒
难度：☆　　关键技术："打印范围"选项

01 启动AutoCAD 2012软件，按Ctrl+O键，打开一幅素材图形，选择“功能区”选项板中的“输出”选项卡，在“打印”选项组中单击“页面设置管理器”按钮。

02 弹出“页面设置管理器”对话框。单击“修改”按钮，弹出“页面设置—模型”对话框，在“打印区域”选项组中单击“打印范围”右侧下三角按钮，在弹出的下拉列表中选择“图形界限”选项，如图475-1所示。

专家提醒

在“打印范围”下拉列表中，各个选项的含义为：

- 范围：打印整个图形上的所有对象。
- 窗口：打印指定窗口内的图形图形对象。
- 图形界限：打印界限范围内的所有图像对象。
- 显示：打印当前显示的图形对象。

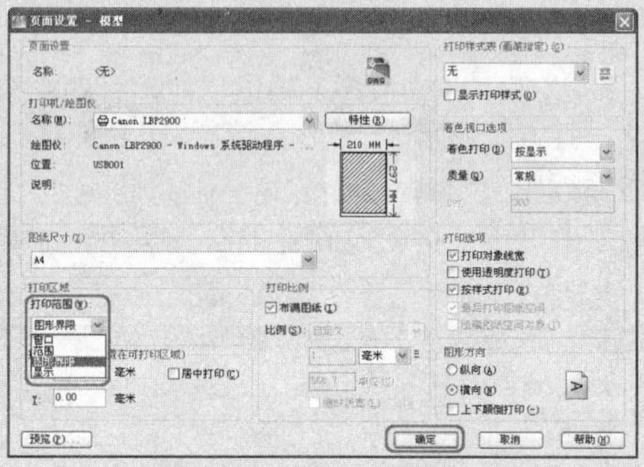

图475-1 设置打印区域

03 设置完成后单击“确定”按钮，返回到“页面设置管理器”对话框，单击“关闭”按钮完成设置。

第476集 设置打印比例

素材：素材\第20章\476-1.dwg
效果：无
视频：视频\第20章\第476集.avi
时长：28秒
难度：★
关键技术：“打印比例”选项

01 启动AutoCAD 2012软件，按Ctrl+O键，打开一幅素材图形，如图476-1所示。选择“功能区”选项板中“输出”选项卡，在“打印”选项组中单击“页面设置管理器”按钮。

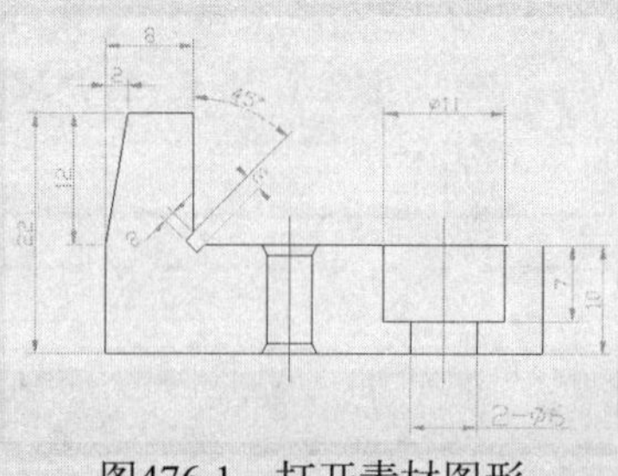

图476-1 打开素材图形

02 弹出“页面设置管理器”对话框。单击“修改”按钮，弹出“页面设置—模型”对话框，在“打印比例”选项组中取消勾选“布满图纸”复选框，单击“比例”右侧下三角按钮，在弹出的下拉列表中选择1：10选项，如图476-2所示。

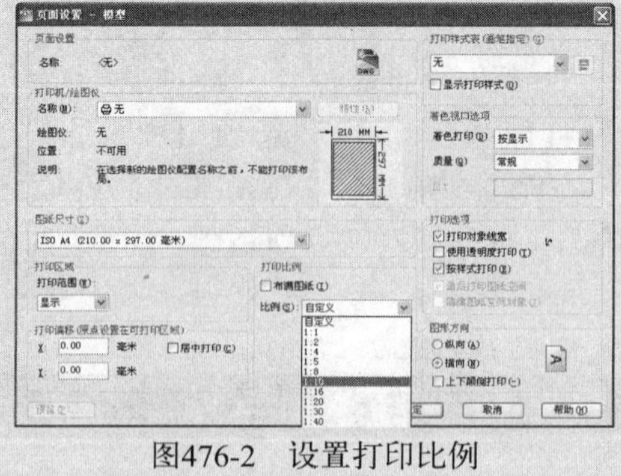

图476-2 设置打印比例

03 设置完成后单击“确定”按钮，返回到“页面设置管理器”对话框，单击“关闭”按钮完成设置。

第477集　设置打印偏移

素材：素材\第20章\477-1.dwg　　效果：无
视频：视频\第20章\第477集.avi　　时长：21秒
难度：☆　　关键技术："打印偏移"选项

01 启动AutoCAD 2012软件，按Ctrl+O键，打开一幅素材图形，选择"功能区"选项板中"输出"选项卡，在"打印"选项组中单击"页面设置管理器"按钮。

02 弹出"页面设置管理器"对话框。单击"修改"按钮，弹出"页面设置—模型"对话框，在"打印偏移（原点设置在可打印区域）"选项组中勾选"居中打印"复选框，如图477-1所示。

03 设置完成后单击"确定"按钮，返回到"页面设置管理器"对话框，单击"关闭"按钮完成设置。

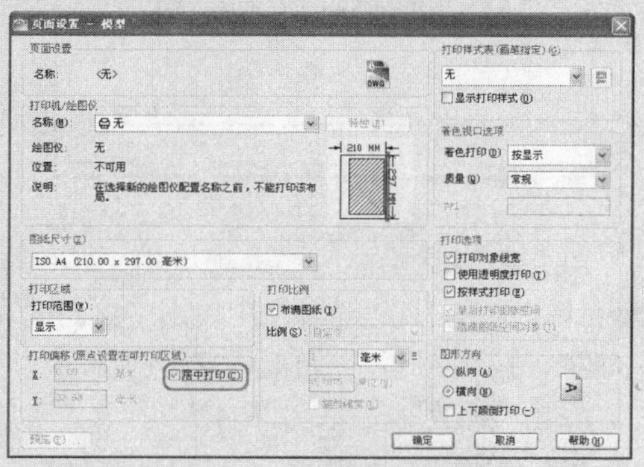

图477-1　设置打印偏移

第478集　设置图形方向

素材：素材\第20章\478-1.dwg　　效果：无
视频：视频\第20章\第478集.avi　　时长：16秒
难度：☆　　关键技术："图形方向"选项

01 启动AutoCAD 2012软件，按Ctrl+O键，打开一幅素材图形，选择"功能区"选项板中"输出"选项卡，在"打印"选项组中单击"页面设置管理器"按钮。

02 弹出"页面设置管理器"对话框。单击"修改"按钮，弹出"页面设置—模型"对话框，在"图形方向"选项组中选中"横向"单选按钮，如图478-1所示。

03 设置完成后单击"确定"按钮，返回到"页面设置管理器"对话框，单击"关闭"按钮完成设置。

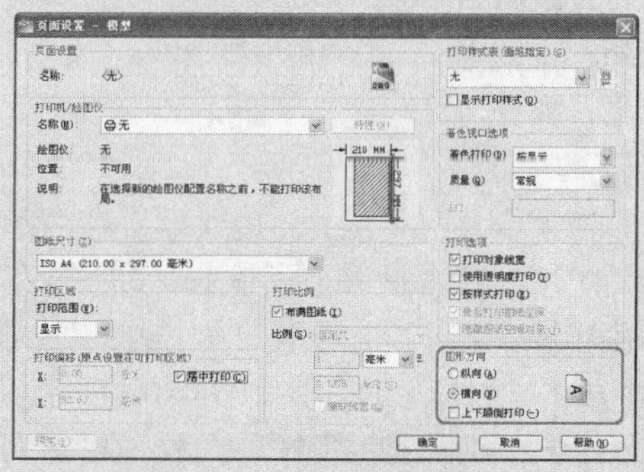

图478-1　设置图形方向

第479集　设置打印线宽

素材：素材\第20章\479-1.dwg　　效果：无
视频：视频\第20章\第479集.avi　　时长：27秒
难度：☆　　关键技术："缩放线宽"选项

01 启动AutoCAD 2012软件，按Ctrl+O键，打开一幅素材图形，如图479-1所示。

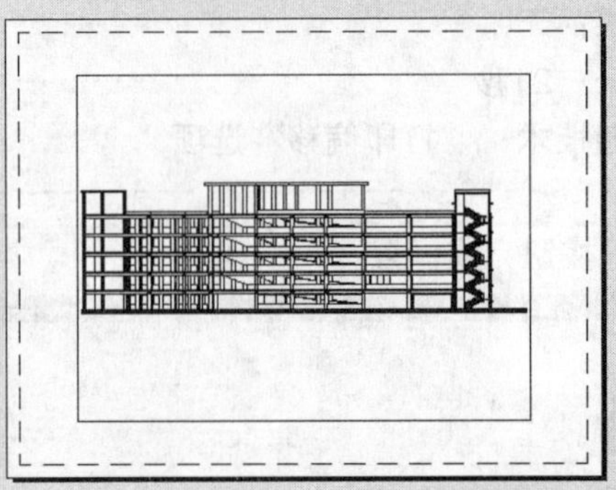

图479-1　打开素材图形

02 选择“功能区”选项板中“输出”选项卡，在“打印”选项组中单击“页面设置管理器”按钮。弹出“页面设置管理器”对话框。单击“修改”按钮，如图479-2所示。

03 弹出“页面设置—布局1”对话框，在“打印比例”选项组中勾选“缩放线宽”复选框，如图479-3所示。

04 设置完成后单击“确定”按钮，返回到“页面设置管理器”对话框，单击“关闭”按钮完成设置。

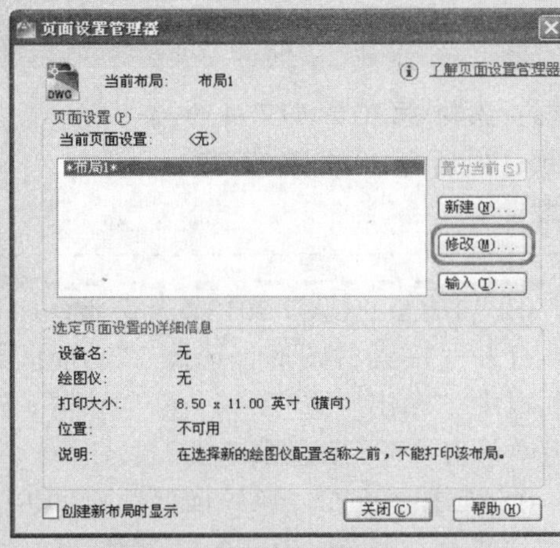

图479-2　“页面设置管理器”对话框

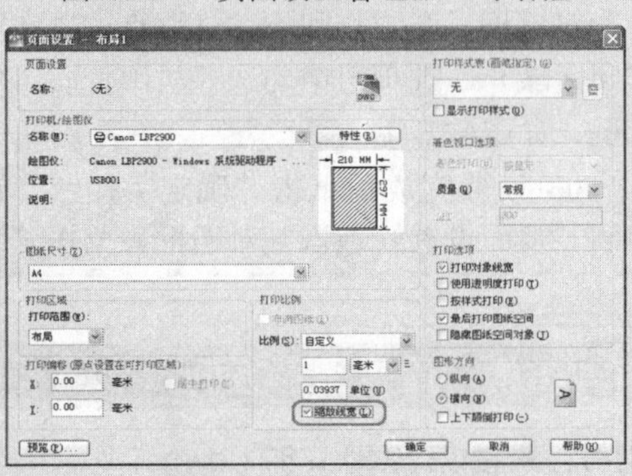

图479-3　设置缩放线宽

第480集　设置打印份数

素材：素材\第20章\480-1.dwg　　效果：无

视频：视频\第20章\第480集.avi　　时长：26秒

难度：★　　关键技术：“打印份数”选项

01 启动AutoCAD 2012软件，按Ctrl+O键，打开一幅素材图形，选择“功能区”选项板中“输出”选项卡，在“打印”选项组中单击“打印”按钮，如图480-1所示。

图480-1　选择“打印”按钮

02 弹出“打印—模型”对话框。在“打印份数”栏中输入3。输入完成后单击“确定”按钮，如图480-2所示。

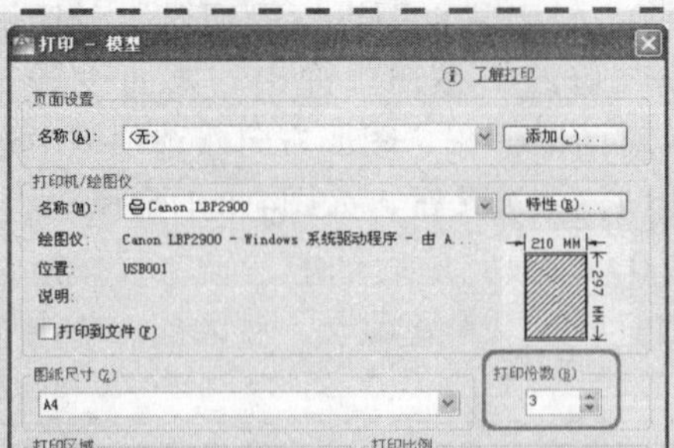

图480-2　设置打印份数

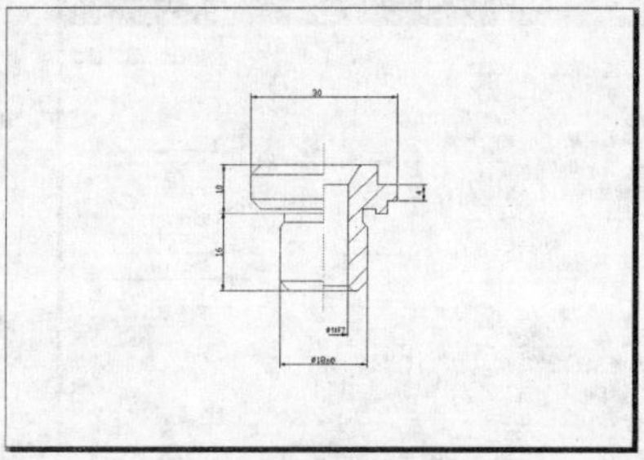

第481集　打印预览效果

素材：素材\第20章\481-1.dwg
效果：无
视频：视频\第20章\第481集.avi
时长：17秒
难度：★
关键技术："预览"命令

01 启动AutoCAD 2012软件，按Ctrl+O键，打开一幅素材图形，如图481-1所示。

02 选择"功能区"选项板中的"输出"选项卡，在"打印"选项组中单击"预览"按钮，如图481-2所示。

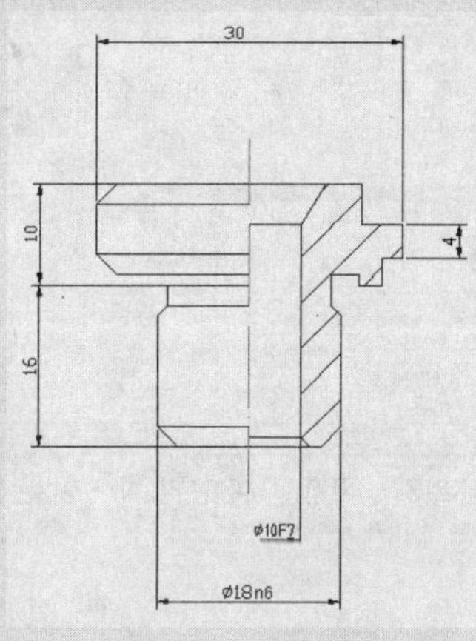

图481-1　打开素材图形

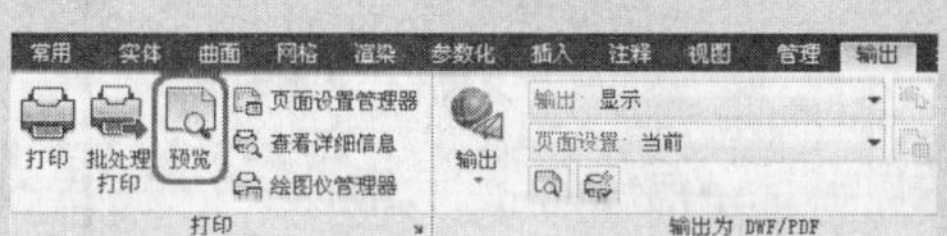

图481-2　选择"预览"选项

03 此时会弹出预览图形，如图481-3所示。

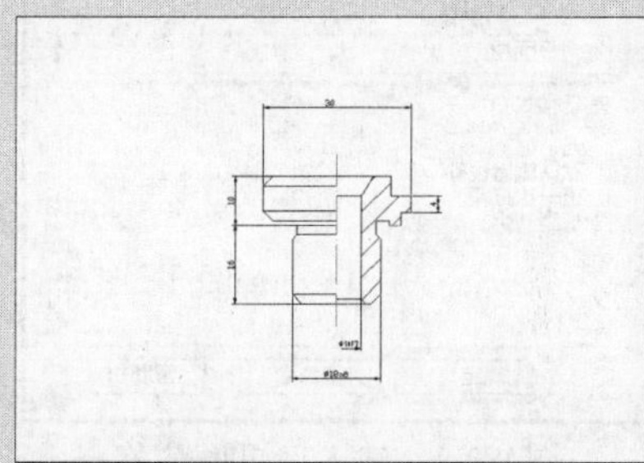

图481-3　预览图形

专家提醒

除了使用上述方法外，还可以使用以下两种方法进行预览。

- 方法1：单击"菜单浏览器"按钮，在弹出的下拉菜单中选择"打印"|"打印预览"选项。
- 方法2：在命令行中输入PREVIEW命令，输入完成后按Enter键确认。

20.3　在图纸空间中打印

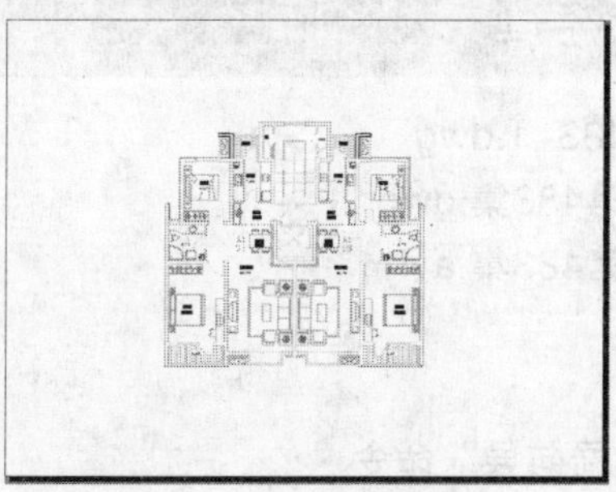

第482集　在图纸空间打印

素材：素材\第20章\482-1.dwg
效果：无
视频：视频\第20章\第482集.avi
时长：1分09秒
难度：★★
关键技术："新建页面设置"

01 启动AutoCAD 2012软件，按Ctrl+O键，打开一幅素材图形。

02 选择“功能区”选项板中“输出”选项卡，在“打印”选项组中单击“页面设置管理器”按钮。弹出“页面设置管理器”对话框，单击“新建”按钮。

03 弹出“新建页面设置”对话框，输入新页面名称“室内平面图”，如图482-1所示。

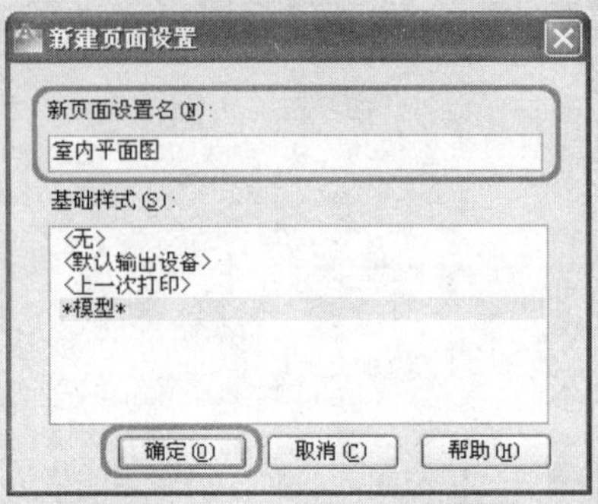

图482-1　输入新页面名称

04 单击“确定”按钮，弹出“页面设置—模型”对话框，单击“确定”按钮，返回到“页面设置管理器”对话框，单击“置为当前”和“关闭”按钮，如图482-2所示。关闭对话框。

05 选择“功能区”选项板中“输出”选项卡，在“打印”选项组中单击“打印”按钮，弹出“打印—模型”对话框。在“打印偏移（原点设置在可打印区域）”选项组中勾选“居中打印”复选框，如图482-3所示。

06 设置完成后单击“预览”按钮，如图482-4所示，即可进行预览并在图纸空间中打印。

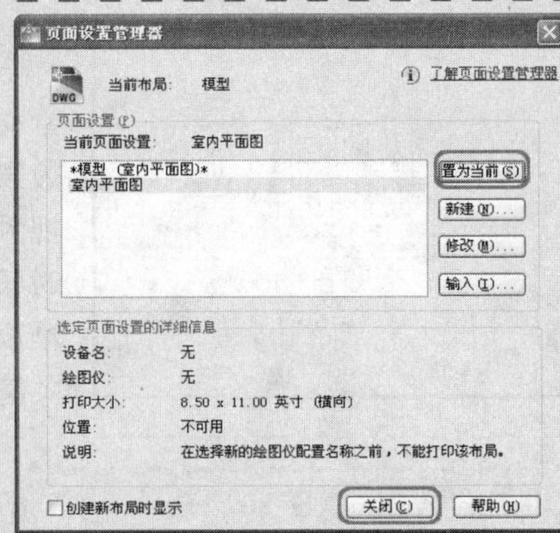

图482-2　设为“置为当前”

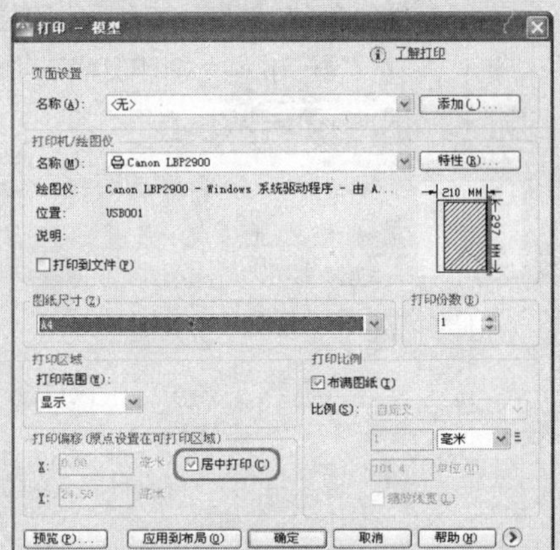

图482-3　勾选“居中打印”复选框

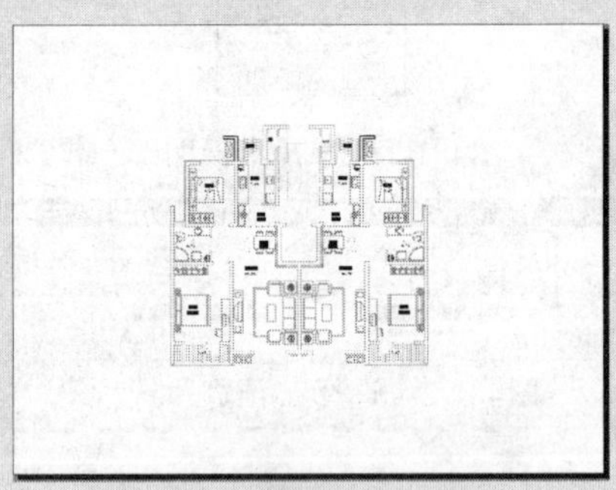

图482-4　预览图形素材

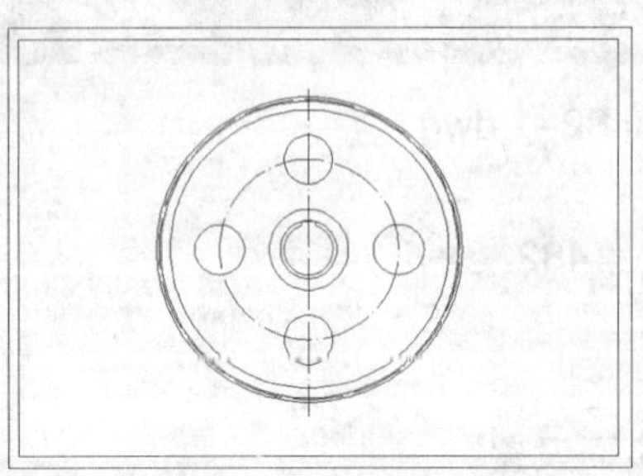

第483集　创建新布局

素材：素材\第20章\483–1.dwg

效果：效果\第20章\第483集.dwg

视频：视频\第20章\第483集.avi

时长：1分17秒

难度：★★

关键技术：“创建布局向导”命令

01 启动AutoCAD 2012软件，按Ctrl+O键，打开一幅素材图形。在菜单栏中选择“插入”|“布局”|“创建布局向导”命令，如图483-1所示。

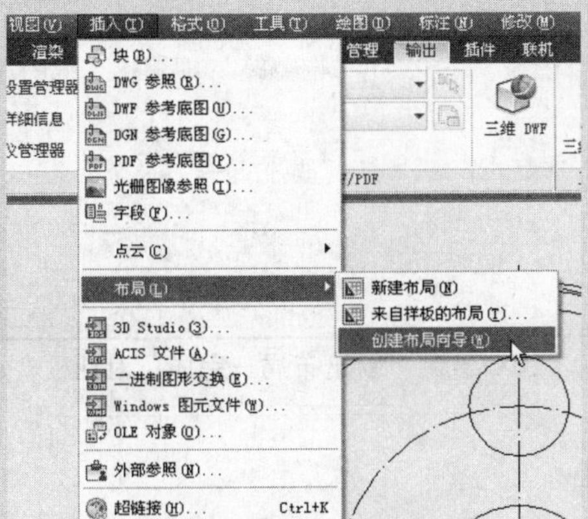

图483-1　创建布局向导

02 打开“创建布局—开始”对话框，在“输入新布局的名称”文本框中输入新创建的布局名称，这里采用默认命名，如图483-2所示。

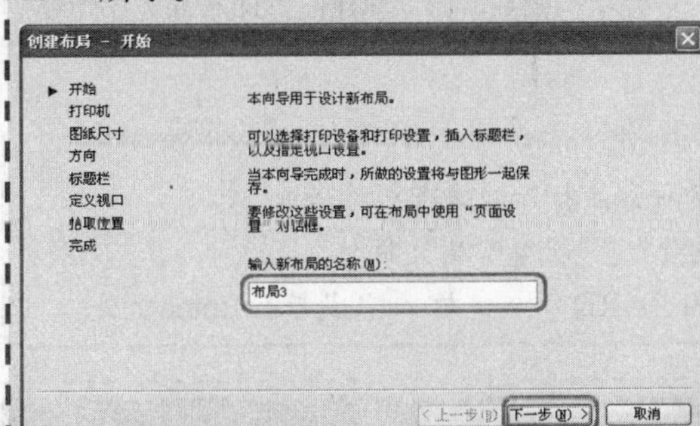

图483-2　输入新创建布局名称

03 单击“下一步”按钮，弹出“创建布局—打印机”对话框，选择安装的打印机型号，如图483-3所示。

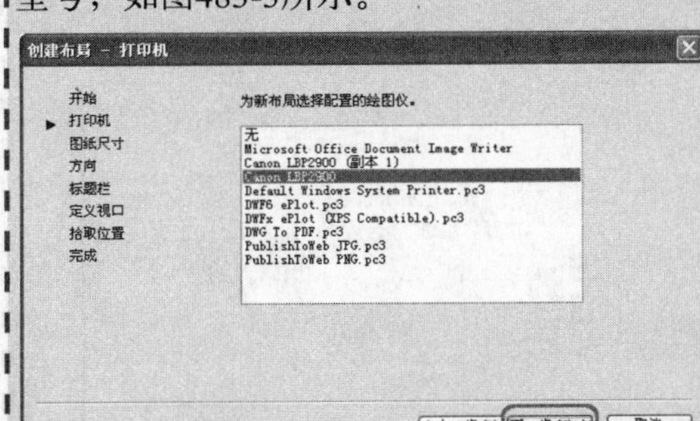

图483-3　“创建布局—打印机”对话框

04 单击“下一步”按钮，打开“创建布局—图纸尺寸”对话框，将图纸尺寸设置为A4，单位为“毫米”，如图483-4所示。

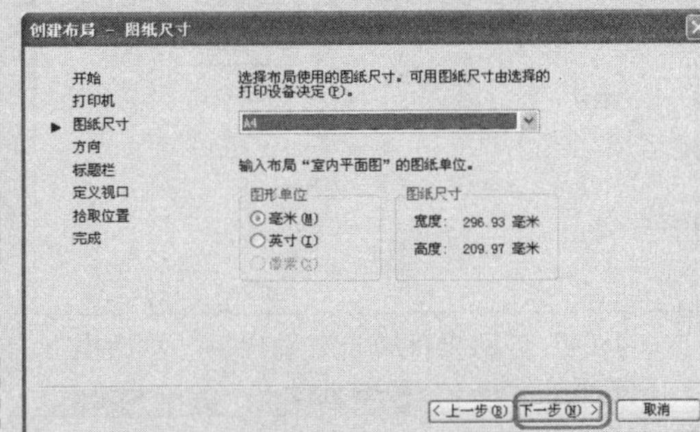

图483-4　“创建布局—图纸尺寸”对话框

05 单击“下一步”按钮，弹出“创建布局—方向”对话框，这里选择“横向”，如图483-5所示。

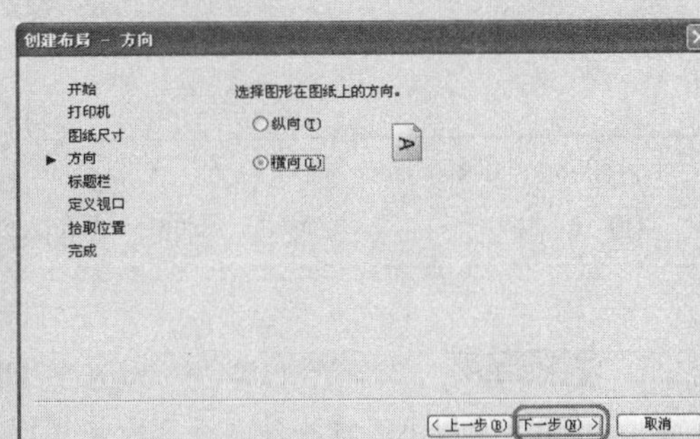

图483-5　“创建布局—方向”对话框

06 单击“下一步”按钮，弹出“创建布局—标题栏”对话框，这里使用默认设置，如图483-6所示。

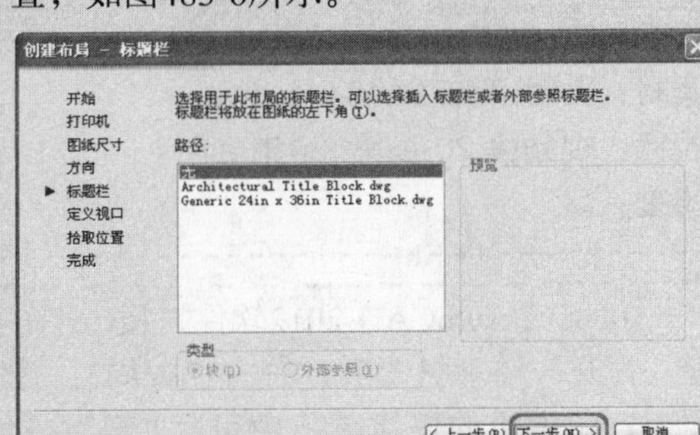

图483-6　“创建布局—标题栏”对话框

07 单击“下一步”按钮，弹出“创建布局—定义视口”对话框，将“视口比例”设置为1：2，如图483-7所示。

08 单击“下一步”按钮，弹出“创建

布局—拾取位置”对话框，如图483-8所示。

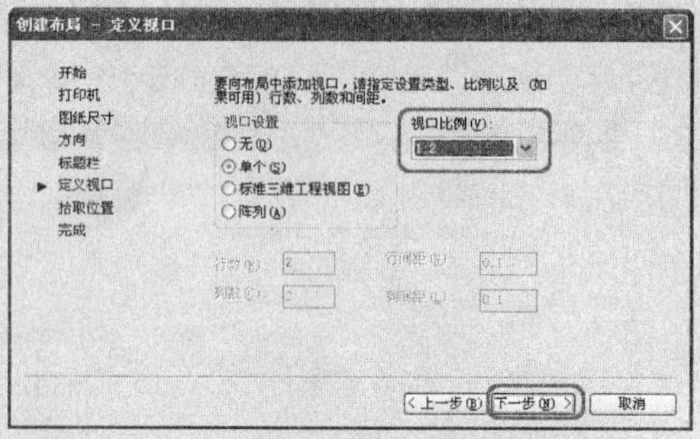

图483-7 “创建布局—定义视口”对话框

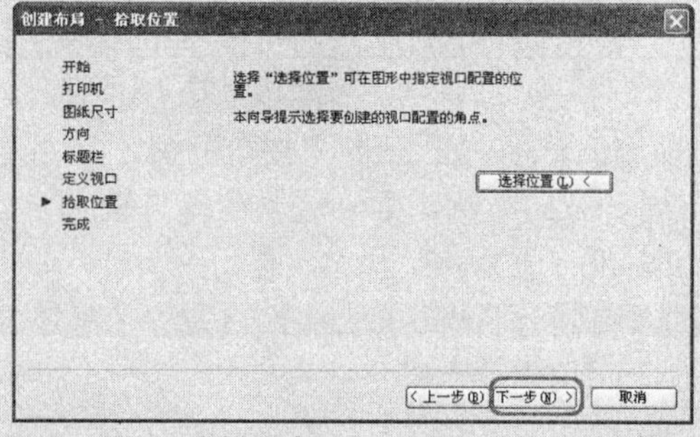

图483-8 “创建布局—拾取位置”对话框

09 单击“下一步”按钮，弹出“创建布局—完成”对话框，单击“完成”按钮，如图483-9所示。至此新布局创建完成，如图483-10所示。

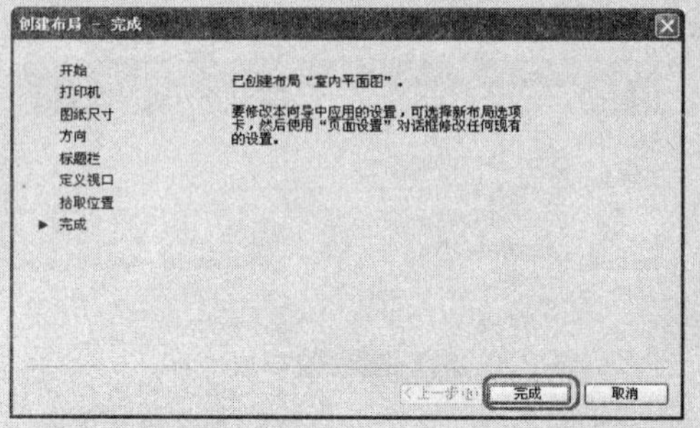

图483-9 “创建布局—完成”对话框

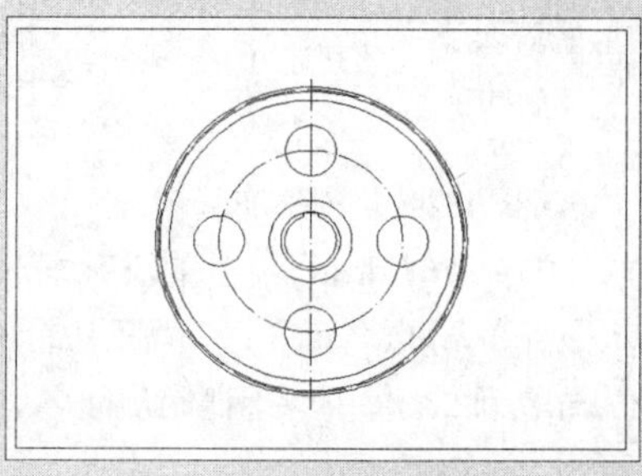

图483-10 新建的打印布局

专家提醒

除了使用上述方法外，还可以使用以下两种方法打开创建布局对话框。

- 方法1：在菜单栏中选择“工具”|“向导”|“创建布局”命令。
- 方法2：在命令行中输入LAYOUTWI ZARD命令，输入完成后按Enter确认。

第484集 管理布局

素材：素材\第20章\484-1.dwg　　效果：无
视频：视频\第20章\第484集.avi　　时长：18秒
难度：★　　关键技术：管理布局快捷菜单

01 启动AutoCAD 2012软件，按Ctrl+O键，打开一幅素材图形，右击“布局3”选项卡，在弹出的快捷菜单中可以根据需要选择“删除”、“新建”、“重命名”、“移动”或“复制布局”命令，如图484-1所示。

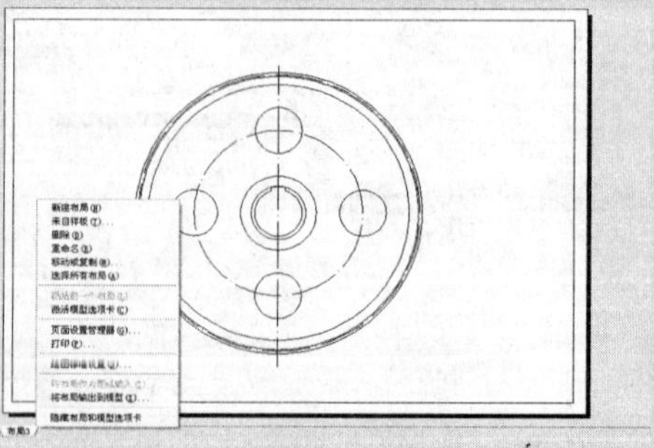

图484-1 管理布局快捷菜单

专家提醒

如果在绘图窗口中未显示"模型"和"布局"选项卡，可在状态栏中右击"模型"按钮，在弹出的快捷菜单中选择"显示布局和模型选项卡"命令。

第485集　布局的页面设置

素材：素材\第20章\485-1.dwg　　效果：无
视频：视频\第20章\第485集.avi　　时长：25秒
难度：★　　关键技术：设置布局

01 启动AutoCAD 2012软件，按Ctrl+O键，打开一幅素材图形，在菜单栏中选择"文件"|"页面设置管理器"命令，如图485-1所示。

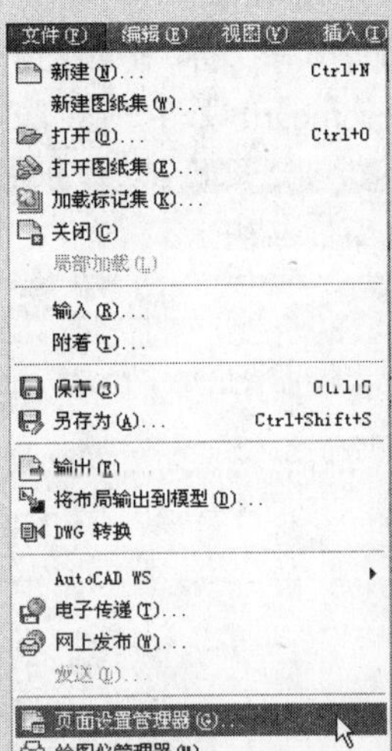

图485-1　"页面设置管理器"命令

02 打开"页面设置管理器"对话框，如图485-2所示。单击"新建"按钮，可以在其中创建新的布局，单击"修改"按钮，打开相应的页面设置对话框，这里可以根据需要进行设置。

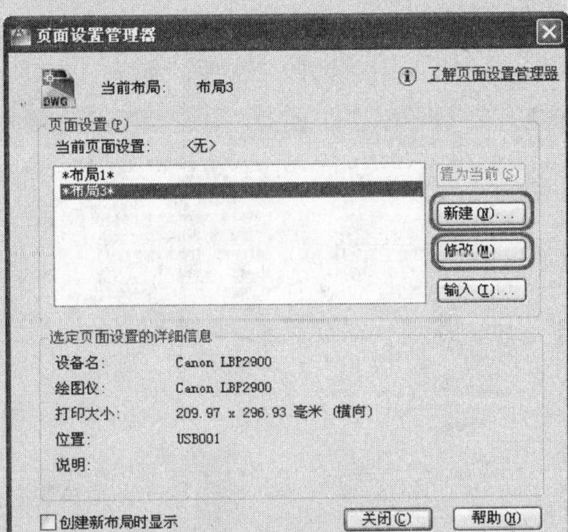

图485-2　"页面设置管理器"对话框

第486集　使用打印样式表

素材：素材\第20章\486-1.dwg　　效果：无
视频：视频\第20章\第486集.avi　　时长：35秒
难度：★　　关键技术："打印样式表设置"选项

01 启动AutoCAD 2012软件，按Ctrl+O键，打开一幅素材图形，在菜单栏中选择"工具"|"选项"命令，如图486-1所示。

02 弹出"选项"对话框，选择"打印和发布"选项卡，然后单击"打印样式表设置"按钮，如图486-2所示。

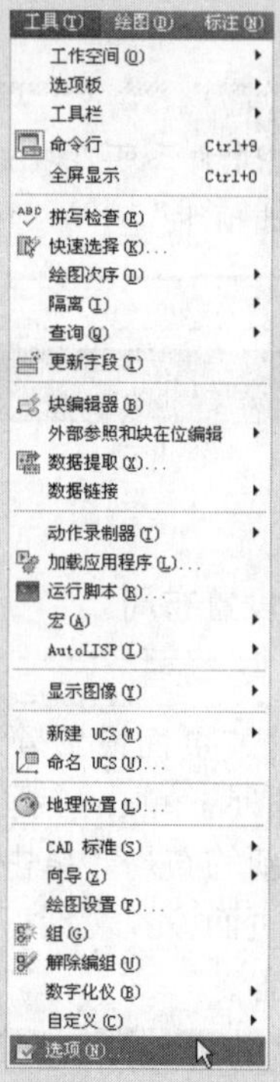

图486-1 选择“选项”命令

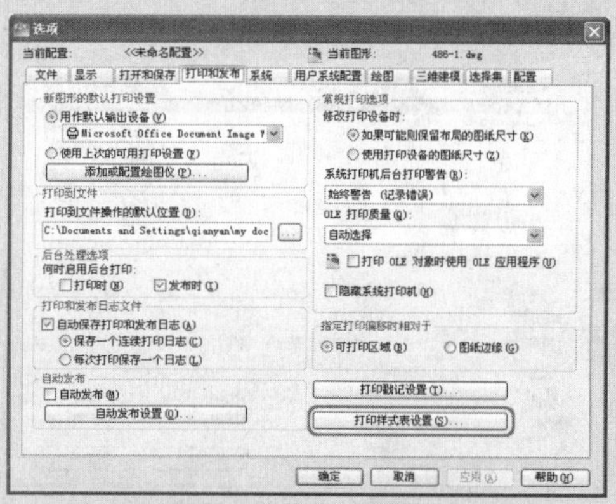

图486-2 “选项”对话框

03 弹出“打印样式表设置”对话框，在对话框中可以根据需要选择不同的打印样式，这里选中“使用颜色相关打印样式”单选按钮，如图486-3所示。然后单击添加或编辑打印样式表按钮。

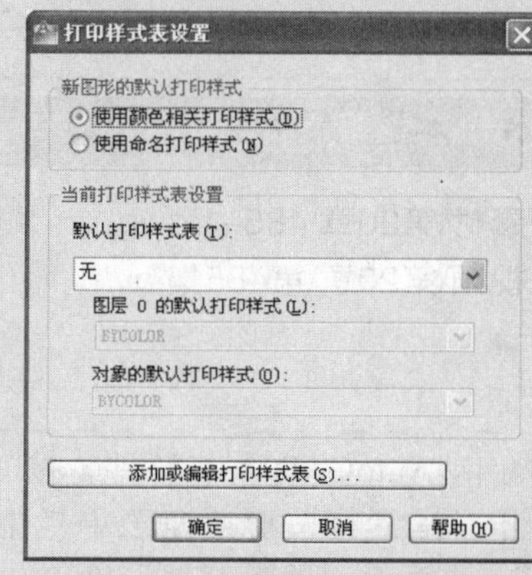

图486-3 “打印样式表设置”对话框

04 在弹出的对话框中可以看到CAD预定义的打印样式表文件，如图486-4所示。选择monochrome.ctb文件。

图486-4 预定义样式表文件

第487集 编辑打印样式表

素材：素材\第20章\487-1.dwg　　效果：无

视频：视频\第20章\第487集.avi　　时长：32秒

难度：★　　关键技术：“打印样式管理器”命令

01 启动AutoCAD 2012软件，按Ctrl+O键，打开一幅素材图形，在菜单栏中选择“文件”|“打印样式管理器”命令，如图487-1所示。

02 弹出“打印样式表编辑器”对话框，如图487-2所示，这里可以根据需要进行设置，设置完成后单击“保存并关闭”按钮。

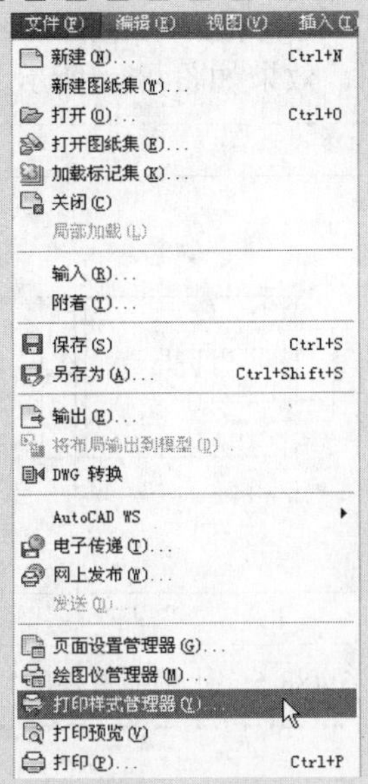

图487-1　“打印样式管理器”命令

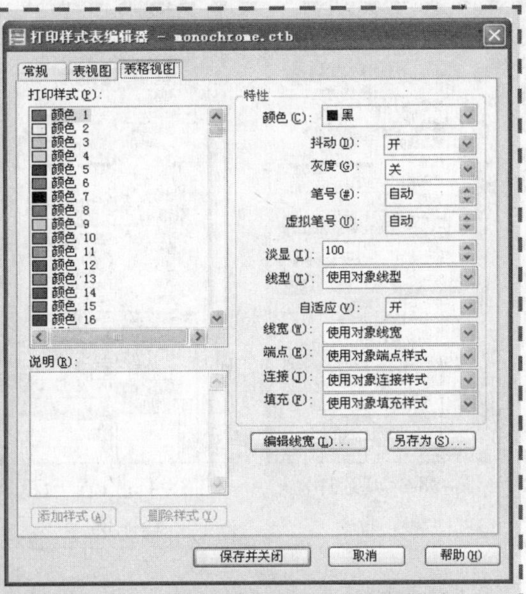

图487-2　“打印样式表编辑器”对话框

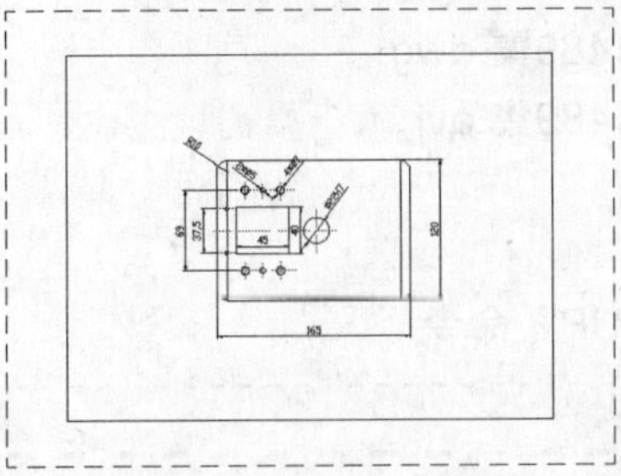

第488集　相对图纸空间比例缩放视图

素材： 素材\第20章\488-1.dwg

效果： 效果\第20章\第488集.dwg

视频： 视频\第20章\第488集.avi

时长： 43秒

难度： ★

关键技术： “注释比例”选项

01 启动AutoCAD 2012软件，按Ctrl+O键，打开一幅素材图形，如图488-1所示。

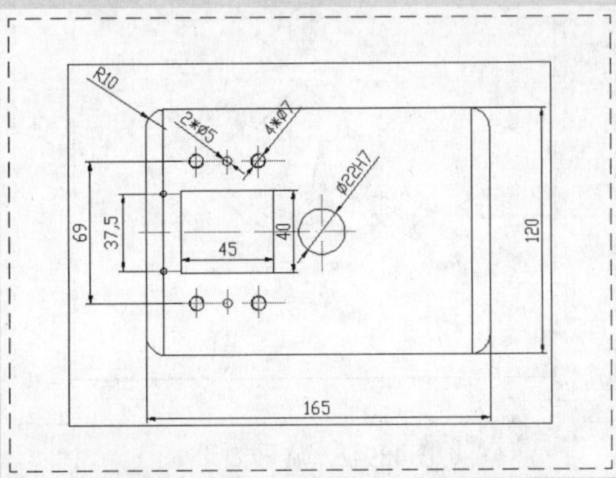

图488-1　打开素材图形

02 选择“功能区”选项板中“视图”选项卡，在“选项板”选项组中单击“特性”按钮，如图488-2所示。

图488-2　单击“特性”按钮

03 弹出“特性”对话框。单击“选择对象”按钮，如图488-3所示。在绘图区选择所有的图形对象，然后按Enter键确认。

04 在“其他”选项组中单击“注释比例”右侧下三角按钮，在弹出的下拉列表中选择1：2选项，如图488-4所示。

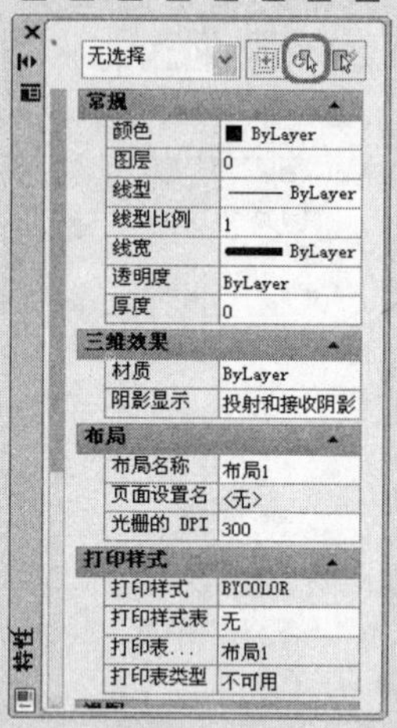

图488-3 “选择对象”命令

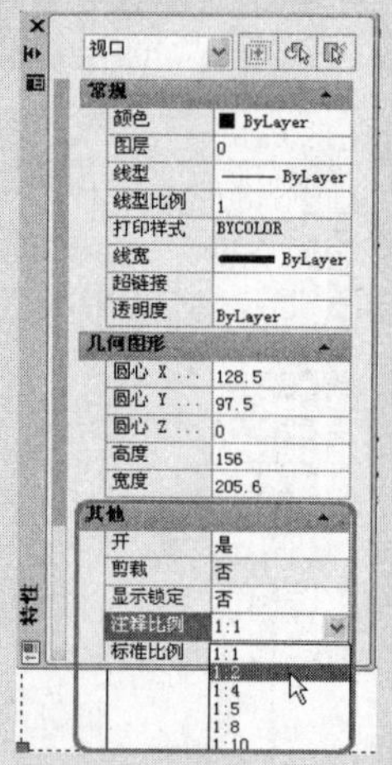

图488-4 设置“注释比例”

05 设置完成后，即可相对图纸空间比例缩放视图，效果如图488-5所示。

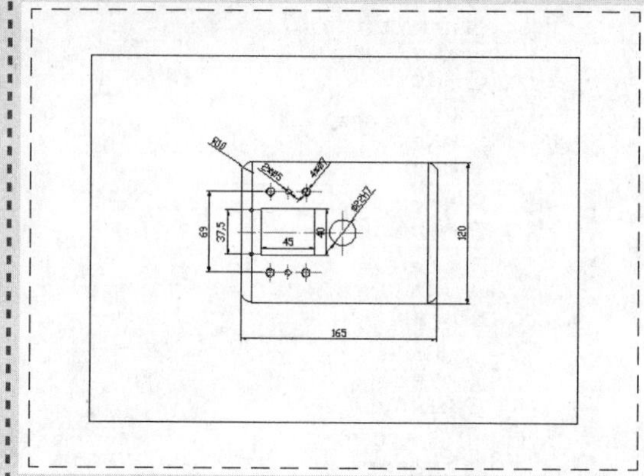

图488-5 比例缩放视图

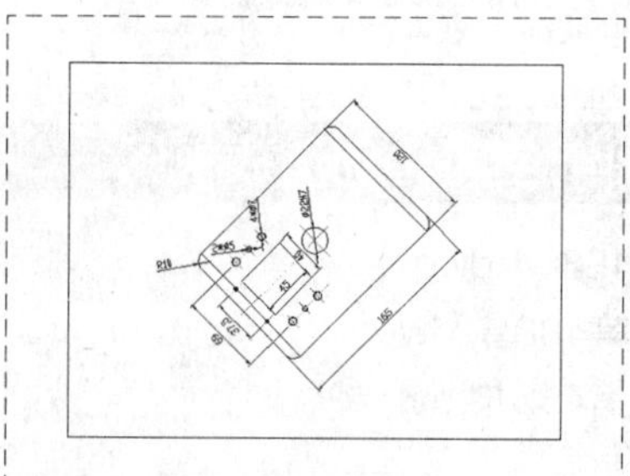

第489集 在浮动视口中旋转视图

素材：素材\第20章\489–1.dwg

效果：效果\第20章\第489集.dwg

视频：视频\第20章\第489集.avi

时长：32秒

难度：★

关键技术：“MVSETUP”命令

01 启动AutoCAD 2012软件，按Ctrl+O键，打开一幅素材图形，如图489-1所示。

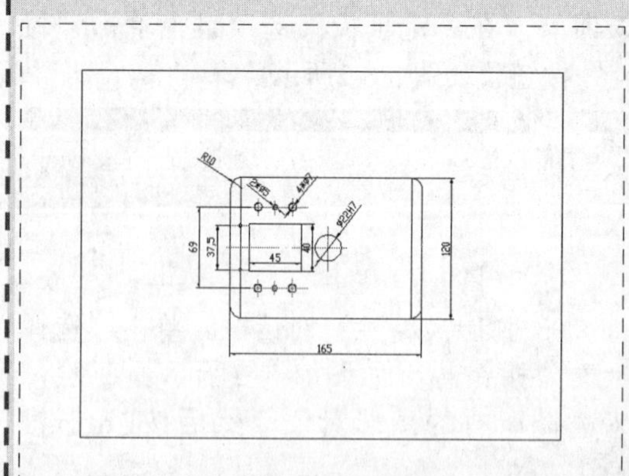

图489-1 打开素材图形

02 在命令行中输入MVSETUP命令，按Enter键确认；输入A，按Enter键确认；输入R，按Enter键确认；输入（10，15），按Enter键确认；输入45，按Enter键确认，旋转效果如图489-2所示。

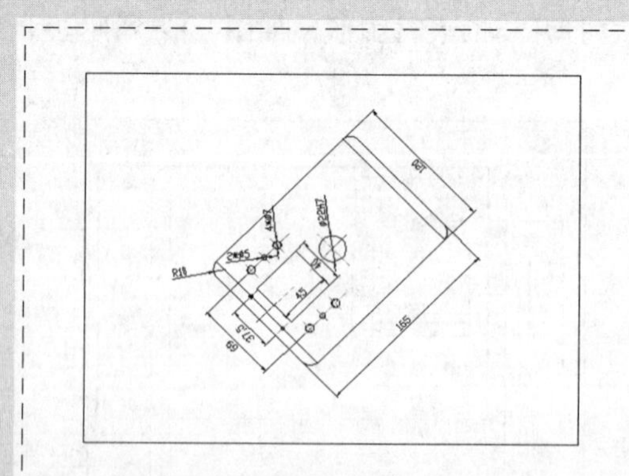

图489-2 旋转效果

20.4　发布图形图纸

第490集　电子打印图形

素材：素材\第20章\490–1.dwg　　效果：无
视频：视频\第20章\第490集.avi　　时长：47秒
难度：★　　关键技术：“输出”选项

01 启动AutoCAD 2012软件，按Ctrl+O键，打开一幅素材图形，选择“功能区”选项板中“输出”选项卡，在“打印”选项组中单击“打印”按钮。弹出“打印—模型”对话框，单击“名称”右侧下三角按钮，在弹出的下拉列表中选择DWE6 ePlot.pc3选项，如图490-1所示。

图490-1　“打印—模型”对话框

02 单击“确定”按钮，弹出“浏览打印文件”对话框，默认情况下会在当前图形名后加上-Model,确定文件存储目录后，单击“保存”按钮，如图490-2所示。

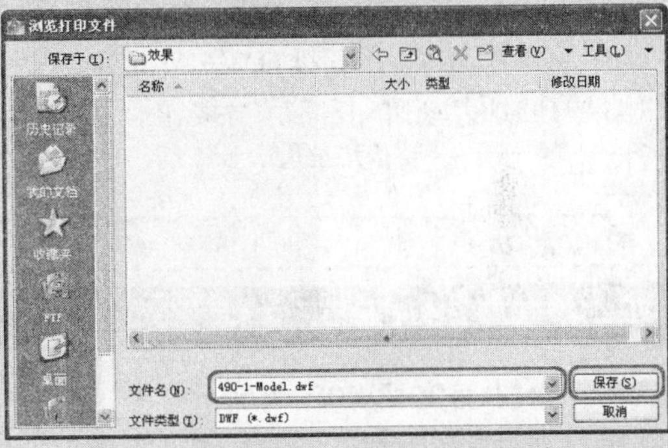

图490-2　“浏览打印文件”对话框

第491集　输出三维DWF文件

素材：素材\第20章\491–1.dwg　　效果：无
视频：视频\第20章\第491集.avi　　时长：34秒
难度：★　　关键技术：“三维DWF”命令

01 启动AutoCAD 2012软件，按Ctrl+O键，打开一幅素材图形，选择 “功能区”选项板中的“输出”选项卡，在“输出为DWF/PDF”选项组中单击“三维DWF”按钮，如图491-1所示。

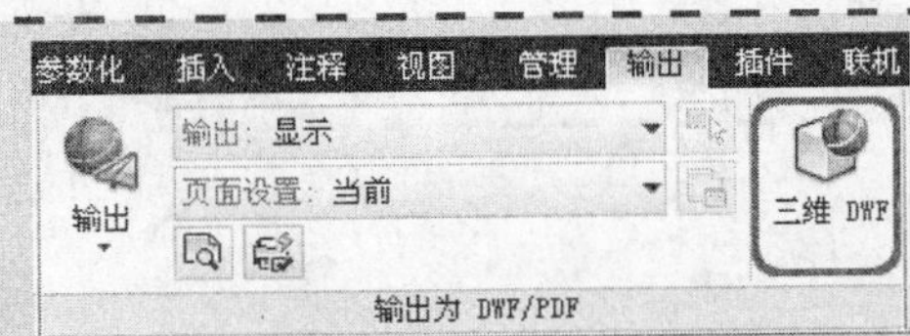

图491-1　单击“三维DWF”按钮

02 弹出“输出三维DWF”对话框，确定文件存储目录后，单击“保存”按钮，如图491-2所示。

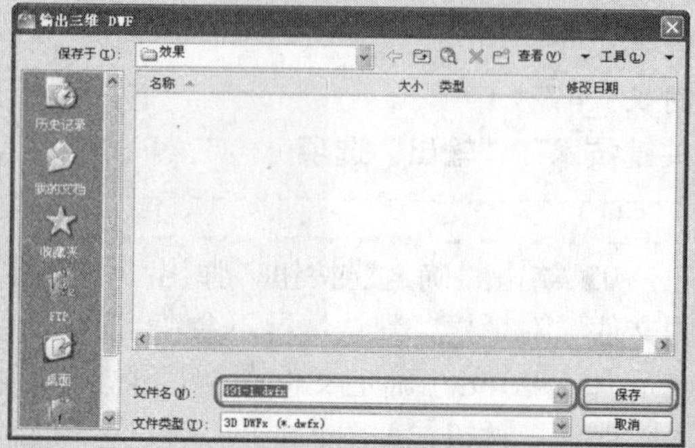

图491-2 “输出三维DWF”对话框

03 弹出“查看三维DWF”对话框，如图491-3所示。单击“是”按钮，关闭对话框。

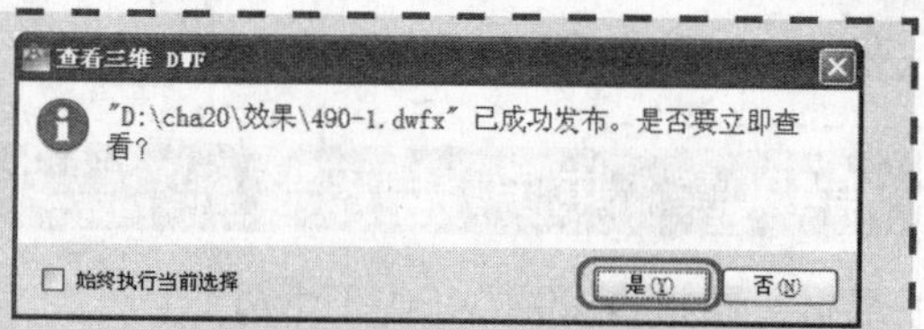

图491-3 “查看三维DWF”对话框

专家提醒

除了使用上述方法外，还可以使用以下两种方法调用“三维DWF”命令。

- 方法1：在菜单栏中选择“菜单浏览器”|“输出”|“三维DWF”命令。
- 方法2：在命令行中输入3DDWF命令，输入完成后按Enter确认。

第492集　输出PDF文件

素材：素材\第20章\492–1.dwg
视频：视频\第20章\第492集.avi
难度：★
效果：无
时长：24秒
关键技术：“PDF”选项

01 启动AutoCAD 2012软件，按Ctrl+O键，打开一幅素材图形，选择“功能区”选项板中“输出”选项卡，在“输出为DWF/PDF”选项组中单击“输出”按钮，在下拉菜单中选择“PDF”选项，如图492-1所示。

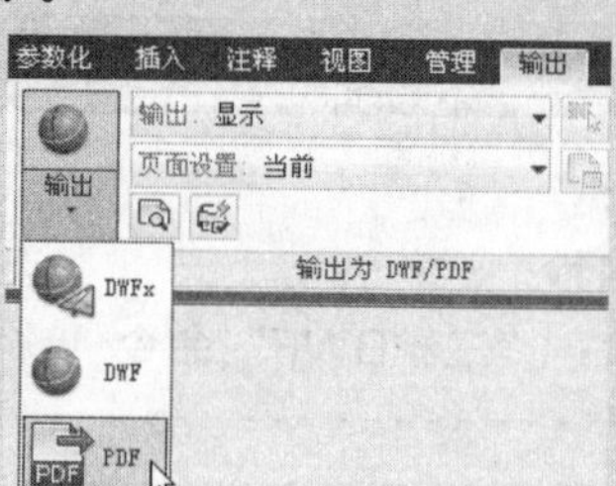

图492-1 单击“PDF”按钮

02 弹出“另存为PDF”对话框，确定文件存储目录后，单击“保存”按钮，如图492-2所示。

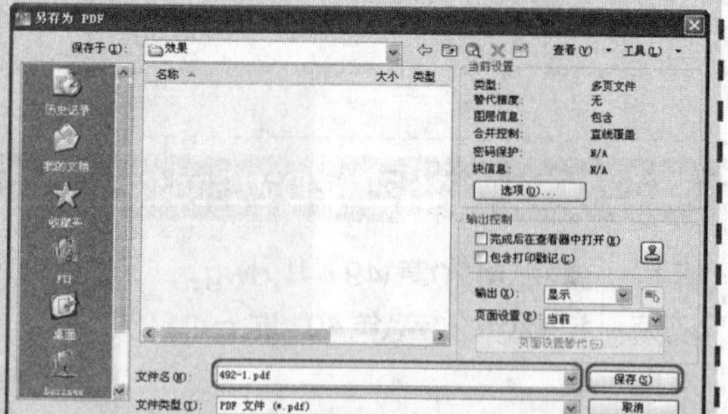

图492-2 “另存为PDF”对话框

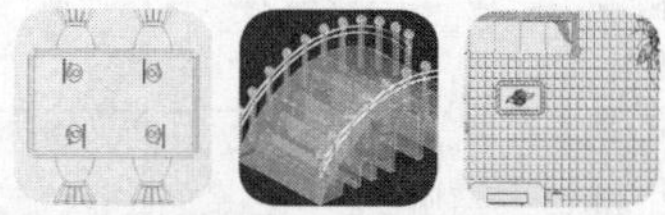

第 21 章 综合实例

通过前面20章的讲解，相信读者已经掌握了AutoCAD2012软件，本章将主要介绍制作4个实例，所选择的实例从易到难、循序渐进，介绍的案例都是现实生产中比较典型、常用的，希望读者通过对本章的学习能够拓展思路，制作出更加理想的效果。

21.1 家具设计——餐桌椅

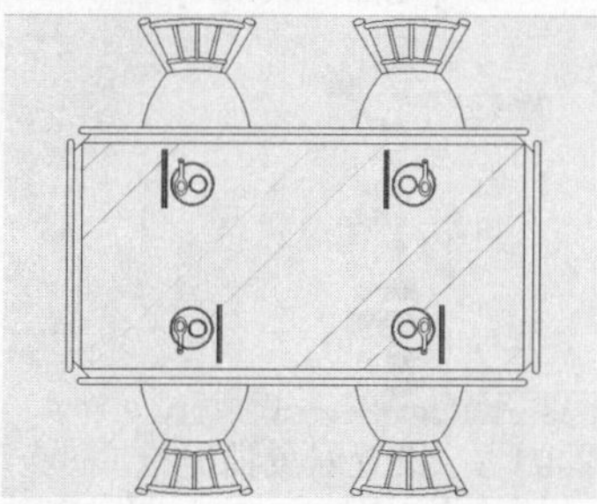

素材：无

效果：效果\第21章\21.1.dwg

视频：视频\第21章\第493集.avi~第495集.avi

时长：17分34秒

难度：★★★★★

关键技术："矩形"、"圆弧"、"镜像"、"分解"命令

第493集 绘制餐桌

01 启动AutoCAD 2012软件，新建一个空白图形文件，在命令行中输入RECTANG（矩形）命令，并按Enter键确认，输入（1800，1950）确定矩形左上角点，输入（3300，1150）确定矩形右下角点，绘制一个矩形，效果如图493-1所示。

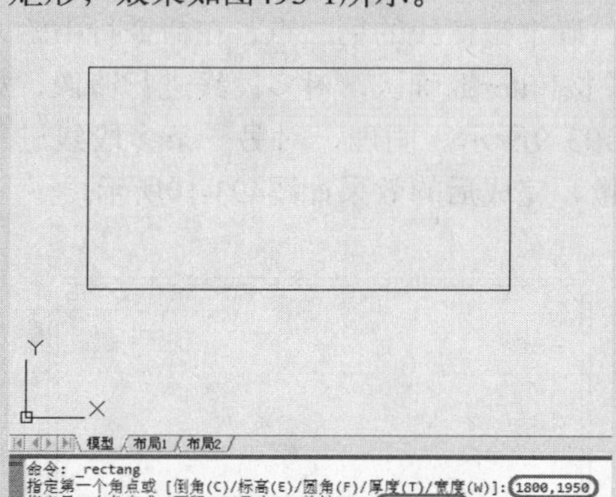

图493-1 绘制矩形

02 在命令行中输入CHAMFER（倒角）命令，并按Enter键确认，输入D，设置倒角距离为57，在绘图区中分别单击矩形左上角的两条直线进行倒角，如图493-2所示。

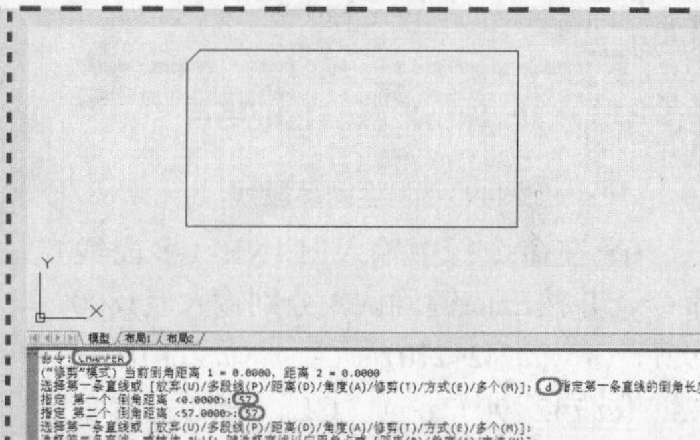

图493-2 对一组直线倒角

03 按Enter键，分别单击绘图区中矩形右上角的两条直线进行倒角，如图493-3所示。同理，对其他直线进行倒角，效果如图493-4所示。

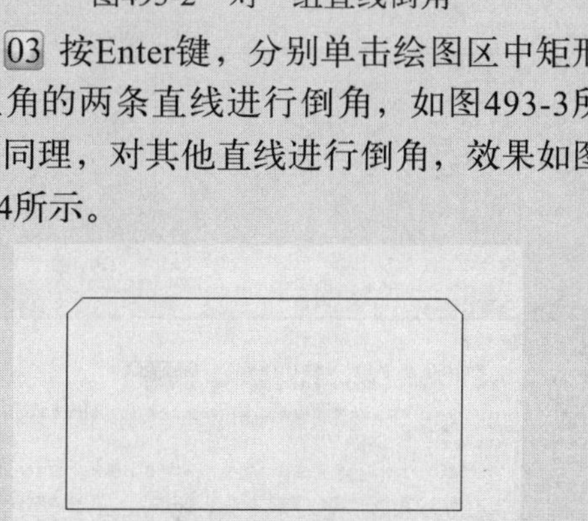

图493-3 倒角另一组直线

图493-4　倒角最终效果

04 在命令行中输入PLINE（多段线）命令，并按Enter键确认，分别输入（1828，1950）、（@1443<0）、A、（@22<90）、L、（@1443<180）、A、CL，绘制一条多段线，效果如图493-5所示。

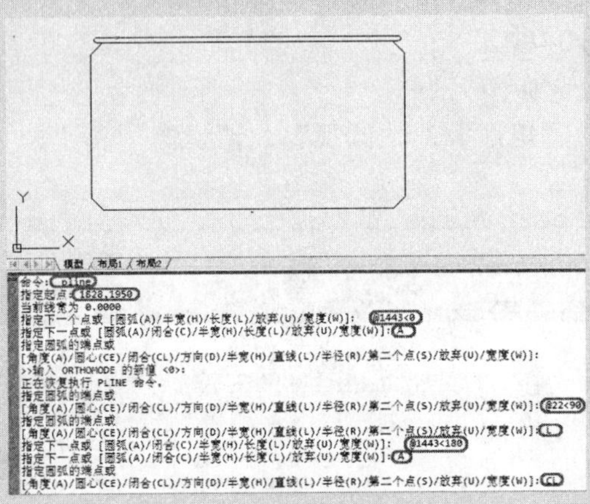

图493-5　绘制多段线

05 在命令行中输入PLINE（多段线）命令，并按Enter键确认，分别输入（1800，1921）、（@742<270）、A、（@22<180）、L、（@742<90）、A、CL，绘制一条多段线，效果如图493-6所示。

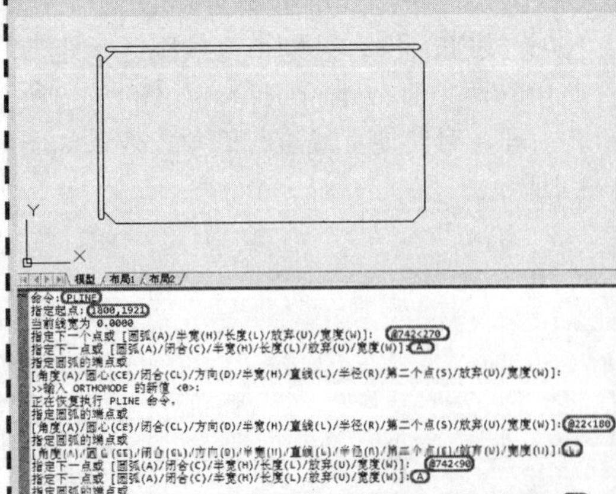

图493-6　绘制多段线

06 右键单击状态栏中的“对象捕捉”按钮，在弹出的快捷菜单中选择“中点”命令，如图493-7所示。按F8键打开正交模式，选择纵向的多段线，在命令行中输入MIRROR（镜像）命令，并按Enter键确认，在倒角矩形长、宽直线中点的相交处单击鼠标，确定镜像线的第一点，如图493-8所示。

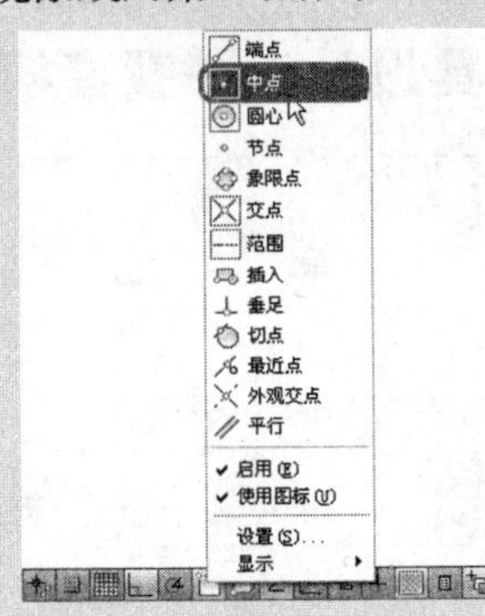

图493-7　设置对象捕捉

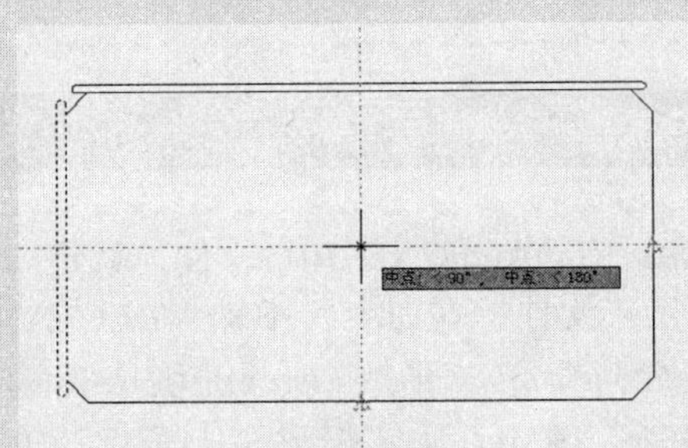

图493-8　指定镜像线的第一点

07 向上引导光标，在任意位置单击鼠标，确定镜像线的第二点，在命令行中输入N并按Enter键确认，对多段线进行镜像，如图493-9所示。同理，对另一条多段线进行镜像，完成后的效果如图493-10所示。

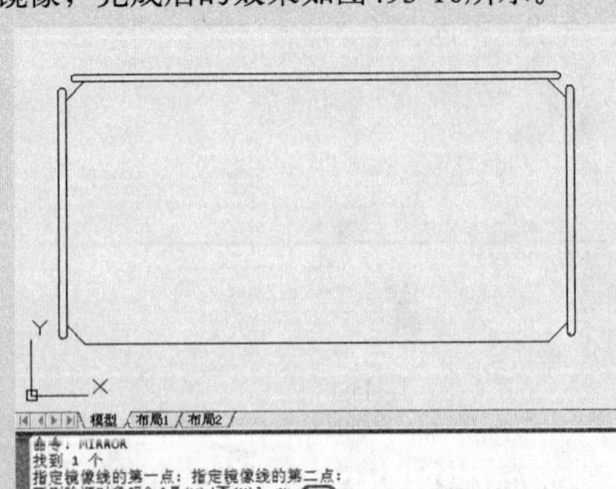

图493-9　镜像多段线

图493-10　最终效果

08 在命令行中输入RECTANG（矩形）命令，并按Enter键确认，输入(1828，1921)为矩形左上角点，输入（3271，1178）为矩形右下角点，绘制一个矩形，如图493-11所示。

09 在“功能区”选项板的“常用”选项卡中单击“绘图”面板中的“图案填充”按钮，切换到“图案填充创建”选项卡中，在“图案”面板中单击ANSI32选项，然后在矩形内部单击鼠标，将“填充图案比例”设置为50，“图案填充透明度”设置为60，如图493-12所示。按Esc键退出图案填充创建。

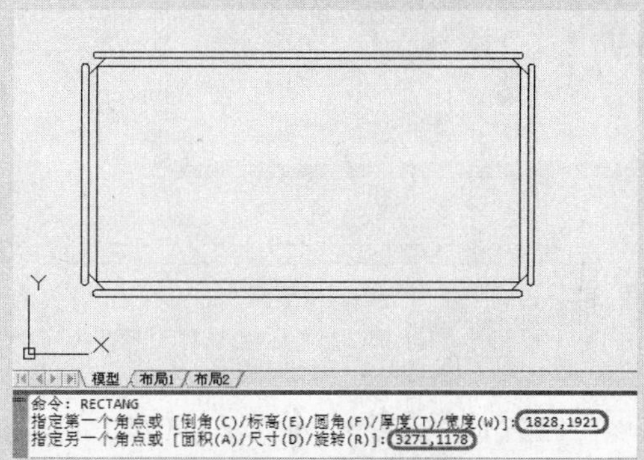

图493-11　绘制矩形

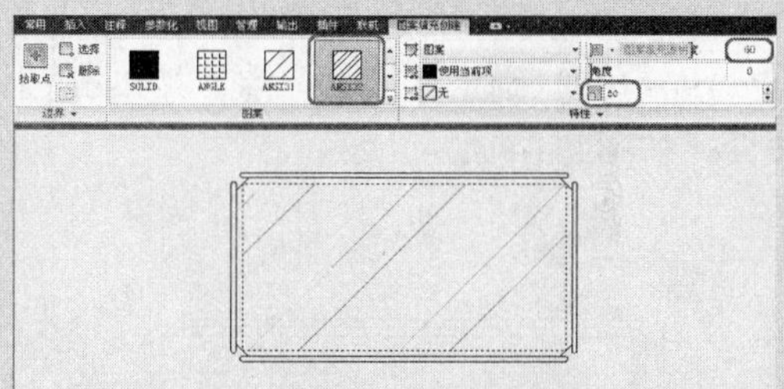

图493-12　填充图案

第494集　绘制餐椅

01 在“功能区”选项板的“常用”选项卡中单击“绘图”面板中的“圆弧”按钮的下三角按钮，在打开的下拉列表中选择“起点，端点，方向”命令，如图494-1所示。

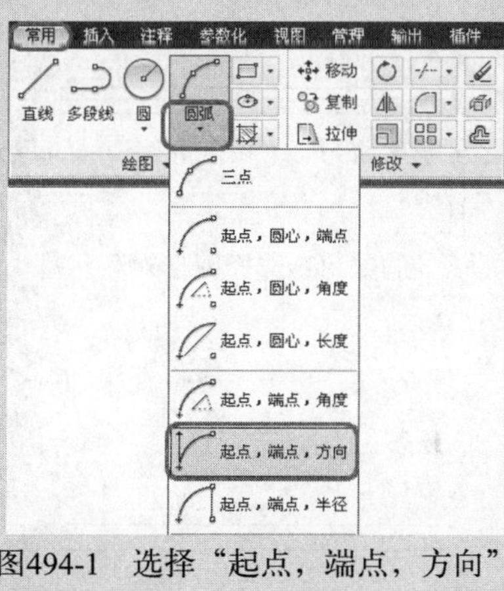

图494-1　选择“起点，端点，方向”

02 输入（2023，1972），确定圆弧起点，输入（2103，2152）确定圆弧端点，再输入80确定圆弧起点切向，如图494-2所示。

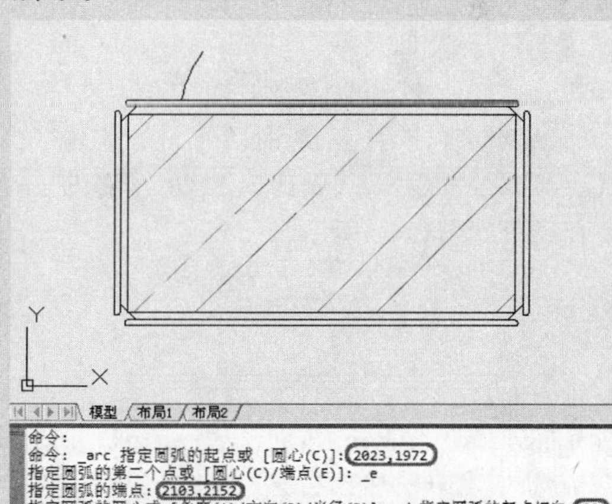

图494-2　绘制圆弧

03 继续使用“起点，端点，方向”圆弧命令，分别输入（2103，2152）、（@190<0）、10，绘制一条圆弧，如图494-3所示。

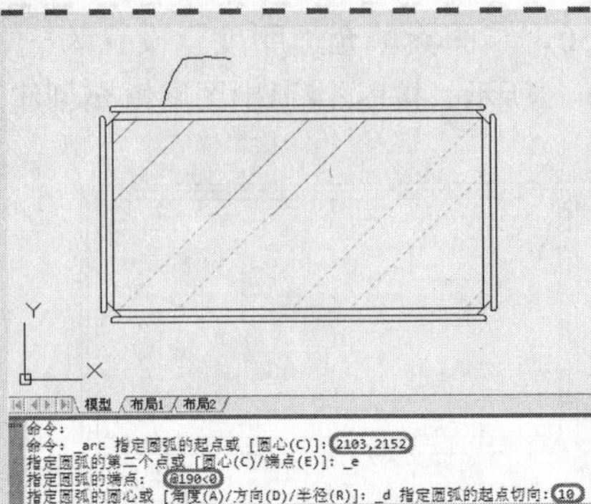

图494-3　绘制圆弧

04 在命令行中输入LINE（直线）命令，并按Enter键确认，输入（2103，2152）确定直线第一点，输入（@190<120）确定直线下一点，按Esc退出命令，如图494-4所示。

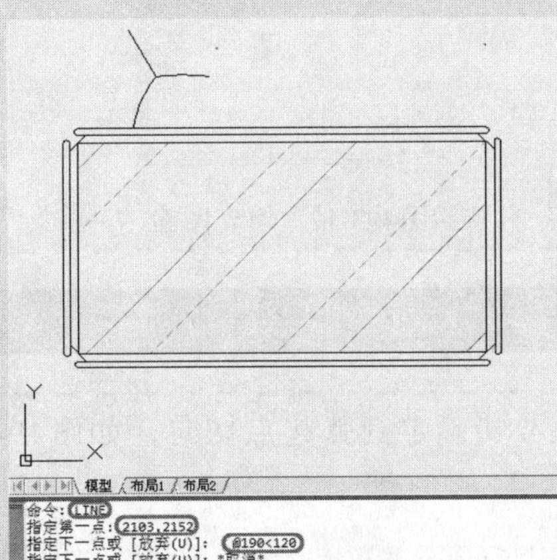

图494-4　绘制直线

05 继续使用直线命令，分别输入（2122，2152）、（@190<114），绘制一条直线，如图494-5所示。

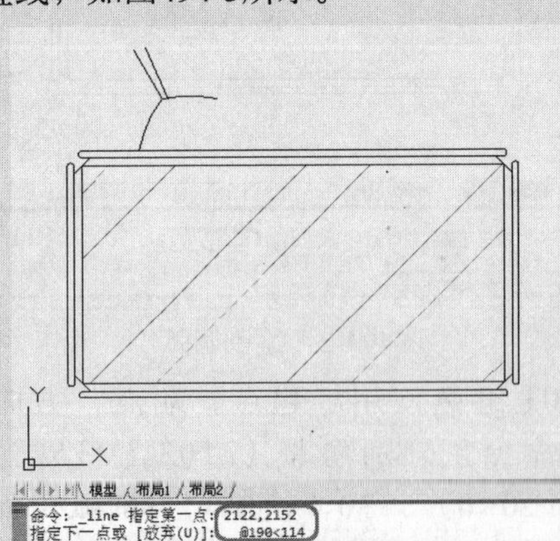

图494-5　绘制直线

06 单击“圆心”按钮右侧下三角按钮，在打开的下拉列表中选择“轴，端点”命令，如图494-6所示。分别单击两条直线的端点，输入10并确认，如图494-7所示。

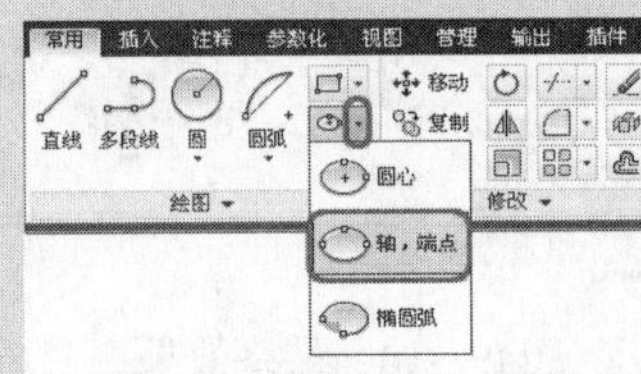

图494-6　选择“轴，端点”选项

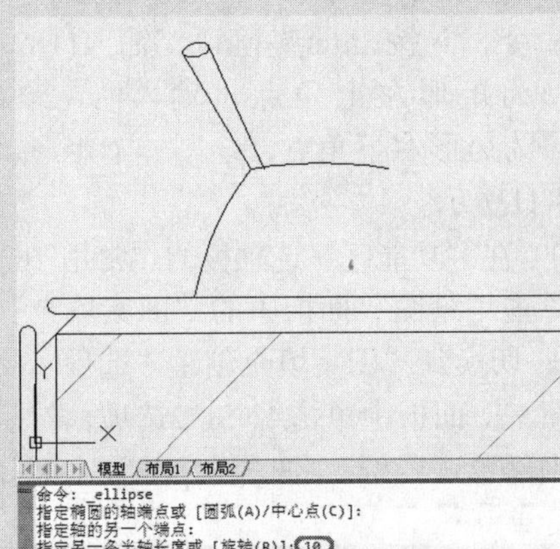

图494-7　绘制椭圆

07 选择如图494-8所示图形，单击“镜像”按钮，以横向圆弧的中心为镜像线镜像对象，效果如图494-9所示。

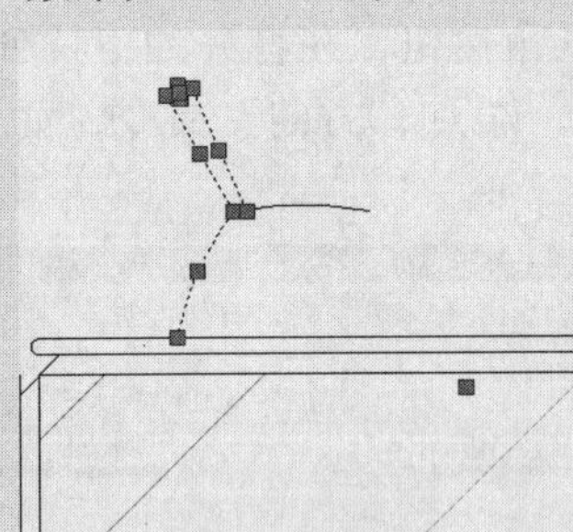

图494-8　选择图形对象

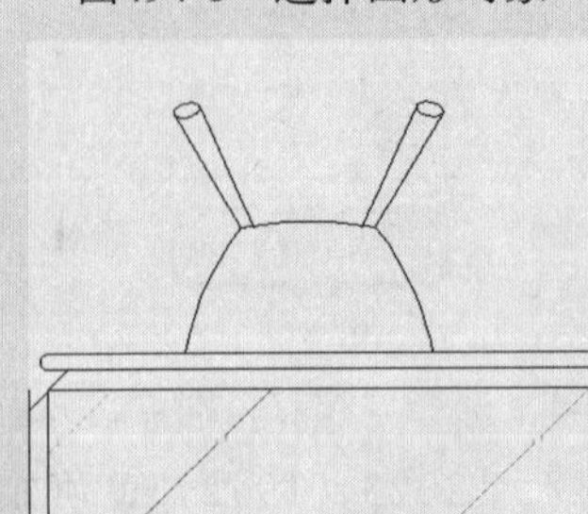

图494-9　镜像效果

08 选择“起点、端点、方向”圆弧命令，启动“对象捕捉”中的“交点”选项，捕捉椭圆与其右侧直线的交点，沿直线斜向下引导光标，如图494-10所示。

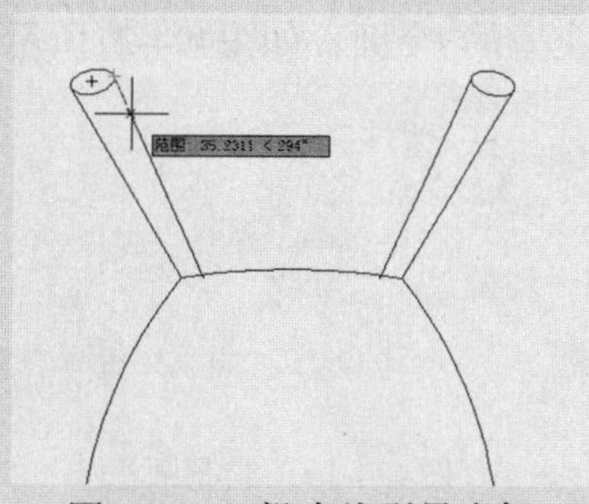

图494-10　沿直线引导光标

09 输入范围为10，确定圆弧起点。同理，确定圆弧端点，范围为10，切向为10，效果如图494-11所示。

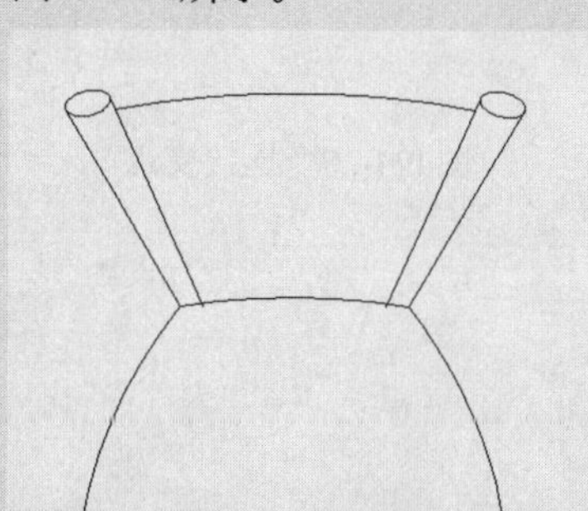

图494-11　绘制圆弧效果

10 在命令行中输入OFFSET（偏移）命令，并按Enter键确认，输入18，选择圆弧为偏移对象，捕捉圆弧中心点并垂直向下引导光标，在任意位置单击鼠标，完成偏移，如图494-12所示。

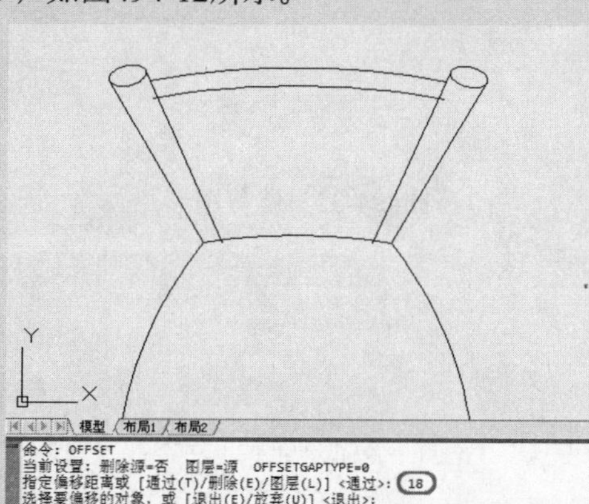

图494-12　偏移对象

11 选择“起点、端点、方向”圆弧命令，分别以端点A和端点B为新圆弧的起点和端点，切向为210，如图494-13所示。对该圆弧进行镜像，效果如图494-14所示。

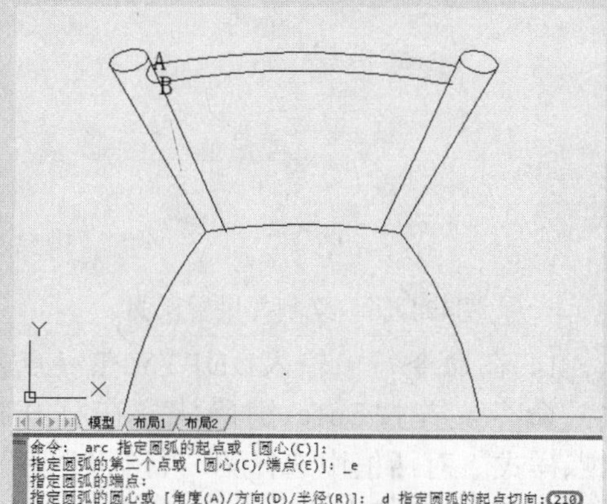

图494-13　绘制圆弧

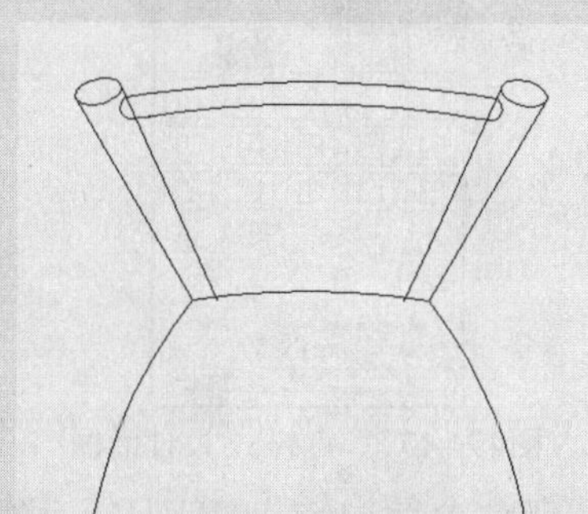

图494-14　镜像圆弧

12 选择“起点、端点、方向”圆弧命令，拾取图494-15中端点A，垂直向上引导光标输入42。同理，拾取端点B并垂直向上引导光标，输入42，切向为10，效果如图494-15所示。

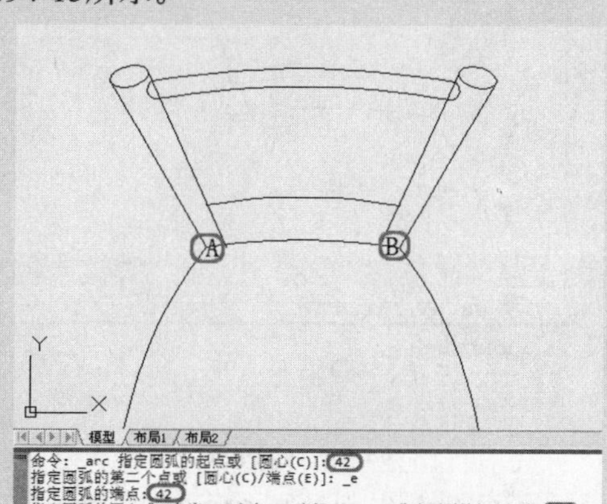

图494-15　绘制圆弧

13 向下偏移该圆弧，偏移距离为12，使用“起点、端点、方向”命令在两条圆弧左侧绘制圆弧，切向为210，并对圆弧进行镜像，效果如图494-16所示。

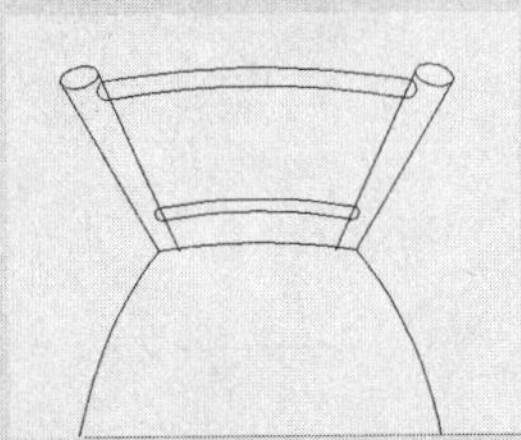

图494-16　绘制并设置圆弧

14 在命令行中输入DDPTYPE（点样式）命令，并按Enter键确认，在打开的“点样式”对话框中选择第一行第4个点样式，单击“确定”按钮，如图494-17所示。

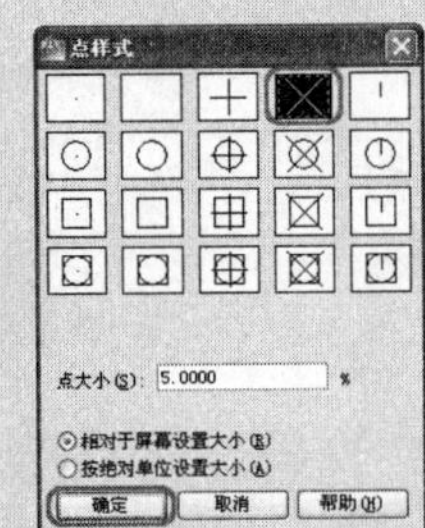

图494-17　“点样式”对话框

15 在命令行中输入DIVIDE（定数等分）命令，并按Enter键确认，选择圆弧1，输入4并确认，使用同样的方法对圆弧2进行定数等分，效果如图494-18所示。

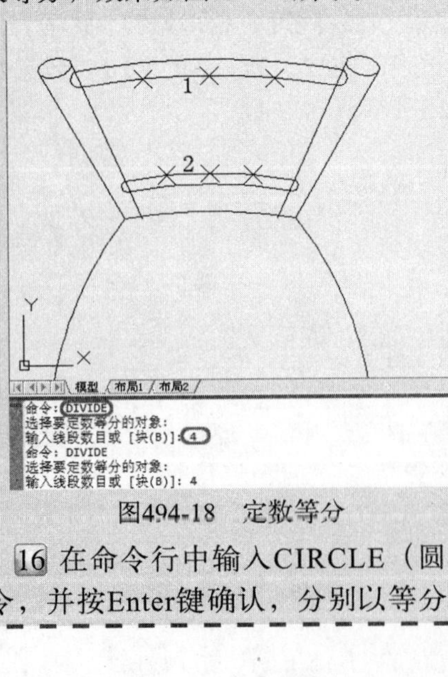

图494-18　定数等分

16 在命令行中输入CIRCLE（圆弧）命令，并按Enter键确认，分别以等分点为圆心，6为半径绘制圆，如图494-19所示。

17 利用LINE（直线）命令分别连接同侧的上方圆与圆弧交点和下方圆与圆弧交点，效果如图494-20所示。删除图形中的所有点及上方的3个圆，如图494-21所示。

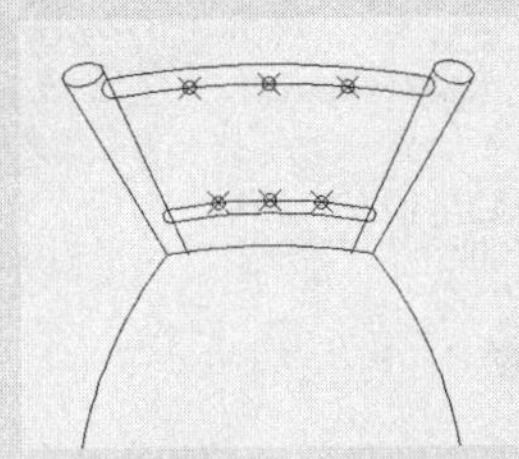

图494-19　绘制圆

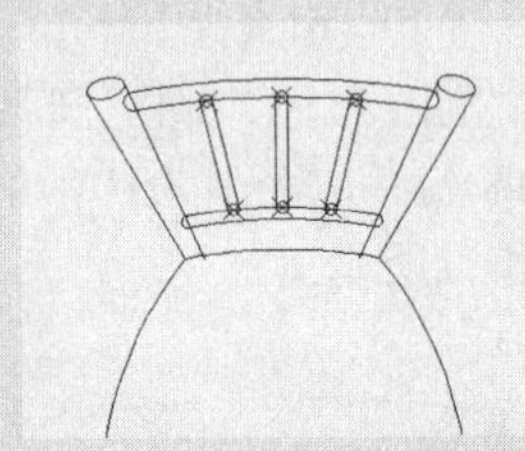

图494-20　连接交点

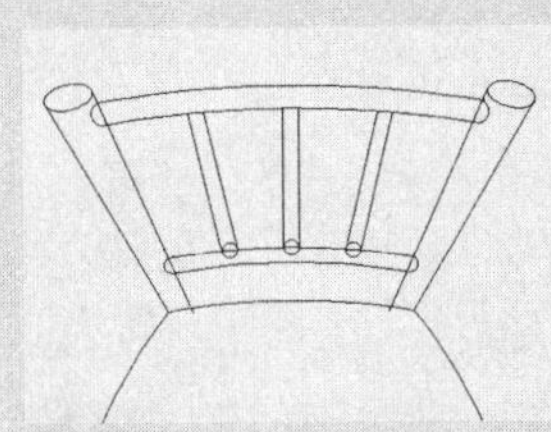

图494-21　删除点和圆对象

18 对图形进行修剪操作，修剪后的效果如图494-22所示。并对餐椅进行镜像操作，效果如图494-23所示。

图494-22　修剪图形

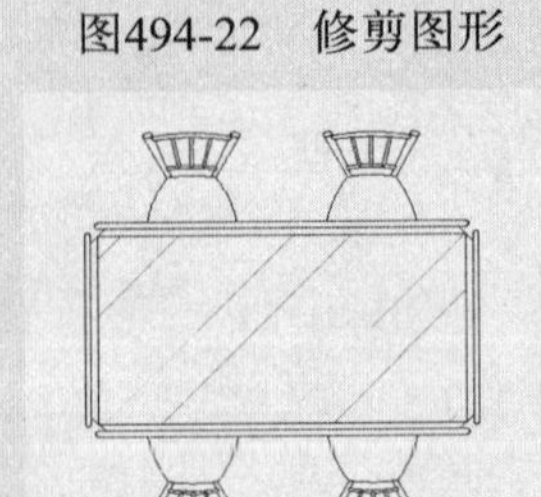

图494-23　镜像餐椅

第495集　绘制餐具

01 在命令行中输入CIRCLE（圆）命令，并按Enter键确认，在任意位置单击鼠标，输入70，绘制圆，如图495-1所示。

图495-1　绘制圆

02 重复执行“圆”命令，拾取圆心，输入65、30、25，绘制同心圆，如图495-2所示。

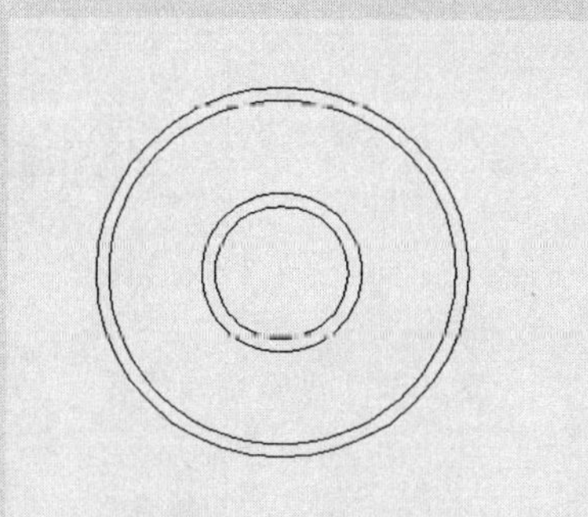

图495-2　绘制同心圆

03 在命令行中输入RECTANG（矩形）命令，并按Enter键确认，在同心圆右侧适当位置单击鼠标，确定第一角点，输入D、5、190，在第一角点下方任意位置单击鼠标，绘制矩形，选择矩形，并按住Ctrl键向右拖动进行复制，如图495-3所示。

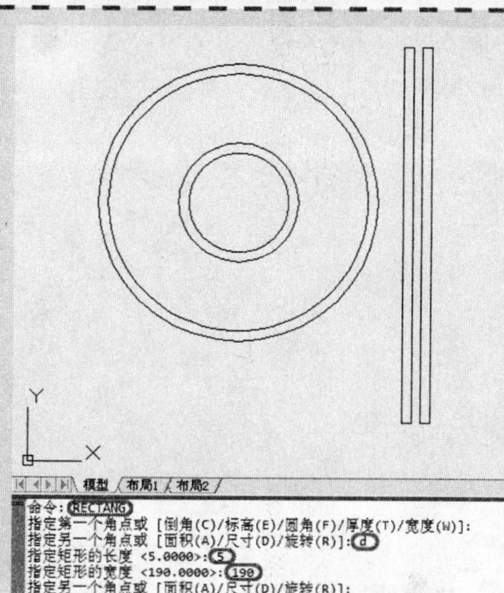

图495-3　绘制并复制矩形

04 在“功能区”选项板的“常用”选项卡中单击“圆心”按钮右侧下三角按钮，在打开的下拉菜单中选择“椭圆弧”选项，确定“正交模式”为开启状态，在同心圆左侧任意位置单击鼠标，向下引导光标，输入57、20、212、148，绘制椭圆弧，如图495-4所示。

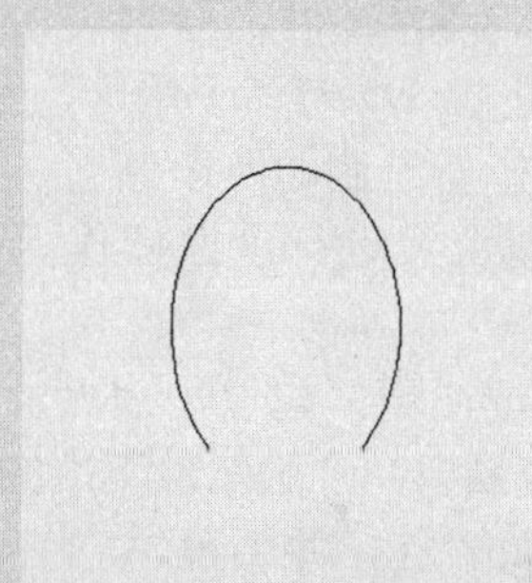

图495-4　绘制椭圆弧

05 选择“起点，端点，方向”圆弧命令，拾取椭圆弧左侧的端点为起点，输入（@20<290）、310，绘制圆弧，如图495-5所示。

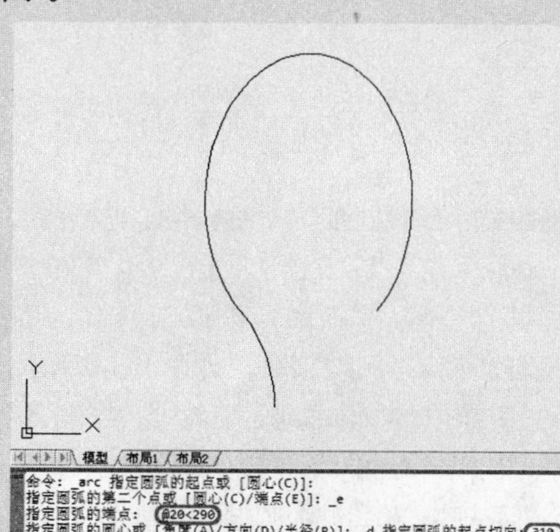

图495-5　绘制圆弧

06 继续使用“起点，端点，方向”圆弧命令，拾取新绘制的圆弧下方端点为起点，输入（@48<268）、270，绘制圆弧，如图495-6所示。

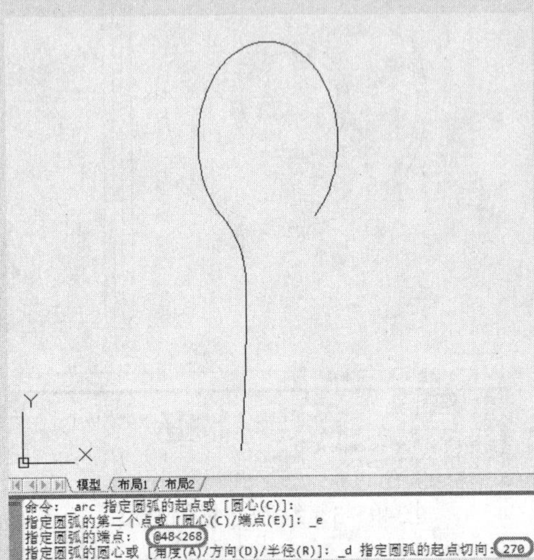

图495-6 绘制圆弧

07 选择新绘制的两个圆弧，以椭圆弧的圆心为镜像线进行镜像操作，效果如图495-7所示。

08 继续使用“起点，端点，方向”圆弧命令，分别以两个圆弧最下端的端点为新圆弧起点和端点，并调整方向，效果如图495-8所示。

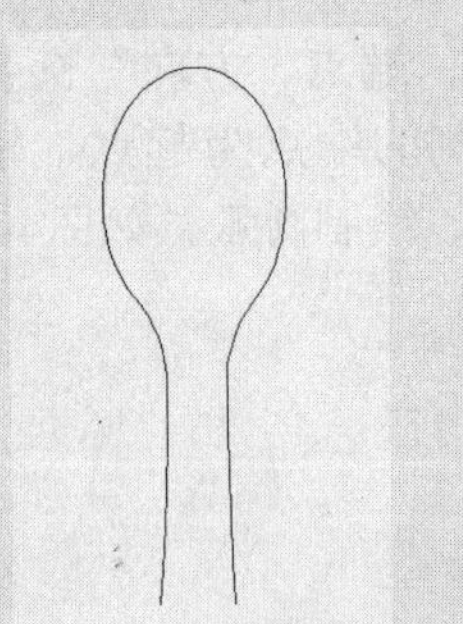

图495-7 镜像圆弧

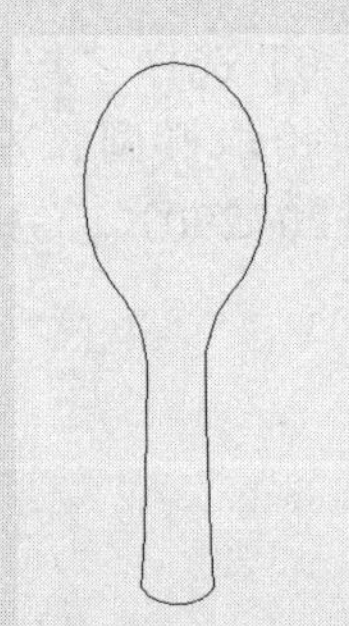

图495-8 绘制圆弧

09 在命令行中输入CIRCLE（圆）命令，并按Enter键确认，拾取新绘制的圆弧的圆心，输入3，绘制圆，如图495-9所示。

10 单击“椭圆弧”按钮右侧下三角按钮，在打开的下拉菜单中选择“圆心”选项，拾取椭圆弧的圆心，输入（@17<90）、（@12<0），绘制椭圆，如图495-10所示。

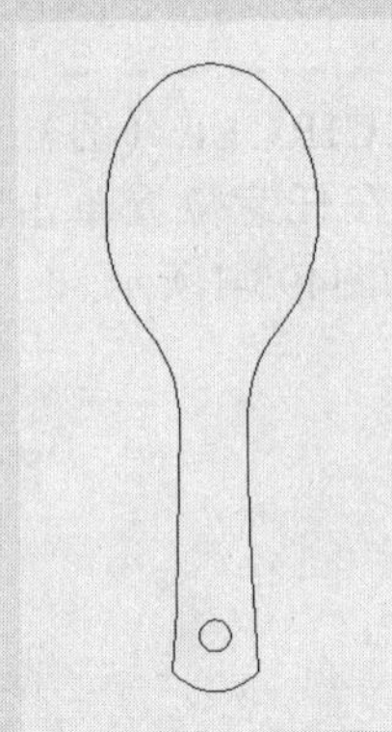

图495-9 绘制圆

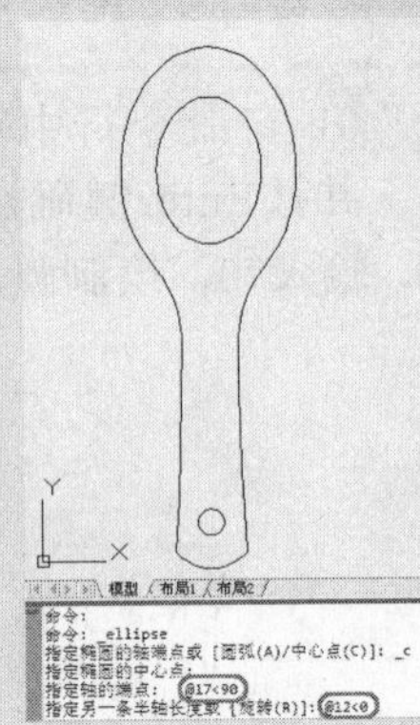

图495-10 绘制椭圆

11 调整餐具的位置，如图495-11所示。对餐具进行镜像，并对餐具的位置进行调整，效果如图495-12所示。

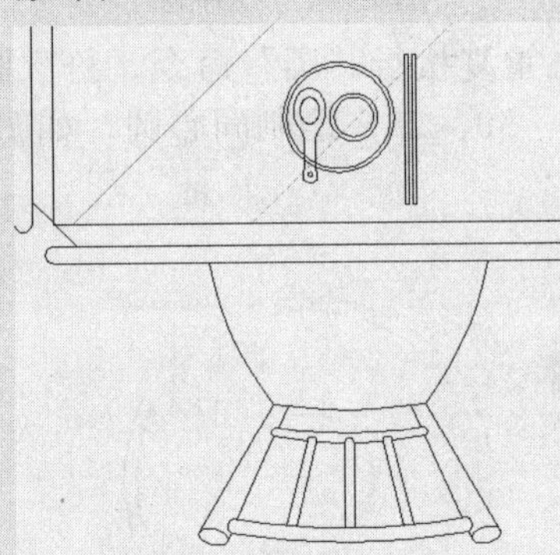

图495-11 调整餐具位置

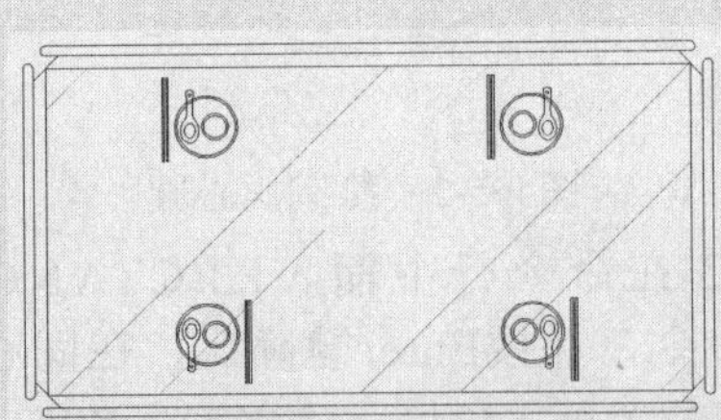

图495-12 镜像并调整餐具

12 选择填充图案，单击“分解”按钮，分解对象，并对餐具进行修剪操作，效果如图495-13所示。

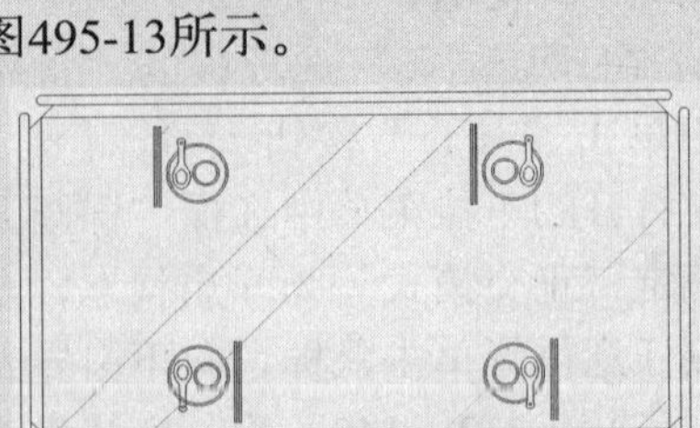

图495-13 修剪图形对象

21.2　三维设计——拱桥

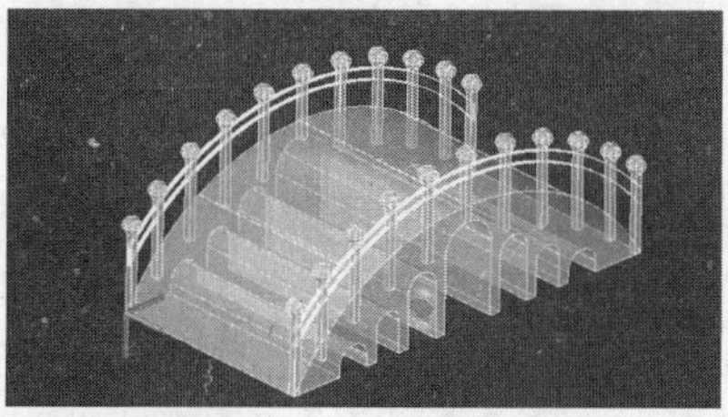

素材：无

效果：效果\第21章\21.2.dwg

视频：视频\第21章\第496集.avi~第498集.avi

时长：9分50秒

难度：★

关键技术：“多段线”、“圆弧”、“镜像”、“三维视图”、命令

第496集　绘制桥身平面

01 启动AutoCAD 2012软件，新建一个空白文件，在命令行中输入PLINE（多段线）命令，并按Enter键确认，如图496-1所示绘制多段线，效果如图496-2所示。

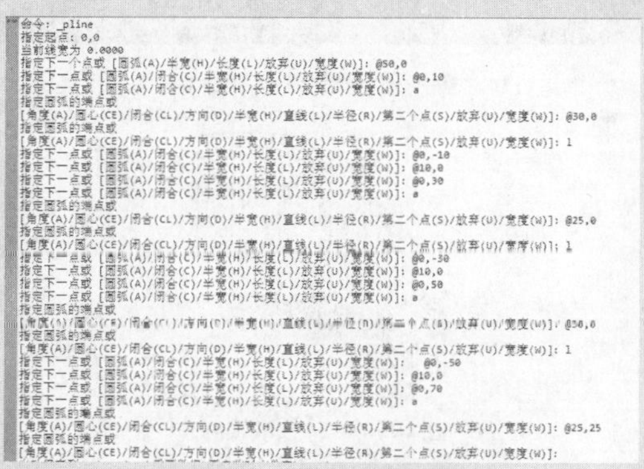

图496-1　执行多段线

图496-2　绘制多段线效果

02 在命令行中输入MIRROR（镜像），并按Enter键确认，选择多段线为镜像对象，按F8键打开正交模式，以右侧端点为镜像第一点，向下引导光标，在任意位置单击鼠标完成镜像，输入N，效果如图496-3所示。再将两条多段线进行合并。

图496-3　镜像并合并多段线

03 在“常用”选项卡中单击“图弧”按钮下的下三角按钮，在打开的下拉菜单中选择“起点，端点，角度”选项，以多段线的起点和端点为两点，角度为-120，绘制圆弧，如图496-4所示。

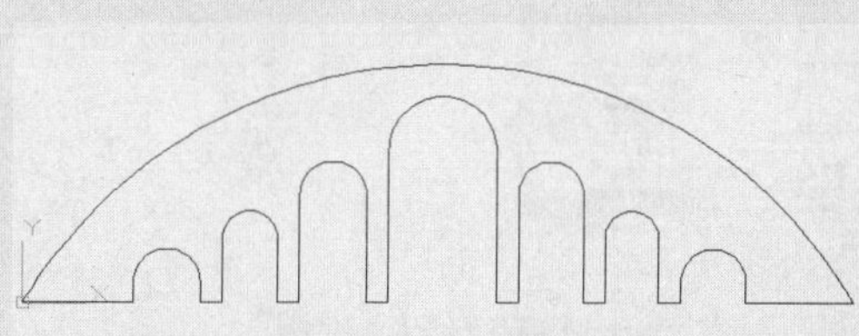

图496-4　绘制圆弧

04 在命令行中输入OFFSET（偏移）命令，并按Enter键确认，选择新绘制圆弧为偏移对象，偏移距离分别为25、35、45，完成后的效果如图496-5所示。

05 将多段线与连接多段线的圆弧进行合并，使用LINE（直线）命令，绘制两条辅助线，如图496-6所示。

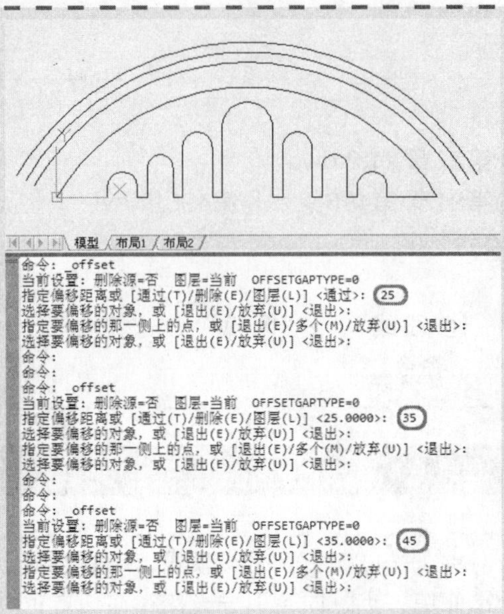

图496-5 偏移圆弧

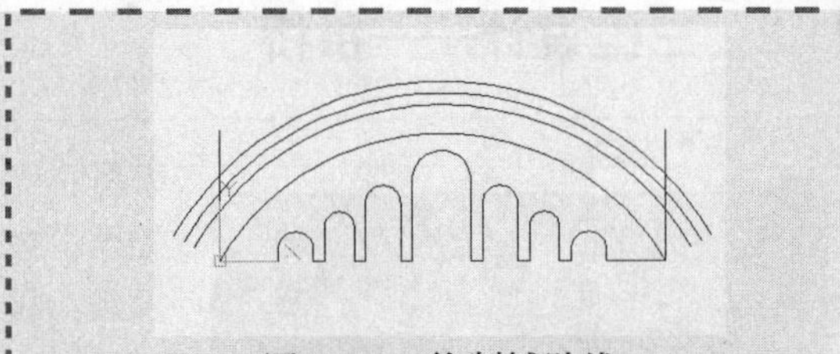

图496-6 绘制辅助线

06 在命令行中输入TRIM（修剪）命令，并按Enter键确认。选择所有图形，按Enter键确认，对图形进行修剪处理，修剪后的效果如图496-7所示。

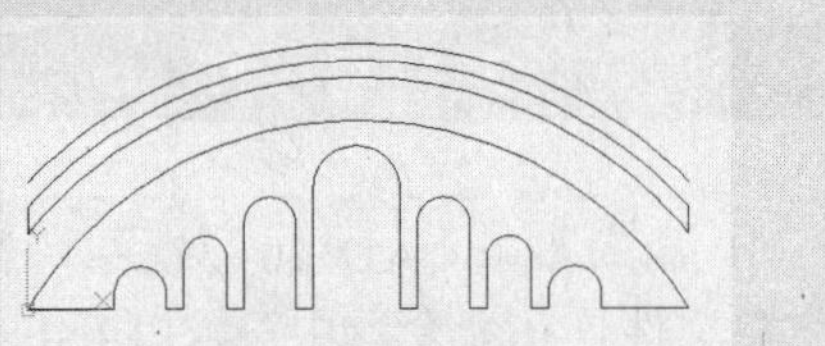

图496-7 修剪对象

第497集 拉伸图形

01 在菜单栏中选择“视图”|“三维视图”|“西南等轴测”命令，将视图转换为“西南等轴测”视图，如图497-1所示。

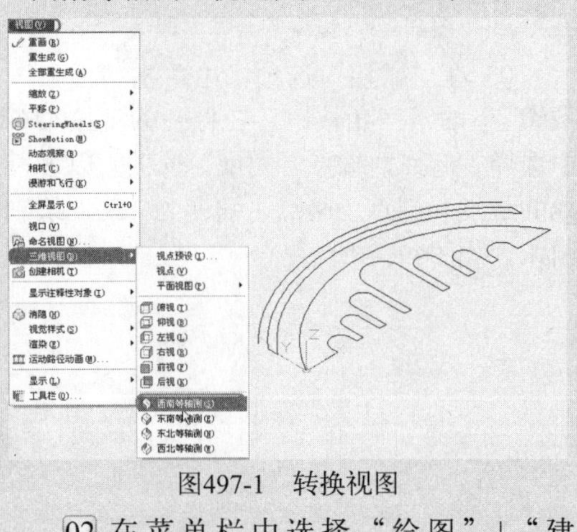

图497-1 转换视图

02 在菜单栏中选择“绘图”|“建模”|“拉伸”命令，选择孔图形进行拉伸，拉伸参数为200，效果如图497-2所示。

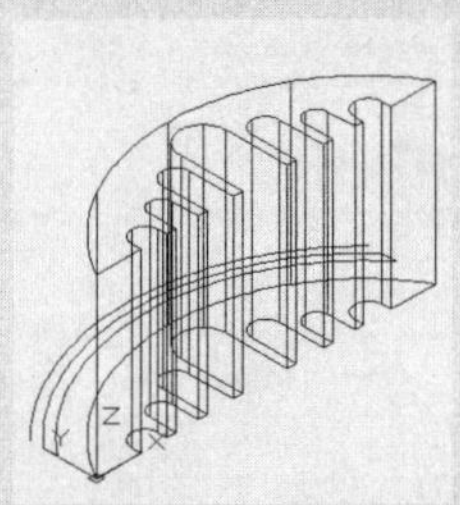

图497-2 拉伸效果

03 再次使用“拉伸”命令，选择如图497-3所示图形，拉伸参数为4，效果如图497-4所示。

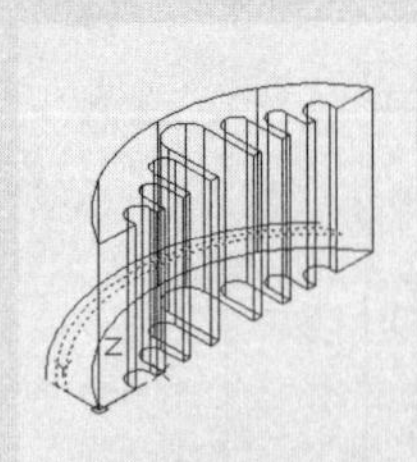

图497-3 选择拉伸对象

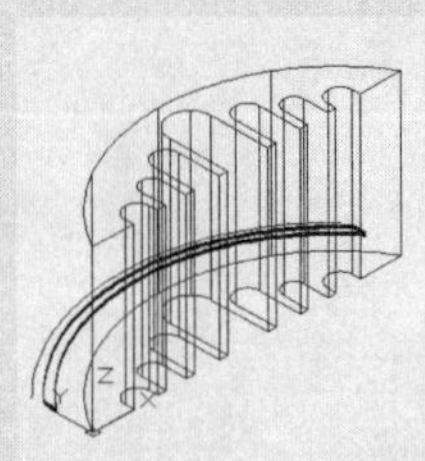

图497-4 拉伸对象

第498集 制作护栏

01 在菜单栏中选择“视图”|“动态观察”|“自由动态观察”命令，旋转视图到合适角度，在命令中输入USC，并按Enter键确认，将其沿X轴旋转-90°，如图498-1所示。

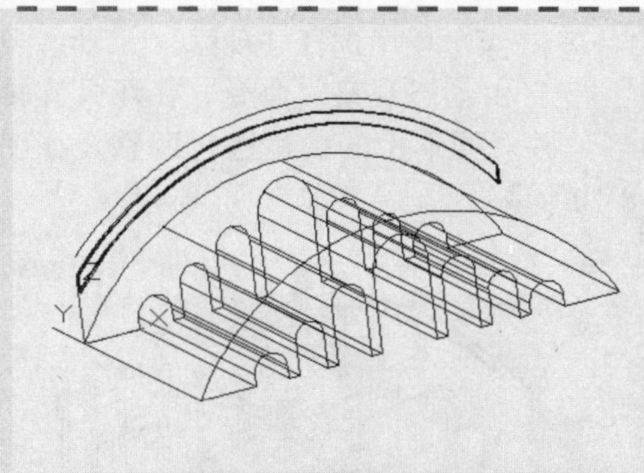

图498-1 旋转角度

02 在菜单栏中选择“绘图”|“建模”|“长方体”命令，以原点为第一角点，输入（0，0，0）、@（6，6，80），创建立方体，效果如图498-2所示。

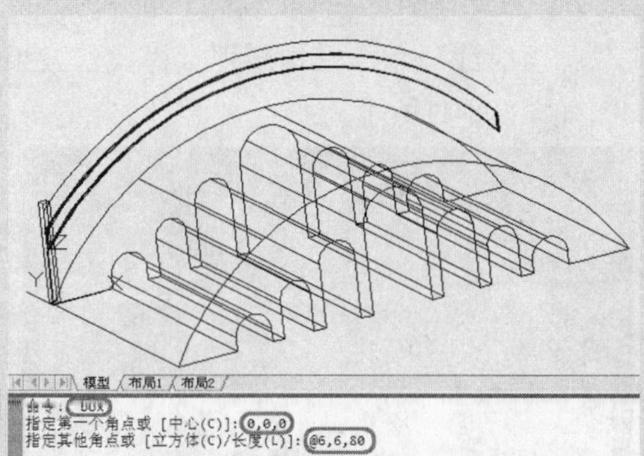

图498-2 绘制长方体

03 在菜单栏中选择“绘图”|“建模”|“球体”命令，将“三维对象捕捉”设置为“面中心”，捕捉长方体顶部面中心点作为球体中心点，输入半径8，效果如图498-3所示。

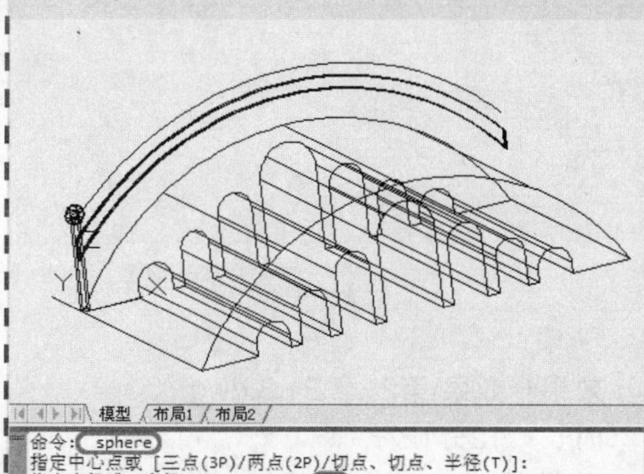

图498-3 绘制球体

04 在命令行中输入DIVIDE（定数等分）命令，并按Enter键确认。选择最上方的圆弧，输入数目为10，在命令行中输入DDPTYPE（点样式）命令，并按Enter键确认。在弹出的“点样式”对话框中选择第一行第四个样式，如图498-4所示。单击“确定”按钮，定数等分的效果如图498-5所示。

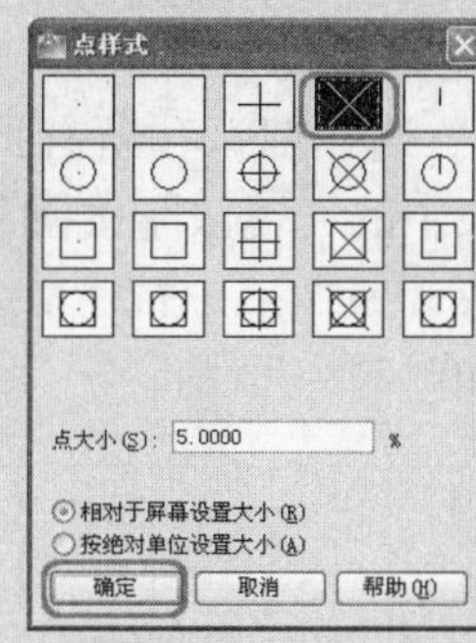

图498-4 设置点样式

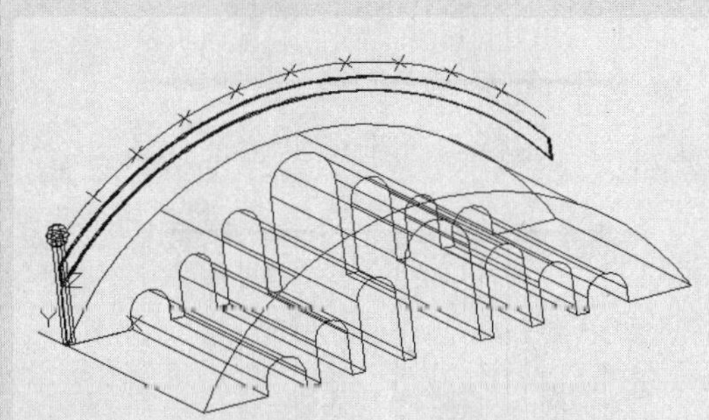

图498-5 定数等分效果

05 将视图转换为“俯视”视图，在命令行中输入COPY（复制）命令，并按Enter键确认，选择长方体和球体为复制对象，以球体的中点为基点进行复制，如图498-6所示。

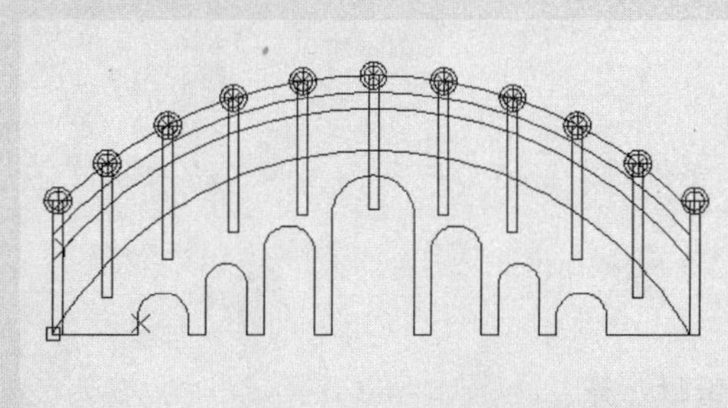

图498-6 复制对象

06 在场景中删除最上边的圆弧和所有的等分点，效果如图498-7所示。

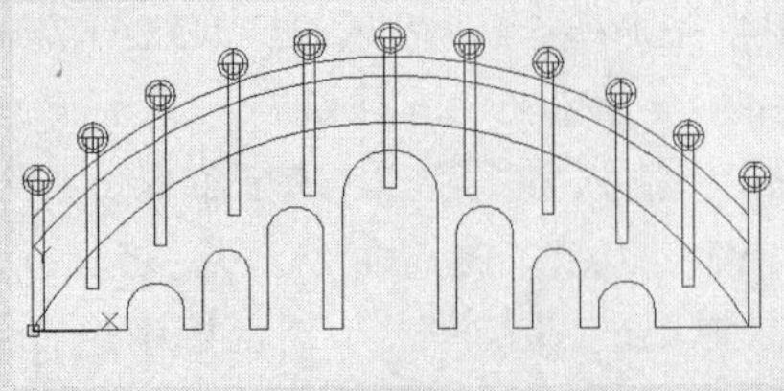

图498-7　删除圆弧和等分点

07 将视图转换为“前视”视图，选择所有护栏，使用移动工具调整其位置，如图498-8所示。选择圆弧和所有护栏，单击“修改”面板中的“镜像”按钮，以左右两侧边的中点为镜像点进行镜像，输入N并确认，效果如图498-9所示。

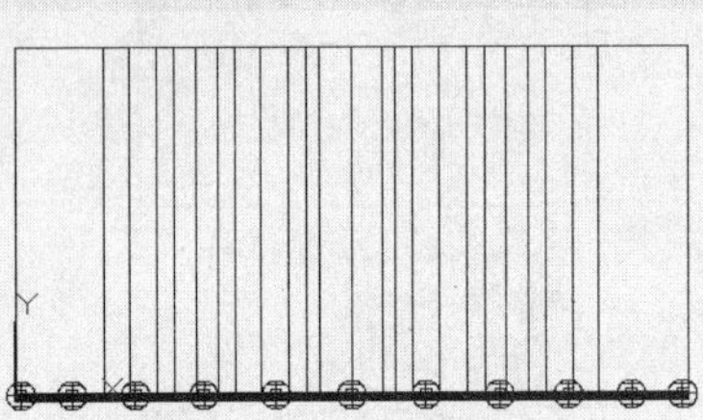

图498-8　调整护栏位置

图498-9　镜像效果

08 在菜单栏中选择“视图”|“动态观察”|“自由动态观察”命令，在场景旋转图形，并对图形中的护栏进行调整，如图498-10所示。

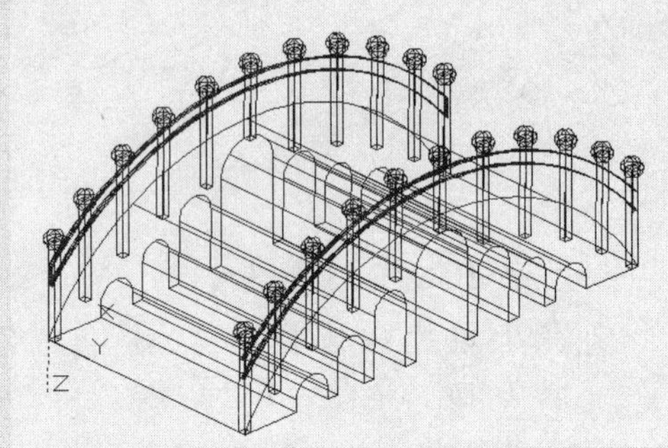

图498-10　旋转并调整图形

09 在菜单栏中选择“视图”|“视觉样式”|“X射线”命令，转换视觉样式，效果如图如图498-11所示。

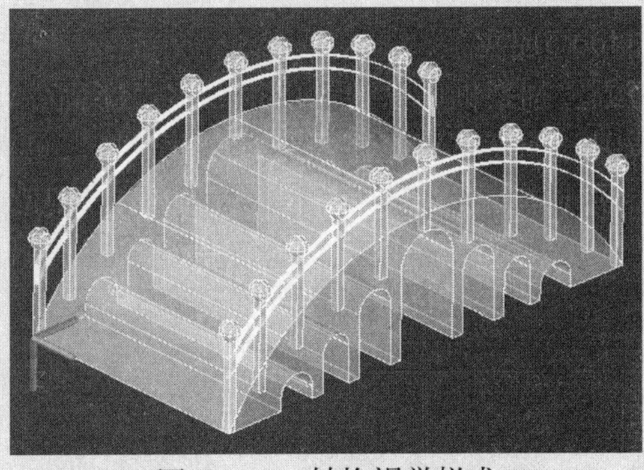

图498-11　转换视觉样式

21.3　模具设计——阶梯轴

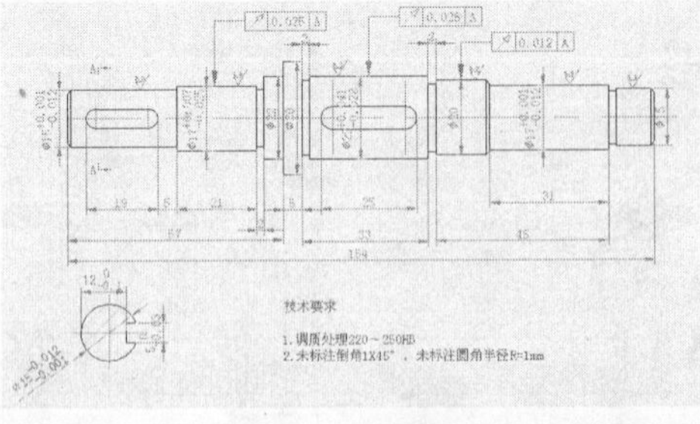

素材：无

视频：视频\第21章\第499集.avi~第503集.avi

难度：★★★★★

效果：效果\第21章\21.3.dwg

时长：12分12秒

关键技术：“多段线”、“偏移”、“修剪”、“标注”

第499集　设置绘图环境

01 启动AutoCAD 2012软件，新建一个空白图形文件，在菜单栏中选择“格式”|“图层”命令，打开“图层特性管理器”面板，单击“新建图层”按钮，分别新建“轮廓线”、“中心线”、“尺寸标注”、“剖面线”、“文字”，如图499-1所示。

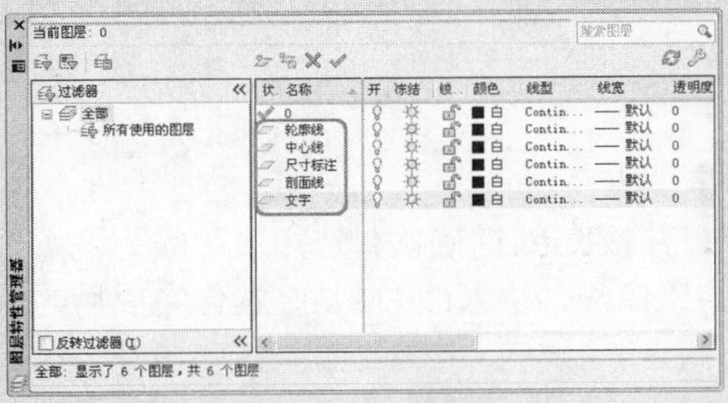

图499-1　新建图层

02 单击“中心线”图层的线型，弹出“选择线型”对话框，单击“加载”按钮，弹出“加载或重载线型”对话框，在“可用线型”列表框中选择“DENTER”线型，如图499-2所示。

03 单击“确定”按钮，返回到“选择线型”对话框，选择DENTER线型，单击“确定”按钮，返回到“图层特性管理器”面板，将“轮廓线”图层的“线宽”设置为0.3mm，并分别设置各图层的“颜色”，完成后的效果如图499-3所示。

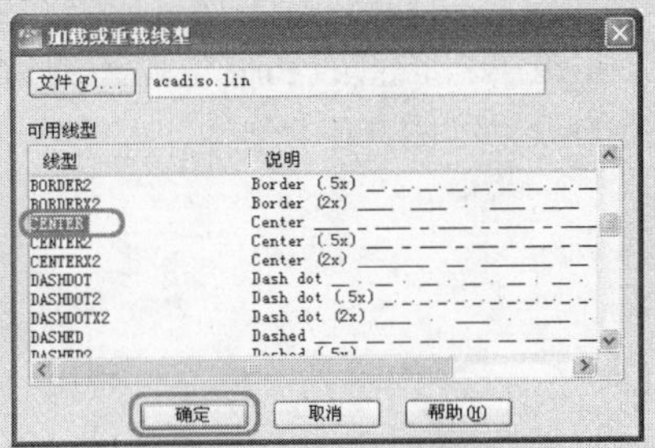

图499-2　选择线型

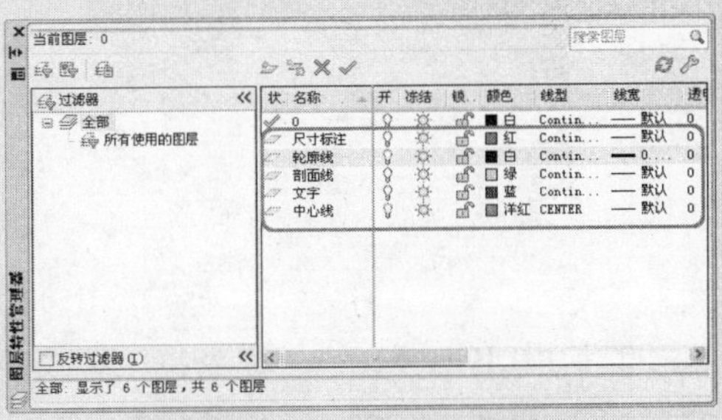

图499-3　图层最终效果

第500集　绘制主视图

01 在“常用”选项卡的“图层”面板中单击“图层”按钮，打开的下拉菜单中选择“中心线”选项，将其设置为当前图层，如图500-1所示。

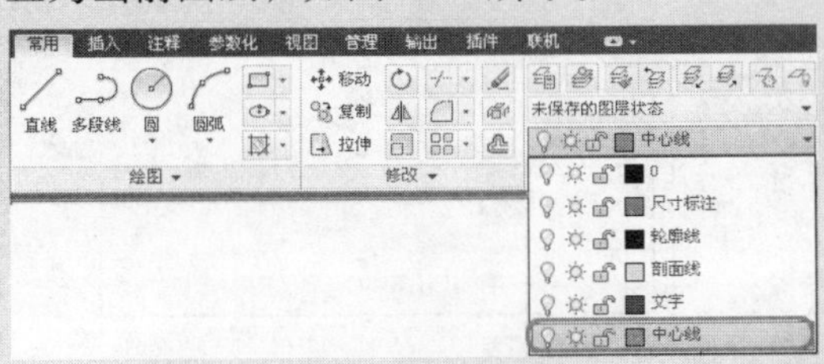

图500-1　设置当前图层

02 按F8键，打开“正交模式”，在命令行中输入LINE（直线）命令，并按Enter键确认，输入（1260，1800）作为第一点坐标，向右引导光标，输入160并确认，完成中心线的绘制，如图500-2所示。

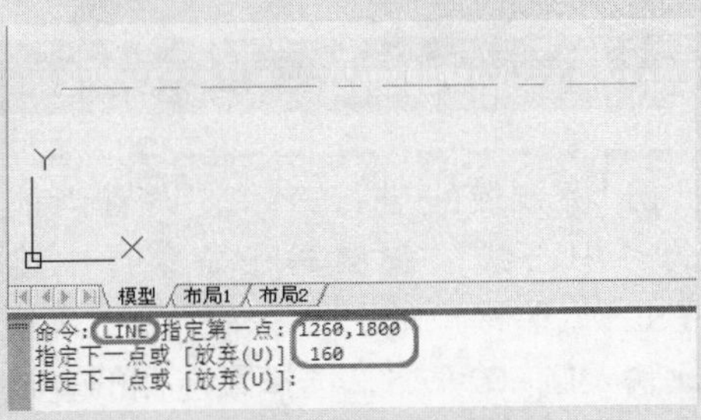

图500-2　绘制中心线

03 设置当前图层设置为“轮廓线”图层，在命令行中输入PLINE（多段线）命令，并按Enter键确认，拾取中心线左侧端点为起点，向上引导光标，输入7.5并确认，向右引导光标，输入29并确认，向上引导光标，输入1并确认，向右引导光标，输入21并确认。同理，按照如图500-3所示数据从左向右依次按顺序绘制多段线。

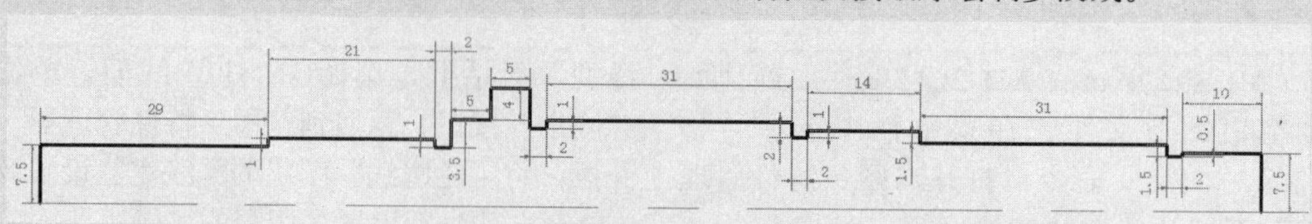

图500-3　绘制多段线

04 在命令行中输入CHAMFER（倒角）命令，并按Enter键确认，输入A、1、45，分别选择左边第一条直线和临边作为倒角边，按Enter键，重复使用倒角命令进行倒角处理，完成后的效果如图500-4所示。

图500-4　倒角处理

05 在命令行中输入MIRROR（镜像）命令，并按Enter键确认，选择多段线为镜像对象，按Enter键确认，选择中心线的两个端点作为镜像线，输入N并确认，镜像完成后的效果如图500-5所示。

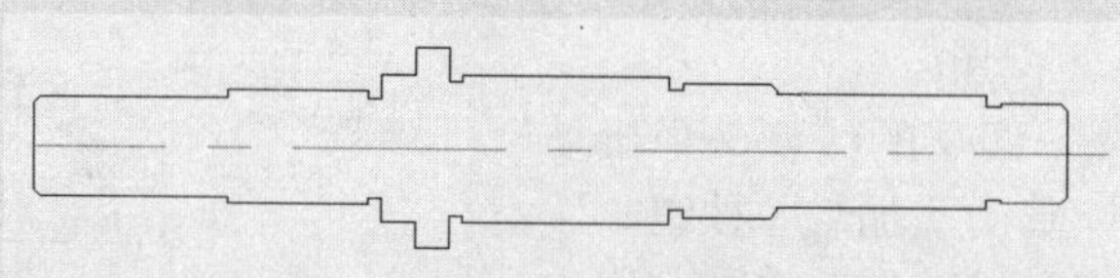
图500-5　镜像处理

06 利用LINE（直线）命令将轮廓线补齐，完成后的效果如图500-6所示。

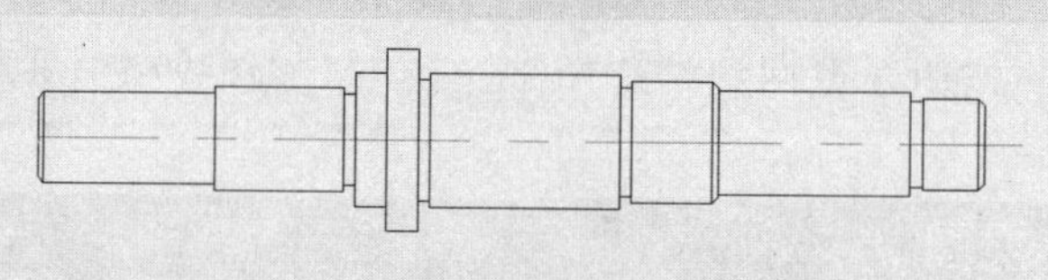
图500-6　补齐轮廓线

第501集　绘制键槽

01 将多段线进行分解，设置当前图层为“中心线”图层，在命令行中输入OFFSET（偏移）命令，并按Enter键确认，依次输入L、C、7.5，选择最左侧的直线为偏移对象，捕捉该直线中点并垂直向右引导光标，在任意位置处单击鼠标，完成后的效果如图501-1所示。

02 继续使用OFFSET（偏移）命令，将新偏移出的直线作为偏移对象，偏移距离为14，效果如图501-2所示。

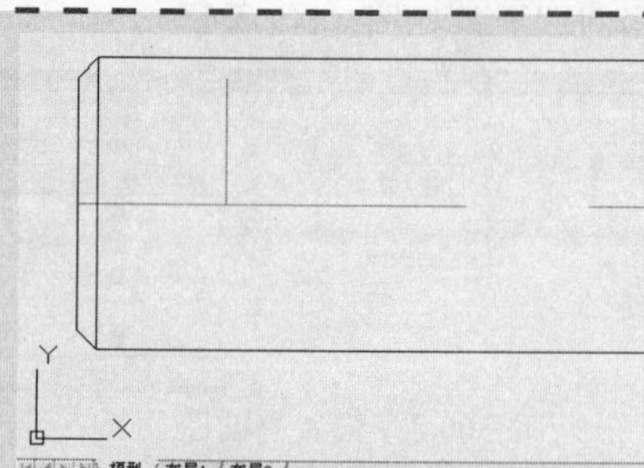

图501-1　偏移对象

图501-2　偏移对象

03 使用夹点编辑拖动调节中心线的位置，确认正交模式为开启状态，如图501-3所示。

图501-3　调节中心线位置

04 将当前图层设置为“轮廓线”图层，在命令行中输入CIRCLE（圆）命令，以中心线的交点为圆心，半径为2.5绘制圆，并使用直线命令分别连接两个圆的上下象限点，如图501-4所示。

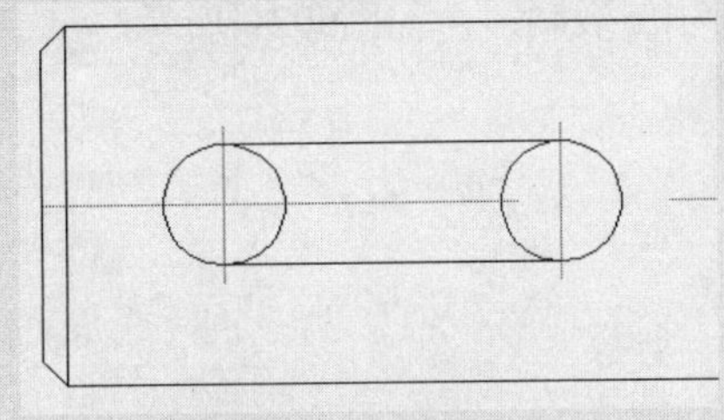

图501-4　绘制圆

05 使用TRIM（修剪）命令对多余部分进行修剪，使用同样的方法绘制别一个键槽，其中中心线的偏移分别为6、19，圆半径为3，如图501-5所示。

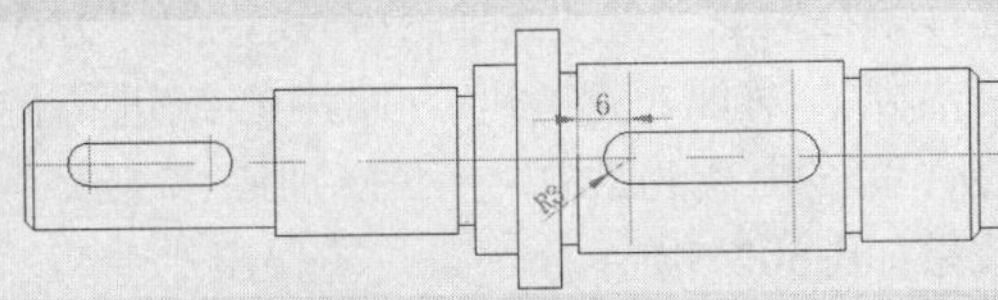

图501-5　绘制键槽

第502集　绘制断面图

01 设置当前图层为“尺寸标注”图层，在命令行中输入PLINE（多段线）命令，并按Enter键确认，在槽下约5mm的位置作为直点，向下垂直拖动鼠标，输入1.6，向右垂直拖动鼠标，输入1.6，再依次输入W、0.4、0，向右垂直拖动鼠标，输入1.6，绘制剖切符号效果如图502-1所示。

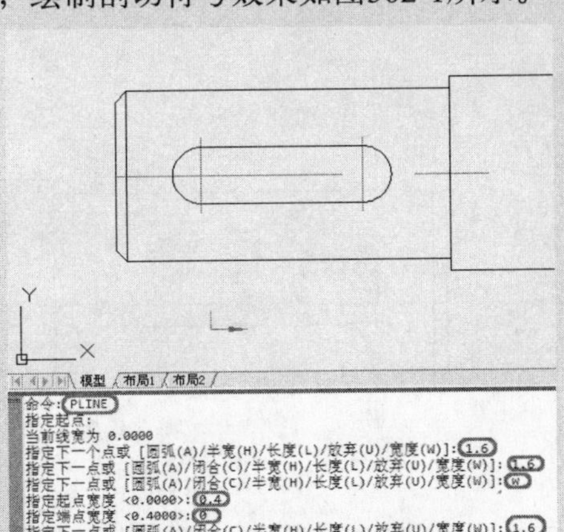

图502-1　绘制剖切符号

02 使用TEXT（单行文字）命令在剖切符号左侧输入标注字母A，并剖切符号和标注字母以图形的横向中心线为镜像线进行镜像，如图502-2所示。

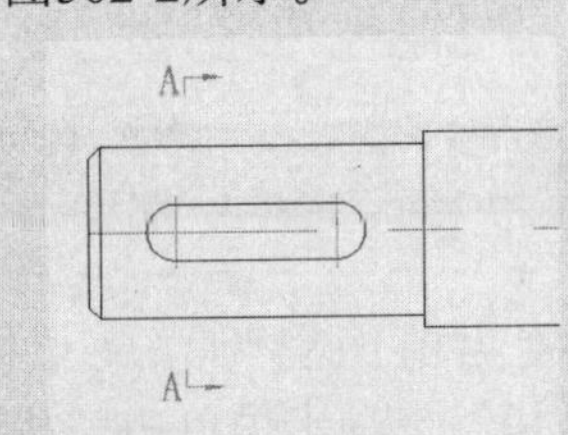

图502-2　镜像效果

03 设置当前图层为“中心线”图层，使用LINE（直线）命令，在轴的左下方约45mm绘制圆的对称中心线，如图502-3所示。

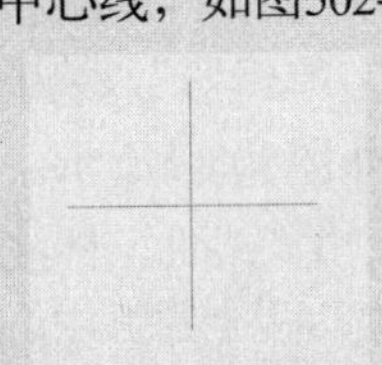

图502-3　绘制中心线

04 设置当前图层为“轮廓线”图层，在命令行中输入CIRCLE（圆）命令，并按Enter键确认，拾取中心线的交点为圆心，半径为7.5绘制圆，如图502-4所示。

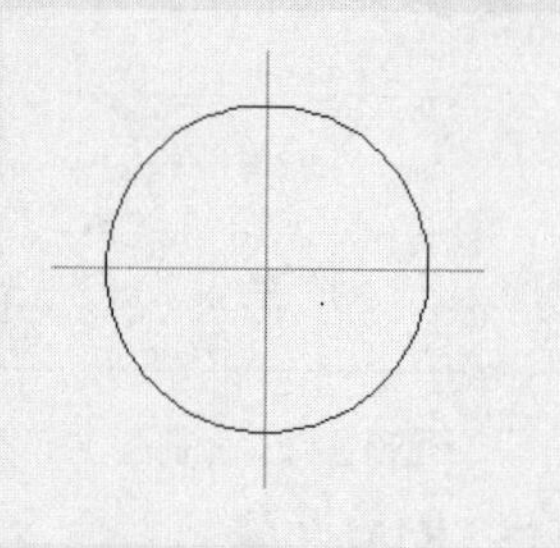

图502-4　绘制圆

05 在命令行中输入OFFSET（偏移）命令，并按Enter键确认，输入L、C、4.5，选择偏移对象为竖直方向中心线，偏移方向为右侧。同理，对水平方向中心线进行偏移，偏移距离为2.5，上下分别偏移一次，效果如图502-5所示。

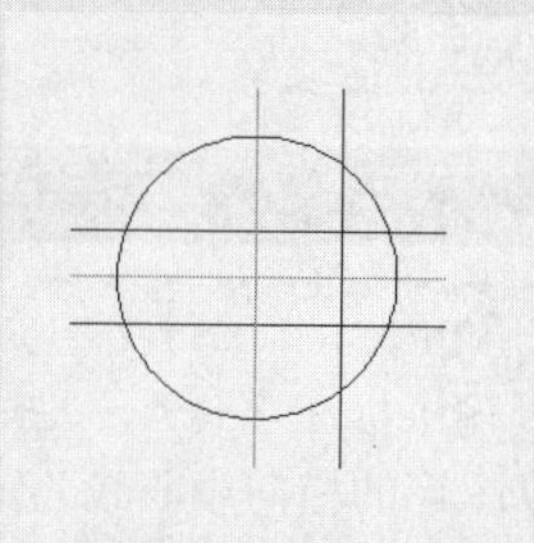

图502-5　偏移中心线

06 使用TRIM（修剪）命令，对多余部分进行修剪，如图502-6所示。

图502-6　修剪图形

07 将当前图层设置为“剖面线”图层，在“常用”选项卡中单击“绘图”面板中的“图案填充”按钮，在“图案填充创建”选项卡中单击“图案”面板中的ANSI31图案，在图形内部单击进行填充，如图502-7所示。

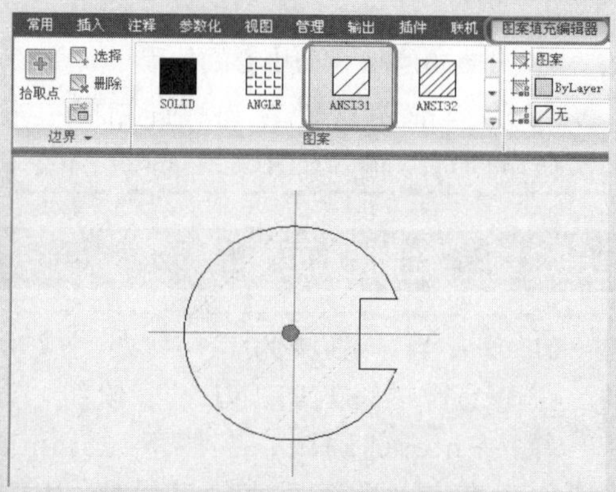

图502-7　填充图案

第503集　标注尺寸及添加文字

01 设置当前图层为“尺寸标注”图层，在“常用”选项卡中单击“注释”面板中的“线性”标注按钮，分别单击图形左侧第二条直线的两个端点，并向左拖动鼠标至合适位置单击鼠标确认，双击文字，在文本框中输入%%C，自动变为直径符号，单击“关闭文字编辑器”按钮，退出文字编辑器，效果如图503-1所示。

02 继续使用“线性”标注按钮，分别单击图形左侧键槽的两个圆弧中心，拖动鼠标至合适位置并单击鼠标确认，如图503-2所示。

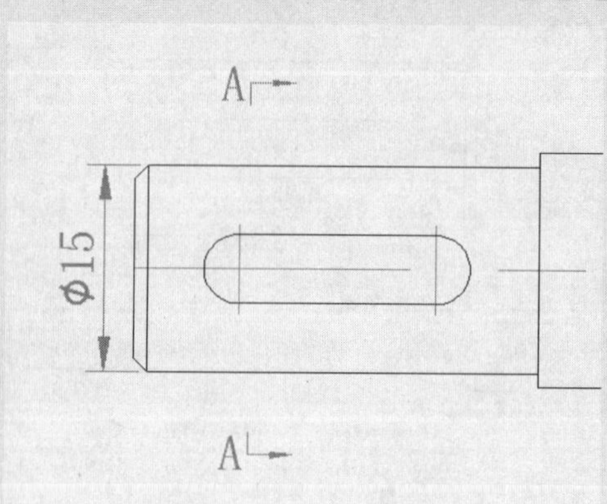

图503-1　设置直径符号

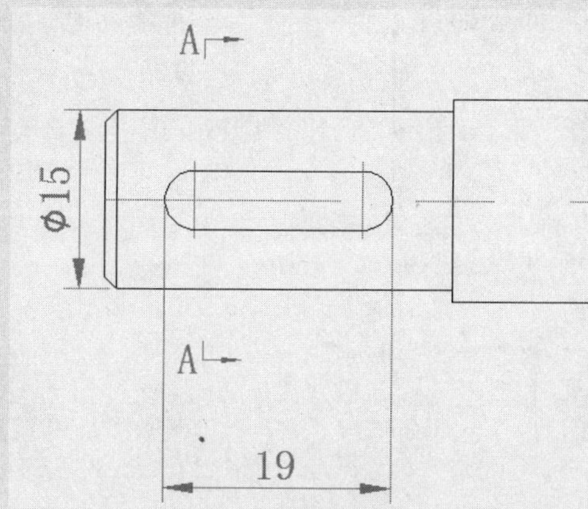

图503-2　线性标注

03 同理，对图形的其他部分进行标注，效果如图503-3所示。

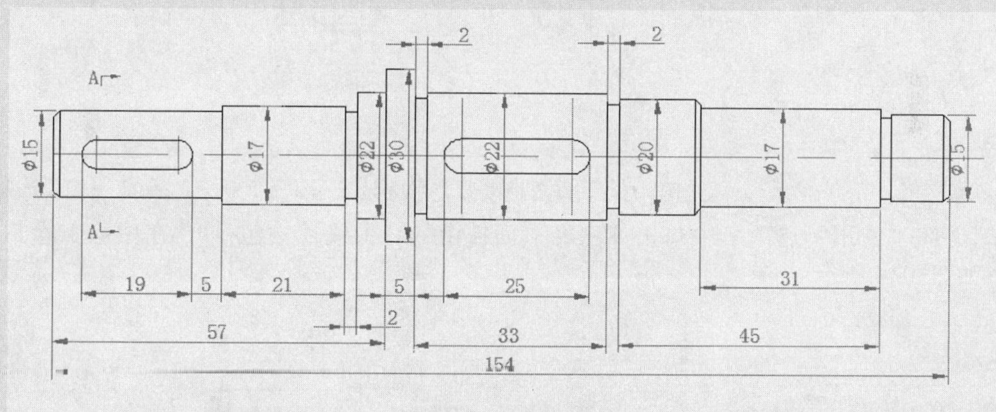

图503-3　标注效果

04 在菜单栏中选择“修改”|“特性”命令，打开“特性”面板，选择图形左侧的标注，在“特性”面板中切换到“公差”选项卡，将“显示公差”设置为“极限偏差”，将“公差下偏差”设置为0.012，将“公差上偏差”设置为0.001，将“水平放置公差”设置为“中”，将“公差精度”设置为0.000，如图503-4所示。

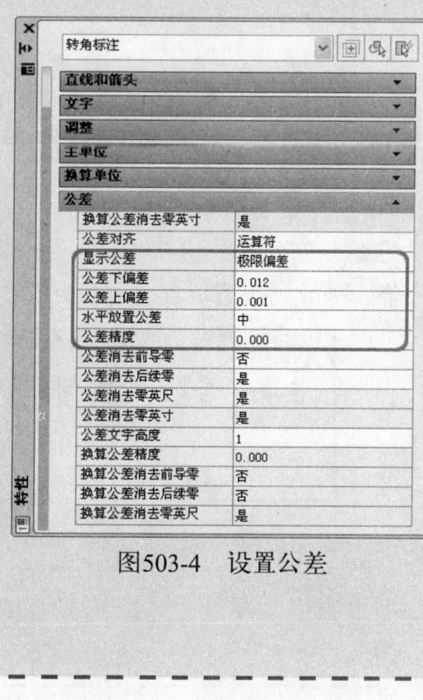

图503-4　设置公差

05 如设置完特性后标注偏移位置，可以在菜单栏中选择“格式”|“标注样式”命令，在打开的“标注样式管理器”对话框中单击“修改”按钮，打开“修改标注样式：ISO-25”对话框，切换到“调整”选项卡，选中“文字始终保持在尺寸界线之间”单选按钮，如图503-5所示。将“主单位”选项卡中的“小数分隔符”设置为“句点”，如图503-6所示。

06 同理，对其他标注进行设置，公差的上下偏差值如图503-7所示。

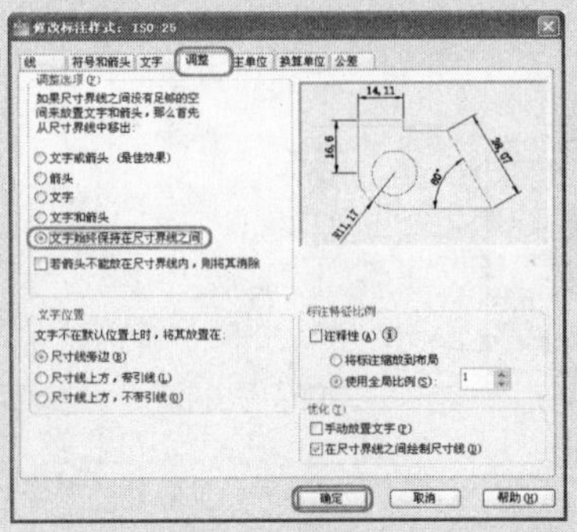

图503-5 “修改标注样式：ISO-25”对话框

图503-6 设置“小数分隔符”

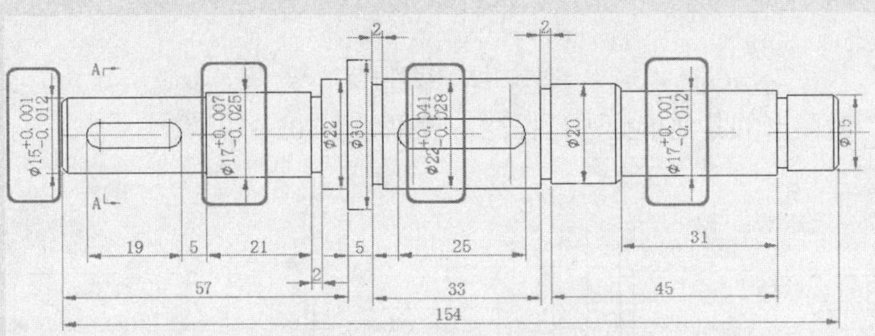

图503-7 设置极限偏差最终效果

07 在“常用”选项卡中单击“注释”面板中的“引线”按钮，在图形中绘制引线，如图503-8所示。

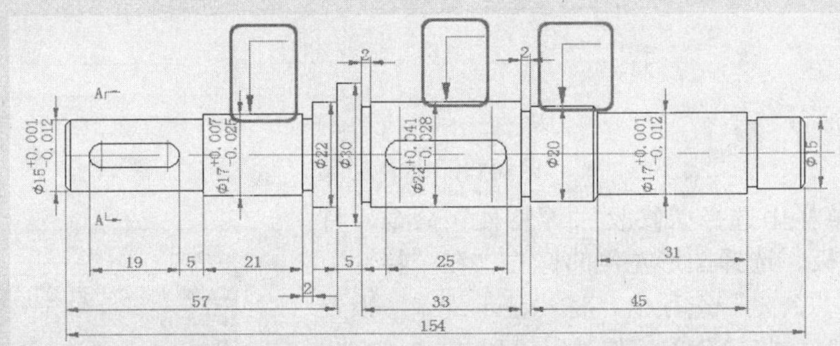

图503-8 绘制引线

08 在菜单栏中选择“标注”|“公差”命令，弹出“形位公差”对话框，将“符号”设置为，“公差1”为0.025，“基准”为A，如图503-9所示。单击“确定”按钮，将“形位公差”块放到合适位置。同理，进行“形位公差”设置，“公差1”值如图503-10所示。

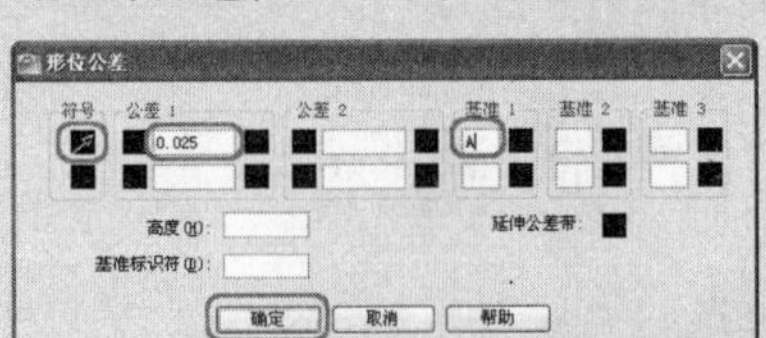

图503-9 “形位公差”对话框

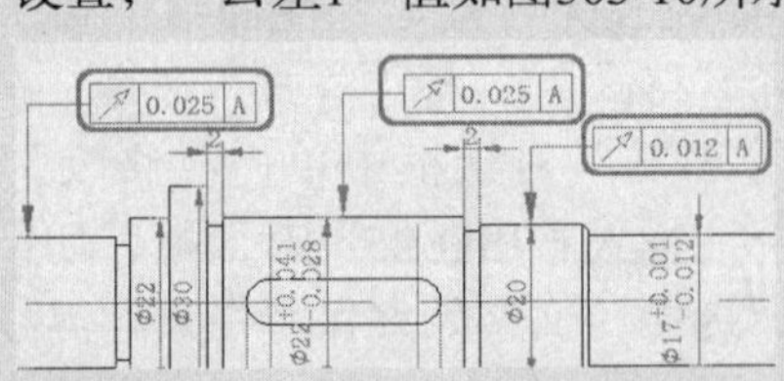

图503-10 “形位公差”效果

09 在“常用”选项卡中单击“块”面板中的“插入”按钮，弹出“插入”对话框，单击“浏览”按钮，选择随书附带光盘中的“素材\第21章\标注图块.dwg”文件，对块的“插入点”、“比例”进行设置，单击“确定”按钮，插入到图形中，并更改属性块的值，最终效果如图503-11所示。

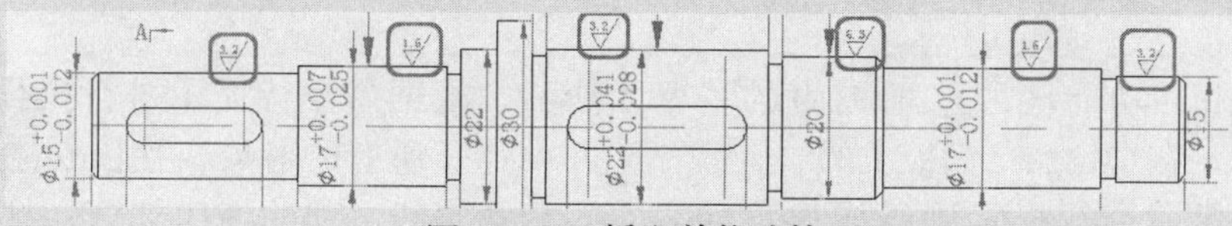

图503-11　插入并修改块

10 同理，对“断面图”进行标注，使用多行文字命令设置文本说明，文本说明放置在“方字”图层中，效果如图503-12所示。

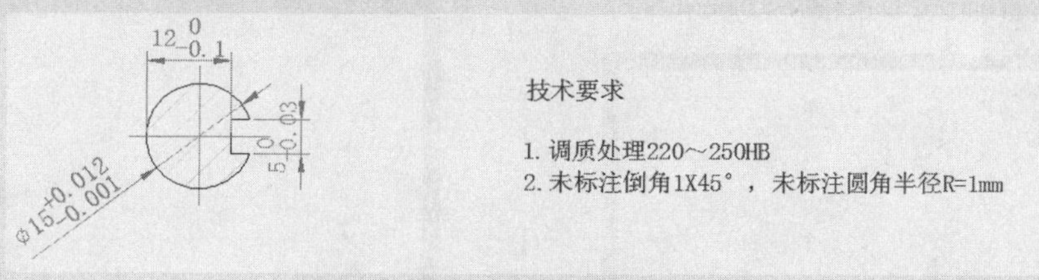

图503-12　添加标注和文本说明

21.4　室内装潢设计——客厅平面图

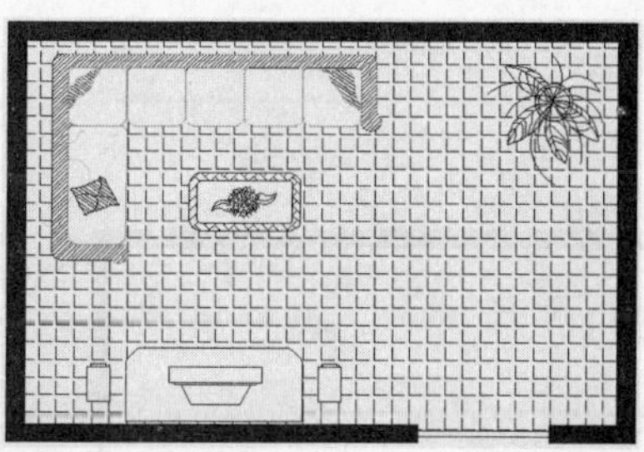

素材：无

效果：效果\第21章\第21.4.dwg

视频：视频\第21章\第504集.avi ~第510集.avi

时长：8分45秒

难度：★★★★★

关键技术：“矩形”、“多段线”、“镜像”、“填充图案”

第504集　绘制墙体

01 单击快速访问工具栏中的“新建”按钮，在弹出的对话框中新建一幅空白图形文件。单击“功能区”选项板中的“常用”选项卡，在“绘图”面板上单击“多段线”按钮。

02 根据命令行提示进行操作，输入（1448,2359），按Enter键确认；输入W（宽度）按Enter键确认；输入起点宽度为230，按Enter键确认；输入端点宽度为230，按Enter键确认。按F8键打开“正交模式”，并向右引导光标，输入7500，按Enter键确认；向下引导光标，输入5000，按Enter键确认；向左引导光标，输入7500，按Enter键确认，向上引导光标，输入5000，按Enter键确认；输入C（闭合）按Enter键确认，绘制完成后的效果如图504-1所示。

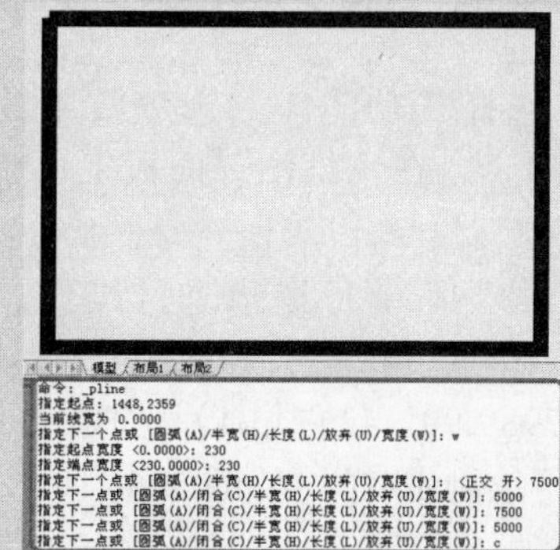

图504-1　绘制墙体

第505集　制作门洞

01 单击“功能区”选项板中的“常用”选项卡，在“绘图”面板上的“直线”按钮，根据命令行提示进行操作，输入（7988.84，-2517.98），按Enter键确认，向下引导光标，输入（7988.84，-3698.86），按两次Enter键确认，如图505-1所示。

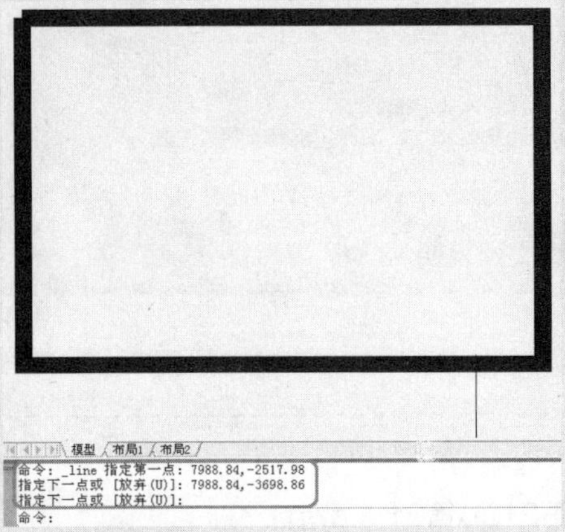

图505-1　绘制直线

02 选择“功能区”选项板中的“常用”选项卡，在“修改”面板上单击“复制”按钮，根据命令行提示进行操作，在绘图区中选择刚绘制的直线，按Enter键确认，在直线的任意位置处单击鼠标指定基点，输入1600，按两次Enter键确认，如图505-2所示。

03 单击“修改”面板上的“修剪”按钮，根据命令行提示进行操作，在绘图区中选择所有的对象，按Enter键确认，选择两条直线之间的墙体部分，按Enter键确认，并将两条直线删除，即可制作出门洞，如图505-3所示。

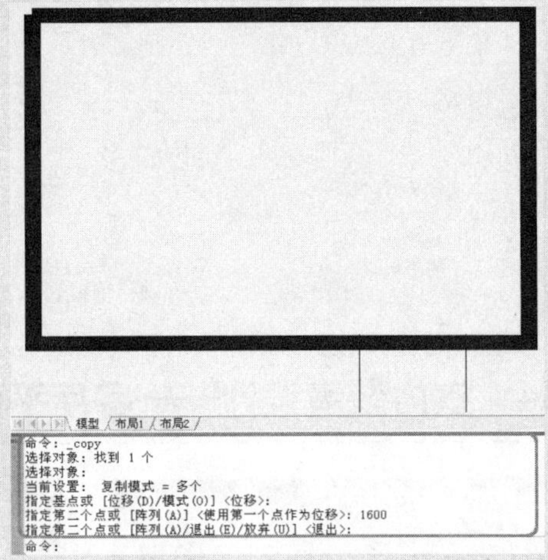

图505-2　复制直线

图505-3　制作的门洞

第506集　绘制门

01 选择“功能区”选项板中的“常用”选项卡，在“绘图”面板上单击“矩形”按钮。

02 根据命令行提示进行操作，输入（6388.08，-2602.87），按Enter键确认，输入（7989.99，-2674.01），按Enter键确认，即可绘制完成门，如图506-1所示。

图506-1　绘制的门

第507集 绘制电视柜及电视

01 选择“功能区”选项板中的“常用”选项卡，在“绘图”面板上单击“矩形”按钮，根据命令行提示进行操作，输入（2797.57，-1580.47），按Enter键确认，输入（4967.37，-2499.19），按Enter键确认，如图507-1所示。

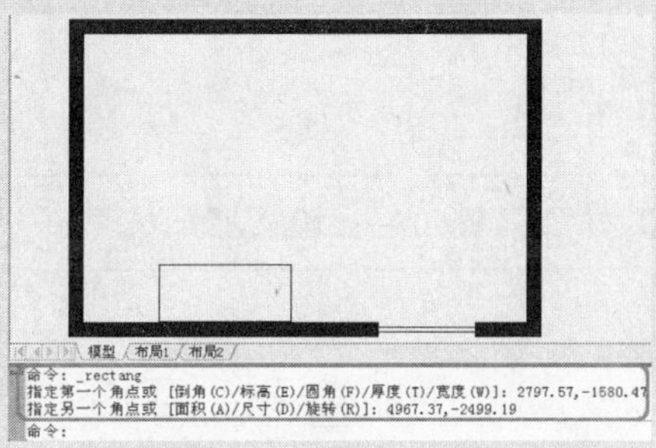

图507-1 绘制矩形

02 选择“功能区”选项板中的“常用”选项卡，在“修改”面板上单击“圆角”按钮，根据命令行提示进行操作，输入M（多个），按Enter键确认；输入R（半径），按Enter键确认；输入圆角半径为250，按Enter键确认；然后将矩形上面的两个角修改为圆角，按Enter键确认，即可绘制完成电视柜，如图507-2所示。

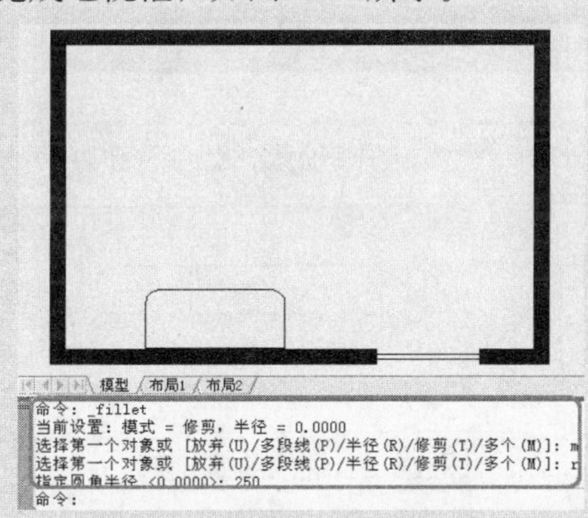

图507-2 绘制完成的电视柜

03 选择“功能区”选项板中的“常用”选项卡，在“绘图”面板上单击“矩形”按钮，根据命令行提示进行操作，输入（3336.13，-1813.67），按Enter键确认；输入（4474.78，-2012.87），按Enter键确认，如图507-3所示。

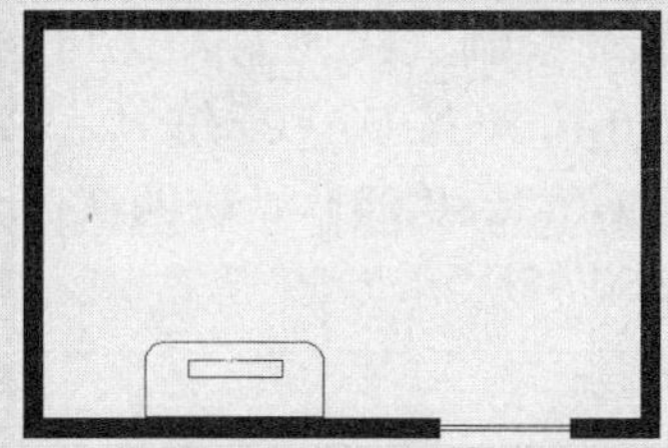

图507-3 绘制矩形

04 单击“绘图”面板上的“直线”按钮，根据命令行提示进行操作，输入（3381.95，-2013.08），按Enter键确认；输入（3409.63，-2037.94），按两次Enter键确认，如图507-4所示。

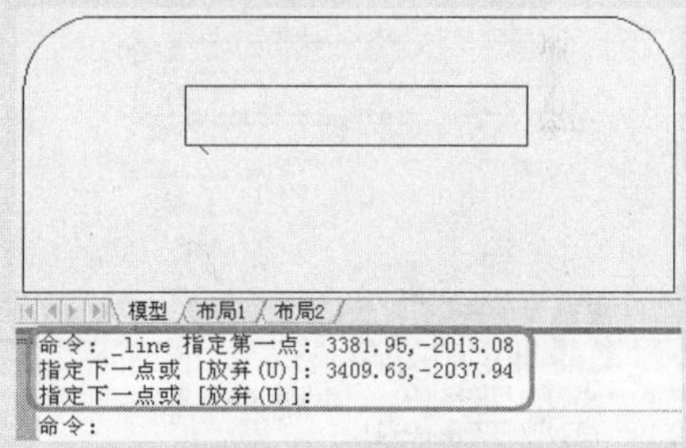

图507-4 绘制直线

05 按F3键开启“对象捕捉”，单击“修改”面板上的“镜像”按钮，根据命令行提示进行操作，在绘图区中选择刚绘制的直线，按Enter键确认，指定刚绘制的矩形上面边的中点为镜像线的第一点，指定下面边的中点为镜像线的第二点，如图507-5所示。输入N（否），按Enter键确认，如图507-6所示。

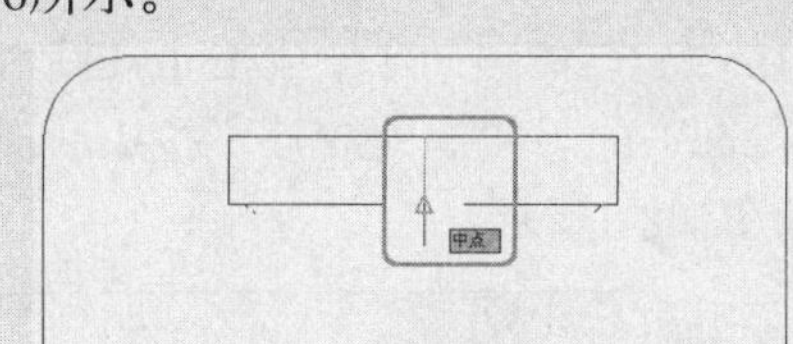

图507-5 指定镜像线的点

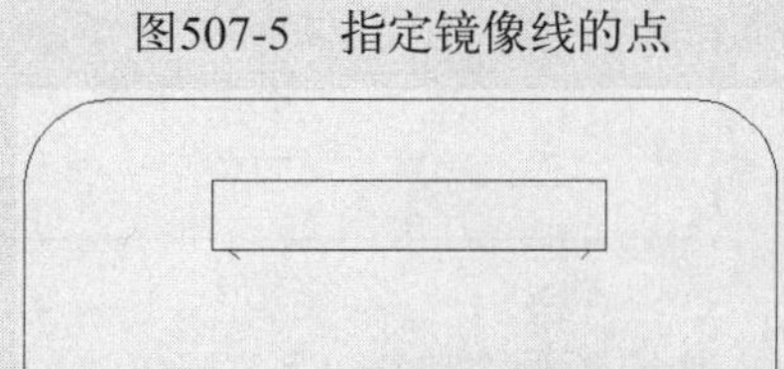

图507-6 镜像直线

06 单击“绘图”面板上的“直线”按钮，在如图507-7所示的位置处绘制直线，继续绘制直线，输入（3475.76，-2038.60），按Enter键确认；输入（3605.49，-2280.04），按两次Enter键确认，如图507-8所示。

图507-7　绘制直线

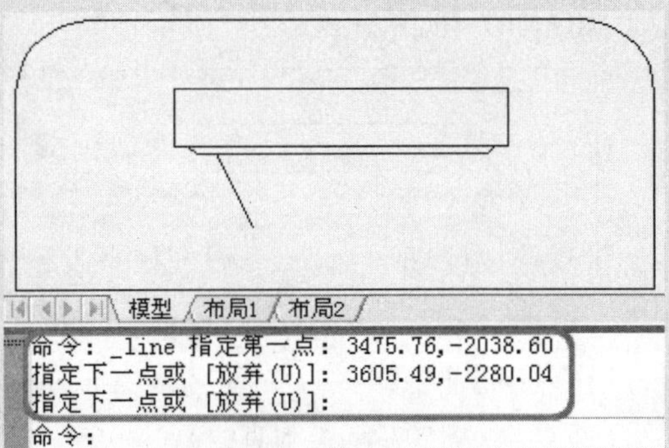

图507-8　继续绘制直线

07 使用步骤05中的方法镜像刚绘制的直线，如图507-9所示。单击“绘图”面板上的“直线”按钮，在如图507-10所示的位置上绘制直线，即可完成电视的绘制。

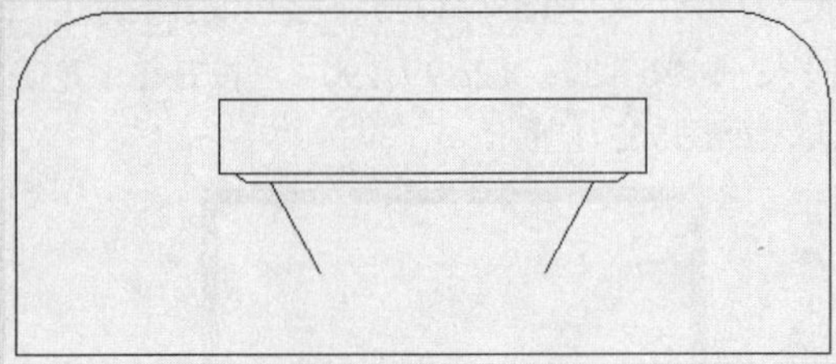

图507-9　镜像直线

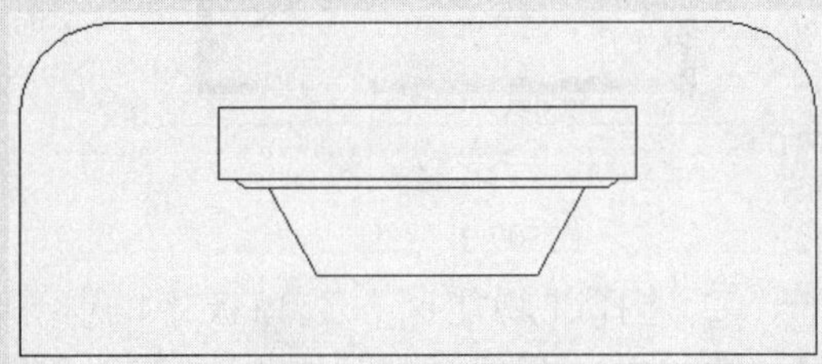

图507-10　绘制直线

第508集　绘制音响

01 选择“功能区”选项板中的“常用”选项卡，在“绘图”面板上单击“矩形”按钮，根据命令行提示进行操作，输入（2325.21，-1814.70），按Enter键确认；输入（2611.64，-2248.92），按Enter键确认，如图508-1所示。

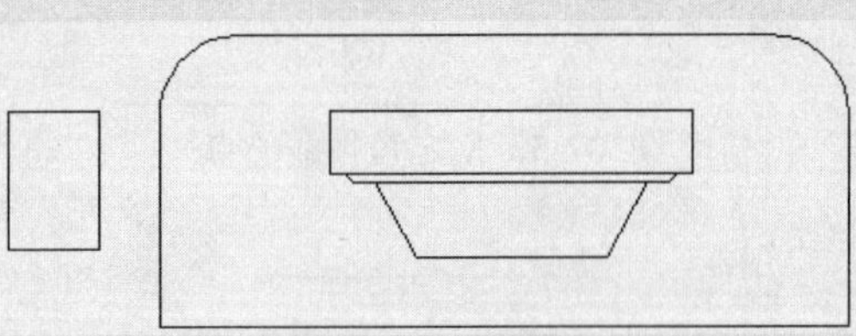

图508-1　绘制矩形

02 继续绘制矩形，输入（2374.25，-1776.48），按Enter键确认；输入（2560.87，-1814.13），按Enter键确认，如图508-2所示。

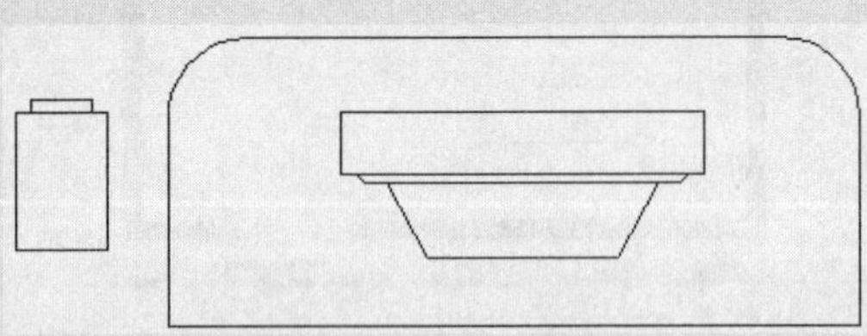

图508-2　继续绘制矩形

03 镜像刚绘制的两个矩形，即可完成音响的绘制，如图508-3所示。

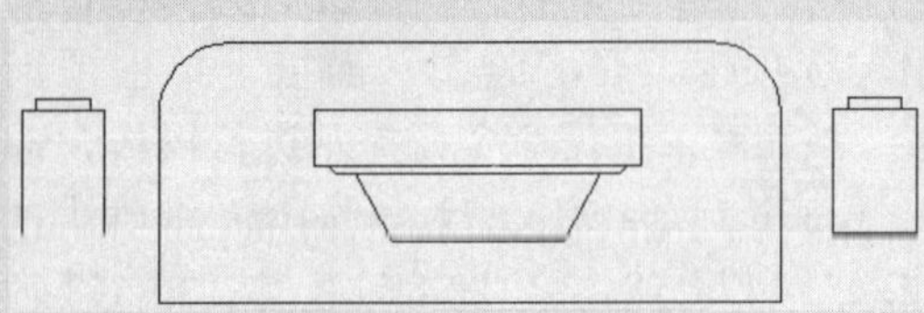

图508-3　镜像矩形

第509集 完善室内布置

01 单击快速访问工具栏中的“打开”按钮，在弹出的对话框中打开素材中的509-1.dwg文件，选择文件中所有的图形，按Ctrl+C键复制，按Ctrl+V键粘贴到本例中，然后指定插入点为（1883.22，-530.98），按Enter键确认，如图509-1所示。

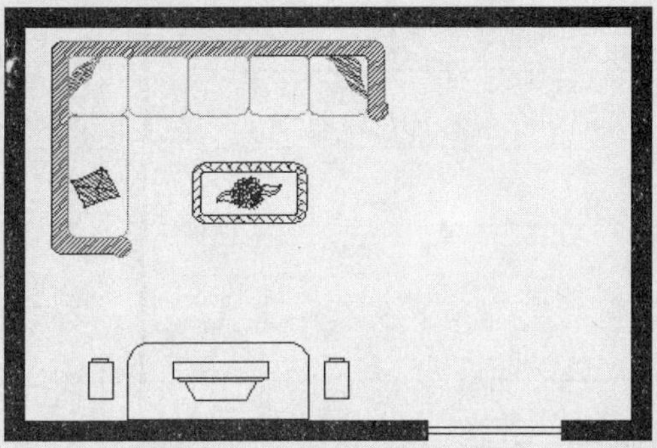

图509-1 复制沙发图形

02 打开素材中的“509-2.dwg”文件，选择文件中所有的图形，按Ctrl+C键复制，按Ctrl+V键粘贴到本例中，然后指定插入点为（7225.89,468.13），按Enter键确认，如图509-2所示。

图509-2 复制图形

第510集 设置地面

01 选择“功能区”选项板中的“常用”选项卡，在“绘图”面板上单击“图案填充”按钮，在“图案”面板上单击ANGLE按钮，然后在图形中的空白区域单击鼠标，在“特性”面板上设置“填充图案比例”为31，如图510-1所示。

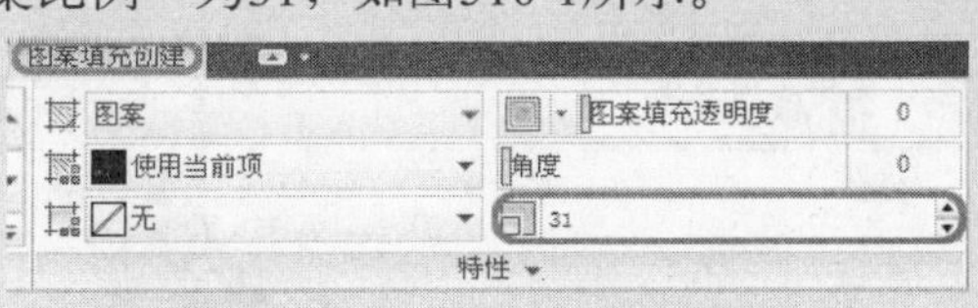

图510-1 设置“填充图案比例”

02 单击“关闭”面板上的“关闭图案填充创建”按钮，至此，客厅平面图就制作完成了，效果如图510-2所示。

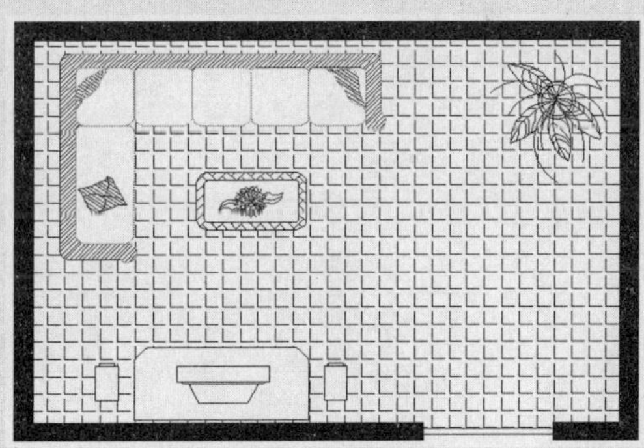

图510-2 完成后的效果

读书笔记